Säugetiere Europas

Beobachten und bestimmen

Martin Görner
Dr. sc. Hans Hackethal

Säugetiere Europas

Mit 225 Farbabbildungen
von Wolfgang Leuck,
247 Schwarzweiß-Zeichnungen
von Eugenie Tanger und
184 Verbreitungskarten

Neumann Verlag Leipzig · Radebeul

Dr. sc. Hans Hackethal bearbeitete die Abschnitte: Kennzeichen der Säugetiere, Hinweise zur Benutzung des Buches, Die Säugetierfauna Europas aus tiergeographischer Sicht, Ordnung *Chiroptera.* Die übrigen Abschnitte bearbeitete Martin Görner.

Abbildung des Einbandes:
Muscardinus avellanarius
Haselmaus (s. S. 169)

Görner, Martin:
Säugetiere Europas / Martin Görner; Hans Hackethal. Mit Abb. von Wolfgang Leuck. Zeichn. von Eugenie Tanger. – 1. Aufl. – Leipzig; Radebeul: Neumann Verlag, 1987. – 372 S.: 472 Ill. (z. T. farb.) Kt.
(Beobachten und bestimmen)
ISBN 3-7402-0025-1
Best.-Nr. 799-111-2
NE: Hackethal, Hans:; GT

Beobachten und bestimmen
ISBN 3-7402-0001-4
bisher erschienen:
Insekten Mitteleuropas ISBN 3-7402-0017-0
Fische Europas, 2. Aufl. ISBN 3-7402-0044-8

ISBN 3-7402-0025-1

1. Auflage 1987

VLN 151-310/56/87 · LSV 1369
Lektor: Dr. Manfred Geyer
Gestaltung: Erika Palme
Printed in the German Democratic Republic
Lichtsatz: INTERDRUCK
Graphischer Großbetrieb Leipzig – III/18/97
Reproduktion, Druck und Buchbinderei: Graphischer Großbetrieb Sachsendruck Plauen
Bestell-Nr. 799 111 2
03680

Inhalt

Vorwort

Auf der Erde leben etwa 5000 Säugetierarten. Bezogen auf die gesamte Tierwelt machen sie nicht einmal ein halbes Prozent aller Arten aus. Dennoch haben Säugetiere für den Menschen stets eine besondere Rolle gespielt. Das mag außer mit ihrer großen wirtschaftlichen Bedeutung auch damit zusammenhängen, daß der Mensch selbst aus dieser Tiergruppe hervorgegangen ist und deshalb eine besondere »verwandtschaftliche« Beziehung zu ihr hat. Viele Verhaltensmuster haben wir mit ihnen noch gemeinsam. Die Entwicklung der menschlichen Gesellschaft ist ohne die Haustierwerdung zahlreicher Säugetierarten ebensowenig denkbar wie die heutige Existenz des Menschen ohne diese Nutztiere. Säugetiere sind bis heute als Nahrungsquelle und Lieferanten verschiedenster Rohstoffe (Fleisch, Häute, Felle, Geweihe und Gehörne, Duftstoffe) unentbehrlich. Sie werden vom Menschen gezüchtet, gehalten, verwöhnt oder als schädliche Tiere bekämpft. Als Objekte der Jagd galt und gilt ihnen sein großes Interesse. Für die medizinische Forschung sind Säugetiere in vieler Hinsicht wegen ihrer Verwandtschaft zum Menschen noch immer unersetzlich. In jüngster Zeit spielen sie auch als Bioindikatoren für die Beurteilung von Ökosystemen eine wichtige Rolle.

Mit der großräumigen Veränderung der Landschaften durch den Menschen ist auch die Artenzahl der Säugetiere deutlich geringer geworden, oft gefördert durch erbarmungslose Nachstellungen. Diese Verarmung in unserer Umwelt wurde durch einseitiges Nutzen-Schaden-Denken, wirtschaftlich egoistische Interessen, aus Angst vor bestimmten Arten und durch die Unkenntnis ökologischer Zusammenhänge begünstigt. Viele Säugetierarten sind in ihrem Bestand gefährdet oder vom Aussterben bedroht, über ihre Verbreitungsmuster, ihre Biologie (insbesondere die Fortpflanzung), Ökologie und ihr Verhalten ist oft noch wenig bekannt. Die Möglichkeiten, eine Art wirkungsvoll zu schützen, sind jedoch sehr wesentlich davon abhängig, was man über ihre Lebensbedingungen und -ansprüche weiß. Daraus ergeben sich zwei Hauptaufgaben. Zum einen Säugetierschutz, eingebettet in die Aufgaben einer großräumigen Landschaftspflege, die auf die Erhaltung vielfältiger Lebensräume zielt. Artenschutz ohne Biotopschutz endet letztlich in den Zuchtbüchern zoologischer Gärten. Zum anderen eine intensivere Forschung besonders an Kleinsäugern, die der Unterstützung durch sachkundige Laienforscher bedarf.

Dieses Buch möchte über die Vielfalt der wildlebenden Säugetiere Europas informieren, zu Beobachtungen und zur Beschäftigung mit dieser Tiergruppe anregen und eine zuverlässige Bestimmung der Arten ermöglichen, soweit dies im Rahmen eines solchen Feldführers möglich ist. Bei der Erarbeitung des Manuskripts stießen wir auf zahlreiche Probleme, die auch unter Heranziehung der einschlägigen Spezialliteratur nicht immer zu lösen waren, Fragen der systematischen Gliederung, der Verbreitung und biologischer Besonderheiten mancher Arten sind noch ungeklärt oder werden widersprüchlich dargestellt. Wir haben uns darum bemüht, diese Wissenslücken deutlich zu machen. Nicht immer war eine kritische Wertung verfügbarer Angaben möglich. Für Hinweise und Korrekturen sind wir deshalb dankbar.

Fast alle Arten sind farbig abgebildet. Die Originale, entstanden nach lebenden Tieren, Präparaten, Fellen und Fotos, hat Herr Wolfgang Leuck (Engelsdorf) mit großem Einfühlungsvermögen gestaltet. Dafür und für seine aktive und kritische Mitwirkung an der Entstehung des Buches sowie für die Anfertigung der Verbreitungskarten möchten wir ihm herzlich danken.

Für die Herstellung der Strichzeichnungen sind wir Frau Eugenie Tanger (Berlin) zu Dank verpflichtet.

Frau Dr. R. Angermann stellte freundlicherweise zahlreiche Bälge und Schädel aus dem Bestand des Museums für Naturkunde der Humboldt-Universität zu Berlin zur Verfügung. Ihr und vielen Kollegen, die uns bei der Beschaffung von Tiermaterial, Literatur, Fotos oder durch Hinweise und Ratschläge unterstützten, sei herzlich gedankt. Nicht zuletzt möchten wir dem Verlag und unserem Lektor, Herrn Dr. Manfred Geyer, für die verständnisvolle Betreuung des Projekts unseren Dank sagen.

Martin Görner
Hans Hackethal

Kennzeichen der Säugetiere

Säugetiere sind gleichwarme Wirbeltiere mit einem hochentwickelten Gehirn, deren Körperoberfläche mit Haaren bedeckt ist. Sie bringen – mit Ausnahme der australischen Kloakentiere – lebendige Junge zur Welt, die sie mit dem Sekret der Milchdrüsen ernähren. Ferner zeichnen sich Säugetiere durch den Besitz äußerer Ohrmuscheln (bei wasserlebenden Arten in verschiedenem Umfang rückgebildet) und von 3 Gehörknöchelchen (Hammer, Amboß, Steigbügel) im Mittelohr aus. Ihr Unterkiefer besteht nur aus einem Knochenelement, dem Dentale. Die Zähne werden nur einmal gewechselt (Milch- und Dauergebiß). Das Dauergebiß ist in Schneide-, Eck-, Vorbacken- und Backenzähne differenziert, die in Zahntaschen (Alveolen) des Kiefers verankert sind. Den Säugetierkörper kennzeichnen eine Vielzahl weiterer anatomischer und physiologischer Besonderheiten, die in ihrer Gesamtheit das höhere Evolutionsniveau und die Konkurrenzüberlegenheit gegenüber den Kriechtieren, von denen sie abstammen, ausmachen. In Anpassung an die unterschiedlichsten Bedingungen, unter denen Säugetiere leben, sind Körperform und -leistungen in vielfältigster Weise abgewandelt (spezialisiert). Sehr deutlich wird das an den Umbildungen der Gliedmaßen, die bei ursprünglichen Arten im Endabschnitt (Finger und Zehen) 5strahlig angelegt waren – ein Erbe der Kriechtiervorfahren. Bei Insektenfressern, Nagetieren, Primaten und landlebenden Raubtieren hat sich diese Situation weitgehend erhalten. Huftiere haben in der Regel die Strahlen auf 2 (Paarhufer) oder 1 Strahl (Unpaarhufer) reduziert. Wasserbewohnende Raubtiere (Robben) besitzen unter Beibehaltung der Fünfstrahligkeit stark verkürzte flossenartige Gliedmaßen, ebenso Wale, bei denen jedoch die Hintergliedmaßen völlig zurückgebildet sind. Fledermäuse, als einzige aktiv fliegende Säugetiere, haben die Vordergliedmaßen unter Verlängerung der Finger- und Mittelhandknochen zu Stützelementen für die Flughaut umgebildet. Ähnlich tiefgreifende Umwandlungen ursprünglicher Säugetiermerkmale sind für fast alle Organsysteme nachzuweisen; sie sind die Voraussetzung für die Vielfalt der Lebensformen, die Säugetiere hervorgebracht haben.

Die konstante Körpertemperatur der Säugetiere (Homoiothermie) erlaubt ihnen eine größere Unabhängigkeit von den klimatischen Bedingungen ihres Lebensraumes. Dadurch sind Säugetiere in der Lage, alle Klimazonen der Erde, einschließlich der polaren Gebiete, zu besiedeln. Andererseits setzt eine konstante Körperwärme die ständige Zufuhr von Energie durch die Nahrung und einen wirksamen Schutz gegen zu hohen Wärmeverlust und zu starke Verdunstung voraus, beides wird durch ein meist aus unteren Woll- und oberen Deckhaaren bestehendes Fell erreicht. Die wasserlebenden Wale haben das Haarkleid, das im embryonalen Zustand noch vorhanden ist, völlig zurückgebildet. Gegen Unterkühlung sind sie durch eine Fettschicht in der Unterhaut geschützt.

Kalte, nahrungsarme Zeiten werden von vielen Säugetierarten der gemäßigten Klimazone durch Winterruhe (Bär,

Dachs) oder Winterschlaf (einige Nagetiere, Fledermäuse) überdauert. Dabei wird die Aktivität stark eingeschränkt, Atem- und Herzfrequenz verlangsamen sich, die Körpertemperatur sinkt ab, bei Winterschläfern bis nahe an die Umgebungstemperatur. Der so verminderte Energieverbrauch kann durch im Körper gespeicherte Fettreserven gedeckt werden. Die intensive Ernährung des Embryos im mütterlichen Körper und der Jungtiere nach der Geburt durch fett- und eiweißreiche Milch und eine ausgedehnte Brutpflege bilden die Voraussetzung für die Entwicklung und volle Funktionsfähigkeit des großen, leistungsfähigen Gehirns der Säugetiere. Die damit verbundene hohe Lernfähigkeit erlaubt ein variables, situationsabhängiges Verhalten, das wesentlich zum evolutiven Erfolg der Säugetiere einschließlich des Menschen beigetragen hat.

Säugetiere sind eine natürliche Verwandtschaftsgruppe (Klasse) innerhalb der Wirbeltiere. Ihre oben genannten und zahlreiche weitere gemeinsame Merkmale erlauben den Schluß, daß alle heute lebenden Arten auf eine gemeinsame Stammart zurückgehen, die Ende des Erdaltertums lebte.

Das eigentliche Zeitalter der Säugetiere begann mit dem Ausklingen des Erdmittelalters vor etwa 70 Millionen Jahren während der Kreide-Zeit. Die rezenten Ordnungen der Säugetiere, die durch das Aussterben der Übergangsformen heute gut gegeneinander abgegrenzte Einheiten wie Insektenfresser, Nagetiere, Fledertiere, Paarhufer, Raubtiere oder Wale bilden, begannen sich zu Beginn der Erdneuzeit vor ungefähr 50 Millionen Jahren zu entwickeln. Die realen Verwandtschaftsbeziehungen zwischen diesen Ordnungen sind noch weitgehend ungeklärt.

Hinweise zur Benutzung des Buches

Der vorliegende Säugetierführer berücksichtigt nahezu alle in Europa vorkommenden wildlebenden und durch den Menschen eingebürgerten Arten. Unberücksichtigt blieben wenige Arten, deren Verbreitungsgebiete von Osten her nur geringfügig nach Europa hineinreichen, ebenso einige »Arten«, deren Status als Art nicht einheitlich beurteilt wird. In diesen Fällen haben sich die Autoren der Meinung angeschlossen, daß es sich um Unterarten handelt (z. B. *Sorex raddei* als Unterart von *S. sinalis, Barbastella leucomelas*). Eine Ausnahme bilden die Wale, von denen nur die mit einer gewissen Regelmäßigkeit an den europäischen Küsten auftretenden Arten in Text und Bild vorgestellt und erst nach den Paarhufern abgehandelt werden. Systematisch sind sie hinter die Raubtiere einzuordnen. Am Schluß wird das Bennettkänguruh vorgestellt, als Vertreter der nicht in der Paläarktis vorkommenden Ordnung der Beuteltiere.

Die östliche Grenze des in diesem Buch behandelten Gebiets bildet der Ural und in seiner Verlängerung der Verlauf des gleichnamigen Flusses bis zur Einmündung in den Kaspisee. Im Südosten verläuft die Grenze an dessen westlichem Ufer bis zum Kaukasus, entlang dem Südrand dieses Gebirgszuges zum Schwarzen Meer, und folgt seiner nördlichen und westlichen Küstenlinie bis zum Bosporus. Die Verbreitungskarten erfassen im Osten, Süden und Südosten über die skizzierte Begrenzung wesentlich hinausreichende Gebiete. Nicht gesicherte oder nur auf Einzelfunden beruhende Verbreitungsangaben sind durch Fragezeichen, Ausbreitungstendenzen von Arten auf den Verbreitungskarten durch unterbrochene Linien gekennzeichnet.

Die Abfolge der Ordnungen, Familien, Gattungen und Arten richtet sich im wesentlichen nach Van den Brink (1977). Bei den Nagetieren wurde die neuere systematische Gliederung von Niethammer und Krapp (1978, 1982) übernommen.

Die meisten Arten sind farbig abgebildet. Nur dort, wo äußere Merkmale keine Unterscheidung zwischen sehr ähnlichen Arten zulassen, wurde auf die Darstellung verzichtet. Oft wird anhand der Farbabbildungen bereits eine Bestimmung der Art möglich sein. Ihre Richtigkeit kann mittels der Bestimmungstabellen und der Artdiagnose (»Kennzeichen«) nachgeprüft werden. Bei den Spitzmäusen und den Wühlmäusen ist eine Bestimmung bis zur Art nach äußeren Kennzeichen nicht in jedem Fall möglich. Hier muß sich der Benutzer des Buches mit seinem Material an einen Spezialisten wenden, um über die Artzugehörigkeit Klarheit zu erhalten.

Auf Bestimmungstabellen wurde auch dann verzichtet, wenn es sich um nach den Farbabbildungen eindeutig unterscheidbare Arten mit völlig getrennten Verbreitungsgebieten handelt (z. B. Pyrenäen-Desman und Russischer Desman) oder wenn nur eine Art einer Familie in Europa vorkommt (z. B. Wildschwein).

Wichtige, in den Bestimmungstabellen benutzte Merkmale sind durch Strichzeichnungen veranschaulicht. Jede Art ist mit einer Ordnungsnummer vor dem Artnamen versehen, die auch in der systematischen Liste, in den Bestimmungstabellen, bei den Abbildungen und Verbreitungskarten verwendet wird und dadurch eine schnelle Orientierung über alle eine Art betreffenden Informationen ermöglicht.

Die Artbeschreibungen sind folgendermaßen gegliedert:

Kennzeichen: Angaben über Größe, Färbung, charakteristische Merkmale und deren Variabilität, vielfach Zahnformel und Anzahl der Zähne.

Die bei der Beschreibung übergeordneter Kategorien, wie Gattung, Familie, Ordnung bereits erwähnten Merkmale treffen stets auch für die unter diesen Kategorien zusammengefaßten Arten zu, werden aber bei den Artbeschreibungen nicht wiederholt. Gleiches gilt für die in den Bestimmungstabellen der Familien und Gattungen verwendeten diagnostischen Merkmale. Sie sollten aber für die Artbestimmung immer mit berücksichtigt werden. Unter »Maße und Masse« sind die wichtigsten Standardmaße sowie die Körpermasse in ihrer Variationsbreite angegeben. Alle Differentialmerkmale sind ausschließlich auf die in Europa vorkommenden Formen bezogen. Die Erklärung der Abkürzungen und eine Erläuterung zu den Meßstrecken sind unter »Meßanweisung« (S. 12) zu finden. Spezielle Maße bei Fledermäusen sind auf S. 12 bis 14 dargestellt. Die Vermessung von Großsäugern geschieht nur im Rahmen der Jagdausübung und bleibt deshalb hier unberücksichtigt. »Ähnliche Arten« sind Arten mit ähnlichem Aussehen, die nicht immer nahe miteinander verwandt sein müssen, deren Kennzeichen zur sicheren Artbestimmung aber in die Überprüfung mit einbezogen werden sollten.

Vorkommen: Beschreibung des europäischen Verbreitungsgebiets der Arten und kurze Charakterisierung ihres Gesamtareals, Angaben zum Biotop sowie zur vertikalen Verbreitung.

Lebensweise: Angaben zur Aktivität (Tages- und Jahresrhythmik), zum Verhalten, zur Fortpflanzung, Ernährung und zu Feinden, im Sinne von Räuber-Beute-Beziehungen.

Besonderes: Das Stichwort enthält Erläuterungen zur Schädlichkeit, der wirtschaftlichen Nutzung, dem Gefährdungsgrad, Bemerkungen zur zwischenartlichen Konkurrenz u. a. Hier werden auch Angaben zur Gliederung in geographische Unterarten gemacht. Wo solche Angaben fehlen, sind Unterarten entweder nicht bekannt (monotypische Arten), oder es liegen keine gesicherten Kenntnisse über die Gliederung in Unterarten bzw. deren geographische Verbreitung vor. Dabei ist zu berücksichtigen, daß die Unterart im Gegensatz zur Art eine nicht nach objektiven Kriterien definierte systematische Kategorie darstellt und deshalb häufiger Gegenstand kontrovers vorgetragener Ansichten der verschiedenen Bearbeiter ist.

Meßanweisung und Zahnformel:
Körpermaße sind wichtige Merkmale zur Unterscheidung ähnlicher Arten. Am lebenden Tier sind hinreichend genaue Meßergebnisse in der Regel

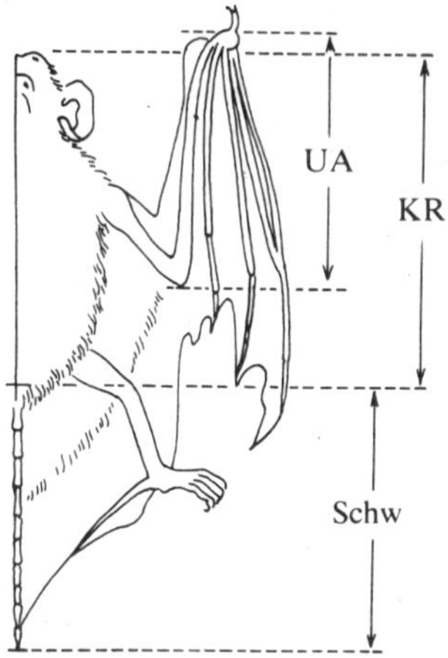

Körpermaße bei Fledermäusen: UA Unterarmlänge, KR Kopf-Rumpf-Länge, Schw Schwanzlänge

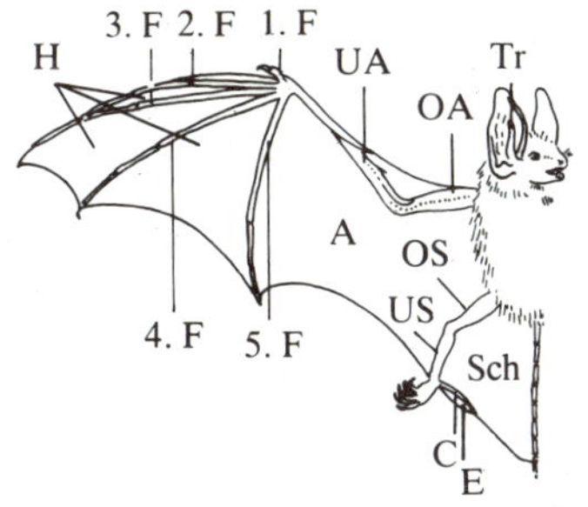

Körpermerkmale bei Fledermäusen:
H Handflughaut, A Armflughaut, Sch Schwanzflughaut, OA Oberarm, UA Unterarm, 1. F bis 5. F 1. bis 5. Finger, OS Oberschenkel, US Unterschenkel, C *Calcar*, E *Epiblema*, Tr Tragus

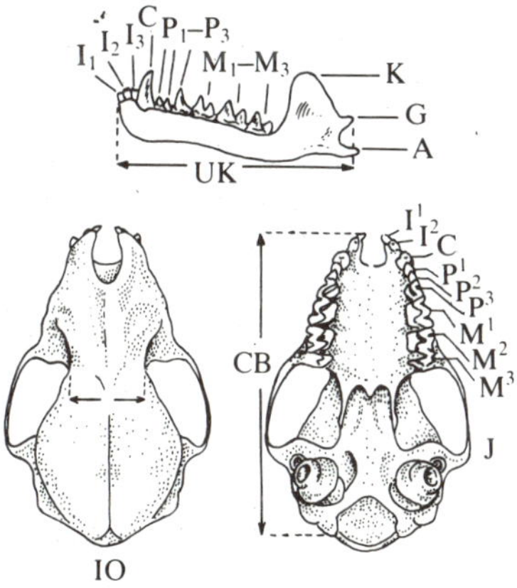

Schädelmaße, -merkmale und Bezeichnung der Zähne bei der Familie *Vespertilionidae*:
I *Incisivi*, P *Praemolares*, M Molares, K Kronenfortsatz, G Gelenkfortsatz, A Angularfortsatz, UK Unterkieferlänge, CB Condylobasallänge, J Jochbogen, IO Interorbitalbreite

nicht zu erhalten. (Eine Ausnahme bildet das Vermessen der Unterarmlänge bei Fledermäusen).

- Kopf-Rumpf-Länge (KR): Entfernung zwischen Schnauzenspitze und Schwanzwurzel.
  Der Körper des Tieres wird dazu gestreckt (aber nicht überdehnt) mit

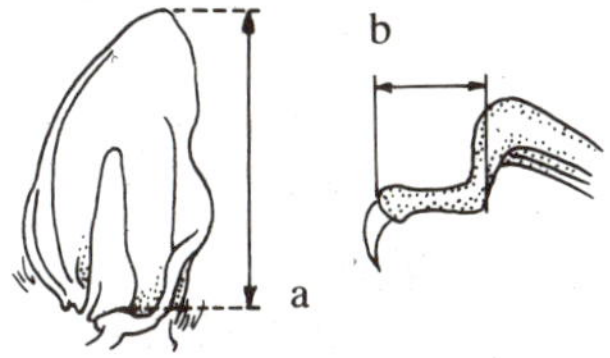

a Ohrlänge und b Daumenlänge bei Fledermäusen

dem Rücken nach unten auf den Meßstab gelegt.
- Körperlänge (KL): Länge der Wale von Schnauzenspitze bis Schwanzende.
- Schwanzlänge (Schw): Entfernung zwischen der Schwanzwurzel und der Schwanzspitze (ohne Endhaare). Außer bei Fledermäusen läßt sich dieses Maß am besten bestimmen, indem man das Tier mit dem Rükken nach unten an eine Tischkante legt und den Schwanz an seiner Ansatzstelle über die Kante nach unten abbiegt.
- Unterarmlänge (UA): Länge des Unterarmes bei Fledermäusen zwischen Ellenbogengelenk und Handknochen.
- Hinterfußlänge (HF): Entfernung zwischen Hinterrand der Ferse und

Vermessen der Kopf-Rumpf-Länge, der Lauflänge, der Ohrlänge und des Schwanzes bei Kleinsäugern

Halten und Messen des Unterarmes einer Fledermaus (Abendsegler)

Halten und Messen des Daumens (ohne Kralle) einer Fledermaus (Abendsegler)

Vorderrand der längsten Zehe (ohne Kralle).
- Ohrlänge (Ohr): Entfernung zwischen tiefstem Punkt der Ohröffnung und Ohrspitze.
- Widerristhöhe, Schulterhöhe (W): Körperhöhe des stehenden Tieres über den Vorderbeinen.
- Condylobasallänge (CB): Entfernung zwischen dem Vorderrand der Alveolen der vordersten *Incisivi* (Schneidezähne) und dem Hinterrand der Hinterhauptshöcker des Schädels (= *condyli*).
- Zygomatische Breite, Jochbogenbreite (Zyg): Größter Abstand zwischen den Außenrändern der Jochbögen des Schädels.

Alle im Text angegebenen Maße beziehen sich auf erwachsene Tiere. Bei Kleinsäugern macht es mitunter große Schwierigkeiten, Alt- und Jungtiere nach äußeren Merkmalen sicher voneinander zu unterscheiden. Dabei können Anzeichen von Fortpflanzungsaktivität (bei Weibchen Trächtigkeit bzw. aufgesaugte Zitzen, bei Männchen stark vergrößerte Hoden) nützlich sein. Außerdem sind Jungtiere von Fledermäusen, Nagetieren und Raubtieren meist deutlich dunkler gefärbt.

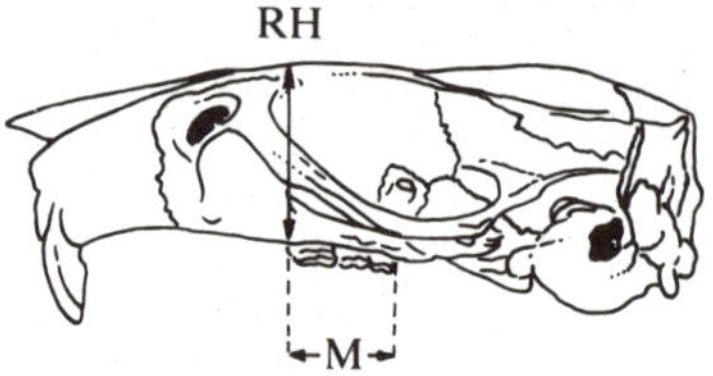

Oberschädel von *Rattus rattus* (84): RH Rostrumhöhe, M *Molares*

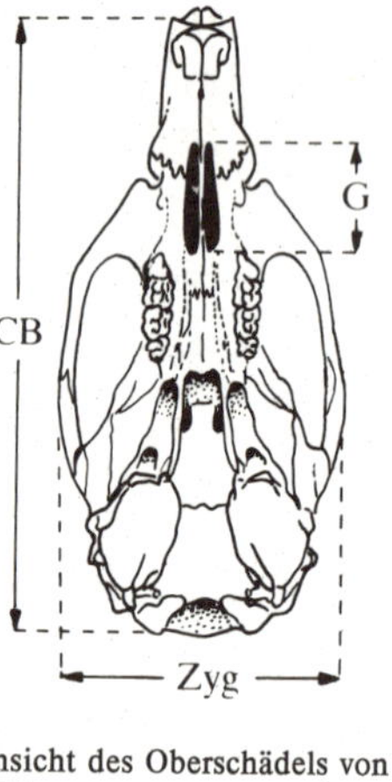

Unteransicht des Oberschädels von *Rattus rattus* (84):
CB Condylobasallänge Zyg Zygomatische Breite, G Gaumenspaltenlänge

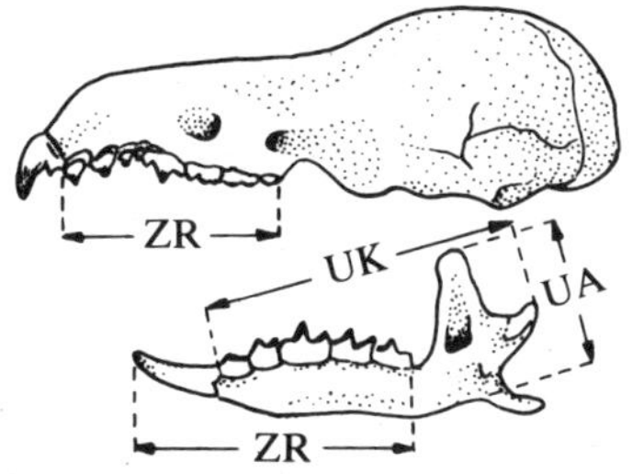

Schädel von *Neomys fodiens* (19):
ZR Zahnreihenlänge, UK Unterkieferlänge, UA Unterkieferasthöhe

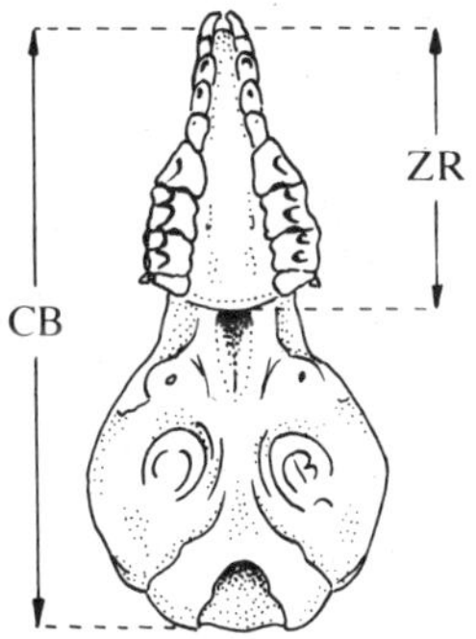

Unteransicht des Oberschädels von *Neomys fodiens* (19):
ZR Zahnreihenlänge, CB Condylobasallänge

Bei den Körpermaßen und in den Abbildungen werden die Zeichen ♂ für Männchen und ♀ für Weibchen verwendet.

Zahntypen und Zahnformel:
Säugetiere haben verschiedene Zahntypen, die an unterschiedliche Funktionen bei der Aufnahme und Zerkleinerung der Nahrung angepaßt sind. Von vorn nach hinten folgen *Incisivi* Schneidezähne (I), *Caninus* Eckzahn (C), *Praemolares* Vorbackenzähne (P) und *Molares* Backenzähne (M) aufeinander. Ihre Anzahl ist meist gattungsspezifisch. Es gibt verschiedene Möglichkeiten, die Zahnformel aufzuschreiben. Die in diesem Buch gewählte Form gibt oberhalb des Trennungsstriches die Anzahl der Zähne jedes Typs in einer Oberkieferhälfte, unterhalb des Trennstrichs die einer Unterkieferhälfte stets in der Reihenfolge: Schneidezähne, Eckzahn, Vorbacken-, Backenzähne an. Besitzt eine Art 2 Schneidezähne (I), 1 Eckzahn (C), 2 Vorbackenzähne (P) und 3 Backenzähne (M) in jeder Ober- und Unterkieferhälfte, lautet die Zahnformel $\frac{2\,1\,2\,3}{2\,1\,2\,3} = 32$. Die Gesamtzahl aller Zähne – in diesem Fall 32 – ergibt sich durch Verdopplung. Sind bestimmte Zahntypen nicht ausgebildet, wie bei Nagetieren, denen Eckzähne und Vorbackenzähne fehlen, steht an ihrer Stelle eine 0 in der Zahnformel, z. B. bei der Feldmaus $\frac{1\,0\,0\,3}{1\,0\,0\,3} = 16$.
Die hoch- bzw. tiefgestellten Ziffern bezeichnen die Stellung im Gebiß. So bedeutet z. B. M^1 1. oberer *Molar*, I_2 2. unterer *Incisivus*.

Die Säugetierfauna Europas aus tiergeographischer Sicht

Die rezente Tierwelt der Erde unterscheidet sich – ebenso wie die heutige Flora – in ihrer Zusammensetzung auf den einzelnen Kontinenten in charakteristischer Weise. Diese Erscheinung ist das Ergebnis tiefgreifender Veränderungen der Erdoberfläche im Verlaufe ihrer Geschichte und der Geschichte des Lebens. Durch Kontinentaldrift wurde der im Erdaltertum noch einheitliche Festlandskomplex in verschiedene Schollen aufgespalten, ein Prozeß, der über große Zeiträume zur Trennung und heutigen Lage der Kontinente führte. Hebungen und Senkungen des Meeresspiegels bewirkten die Freilegung oder Überschwemmung kontinentaler Schelfgebiete, wodurch zeitweilig Landbrücken, z. B. zwischen Nordamerika und Asien im Gebiet der heutigen Beringstraße, entstanden.

In Abhängigkeit von geologischem Alter der Tiergruppen und ihren Entstehungszentren haben sich die Isolierung oder Verbindung einzelner Kontinente, ihr Klima und ihr Oberflächenrelief während der Erdgeschichte auf die Zusammensetzung der Tierwelt ausgewirkt und erklären – zusammen mit den ökologischen Ansprüchen der Arten – ihre heutige Verbreitung. Auf dieser Grundlage ergibt sich eine Gliederung der Erdoberfläche in tiergeographische Regionen, die sich durch gewisse einheitliche Charakterzüge ihrer Fauna auszeichnen.

Europa ist tiergeographisch gesehen Teil der paläarktischen Region, die sich von Island und Portugal im Westen östlich bis zur Beringstraße und nach Japan erstreckt. Ihre südliche Begrenzung bildet im asiatischen Teil die Hochgebirgskette des Himalaja, die einen Faunenaustausch mit der angrenzenden Orientalischen Region bis auf ein kleines Übergangsgebiet in China wirkungsvoll verhindert. Im vorderasiatischen und europäischen Teil der Paläarktis ist die Abgrenzung nach Süden weniger vollständig. Die Landverbindung mit dem afrikanischen Kontinent über Kleinasien und die arabische Halbinsel bot Ausbreitungsmöglichkeiten für Landtiere in beiden Richtungen, so daß sowohl Teile der arabischen Halbinsel als auch Nordafrika zur paläarktischen Region gerechnet werden. In diesem gewaltigen Landmassiv – der größten tiergeographischen Region der Erde – war während der Erdneuzeit eine nahezu ungehinderte Ausbreitung der dort lebenden Tierarten möglich. Die paläarktische Säugetierfauna ist deshalb relativ einheitlich, eine ganze Anzahl von Arten kommt in der gesamten Region vor.

Über die erwähnte Landbrücke zwischen Asien und Nordamerika (Nearktis) fand im Tertiär und während des Eiszeitalters (Pleistozän) ein mehrfacher intensiver Artenaustausch statt. Beide Regionen haben deshalb zahlreiche Familien, Gattungen und Arten von Säugetieren gemeinsam. Paläarktis und Nearktis werden aus diesem Grund zur Holarktis, der Gesamtheit aller nichttropischen Gebiete der nördlichen Hemisphäre, zusammengefaßt. Arten, die sowohl in Nordamerika als auch in Eurasien vorkommen (holarktische Faunenelemente) sind u. a.: Elch, Rothirsch, Vielfraß, Braunbär, Wolf, Rotfuchs, Eisfuchs, Hermelin, Mauswiesel, Biber, Berg- und Halsbandlemming,

Seehund, Kegel- und Ringelrobbe. Hinzu kommen nahe verwandte Arten der Gattungen *Citellus* Ziesel, *Microtus* Feldmäuse, *Clethrionomys* Rötelmäuse, *Myotis* Mausohrfledermäuse sowie der Familien *Soricidae* Spitzmäuse und *Talpidae* Maulwürfe. Igel, Schläfer, Stachelschweine, Echte Mäuse, Hamster und Hufeisennasen sind in der Nearktis nicht vertreten.

Der europäischen (= westpaläarktischen) Unterregion gehören etwa 170 bis 180 wildlebende Säugetierarten an. Eine genaue Zahl kann nicht genannt werden, da die Abgrenzung Europas von Asien nur formal möglich ist und man lange darüber diskutieren könnte, welche Arten der ostpaläarktischen Unterregion bereits oder noch zur Fauna Europas gehören. Der größte Teil der in diesem Buche behandelten Arten hat sich in Europa entwickelt, ein geringer Prozentsatz ist in Europa eingewandert oder passiv dorthin gelangt wie Haus- und Wanderratte. Im ersteren Fall spricht man von bodenständigen oder autochthonen, im letzteren von ortsfremden oder allochthonen Arten. Die Begriffe werden auch für Gattungen, Familien oder höhere Kategorien des Systems verwendet.

Endemische Faunenelemente sind in der europäischen Subregion nur spärlich vertreten. Als solche bezeichnet man Arten oder Artengruppen, die ausschließlich in einem mehr oder weniger eng abgegrenzten Gebiet heimisch sind. Die Familie der *Spalacidae* Blindmäuse und die *Desmanidae* (mit dem Pyrenäen-Desman und dem Russischen Desman) sind die einzigen endemischen Familien. Endemisch für Europa sind die Gattungen *Rupicapra* Gemse, *Glis* Siebenschläfer, *Muscardinus* Haselmaus, *Dinaromys* Bergmaus. Die Zahl der endemischen Arten ist wesentlich größer.

Nachhaltigen Einfluß auf die heutige Artzusammensetzung und Verbreitung der europäischen Säugetierfauna hatte

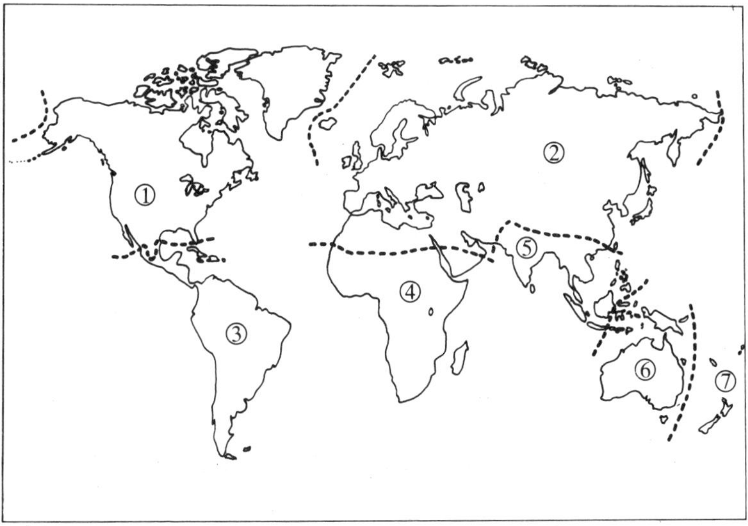

Zoogeographische Regionen der Erde:
① Nearktische Region, ② Paläarktische Region, ③ Neotropische Region, ④ Äthiopische Region, ⑤ Orientalische Region, ⑥ Australische Region, ⑦ Ozeanische Region

das Eiszeitalter (Pleistozän). Mit einer Dauer von 1,9 Millionen Jahren war dieser geologisch kurze Abschnitt der Erdgeschichte keine durchgängig kalte Epoche, sondern bestand aus mehreren Kalt- (Glazial-) und Warm- (Interglazial-)zeiten. Dieser Wechsel führte zu drastischen Schwankungen des Meeresspiegels (bis 200 m!) mit einer Absenkung während der Kaltzeiten und einem Ansteigen im Gefolge der wärmeren Perioden. Auf diese Weise war im Verlauf der Eiszeit nicht nur mehrfach eine Landverbindung zwischen Nordamerika und Asien vorhanden, auch die Britischen Inseln waren wiederholt, letztmalig vor etwa 8 000 bis 9 000 Jahren, für Landtiere vom europäischen Festland aus zu erreichen.

Schon am Ende des Tertiärs fand eine Abkühlung des europäischen Klimas statt. Während der folgenden Kaltzeiten waren weite Gebiete Europas mehrfach vom Inlandeis bedeckt. Seine Südgrenze verlief in Südengland, Holland und nördlich der mitteleuropäischen Mittelgebirge. In den Alpen bildeten sich weit in das Vorland reichende Gletscher. In der nicht vom Eis bedeckten Zone breitete sich eine Steppen- und Tundrenlandschaft aus. Die durch die Vereisung bedingten Klimaänderungen bewirkten eine Verdrängung großer Teile der ursprünglichen Säugetierfauna, die sich der Kälte nicht anzupassen vermochte, in südöstliche bzw. südwestliche Rückzugs-(Refugial-)gebiete. Von hier aus erfolgte in den Warmzeiten und nach der Eiszeit die Wiederbesiedlung der ehemaligen Verbreitungsgebiete. Auf diese Weise entstanden durch geographische Trennung der Stammarten während der Kaltzeiten eine Anzahl nahe verwandter Arten oder Unterarten der europäischen Säugetierfauna. Beispiele hierfür sind Pyrenäen- und Russischer Desman – die heute sogar zu unterschiedlichen Gattungen gehören –, West- und Ostigel, Große und Kleine Bartfledermaus, oder die Unterarten einiger Kleinsäuger.

In den eisnahen Gebieten dominierten während der Kaltzeiten Arten, die heute für arktische Gebiete oder Hochgebirge charakteristisch sind, wie Ren, Eisfuchs, Vielfraß, Gemse, Steinbock, Schneehase, Berglemming und verschiedene Arten rotzähniger Spitzmäuse (Gattung *Sorex*). Die vergletscherten europäischen Hochgebirge bildeten während der Kaltzeiten ein zusammenhängendes Verbreitungsgebiet für diese Arten. Bei der nacheiszeitlichen Wiedererwärmung boten nur noch die nun wieder voneinander isolierten Hochgebirgsregionen die gewohnten Lebensbedingungen, wodurch das heutige disjunkte (zersplitterte) Vorkommen von Gemse, Alpenmurmeltier, Schneehase und anderen Arten erklärbar ist.

Die in der Nacheiszeit (Holozän) vom Rückzug des Eises begleitete Erwärmung des Klimas führte zur Ausbildung der heutigen Vegetationszonen und zum gegenwärtigen Verbreitungsbild der europäischen Säugetiere. Die eiszeitlichen Großsäugetiere Mammut, Wollnashorn, Höhlenbär, Höhlenlöwe und Höhlenhyäne starben aus. Die meisten Arten der asiatischen Steppenfauna zogen sich mit zunehmender Bewaldung in ihre östlichen Ursprungsgebiete zurück. Die an Wald gebundenen Arten stießen aus den südost- bzw. südwesteuropäischen Refugialgebieten wieder nach Norden vor und erreichten bis auf wenige Ausnahmen – z. B. Gartenschläfer und Kurzohrmäuse – noch die Britischen Inseln, bevor diese erneut durch das Meer vom Festland isoliert wurden.

Die europäische Säugetierfauna wurde durch den Menschen in vieler Hinsicht beeinflußt und verändert. Durch Rodung für den Ackerbau wurden die ausgedehnten nacheiszeitlichen Waldgebiete stark reduziert. Als Folge der z. T. nur als Raubbau zu bezeichnenden Waldvernichtung, von der vor allem Nordafrika und das europäische Mittelmeergebiet betroffen waren, hat sich der Lebensraum aller waldbewohnenden Arten stark eingeengt. An offenes Gelände angepaßte Arten wie Feldhase, Hamster, Ziesel, Feld- und Brandmaus haben von dieser Entwicklung bis in jüngste Zeit profitiert. Arten mit hoher Anpassungsfähigkeit an unterschiedliche Lebensbedingungen wie der Rotfuchs oder die Gemeine Waldmaus sind von solchen Veränderungen der Landschaft wenig betroffen.

Der weitgehenden Ausrottung der als Nahrungskonkurrenten des Menschen auftretenden großen Raubsäuger wie Bär, Wolf und Luchs steht die Einbürgerung zahlreicher anderer Arten gegenüber. Sie betrifft: 1. autochthone europäische Arten, die ihr Verbreitungsgebiet z. T. bedeutend erweitert haben (Damwild, Mufflon, Gemse, Biber, Alpenmurmeltier, Feldhase, Wildkaninchen). 2. allochthone Arten, die als Pelztiere (Bisamratte, Nutria, Waschbär, Mink, Marderhund), Jagdtiere (Weißwedelhirsch, Sikahirsch, Muntjak) zur Bekämpfung anderer Arten (Manguste und Ginsterkatze) vom Menschen ausgesetzt wurden und zum größten Teil beständige wildlebende Populationen gebildet haben. Auch der Magot (Berberaffe) verdankt sein Vorkommen auf dem europäischen Festland dem Menschen; die Einbürgerung erfolgte, wie die des Stachelschweins, schon im Altertum. Wanderratte, Hausratte und Hausmaus sind als Kulturfolger in Europa weit verbreitet, wobei der Mensch durch Verschleppung diesen Prozeß ungewollt gefördert hat. Die Hausratte ist aber im Gegensatz zur Hausmaus und zur Wanderratte ursprünglich keine paläarktische Art, sondern entstammt der Orientalischen Region.

Säugetierschutz

Von Einzelbeispielen abgesehen, ist der Schutz der europäischen Säugetiere bis in die jüngste Vergangenheit ungenügend. Dafür gibt es verschiedene Gründe.

Aus juristischer Sicht sind 4 Kategorien zu unterscheiden:

1. ganzjährig jagdbare Arten,
2. jagdbare, aber in der Regel zeitweise oder ganzjährig von der Jagd verschonte Arten,
3. unter Naturschutz stehende Arten,
4. ungeschützte Arten.

Schon dieser Überblick läßt unterschiedliche gesellschaftliche Ansprüche an den Schutz der Säugetiere erkennen. Erschwerend für den Säugetierschutz ist, daß wir noch nicht ausreichend über Ökologie, Ethologie, Fortpflanzungsbiologie und das Vorkommen der einzelnen Säugetierarten und damit verbunden über ihre Populationsstärken unterrichtet sind. Falsche Vorstellungen und die Etikettierung der Arten mit Eigenschaften wie »schädlich«, »nützlich«, »gefährlich« oder sogar »unheimlich« stehen vielfach einem effektiven Säugetierschutz entgegen. Die Nützlichkeit von Pflanzen und Tieren kann jedoch nicht das einzige Motiv sein, unsere Flora und Fauna in einer möglichst großen Artenvielfalt zu erhalten. Ökologische Beziehungsgefüge sind so vielschichtig – diese Erkenntnis hat sich inzwischen weitgehend durchgesetzt –, daß bereits das Verschwinden einer oder weniger Arten oft unübersehbare Folgen für die weitere Verarmung der Pflanzen- und Tierwelt hat, womit die Anfälligkeit der Lebensgemeinschaft gegenüber Umweltbelastungen weiter zunimmt.

Nur langsam hat sich in den vergangenen Jahrhunderten in Europa die Erkenntnis durchgesetzt, daß das oft sinnlose Fangen und Töten von großen oder mittelgroßen Säugetieren nicht ohne Schäden für das ökologische Gleichgewicht weiter hingenommen werden kann und durch gesetzliche Regelungen zumindest beschränkt werden muß.

Für die meisten Kleinsäuger wurden aber derartige Regelungen nicht geschaffen, weil man annahm, sie wären unbegrenzt häufig, ihre Regenerationsfähigkeit vertrüge alle Eingriffe in ihre Populationen, oder sie stellten für den Menschen eine Gefahr dar und müßten deshalb rigoros dezimiert werden. Über ihr Vorkommen wußte man wenig, und Rückgänge in der Populationsdichte wurden noch seltener bemerkt als bei den größeren Arten. Die als jagdbar betrachteten Säugetiere wurden in die Obhut der Jagd übernommen. Die Hegemaßnahmen spiegelten meist nur lokale Gesichtspunkte wider. Der Naturschutz beschränkte sich auf einzelne Arten und war um deren Erhaltung und Verbreitung bemüht. Als Beispiel sei die nach dem I. Weltkrieg gegründete »Internationale Gesellschaft zur Erhaltung des Wisents« angeführt. Die Bemühungen um die Art, von der es 1922 (einschließlich des Bestandes in zoologischen Gärten) nur noch insgesamt 56 Tiere gab, waren erfolgreich. Sie können nicht hoch genug eingeschätzt werden.

Ebenso erfolgreich war das Schutzprojekt »Alpensteinbock«. Es gelang, den einzigen, durch ständige jagdliche Übergriffe zusammengeschmolzenen, kleinen Restbestand in dem eigens dafür 1922 gegründeten Nationalpark Gran Paradiso (Italien) zu erhalten. Von hier aus konnten später wieder (auch durch Gehegezuchten gestützt) Steinböcke in andere Alpenländer, wo sie einst vorkamen, ausgesetzt werden.

Die Intensivierung der land- und forstwirtschaftlichen Produktion, die schnelle Erweiterung oder die Neugründung von Städten, Siedlungen, Industriegebieten, Verkehrstrassen sowie die Trockenlegung von Feuchtbiotopen und die Entwicklung des kommerziellen Tourismus haben in vielen Gebieten Europas in den letzten Jahrzehnten zu einer beschleunigten Verminderung der Tierarten, besonders auch von Säugetieren, geführt. Es darf aber nicht unerwähnt bleiben, daß sich einige Säugetierarten besonders seit dem Mittelalter infolge riesiger Waldrodungen in Europa ausbreiten konnten. Die Entwicklung der Kulturlandschaft hat artspezifisch, positiv oder negativ auf die einzelnen Säugetierpopulationen gewirkt und wird sie auch künftig beeinflussen.

Als weitere Belastung der Tierwelt (und nicht nur dieser) wirkt der Einsatz chemischer Stoffe in der Land- und Forstwirtschaft. Besonders die Insektenfresser (einschließlich der Fledermäuse) werden in ihren Beständen davon betroffen. Auch die Einbürgerung oder das Aussetzen von fremden Arten, nicht selten nur aus Interesse an der Jagd, ist ökologisch problematisch und kann mit dem Argument »Bereicherung der Fauna« nicht gerechtfertigt werden. Die bei Huftieren oft nur jagdlichen Interessen dienende Selektion (beispielsweise nach der Geweihbildung) kann für die Gesamtentwicklung der Art von zweifelhaftem Wert sein. Die Jagd hat die verantwortungsvolle Aufgabe, die ihr anvertrauten Arten zu bewahren und die Populationen in ökologisch vertretbaren Größen zu halten.

Auch wenn verschiedene Säugetierarten mit den Bedingungen in der modernen Kulturlandschaft gut auskommen (z. B. Ratten und Mäuse), sind viele andere in ihren Beständen rückläufig oder gar vom Aussterben bedroht (z. B. Fledermäuse, Bär, Luchs, Fischotter, Wildkatze, Robben, Desman, Wale). Aber auch einst häufige Arten, wie Feldhamster, Ziesel, Feldhase, nehmen in ihren Bestandzahlen spürbar ab. Gerade in den letzten Jahrzehnten wurden auf nationaler und internationaler Ebene die Ursachen solcher rückläufiger Bestandsentwicklungen untersucht und publiziert.

Hauptaufgaben des Artenschutzes sind:

1. Die Ausarbeitung und gesetzliche Durchsetzung wirksamer Schutzmaßnahmen, dabei besonders des komplexen Biotopschutzes als wichtigster Aufgabe,
2. die ausreichende Information und Aufklärung der Öffentlichkeit und der Planungsorgane über die Notwendigkeit von Schutzmaßnahmen, durch Artenschutzprogramme und Rotbücher,
3. die internationale Zusammenarbeit.

Die Erhaltung von Arten, Unterarten und Haustierrassen muß auch unter dem Gesichtspunkt der Erhaltung genetischer Reserven gesehen werden. Ihre Bedeutung ist derzeit noch nicht voll erkannt und überschaubar. Besonders autochthone Arten und Formen sind solche genetisch wichtige Ressourcen.

Es muß erkannt werden, daß Säugetiere unentbehrliche Bestandteile der entsprechenden Lebensgemeinschaften sind und spezielle ökologische Funktionen im Haushalt der Natur haben. Das schließt bei gesicherten Populationen eine planvolle und auf wissenschaftlicher Grundlagen fußende Nutzung keinesfalls aus.

In den letzten Jahren sind die gesetzlichen Grundlagen des Säugetierschut-

zes in den einzelnen Ländern, wenngleich sehr unterschiedlich, ausgebaut und verbessert worden. Jeder sollte die in seinem Land bestehenden einschlägigen Rechtsvorschriften kennen und sich darüber hinaus für den Schutz der Säugetiere einsetzen.
Als eine wichtige internationale Errungenschaft auf dem Gebiet des Artenschutzes muß das Washingtoner Artenschutzübereinkommen von 1973, das von vielen Staaten inzwischen unterzeichnet wurde, angesehen werden. Es regelt und kontrolliert den internationalen und nationalen Handel mit bedrohten Tier- und Pflanzenarten. Das bedeutet, daß bei der Einfuhr von bedrohten Arten (bei lebenden oder toten Exemplaren) in einen der Mitgliedsstaaten eine Ausfuhrgenehmigung aus dem Herkunftsland vorliegen muß. In der Anlage I werden die vom Aussterben bedrohten Arten aufgeführt, deren Ein- oder Ausfuhr nur in Ausnahmefällen zulässig ist. Dazu gehören von den in diesem Buch genannten Arten: Fischotter, Mönchsrobben (verschiedene Unterarten), die italienischen Braunbären sowie Seiwal, Blauwal, Finnwal und Nordkaper.
In der Anlage II und III werden die Arten aufgeführt, deren Bestand durch den Handel bedroht ist. Zur Anlage II gehören alle Primaten (Affen), alle Wale außer den in I genannten, der Eisbär, alle freilebenden Katzen und das Mufflon. Aus der Anlage III ist das Walroß zu nennen.
Es ist nicht leicht, die europäische Säugetierfauna nach Gesichtspunkten eines sinnvollen Schutzes zu ordnen. Die nachfolgenden Ausführungen beschränken sich auf Zusammenfassungen nach Ordnungen.

Insektenfresser

Es gilt alle Igelarten, besonders den Wanderigel wegen seines kleinen Verbreitungsgebietes, zu schützen. In den meisten Staaten stehen sie unter Naturschutz. Besonders wichtig ist die Erhaltung von entsprechenden Lebensräumen. Die besonders in Mitteleuropa praktizierten Versuche, die freilebenden Igelpopulationen durch Überwinterung in menschlicher Obhut erhalten zu können, sind nicht sinnvoll, da ihr Anschluß an die freilebenden Populationen sehr problematisch ist. Die Erhaltung von Überwinterungsstätten (z. B. Kompost- und Laubhaufen in Gärten) ist wie das Unterlassen des Abbrennens von Grasflächen eine wichtige Naturschutzaufgabe zur Erhaltung des Igelbestandes.
Die Maulwürfe, wenn sie auch nicht in allen Ländern gesetzlich geschützt sind, sollten geduldet werden.
Um die gesetzlich geschützten Desmane zu erhalten, ist ein konsequenter Biotopschutz notwendig.
Die Spitzmausarten werden in den gesetzlichen Bestimmungen recht unterschiedlich behandelt. Oft sind sie mit Ausnahme der Wasserspitzmaus geschützt. Besonders die an das Wasser oder an Feuchtgebiete gebundenen Arten (z.B. Wasserspitzmaus, Sumpfspitzmaus, Alpenspitzmaus) sind stark bedroht.

Fledermäuse

Die Fledermäuse sind in fast allen europäischen Staaten geschützt. Der gesetzliche Schutz reicht aber bei diesen generell bedrohten Arten nicht aus. Neben immer noch stattfindender Vernichtung von Tieren wirkt sich der Verlust geeigneter Lebensstätten und die Verringerung des Nahrungsangebotes durch den Einsatz von Bioziden negativ aus. Der Schutz und die Erhaltung der Wochenstuben, der Baumhöhlen (Spechthöhlen) sowie der Überwinterungsstätten (z. B. Höhlen und Stollen) ist besonders notwendig. Fledermäuse in Kellern oder auf Dachböden dürfen nicht gestört werden. Sie stellen keine Gefahr für Menschen dar. Fledermäuse sind für den Menschen außerordentlich nützlich, weil sich ihre Nahrung vorwiegend aus Schadinsekten zusammensetzt. Ein Großteil der als Schädlinge auftretenden Schmetterlinge ist z. B. nachtaktiv und kann deshalb von den bei Tage auf Nahrungssuche gehenden insektenfressenden Vogelarten nicht erbeutet werden. Fledermäuse und Singvögel ergänzen sich durch ihre alternierenden Aktivitätszeiten auf eine für den Menschen sehr vorteilhafte Weise bei der biologischen Schädlingsbekämpfung. Während aber der Vogelschutz schon lange in der Land- und Forstwirtschaft einen festen Platz hat, gibt es einen großen Nachholebedarf bezüglich der Hegemaßnahmen für Fledermäuse.

Hasentiere

Von den Hasenarten ist besonders der Alpen-Schneehase durch den Tourismus gefährdet.

Nagetiere

In manchen Staaten stehen alle Schläfer oder zumindest einzelne Arten unter Schutz. Biber und Murmeltiere sind meist streng geschützt. Von Ausnahmen abgesehen, sind die Ziesel nicht geschützt. Die Eichhörnchen sind nur teilweise geschützt, meist jagdbar. Besonderen Schutzes bedürfen Flughörnchen und Stachelschweine.
Von den Echten Mäusen stehen selten einzelne Arten unter Schutz. Gebietsweise wird von einem Rückgang der Zwergmaus berichtet. Schutzmaßnahmen für Feldhamster und Zwerghamster werden erwogen, ebenso für Schneemaus, Sumpfmaus, Birkenmäuse und einige Kleinwühlmausarten. Noch nicht ausreichend ist der gesetzliche Schutz der Blindmäuse, er erfordert eine stärkere Aufmerksamkeit. Blindmäuse zählen inzwischen mit zu den gefährdetsten Arten und bedürfen eines umfassenden Schutzes.

Raubtiere

In vielen Staaten sind Braunbär, Eisbär, Wildkatze, Luchs, Hermelin und Mauswiesel geschützt oder weitgehend von der Jagd ausgenommen. Besonders die Bemühungen um die Erhaltung des Fischotters sind in Europa zu einer vordringlichen Naturschutzaufgabe geworden. In vielen Staaten steht er unter strengem Schutz oder wird von der Jagd verschont. Der Tigeriltis steht in der Sowjetunion unter Schutz. Intensiven Schutzes bedürfen ferner Europäischer Nerz und Goldschakal. In einigen Ländern ist auch der Iltis in seinem Bestand gefährdet.
Ein wirksamer Schutz aller Robbenarten steht noch aus. Neben eindeutigen gesetzlichen Regelungen – der Abschuß sollte generell verboten werden – gilt es umfangreiche Biotopschutzmaßnahmen durchzusetzen. Besonders bedroht ist die Mönchsrobbe.

Paarhufer

Besonders schutzwürdig sind der Alpensteinbock, die Bezoarziege, die autochthonen Vorkommen des Mufflons und des Damhirsches. In vielen Staaten stehen Gemsen unter Naturschutz. Einzelne Abschüsse werden aber genehmigt.

Wale

Der Schutz der Wale ist nur international durchzusetzen. Eine UNO-Kommission arbeitet an international verbindlichen Regelungen. Die Begrenzung des Walfanges und der Fanggebiete kann noch keinesfalls befriedigen.
Der Säugetierschutz ist nicht einfach realisierbar. Das Problem ist nicht allein durch gesetzliche Regelungen oder durch die Ausweisung großflächiger Naturschutzgebiete zu lösen. Die enge Zusammenarbeit zwischen Jagd und Naturschutz ist eine dringende Notwendigkeit nicht nur für die Regulation der Bestände, sondern auch für den Schutz seltener Arten vor häufigen Nahrungskonkurrenten und Feinden. Die regelmäßige Kontrolle und Auswertung der Vorkommen bestimmter Säugetierarten, unter Einhaltung entspre-

chender Verhaltensnormen, ist eine notwendige Naturschutzaufgabe. Die Nachzucht von Tieren aus autochthonen Beständen unter wissenschaftlicher Leitung sollte verstärkt durchgeführt werden, um bei Bedarf diese Tiere aussetzen zu können. Das Aussetzen fremder Arten sollte aus vielerlei Gründen unterlassen werden. Die Schäden für die heimische Fauna sind nicht abzusehen. Mögen diese Hinweise dazu anregen, den Säugetierschutz zu unterstützen und zu fördern. Wir alle tragen gemeinsam Verantwortung für den Fortbestand einer artenreichen Säugetierfauna.

Beobachten von Säugetieren

Säugetiere sind in der Natur schwerer als Vögel zu beobachten, da sie meist scheu sind und verborgen leben. Hinzu kommt, daß die Mehrzahl der Arten in der Abenddämmerung, nachts oder in den frühen Morgenstunden am aktivsten ist. Wer nicht auf zufällige Begegnungen angewiesen sein will, muß die Zeiten der Dämmerung für planmäßige Beobachtungen nutzen. Das erschwert aber, von Großsäugern abgesehen, ein sicheres Erkennen oder das Verfolgen kleiner oder mittelgroßer Säugetiere über längere Zeit. Ohnehin sind sehr viele Arten von dunkler Farbe. Die Volksweisheit hat ihre volle Berechtigung: In der Nacht sind alle Katzen grau.

Die tagaktiven Arten entziehen sich während der Mittagstunden unseren Blicken, dann ruhen sie in unterschiedlichen Verstecken oder verhalten sich regungslos.

Es versteht sich von selbst, daß für Pirschgänge eine dunkle und nicht raschelnde Kleidung notwendig ist. Ruhige Bewegungen, das Vermeiden jeglicher Geräusche und bei größeren Säugetieren die Annäherung gegen den Wind und die Nutzung von Deckungsmöglichkeiten sind wichtige Voraussetzungen für erfolgreiche Beobachtungen. Pflanzenfressende Säugetiere, die oft Herden bilden, sind leichter zu beobachten als einzeln jagende Raubtiere. Fernglas und Fotoapparat mit Teleoptik gehören unbedingt zur Ausrüstung, aber nicht das Blitzlicht! Viele Tiere werden durch »Blitzen« beunruhigt. Für das Fotografieren von größeren Säugern sind gut getarnte Verstecke notwendig. Es sollte selbstverständlich sein, vor der Anlage solcher »Ansitze« den zuständigen Förster oder Grundeigentümer zu konsultieren. Unter Naturschutz stehende Arten, besonders vom Aussterben bedrohte Säugetiere, dürfen nur mit einer Genehmigung der Naturschutzbehörde fotografiert werden. Man mache sich darüber sachkundig!

Kleinsäuger können oft, wenn man an erfolgversprechenden Stellen lautlos und längere Zeit stehen bleibt oder sich hinsetzt, beobachtet oder »verhört« werden. Aber Zeit muß man dafür mitbringen. Nicht selten ist das Zwitschern der Spitzmäuse aus der dichten Bodenvegetation deutlich zu vernehmen. Haben wir die Eingänge zu Bauen von Mäusen oder Raubsäugern entdeckt und setzen uns versteckt an, können wir interessante Beobachtungen erwarten. Kleinsäuger können an ausgewählten Stellen durch Auslegen von Futter (Körnern, Samen, Nüsse) angelockt und so leichter beobachtet werden. In den Abendstunden und während der Nacht gelingt es dem aufmerksamen Beobachter gelegentlich, gegen den helleren Himmel oder im Lichtkegel von Straßenlampen Fledermäuse bei ihren Nahrungsflügen auszumachen. Wenn auch dabei eine sichere Artbestimmung nicht möglich ist, sind doch derartige Beobachtungen zur Kenntnis der Lebensweise der Fledermäuse durchaus interessant und wertvoll. Überwinternde Fledermäuse, gleich wo sie angetroffen werden, sind nicht zu berühren oder gar von ihren Hangplätzen zu entfernen!

Häufig werden Fledermäuse, Mäuse oder Schläfer in Vogelnistkästen gefun-

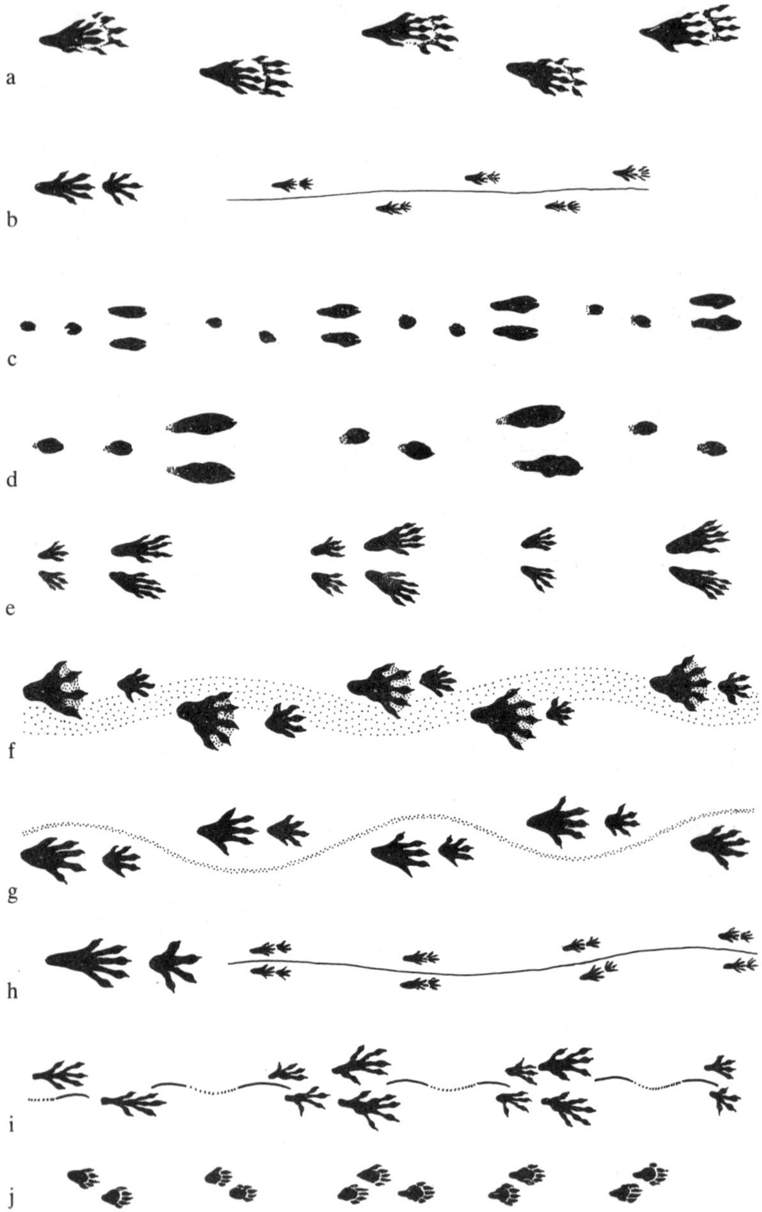

Spuren von: a Igel (1), b Spitzmaus (10), c Kaninchen (58), d Feldhase (59), e Eichhörnchen (61), f Biber (72), g Bisamratte (98), h Feldmaus (103), i Waldmaus (81), j Hermelin (146). Größenvergleich zwischen den unterschiedlichen Spuren nicht möglich.

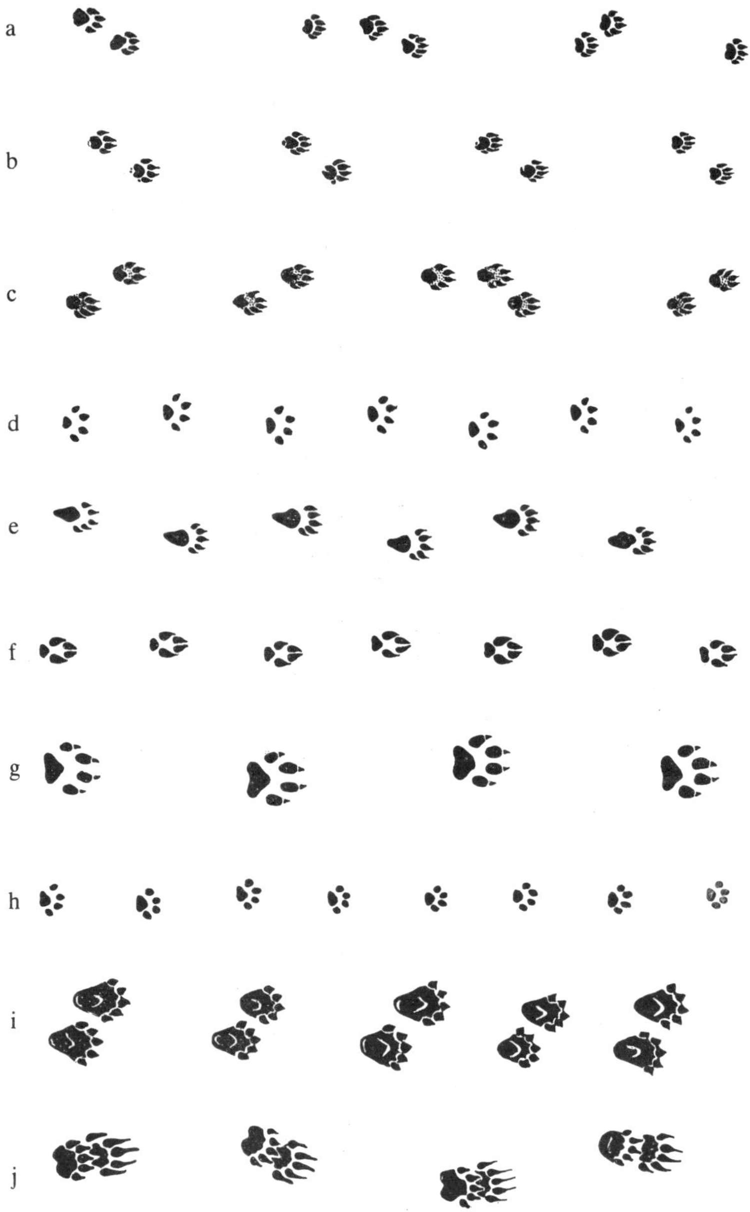

Spuren von: a Iltis (150), b Steinmarder (155), c Baummarder (154), d Marderhund (141), e Vielfraß (157), f Rotfuchs (140), g Wolf (136), h Katze (161), i Fischotter (153), j Dachs (145). Größenvergleich zwischen den unterschiedlichen Spuren nicht möglich.

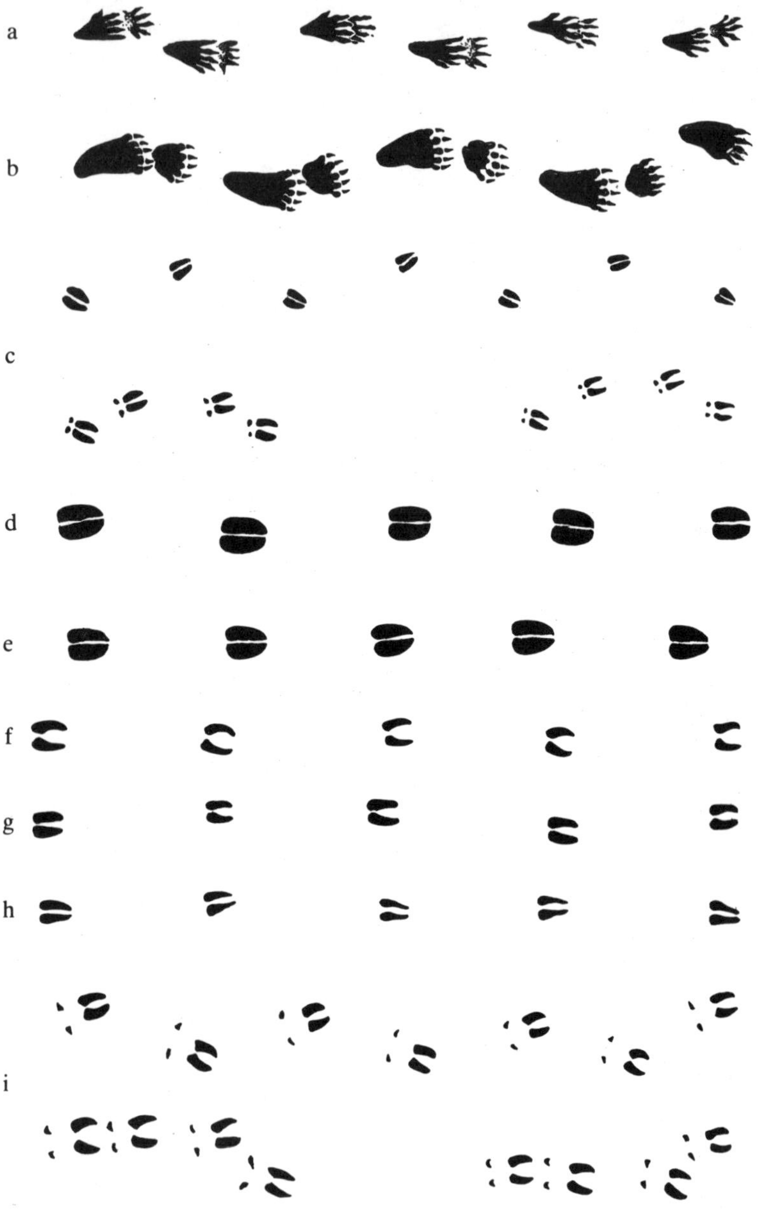

Spuren von: a Waschbär (144), b Braunbär (142), c Reh (178), d Rothirsch (172), e Damhirsch (173), f Mufflon (183), g Steinbock (184), h Gemse (187), i Wildschwein (171). Größenvergleich zwischen den unterschiedlichen Spuren nicht möglich.

Spuren von a Elch (179), b Ren (181)

den. Die Tiere sind nicht zu stören und dort zu belassen. Beobachtungen an Nestern, Bauen und Futterstellen, an regelmäßig aufgesuchten Reviergrenzen oder auf Wechseln können unter Beachtung der Naturschutz- und jagdgesetzlichen Bestimmungen und bei Vermeidung von Störungen zu interessanten und eindrucksvollen Verhaltensstudien führen.
Nicht selten kann man Säugetiere nur indirekt nachweisen. Charakteristische Trittsiegel in frischem Schlamm, feuchtem vegetationsfreien Boden, vom Wasser überspülten Sand oder besonders in Neuschnee lassen durchaus vielfach eine Artbestimmung zu. Einige dieser Spurenbilder sind bei den jeweiligen Arten abgebildet.

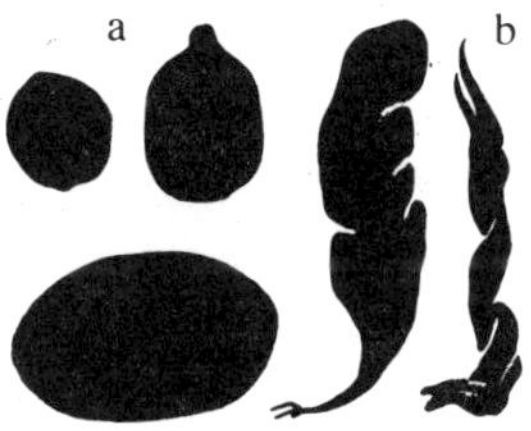

Kotformen: a Pflanzenfresser, b Raubtiere

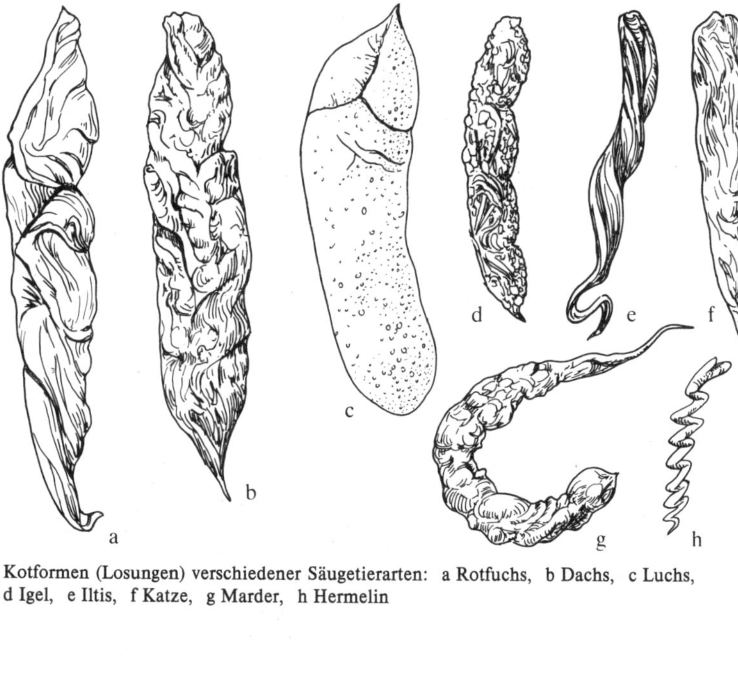

Kotformen (Losungen) verschiedener Säugetierarten: a Rotfuchs, b Dachs, c Luchs, d Igel, e Iltis, f Katze, g Marder, h Hermelin

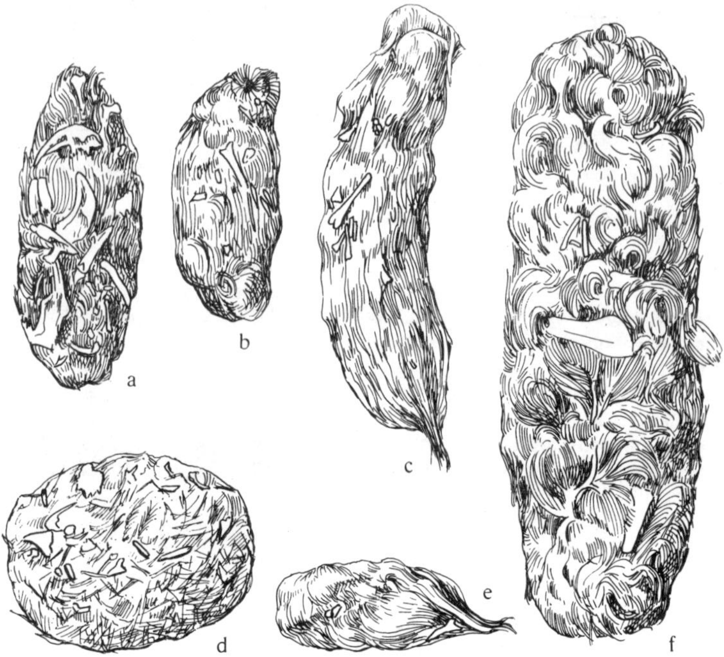

Gewölle von Eulen: a Waldkauz, b Waldohreule, c Sumpfohreule, d Schleiereule, e Steinkauz, f Uhu

Zum genauen Bestimmen einer Tierspur ist es notwendig, die Größe der Trittsiegel und ihre Abstände zueinander zu vermessen und von den Formen eine Skizze zum Vergleichen anzufertigen. Für die Bestimmung ist wichtig, ob in den Spuren Eindrücke von Krallen (Anzahl der Zehen, Form, Größe und ihre Stellung beachten!) oder Klauen (Schalen) zu erkennen sind. Jeder Fußabdruck gibt eindeutige Hinweise auf die vom Tier eingeschlagene Richtung. Ebenso können aus der Spur Rückschlüsse auf die Gangart des Tieres gezogen werden.

Frischer Kot (Losung) läßt ebenfalls in vielen Fällen eine Artbestimmung zu. Wichtig sind Form, Farbe, Konsistenz, Geruch, Größe bzw. Menge, Inhalt und Fundort. Sehr leicht läßt sich der Kot von Pflanzenfressern (runde, längliche oder ovale Formen) von denen der Raubtiere (langgezogene, oft auch gedrehte und spitz auslaufende Formen) unterscheiden. Hinzu kommt noch, daß Kot von Raubtieren oft Haare, Federn oder Knochenstücke enthält.

Zur sicheren Nachbestimmung können die Spuren, der Kot und auch durch Säugetiere verursachte Schäden an Pflanzen (z. B. geschälte Rinde, angefressene Zapfen oder Samen) fotografiert werden.

Im Rahmen der Säugetierforschung und zum Nachweis von Kleinsäugern werden Gewölle von Eulen und Greifvögeln gesammelt und untersucht. In diesen Gewöllen befinden sich die unverdaulichen Haare, Federn und auch Knochen von Kleinsäugern und Vögeln, Lurchen und Reptilien. Besonders die Eulengewölle (Schleiereule, Waldohreule, Waldkauz) enthalten meist unversehrt und vollständig die Schädel und Knochen von Kleinsäugern (Mäuse und Spitzmäuse, gelegentlich auch Fledermäuse). In den Gewöllen von Greifvögeln sind sie meist unvollständig und oft auch zerbissen. Die Bestimmung der Schädelknochen bedarf einer gewissen Einarbeitungszeit. Oft kann man bei vollständigen Gebissen mit Hilfe der Zahnformeln und der Zahnformen oder anhand der Schädel- und Unterkieferformen eine Bestimmung der Arten durchführen. Entsprechende Spezialliteratur, ein Stereomikroskop oder mindestens Lupen mit mehr als 10facher Vergrößerung gehören zu den Arbeitsmitteln. Oft ist der Vergleich mit einer Schädelsammlung unentbehrlich. Wer Interesse an dieser kriminalistischen Forschungsarbeit gefunden hat, wird sich eine solche Sammlung, unter Berücksichtigung der Naturschutzbestimmungen, selbst anlegen. Die Zahn- und Schädelabbildungen in diesem Buch werden dem interessierten Naturfreund das Bestimmen gesammelter Schädelteile erleichtern.

Nur wer sich intensiver mit der Säugetierforschung beschäftigen will und schon entsprechende Sachkenntnisse besitzt, sollte Säugetiere fangen. Zum Fang von Kleinsäugern werden meist handelsübliche Fallen verwendet. Die Fallen sind an geschützten Stellen aufzustellen, zu verankern und regelmäßig zu kontrollieren. Die gefangenen Tiere sind sorgfältig zu vermessen, und alle morphologischen wie biologischen Daten, Zeit, Ort, Angaben zum Biotop, sind exakt auf entsprechenden Karteikarten oder in Feldbüchern festzuhalten, wenn das Fangen Sinn haben soll. Für den Fang unter Naturschutz stehender Kleinsäuger muß eine Genehmigung vorliegen. Wer an diesen Arbeiten interessiert ist, sollte bei Naturkundemuseen, zoologischen Gärten oder Instituten die notwendige Anleitung und Unterstützung suchen.

Wir bestimmen Säugetiere Europas

Systematische Übersicht

Klasse *Mammalia* Säugetiere
Ordnung *Insectivora* Insektenfresser
Familie *Erinaceidae* Igel
Gattung *Erinaceus* Igel
1 *Erinaceus europaeus* LINNAEUS 1758, Gemeiner Igel
2 *Erinaceus concolor* MARTIN 1838, Ostigel
3 *Erinaceus algirus* LEREBOULLET 1842, Wanderigel
Gattung *Hemiechinus* Ohrenigel
4 *Hemiechinus auritus* GMELIN 1770, Langohrigel
Familie *Talpidae* Maulwürfe
Gattung *Talpa* Maulwurf
5 *Talpa europaea* LINNAEUS 1758, Europäischer Maulwurf
6 *Talpa caeca* SAVI 1822, Blindmaulwurf
7 *Talpa romana* THOMAS 1902, Römischer Maulwurf
Familie *Desmanidae* Desmane
Gattung *Galemys*
8 *Galemys pyrenaicus* (GEOFFROY 1811) Pyrenäen-Desman
Gattung *Desmana*
9 *Desmana moschata* LINNAEUS 1758, Russischer Desman
Familie *Soricidae* Spitzmäuse
Unterfamilie *Soricinae* Rotzähnige Spitzmäuse
Gattung *Sorex* Rotzahnspitzmäuse
10 *Sorex araneus* LINNAEUS 1758, Waldspitzmaus
11 *Sorex minutus* LINNAEUS 1766, Zwergspitzmaus
12 *Sorex coronatus* MILLET 1828, Schabrackenspitzmaus
13 *Sorex granarius* MILLER 1910, Spanische Spitzmaus
14 *Sorex samniticus* ALTOBELLO 1926, Apenninenspitzmaus
15 *Sorex caecutiens* LAXMANN 1788, Maskenspitzmaus
16 *Sorex minutissimus* ZIMMERMANN 1780, Knirpsspitzmaus
17 *Sorex sinalis* THOMAS 1912, Taigaspitzmaus
18 *Sorex alpinus* SCHINZ 1837, Alpenspitzmaus
Gattung *Neomys* Wasserspitzmäuse
19 *Neomys fodiens* (PENNANT 1771), Wasserspitzmaus
20 *Neomys anomalus* CABRERA 1907, Sumpfspitzmaus
Unterfamilie *Crocidurinae* Weißzähnige Spitzmäuse
Gattung *Crocidura* Wimperspitzmäuse
21 *Crocidura leucodon* (HERMANN 1780), Feldspitzmaus
22 *Crocidura russula* (HERMANN 1780), Hausspitzmaus

23 *Crocidura suaveolens* (PALLAS 1811), Gartenspitzmaus
24 *Crocidura gueldenstaedti* PALLAS 1811, Güldenstädts Spitzmaus
25 *Crocidura zimmermanni* WETTSTEIN 1953, Kretaspitzmaus
Gattung *Suncus* Weißzahnspitzmaus
26 *Suncus etruscus* (SAVI 1822), Etruskerspitzmaus
Ordnung *Chiroptera* Fledertiere
Unterordnung *Microchiroptera* Fledermäuse
Familie *Rhinolophidae* Hufeisennasen
Gattung *Rhinolophus* Hufeisennasen
27 *Rhinolophus ferrumequinum* (SCHREBER 1774), Große Hufeisennase
28 *Rhinolophus hipposideros* (BECHSTEIN 1800), Kleine Hufeisennase
28a *Rhinolophus hipposideros hipposideros* (BECHSTEIN 1800)
28b *Rhinolophus hipposideros minimus* HEUGLIN 1861
29 *Rhinolophus euryale* BLASIUS 1853, Mittelmeerhufeisennase
30 *Rhinolophus blasii* PETERS 1866, Blasius-Hufeisennase
31 *Rhinolophus mehelyi* MATSCHIE 1901, Mehely-Hufeisennase
Familie *Vespertilionidae* Glattnasen
Gattung *Myotis* Mausohrfledermäuse
32 *Myotis myotis* (BORKHAUSEN 1797), Großes Mausohr
33 *Myotis blythi* (TOMES 1857), Kleines Mausohr
33a *Myotis blythi oxygnathus* (MONTICELLI 1885)
34 *Myotis bechsteini* (KUHL 1818), Bechstein-Fledermaus
35 *Myotis nattereri* (KUHL 1818), Fransenfledermaus
35a *Myotis nattereri nattereri* (KUHL 1818)
36 *Myotis emarginatus* (GEOFFROY 1806), Wimperfledermaus
36a *Myotis emarginatus emarginatus* (GEOFFROY 1806)
37 *Myotis mystacinus* (KUHL 1819), Kleine Bartfledermaus
37a *Myotis mystacinus mystacinus* (KUHL 1819)
38 *Myotis brandti* (EVERSMANN 1845), Große Bartfledermaus
39 *Myotis dasycneme* (BOIE 1825), Teichfledermaus
39a *Myotis dasycneme dasycneme* (BOIE 1825)
40 *Myotis daubentoni* (KUHL 1819), Wasserfledermaus
40a *Myotis daubentoni daubentoni* (KUHL 1819)
41 *Myotis capaccinii* (BONAPARTE 1837), Langfußfledermaus
41a *Myotis capaccinii capaccinii* (BONAPARTE 1837)
Gattung *Plecotus* Langohrfledermäuse
42 *Plecotus auritus* (LINNAEUS 1758), Braunes Langohr
42a *Plecotus auritus auritus* (LINNAEUS 1758)
43 *Plecotus austriacus* (FISCHER 1829), Graues Langohr
43a *Plecotus austriacus austriacus* (FISCHER 1829)
Gattung *Barbastella* Mopsfledermäuse
44 *Barbastella barbastellus* (SCHREBER 1774), Mopsfledermaus
Gattung *Miniopterus* Langflügelfledermäuse
45 *Miniopterus schreibersi* (KUHL 1819), Langflügelfledermaus
45a *Miniopterus schreibersi schreibersi* (KUHL 1819)
45b *Miniopterus schreibersi italicus* DAL PIAZ 1926
Gattung *Eptesicus* Breitflügelfledermäuse
46 *Eptesicus serotinus* (SCHREBER 1774), Breitflügelfledermaus

46a *Eptesicus serotinus serotinus* (SCHREBER 1774)
47 *Eptesicus nilssoni* (KEYSERLING und BLASIUS 1839), Nordfledermaus
47a *Eptesicus nilssoni nilssoni* (KEYSERLING und BLASIUS 1839)
Gattung *Vespertilio* Zweifarbfledermäuse
48 *Vespertilio murinus* LINNAEUS 1758, Zweifarbfledermaus
48a *Vespertilio murinus murinus* LINNAEUS 1758
Gattung *Pipistrellus* Zwergfledermäuse
49 *Pipistrellus pipistrellus* (SCHREBER 1774), Zwergfledermaus
49a *Pipistrellus pipistrellus pipistrellus* (SCHREBER 1774)
50 *Pipistrellus nathusii* (KEYSERLING und BLASIUS 1839), Rauhhautfledermaus
51 *Pipistrellus kuhli* (KUHL 1819), Weißrandfledermaus
51a *Pipistrellus kuhli kuhli* (KUHL 1819)
52 *Pipistrellus savii* (BONAPARTE 1837), Alpenfledermaus
52a *Pipistrellus savii savii* (BONAPARTE 1837)
Gattung *Nyctalus* Abendsegler
53 *Nyctalus noctula* (SCHREBER 1774), Gemeiner Abendsegler
53a *Nyctalus noctula noctula* (SCHREBER 1774)
54 *Nyctalus lasiopterus* (SCHREBER 1780), Riesenabendsegler
54a *Nyctalus lasiopterus lasiopterus* (SCHREBER 1780)
55 *Nyctalus leisleri* (KUHL 1818), Kleiner Abendsegler
55a *Nyctalus leisleri leisleri* (KUHL 1818)
Familie *Molossidae* Bulldoggfledermäuse
Gattung *Tadarida* Bulldoggfledermäuse
56 *Tadarida teniotis* (RAFINESQUE 1814), Bulldoggfledermaus
56a *Tadarida teniotis teniotis* (RAFINESQUE 1814)
Ordnung *Primates* Herrentiere
Familie *Cercopithecidae* Hundsaffen
57 *Macaca sylvanus* (LINNAEUS 1758), Magot
Ordnung *Lagomorpha* Hasentiere
Familie *Leporidae* Hasenartige
Gattung *Oryctolagus* Kaninchen
58 *Oryctolagus cuniculus* (LINNAEUS 1758), Wildkaninchen
Gattung *Lepus* Hasen
59 *Lepus europaeus* PALLAS 1778, Feldhase
60 *Lepus timidus* LINNAEUS 1758, Schneehase
60a *Lepus timidus timidus* LINNAEUS 1758, Nordischer Schneehase
60b *Lepus timidus varronis* MILLER 1901, Alpen-Schneehase
Ordnung *Rodentia* Nagetiere
Familie *Sciuridae* Hörnchenartige
Gattung *Sciurus* Eigentliche Hörnchen
61 *Sciurus vulgaris* LINNAEUS 1758, Eichhörnchen
62 *Sciurus carolinensis* GMELIN 1788, Grauhörnchen
63 *Sciurus anomalus* GMELIN 1778, Kaukasisches Eichhörnchen
Gattung *Pteromys* Flughörnchen
64 *Pteromys volans* (LINNAEUS 1758), Flughörnchen
Gattung *Tamias* Backenhörnchen
65 *Tamias sibiricus* (LAXMANN 1769), Burunduk

Gattung *Citellus* Ziesel
66 *Citellus citellus* (LINNAEUS 1766), Gemeines Ziesel
67 *Citellus suslicus* (GÜLDENSTAEDT 1770), Perlziesel
68 *Citellus fulvus* LICHTENSTEIN 1823, Gelbziesel
69 *Citellus pygmaeus* PALLAS 1778, Grauziesel
Gattung *Marmota* Murmeltiere
70 *Marmota marmota* (LINNAEUS 1758), Alpenmurmeltier
70a *Marmota marmota marmota* (LINNAEUS 1758)
70b *Marmota marmota latirostris* KRATOCHVIL 1961
71 *Marmota bobak* (MÜLLER 1776), Bobak
Familie *Castoridae* Biberartige
Gattung *Castor* Biber
72 *Castor fiber* LINNAEUS 1758, Europäischer Biber
72a *Castor fiber fiber* LINNAEUS 1758
72b *Castor fiber albicus* MATSCHIE 1907
72c *Castor fiber galliae* DESMAREST 1816
72d *Castor fiber vistulanus* MATSCHIE 1907
Familie *Gliridae* Schläfer
Gattung *Eliomys* Gartenschläfer
73 *Eliomys quercinus* (LINNAEUS 1766), Gartenschläfer
Gattung *Dryomys* Baumschläfer
74 *Dryomys nitedula* (PALLAS 1779), Baumschläfer
Gattung *Myomimus* Mausschläfer
75 *Myomimus roachi* (BATE 1937), Mausschläfer
Gattung *Glis* Siebenschläfer
76 *Glis glis* (LINNAEUS 1766), Siebenschläfer
Gattung *Muscardinus* Haselmäuse
77 *Muscardinus avellanarius* (LINNAEUS 1758), Haselmaus
Familie *Muridae* Echte Mäuse
Gattung *Micromys* Zwergmäuse
78 *Micromys minutus* (PALLAS 1778), Zwergmaus
Gattung *Apodemus* Waldmäuse
79 *Apodemus mystacinus* (DANFORD und ALSTON 1877), Felsenmaus
80 *Apodemus flavicollis* (MELCHIOR 1834), Gelbhalsmaus
81 *Apodemus sylvaticus* (LINNAEUS 1758), Gemeine Waldmaus
82 *Apodemus microps* KRATOCHVIL und ROSICKY 1952, Zwergwaldmaus
83 *Apodemus agrarius* (PALLAS 1771), Brandmaus
Gattung *Rattus* Ratten
84 *Rattus rattus* (LINNAEUS 1758), Hausratte
84a *Rattus rattus rattus* (LINNAEUS 1758)
84b *Rattus rattus alexandrinus* (GEOFFROY 1803)
84c *Rattus rattus frugivorus* (RAFINESQUE 1814)
84d *Rattus rattus ruthenus* (OGNEV et STROGANOV 1936)
85 *Rattus norvegicus* (BERKENHOUT 1769), Wanderratte
Gattung *Mus* Hausmäuse
86 *Mus musculus* LINNAEUS 1758, Hausmaus
86a *Mus musculus musculus* LINNAEUS 1758, Nördliche Hausmaus
86b *Mus musculus domesticus* RUTTY 1772, Westliche Hausmaus

86c *Mus musculus praetextus* BRANTS 1827
86d *Mus musculus brevirostris* WATERHOUSE 1837
86e *Mus musculus spicilegus* PETÉNYI 1882, Ährenmaus
86f *Mus musculus hanuma* OGNEV 1948
86g *Mus musculus helgolandicus* ZIMMERMANN 1952
87 *Mus spretus* LATASTE 1883, Heckenhausmaus
Gattung *Acomys* Stachelmäuse
88 *Acomys minous* (BATE 1905), Kreta-Stachelmaus
Familie *Cricetidae* Hamsterartige
Gattung *Cricetus* Hamster
89 *Cricetus cricetus* (LINNAEUS 1758), Feldhamster
Gattung *Mesocricetus*
90 *Mesocricetus newtoni* (NEHRING 1898), Rumänischer Goldhamster
Gattung *Cricetulus* Zwerghamster
91 *Cricetulus migratorius* (PALLAS 1773), Zwerghamster
Familie *Arvicolidae* Wühlmausartige
Gattung *Myopus* Waldlemminge
92 *Myopus schisticolor* (LILLJEBORG 1844), Waldlemming
Gattung *Lemmus* Berglemminge
93 *Lemmus lemmus* (LINNAEUS 1758), Berglemming
Gattung *Dicrostonyx* Gabelkrallenlemminge
94 *Dicrostonyx torquatus* (PALLAS 1779, Halsbandlemming
Gattung *Clethrionomys* Rötelmäuse
95 *Clethrionomys glareolus* (SCHREBER 1780), Gemeine Rötelmaus
96 *Clethrionomys rufocanus* (SUNDEVALL 1846), Graurötelmaus
97 *Clethrionomys rutilus* (PALLAS 1779), Polarrötelmaus
Gattung *Ondatra* Bisamratten
98 *Ondatra zibethicus* (LINNAEUS 1766), Bisamratte
Gattung *Dinaromys* Bergmäuse
99 *Dinaromys bogdanovi* (MARTINO 1922), Bergmaus
Gattung *Arvicola* Schermäuse
100 *Arvicola sapidus* MILLER 1908, West-Schermaus
101 *Arvicola terrestris* (LINNAEUS 1758), Gemeine Schermaus
Gattung *Microtus* Wühlmäuse
102 *Microtus nivalis* (MARTINS 1842), Schneemaus
103 *Microtus arvalis* (PALLAS 1779), Feldmaus
103a *Microtus arvalis arvalis* (PALLAS 1779)
103b *Microtus arvalis incertus* DE SÉLYS-LONGCHAMPS 1841
103c *Microtus arvalis orcadensis* (MILLAIS 1904), Orkney-Feldmaus
103d *Microtus arvalis levis* MILLER 1908, Südosteuropäische Feldmaus
103e *Microtus arvalis meridionalis* MILLER 1908, Pyrenäen-Feldmaus
103f *Microtus arvalis sarnius* MILLER 1909, Guernsey-Feldmaus
103g *Microtus arvalis duplicatus* MILLER 1912, Baltische Feldmaus
103h *Microtus arvalis iphigeniae* HEPTNER 1946, Krim-Feldmaus
103i *Microtus arvalis ruthenus* OGNEV 1950, Nordrussische Feldmaus
103j *Microtus arvalis caspicus* OGNEV 1950, Kaspische Feldmaus

103k *Microtus arvalis meldensis* Delost 1955, Kleine Feldmaus
104 *Microtus epiroticus* Ondrias 1966, Süd-Feldmaus
105 *Microtus guentheri* Danford und Alston 1880, Levante-Wühlmaus
106 *Microtus cabrerae* Thomas 1906, Cabreramaus
107 *Microtus agrestis* (Linnaeus 1761), Erdmaus
108 *Microtus oeconomus* (Pallas 1776), Nordische Wühlmaus
109 *Microtus subterraneus* (de Sélys-Longchamps 1836), Gemeine Kurzohrmaus
110 *Microtus multiplex* (Fatio 1905), Alpen-Kleinwühlmaus
111 *Microtus savii* (de Sélys-Longchamps 1838), Italienische Kleinwühlmaus
112 *Microtus felteni* (Malec und Storch 1963), Felten-Kleinwühlmaus
113 *Microtus pyrenaicus* (de Sélys-Longchamps 1847), Pyrenäen-Kleinwühlmaus
114 *Microtus bavaricus* (König 1962), Bayerische Kurzohrmaus
115 *Microtus majori* Thomas 1906, Östliche Kleinwühlmaus
116 *Microtus duodecimcostatus* (de Sélys-Longchamps 1839), Mittelmeer-Kleinwühlmaus
117 *Microtus lusitanicus* (Gerbe 1879), Iberien-Kleinwühlmaus
118 *Microtus thomasi* Barrett-Hamilton 1903, Balkan-Kurzohrmaus
119 *Microtus tatricus* (Kratochvil 1952), Tatra-Kleinwühlmaus
Gattung *Gattung Lagurus* Steppenlemminge
120 *Lagurus lagurus* Pallas 1773, Graulemming
Gattung *Ellobius* Mull-Lemminge
121 *Ellobius talpinus* Pallas 1770, Nördlicher Mull-Lemming
Gattung *Meriones* Rennmäuse
122 *Meriones tamariscinus* Pallas 1773, Tamarisken-Rennmaus
123 *Meriones meridianus* Pallas 1773, Mittags-Rennmaus
Familie *Zapodidae* Hüpfmäuse
Gattung *Sicista* Birkenmäuse
124 *Sicista subtilis* (Pallas 1773), Steppenbirkenmaus
125 *Sicista betulina* (Pallas 1778), Waldbirkenmaus
Familie *Dipodidae* Springnager
Gattung *Allactaga* Pferdespringer
126 *Allactaga jaculus* Pallas 1778, Großer Pferdespringer
127 *Allactaga elater* Lichtenstein 1825 Zwerg-Pferdespringer
Gattung *Alactagulus*
128 *Alactagulus pygmaeus* Pallas 1778, Kleiner Pferdespringer
Gattung *Dipus* Rauhfußspringmäuse
129 *Dipus sagitta* Pallas 1773, Wüstenspringmaus
Gattung *Scirtopoda* Dickschwanz-Springmaus
130 *Scirtopoda telum* Lichtenstein 1823, Zierliche Springmaus
Familie *Spalacidae* Blindmäuse
Gattung *Microspalax* Kleinblindmäuse
131 *Microspalax leucodon* (Nordmann 1840), Westblindmaus

Gattung *Spalax* Echte Blindmäuse
132 *Spalax polonicus* Méhely 1909, Podolische Blindmaus
133 *Spalax graecus* Nehring 1898, Bukowinische Blindmaus
Familie *Hystricidae* Altwelt-Stachelschweine
Gattung *Hystrix* Eigentliche Stachelschweine
134 *Hystrix cristata* Linnaeus 1758, Gemeines Stachelschwein
Familie *Capromyidae* Baum- oder Ferkelratten
Gattung *Myocastor* Biberratten
135 *Myocastor coypus* (Molina 1782), Nutria
Ordnung *Carnivora* Raubtiere
Unterordnung *Fissipedia* Landraubtiere
Familie *Canidae* Hunde
Gattung *Canis* Wölfe
136 *Canis lupus* Linnaeus 1758, Wolf
137 *Canis aureus* Linnaeus 1758, Goldschakal
Gattung *Alopex* Eisfüchse, Steppenfüchse
138 *Alopex lagopus* (Linnaeus 1758), Eisfuchs
139 *Alopex corsac* Linnaeus 1768, Korsak
Gattung *Vulpes* Füchse
140 *Vulpes vulpes* (Linnaeus 1758), Rotfuchs
Gattung *Nyctereutes* Marderhunde
141 *Nyctereutes procyonoides* (Gray 1834), Marderhund
Familie *Ursidae* Großbären
Gattung *Ursus* Echte Bären
142 *Ursus arctos* Linnaeus 1758, Braunbär
Gattung *Thalarctos* Eisbären
143 *Thalarctos maritimus* (Phipps 1774), Eisbär
Familie *Procyonidae* Kleinbären
Gattung *Procyon* Waschbären
144 *Procyon lotor* (Linnaeus 1758), Waschbär
Familie *Mustelidae* Marderartige
Gattung *Meles* Dachse
145 *Meles meles* (Linnaeus 1758), Dachs
Gattung *Mustela* Wiesel
146 *Mustela erminea* Linnaeus 1758, Hermelin
147 *Mustela nivalis* Linnaeus 1766, Mauswiesel
148 *Mustela lutreola* (Linnaeus 1761), Nerz
149 *Mustela vison* Schreber 1777, Mink
150 *Mustela putorius* Linnaeus 1758, Waldiltis
151 *Mustela eversmanni* Lesson 1827, Steppeniltis
Gattung *Vormela* Tigeriltisse
152 *Vormela peregusna* (Güldenstaedt 1770), Tigeriltis
Gattung *Lutra* Fischotter
153 *Lutra lutra* (Linnaeus 1758), Fischotter
Gattung *Martes* Marder
154 *Martes martes* (Linnaeus 1758), Baummarder
155 *Martes foina* (Erxleben 1777), Steinmarder
156 *Martes zibellina* (Linnaeus 1758), Zobel
Gattung *Gulo* Vielfraße
157 *Gulo gulo* (Linnaeus 1758), Vielfraß
Familie *Viverridae* Schleichkatzen

Gattung *Herpestes* Maugusten
158 *Herpestes ichneumon* (Linnaeus 1758), Ichneumon
159 *Herpestes edwardsi* (Geoffroy 1818), Indischer Mungo
Gattung *Genetta* Ginsterkatzen
160 *Genetta genetta* (Linnaeus 1758), Ginsterkatze
Familie *Felidae* Katzen
Gattung *Felis* Katzen
161 *Felis silvestris* Schreber 1777, Wildkatze
162 *Felis lynx* Linnaeus 1758, Luchs
Unterordnung *Pinnipedia* Wasserraubtiere
Familie *Odobenidae* Walrosse
Gattung *Odobenus* Walrosse
163 *Odobenus rosmarus* (Linnaeus 1758), Walroß
Familie *Phocidae* Hundsrobben
Gattung *Phoca* Seehunde
164 *Phoca vitulina* Linnaeus 1758, Gemeiner Seehund
165 *Phoca hispida* Schreber 1775, Ringelrobbe
166 *Phoca groenlandica* (Erxleben 1777), Sattelrobbe
Gattung *Erignathus* Bartrobben
167 *Erignathus barbatus* (Erxleben 1777), Bartrobbe
Gattung *Halichoerus* Kegelrobben
168 *Halichoerus grypus* (Fabricius 1791), Kegelrobbe
Gattung *Cystophora* Mützenrobben
169 *Cystophora cristata* (Erxleben 1777), Klappmütze
Gattung *Monachus* Mönchsrobben
170 *Monachus monachus* (Hermann 1779), Mittelmeer-Mönchsrobbe
Ordnung *Artiodactyla* Paarhufer
Familie *Suidae* Schweine
Gattung *Sus* Schweine
171 *Sus scrofa* Linnaeus 1758, Wildschwein
Familie *Cervidae* Hirsche
Gattung *Cervus* Echte Hirsche
172 *Cervus elaphus* Linnaeus 1758, Rothirsch
173 *Cervus dama* Linnaeus 1758, Damhirsch
174 *Cervus nippon* Temminck 1838, Sikahirsch
175 *Cervus axis* Erxleben 1777, Axishirsch
Gattung *Hydropotes* Wasserrehe
176 *Hydropotes inermis* Swinhoe 1870, Chinesisches Wasserreh
Gattung *Muntiacus*
177 *Muntiacus reevesi* (Ogilby 1839), Muntjak
Gattung *Capreolus* Rehe
178 *Capreolus capreolus* (Linnaeus 1758), Reh
Gattung *Alces* Elche
179 *Alces alces* (Linnaeus 1758), Elch
Gattung *Odocoileus* Amerikahirsche
180 *Odocoileus virginianus* (Zimmermann 1780), Weißwedelhirsch
Gattung *Rangifer* Rentiere
181 *Rangifer tarandus* (Linnaeus 1758), Ren
Familie *Bovidae* Hornträger

Gattung *Bison* Wollbüffel
182 *Bison bonasus* (LINNAEUS 1758), Wisent
Gattung *Ovis* Schafe
183 *Ovis ammon musimon* (PALLAS 1811), Mufflon
Gattung *Capra* Ziegen
184 *Capra ibex* LINNAEUS 1758, Alpensteinbock
185 *Capra pyrenaica* SCHINZ 1838, Iberischer Steinbock
186 *Capra aegagrus* ERXLEBEN 1777, Bezoarziege
Gattung *Rupicapra* Gemsen
187 *Rupicapra rupicapra* (LINNAEUS 1758), Gemse
Gattung *Ovibos* Moschusochsen
188 *Ovibos moschatus* (ZIMMERMANN 1780), Moschusochse
Gattung *Saiga* Schafantilopen
189 *Saiga tatarica* (LINNAEUS 1766), Saiga

Ordnung *Cetacea* Wale
Unterordnung *Mystacoceti* Bartenwale
Familie *Balaenidae* Glattwale
Gattung *Balaena*
190 *Balaena glacialis* MÜLLER 1776, Nordkaper
Familie *Balaenopteridae* Furchenwale
Gattung *Balaenoptera*
191 *Balaenoptera acutorostrata* LACEPEDE 1804, Zwergwal
192 *Balaenoptera borealis* LESSON 1828, Seiwal
193 *Balaenoptera musculus* LINNAEUS 1758, Blauwal
194 *Balaenoptera physalus* LINNAEUS 1758, Finnwal
Unterordnung *Odontoceti* Zahnwale
Familie *Delphinidae* Delphinartige
Gattung *Tursiops* Tümmler
195 *Tursiops truncatus* (MONTAGU 1821), Großer Tümmler
Gattung *Delphinus* Delphine
196 *Delphinus delphis* LINNAEUS 1758, Gemeiner Delphin
Gattung *Stenella*
197 *Stenella coeruleoalba* (MEYEN 1833), Streifendelphin
Gattung *Globicephala*
198 *Globicephala melaena* (TRAILL 1908), Grindwal
Gattung *Orcinus*
199 *Orcinus orca* (LINNAEUS 1758), Schwertwal
Gattung *Grampus*
200 *Grampus griseus* (G. CUVIER 1812), Rundkopfdelphin
Gattung *Lagenorhynchus*
201 *Lagenorhynchus acutus* (GRAY 1828), Weißseitendelphin
202 *Lagenorhynchus albirostris* GRAY 1846, Weißschnauzendelphin
Familie *Phocoenidae* Schweinswalartige
Gattung *Phocoena* Schweinswale
203 *Phocoena phocoena* (LINNAEUS 1758), Schweinswal
Familie *Physeteridae* Pottwalartige
Gattung *Physeter* Pottwale
204 *Physeter macrocephalus* LINNAEUS 1758, Pottwal
Familie *Ziphiidae* Schnabelwale

Gattung *Hyperoodon* Entenwale
205 *Hyperoodon ampullatus* (FORSTER 1770), Nördlicher Entenwal
Gattung *Mesoplodon* Zweizahnwale
206 *Mesoplodon bidens* (SOWERBY 1804), Sowerby-Zweizahnwal
Familie *Monodontidae* Gründelwale
Gattung *Monodon*
207 *Monodon monoceros* LNNAEUS 1758, Narwal
Gattung *Delphinapterus*
208 *Delphinapterus leucas* (PALLAS 1776), Weißwal
Ordnung *Marsupialia* Beuteltiere
Familie *Macropodidae* Känguruhs oder Springbeutler
Gattung *Macropus* Känguruhs
209 *Macropus rufogriseus* (DESMAREST 1817), Bennettkänguruh

Artbeschreibungen

Ordnung *Insectivora* Insektenfresser

Die Insektenfresser zeichnen sich durch eine rüsselförmig verlängerte Schnauze mit mehreren Tasthaaren (Vibrissen) aus. Das Fell ist mit Ausnahme des Igels sehr kurzhaarig und samtartig. Vorder- und Hinterfüße haben jeweils 5 Zehen mit Krallen. Das Gebiß besteht sowohl im Oberschädel als auch im Unterkiefer aus geschlossenen, mehrspitzigen Zahnreihen. Die vorwiegend nachtaktiven und meist ungesellig am Boden oder am Wasser lebenden Tiere fressen tierische Nahrung, auch Aas.
Die Jungen werden nackt (mit Ausnahme der Igel) und blind geboren. Geruchssinn, Tastsinn und Gehör sind hervorragend entwickelt.
Zu der Ordnung gehören die kleinsten Säugetiere (Spitzmäuse).
Die 26 Insektenfresser-Arten Europas gehören zu 9 Gattungen in 4 Familien.

Schlüssel zur Bestimmung der Familien nach äußeren Merkmalen

1 Oberseite mit Stacheln *Erinaceidae* S. 41
1′ Oberseite mit Haaren 2
2 Vorderfüße als Grabschaufeln ausgebildet, keine Ohrmuscheln *Talpidae* S. 47
2′ Vorderfüße nicht zu Grabschaufeln ausgebildet, Ohrmuscheln vorhanden, mäuseartig mit langem Schwanz 3
3 Langer beweglicher Rüssel, Hinterfüße mit Schwimmhäuten *Desmanidae* S. 51
3′ Kopf nur rüsselförmig verlängert, keine Schwimmhäute *Soricidae* S. 54

Schlüssel zur Bestimmung der Familien nach Schädelmerkmalen

1 Jochbögen fehlen, 28 bis 32 Zähne, CB kleiner als 25 mm *Soricidae* S. 54
1′ Jochbogen vorhanden, mindestens 36 Zähne, CB größer als 30 mm 2
2 36 Zähne *Erinaceidae* S. 41
2′ 44 Zähne 3
3 Jochbögen in Draufsicht bogenförmig *Talpidae* S. 47
3′ Jochbögen in Draufsicht gerade *Desmanidae* S. 51

Familie *Erinaceidae* Igel

Die Rücken und die Kopfoberseiten dieser großen Insektenfresser sind mit Stacheln besetzt. Damit sind diese

Tiere ausreichend gekennzeichnet. Bei drohender Gefahr können die Igel ruckartig ihren Muskelpanzer kugelförmig zusammenziehen, so daß die Stacheln aufgestellt werden und den gesamten Körper schützend umgeben. Die etwa 16 000 Stacheln unterliegen im Jahresverlauf keinem Wechsel. Igel sind nicht scheu. Sie bewegen sich in der Regel langsam, sie können aber auch sehr schnell laufen und gut schwimmen. Große Verluste erleiden die Populationen dieser dämmerungs- und nachtaktiven Tiere auf Straßen durch den Autoverkehr. Ihre Nahrung (Wirbellose und kleinere Wirbeltiere, Obst und Aas) suchen sie in Wäldern, auf Feldern, in Gärten und auch in Ortschaften. Igel verursachen raschelnde Geräusche bei der Nahrungssuche und sie fauchen bei der Paarung. Unklar ist, warum sich die Tiere selbst »bespukken«. In der Regel halten sie Winterschlaf. Die Augen sind gut sichtbar.
5 Paar Zitzen. *Canini* treten nicht besonders hervor. Markante Trittsiegel (s. S. 26).

Zahnformel: $\frac{3\,1\,3\,3}{2\,1\,2\,3} = 36$ Zähne.

Die beiden Gattungen, von denen Arten in Europa vorkommen, unterscheiden sich nach folgenden äußeren Merkmalen:

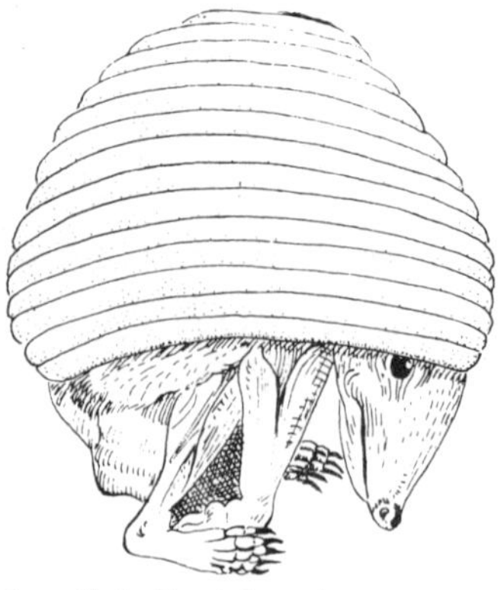

Schematische Darstellung des zusammengezogenen Muskelpanzers eines Igels

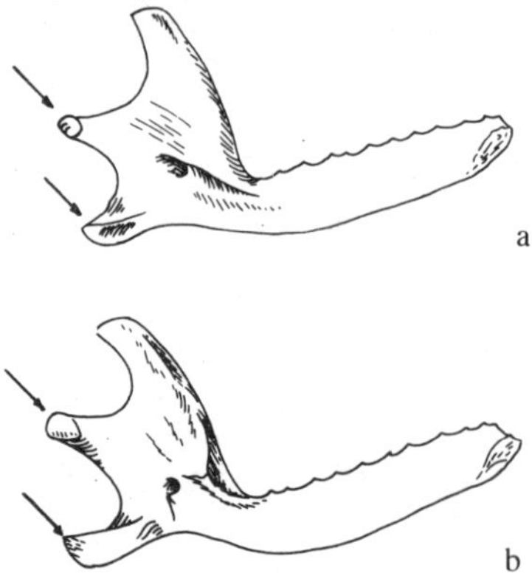

Unterkiefer *(Mandibel)* von a *Erinaceus europaeus* (1), b *E. concolor* (2). Beachte die Gelenkfortsätze und die tiefere Einbuchtung bei *E. europaeus*.

Kurze Ohren, die, nach vorn gebogen, nicht bis an die Augen reichen
Erinaceus S. 42
Lange Ohren, die, nach vorn gebogen, bis über die Augen reichen
Hemiechinus S. 46

Gattung *Erinaceus*
Igel

Schlüssel zur Unterscheidung von Gemeinem Igel und Ostigel

Variabler weißer Fleck auf der Brust, Maxillarindex $\frac{a - b}{a - c}$ größer oder gleich 1,1 2 *Erinaceus concolor*
Ohne weißen Fleck, meist dunkler Fleck auf der Brust, Maxillarindex kleiner oder gleich 1,0
1 *Erinaceus europaeus*

1 *Erinaceus europaeus*
Gemeiner Igel Westigel, Braunbrustigel

Kennzeichen: Großer plumper Körper mit kurzen Beinen und einem kurzen Schwanz. Schnauze spitz, Ohren und Augen gut erkennbar. Die Körperoberfläche ist mit etwa 2 bis 3 cm gleichlan-

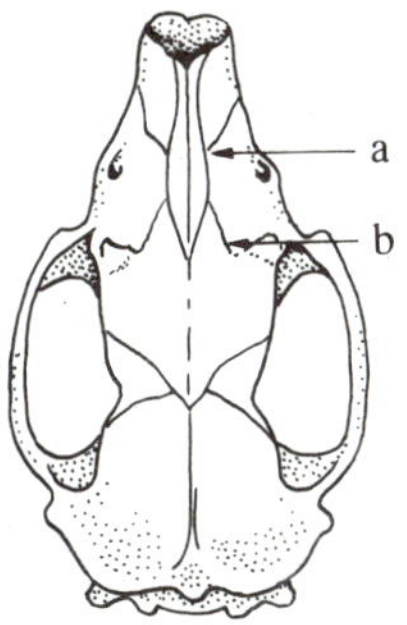

Igelschädel (Draufsicht), Meßbereich a–b zur Ermittlung des Maxillarindex

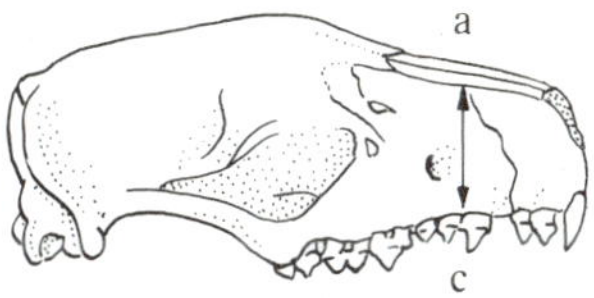

Igelschädel (Seitenansicht), Meßbereich a–c zur Ermittlung des Maxillarindex

gen und etwa 1 mm starken Stacheln besetzt. Die Färbung der Stacheln ist an der Basis braun und an der Spitze gelblich. Die hellen Stacheln der Jungtiere erhärten erst nach der Geburt. Kopf und Bauchregion tragen bräunliche, hellgraue (auch gelbliche) Haare. In der Körpergröße sind die Geschlechter kaum unterschieden.

Der Ostigel (2) ist dem Gemeinen Igel ähnlich. Der Wanderigel (3) hat auffallend größere Ohren und gescheitelte Kopfstacheln.

Maße und Masse: KR bis zu 35 cm; Schw 2 bis 4 cm; HF 40 bis 48 mm; Ohr 20 bis 35 mm; CB 54 bis 65 mm; Zyg 32 bis 39 mm; Masse 450 bis 1 200 g.

Vorkommen: Süd-, West- und Mitteleuropa, Teile Nordeuropas. An der östlichen Verbreitungsgrenze (von der Ostsee bis zur Adria) Überlappungsbereich mit Ostigel (2).

In unterwuchsreichen Laub- und Mischwäldern, an Waldrändern, auf Feldfluren mit Flurgehölzen, in Parkanlagen, Gärten und Ortschaften. Es scheint, daß menschliche Siedlungen bevorzugt und Feuchtbiotope gemieden werden. Im Gebirge bis zur Baumgrenze.

Lebensweise: Einzelgänger, dämmerungs- und nachtaktiv, gelegentlich auch tagaktiv (Herbst). Die Tiere scheinen Reviere (Größe?) zu besitzen und ortstreu zu sein.

Während der Nahrungssuche schnüffelnde, schmatzende Laute.

Die Jungenaufzucht und der Winterschlaf (fest zusammengerollt) erfolgen in einem großen, mit Laub, Moos, Gras und Ästchen, ausgepolstertem Nest. Es wird in geschützten Kompost-, Laub- und Reisighaufen, Hecken, trockenen Höhlungen und auch selbstgegrabenen Löchern bis zu 50 cm Tiefe angelegt. Der Winterschlaf, der auch unterbrochen werden kann, dauert in Mitteleuropa etwa von Oktober bis April.

Bei tiefen Temperaturen im Winter sind die Körperfunktionen stark vermindert. Mit zunehmender Außentemperatur (über 15 °C) beginnt das Herz schneller zu schlagen, die Zahl der Atemzüge nimmt zu und der Winterschlaf wird beendet. Während des Winterschlafes darf die körpereigene Temperatur nicht unter 0 °C absinken. Als Mindestgewicht für die Überwinterung werden etwa 500 g Körpermasse angegeben. Tiere mit geringerem Gewicht

zu 1

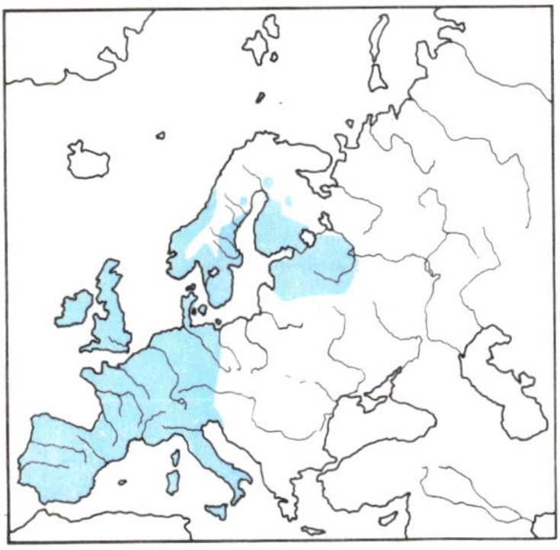

Bauchseiten von 1 *Erinaceus europaeus*
2 *Erinaceus concolor*

sollen nicht überleben. Der Erfolg einer »künstlichen« Überwinterung in menschlicher Obhut ist zweifelhaft und abzulehnen. Derartige Versuche verstoßen außerdem gegen Naturschutzbestimmungen.

Brunstzeit von April bis August. Die Tragzeit beträgt 5 bis 6 (7) Wochen.

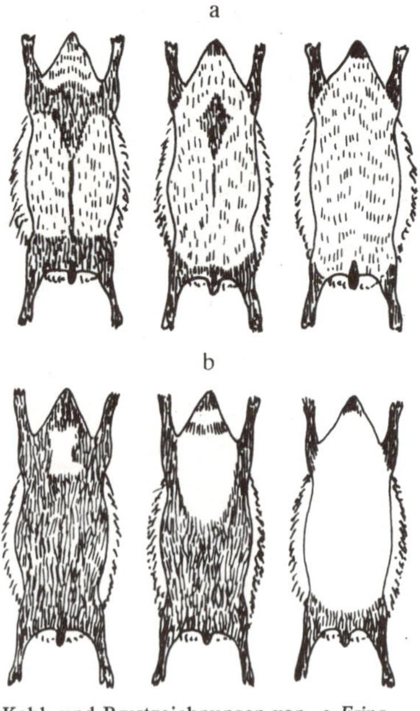

Kehl- und Brustzeichnungen von a *Erinaceus europaeus* (1), b *E. concolor* (2)

Die Männchen suchen die Weibchen und können sie stundenlang verfolgen. Die Paarung dauert nur Sekunden, kann aber mehrmals wiederholt werden. Dabei legt das Weibchen die Stacheln flach dem Körper an, liegt aber nicht auf dem Rücken. Jährlich erfolgen 1 bis 2 Würfe mit je 3 bis 10 blinden Jungen. Geburtsmasse bis 25 g. Die Jungen werden 18 bis 20 Tage gesäugt, sie öffnen mit 14 bis 18 Tagen die Augen und verlassen nach etwa 3 Wochen das Nest. Sie sind nach etwa 45 Tagen selbständig und werden in der Regel im Jahr nach dem der Geburt geschlechtsreif. Sie können 8 bis 10 Jahre alt werden.

Die Nahrung besteht aus Insekten, Regenwürmern, Schnecken, kleinen Wirbeltieren (junge Mäuse, Jungvögel, Eidechsen, Schlangen, Frösche), auch Kadavern, Fallobst, Beeren und Pilzen. Die Tiere scheinen unempfindlich gegen das Gift der Kreuzotter zu sein.

Als Feinde kommen Fuchs, Dachs, Iltis, Wolf, Bär und Uhu in Betracht. Gelegentlich fressen Waldkauz, Bussard und Milan verkehrstote Igel. Hohe Verluste entstehen durch den Fahrzeugverkehr, durch landwirtschaftliche Erntemaschinen und das Abbrennen von Wiesen und der Vegetation auf Bahndämmen.

Besonderes: In den meisten Staaten unter Naturschutz stehend, strenger Schutz ist notwendig.

2 *Erinaceus concolor (= E. roumanicus)*
Ostigel, Weißbrustigel

Kennzeichen: Ähnlich dem Gemeinen Igel (1). Er unterscheidet sich durch weiße Kehle und Brust. Auch größere Partien der Unterseite können weiß sein. Morphologische Unterschiede zum Gemeinen Igel sind gering.

Maße und Masse: Wie beim Gemeinen Igel (1).

Vorkommen: Östliches Mitteleuropa (Polen, ČSSR) und südöstliches Europa bis zur Adria, auf Kreta und den griechischen Inseln. Die genaue Ostgrenze

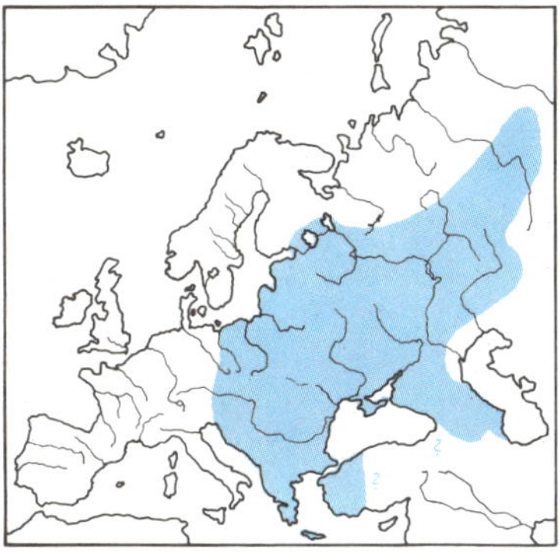
zu 2

der Art ist noch unklar. Für das Territorium der DDR fehlen seit 1940 eindeutige Nachweise.
Lebensweise: Sehr ähnlich dem Gemeinen Igel (1).

3 *Erinaceus algirus*
Wanderigel, Algerischer Igel, Mittelmeerigel
Kennzeichen: Ähnlich dem Gemeinen Igel (1), aber schlanker und kleiner. Der Kopf ist sichtbar vom Rumpf abgesetzt. Die Stacheln sind heller und am Kopf deutlich gescheitelt, die Unter-

1 *Erinaceus europaeus*

2 *Erinaceus concolor*

seite ist hell, die Seiten sind dunkelbraun. Die 1. Hinterzehe ist kleiner.
Maße und Masse: KR 20 bis 25 cm; Schw 2 bis 4 cm; HF 30 bis 42 mm; Ohr 25 bis 40 mm; Masse bis 850 g.
Vorkommen: Südfrankreich und am Südrand der Iberischen Halbinsel, Malta, Balearen, Nordwestafrika.
Lebensweise: Ähnlich wie Gemeiner Igel (1). Hält wahrscheinlich keinen Winterschlaf. Das Nest wird auch unter der Erde angelegt.
Besonderes: Möglicherweise wurde der Wanderigel erst vom Menschen nach Europa gebracht.

zu 3

Gattung *Hemiechinus*
Ohrenigel

4 *Hemiechinus auritus*
Langohrigel

Kennzeichen: Zierlicher Körper. Die Schnauze ist spitz, die Beine sind lang, der Schwanz ist sehr kurz. Ohrmuscheln groß, lang und beweglich. An den großen Füßen sind deutlich kräftige Krallen zu erkennen. Die hellen Stacheln sind an ihren Spitzen weiß. Auf der Kopfmitte ist ein Scheitel sichtbar. Die Haare an der Bauchseite sind weiß, kurz und weich.
Maße und Masse: KR 15 bis 22 cm; Schw 1,5 cm, HF 31 bis 39 mm, Ohr 29 bis 40,5 mm; CB 44 bis 48 mm; Zyg 26 bis 31 mm; Masse 450 bis 540 g.
Vorkommen: Westlich bis zum Asowschen Meer, südöstliche Halbwüsten, Steppen- und Waldsteppengebiete der UdSSR, Mittelasien, Iran, Afghanistan, China und Mongolei. Nachweise auch im südlichen Kaukasus und auf Zypern. Feuchtstellen, Äcker und hoher Graswuchs werden gemieden.
Lebensweise: Der Langohrigel ist nachtaktiv und hält einen Winterschlaf. Er wühlt in lockere Erde Höhlen oder bewohnt die von anderen Tieren. Tagesverstecke sind unter Steinhaufen oder dichtem Geäst bekannt.
Das Paarungsverhalten ist dem der anderen Igelarten ähnlich. Die Fortpflanzungsbiologie ist noch nicht ausreichend bekannt. Die Jungen, die schon nach einer Woche die Augen öffnen und nach 2 bis 3 Wochen selbständig sein sollen, werden im Juni (?) geboren. Das Weibchen bringt 4 bis 7 (?) Junge zur Welt.

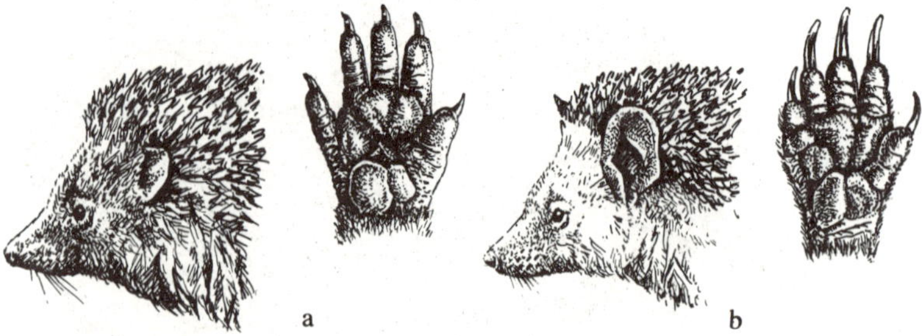

a b

Ohrformen und Krallen von a *Erinaceus europaeus* (1), b Hemiechinus auritus (4)

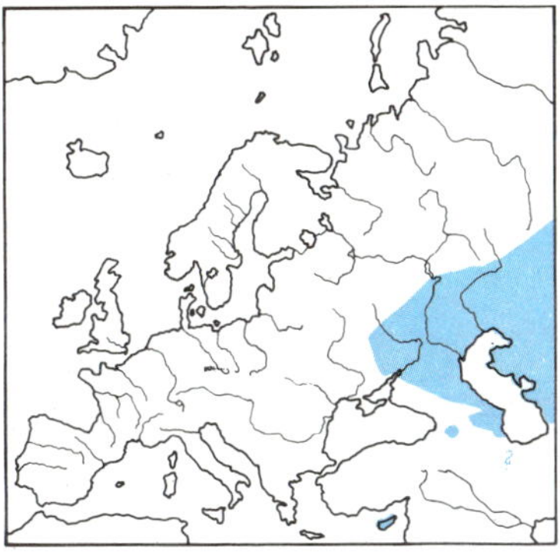

zu 4

Die Nahrung besteht aus Insekten und kleinen Wirbeltieren. Möglicherweise werden auch Eidechsen und Schlangen angenommen.
Als Feinde sind Fuchs, Iltis und Uhu zu nennen.

Familie *Talpidae* Maulwürfe

Fast nur unterirdisch lebende, walzenförmige Tiere mit kurzen Beinen, aber stark ausgebildeten Vorder- und Hinterfüßen und rüsselartig verlängerter Schnauze. Die Vorderfüße sind zu »Grabschaufeln« entwickelt. Die Körpergröße liegt zwischen der einer Maus und einer Ratte. Der Schwanz ist kurz, die Augen sind sehr klein, Ohrmuscheln fehlen ganz. Das Fell ist samtartig und sehr kurzhaarig. 3 Paar Zitzen.
Im Rüssel ist ein hochempfindlicher Geruchs- und Tastsinn entwickelt. Obwohl die Ohreingänge im Fell verdeckt liegen, haben Maulwürfe ein gutes Gehör. Es werden weitverzweigte Gangsysteme mit aufgeworfenen Erdhügeln, an denen die Anwesenheit der Tiere unschwer zu erkennen ist, und Nestkammern angelegt.
Die *Canini* sind deutlich erkennbar. Die *Incisivi* haben alle etwa die gleiche Größe. Zahnformel $\frac{3\,1\,4\,3}{3\,1\,4\,3}$ = 44 Zähne.

Größe und Masse können schwanken, sie scheinen an ökologische Bedingungen (Biotop, Nahrung, Klima) gebunden zu sein. Kleine Formen sind aus den Mittel- und Hochgebirgen bekannt. Weibchen sind kleiner und leichter als Männchen. Im Gebiet nur die Gattung *Talpa* mit 4 Arten. Das Vorkommen einer Art, von *Talpa minuta*, ist unsicher. Dieser kleine, nur 89 bis 93 mm lange Maulwurf wurde in der Grusinischen SSR nachgewiesen. Die Art wurde in das »Rotbuch« der UdSSR aufgenommen.

Schlüssel zur Bestimmung der Arten nach Schädelmerkmalen

1 *Incisivi* fast so breit wie lang, sie bilden einen Spitzbogen.
Rostrum-Breite unter 8 mm
6 *Talpa caeca*

1′ *Incisivi* deutlich länger als breit 2

2 Größter Durchmesser des 1. oberen *Molar* (M^1) etwa 4 mm, Länge der unteren *Molares* etwa 8 mm.
Rostrum-Breite 9,1 bis 11,2 mm
7 *Talpa romana*

2′ Größter Durchmesser des 1. oberen *Molar* (M^1) etwa 3 mm, *Incisivi* bilden einen regelmäßigen Rundbogen.
Rostrum-Breite 8,6 bis 9,6 mm
5 *Talpa europaea*

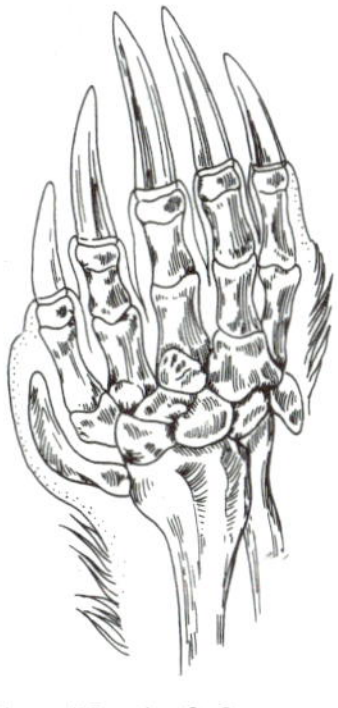

Skelett des Vorderfußes von *Talpa europaea* (5)

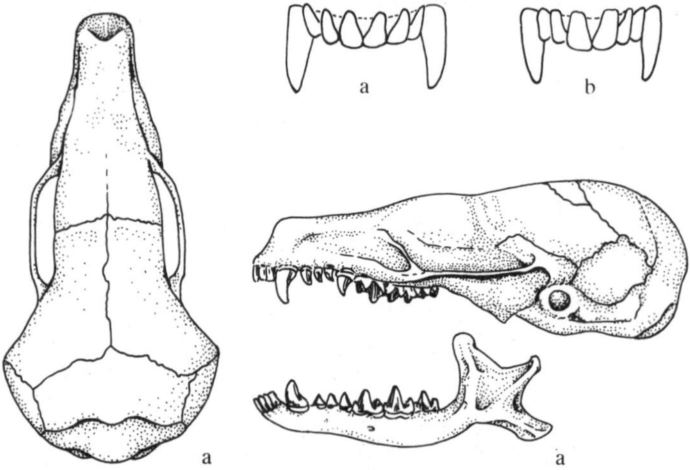

a Schädel, obere *Incisivi* und *Canini* von *Talpa europaea* (5), b *Incisivi* und *Canini* von *T. caeca* (6)

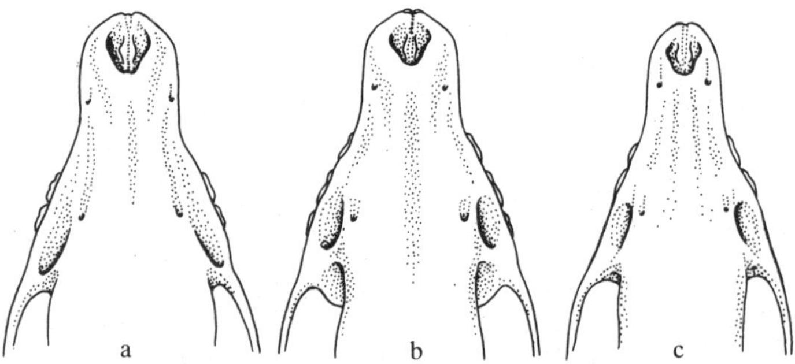

Oberschädel von a *Talpa europaea* (5), b *T. romana* (7), c *T. caeca* (6)

5 *Talpa europaea*
Europäischer Maulwurf

Kennzeichen: Das Tier ist mit seinem langen, walzenförmigen Körper, dem kurzen, nicht sichtbaren Hals, der langen rüsselartigen Schnauze und den als Grabschaufeln mit flachen Krallen ausgebildeten Vorderbeinen dem Leben unter der Erde vorzüglich angepaßt. Hinterbeine und Schwanz sind kurz. Die kleinen Augen und Ohren sind im Fell versteckt. Das Haarkleid ist sehr weich, dicht, glänzend und kurz, die Oberseite in der Regel schwarz, die Unterseite dunkel- bis schiefergrau. Es sind verschiedene Farbvarianten (weiß, gelblichgrau, gescheckt) bekannt. Die seitlich an der Schnauzenspitze und am Schwanz befindlichen Haare sind Tastorgane.

Ähnliche Arten: Blindmaulwurf (6), Römischer Maulwurf (7).

Maße und Masse: KR 11 bis 16 cm; Schw 2 bis 4,2 cm; HF 16 bis 25 mm; CB 31 bis 38,5 mm; Zyg 11 bis 13,5 mm; Masse 60 bis 130 g.

Vorkommen: Eurasien. Von Großbritannien, Spanien, Oberitalien bis Sibirien.

Bevorzugt tiefgründige Wiesen, Laubwälder, Gärten und Parks. Meidet steinreiche, staunasse (saure?), sandige und moorige Böden. Im Gebirge bis etwa 2 000 m Höhe.
Lebensweise: Vorwiegend unterirdisch. Die tag- und nachtaktiven, ungeselligen Tiere graben ein etwa bis zu 50 cm, im Winter bis 70 cm tiefes (aber auch flach unter der Erdoberfläche verlaufendes), verzweigtes Gangsystem, das insgesamt bis zu 200 m Länge betragen kann. Die normale Ganglänge beträgt etwa 40 bis 60 m. Maulwürfe können gut schwimmen. Die Tiere kommen selten an die Erdoberfläche, von dort können sie sich sehr schnell wieder in den Boden eingraben. Beim Graben der Gänge und Nestkammern wird das gelöste Erdreich mit den Vorderfüßen aus den Gängen an die Erdoberfläche geschoben (»Maulwurfshaufen«). Die Erdhaufen sind keine Zugänge zu den Bauen, dienen aber möglicherweise auch der Frischluftzufuhr. Unter den besonders großen Hügeln (bis zu 90 cm Höhe) wird die Nestkammer mit den

»Stoßender« Maulwurf

6 *Talpa caeca*

5 *Talpa europaea*

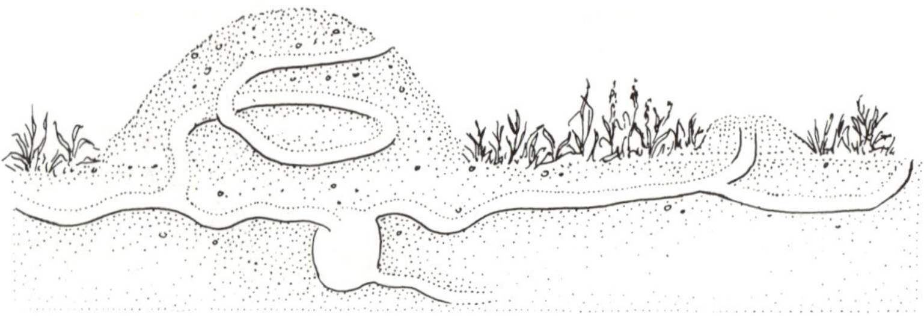

Schematischer Schnitt durch ein Gangsystem mit Nesthügel und Maulwurfshaufen von *Talpa europaea* (5)

aus Blättern, Gräsern, Moos und kleinen Wurzeln ausgepolstertem Nest angelegt. Vom Nest besteht Verbindung zum Gangsystem, das täglich mehrere Male zur Nahrungsaufnahme abgesucht wird. Auch »Vorratskammern« sind bekannt, in denen ein größerer Wintervorrat an Regenwürmern, die durch Bisse bewegungsunfähig gemacht wurden, eingelagert sind. Als Lautäußerungen sind Zwitschern, Piepsen und schrille Schreie (wohl bei Kämpfen) bekannt. Die Tiere halten keinen Winterschlaf.

Zur Paarungszeit (April bis Juli) finden Kämpfe zwischen den Männchen statt. Jährlich 1 (2) Würfe mit 2 bis 7 (meist 3 bis 4) etwa bohnengroßen Jungen nach 4 bis 6 (?) Wochen Tragzeit.

Die Jungen öffnen die Augen mit etwa 25 Tagen, werden etwa 5 Wochen gesäugt und sind danach selbständig. Die Geschlechtsreife tritt im folgenden Jahr ein. Die Tiere werden 2 bis 4 Jahre alt.

Die Nahrung besteht ausschließlich aus Tieren: Regenwürmer, Insekten und deren Larven (besonders Engerlinge), Schnecken, gelegentlich auch kleine Wirbeltiere.

Feinde sind Fuchs, Marder, Dachs, Wildschwein, Bussard, Waldkauz, Uhu, Schleiereule und Weißstorch.

Plötzlich einsetzende und lang anhaltende Hochwässer in den Talauen können den Bestand, ebenso wie großflächiger Wiesenumbruch, sichtbar reduzieren.

6 *Talpa caeca*
Blindmaulwurf, Mittelmeermaulwurf

Kennzeichen: Dem Europäischen Maulwurf (5) sehr ähnlich, aber kleiner und kurzschwänziger. Die Augen sind sehr

zu 5

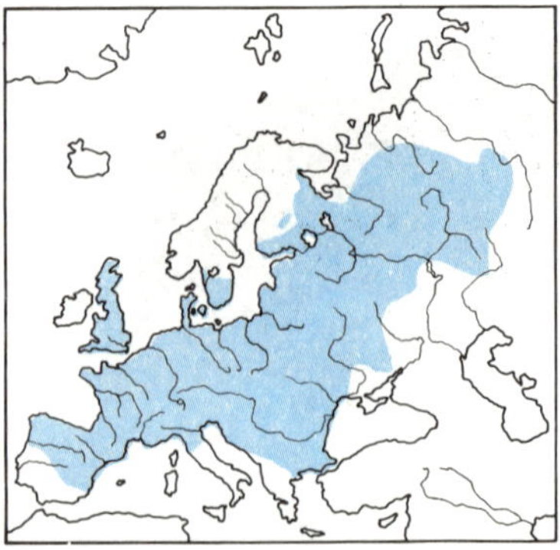

zu 6

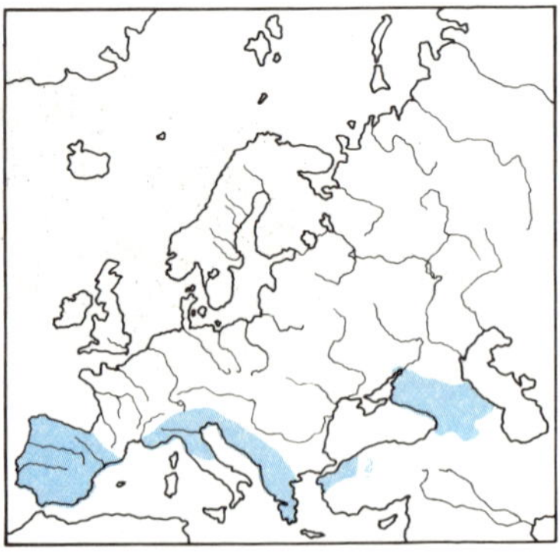

klein und durch eine dünne Haut überdeckt. Die mittleren *Incisivi* (I^2) sind höher ausgebildet. Der Rüssel ist schmaler und länger als beim Europäischen Maulwurf. Die Haare am Schwanz, an der Lippenregion und an den Vorderfüßen sind nahezu weiß.
Ähnliche Arten: Europäischer Maulwurf (5), Römischer Maulwurf (7).
Maße und Masse: KR 9,5 bis 14 cm; Schw 2,1 bis 3 cm; HF 15,5 bis 17,5 mm; Masse 30 bis 70 g.
Vorkommen: Spanien, Portugal, Südfrankreich, Norditalien, Jugoslawien, Griechenland, Albanien, Kleinasien, Kaukasus. Selten in ausgesprochenem Niederungsgelände.
Lebensweise: Ähnlich Europäischem Maulwurf (5), wirft aber kleinere Hügel aus, da er nicht so tief in der Erde gräbt. Fortpflanzung, Nahrung und Feinde wie Europäischer Maulwurf.
Besonderes: Es ist zu klären, inwieweit die Art einem Konkurrenzdruck durch den Europäischen Maulwurf (5) in gemeinsamen Vorkommensgebieten ausgesetzt ist und ob Ökotypen unterschieden werden können.

7 *Talpa romana*
Römischer Maulwurf
Kennzeichen: Äußerlich etwa gleichgroß oder auch größer als der Europäische Maulwurf (5). Der Schädel ist breiter ausgebildet. Der Rüssel ist länger und die Schnauzenspitze größer und unbehaart. Die Augen sind von einer dünnen Haut überwachsen.
Ähnliche Arten: Europäischer Maulwurf (5), Blindmaulwurf (6).
Maße und Masse: KR 12,5 bis 16,5 cm; Schw 2,5 bis 3,5 cm; HF 1,5 bis 2,2 cm; *Rostrum*-Breite von 9 bis 11,2 mm.
Vorkommen: Italien, Sizilien, Griechenland.
Lebensweise: Etwa wie der Europäische Maulwurf (5).

zu 7

Familie *Desmanidae*
Desmane

Maulwurfstyp mit langem nach allen Richtungen beweglichem Rüssel. Etwa körperlanger, seitlich abgeplatteter und beschuppter Ruderschwanz. Hinterfüße mit Schwimmhäuten. Vorzugsweise Wassertiere.

Zahnformel $\frac{3\,1\,4\,3}{3\,1\,4\,3}$ = 44 Zähne.

In Europa 2 Gattungen mit je 1 Art.

8 *Galemys pyrenaicus*
Pyrenäen-Desman
Kennzeichen: Der etwa maulwurfsgroße Körper hat ein an der Oberseite dunkelbraunes, glänzendes und an der Unterseite silbergraues Haarkleid. Die rüsselartige, nackte Nase mit verschließbaren, runden Nasenlöchern ist äußerst beweglich. An der Oberlippe befinden sich lange Vibrissen. Der lange, runde mit Schuppen und kurzen Haaren bedeckte Ruderschwanz ist an seiner Spitze seitlich zusammengedrückt und hat an der Unterseite Moschusdrüsen. Er ist länger als der Körper. Typisch sind große Hinterfüße mit Schwimmhäuten. Vorder- und Hinterfußsohlen tragen Schwimmborsten. Die Augen sind klein, die Ohrmuscheln nur angedeutet. Eine Unterscheidung der Geschlechter nach den äußeren Geschlechtsorganen ist kaum möglich.
Maße und Masse: KR 11 bis 13,5 cm; Schw 13 bis 16 cm; HF 31 bis 38 mm; Masse 50 bis 80 g.

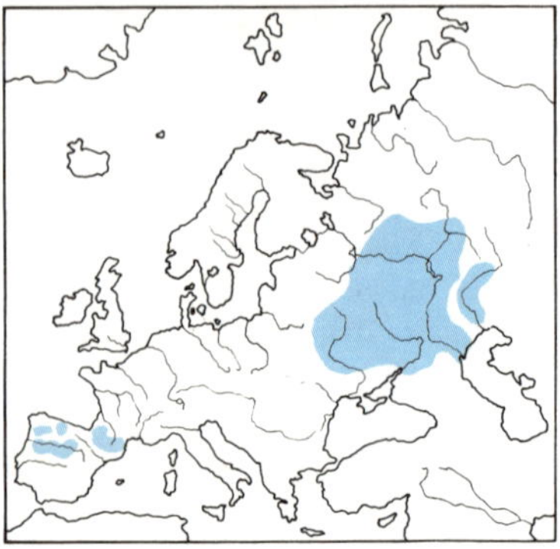

zu 8 zu 9

Vorkommen: Im nördlichen Portugal und Spanien und in den Pyrenäen an Gebirgsbächen, sauberen Flüssen und stehenden Gewässern mit reichstrukturierten Uferbereichen.
Lebensweise: Der geschickte und sehr bewegliche Schwimmer (dabei werden die Vorderfüße an den Körper angelegt) und Taucher ist vorwiegend nachtaktiv. Er ist ungesellig.
Bevorzugt jagt er im Wasser (auch am Grund), seltener an Land. Die Orientierung erfolgt durch Gehör, Tast- und Geruchssinn. Am Ufer werden vorhandene Höhlungen oder geschützte Überhänge und Spalten aufgesucht oder Gangsysteme mit unterirdischen Nestkammern (die sich über der Wasseroberfläche befinden) und ins Wasser führende Röhren angelegt. Auf Dauer bewohnte Baue sind nicht bekannt. Das Revier wird mit dem Sekret der Moschusdrüsen markiert. Die Art scheint über das Jahr eine enge Bindung an das Wohngewässer zu haben.
Über die Fortpflanzung ist bisher wenig bekannt. Die Hauptpaarungszeit liegt zwischen Ende März und Mai (Juli?). Nach einer Trächtigkeitsdauer zwischen 30 und 50 Tagen werden 3 bis 5 Junge geworfen. Sie werden etwa 4 Wochen gesäugt und sind mit etwa 6 (?) Wochen geschlechtsreif. Während der Jungenaufzucht verhalten sich die Eltern aggressiv.
Die Nahrung besteht aus Insekten, besonders im Wasser lebenden Wirbellosen (Schnecken und Würmern) und auch kleinen Wirbeltieren (z.B. kleinen Fischen).
Der Desman wird von Raubsäugern gefangen und getötet, aber wohl wegen des Moschusgeruches nicht gefressen. Feinde sind Greifvögel und Eulen.
Besonderes: Ein strenger Schutz dieser Reliktart ist notwendig, da der Bestand stark zurückgeht. Gewässerverunreinigungen und -ausbau wirken sehr negativ auf die Bestandsentwicklung.

9 *Desmana moschata*
Russischer Desman

Kennzeichen: Vom Pyrenäen-Desman (8) durch den größeren Körper und den längeren Schwanz deutlich zu unterscheiden. Die »Rüsselspitze« ist breiter ausgebildet. Er besitzt auch an den Vorderfüßen Schwimmhäute.
Maße und Masse: KR 20 bis 23 cm; Schw 18,5 bis 21 cm; HF 55 bis 59 mm; CB 55 bis 58,1 mm; Zyg 21,5 bis 22,9 mm; Masse 350 bis 485 g (trächtige Weibchen bis etwa 600 g).
Vorkommen: Heute nur noch in der Sowjetunion in den Flußgebieten des Don, der Wolga und des Urals. Einst auch im Dneprgebiet. Das Verbreitungsgebiet, das einst große Teile Europas umfaßte, schrumpfte infolge des Aussterbens der Art in weiten Teilen des Areals sehr stark zusammen. Dadurch zerriß das einstmals geschlossene Verbreitungsgebiet der Desmane, so daß das Areal des Russischen Desman keine Verbindung mehr mit dem isolierten Vorkommen des Pyrenäen-Desman (8) hat. Bevorzugt Seen mit einer Wassertiefe zwischen 3 bis 5 m, deren Ufer mit Rohrkolben, Bäumen und Gebüsch bewachsen sind. Reiches Nahrungsangebot, Schutz vor Störungen und Versteckmöglichkeiten sind wichtige Existenzbedingungen für die Art.
Lebensweise: Die dämmerungs- und nachtaktiven Tiere halten sich vorwiegend im Wasser, selten am Lande auf.

Sie schwimmen und tauchen nur mit Hilfe der Hinterfüße und des Schwanzes sicher und gewandt.
Der Bau wird in die Uferböschung gegraben, die Eingangsröhre mündet stets unter der Wasseroberfläche. Die Nestkammer hat etwa 40 cm Durchmesser. Die Tiere sind eng an ihr Wohngewässer gebunden. Sie geben zirpende Laute und Pfiffe von sich.

9 *Desmana moschata* schwimmend (von vorn)

8 *Galemys pyrenaicus*

9 *Desmana moschata*

Schematischer Schnitt durch den Bau von *Desmana moschata* (9)

Die Fortpflanzung der monogam lebenden Tiere ist noch nicht vollständig bekannt. Sie sind wohl das ganze Jahr über fortpflanzungsfähig. Paarungsspiele besonders im April und Mai mit mehrmaliger Begattung. Nach etwa 50 Tagen Tragzeit werden meist 3 bis 4 75 bis 85 mm lange, nackte Junge geboren. Nach 18 Tagen ist ihr Körper völlig behaart. Nach etwa 3 Wochen verlassen die Jungen unter Führung der Mutter den Bau. Die Weibchen sind nach etwa 7 Monaten, die Männchen erst später (?) geschlechtsreif. Sie können 4 bis 6 Jahre alt werden.

Die Tiere ernähren sich vorwiegend von Wasserinsekten, Schnecken, Muscheln, Laich, Fischen, Fröschen, Krebsen, auch Wasserpflanzen.

Feinde sind Fuchs, Marderhund, Nerz, Mink, Iltis, Wiesel, Baummarder, Greifvögel (z.B. Schelladler) und Eulen (z. B. Uhu). Hechte und Welse fressen Jungtiere.

Eine große Gefahr stellen die eingebürgerten Bisamratten für den Desmanbestand dar. Sie reduzieren die Nahrungsbasis und verdrängen sie aus ihren Bauen.

Besonderes: Bis Anfang dieses Jahrhunderts wurden die Tiere wegen ihres Haarkleides unkontrolliert gefangen, die Schwänze verarbeitete die Parfümindustrie wegen der Moschusdrüsen. 1920 wurden die Tiere unter Schutz gestellt. Durch Fanggeräte der Fischerei kommt es gelegentlich zu Verlusten. Weiterhin sind sie durch Gewässerausbau und Gewässerverschmutzung gefährdet. Umsiedlungen wurden durchgeführt.

Familie *Soricidae*
Spitzmäuse

Sehr klein bis mausgroß. Rüsselförmige und deutlich die Schneidezähne überragende Nase. Augen und Ohren sind klein. Schwanz meist kürzer als der Körper. An den Flanken befinden sich

Moschusdrüsen. Vorder- und Hinterfüße mit je 5 Zehen. Das Fell ist sehr dicht, kurz und meist glänzend. Spitzmäuse sind tag- und nachtaktive Tiere, die artspezifische Ruheperioden einlegen. Sie halten keinen Winterschlaf.
Typisch ist ihr moschusartiger Geruch. Die Tiere sind sehr stimmfreudig, sie geben zwitschernde und quietschende Laute von sich, die auch im hohen Frequenz- und im Ultraschallbereich liegen können. Die Arten sind äußerlich nicht leicht voneinander zu unterscheiden, daher ist die Bestimmung anhand der Schädel am sichersten.
Sie bewohnen vielfältige Biotope, suchen aber stets Schutz am Boden, z. B. in der Vegetation, unter Steinen und Laub oder auch in unterirdischen Gängen anderer Kleinsäuger (z. B. von Wühlmäusen). Die Nahrung besteht aus Insekten, deren Larven und anderen Wirbellosen. Kleine Wirbeltiere und Aas werden auch angenommen. Oftmals fressen sie pro Tag mehr, als ihr eigenes Körpergewicht beträgt. Lebensdauer bis etwa $1\frac{1}{2}$ Jahre.

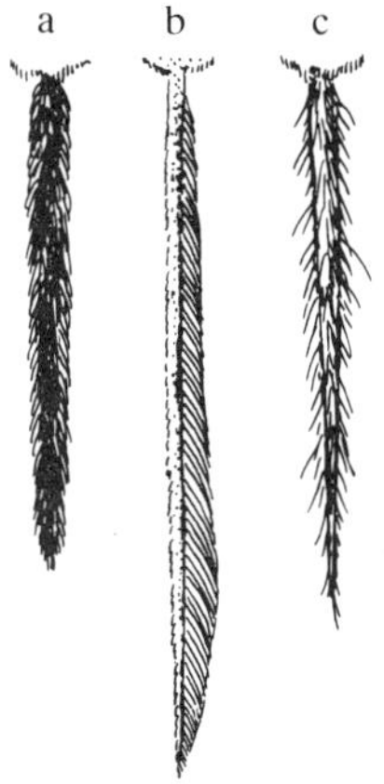

Schwanzenden von a *Sorex araneus* (10), b *Neomys fodiens* (19), c *Crocidura leucodon* (21)

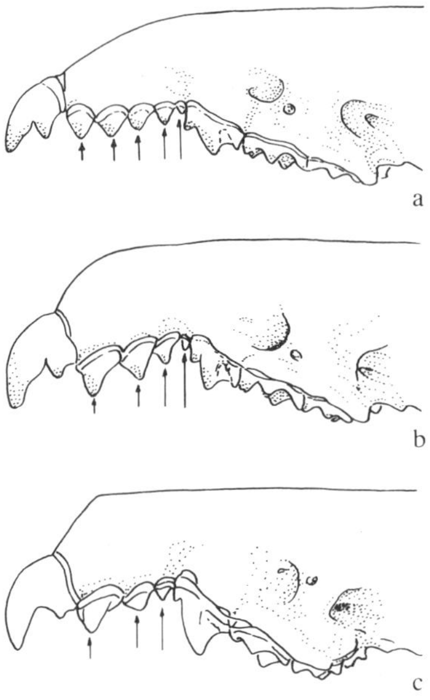

Vergleich der vorderen Oberschädel (Seitenansicht) der Gattungen a *Sorex*, b *Neomys*, c *Crocidura*

Die Familie gliedert sich in 2 Unterfamilien:
Bei den Rotzähnigen Spitzmäusen *(Soricinae)* sind die Zahnspitzen rot oder rotbraun. Alte Tiere können aber stark abgenutzte Zähne haben, so daß nur noch die weißen Zahnstümpfe vorhanden sind. Im Oberkiefer befinden sich bei der Gattung *Sorex* 5 und bei *Neomys* 4 einspitzige Zähne. 11 Arten in Europa.
Bei den Weißzahn- oder Wimperspitzmäusen *(Crocidurinae)* sind die Zähne völlig weiß. Der Schwanz ist mit einzelnen langen, meist abstehenden Wimperhaaren besetzt. Im Oberkiefer befinden sich bei *Suncus* 4 und bei *Crocidura* 3 einspitzige Zähne. Die Ohrmuscheln sind bei den Weißzahnspitzmäusen größer und ragen weiter aus dem Fell als bei den Rotzahnspitzmäusen. Im Herbst und Winter suchen die Weißzahnspitzmäuse verstärkt Gebäude und Stallanlagen in Dörfern auf. 6 Arten in Europa.

Schlüssel zur Bestimmung der Gattungen

1 Zahnspitzen weiß, 28 oder 30 Zähne. Schwanz mit Wimperhaaren 2
1′ Zahnspitzen rot (mindestens in Spuren), 30 oder 32 Zähne. Schwanz ohne Wimperhaare 3
2 Im Oberkiefer 3 einspitzige Zähne *Crocidura* S. 67
2′ Im Oberkiefer 4 einspitzige Zähne *Suncus* S. 71
3 Untere *Incisivi* mit nur 1 flachen Höcker, 30 Zähne, 4 einspitzige Zähne im Oberkiefer. Hinterfüße mit oder mit angedeuteten Schwimmborsten *Neomys* S. 63
3′ Untere *Incisivi* mit 3 Höckern, 32 Zähne, meist 5 einspitzige Zähne im Oberkiefer. Hinterfüße ohne Schwimmborsten *Sorex* S. 56

Unterfamilie *Soricinae* Rotzähnige Spitzmäuse

Gattung *Sorex*
3 Paar Zitzen.
Zahnformel $\frac{3\,1\,3\,3}{2\,0\,1\,3}$ = 32 Zähne.
Zahnspitzen rot.

10 *Sorex araneus*
Waldspitzmaus

Kennzeichen: Maulwurfähnliche Gestalt, aber wesentlich kleiner. Erwachsene Tiere in der Regel mit dunkel- bis schwarzbrauner, Jungtiere mit graubrauner Oberseite. Die Flanken sind hellbraun, die Unterseite ist gelblichgrau. Die Färbung kann sehr variabel sein, im Sommer mehr braun, im Winter mehr schwarz. Augen und Ohren sind sehr klein, die Ohrmuscheln sind im Fell versteckt. Der Schwanz hat 76 bis 114 Ringe, ist kurz behaart (Oberseite dunkelbraun, Unterseite grau) oder auch nackt. Die Hinterfußsohlen sind zur Ferse hin dicht und kurz behaart.

Ähnliche Arten: Zwergspitzmaus (11), Wasserspitzmaus (19), Sumpfspitzmaus (20) Apenninenspitzmaus (14), Maskenspitzmaus (15) und Schabrackenspitzmaus (12).

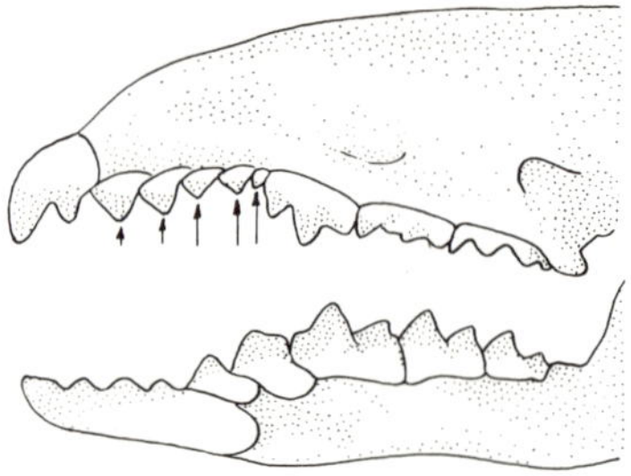

Gebiß von *Sorex araneus* (10)

Maße und Masse: KR 5,5 bis 8,5 cm; Schw 3,5 bis 5,6 cm; HF 11 bis 14 mm; CB 17,8 bis 20,6 mm; Zyg 9 bis 10,3 mm; Masse 4 bis 16 g.

Vorkommen: Von Holland, der Schweiz über Nordeuropa ostwärts bis zum Baikalsee. Fehlt in Irland, Island, großen Teilen der Iberischen Halbinsel und auf den Mittelmeerinseln. In Mitteleuropa die häufigste Spitzmausart.

Die Art zeichnet sich durch eine große ökologische Anpassungsfähigkeit aus. Sie bewohnt Wälder, Hecken, Wiesen, Felder, Moore, Sümpfe, Parks und kommt auch in Verlandungsbereichen von Gewässern und in menschlichen Siedlungen vor. Im Gebirge bis oberhalb der Baumgrenze.

Lebensweise: Die Tiere sind tag- und nachtaktiv, klettern sehr beweglich in

zu 10

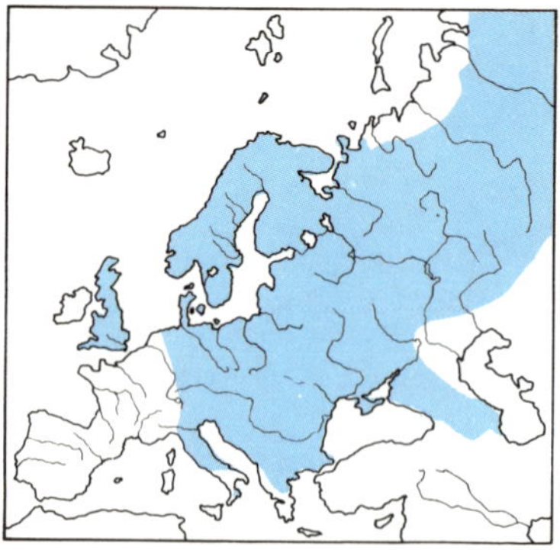

Bodennähe. Sie sind Einzelgänger und bewohnen bevorzugt verlassene Gänge von Wühlmäusen und Maulwürfen, graben aber auch eigene Gänge. Das aus Moos, Blättern und Grashalmen bestehende Nest wird an trockenen Stellen über oder unter der Bodenoberfläche angelegt.
Die Stimme ist ein Zwitschern oder Piepsen. Die Paarungszeit liegt in den Monaten April bis Dezember. Pro Jahr 3 bis 4 Würfe mit 4 bis 10 Jungen nach einer Tragzeit von 19 bis 21 Tagen. Geburtsgewicht 0,4 bis 0,5 g. Die Jungen öffnen die Augen mit 18 bis 21 Tagen und erlangen nach etwa 23 Tagen ihre Selbständigkeit. Die Geschlechtsreife wird in der Regel nach 3 bis 4 Monaten erreicht. Lebensdauer der Tiere etwa 1½ Jahre.
Die Nahrung, deren Masse täglich dem eigenen Körpergewicht entsprechen kann, besteht aus Insekten, Spinnen, Regenwürmern und Schnecken. Tote Wirbeltiere, auch Spitzmäuse der eigenen Art können angefressen werden.
Sie ist gegenüber ihren Artgenossen unverträglich und vertreibt sie aus dem eigenen Revier.
Feinde sind Mauswiesel, Wiesel, Rotfuchs, Hauskatzen, Waldkauz, Schleiereule und Rauhfußkauz.

11 *Sorex minutus*
Zwergspitzmaus

Kennzeichen: Kleiner als Waldspitzmaus (10). Der Schwanz ist etwas länger und stärker behaart, oftmals befinden sich kleine Haarbündel an der Spitze. Die Körperoberseite ist hellbraun bis schwarzbraun, die Unterseite dagegen bräunlichgrau. Färbungsunterschiede sind zwischen Jungen und Alten kaum nachweisbar. Kleine Hinterfüße. Hinterfußsohlen zur Ferse hin dicht und kurz behaart.
Ähnliche Arten: Waldspitzmaus (10), Knirpsspitzmaus (16) und Maskenspitzmaus (15).
Maße und Masse: KR 4,3 bis 6,4 cm; Schw 3,1 bis 4,6 cm; HF 9 bis 12 mm;

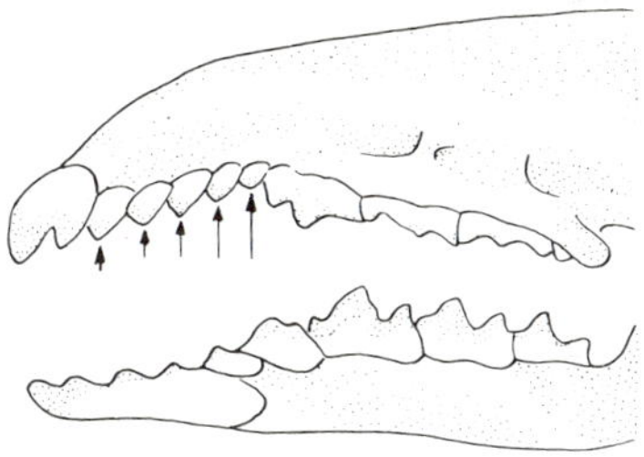

Gebiß von *Sorex minutus* (11)

CB 14,4 bis 16,9 mm; Zyg 7 bis 8 mm; Masse 2,5 bis 7,2 g.
Vorkommen: Europa ohne Island, Sardinien, Korsika, Sizilien und große Teile der Iberischen Halbinsel, nördliches Asien bis Baikalsee und Himalaja.
Die Art kommt in den gleichen Lebensräumen wie die Waldspitzmaus (10) vor, meidet aber große, geschlossene Waldbestände. Bevorzugt werden mit Gras und Büschen bestandene, auch feuchte Flächen.
Lebensweise: Die Tiere sind mehr tagaktiv und suchen ihre Beutetiere bevorzugt an der Erdoberfläche zwischen schützender Vegetation. Sie klettern in Bodennähe ausgezeichnet, graben aber nicht. Bewohnt werden Gänge von anderen Kleinsäugern und andere Hohlräume. Das Nestchen besteht aus Moos, kleinen Pflanzenteilen, Blättern und trockenen, abgefallenen Nadeln.

zu 11

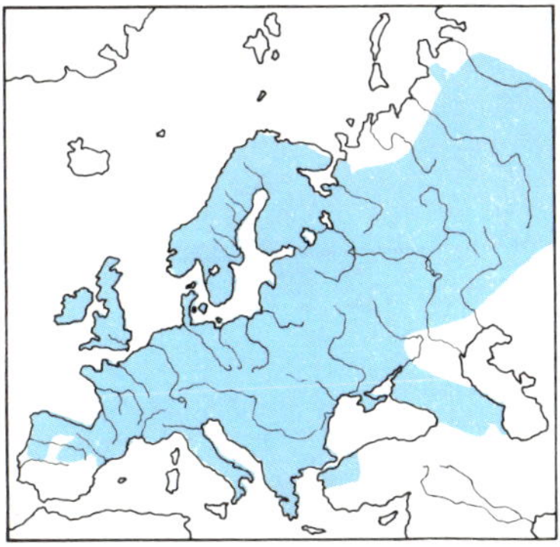

Die Tiere geben zwitschernde und hohe Piepslaute von sich. Die Paarungszeit dauert vom April bis zum September. Jährlich 2 bis 3 Würfe mit jeweils 4 bis 8 Jungen. Entwicklung ähnlich wie bei der Waldspitzmaus (10).
Als Nahrung werden bevorzugt kleinere Käfer und Spinnen aufgenommen.
Feinde sind Mauswiesel und Schleiereule.
Besonderes: Ökologisch scheint die Art noch anpassungsfähiger als die Waldspitzmaus (10) zu sein. Die Populationsdichte der Zwergspitzmaus ist geringer, sie weicht in der Regel der überlegenen Waldspitzmaus aus.

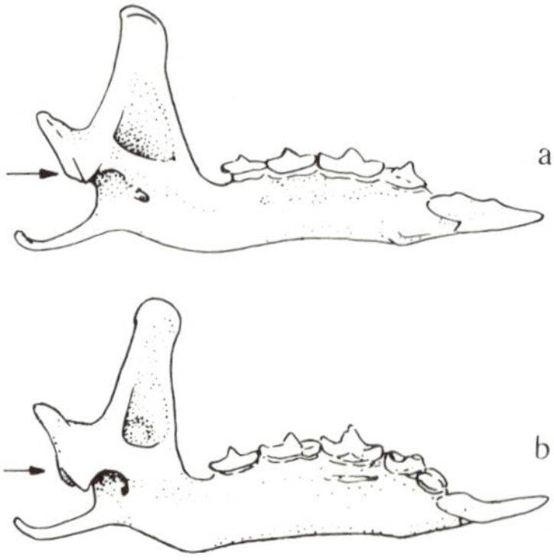

Unterkiefer (linke Innenseite) von a *Sorex araneus* (10), b *S. coronatus* (12). Beachte die unterschiedlichen Gelenkfortsätze.

12 *Sorex coronatus*
Schabrackenspitzmaus

Kennzeichen: Von der Waldspitzmaus (10) äußerlich nicht leicht zu unterscheiden. Der Körper ist nur wenig kleiner und der Schwanz länger als der der Waldspitzmaus. Es gibt Tiere mit einer dunklen Schabracke, oft fehlt aber die kontrastreiche Färbung. Eine deutliche Unterscheidung von der Waldspitzmaus ist an den Unterkiefern möglich.
Maße und Masse: KR 5,7 bis 7,3 cm; Schw 3,9 bis 4,7 cm; HF 12 bis 14 mm; Masse 5,5 bis 8 g.
Vorkommen: Von Nordspanien, Frankreich und der Schweiz bis zu den Niederlanden. In der BRD im Rheinland und in Hessen nachgewiesen. In der DDR (besonders Thüringen) gelangen in jüngster Zeit verschiedene Schädelnachweise aus Eulengewöllen. Die Verbreitung ist im einzelnen noch nicht genau bekannt. Eine Ausbreitung der Art in östlicher Richtung ist jedoch zu vermuten. Waldspitzmaus (10) und Schabrackenspitzmaus können im gleichen Lebensraum gemeinsam vorkommen.
Lebensweise: Noch weitgehend unbekannt, wohl ähnlich der Waldspitzmaus (10). In Frankreich bevorzugt die Waldspitzmaus höhere, die Schabrackenspitzmaus tiefere Lagen.
Besonderes: Die Ausbreitungstendenz der Art könnte die Waldspitzmaus (stellenweise?) aus ihrem westlichen Verbreitungsgebiet verdrängen.

zu 12

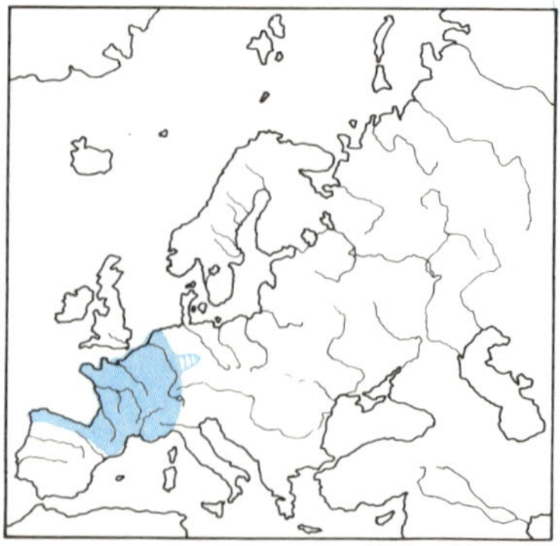

13 *Sorex granarius*
Spanische Spitzmaus,
Kastilien-Spitzmaus

Kennzeichen: Kleiner, aber ähnlich der Waldspitzmaus (10) und der Schabrakkenspitzmaus (12). Durch die kürzere Schnauze erscheint der Schädel etwas massiv.
Maße und Masse: KR 5,7 bis 6,6 cm; Schw 3,6 bis 4,7 cm; HF 11,5 bis 12 mm; Masse unbekannt.

17 *Sorex sinalis*

11 *Sorex minutus*

16 *Sorex minutissimus*

15 *Sorex caecutiens*

18 *Sorex alpinus*

10 *Sorex araneus*

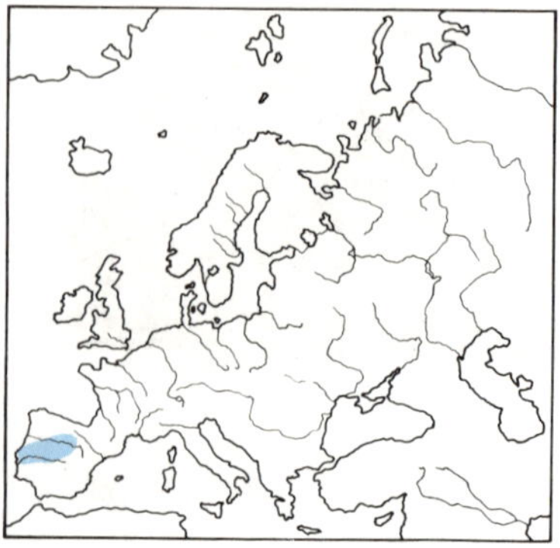

zu 13

zu 14

Vorkommen: Nur aus den Gebirgen Mittelspaniens bekannt.
Lebensweise: Noch unbekannt.

14 *Sorex samniticus*
Apenninenspitzmaus
Kennzeichen: Der Waldspitzmaus (10) sehr ähnlich. Der Schwanz ist kürzer. Ein Unterscheidungsmerkmal ist der 1. obere *Incisivus*, der eine rundliche Einbuchtung aufweist.
Maße: KR 5,6 bis 7,8 cm; Schw 3 bis 4,5 cm; HF 11 bis 12 mm; Masse unbekannt.
Vorkommen: Italien. Bewohnt das Gebirge bis 1 200 m Höhe und kommt auch mit der Waldspitzmaus (10) (stellenweise?) gemeinsam vor.

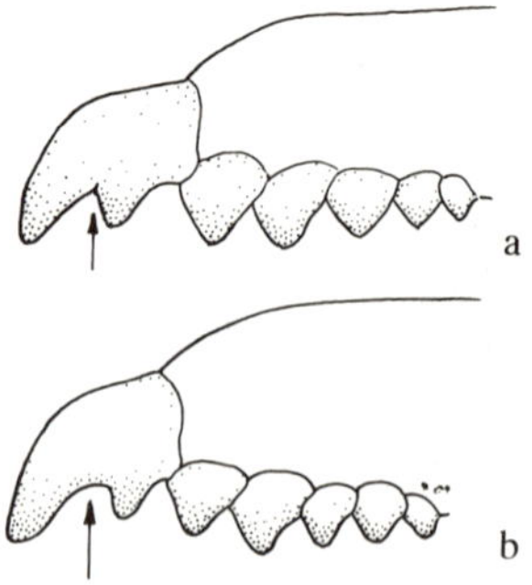

Vergleich der vorderen *Incisivi* von a *Sorex araneus* (10), b *S. samniticus* (14). Beachte die v-förmige Einkerbung.

Lebensweise: Ähnlich der Waldspitzmaus (10).

15 *Sorex caecutiens*
Maskenspitzmaus, Lapplandspitzmaus
Kennzeichen: Etwas größer als die Zwergspitzmaus (11). Die Körperoberseite ist einfarbig braun, die hellen Unterseiten sind deutlich abgesetzt. Der Schwanz ist an der Oberseite braun und an der Unterseite gelblich gefärbt. Das Schwanzende ist meist bei jungen Tieren sichtbar buschig ausgebildet. Die Farbe der Füße ist weiß bis gelblich.
Ähnliche Arten: Waldspitzmaus (10), Zwergspitzmaus (11) und Taigaspitzmaus (17).
Maße und Masse: KR 4,4 bis 7 cm; Schw 3,1 bis 4,7 cm; HF 10,5 bis 12 mm; Masse 3 bis 8 g.
Vorkommen: Nördliches Norwegen und Finnland, von Ostpolen ostwärts bis Sibirien, Mongolei und Japan. Bevorzugt in Nadelwäldern mit dichter Bodenvegetation. Die Taiga- und Tundrenzonen werden ebenso wie südlicher gelegene Sumpfgebiete und Ufer von Stand- und Fließgewässern bewohnt. Im Winter auch in Gebäuden nachgewiesen.
Lebensweise: Bevorzugt nachtaktiv, die Tiere werden aber auch tagsüber angetroffen. Gänge werden nicht gegraben,

die Tiere leben in der schützenden dichten Bodenvegetation.
Jährlich 1 bis 2 Würfe mit jeweils 3 bis 10 Jungen. Die Nahrung besteht aus Insekten und toten Kleinnagern.

16 *Sorex minutissimus*
Knirpsspitzmaus

Kennzeichen: Kleiner als die Zwergspitzmaus (11). Der Schwanz ist kurz. Das Fell der Körperoberseite ist braun bis dunkelbraun, die Flanken sind heller und deutlich von der Oberseite abgesetzt. Bauchseite hellbraun bis hellgrau. Der 2farbige Schwanz ist auf der Oberseite braun, die Unterseite hebt sich durch ein helles Grau sichtbar ab. Das braune Schwanzende ist gut zu erkennen.
Ähnliche Arten: Zwergspitzmaus (11), Maskenspitzmaus (15), Taigaspitzmaus (17), Waldspitzmaus (10).
Maße und Masse: KR 3,3 bis 5 cm; Schw 2,1 bis 2,9 cm; HF 7,5 bis 9 mm; Masse 1,5 bis 4 g.
Vorkommen: Vom nördlichen Europa bis Ostsibirien und Japan, in der Taigazone und in Teilen der Tundra. Die Art bewohnt Nadelwälder mit Moos- und Heidelbeerbeständen, Moorbereiche sowie trockene Waldflächen.
Lebensweise: Noch weitgehend unbekannt. Jährlich 1 bis 2 Würfe mit jeweils 3 bis 6 Jungen. Die Laute liegen vorwiegend im Ultraschallbereich. Sie

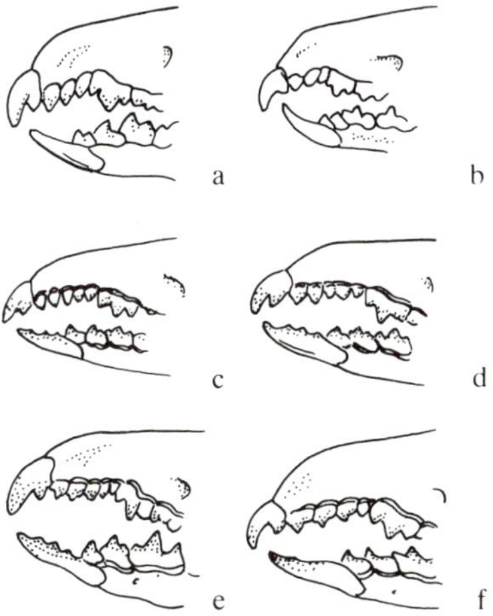

Gebisse verschiedener Spitzmausarten:
a *Crocidura suaveolens* (23), b *Suncus etruscus* (26), c *Sorex minutissimus* (16), d *Sorex sinalis* (17), e *Sorex caecutiens* (15), f *Neomys anomalus* (20)

sind vom Menschen nur als leises Zirpen vernehmbar.
Die Nahrung besteht vorwiegend aus kleinen Insekten und toten Nagern. Feinde sind meist Eulen.

17 *Sorex sinalis (= S. isodon)*
Taigaspitzmaus

Kennzeichen: Die einförmige dunkle Körperoberseite ist unscharf von den etwas helleren Farbtönen des Bauches

zu 15

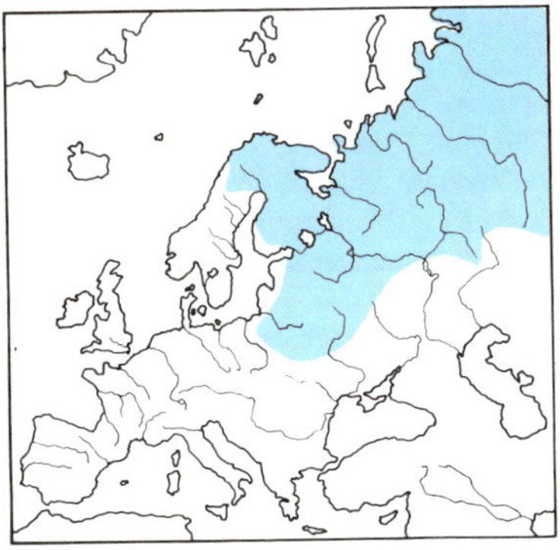

zu 16

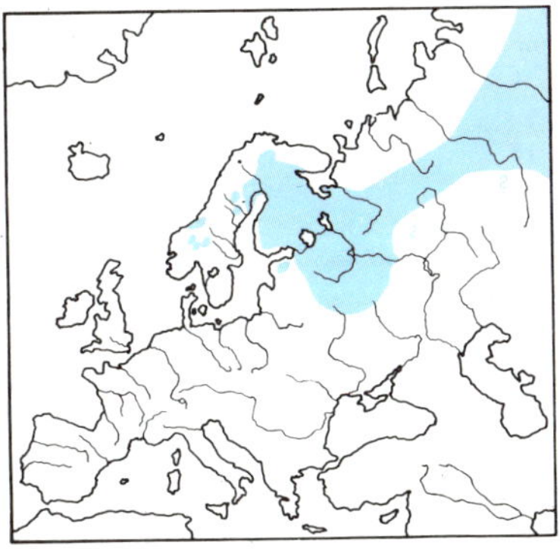

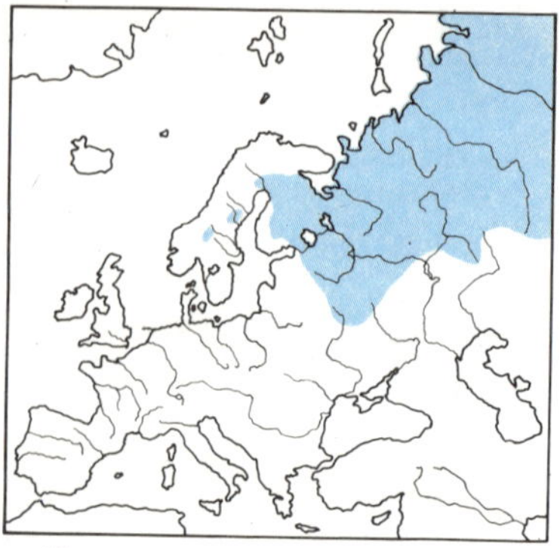

zu 17

abgesetzt. Die Oberseite des Schwanzes ist wie die des Rückens gefärbt, die Unterseite ist gelblich. Der rundliche Schwanz ist kürzer als Rumpf und Kopf. Die Füße mit kleinen Krallen sind dunkelbraun.
Maße und Masse: KR 5,7 bis 8,4 cm; Schw 4,1 bis 5,5 cm; HF 13 bis 15 mm; Masse 6,5 bis 15 g.

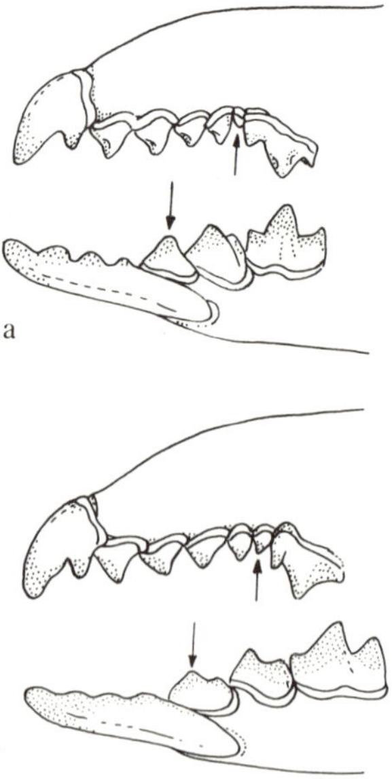

Vergleich der Gebisse von a *Sorex araneus* (10), b *S. alpinus* (18)

Vorkommen: Nord- und Osteuropa, östlich bis Nordchina. Bevorzugt feuchte Nadelwälder oder Mischwälder, kommt auch an Gewässerufern und in Moorgebieten vor.
Lebensweise: Die Tiere leben vorwiegend versteckt in der dichten Vegetationsdecke.
Die Fortpflanzungsbiologie ist noch nicht vollständig bekannt. Jährlich 1 bis 2 Würfe mit jeweils 5 bis 8 Jungen. Als Nahrungstiere werden Insekten, Würmer, Schnecken und Spinnen aufgenommen, auch tote Kleintiere werden nicht verschmäht. Als Feinde sind Rauhfußkauz und Wiesel zu nennen.
Besonderes Von manchen Autoren wird eine Unterart als selbständige Art, *Sorex raddei*, angesehen.

18 *Sorex alpinus*
Alpenspitzmaus
Kennzeichen: Relativ groß, oberseits dunkelschiefergrau, keine deutliche Farbgrenze zur graubraunen Unterseite. Typisch ist der körperlange Schwanz, dessen ebenfalls dunkelschiefergraue Oberseite scharf zur weißen Unterseite abgesetzt ist. Die Füße sind weißlich gefärbt. Besonders fallen die großen Hinterfüße auf. Die Vorderfüße haben je 5 Sohlenschwielen.
Maße und Masse: KR 6,2 bis 7,7 cm; Schw 6,2 bis 7,5 cm; HF 13 bis 16 mm; Ohr 7 bis 9 mm; CB 18,5 bis 20,6 mm; Zyg 9 bis 10,2 mm; Masse 6 bis 12 g.
Vorkommen: Nur in Europa. In der DDR gelangen bisher nur einzelne Nachweise im Harz und im Zittauer Gebirge. Bevorzugt werden Gebirge mit feuchten Nadelwäldern und Krummholzzonen. Nachgewiesen auf Feuchtwiesen, an Bächen und in Felsblockhalden zwischen 180 und etwa 3 000 m ü. NN.
Lebensweise: Noch nicht vollständig bekannt. Die Wurfzeit liegt zwischen April und September, die Wurfgröße beträgt 3 bis 9 Junge. Die tag- und nachtaktiven Tiere haben eine hohe zwitschernde Stimme. Insekten, Spin-

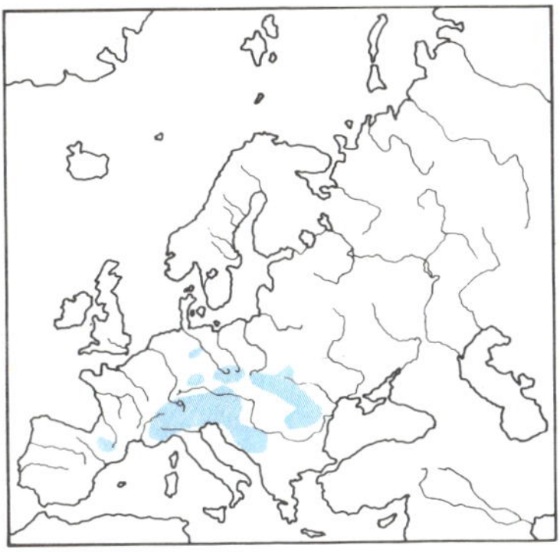

zu 18

nen, Würmer, Schnecken und kleine tote Wirbeltiere bilden die Nahrung. Als Feinde sind Rauhfußkauz, Waldkauz, Mauswiesel und Hermelin zu nennen.

Gattung *Neomys*

4 Paar Zitzen.

Zahnformel $\frac{3\,1\,2\,3}{2\,0\,1\,3} = 30$ Zähne. Die Zahnspitzen sind rotbraun.

Schlüssel zur Bestimmung der Arten

1 CB meist über 20 mm. Höhe des Unterkieferastes 4,5 bis 5,3 mm. Schwanzunterseite mindestens zu ⅔ mit längeren Haaren (Kiel) besetzt. Hinterfüße mit Borsten
19 *N. fodiens*

1′ CB meist unter 20 mm. Höhe des Unterkieferastes 3,6 bis 4,4 mm. Kein Kiel an der Unterseite des Schwanzes oder nur am letzten Drittel des Schwanzes. Hinterfüße nur mit schwachem Borstensaum
20 *N. anomalus*

19 *Neomys fodiens*
Wasserspitzmaus

Kennzeichen: Die Körperoberseite der großen und langschwänzigen Spitzmaus ist schwarz, die Unterseite in den meisten Fällen deutlich weiß, sie kann aber auch eine graue oder orangerote Färbung aufweisen. Das Fell ist dicht und samtartig. Die längere Kopfform ist zu beachten. Die Schnauze ist sichtbar dicker ausgebildet. Die Ohrmuscheln sind im Fell versteckt. Hinter den deutlich sichtbaren Augen ist zu-

19 *Neomys fodiens*

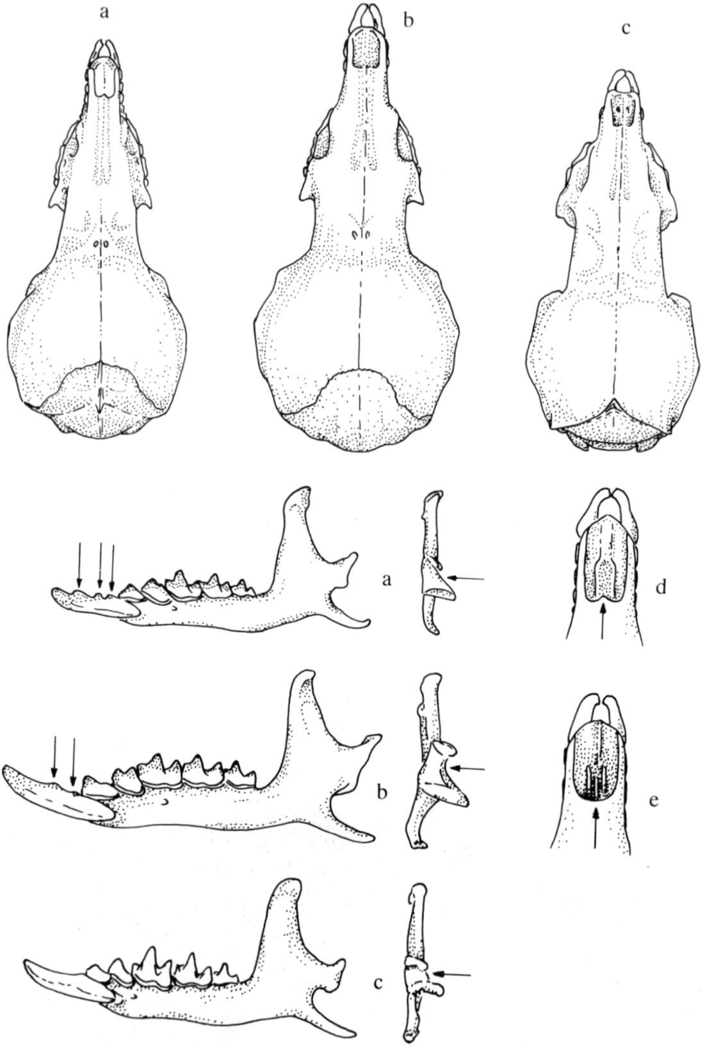

Vergleich der Schädel, Unterkiefer und rostraler Schädelteile verschiedener Spitzmausarten: a, d *Sorex araneus* (10); b, e *Neomys fodiens* (19); c *Crocidura leucodon* (21)

meist ein grauweißer Fleck ausgebildet. Die Schwanzunterseite besitzt einen silbrigweißen Borstenkiel oder Borstenhaare. Die großen Hinterfüße tragen am Außenrand ebenfalls einen weißlich gefärbten Schwimmborstensaum.

Der 1. obere *Incisivus* (I^1) ist etwa doppelt so lang wie der I^2, der 1. untere *Incisivus* hat einen flachen Höcker. Im Oberkiefer 4 einspitzige Zähne.
Ähnliche Arten: Sumpfspitzmaus (20), Alpenspitzmaus (18).

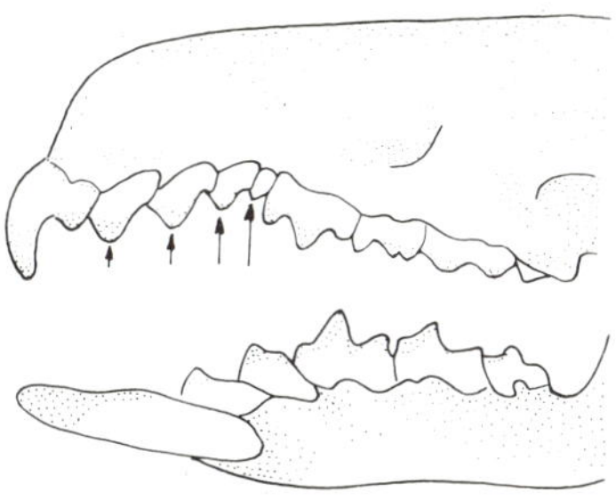

Gebiß von *Neomys fodiens* (19)

Maße und Masse: KR 7 bis 11 cm; Schw 4,5 bis 7,7 cm; HF 1,5 bis 2,2 cm; Ohr 8 bis 10 mm; CB 20 bis 22,4 mm; Zyg 10,2 bis 11,4 mm; Masse 9 bis 23 g.

Vorkommen: Mittleres und nördliches Europa, vom nördlichen Spanien mit Ausnahme des Balkan ostwärts bis zum Baikalsee. Fehlt auf Island und Irland.

Bewohnt werden vegetationsreiche Uferbereiche von klaren, sauberen schnellfließenden Flüssen und Bächen, aber auch stehende Gewässer mit gleicher Wassergüte. Nachweise gelangen auch in Sumpfgebieten und Mooren sowie weitab von Gewässern. Im Gebirge bis zu 2 500 m.

Lebensweise: Am und im Wasser tag- und nachtaktiv mit kurzen Ruhepausen. Die Tiere sind ausgezeichnete Schwimmer und tauchen bis maximal 24 s. Dabei wird das Fell nicht naß. Den Grund des Gewässers durchstöbern sie mit Schnauze und Vorderbeinen nach tierischer Nahrung. Bewohnt werden in den Uferbereichen selbstgegrabene bzw. von Maulwürfen oder Mäusen angelegte Gänge, die einen Ausgang zum Wasser haben. Das Nest aus Laub, Moos oder Gras wird unter der Erdoberfläche oder in Höhlungen angelegt.

Paarungszeit von April bis September. Die Paarungsspiele finden im Wasser statt. Jährlich 1 bis 3 Würfe mit 4 bis 11 Jungen nach 24 bis 27 Tagen Tragzeit. Die Jungen öffnen die Augen nach 22 Tagen, sie werden etwa 1 Monat gesäugt und sind nach 5 bis 6 Wochen selbständig.

Beide Geschlechter werden im 1. Lebenssommer geschlechtsreif, das Höchstalter kann mit etwa 2½ Jahren angegeben werden.

Im Wasser werden Wasserinsekten, deren Larven, Würmer, Schnecken, kleine Krebse, junge Fische, Frösche und Molche als Nahrung gesucht, am Ufer Insekten und auch Kleinsäuger erbeutet. Kleine Anhäufungen von ausgefressenen Schneckenhäusern und Fischgräten im Uferbereich verweisen auf die Anwesenheit der Tiere. Beutetiere werden auch in Verstecke (Vorratshaltung) getragen. Wasserspitzmäuse sind geschickte Kletterer. Sie sind sehr stimm-

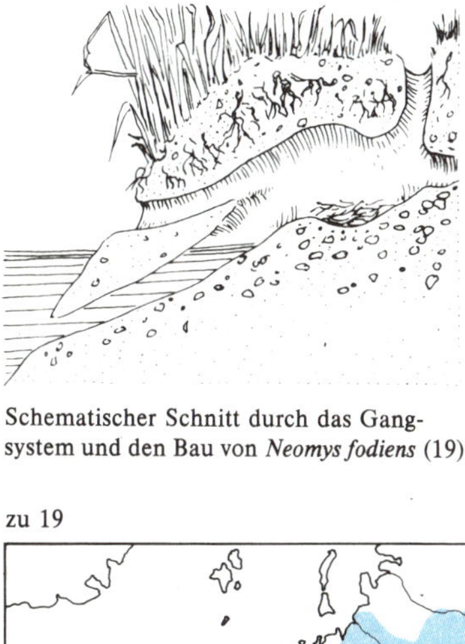

Schematischer Schnitt durch das Gangsystem und den Bau von *Neomys fodiens* (19)

zu 19

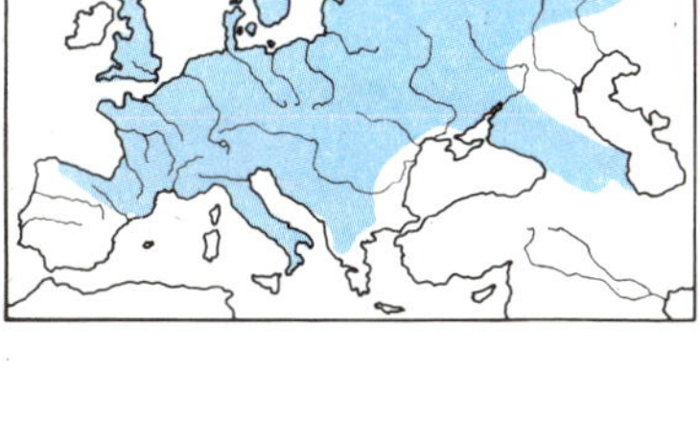

freudig und geben zwitschernde und trillernde Laute von sich.
Feinde sind Waldkauz, Schleiereule, Hermelin, Mauswiesel und Hecht.

20 *Neomys anomalus*
Sumpfspitzmaus
Kennzeichen: Der Wasserspitzmaus (19) sehr ähnlich. Der Körper ist kleiner, der Schwanz ist rund und kürzer. An der Schwanzunterseite ist der Schwimmborstensaum nur angedeutet. Die kleineren Hinterfüße verfügen über einen schwachen Borstensaum. Die Körperoberseite ist heller als die der Wasserspitzmaus, die Unterseite ist hell bis weiß, der Schwanz 2farbig. Schädelform und Gebiß sind denen der Wasserspitzmaus zum Verwechseln ähnlich. Eine sichere Unterscheidung beider Arten ist jedoch an den Unterkiefermaßen möglich (s. S. 61 und 63).
Maße und Masse: KR 6,4 bis 8,8 cm; Schw 3,1 bis 6,4 cm; HF 14 bis 18 mm; CB 19 bis 21 mm; Zyg 9,8 bis 10,9 mm; Masse 6 bis 18 g (Die spanischen Populationen sind langschwänziger und großfüßiger).
Vorkommen: Von den Pyrenäen ostwärts bis zur Ukrainischen SSR, Balkan und Kleinasien. Das Gebiet ihres Vorkommens besteht aus isolierten Teilarealen. Die Art ist weniger an Wasser gebunden als die Wasserspitzmaus (19). Bevorzugt werden sumpfige, feuchte Wiesen, Moore, kleine Wasserrinnsale (besonders in den Mittelgebirgen). Im Gebirge bis etwa 2 000 m auf feuchten Almwiesen. Nachweise gelangen auch in feuchten Schluchtwäldern und in Gebäuden.
Lebensweise: Entspricht weitgehend der der Wasserspitzmaus (19). Sie bewohnt ähnliche Lebensräume vergleichbarer Größe (Syntop), wobei die zwischenartliche Konkurrenz noch nicht eindeutig

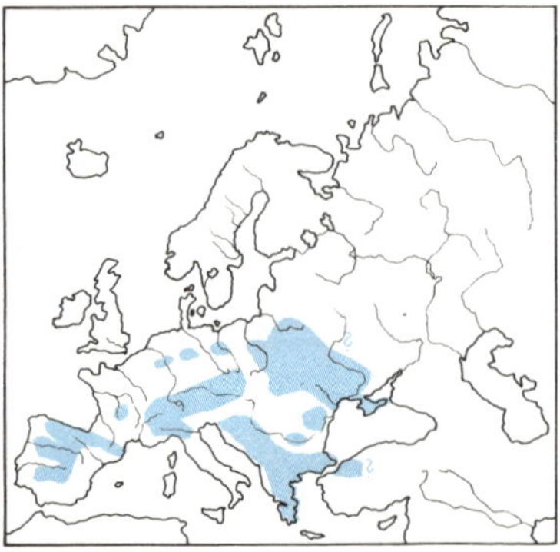
zu 20

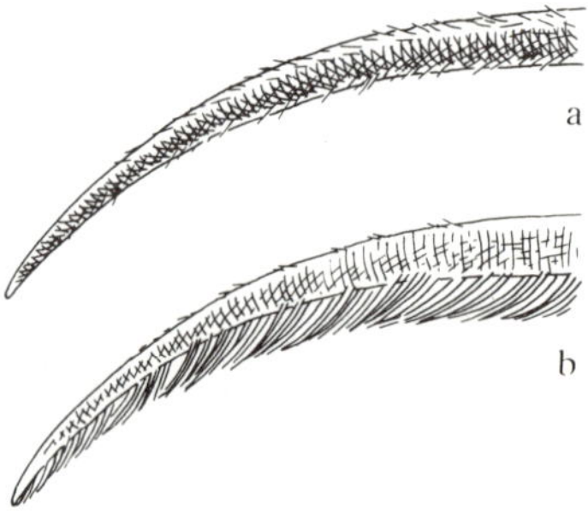

Schwanzende von a *Neomys anomalus* (20), b *N. fodiens* (19) mit deutlich ausgebildetem Steifborstenkiel

20 *Neomys anomalus*

23 *Crocidura suaveolens*

22 *Crocidura russula*

21 *Crocidura leucodon*

geklärt ist. Die kleinere Sumpfspitzmaus scheint der Wasserspitzmaus auszuweichen. Fortpflanzung ähnlich der Wasserspitzmaus. Wurfgröße 3 bis 11 Junge. Die Weibchen werden im 1. Lebensjahr geschlechtsreif. Insekten, Schnecken, Kleinkrebse, Laich von Amphibien, kleine Fische, Frösche und Würmer bilden die Nahrung. Als Feinde sind Waldkauz, Schleiereule und Wiesel bekannt.

Unterfamilie *Crocidurinae*
Weißzähnige Spitzmäuse

3 Paar Zitzen.

Zahnformel $\frac{3\,1\,1\,3}{1\,1\,1\,3} = 28$ oder $\frac{3\,1\,2\,3}{1\,1\,1\,3} = 30$ Zähne. Die Zähne sind vollkommen weiß.

Schlüssel zur Bestimmung der Arten

1 KR unter 5 cm, Schwanz ⅔ KR, im Oberschädel beiderseits 4 1spitzige Zähne — 26 *Suncus etruscus*

1′ KR über 5 cm, Schwanz bis ½ KR im Oberschädel beiderseits 3 1spitzige Zähne — 2

2 Oberseite von heller Unterseite scharf abgesetzt — 21 *Crocidura leucodon*

2′ Oberseite von Unterseite nicht scharf abgesetzt — 3

3 KR bis 7 cm, CB unter 18 mm, Ohr bis 6 mm — 23 *Crocidura suaveolens*

3′ KR bis 9 cm, CB über 18 mm, Ohr über 6 mm — 22 *Crocidura russula*, 24 *C. gueldenstaedti*, 25 *C. zimmermanni*

21 *Crocidura leucodon*
Feldspitzmaus

Kennzeichen: Die dunkelbraune bis schiefergraue Oberseite ist von der gelblichweißen Unterseite scharf abgesetzt. Die Ohrmuscheln ragen deutlich aus dem Fell. Der 2farbige Schwanz enthält lange, einzeln stehende Wimperhaare. Die Füße sind weißlich ge-

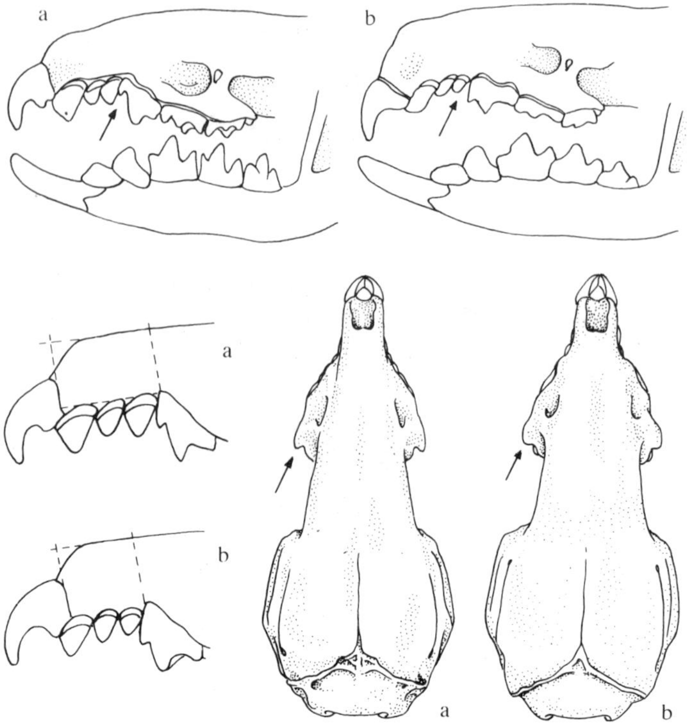

Vergleich der Gebisse und Schädel von a *Crocidura russula* (22), b *C. leucodon* (21). Beachte das unterschiedliche Verhältnis von Länge zu Höhe am Vorderschädel und die Form der Seitenkanten der Schädel.

färbt. Der Vorderschädel ist schlank, der Jochbogenfortsatz des Oberkiefers ist deutlich ausgeprägt. Höhe des Unterkieferastes 4,3 bis 5,2 mm.

Ähnliche Arten: Hausspitzmaus (22) und Gartenspitzmaus (23).

Maße und Masse: KR 6,3 bis 9 cm; Schw 2,8 bis 4 cm; HF 11 bis 14 mm; Ohr 7 bis 9 mm; CB 18,4 bis 20 mm; Zyg 8,7 bis 9,8 mm; Masse 6 bis 15 g.

Vorkommen: Von Frankreich ostwärts bis zum nördlichen Vorderen Orient. In Mitteleuropa verläuft die nördliche Verbreitungsgrenze südlich von Oldenburg, Bremen, Lüneburg, Wittenberge, Rathenow und Berlin.

Bewohnt werden trockene Gebiete, Waldränder, Wiesen, Gärten, Kompost- und Steinhaufen, Flurgehölze, aber auch Ortslagen. Gebäude werden bevorzugt im Winter aufgesucht. Im Gebirge bis etwa 1 200 m Höhe nachgewiesen.

Lebensweise: Vorwiegend dämmerungs- und nachtaktiv. Das Nest wird aus dürrem Gras an geschützten Stellen angelegt. Gänge und Baue anderer Kleinsäuger werden mit bewohnt. Bei Beunruhigungen versuchen die Jungen schon nach dem 7. Lebenstag durch Festbeißen in der Schwanzwurzel der Mutter mit zu flüchten. Die Jungen verbeißen sich hintereinander jeweils in die Schwanzwurzel des vorderen Tieres und bilden so mit der Mutter an der Spitze eine »Spitzmauskarawane«. Sol-

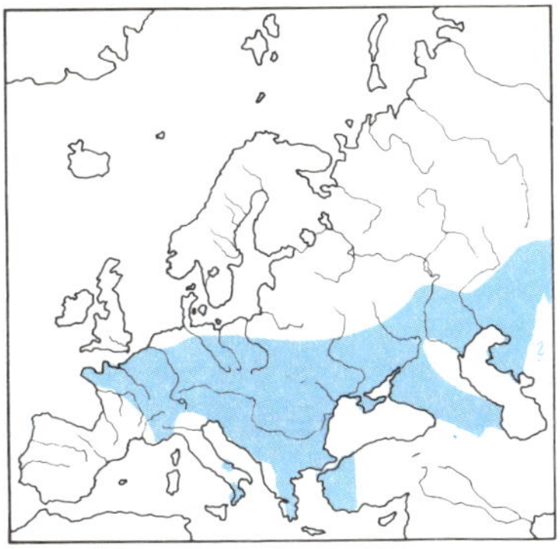

zu 21

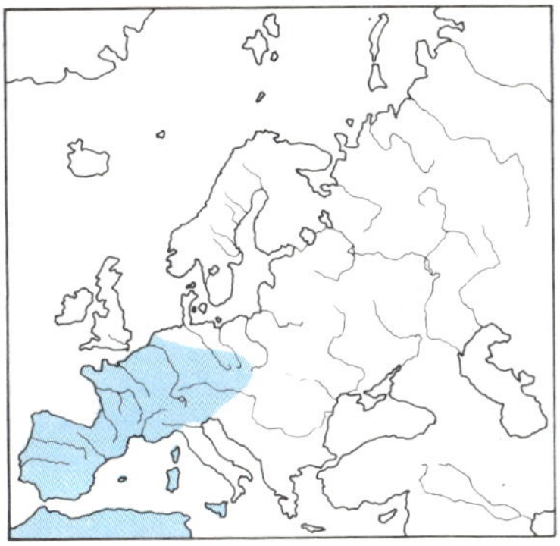

zu 22

che Karawanen bilden auch ältere Junge, die sich oftmals so aneinander fest gebissen haben, daß man die gesamte Karawane am Schwanz des letzten Tieres hochheben kann. Die Karawanenbildung ist auch bei anderen Wimperspitzmäusen festgestellt worden, wobei noch nicht geklärt ist, in welchem Alter bei den einzelnen Arten keine Karawanen mehr gebildet werden.

Die Paarungszeit dauert von März bis September. Es erfolgen mehrere Würfe (2 bis 5?) im Jahr nach einer Tragzeit von 31 Tagen. Die 3 bis 9 Jungen öffnen die Augen nach 13 Tagen, sie werden 26 Tage gesäugt und sind mit etwa 40 Tagen selbständig. Die bis zu 2 Jahre alt werdenden Tiere können noch im Geburtsjahr fortpflanzungsfähig werden.

Die Nahrung besteht aus Insekten, Schnecken, Würmern und kleinen Wirbeltieren. Auch Aas wird nicht verschmäht. Feldspitzmäuse lassen öfters zwitschernde Laute hören. Feinde sind besonders Schleiereule, Wiesel und Hauskatze.

22 *Crocidura russula*
Hausspitzmaus

Kennzeichen: Ähnlich der Feldspitzmaus (21). Die Oberseite ist graubraun, die gelblich braungraue Unterseite ist nicht scharf von ihr abgesetzt. Der Schwanz, ebenfalls mit langen einzeln

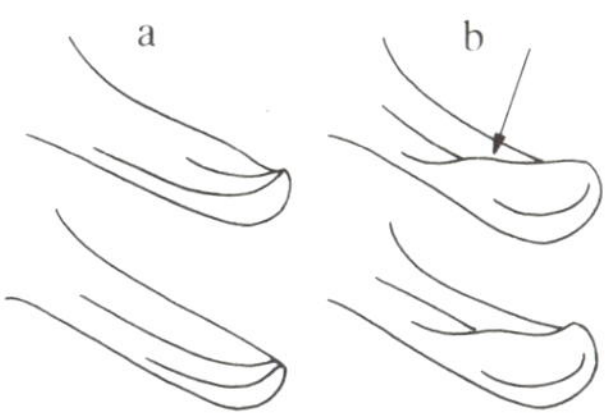

Unterschiede der Unterkieferfortsätze bei a *Crocidura leucodon* (21), b *C. russula* (22)

21 *Crocidura leucodon*
Weibchen mit Jungen

stehenden Wimperhaaren besetzt, hat keine deutlichen Farbunterschiede zwischen Ober- und Unterseite. Die Ohrmuscheln sind deutlich sichtbar. Die Schnauze ist im Vergleich zur Feldspitzmaus deutlich verschmälert. Die Füße sind bräunlichweiß. Das Ende am Gelenkfortsatz des Unterkiefers ist breit und kolbenförmig ausgebildet. Der Jochbogenfortsatz des Oberschädels ist deutlich sichtbar.
Ähnliche Arten: Feldspitzmaus (21) und Gartenspitzmaus (23).
Maße und Masse: KR 6 bis 9,2 cm; Schw 3 bis 4,8 cm; HF 10 bis 14 mm; Ohr 6 bis 7 mm; CB 18 bis 20,4 mm; Zyg 8,8 bis 9,6 mm; Masse 6 bis 15 g.
Vorkommen: West- und Mitteleuropa, Nordwestafrika. Die Art bewohnt als ausgesprochener Kulturfolger Ortslagen und Gärten, kommt aber auch auf Wiesen und in gebüschreichem Gelände vor. Ganzjährig auch in Stallanlagen, Scheunen und Häusern. Im Gebirge bis 1 600 m.
Lebensweise: Dämmerungs- und nachtaktiv. Das aus trockenen Blättern und Gras gebaute Nest wird an geschützten Plätzen angelegt. Fortpflanzung wie Feldspitzmaus (21). Die Anzahl der Jungen kann pro Wurf 3 bis 10 betragen.
Winterwürfe in warmen Stallanlagen wurden bekannt. Ebenso »Karawanenbildung«.

Nahrung und Lautgebung wie Feldspitzmaus. Feinde sind vorwiegend Schleiereule, Hauskatze und Hermelin.

23 *Crocidura suaveolens*
Gartenspitzmaus
Kennzeichen: Der Hausspitzmaus (22) sehr ähnlich, aber kleiner und mit kürzeren Hinterfüßen. Die Oberseite ist bräunlichgrau, die Unterseite graugelblich bis dunkelgrau. Keine deutliche Farbgrenze zwischen Ober- und Unterseite sichtbar. Der Schwanz, mit einzeln stehenden Wimperhaaren besetzt, ist unscharf 2farbig. Höhe des Unterkieferastes 3,7 bis 4,4 mm.
Ähnliche Arten: Feldspitzmaus (21), Hausspitzmaus (22), Etruskerspitzmaus (26).
Maße und Masse: KR 5,1 bis 7,2 cm; Schw 2,7 bis 4,4 cm; HF 9,5 bis 12 mm; Ohr 5 bis 6 mm; CB 16 bis 18 mm; Zyg 7,8 bis 8,6 mm; Masse 3 bis 7 g.
Vorkommen: Südwest- und Mitteleuropa bis Südpolen, Südosteuropa bis mittleres Asien. Bewohnt vorwiegend Gärten, Siedlungen und Ortschaften. Im Winter auch in Gebäuden. Im Gebirge bis etwa 900 m. Wärmebegünstigte Gebiete werden offenbar bevorzugt.
Lebensweise: Noch nicht vollständig bekannt, sie gleicht wahrscheinlich der der Hausspitzmaus (22). Jährlich 2 bis

zu 23

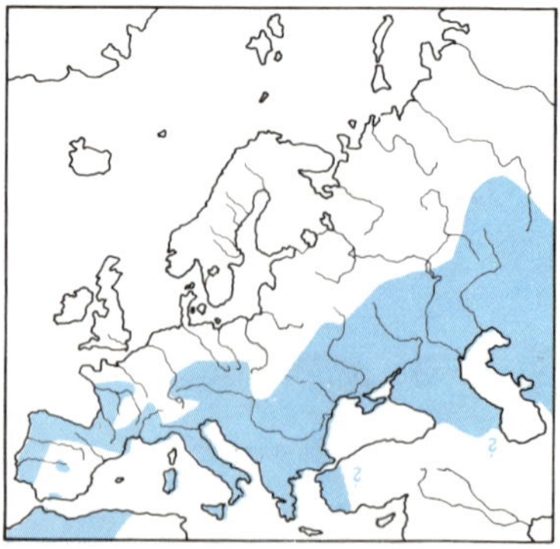

zu 24

4 Würfe mit je 3 bis 6 (10) Jungen, die nach etwa 40 Tagen die Augen öffnen. »Karawanenbildung« (s. S. 68f.) ist nachgewiesen.
Die Nahrung besteht aus kleinen Insekten; auch pflanzliche Stoffe (Getreide) sollen angenommen werden. Feinde siehe Hausspitzmaus (22).

24 *Crocidura gueldenstaedti*
Güldenstädts Spitzmaus
Über die Biologie und Ökologie dieser Spitzmaus, die in früherer Zeit als eine Unterart der Hausspitzmaus (22) betrachtet wurde, ist noch wenig bekannt. Sie dürften weitgehend der der Hausspitzmaus entsprechen. Die Art kommt auf der Insel Kreta und in Kleinasien vor.

25 *Crocidura zimmermanni*
Kretaspitzmaus
Ihre Biologie entspricht wahrscheinlich der der Hausspitzmaus (22). Eine Bestimmung ist nur dem Spezialisten möglich. Ausschließlich auf der Insel Kreta, besonders in Hochlagen. Noch sehr wenig bekannt.

26 *Suncus etruscus*
Etruskerspitzmaus
Kennzeichen: Kleinstes Säugetier Europas mit verhältnismäßig langem, mit einzeln stehenden Wimperhaaren besetztem, schwarzbraunem Schwanz.

zu 26

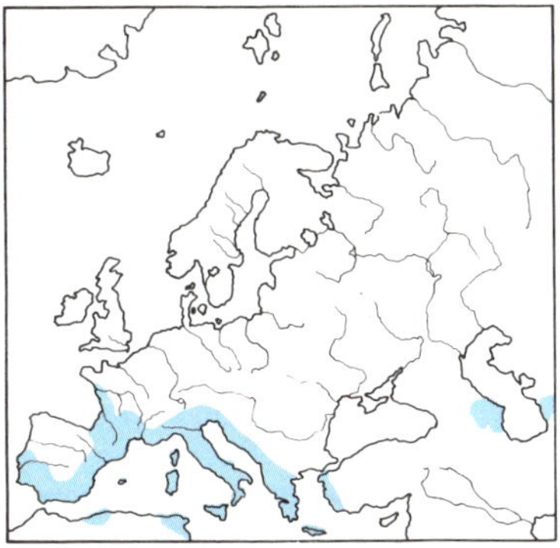

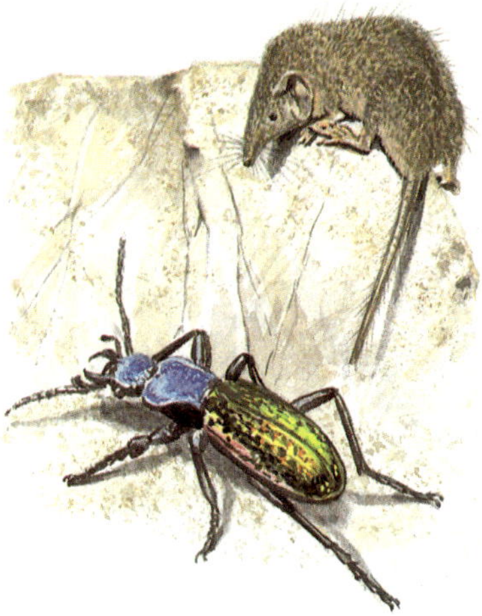

26 *Suncus etruscus* mit dem 35 mm langen Laufkäfer *Carabus hispanus* zum Vergleich

Die Oberseite ist rötlich graubraun, die Unterseite hellgrau, die Ohrmuschel ragt deutlich aus dem Fell hervor. Kleiner Hinterfuß.
Ähnliche Arten: Jungtiere von Arten der Gattung *Crocidura* (S. 67) und der Gartenspitzmaus (23).
Maße und Masse: KR 3,5 bis 5,2 cm; Schw 2,4 bis 2,9 cm; HF 7 bis 8 mm; Masse 1,5 bis 2,2 g.
Vorkommen: In Europa nur im Mittelmeergebiet; von Kleinasien bis nach Afghanistan; Nordafrika.
Wärmebegünstigte Flächen mit Hekken, auf Feldern, in Gärten, Niederwäldern, Ortschaften, in alten Häusern, auch an Bachrändern.
Lebensweise: Überwiegend nachtaktiv. Sehr geschickter Kletterer. Das Nest wird in Höhlungen, Felsspalten oder im Wurzelwerk angelegt. Die Tragzeit dauert 27 bis 28 Tage. Jährlich 2 bis 5 Würfe mit je 2 bis 6 Jungen, die bis zu 20 Tagen gesäugt und dann selbständig werden. Die Lebenserwartung beträgt etwa 18 Monate. Hohe Zwitscherlaute sind für die Art typisch.
Die Nahrung besteht aus Insekten und deren Larven. Bei Kälteeinbrüchen

können die Tiere in einen mehrere Stunden anhaltenden lethargischen Zustand fallen. Feinde sind Schleiereule, Zwergohreule, Mauswiesel und Hauskatze.

Ordnung *Chiroptera* Fledertiere

Die Fledertiere sind die einzige Säugetiergruppe, die das aktive Flugvermögen erworben hat. Im Zusammenhang mit dieser Spezialisierung haben sich viele Besonderheiten im Körperbau und in der Lebensweise herausgebildet, die sie deutlich von allen anderen Ordnungen der Säugetiere unterscheiden.
Zu den Fledertieren gehören die in tropischen und subtropischen Gebieten der Alten Welt verbreiteten Flughunde (Unterordnung *Megachiroptera*), die sich von Früchten, Pollen oder Nektar ernähren, und die artenreichere Gruppe der Fledermäuse (Unterordnung *Microchiroptera*). Diese sind, mit Ausnahme der Polargebiete, weltweit verbreitet und haben sich sehr unterschiedliche Nahrungsquellen erschlossen (Insekten, Spinnentiere, kleine Wirbeltiere, Blut, Nektar und Pollen). Alle europäischen Fledertierarten gehören zur letztgenannten Unterordnung, ernähren sich aber ausschließlich von Gliederfüßern.
Ihrem Flugvermögen sind die Fledermäuse vorzüglich angepaßt: Der Körper ist kurz und gedrungen (»Tropfenform«), das dichte, anliegende Haarkleid ohne Unterwolle reduziert den Luftwiderstand und die Wirbelbildung. Besonders kompakt sind Brustkorb und Schultergürtel als Widerlager für die kräftige Flugmuskulatur; das verknöcherte Brustbein trägt einen Mittelkamm zur Vergrößerung der Muskelansatzfläche. Das Flugorgan besteht aus den zu Flügeln umgebildeten Vordergliedmaßen. Die tragende Fläche wird von einer sehr dehnbaren, von Blutgefäßen, Nerven, kleinen Muskelbündeln und elastischen Fasern durchzogenen Flughaut gebildet, die zwischen Ober- und Unterarm, den stark verlängerten Knochenelementen der Hand, den Hinterbeinen und den Körperseiten ausgespannt ist. Eine schmale Flughaut erstreckt sich vom Daumen bis zum Hals. Der Daumen ist als einziger Finger nicht in die Flughaut einbezogen. Mit einer kräftigen gebogenen Kralle versehen, dient er zum Festhalten und als Greifhaken beim Klettern. Zwischen den Hinterbeinen, deren Kniegelenke nach außen weisen, befindet sich die in der Mitte durch die Schwanzwirbelsäule gestützte Schwanzflughaut. Ein an der Ferse ansetzender, dünner, sehr biegsamer Knochen – der Sporn oder *Calcar* – begrenzt den Außenrand der Schwanzflughaut und dient dazu, sie während des Fluges zu spannen. Bei manchen Arten trägt der Sporn noch einen kleinen als *Epiblema* bezeichneten Hautlappen.
Die Hinterfüße haben 5 Zehen mit stark gebogenen, nach hinten gerichteten Krallen. Sie sind für eine sichere Verankerung der Tiere während der Ruhepausen, die sie kopfabwärts hängend verbringen, vorzüglich geeignet. Trotz ihrer Fluganpassungen können die meisten Fledermäuse auch recht gut laufen, geschickt klettern und sogar schwimmen. Beim Laufen werden die zusammengefalteten Flughäute dem Körper seitlich angelegt, der Körper stützt sich dabei auf die Handgelenke und die Sohlen der Hinterfüße.
Unter den Sinnesorganen dominiert das Gehör, wie an den großen, bei manchen Arten geradezu riesigen Ohrmuscheln deutlich wird. Die Augen sind klein und nicht sehr leistungsfähig, da sie für die nächtliche Orientierung nicht benötigt werden. Auch der Geruchssinn ist für die Fernorientierung und den Nahrungserwerb praktisch ohne Bedeutung, spielt jedoch im Gemeinschaftsleben der Tiere eine Rolle, wie die zahlreichen Hautdrüsen, besonders der Männchen, vermuten lassen.

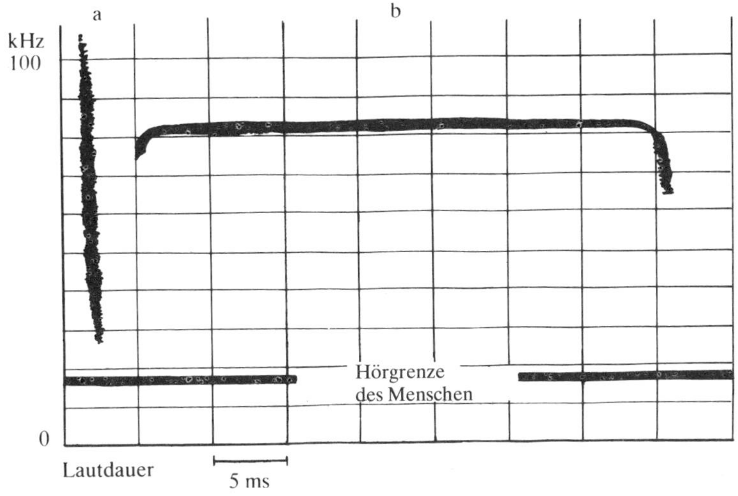

Ortungslaute von a *Myotis myotis* (41) und b *Rhinolophus ferrumequinum* (27)

Im Unterschied zu den meisten anderen Säugetiergruppen haben die Fledermäuse im Verlaufe der Stammesgeschichte nicht die optische, sondern die akustische Orientierung vervollkommnet. Das hat wesentlich zu ihrer erfolgreichen Evolution im Kampf um Nahrungsressourcen beigetragen. Während nämlich der größte Teil der optisch orientierten Vögel – die hauptsächlichen Nahrungskonkurrenten der Fledermäuse – am Tag aktiv ist, gehen Fledermäuse dank ihrer vom Licht völlig unabhängigen akustischen Orientierung nachts auf Nahrungssuche. Dadurch stehen ihnen die von Vögeln als Beute kaum genutzten nachtaktiven Insekten zur Verfügung.

Das Prinzip des von Fledermäusen benutzten Orientierungssystems besteht darin, daß im Kehlkopf erzeugte Schallwellen durch den Mund (Glattnasen und Freischwanzfledermäuse) oder die Nase (Hufeisennasen) ausgesandt und die von Gegenständen reflektierten Wellen als Echos durch das Gehörorgan empfangen werden. Diese Echos vermitteln sowohl Informationen über die Entfernung des angepeilten Gegenstandes (Echolot-Prinzip) als auch über seine Größe, Form, Struktur und Eigenbewegung. Das auf diese Weise entstehende »Hörbild« liefert den Tieren einen nicht weniger genauen Eindruck von ihrer Umgebung als die uns eigentümliche optische Wahrnehmung. Neben der Raumorientierung dient das Ortungssystem auch dem Aufspüren der Beutetiere, vor allem fliegender Insekten. Genügend intensive Echos entstehen aus physikalischen Gründen nur dann, wenn die Wellenlänge der ausgesandten Laute nicht wesentlich größer ist als das angepeilte Insekt. Aus diesem Grund »senden« die Fledermäuse im Ultraschallbereich zwischen 20 und 140 kHz, d. h. oberhalb der menschlichen Hörgrenze, die bei etwa 20 kHz liegt.

Bei den europäischen Arten lassen sich 2 Grundtypen von Ortungslauten unterscheiden.

1. Frequenzmodulierte Signale (FM-Typ), die innerhalb weniger Millisekunden um mehr als eine Oktave absinken. Aus der Zeitdifferenz zwi-

schen Aussendung des Signals und dem Empfang des Echos erhalten die Tiere eine Information über die Entfernung des Gegenstandes, aus dem Zeitunterschied im Eintreffen an den beiden Ohren eine solche über dessen Richtung.
Nach dem Prinzip orten alle europäischen Glattnasen und die in Europa nur mit einer Art vertretenen Freischwanzfledermäuse.

2. Vorwiegend konstantfrequente Signale (CF-Typ) längerer Dauer (bei der Großen Hufeisennase z. B. ein 50 ms langer Reinton von 83 kHz) mit einer nachfolgenden 2 ms langen frequenzmodulierten Komponente im Bereich von 83 bis 63 kHz. Der Informationsgehalt ergibt sich hier vor allem aus den wahrgenommenen Intensitätsunterschieden der wieder empfangenen Echos, die im Fall der Großen Hufeisennase (s. S. 80) exakt bei 83 kHz gehalten werden. Die Ohren arbeiten unabhängig voneinander; ein Ohr reicht zur vollen Leistung aus. Die benutzten Frequenzen sind im allgemeinen artspezifisch. Dieses bedeutend leistungsfähigere Ortungsprinzip ist bei europäischen Fledermäusen auf die Hufeisennasen beschränkt.

Außerdem sind von Fledermäusen auch Laute im menschlichen Hörbereich bekannt, die vor allem der sozialen Kommunikation dienen oder als Angst- und Abwehrlaute bei gefangenen Tieren zu hören sind, z. B. wenn man sie zum Vermessen in der Hand hält oder in ihren Tagesschlafquartieren nachhaltig stört. Auch diese Laute haben eine hohe Frequenz und werden von uns als schrill, bei größeren Arten aus der Nähe sogar als unangenehm empfunden.

Die Fortpflanzung der Fledermäuse weist zahlreiche Besonderheiten auf, die mit ihrer Fluganpassung in Zusammenhang stehen. Die Anzahl der Jungtiere während einer Fortpflanzungsperiode ist in der Regel auf 1 bis 2 beschränkt; dementsprechend haben die Weibchen auch nur 2 brustständige Zitzen (Ausnahme: Zweifarbfledermaus). Eine größere Anzahl von Embryonen würde am Ende der Tragzeit die Flugfähigkeit der Weibchen und damit die Nahrungsaufnahme stark behindern oder gänzlich unmöglich machen. Die geringe jährliche Vermehrungsrate wird jedoch durch die – gemessen an anderen Kleinsäugern – sehr lange Lebenszeit und eine viele Jahre andauernde Fortpflanzungsfähigkeit ausgeglichen. Für die Mehrzahl der europäischen Arten sind durch Wiederfunde markierter Tiere Höchstalter zwischen 10 und 30 Jahren nachgewiesen.

Das gebärende Muttertier der Glattnasen verankert sich, den Kopf nach oben, mit den Daumenkrallen und Füßen und fängt das Jungtier mit der Schwanzflughaut auf. Das Junge ist nackt und blind, vermag aber sogleich am Körper der Mutter bis zur Zitze zu kriechen und sich dort mit seinen Milchzähnen festzuhalten, so daß es die fliegende Mutter bei einem Quartierwechsel nicht verlieren kann. Auf den Jagdflug werden die Jungtiere jedoch nicht mitgenommen. Sie bleiben in den von mehreren bis zahlreichen Weibchen während der Tragzeit und der Jungenaufzucht gemeinsam bewohnten Quartieren, den sogenannten »Wochenstuben«, an den Hangplätzen zurück. Von den Muttertieren werden die Jungen an ihren Lauten zuverlässig wiedererkannt. Das Fell der Jungtiere ist stets dunkler gefärbt als das der Erwachsenen. Geschlechtsreife männliche Tiere sind in diesen Wochenstuben, für die warme und trockene Örtlichkeiten bevorzugt werden, bei der Mehrzahl der Arten nicht anzutreffen. Die Männchen treffen erst nachdem die Jungtiere selbständig geworden sind (5 bis 6 Wochen nach deren Geburt) wieder mit den Weibchen zur Paarung zusammen. Bei den meisten Arten suchen die Weibchen die territorial lebenden Männchen in den Paarungsquartieren auf. Die Paarung findet bei den europäischen Arten meist im Spätsommer und Herbst, oft erst im Winterquartier statt. Sie ist aber auch nach der Überwinterung noch möglich, so daß sich die Paarungszeit – auch das ist eine Besonderheit der Fledermäuse – mit Unterbrechungen durch den Winterschlaf über 9 Monate erstreckt. Zwischen der Begattung und der Befruchtung liegt in der Regel der Winterschlaf. Während dieses langen Zeitraumes bleiben die Spermien in den Geschlechtsorganen der weiblichen Tiere lebensfähig. Die Dauer der Trächtigkeit ist sehr variabel. Fledermäuse können während kühler Witterungsperioden ihre Körpertemperatur nicht konstant halten, dadurch kann die Embryonalentwicklung verzögert werden. Die oft geäußerte Ansicht, daß Fledermäuse die Geschlechtsreife erst im 2. Lebensjahr erreichen, trifft zumindest für die Weibchen der meisten europäischen Arten nicht generell zu. Durch Markierung konnte nachgewiesen werden, daß ein Teil der Weibchen bereits im Alter von 1 Jahr Junge hat. Der Prozentsatz ist je nach Art verschieden und wird auch von ökologischen Faktoren beeinflußt.

Das Vermögen, die Körpertemperatur der Außentemperatur anzugleichen, ist für Fledermäuse charakteristisch und dient der Energieeinsparung während des Winterschlafes, aber auch während der täglichen Ruhezeiten in der warmen Jahreszeit (Tagesschlaflethargie). Zum Winterschlaf suchen die Fledermäuse Höhlen, Stollen, Keller und ähnliche Örtlichkeiten auf, die eine konstant hohe Luftfeuchtigkeit haben, zugluftfrei sind und deren Umgebungstemperatur nicht unter den Gefrierpunkt absinkt. Die Ansprüche an die Winterquartiere sind von Art zu Art verschieden. Bei winterschlafenden Fledermäusen sind alle Körperfunktionen auf ein Minimum reduziert. Der Energieverbrauch ist dadurch so gering, daß die vor der Überwinterung im Körper gespeicherten Reservestoffe ausreichen, die kalten und nahrungslosen Monate zu überstehen. Im tiefen Winterschlaf betragen die Körpertemperaturen je nach Art zwischen 0 und 10 °C.

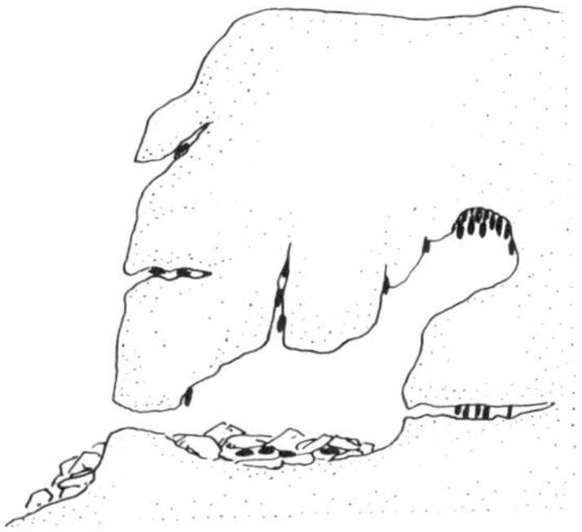

Winderschlafplätze in einer Felshöhle

Alle Bewegungen sind bis auf wenige Reflexe blockiert. Von den Außenreizen werden nur noch jene wahrgenommen, die für das Überleben von Bedeutung sind. So wirkt das Absinken der Außentemperatur unter einen artspezifisch kritischen Wert als Weckreiz, die Tiere erwachen und können an einem geschützteren Ort den Winterschlaf fortsetzen. Zugluft führt im allgemeinen zum Erwachen und folgendem Ortswechsel. Gegen starke akustische Reize, besonders im Ultraschallbereich, sind auch tiefschlafende Fledermäuse empfindlich. Die Fähigkeit der Arten der gemäßigten Klimazonen selbst ohne Ansteigen der nahe dem Gefrierpunkt liegenden Umgebungstemperatur auf bestimmte Reize hin zu erwachen, innerhalb von 70 bis 90 min ihre normale Körpertemperatur von 38 °C und damit ihre volle Aktivität zu erreichen, ist kein entwicklungsgeschichtliches Relikt wechselwarmer Tiere, sondern Ergebnis hoher thermoregulatorischer Spezialisierung. Kein anderer Winterschläfer unter den Säugetieren kann hier mit den Fledermäusen konkurrieren.

Tiere, die nachtaktiv sind wie die Fle-

Aufenthaltsorte von Fledermäusen

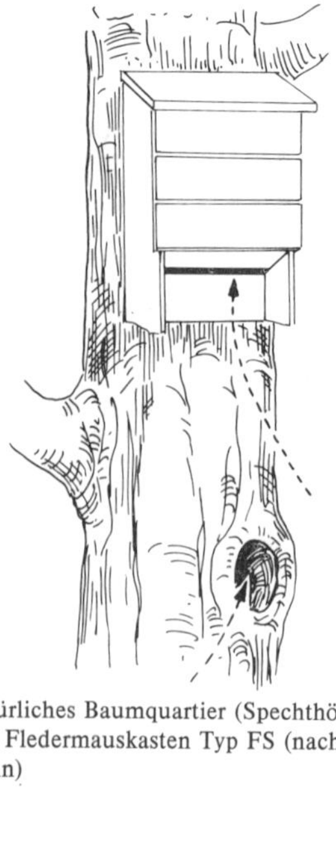

Natürliches Baumquartier (Spechthöhle) und Fledermauskasten Typ FS (nach Stratmann)

dermäuse, waren dem Menschen von alters her nicht ganz geheuer. Dadurch sind diese harmlosen Tiere in vielfältiger Weise mit abergläubischen und mystischen Vorstellungen in Zusammenhang gebracht worden. In der christlichen und profanen Kunst, in Märchen und Sagen dienten sie der Symbolisierung des Bösen. Solche jeder rationalen Grundlage entbehrenden Vorurteile sind langlebig. Weit verbreitet ist auch heute noch die Meinung, daß Fledermäuse gefährlich sind und besonders Frauen in die Haare fliegen; beides völlig unsinnige Behauptungen. Einem wirkungsvollen Fledermausschutz sind solche Vorstellungen nicht dienlich. Noch immer werden Quartiere unzugänglich gemacht oder zerstört, die Tiere nicht selten beunruhigt oder gar getötet, obgleich Fledermäuse in fast allen europäischen Ländern unter Naturschutz stehen.

Da bei Fledermäusen in seltenen Fällen Tollwut festgestellt wurde, ist es ratsam, flugunfähige Tiere oder solche mit atypischem Verhalten nicht anzufassen. Fledermausquartiere in Häusern sind keine Gefahr für die Bewohner.

Der in Mitteleuropa überall zu beobachtende z. T. drastische Rückgang der Populationsdichte von Fledermäusen hat zweifellos zahlreiche, zusammenwirkende Gründe. Soweit die Veränderungen der Landschaft durch eine intensiv betriebene Land- und Forstwirtschaft und die chemische Umweltbelastung daran beteiligt sind, gibt es keine einfachen Lösungen für eine Bestandserhaltung oder -erhöhung bei den gefährdeten europäischen Arten. Um so wichtiger ist es, die bekannten Sommer- und Winterquartiere zu erhalten und besonders während der Aufzucht der Jungtiere und der Winterruhe jegliche Störung von ihnen fernzuhalten. Am wirkungsvollsten wird dies durch eine Unterschutzstellung der jeweiligen Örtlichkeiten erreicht. Auch die baumbewohnenden Arten, die auf Höhlen in alten Bäumen, Verstecke hinter loser

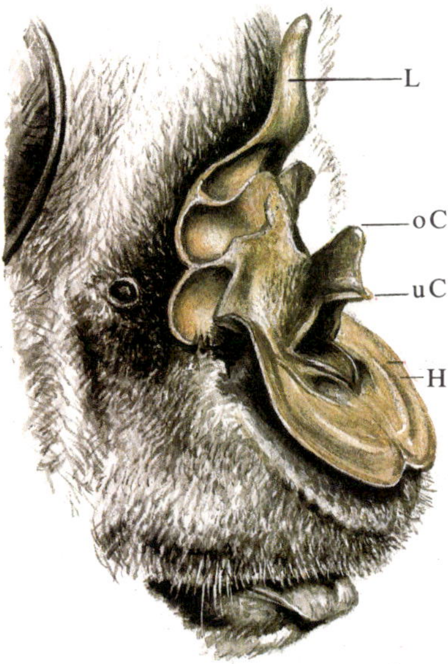

27 *Rhinolophus ferrumequinum* Nasenaufsatz: L Lanzette, o C *Crista* (oberer Teil), u C *Crista* (unterer Teil), H »Hufeisen«

Rinde und Stammaufrisse angewiesen sind, haben in zunehmendem Maß Schwierigkeiten, geeignete Quartiere zu finden. In diesem Fall ist eine Hilfe möglich, wenn Fledermauskästen, die z. T. industriell gefertigt werden, aber auch mit geringem Aufwand selbst hergestellt werden können, an geeigneten Stellen möglichst in größerer Zahl aufgehängt werden, denn Fledermäuse wechseln ihre Unterkünfte außerhalb der Wochenstubenzeit regelmäßig.

Langjährige Versuche mit Kästen in verschiedenen Waldgebieten lassen den Schluß zu, daß solche Maßnahmen geeignet sind, den Fledermausbestand nicht nur zu erhalten, sondern sogar zu erhöhen. Oft werden die Kästen den natürlichen Quartieren vorgezogen, vermutlich weil sie den Vorteil eines günstigeren Mikroklimas haben, zuverlässig gegen Nässe schützen und Kot und Urin sich in ihnen nicht ansammeln. Dies kommt vor allem den kurz nach der Geburt gegen Nässe und Parasiten sehr empfindlichen Jungtieren zugute. Bei Tieren, die meist nur 1 Junges pro Jahr haben, ist dessen Überleben für die Erhaltung der Art besonders wichtig, denn stark dezimierte Populationen können hohe Fortpflanzungsverluste kaum mehr ausgleichen. Über die Einzelheiten der Schutz- und Hegemaßnahmen für Fledermäuse beraten Sie die Naturschutzbehörden.

Schlüssel zur Bestimmung der Familien nach äußeren Merkmalen

1 Nase mit blattartigem, häutigem Aufsatz, Ohr ohne *Tragus* — *Rhinolophidae* S. 78

1′ Nase glatt, ohne blattartigen, häutigen Aufsatz, Ohr mit *Tragus* — 2

2 Schwanz in ganzer Länge in Flughaut einbezogen oder wenige Millimeter frei — *Vespertilionidae* S. 85

2′ Schwanz ragt zu einem Drittel seiner Länge frei aus der Schwanzflughaut — *Molossidae* S. 128

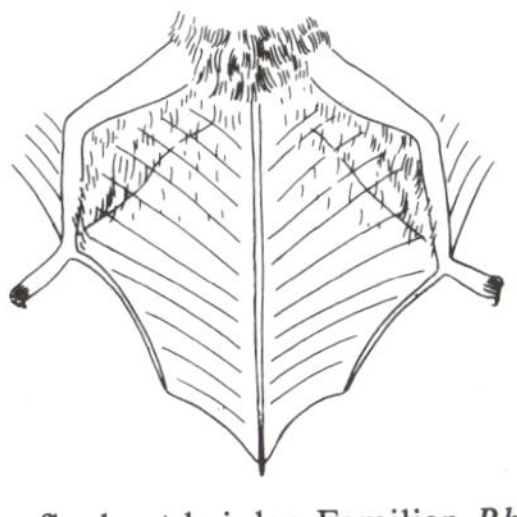

Schwanzflughaut bei den Familien *Rhinolophidae* und *Vespertilionidae*

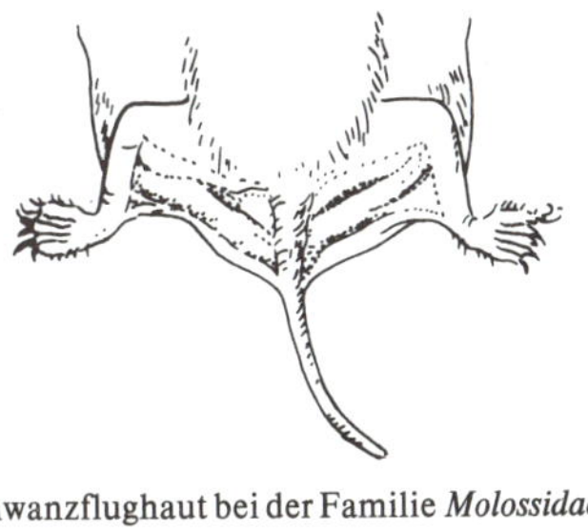

Schwanzflughaut bei der Familie *Molossidae*

Schlüssel zur Bestimmung der Familien nach Schädelmerkmalen

1 1 *Incisivus* in jeder oberen Kieferhälfte 2
1′ 2 *Incisivi* in jeder oberen Kieferhälfte *Vespertilionidae* S.85
2 2 *Incisivi* in jeder unteren Kieferhälfte *Rhinolophidae* S.78
2′ 3 *Incisivi* in jeder unteren Kieferhälfte *Molossidae* S.128

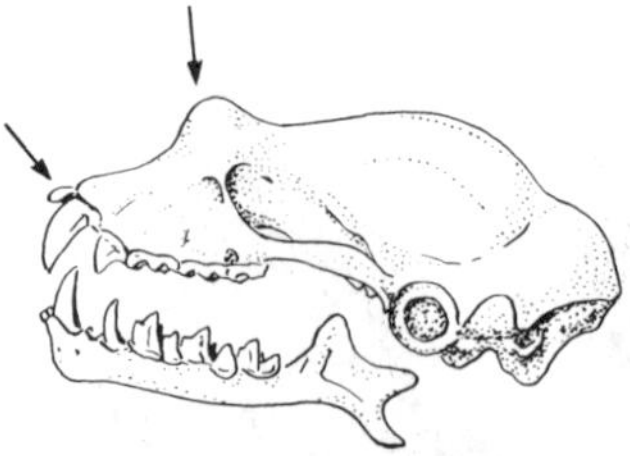

Schädel von *Rhinolophus ferrumequinum* (27)

Familie *Rhinolophidae* Hufeisennasen

In Europa 1 Gattung mit 5 Arten. In der Alten Welt weitverbreitet und an ihren kompliziert gebauten häutigen Nasenaufsätzen leicht zu erkennen. Form und Größe des Nasenaufsatzes sind artspezifisch und können deshalb zur Bestimmung herangezogen werden. Der dem Nasenrücken aufliegende Teil hat mehr oder weniger die Form eines Hufeisens. Den großen, am Ende zugespitzten Ohren fehlt ein *Tragus.* In Ruhehaltung wird der Körper, zumindest bei niedrigen Temperaturen, in die Flughäute eingehüllt. Die Schwanzflughaut wird dabei kopfwärts auf den Rükken umgeschlagen.

Hufeisennasen hängen stets frei an Decken und Wänden, auch während des langdauernden Winterschlafes verbergen sie sich nie in engen Spalten oder Löchern.

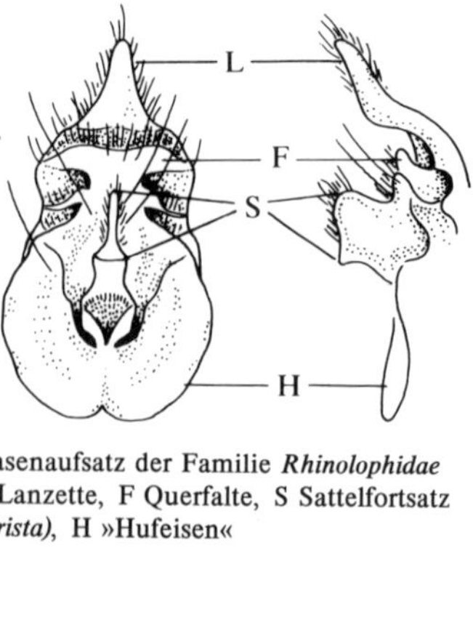

Nasenaufsatz der Familie *Rhinolophidae*
L Lanzette, F Querfalte, S Sattelfortsatz *(Crista),* H »Hufeisen«

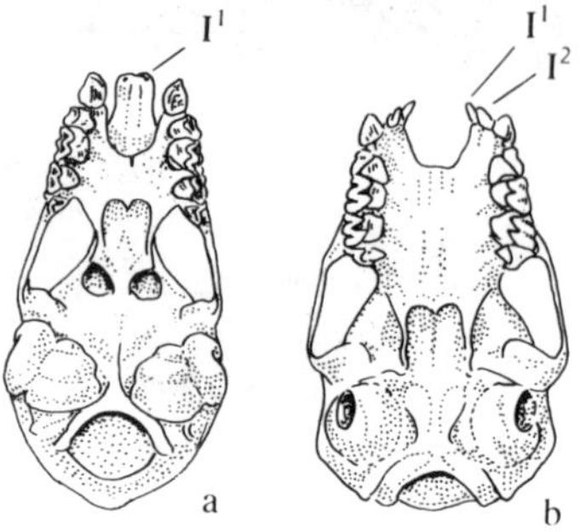

Anordnung der oberen *Incisivi* bei a Familie *Rhinolophidae*, b Familie *Vespertilionidae*

Das Profil des Schädels wird von den kuglig aufgetriebenen Nasenbeinen bestimmt, unter denen die weit nach hinten verlagerten Nasenöffnungen liegen. Der große, die 2 oberen *Incisivi* tragende Zwischenkiefer ist seitlich nicht mit den Schädelknochen verwachsen und an seinem Hinterende nur lose mit dem harten Gaumen verbunden, der Zwischenkiefer fehlt deshalb oft bei in Gewöllen gefundenen Schädeln.

Das Ultraschall-Ortungssystem entspricht dem CF-Typ (s. S. 74). Die Ortungslaute werden durch die Nasenöffnungen ausgesandt. Außer den 2 bruständigen Milchzitzen verfügen die Weibchen noch über 2 an den Bauchseiten nahe der Geschlechtsöffnung gelegene Haftzitzen, an denen sich die Jungtiere mit ihrem Milchgebiß in den ersten Tagen nach der Geburt festhalten.

Alle Hufeisennasen sind besonders wärmeliebend. Ihre Hauptvorkommen in Europa liegen deshalb in den südlichen und südöstlichen Gebieten. In Mitteleuropa ist die Verbreitung auf wärmebegünstigte Biotope beschränkt. Im nördlichen Mittel- und in Nordeuropa kommen Hufeisennasen nicht vor.

Gattung *Rhinolophus*
Hufeisennasen

Zahnformel $\frac{1\,1\,2\,3}{2\,1\,3\,3}$ = 32 Zähne

Schlüssel zur Bestimmung der Arten nach äußeren Merkmalen

1 Oberer Teil der *Crista* des Nasenaufsatzes in Seitenansicht abgerundet 2

1′ Oberer Teil der *Crista* des Nasenaufsatzes in Seitenansicht zugespitzt 3

2 UA 50 bis 61 mm 27 *R. ferrumequinum*

2′ UA 34 bis 45 mm 28 *R. hipposideros*

3 *Crista* in Seitenansicht flach eingebuchtet, ihr unterer Teil von vorn gesehen schmal, Querfalte unter der Lanzette von vorn gesehen in der Mitte leicht eingebuchtet. 1. Glied des 4. Fingers mindestens halb so lang wie das 2. Fingerglied 30 *R. blasii*

3′ *Crista* in Seitenansicht stärker eingebuchtet, ihr unterer Teil von vorn

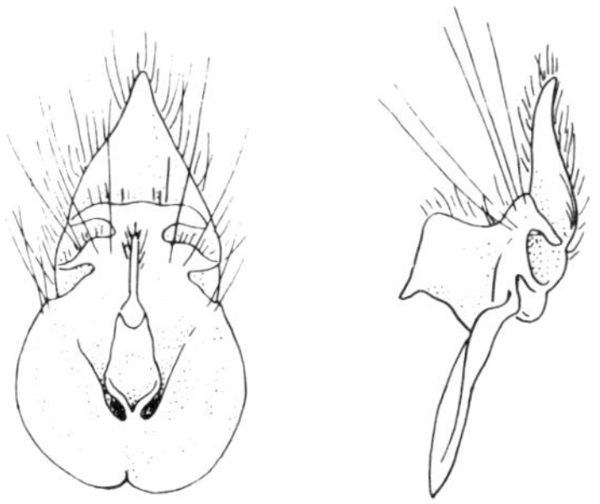

Vorder- und Seitenansicht des Nasenaufsatzes von *Rhinolophus hipposideros* (28)

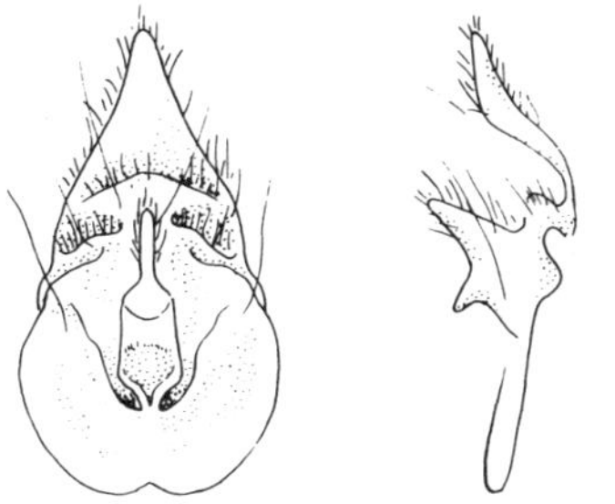

Nasenaufsatz von *Rhinolophus euryale* (29)

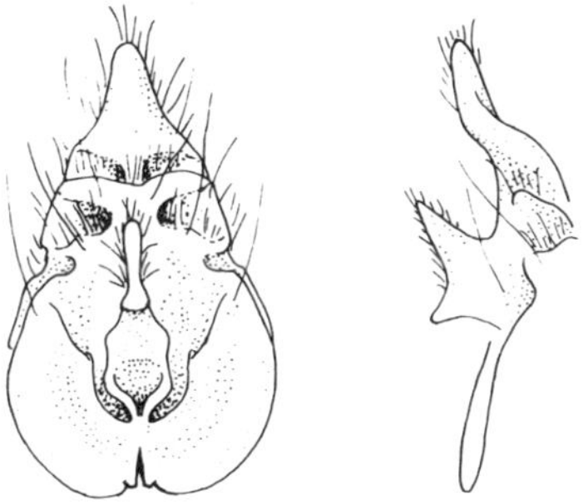

Nasenaufsatz von *Rhinolophus blasii* (30)

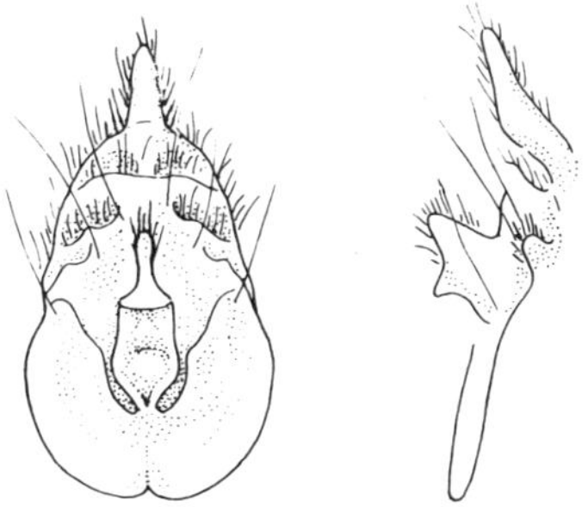

Nasenaufsatz von *Rhinolophus mehelyi* (31)

gesehen mehr oder weniger breit. Querfalte unter der Lanzette von vorn gesehen in der Mitte ohne Einbuchtung. 1. Glied des 4. Fingers weniger als halb so lang wie das 2. Fingerglied. 4

4 Oberer Teil der *Crista* in Seitenansicht deutlich länger als der untere;

schmal, spitz zulaufend. Lanzette nach oben gleichmäßig verschmälert
29 *R. euryale*

4′ Oberer Teil der *Crista* in Seitenansicht breiter, stumpfer zulaufend. Lanzette von der Mitte an nach oben plötzlich verschmälert
31 *R. mehelyi*

Tabelle zur Bestimmung der Arten nach Schädelmerkmalen

1 CB nicht unter 19 mm
27 *R. ferrumequinum*

1′ CB unter 19 mm 2

2 CB unter 16 mm
28 *R. hipposideros*

2′ CB über 16 mm 3

3 Schädel in Seitenansicht mit deutlicher Einbuchtung der *Parietalia* und *Occipitalia*, Kronenfläche des P_1 größer als 50 % der des P_3
30 *R. blasii*

3′ Schädel ohne diese Einbuchtung, Kronenfläche des P_1 kleiner oder höchstens 50 % des P_3 4

4 CB 15,6 bis 17,8 mm, Länge der oberen Zahnreihe (C bis M^3) 6,2 bis 6,6 mm 29 *R. euryale*

4′ CB 16,6 bis 18,6 mm, Länge der oberen Zahnreihe 6,7 bis 7,4 mm
31 *R. mehelyi*

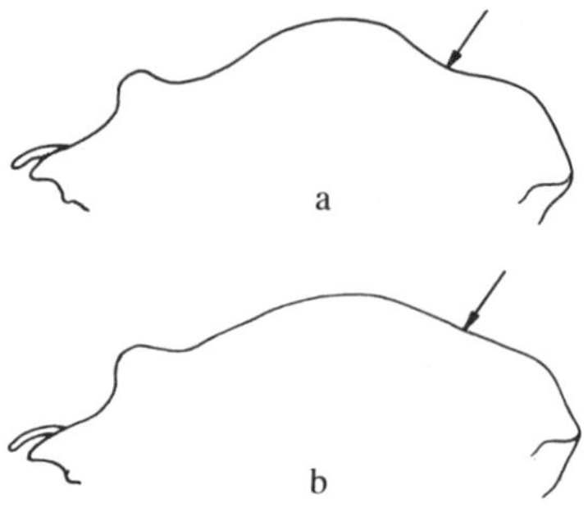

Schädelprofil von a *Rhinolophus blasii* (30), b *Rhinolophus euryale* (29)

27 *Rhinolophus ferrumequinum*
Große Hufeisennase

Kennzeichen: Größte europäische Hufeisennase. Der untere Fortsatz der *Crista* ist nicht länger als der obere, dieser nicht zugespitzt, sondern abgerundet. Die Ohren sind groß, relativ schmal, haben 8 bis 9 Querfalten, sind am Ende zugespitzt, *Tragi* fehlen. Die Flügel sind breit, die Schwanzflughaut ist etwa so lang wie die Hinterbeine. Die Schwanzwirbelsäule überragt die Schwanzflughaut nicht. Die Farbe des Rückens ist gleichmäßig gelbbraun mit grauen oder hellbraunen Haarspitzen, die Unterseite heller, gelblich bis hellbraun. Das Fell ist relativ langhaarig, weich und dicht. Die Artbestimmung ist durch Messen der UA-Länge eindeutig möglich.

Maße und Masse: KR 52 bis 70 mm; Schw 30 bis 43 mm; Ohr 20 bis 26 mm; UA 51 bis 61 mm; Spannweite 35 bis 40 cm; CB 20 bis 22 mm; Masse 17 bis 30 g.

Vorkommen: Europa, Vorderer Orient, ostwärts bis Japan; Afrika. In Europa nur im Mittelmeerraum, weiter nördlich auf warme Lagen des Flach- und Hügellandes bis 400 m Höhe beschränkt. Bevorzugt in lichten Wäldern und verkarsteten Buschlandschaften, Jagdflug auch über offenem Gelände.

Lebensweise: Als Sommerquartiere werden warme, zugluftfreie Dachböden, Kirchtürme, Ruinen und Höhlen, auch helle Räume bezogen. Die Quartiere müssen eine hinreichend große Ein- und Ausflugöffnung haben, die frei durchflogen werden kann (Besonderheit der Hufeisennasen!). Als Winterquartiere werden von Ende September/Oktober bis Ende April/Anfang Mai frostsichere, zugluftfreie und ausreichend feuchte (mindestens 95 % relative Luftfeuchte) Felshöhlen, Bergwerksstollen und unterirdische Gewölbe aufgesucht. Die bevorzugte Umgebungstemperatur während des Winterschlafs beträgt 7 bis 10 °C, die Minimaltemperatur 4 °C, die Maximaltemperatur 12 °C. Die Tiere sind sehr standorttreu, die Sommer- und Winter-

quartiere liegen stets eng benachbart. Wanderungen über 50 km Entfernung sind Ausnahmen.
In den Quartieren meist in Gruppen, oft mit anderen Arten vergesellschaftet. Sie hängen meist ohne Körperkontakt frei am Gewölbe, an Decken und Wandvorsprüngen, verkriechen sich nie in Spalten.
Die Paarungszeit beginnt im Spätsommer, die Tragzeit dauert in Abhängigkeit von der Umgebungstemperatur etwa 75 Tage. In der Zeit von Ende Juni bis Ende Juli wird in der Regel von jedem Weibchen 1 Jungtier geboren, das nach 3 bis 4 Wochen flugfähig, mit 7 bis 8 Wochen selbständig und im 2. oder auch erst im 3. Lebensjahr geschlechtsreif wird. In den Wochenstuben halten sich manchmal auch geschlechtsreife männliche Tiere auf. Einige Weibchen können Fortpflanzungsperioden »überspringen«.
Erst bei völliger Dunkelheit beginnt der relativ langsame und niedrige Jagdflug mit zahlreichen Richtungsänderungen und Gleitflugphasen. Wie alle Hufeisennasen ist auch diese Art zum Rüttelflug fähig. Die Nahrungssuche nimmt während einer Nacht etwa 3 h in Anspruch, die sich auf 2 Ausflüge verteilen. Die Nahrung besteht vor allem aus Käfern und Nachtschmetterlingen, die nicht nur im Flug gefangen, sondern auch von der Vegetation und vom Boden aufgenommen werden. Größere Beutetiere werden nicht selten an individuell lange Zeit beibehaltenen Fraßplätzen verzehrt (Flügelreste!). Nachgewiesenes Höchstalter 30 Jahre.
Besonderes: Die Große Hufeisennase ist in Mitteleuropa überall stark in ihrem Bestand zurückgegangen und gilt als vom Aussterben bedrohte Art.

28 *Rhinolophus hipposideros*
Kleine Hufeisennase

Kennzeichen: Kleinste europäische Hufeisennase. Die geringe UA-Länge schließt eine Verwechslung mit anderen Arten dieser Familie aus, sonst ist sie der Großen Hufeisennase (27) im Aussehen sehr ähnlich. Der obere Fortsatz der *Crista* ist wie bei der Großen Hufeisennase abgerundet, der untere Fortsatz jedoch länger als der obere. Die Ohren sind relativ groß, die Spitzen auswärts gerichtet, der Ohrrand darunter deutlich eingebuchtet. Die Flügel sind breit, die Hinterfüße sehr klein. Der *Calcar* ist dünn und reicht über das äußere Drittel der Schwanzflughaut. Das Fell ist weich und dicht, die Färbung ähnlich der Großen Hufeisennase, jedoch sehr variabel (auch rötlichbraune und graubraune Farbtöne kommen vor). Die Unterseite ist im Vergleich zum Rückenfell heller, gelblichbraun oder mit grauem Anflug. Jungtiere sind während des 1. Lebens-

zu 27

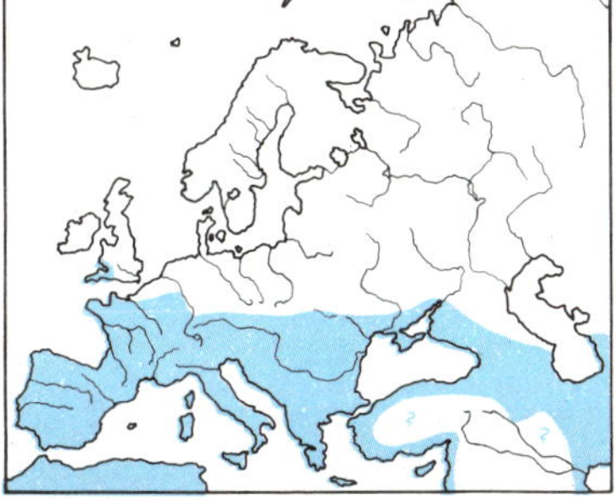

zu 28

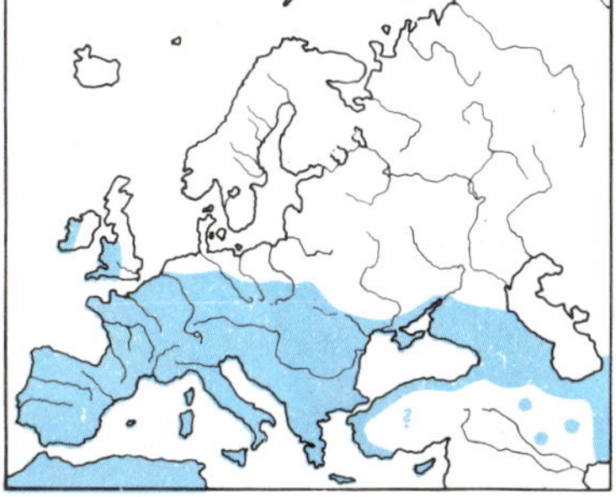

a
b
c

jahres mehr grau gefärbt. Erst später wird das Rückenfell braun.
Maße und Masse: KR 35 bis 47 mm; Schw 22 bis 33 mm; Ohr 14 bis 19 mm; UA 34 bis 45 mm; Spannweite 19 bis 25 cm; CB 13,4 bis 14,5 mm; Masse 4 bis 10 g.
Vorkommen: Europa, Vorderer Orient, ostwärts bis Kaschmir, Nord- und Ostafrika. Wärmeliebende Art mit Hauptverbreitung im mediterranen Klimabereich, aber nicht so kälteempfindlich wie die anderen europäischen Hufeisennasen. Im nördlichen Teil ihres Verbreitungsgebiets bevorzugt die Art wärmebegünstigte Regionen des Gebirgsvorlandes und des Gebirges bis 1 000 m. Vor allem in bewaldetem oder vegetationsreichem Gelände einschließlich der Karstgebiete.
Lebensweise: Sommerquartiere im Norden des Verbreitungsgebiets in warmen, vor Zug geschützten Räumen, z. B. Dachböden, beheizten Kellern, auch in ebenerdigen Gebäudeteilen, sofern sie trocken, warm und störungsfrei sind, im Süden auch in Höhlen und Felsspalten. Ihre Winterquartiere wählen beide Geschlechter zwischen Ende September bis April/Mai in Felshöhlen, Bergwerksstollen und Kellern mit über 90 % relativer Luftfeuchte und konstanten Temperaturen zwischen 5 bis 9 °C. Sommer- und Winterquartiere liegen stets in geringer Entferung voneinander (meist unter 15 km). Nachweise über einen Ortswechsel bis 50 km sind seltene Ausnahmen. In den Sommerquartieren werden meist kleine Gruppen von Weibchen, mitunter auch erwachsene Männchen gefunden, diese leben aber während der Wochenstubenzeit in der Regel einzeln. Die Tiere halten bei hohen Umgebungstemperaturen eine Individualdistanz ein. Wenn die Temperaturen in den Quartieren unter 15 °C absinken, bilden hochträchtige Weibchen Trauben (soziale Thermoregulation). Sie können dadurch aktiv bleiben, wodurch eine Verzögerung der Embryonalentwicklung (zu später Geburtstermin!) verhindert wird. Auch bei Jungtieren wurde soziale Thermoregulation beobachtet. Wie andere Hufeisennasen stets freihängend, nie in Spalten oder Löchern verborgen.
Der Jagdflug beginnt erst bei völliger Dunkelheit. Der Flug ist schwirrend, nicht sehr schnell, zeigt aber eine hohe Manövrierfähigkeit und häufigen Richtungswechsel. Beim Ablesen der Beutetiere von Zweigen, Blättern und Baumstümpfen können die Tiere rüttelnd in der Luft stehen. Die Nahrung wird vor allem im bodennahen Bereich gesucht. Fortpflanzung im wesentlichen wie bei Großer Hufeisennase (27), die Jungtiere werden aber schon 6 bis 7 Wochen nach der Geburt selbständig. Ein Teil der Weibchen wird bereits während ihres 1. Lebensjahres trächtig. Nahrung: Kleinschmetterlinge, andere kleine Insekten und Spinnen. Nachgewiesenes Höchstalter über 21 Jahre.
Besonderes: In Europa 2 Unterarten: 28 a *R. h. hipposideros*, Europa nördlich der Alpen, und 28 b *R. h. minimus*, Mittelmeerländer.
In Europa überall stark im Rückgang begriffen. Vom Aussterben bedroht.

a27 *Rhinolophus ferrumequinum*, b28 *Rhinolophus hipposideros*, c Schlafstellung von 28 *R. hipposideros* (dorsal und lateral) und Gruppe beim Winterschlaf (einzeln hängend)

29 *Rhinolophus euryale* **Mittelmeer-Hufeisennase**

Kennzeichen: Mittelgroße Art. Von der Großen und Kleinen Hufeisennase (27, 28) durch die Länge des Unterarmes, von der Blasius-Hufeisennase (30) durch das Längenverhältnis des 1. und 2. Gliedes des 4. Fingers, von der Mehely-Hufeisennase (31) nur durch Merkmale des Nasenaufsatzes eindeutig zu unterscheiden. Das braune Hufeisen hat am oberen freien Ende einen konkaven Außenrand, wodurch die Spitzen leicht nach außen abgebogen sind. In der Frontalansicht ist die *Sella*

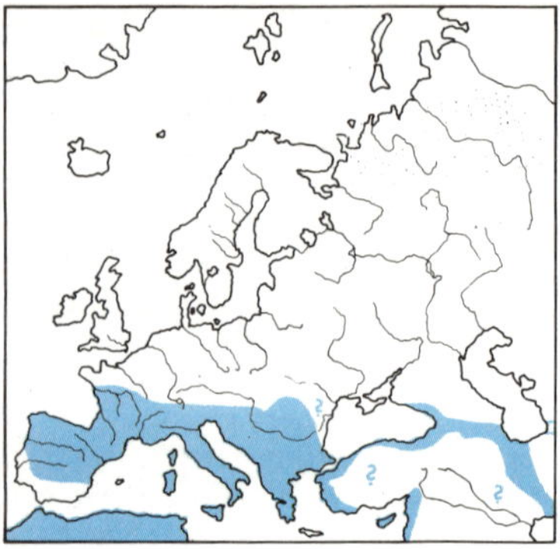

zu 29

relativ schmal, die *Crista* verhältnismäßig lang, die Lanzette ist nach oben gleichmäßig verschmälert. Die Ohren sind lang und schmal, ihre Spitzen leicht nach außen gebogen. Die Flügel sind nicht so breit wie die der anderen Hufeisennasen. Das Fell ist weich und dicht, seine Färbung sehr ähnlich der Großen Hufeisennase, aber variabler, oft mit einem leichten violetten Anflug, die Unterseite etwas heller als der Rükken.
Maße und Masse: KR 43 bis 58 mm; Schw 22 bis 30 mm; Ohr 18 bis 22 mm; UA 44 bis 51 mm; Spannweite um 29 cm; CB 15,6 bis 17,8 mm; Masse 10 bis 17,5 g.
Vorkommen: Südliches Europa, im Osten bis zum Ostufer des Kaspischen Meeres, Vorderer Orient, Nordafrika. Wärmeliebende Art mit vorwiegend mediterraner Verbreitung. Sowohl in waldreichen als auch in vegetationsarmen Gebieten, besonders in Karstgebieten.
Lebensweise: Sommer- und Winterquartiere in Höhlen, oft in großen Gruppen mit Mausohren, Langflügelfledermäusen (45) und anderen Arten vergesellschaftet. Überwinterungstemperaturen um 10 °C bei einer relativen Luftfeuchte über 90 %. In den Quartieren hängen die Tiere häufig in Körperkontakt mit Artgenossen und anderen Fledermausarten an Decken und Höhlenwänden, oft in geringer Höhe. Der Körper wird während der Ruhe nicht in die Flughäute eingehüllt.
Der Jagdflug beginnt schon vor Eintritt völliger Dunkelheit, er ist schnell und wendig. Einzelheiten der Fortpflanzung sind ungenügend bekannt, wahrscheinlich nur 1 Jungtier pro Jahr. In den Wochenstubenquartieren, zu denen auch Dachräume zählen können, halten sich regelmäßig auch geschlechtsreife Männchen auf. Über Beuteerwerb und Nahrungsspektrum fehlen uns exakte Kenntnisse. Männchen werden im Alter zwischen 15 und 27 Monaten geschlechtsreif. Die Weibchen gebären (im Juni/Juli) meist im Alter von 2 bis 3 Jahren zum ersten Mal.
Besonderes: In Europa die Unterart 29a *R. e. euryale*. In ihrem Bestand gefährdete Art.

30 *Rhinolophus blasii*
Blasius-Hufeisennase

Kennzeichen: Mittelgroße Art. Von Großer und Kleiner Hufeisennase (27, 28) durch die Länge des Unterarms eindeutig, von Mittelmeer- und Mehely-Hufeisennase (29, 31) durch das Längenverhältnis des 1. und 2. Gliedes des 4. Fingers und durch Merkmale des Nasenaufsatzes zu unterscheiden. In der Frontalansicht ist das rosafarbene Hufeisen breit, die *Sella* im unteren Teil relativ breit, die *Crista* lang und schmal. Die Lanzette ist am Ende wenig verschmälert. Ohrform wie Mittelmeer-Hufeisennase, aber Ohren etwas kleiner. Die Flügel sind breit. Das Fell ist weich und dicht, die Rückenseite sepiafarben mit heller Haarbasis, Bauchseite heller, bräunlich. Die Variationsbreite der Färbung ist ungenügend bekannt.
Maße: KR 44 bis 58,5 mm; Schw 20 bis 31 mm; Ohr 18 bis 21 mm; UA 44 bis 49 mm; Spannweite 27 bis 31 cm; CB 16,3 bis 17,8 mm.
Vorkommen: Südeuropa, Vorderer Orient, im Osten bis zur Ostküste des Kaspischen Meeres und bis Afghani-

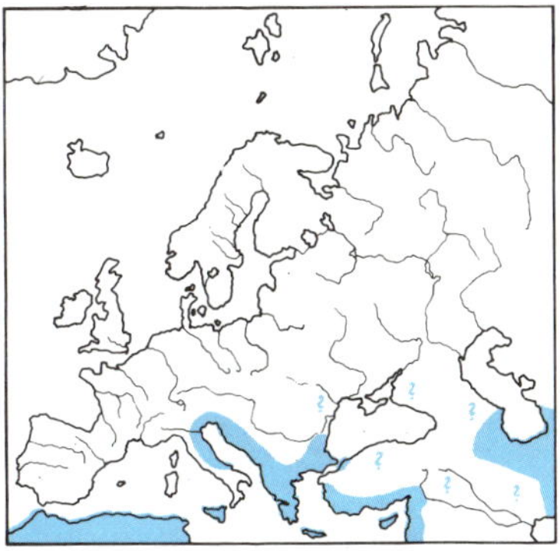

zu 30

stan; Afrika. Wärmeliebende Art mit vorwiegend ostmediterraner Verbreitung. Sowohl in baum- und buschreichem Gelände als auch in vegetationsarmen Gebieten, besonders in Karstgebieten.
Lebensweise: Sommerquartiere oft in Höhlen mit Tageslicht; auch in Klüften und Spalten von Felswänden. Winterquartiere in Höhlen. In den Quartieren in kleinen Gruppen, freihängend, ohne Körperkontakt.
Der Jagdflug beginnt erst bei völliger Dunkelheit, im Herbst schon in der Dämmerung. Fortpflanzung wahrscheinlich wie bei der Mittelmeer-Hufeisennase (28). Die Kenntnisse über die Ökologie dieser Art sind sehr gering.
Besonderes: Im Bestand gefährdete Art.

31 *Rhinolophus mehelyi*
Mehely-Hufeisennase
Kennzeichen: Mittelgroße Art. Von Großer und Kleiner Hufeisennase (27, 28) durch die Länge des Unterarms eindeutig zu unterscheiden, von Mittelmeer- und Blasius-Hufeisennase (29, 30) durch Merkmale des Nasenaufsatzes und des 4. Fingers. Die freien Enden des Hufeisens sind nicht nach außen abgebogen. In der Frontalansicht ist die *Sella* relativ breit, die Lanzette am Ende schmal, zungenförmig und wichtiges Bestimmungsmerkmal. Das Fell ist weich und dicht.

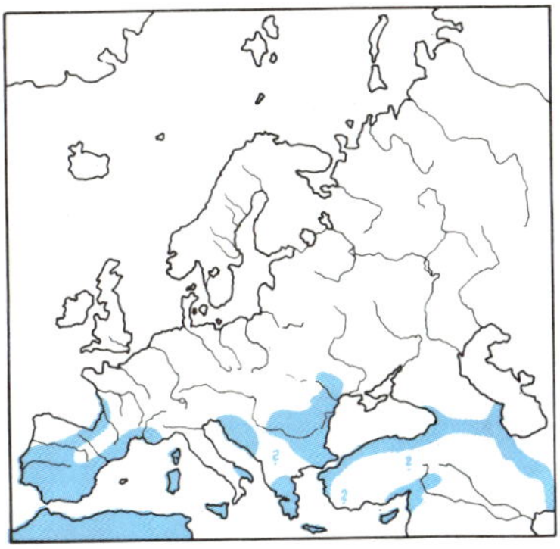

zu 31

Maße: KR 49 bis 64 mm; Schw 21 bis 32 mm; Ohr 18 bis 23 mm; UA 47,5 bis 55 mm; Spannweite um 31 cm; CB 16,6 bis 18,6 mm.
Vorkommen: Süd- und Südosteuropa, im Osten bis Transkaukasien; Nordafrika, besonders in Karstgebieten. Die Kenntnisse über die Verbreitung sind sehr lückenhaft.
Lebensweise: Quartiere in Höhlen und Grotten, sehr wärmeliebend. Oft mit anderen Hufeisennasen vergesellschaftet. Sinkt die Umgebungstemperatur ab, wird auch im Sommer keine Individualdistanz eingehalten, und es kommt zur Traubenbildung (soziale Thermoregulation). Fortpflanzung wahrscheinlich ähnlich Mittelmeer-Hufeisennase (29). Die Kenntnisse über die Ökologie sind gering. Nach Rachmatulina (1980) tritt die Geschlechtsreife nach 2 bis 3 Jahren ein. Die Geburten erfolgen im Juni/Juli. In ihren Quartieren bilden sie dichte oder lockere Kolonien von im Sommer bis 2 000, im Winter bis 5 000 Tieren, aber auch kleinere Gruppen.

Familie *Vespertilionidae* Glattnasen

In Europa 8 Gattungen mit 25 Arten. Die Glattnasen bilden mit Ausnahme der Polargebiete eine weltweit verbreitete, artenreiche Gruppe ohne Nasen-

32 *Myotis myotis* Schlafstellung (dorsal) und Gruppe beim Winterschlaf (dichtgedrängt)

aufsätze. Die Nasenöffnungen liegen an der Schnauzenspitze. Die Ohren sind von sehr unterschiedlicher Größe, am Ende stets abgerundet und besitzen einen *Tragus*. In der Ruhehaltung werden die Flughäute zusammengefaltet und liegen dem Körper seitlich an. Die Schwanzflughaut wird kopfwärts auf die Bauchseite umgeschlagen. In den Sommer- und Winterquartieren hängen die Tiere oft in dichten Trauben in engem Körperkontakt, häufig verbergen sie sich einzeln oder zu mehreren in Spalten, Ritzen und Löchern. Dem Schädel fehlt die für die Familie der Hufeisennasen (s. S. 78) charakteristische Aufwölbung der Nasenbeine. Diese sind mit dem Zwischenkiefer fest verbunden. Die Anzahl der Zähne im Dauergebiß ist z. T. bei den Gattungen unterschiedlich. Das Ortungssystem der Glattnasen entspricht dem FM-Typ (s. S. 73), die Ortungslaute werden durch die Mundöffnung abgegeben. Glattnasen haben sehr verschiedenartige ökologische Ansprüche, unter ihnen gibt es kälteunempfindliche Arten, die Teile Nordeuropas besiedeln; eine Art ist bis über den Polarkreis verbreitet.

Schlüssel zur Bestimmung der Gattungen nach äußeren Merkmalen

1 Ohren über 30 mm lang, am Grunde der Innenränder sich berührend
Plecotus S. 105

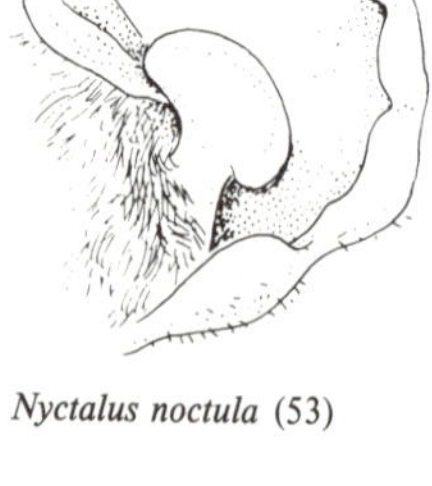

Ohr von *Nyctalus noctula* (53)

47 *Eptesicus nilssoni*

48 *Vespertilio murinus*

1′ Ohren kürzer als 30 mm 2
2 Ohren breit, am Grunde verwachsen *Barbastella* S.108
2′ Ohren am Grunde deutlich voneinander getrennt 3
3 Sehr kleine, annähernd quadratische Ohren, die kaum das Fell überragen *Miniopterus* S.110
3′ Ohren meist länger als breit 4
4 *Calcar* ohne *Epiblema*, Ohren länger als breit, dünnhäutig, *Tragus* langgestreckt, am Ende zugespitzt *Myotis* S.89
4′ *Calcar* mit deutlichem *Epiblema*, Ohren breit, *Tragus* kurz und breit oder länglich, dann aber am Ende abgerundet 5
5 *Tragus* am Ende stark verbreitert »pilzförmig« *Nyctalus* S.123
5′ *Tragus* am Ende nicht stark verbreitert 6
6 Unterarm bis 38 mm lang *Pipistrellus* S.116
6′ Unterarm über 38 mm lang 7
7 Äußerer Ohrrand läuft unter die Maulspalte herab, steigt kurz vor dem Mundwinkel wieder an und endet an ihm. Unterseite sehr hell, in deutlichem Kontrast zur dunkleren Rückenseite stehend *Vespertilio* S. 115
7′ Äußerer Ohrrand reicht nicht unter die Maulspalte herab. Kein auffälliger Kontrast zwischen Färbung der Bauch- und Rückenseite *Eptesicus* S.111

Schlüssel zur Bestimmung der Gattungen nach Schädelmerkmalen

1 In jeder Unterkieferhälfte 3 *Praemolares* und 3 *Molares* 2
1′ In jeder Unterkieferhälfte 2 *Praemolares* und 3 *Molares* 4
2 In jeder Oberkieferhälfte 3 *Praemolares* und 3 *Molares* *Myotis* S.89
2′ In jeder Oberkieferhälfte 2 *Praemolares* und 3 *Molares* 3
3 Profillinie nur leicht eingesenkt, sehr große Hörblasen, ihr Abstand voneinander halb so groß wie ihr Durchmesser *Plecotus* S.105
3′ Profillinie mit sehr deutlichem Knick, Schädeldach stark aufgewölbt *Miniopterus* S.110

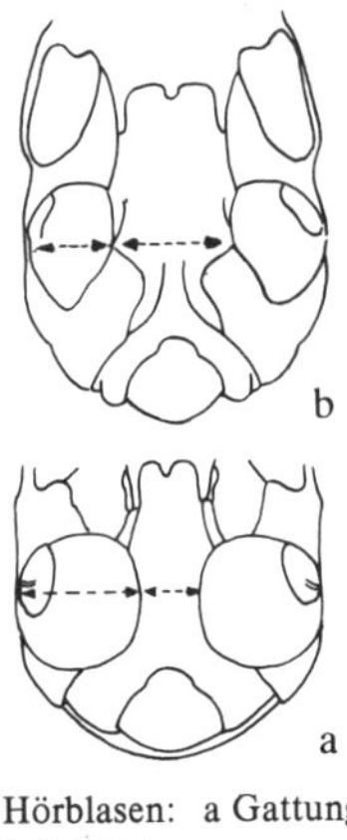

Größe der Hörblasen: a Gattung *Plecotus*, b andere Glattnasen

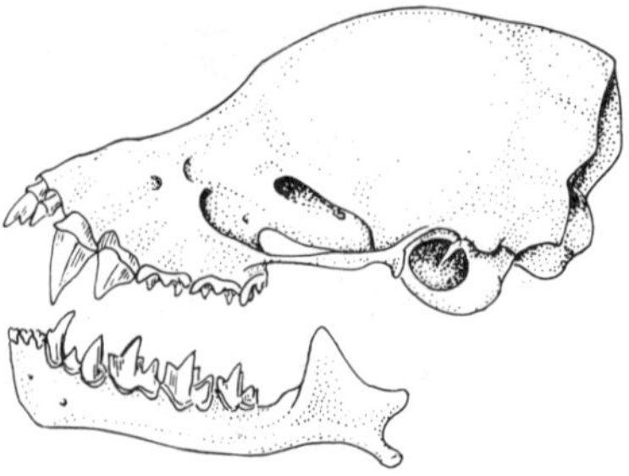

Schädel von *Barbastella barbastellus* (44)

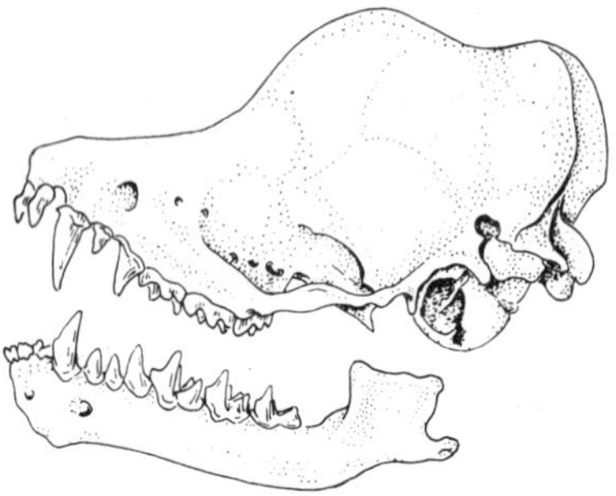

Schädel von *Miniopterus schreibersi* (45)

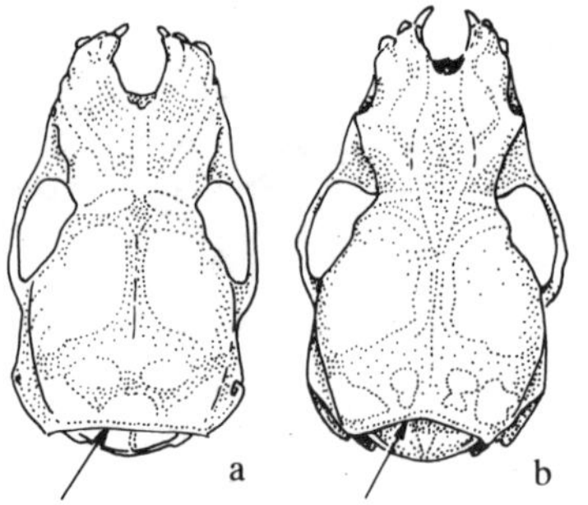

Schädel von a *Vespertilio murinus* (48),
b *Eptesicus nilssoni* (47)

4 2 obere *Praemolares*, Schädel in Seitenansicht zwischen Schnauze und Hirnschädel deutlich eingesenkt, wenig eingesenkt oder über die gesamte Länge schwach konvex ausgebildet 5

4′ 1 oberer *Praemolar*, obere Schädelbegrenzung in Seitenansicht annähernd gerade 6

5 Schnauzenteil des Schädels flach, keilförmig, Hirnschädel deutlich aufgewölbt, CB bis 14 mm
Barbastella S. 108

5′ Schnauzenteil des Schädels konvex, Hirnschädel nur geringfügig aufgewölbt 7

6 2. oberer *Incisivus* (I^2) weniger als halb so lang wie I^1, Kaufläche des M^3 annähernd dreieckig, hintere Begrenzung der Scheitelbeine gerade
Vespertilio S. 115

6′ 2. oberer *Incisivus* (I^2) wenigstens halb so lang wie I^1, M^3 deutlich

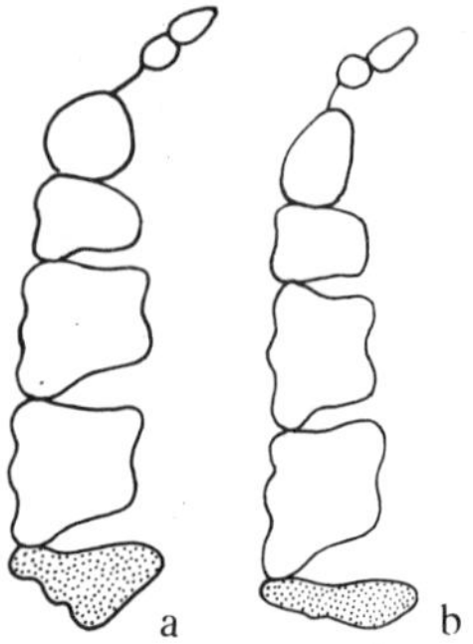

Größe der Kaufläche des letzten oberen *Molar* bei a *Vespertilio murinus* (48), b Arten der Gattung *Eptesicus*

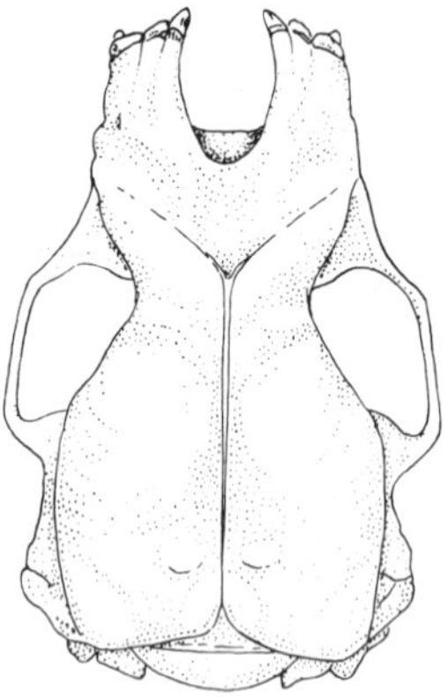

Schädel (v. o.) von *Nyctalus noctula* (53)

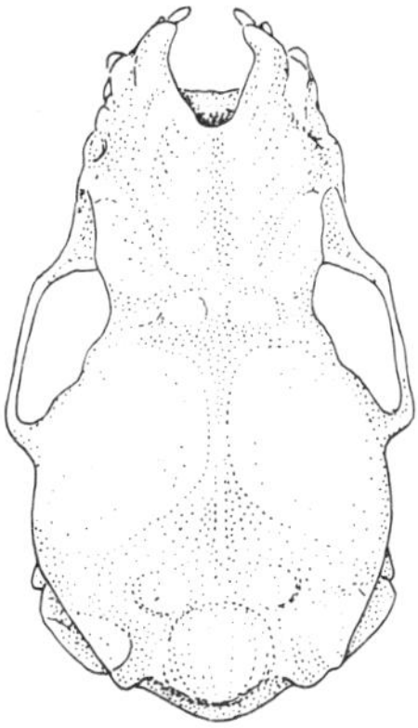

Schädel (v.o.) von *Pipistrellus pipistrellus* (49)

schmaler, hintere Begrenzung der Scheitelbeine eingebuchtet
Eptesicus S. 111
7 Umriß des Schädels (Draufsicht) annähernd rechteckig, Oberkiefer nach vorn kaum verschmälert, CB 15 mm oder darüber *Nyctalus* S. 123
7′ Umriß des Schädels (Draufsicht) oval, Oberkiefer nach vorn verschmälert, CB unter 14,3 mm
Pipistrellus S. 116

Gattung *Myotis*
Mausohrfledermäuse

Kleine, mittelgroße und große Arten mit gelblich-bräunlicher, z. T. ins Graue und Rötliche gehender Fellfarbe, länglicher Schnauze und relativ großen, länglich-ovalen Ohren, deren Ohrdeckel sich stets am Ende verschmälert, *Calcar* immer ohne *Epiblema*.
Sommerquartiere in Gebäuden, im Süden des Verbreitungsgebietes auch in Höhlen, Grotten, Baumhöhlen, Vogel- und Fledermauskästen. Winterquartiere in Kellern, Stollen, Felshöhlen. Ausflugzeiten und Nahrungsspektrum bei den einzelnen Arten sehr unterschiedlich.
11 Arten in Europa, Nordafrika und dem Vorderen Orient.

Zahnformel $\frac{2\,1\,3\,3}{3\,1\,3\,3}$ = 38 Zähne.

Schlüssel zur Bestimmung der Arten nach äußeren Merkmalen

1 UA länger als 50 mm 2
1′ UA kürzer als 50 mm 3
2 UA 55 bis 71 mm. Ohr 26 bis 31 mm lang, Vorderrand stark ausgebuchtet. Schwanz kürzer als KR
32 *M. myotis*
2′ UA 51 bis 64 mm. Ohr 21 bis 28 mm lang, Vorderrand wenig ausgebuchtet. Schwanz gleichlang KR
33 *M. blythi*
3 Ohr über 20 mm lang
34 *M. bechsteini*
3′ Ohr kürzer als 20 mm 4
4 Schwanzflughautrand runzelig, mit 2 Reihen starrer, bauchwärts gekrümmter Härchen. *Calcar* (bei gespreizter Schwanzflughaut) s-förmig

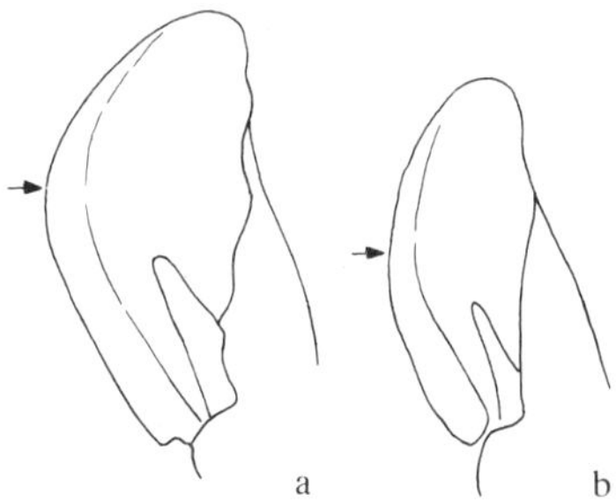

a b

Ohr von a *Myotis myotis* (32), b *M. blythi* (33)

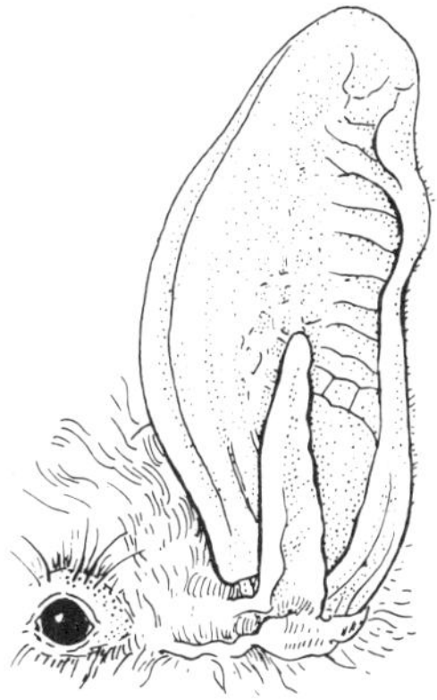

Ohr von *Myotis bechsteini* (34)

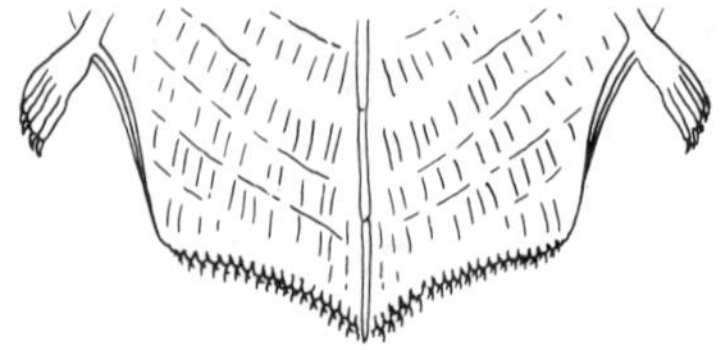

Schwanzflughaut von *Myotis nattereri* (35)

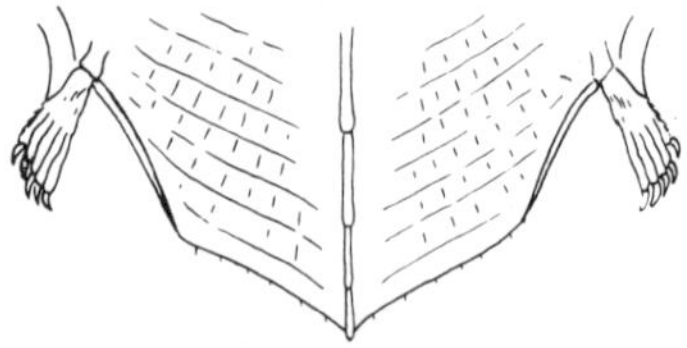

Schwanzflughaut von *Myotis emarginatus* (36)

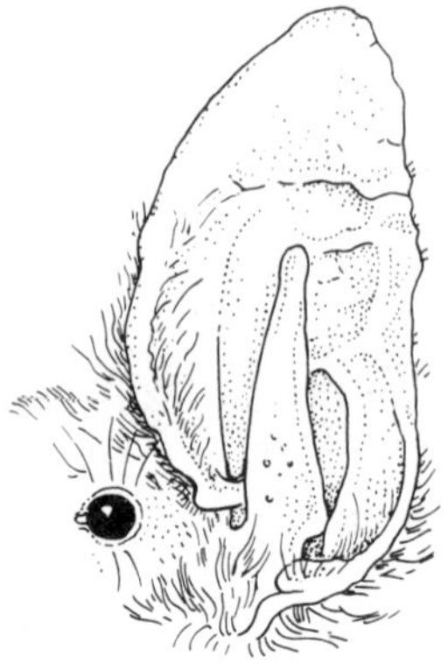

Ohr von *Myotis nattereri* (35)

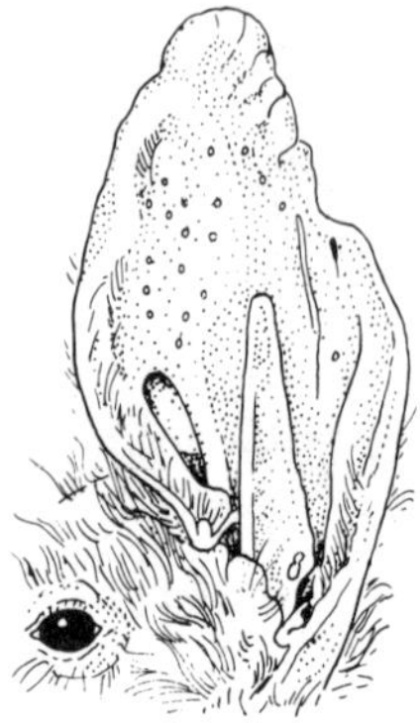

Ohr von *Myotis emarginatus* (36)

gebogen, *Tragus* deutlich über die Ohrmitte hinausreichend
35 *M. nattereri*

4′ Schwanzflughautrand nicht runzelig, ohne starre Härchen (oder Härchen dünn, in geringer Zahl, nur im Gegenlicht erkennbar). *Calcar* (bei gespreizter Schwanzflughaut) nicht s-förmig gebogen 5

5 *Calcar* kürzer als ⅔ der Länge des äußeren Schwanzflughautrandes. Außenrand des Ohres mit deutlicher Einbuchtung 6

5′ *Calcar* erreicht mindestens ⅔ der Länge des äußeren Schwanzflughautrandes. Außenrand des Ohres ohne deutliche Einbuchtung 8

6 *Tragus* überragt die Einbuchtung des äußeren Ohrrandes, UA 31 bis 38 mm. Schnauze mit auffälligen Tasthaaren 7

6′ *Tragus* erreicht die fast rechtwinklige Einbuchtung des äußeren Ohrrandes nicht. UA 36 bis 43 mm
36 *M. emarginatus*

7 Rücken fahlbraun, oft mit goldgelben Haarspitzen, Ohren hellbraun, dünnhäutig, im Gegenlicht durchscheinend. Basis des Ohrvorderrandes und des *Tragus* fleischfarben. *Penis* am Ende kolbig verdickt
38 *M. brandti*

7′ Rücken dunkler, schwarzbraun, ohne goldgelbe Haarspitzen, Ohren dickhäutiger, im Gegenlicht nicht

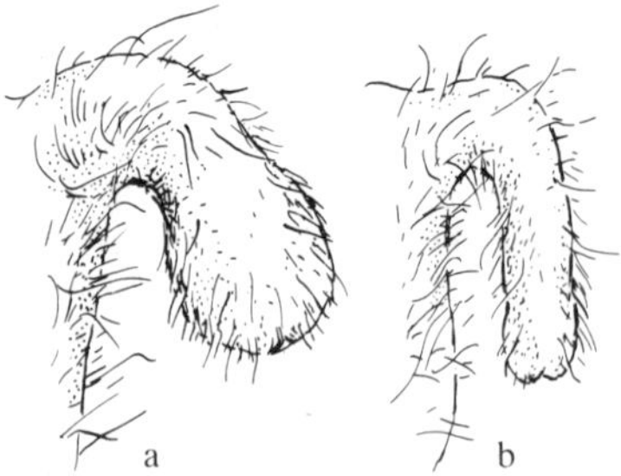

Form des Penis bei a *Myotis brandti* (38), b *M. mystacinus* (37)

durchscheinend. *Penis* am Ende nicht kolbig verdickt
37 *M. mystacinus*

8 *Tragus* länger als die halbe Ohrlänge, Schwanzflughaut ober- und unterseits besonders in der körpernahen Hälfte flaumig behaart (kann bei älteren Tieren abgerieben sein). Füße groß 41 *M. capaccini*

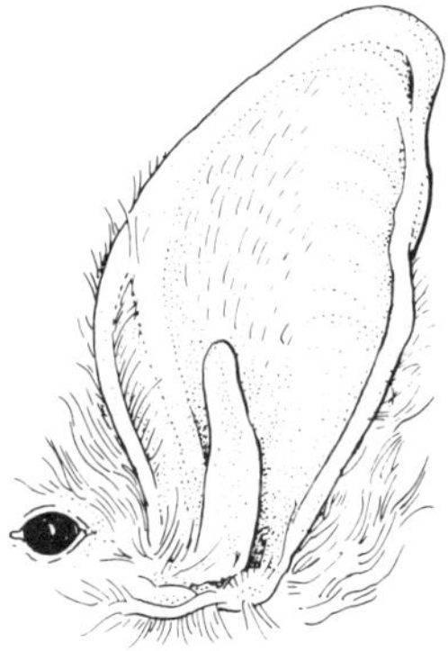

Ohr von *Myotis daubentoni* (40)

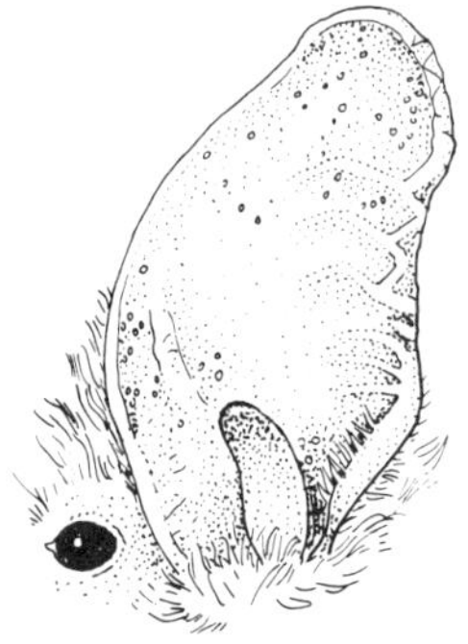

Ohr von *Myotis dasycneme* (39)

8′ *Tragus* kürzer als die halbe Ohrlänge 9

9 UA unter 41 mm, *Tragus* knapp halb so lang wie das Ohr, schmal. Füße groß 40 *M. daubentoni*

9′ UA über 41 mm, *Tragus* relativ breit ausgebildet, jedoch deutlich kürzer als die halbe Ohrlänge
39 *M. dasycneme*

Schlüssel zur Bestimmung der Arten nach Schädelmerkmalen

1 CB über 18 mm, Zahnreihe C bis M^3 über 8 mm 2

1′ CB unter 18 mm, Zahnreihe C bis M^3 unter 8 mm 3

2 CB unter 21,5 mm. Zahnreihe C bis M^3 unter 9,5 mm. UK 15,6 bis 17 mm 33 *M. blythi*

2′ CB über 21,5 mm. Zahnreihe C bis M^3 über 9,6 mm. UK 17,3 bis 19,1 mm 32 *M. myotis*

3 Obere *Molares* (M^1 bis M^3) mit kleinen Höckern (*Protoconulus*-Höcker) an der Vorderkante der Kronenfläche. Profillinie des Schädels leicht konvex 4

3′ Obere *Molares* (M^1 bis M^3) ohne *Protoconulus*-Höcker. Profillinie des Schädels deutlich konvex 5

4 CB über 15 mm 6

4′ CB bis 15 mm 7

5 CB unter 13,5 mm
37 *M. mystacinus*

5′ CB über 13,8 mm 8

6 Schädel in der Draufsicht relativ breit, Interorbitalbreite über 4,9 mm. CB 15,7 bis 17,4 mm
39 *M. dasycneme*

6′ Schädel in der Draufsicht relativ schmal, Interorbitalbreite unter 4,9 mm. CB 16 bis 17,1 mm
34 *M. bechsteini*

Obere Zahnreihe bei der Gattung *Myotis* (ohne und mit *Protoconulus*-Höckern an den *Molares*)

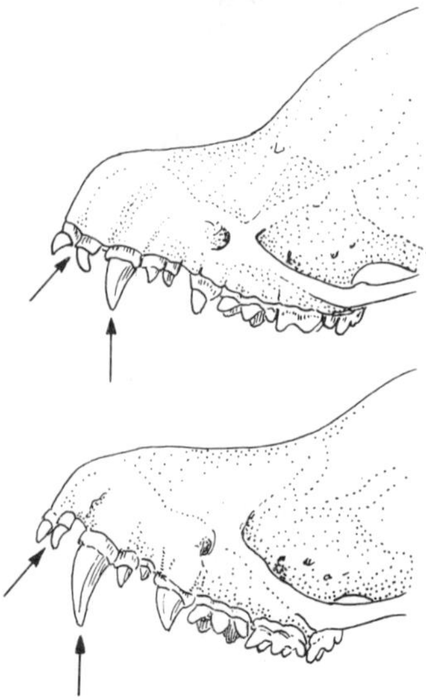

Obere Zahnreihe von a *Myotis nattereri* (35), b *M. emarginatus* (36)

7 Schädel in der Draufsicht relativ breit, Interorbitalbreite über 3,9 mm, 2. unterer *Praemolar* (P_2) wesentlich kleiner als P_1 40 *M. daubentoni*

7′ Schädel in der Draufsicht relativ schmal, Interorbitalbreite unter 3,9 mm, 2. unterer *Praemolar* (P_2) nur wenig kleiner als P_1 38 *M. brandti*

8 2. oberer *Praemolar* (P^2) sehr klein, höchstens halb so groß wie P^1, Jochbogen verhältnismäßig breit, abgeflacht. Obere *Incisivi* stehen parallel 36 *M. emarginatus*

8′ 2. oberer *Praemolar* (P^2) wenig kleiner als P^1, Jochbogen verhältnismäßig schmal, obere *Incisivi* nicht parallel 35 *M. nattereri*

32 *Myotis myotis*
Großes Mausohr

Kennzeichen: Große Art, die durch ihre Körpermaße eindeutig von allen anderen *Myotis*-Arten – mit Ausnahme vom Kleinen Mausohr (33) – zu unterscheiden ist. Das Fell ist auf dem Rücken gelblichbraun bis hellbraun, die hellere Unterseite weißlich mit hellbräunlichem, gelblichem oder grauem Anflug. Alle Haare 2farbig, ihre basalen Abschnitte grau. Die Schnauze ist relativ lang, die Flügel sind breit und dunkelbraun. Die Ohren sind lang und schmal und haben 7 bis 8 Querfalten. Der *Tragus* ist lang und schmal, etwa halb so lang wie das Ohr, am Ende zugespitzt, sein Außenrand hat am Grund einen deutlichen Zahn. Die Schwanzspitze überragt die Schwanzflughaut nur geringfügig, sie ist hellbraun gefärbt und stärker durchscheinend als die Flügel. Der *Calcar* ist dünn, er nimmt etwa ¼ der Länge des äußeren Schwanzflughautrandes ein, ein *Epiblema* fehlt.

Maße und Masse: KR 65 bis 80 mm; Schw 48 bis 65 mm; Ohr 26 bis 31 mm; UA 55 bis 71 mm; Spannweite 35 bis 43 cm; CB 22 bis 24,8 mm; Masse 26 bis 45 g.

Vorkommen: Europa mit Ausnahme seiner nördlichen Gebiete, östlich bis zu den Karpaten; Vorderer Orient. Sowohl im Flachland als auch im Gebirge (bis 1 900 m), bevorzugt menschliche Siedlungen oder deren Nähe, aber selten in Großstädten.

Lebensweise: Sommerquartiere in Mitteleuropa meist auf geräumigen Dachböden alter Gebäude, besonders Kirchen, in Süd- und Südosteuropa ganzjährig in Höhlen. Als Winterquartiere dienen natürliche Höhlen, Bergwerksstollen, Keller, Ruinen und Kasematten. In den Wochenstuben finden sich – in wärmebegünstigten Lagen oft schon im März – häufig mehrere Hundert Weibchen, darunter auch noch nicht geschlechtsreife 1jährige Tiere, an den wärmsten, zugluftfreien Stellen der Quartiere, oft im Giebelbereich der Dächer, zusammen.

Nach einer Tragzeit von ungefähr 60 bis 70 Tagen werden ab Ende Mai bis Ende Juni die Jungtiere geboren. Zwillinge sind selten. Mit etwa 6 bis 7 Wochen sind die Jungen selbständig und

flugfähig, wenig später auch ausgewachsen. Die Geschlechtsreife erreichen sie im Sommer des darauffolgenden Jahres, ein geringer Teil der Weibchen auch schon im 1. Lebensjahr. Je nach Witterungsverlauf lösen sich die Wochenstuben Anfang bis Mitte August auf. Das ist oft mit einem Quartierwechsel, dem Aufsuchen sogenannter Zwischenquartiere, besonders durch die Jungtiere, verbunden. Die geschlechtsreifen Weibchen suchen die Männchen in deren Quartieren zur Paarung auf. Die Paarung kann aber auch erst im Winterquartier oder nach der Beendigung des Winterschlafs erfolgen.
Die Sommervorkommen können bis 200 km von den Winterquartieren entfernt sein. Von einem Teil der Tiere werden die gewohnten, entfernten Winterschlafplätze auch dann aufgesucht, wenn geeignete Überwinterungsmöglichkeiten in unmittelbarer Nähe der Sommerquartiere zur Verfügung stehen. In traditionellen Winterquartieren kommt es zu großen Ansammlungen von Tieren beider Geschlechter, die überwiegend in Gruppen, dicht aneinandergedrängt, freihängend schlafen. Die Umgebungstemperaturen liegen in den Winterquartieren zwischen 2 und 14 °C. Hin und wieder werden auch Tiere gefunden, die noch bei −1 °C, allerdings in Spalten verborgen, Winterschlaf halten. Die relative Luftfeuchte übersteigt meist 90 %, aber auch 70 % sind zur Überwinterung ausreichend. Die Winterquartiere werden im Oktober bis Anfang November aufgesucht und nicht selten, wenn sie nicht genügend stabile Temperaturen aufweisen, bei starkem Frost nochmals gewechselt. Der Winterschlaf endet gewöhnlich im März/April; bei ungünstiger Witterung werden die Wochenstubenquartiere zeitweilig wieder verlassen und frostgeschützte Hangplätze aufgesucht.
Die Tagesquartiere werden erst nach Einbruch der Dunkelheit zur Nahrungssuche verlassen, bei naßkaltem und windigem Wetter unterbleibt der Ausflug oft ganz. Der Jagdflug ist langsam, aber wendig und führt oft auch in Bodennähe. Bevorzugte Jagdgebiete sind landwirtschaftliche Kulturen mit lichtem Baumbestand, Waldränder und Wiesen. Die Hauptnahrung bilden Laufkäfer, darunter auch zahlreiche flugunfähige Arten, die nach ihren Laufgeräuschen geortet und vom Boden aufgenommen werden. Auch Mai-, Juni-, Mist- und Dungkäfer spielen als Beutetiere eine Rolle, daneben Heuschrecken, Nachtschmetterlinge und Spinnen. Als Feinde kommen Eulen und Marder in Betracht, denen aber nur ausnahmsweise eine größere Zahl von Tieren zum Opfer fällt. Naßkalte Sommer verursachen oft sehr hohe Verluste an Jungtieren. Das nachgewiesene Höchstalter beträgt mehr als 22 Jahre.
Besonderes: Die Art ist stark im Rückgang begriffen. In Europa kommt die Unterart 32a *M. m. myotis* vor.

zu 32

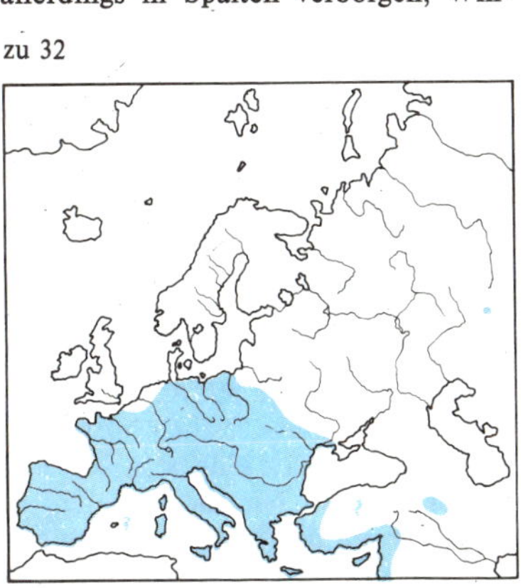

33 *Myotis blythi*
Kleines Mausohr

Kennzeichen: Große Art. In allen Merkmalen dem Großen Mausohr (32) sehr ähnlich. Der Schwanz ist etwa so lang wie die Kopf-Rumpf-Länge. Ohren und *Tragi* sind etwas schmaler und kürzer als beim Großen Mausohr, der innere

Ohrrand ist weniger stark nach außen gewölbt, die Schnauze ist etwas kürzer. Eine exakte Unterscheidung ist nur anhand der Schädelmaße möglich.
Maße und Masse: KR 59 bis 74 mm; Schw 46 bis 73 mm; Ohr 21 bis 28 mm; UA 51 bis 64 mm; CB 19,9 bis 21,4 mm; Masse 15 bis 30 g.
Vorkommen: In Europa vorwiegend im Süden und Südosten, südliche Republiken der UdSSR; ostwärts bis zum Himalaja, Vorderer Orient; Nordafrika. Sowohl in waldreichen als auch in baumarmen, trockenen Gebieten.
Lebensweise: Sommerquartiere in Höhlen und Gebäuden, häufig mit dem Großen Mausohr (32) vergesellschaftet. Winterquartiere in Höhlen. In Gebieten mit milden Wintern werden die

zu 33

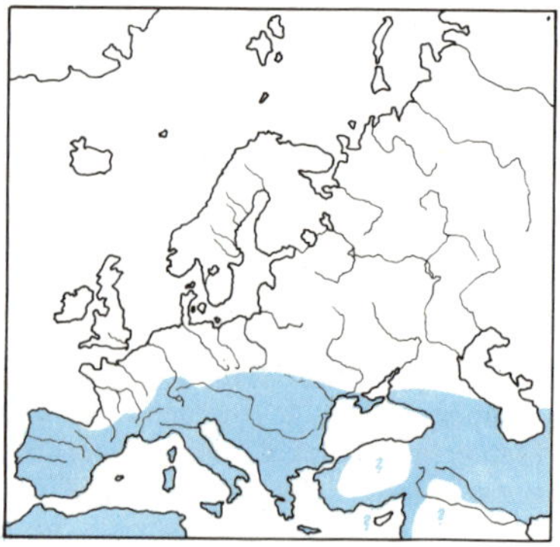

zu 34

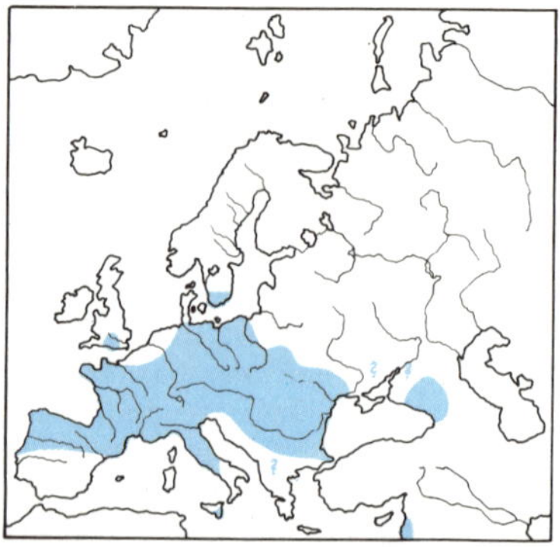

Sommerquartiere, sofern es Höhlen sind, auch für den kurzen, häufig unterbrochenen Winterschlaf benutzt. Fortpflanzung, Jagdverhalten und Nahrung vermutlich sehr ähnlich dem Großen Mausohr. Zur Paarungszeit bilden sich kleine Haremgruppen mit 1 Männchen und bis zu 5 Weibchen. Über biologische und ökologische Unterschiede gibt es wenig gesicherte Kenntnisse.
Besonderes: Die Art ist zuerst für Indien beschrieben worden. In Europa kommt die Unterart 33 a *M. b. oxygnathus* vor.

34 *Myotis bechsteini*
Bechsteinfledermaus

Kennzeichen: Mittelgroße Art. Das Fell ist langhaarig und dicht, die Färbung des Rückens hellbraun, die der Bauchseite weißlich. Die Flügel sind kurz und auffallend breit, dünnhäutig und durchscheinend. Die im Umriß elliptischen Ohren, deren Innenränder sich über dem Kopf nicht berühren, wirken im Vergleich zur Körperlänge sehr groß. Nach vorn gelegt überragt das Ohr die Schnauzenspitze um wenigstens 10 mm. Der *Tragus* ist lang und schmal, etwa halb so lang wie das Ohr, am Grunde des Außenrandes mit einem deutlichen Zahn. Der *Calcar* – ohne *Epiblema* – nimmt etwa die Hälfte der Länge des äußeren Schwanzflughautrandes ein. Das Schwanzende ragt etwa 2 mm aus der Flughaut hervor. Der Schädel ist langgestreckt, der Kronenfortsatz des Unterkiefers sehr hoch. Die oberen *Molares* haben an ihrem Vorderrand keine zusätzlichen Höcker.
Maße und Masse: KR 44 bis 55 mm; Schw 30 bis 44 mm; Ohr 23 bis 26 mm; UA 39 bis 47 mm; Spannweite 26 bis 29 cm; CB 16 bis 17,1 mm; Masse 8 bis 18 g.
Vorkommen: Europa mit Ausnahme der nördlichen Gebiete, östlich bis zur Litauischen SSR, im Südosten bis zum Transkaukasus. Nirgends häufig, in weiten Teilen des Verbreitungsgebietes ausgesprochen selten nachgewiesen. In

34 *Myotis bechsteini*

35 *Myotis nattereri*

33 *Myotis blythi*

32 *Myotis myotis*

Laub- und Mischwäldern, Parks, Obstplantagen von der Ebene bis in die Mittelgebirge (Nachweise bis 800 m).
Lebensweise: Sommerquartiere in Baumhöhlen sowie in Vogel- und Fledermauskästen, selten in Gebäuden. Die Weibchen bilden Wochenstubengesellschaften (selten mehr als 20 Tiere), werden während der Jungenaufzucht aber auch einzeln angetroffen. Mitunter bewohnen sie dann mit anderen *Myotis*-Arten die gleichen Quartiere. Als Winterquartiere dienen Bergwerksstollen und Höhlen. Dort hängen die Tiere meist einzeln frei an Wänden und Decken, mitunter in Trauben mit anderen Arten, oder verbergen sich in Löchern und Spalten. Für die Überwinterung werden Quartiere mit Temperaturen von 1 bis 7 °C und einer relativen Luftfeuchte über 90 % bevorzugt. Die Paarungszeit beginnt im Spätsommer. Die Jungtiere werden Ende Juni/Anfang Juli geboren, nähere Einzelheiten der Fortpflanzung sind unbekannt. Zwillingsgeburten scheinen sehr selten zu sein.
Der Jagdflug beginnt oft noch vor Eintritt völliger Dunkelheit, er ist langsam, fast schwerfällig und führt in Parks, Gärten, Alleen und an Waldrändern niedrig über den Boden. Er dauert, mit Unterbrechungen, bis in die Morgendämmerung. Bei naßkaltem und windigem Wetter fliegen die wärmeliebenden Tiere verspätet aus oder verlassen ihr Tagesquartier überhaupt nicht. Die Beutetiere werden im Flug gefangen, aber auch von der Vegetation abgelesen. Über das Nahrungsspektrum gibt es keine verläßlichen Angaben. Insgesamt sind die faunistischen, biologischen und ökologischen Kenntnisse außerordentlich lückenhaft. Das nachgewiesene Höchstalter beträgt 21 Jahre.

35 *Myotis nattereri*
Fransenfledermaus

Kennzeichen: Mittelgroße Art. Das Fell ist dicht und kurzhaarig, alle Haare 2farbig, mit dunklerer Basis und helleren Spitzen. Der Rücken ist hell braungrau, die Unterseite weiß bis weißgrau. Die relativ breiten Flügel haben dünne Flughäute von dunkelbrauner Farbe. Der Schwanz ist lang, die Schwanzflughaut ist etwas heller als die Flügel, sie wird durch einen kräftigen, in ausgespreiztem Zustand s-förmig gebogenen *Calcar*, der die halbe Länge des äußeren Schwanzflughautrandes einnimmt, gestützt. Zwischen dem Ende des *Calcar* und der Schwanzspitze ist der Flughautrand runzelig verdickt und dicht mit steifen, bauchwärts gekrümmten Haaren von etwa 1 mm Länge besetzt. Sie sind gegen das Licht auch mit bloßem Auge gut zu erkennen. Die Ohren sind groß, hellbraun, am Ende breit gerundet und haben einen langen, schmalen *Tragus*. Dieser ist etwa ⅔ so lang wie das Ohr und läuft am Ende spitz zu. Am Schädel fällt die stark konkave Profillinie auf sowie der hohe Kronenfortsatz des Unterkiefers.
Die Kronenfläche des 1. oberen *Incisivus* (I^1) ist deutlich kleiner ausgebildet als die des I^2. Der 3. *Praemolar* ist sowohl im Ober- als auch im Unterkiefer fast so hoch wie der entsprechende *Caninus*.
Maße und Masse: KR 41 bis 55,5 mm; Schw 34 bis 46,5 mm; Ohr 14 bis 18,5 mm; UA 35 bis 44 mm; Spannweite 22 bis 26 cm; CB 14 bis 15,6 mm; Masse 5 bis 14 g.

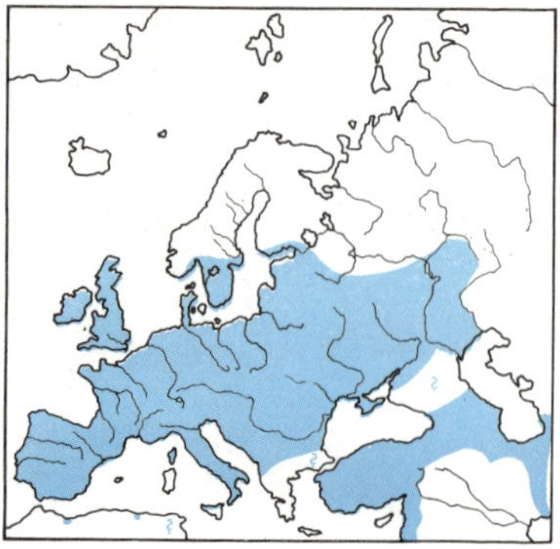
zu 35

Vorkommen: Europa; Vorderer Orient, ostwärts bis Japan; Nordwestafrika. In verschiedensten Waldgebieten, Parks, Obstgärten, in kleineren Ortschaften, aber auch in Städten. Vorwiegend in der Ebene und in mittleren Höhenlagen verbreitet. Nachweise im Gebirge bis 1 800 m.
Lebensweise: Sommerquartiere in Baumhöhlen, Vogel- und Fledermauskästen, auch in Gebäuden und Mauerspalten. Winterquartiere in Höhlen, Bergwerksstollen, Kellern und Kasematten. Die Paarungszeit beginnt im Spätsommer. In den Wochenstubengesellschaften, die nur ausnahmsweise mehr als 25 bis 30 Tiere umfassen, befinden sich mitunter auch einzelne geschlechtsreife Männchen. Die Jungen werden im Juni/Juli geboren. Zwillingsgeburten sind selten. 5 bis 6 Wochen nach der Geburt sind die Jungtiere selbständig und ausgewachsen. Die Mehrzahl nimmt erst im 2. Lebensjahr an der Fortpflanzung teil. Die Winterquartiere werden meist erst im November aufgesucht und Ende März/Anfang April wieder verlassen. Die Tiere schlafen einzeln oder in kleinen Gruppen, oft liegend, in Mauerfugen, Spalten und Löchern verborgen, selten freihängend. Sie finden sich häufig mit anderen *Myotis*-Arten und Langohr-Fledermäusen im gleichen Winterquartier zusammen. Der Jagdflug beginnt erst bei Dunkelheit und findet meist im bodennahen Bereich statt. Es werden nicht nur fliegende Insekten gefangen, sondern kleinere Insekten und Spinnen auch von der Vegetation abgelesen. Der Flug ist relativ langsam, meist ohne schnelle Richtungsänderungen. Bei naßkaltem und windigem Wetter verzögert sich der abendliche Ausflug, oder er unterbleibt gänzlich. Die Biologie und Ökologie der Art sind noch unzureichend bekannt. Das bisher nachgewiesene Höchstalter beträgt über 17 Jahre.
Besonderes: In Europa ist die Unterart 35a *M. n. nattereri* verbreitet.

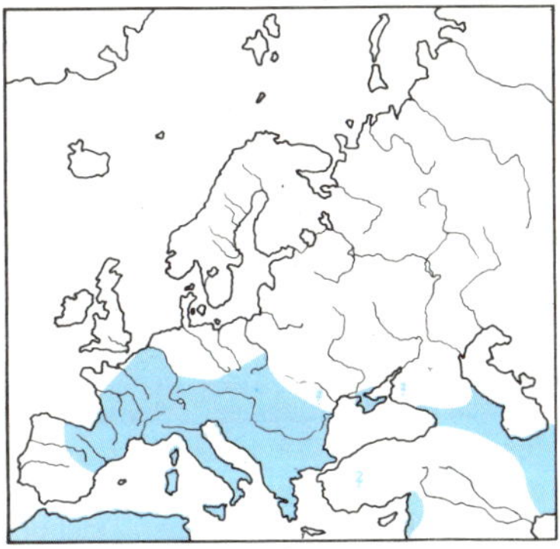

zu 36

36 *Myotis emarginatus*
Wimperfledermaus

Kennzeichen: Mittelgroße Art. Das Fell ist dicht, wollig und langhaarig. Die Rückenhaare sind 3farbig; ihre Basis ist dunkelgrau, das Mittelteil hellgelblich, die Spitze orangefarben. Der Rücken ist rost- bis kastanienbraun, oft mit einem rötlichen Anflug, die Unterseite ist fahler, gelblichbraun. Die schwarzbraunen Flügel sind relativ breit, die Ohren lang, ihr äußerer Rand hat im oberen Drittel eine sehr deutliche Einbuchtung. Der *Tragus* ist schmal, am Ende zugespitzt, reichlich halb so lang wie das Ohr, reicht aber nicht bis zur Einbuchtung. Der *Calcar* ist etwa halb so lang wie der äußere Schwanzflughautrand. Dieser ist zwischen *Calcar* und Schwanzende mit dünnen, weichen geraden Haaren besetzt. Die Schwanzspitze ragt etwa 1 mm aus der Flughaut. Der 2. obere *Praemolar* ist sehr klein, aus der Zahnreihe nach innen verschoben und dadurch von außen nicht sichtbar. 1. und 2. unterer *Praemolar* sind etwa gleich groß.
Maße und Masse: KR 41 bis 53 mm; Schw 35 bis 48 mm; Ohr 14 bis 17 mm; UA 36 bis 43 mm; Spannweite 22 bis 24 cm; CB 14 bis 15,7 mm; Masse 6 bis 15 g.
Vorkommen: Mittel-, Süd- und Südosteuropa, Kaukasus, Transkaukasus, Vorderer Orient; Nordwestafrika. Bewoh-

ner offener Busch- und Waldlandschaften des Flachlandes, im Gebirge bis 800 m.
Lebensweise: Sommerquartiere an der Nordgrenze des Verbreitungsgebietes in Gebäuden, seltener in Baumhöhlen und Nistkästen. Weiter südlich ganzjährig in Felshöhlen. Winterquartiere in Höhlen, Stollen und Kellern. Die Paarungszeit beginnt im Spätsommer. Die Wochenstubengesellschaften, zu denen sich z. T. mehrere Hundert Weibchen vereinen können, befinden sich meist in warmen, hellen Dachböden oder in Höhlen, oft zusammen mit anderen *Myotis*-Arten und Hufeisennasen. Die Männchen leben während der Wochenstubenzeit von den Weibchen räumlich getrennt. Ende Juni/Anfang Juli werden die Jungtiere geboren, Zwillingsgeburten sind vermutlich sehr selten. Die Jungen sind mit 4 Wochen flugfähig und kurze Zeit später auch selbständig. Sie werden wahrscheinlich erst im 2. Lebensjahr geschlechtsreif. Zwischen den Sommer- und Winterquartieren finden keine weiten Wanderungen statt. Für den lang dauernden, selten unterbrochenen Winterschlaf werden Quartiere mit relativ hohen Temperaturen (zwischen 5 und 10 °C) aufgesucht. Die Kenntnisse über die Biologie und Ökologie sind noch sehr lückenhaft. Das nachgewiesene Höchstalter liegt über 15 Jahre.
Besonderes: In Europa ist die Unterart 36a *M. e. emarginatus* verbreitet.

37 *Myotis mystacinus*
Kleine Bartfledermaus

Kennzeichen: Kleine Art. Das Fell ist langhaarig und dicht, seine Färbung variiert stark. Bei der Mehrzahl der Tiere ist der Rücken dunkel- oder graubraun, die Haarspitzen sind oft heller, die Unterseite ist hellgrau, es kommen jedoch auch fast schwarze und olivbräunliche Tiere vor. Die Flügel sind lang und schmal, die Flughäute dunkel- bis schwarzbraun. Die Ohren sind von gleicher Farbe, relativ dickhäutig, im Ge-

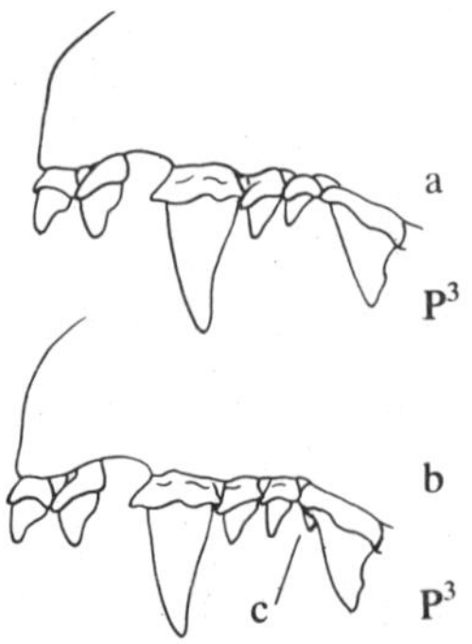

Obere Zahnreihe (von außen) von a *Myotis mystacinus* (37), b *M. brandti* (38), C = Cingulumhöcker

genlicht nicht durchscheinend, lang und schmal, aber kürzer als bei der Großen Bartfledermaus (38), mit einer geringfügigen Einbuchtung des äußeren Ohrrandes. Der *Tragus* ist ebenfalls lang und schmal, am Ende zugespitzt. An der Schnauze befinden sich zahlreiche lange, steife Tasthaare (Name!). Der *Penis* ist in ganzer Länge gleichmäßig dünn.
Der 3. obere *Praemolar* ohne *Cingulum*-Höcker, die oberen *Molares* haben am Vorderrand keine kleinen Höcker. Die ersten unteren *Praemolares* (P_1 und P_2) sind meist deutlich in der Größe verschieden. Der kleinere P_2 ist oft zwischen den benachbarten Zähnen »eingezwängt« und aus der Zahnreihe nach innen verschoben.
Die Unterscheidung von der nahe verwandten und sehr ähnlichen Großen Bartfledermaus (38) ist durch die *Penis*-Form nur bei Männchen relativ unproblematisch. Die Weibchen sind nur mit Hilfe der angeführten Zahnmerkmale, die auch am lebenden Tier festgestellt werden können (Lupe!), zu bestimmen. Eine Bestimmungshilfe sind die dickhäutigen, gegen das Licht betrachtet nicht durchscheinenden Ohren, deren vorderer Rand an der Basis nicht aufgehellt ist. Gefangene Tiere sind meist sehr ungebärdig und bissig und äußern hohe keckernde Abwehrlaute.

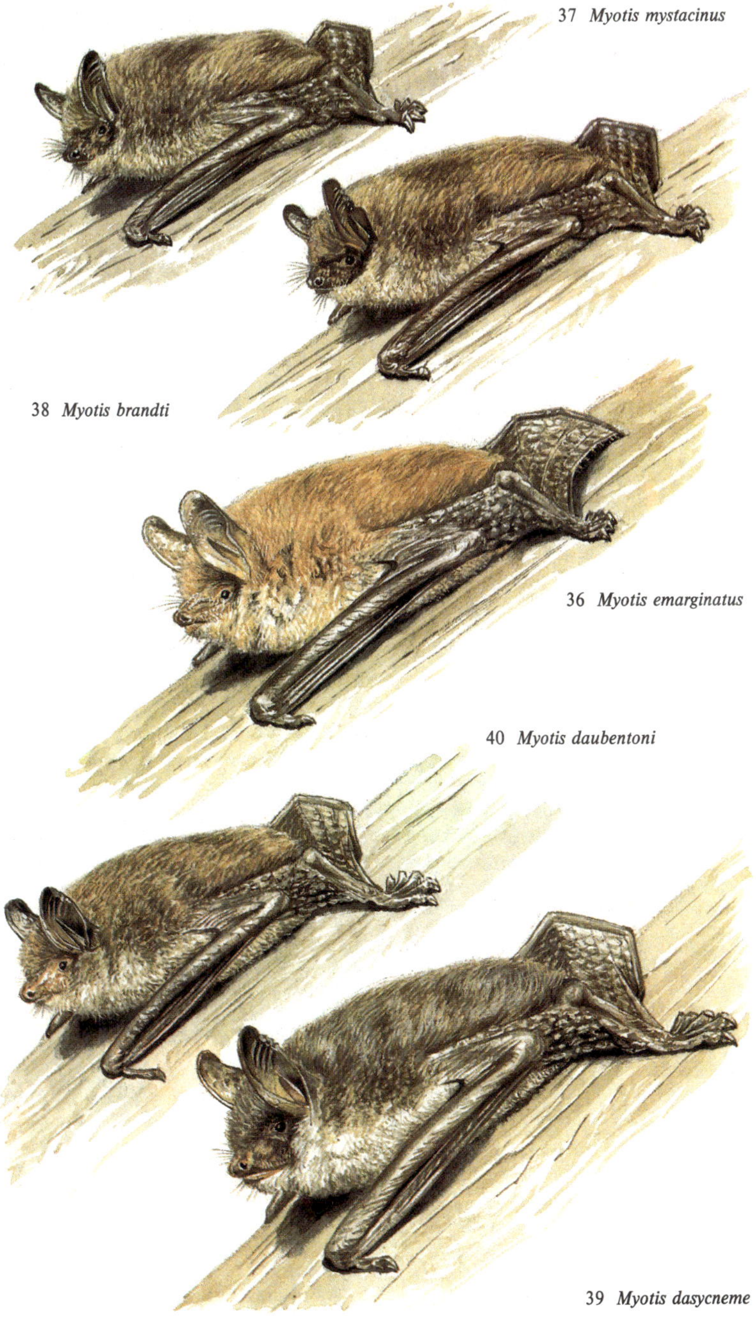

37 *Myotis mystacinus*

38 *Myotis brandti*

36 *Myotis emarginatus*

40 *Myotis daubentoni*

39 *Myotis dasycneme*

Maße und Masse: KR 35 bis 48 mm; Schw 30 bis 43 mm; Ohr 12 bis 16,5 mm; UA 31 bis 37 mm; Spannweite 19 bis 22,5 cm; CB 12 bis 13,2 mm; Masse 5 bis 7,5 g.

Vorkommen: Europa; Vorderer Orient, östlich bis Japan; Nordafrika. In Parks, Gärten, Siedlungen und Städten, oft in Wassernähe. Sowohl im Flachland als auch im Gebirge (bis 2 000 m). Kältefeste Art mit einer weit nach Nordeuropa reichenden Verbreitung, weniger an Wald und Wasser gebunden als die Große Bartfledermaus (38). In Süd- und Südosteuropa auch in baumarmem Gelände.

Lebensweise: Wetterharte, anpassungsfähige Art mit wenig spezifischen Ansprüchen an ihren Lebensraum. Sommerquartiere in Gebäuden, Baumhöhlen, Vogel- und Fledermauskästen, hinter Fensterläden, Schieferverkleidungen und loser Baumrinde, bevorzugt in flachen, spaltenförmigen Hohlräumen. Winterquartiere in Höhlen und Bergwerksstollen meist bei Temperaturen um oder wenig über dem Gefrierpunkt und hoher relativer Luftfeuchte. Oft freihängend oder dem Gestein aufliegend.

Die Paarungszeit beginnt im Spätsommer. In den Wochenstuben werden von Ende Mai bis Ende Juli/Anfang August nur selten mehr als 30 Weibchen angetroffen. Während dieser Zeit halten sich die geschlechtsreifen Männchen in anderen Quartieren auf. Im Juni werden 1 bis 2 Jungtiere geboren, die z. T. schon im 1. Lebensjahr an der Fortpflanzung teilnehmen. Der Winterschlaf ist kurz, er dauert von November bis Mitte oder Ende März und wird häufig unterbrochen.

Der Jagdflug, in Bodennähe oder in mittlerer Höhe, beginnt schon in der Dämmerung. Er ist schnell und gewandt. Die Beutetiere werden ausschließlich im Flug erbeutet. Die Nahrung besteht aus kleinen Insekten, vor allem Mücken, Kleinschmetterlingen und Wasserinsekten; exakte Nahrungsanalysen fehlen. Das nachgewiesene Höchstalter beträgt 18 ½ Jahre.

Besonderes: In Europa ist die Unterart 37 a *M. m. mystacinus* verbreitet.

zu 37

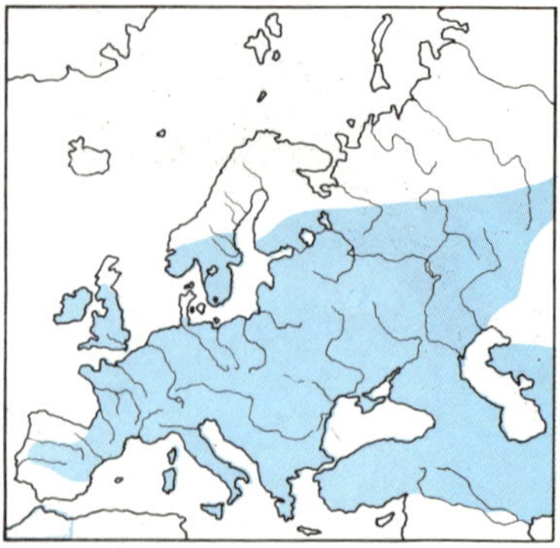

38 *Myotis brandti*

Große Bartfledermaus

Kennzeichen: Kleine Art. Das Fell ist langhaarig und dicht, die Färbung sehr variabel. Bei der Mehrzahl der Tiere ist der Rücken mittel- bis dunkelbraun mit deutlichen goldgelben Haarspitzen. Auch dunklere und hellere Exemplare, die dann mehr der Kleinen Bartfledermaus (37) ähneln, kommen vor. Die Unterseite ist hellgrau, oft mit bräunlich-gelblichen Tönen. Die Flügel sind lang, nicht so schmal wie bei der Kleinen Bartfledermaus, die Flughäute hellbraun. Die Ohren sind lang, nach oben verschmälert, ihr Außenrand ist merklich eingebuchtet, von dunkelbrauner Farbe, aber dünnhäutiger als bei der Kleinen Bartfledermaus, gegen das Licht gehalten leicht durchscheinend. Die Basis des Ohrvorderrandes und der *Tragus* sind fleischfarben. Der *Tragus* ist lang und schmal, am Ende zugespitzt. Die Schnauze trägt weniger auffällige Tasthaare als die der Kleinen Bartfledermaus, der *Penis* ist am Ende keulig verdickt.

Der 3. obere *Praemolar* zeigt einen deutlichen *Cingulum*-Höcker. Am Vorderrand der oberen *Molares* fehlen nur

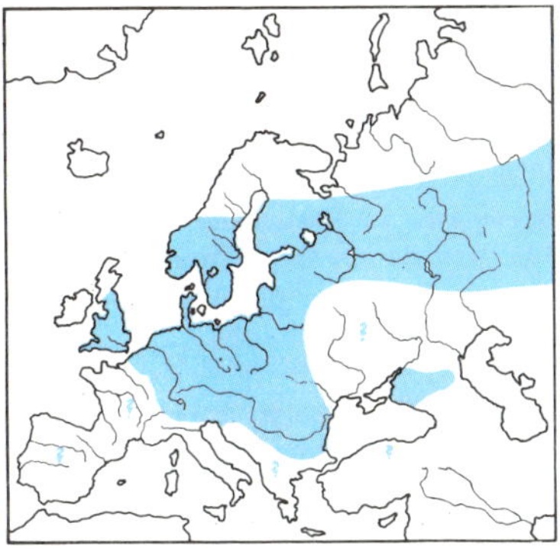

zu 38

selten kleine Höcker. Die beiden unteren *Praemolares* (P_1 und P_2) sind nur wenig in der Größe verschieden. Der P_2 steht in der Zahnreihe, meist mit kleinem Zwischenraum zu den benachbarten Zähnen, er ist nicht auf die innere Kieferseite abgedrängt.

Die Unterscheidung von der Kleinen Bartfledermaus (37) ist nur bei den Männchen durch die *Penis*-Form relativ unproblematisch. Bei den Weibchen ist eine Bestimmung nur mit Hilfe der beschriebenen Zahnmerkmale erfolgversprechend, die bei einiger Übung mit einer Lupe auch am lebenden Tier festgestellt werden können. Eine Bestimmungshilfe sind die heller gefärbten, dünnhäutigeren, gegen das Licht betrachtet, leicht durchscheinenden Ohren, deren Vorderrand an der Basis fleischfarben ist. Die gleiche Aufhellung zeigt der basale Teil des *Tragus.* Gefangene Tiere sind meist nicht so ungebärdig und bissig wie die Kleine Bartfledermaus.

Maße und Masse: KR 39 bis 50 mm; Schw 32 bis 44 mm; Ohr 12,5 bis 17 mm; UA 33 bis 37,8 mm; Spannweite 22 bis 25,5 cm; CB 13 bis 14,4 mm; Masse 5 bis 10,5 g.

Vorkommen: Die Gesamtverbreitung ist noch ungenügend bekannt. Europa mit Ausnahme des westlichen und südöstlichen Teils, östlich zwischen 40 und 64° n. Br. bis Kamtschatka und Japan. Stärker an Wald und Wasser gebunden als die Kleine Bartfledermaus (37). Sowohl im Flachland als auch im Gebirge, dort bis 1 600 m. In Mitteleuropa vielfach in unmittelbarer Nähe stehender Gewässer. Oft in den gleichen Biotopen wie die Kleine Bartfledermaus, aber weiter nach Norden, jedoch nicht so hoch ins Gebirge vordringend.

Lebensweise: Im wesentlichen wie die Kleine Bartfledermaus (37). Die ökologischen und ethologischen Unterschiede zu ihr sind noch ungenügend bekannt. Sowohl in Sommer- als auch in Winterquartieren sind beide Arten z. T. gemeinsam anzutreffen. Das nachgewiesene Höchstalter beträgt 19 Jahre und 8 Monate.

39 *Myotis dasycneme*
Teichfledermaus

Kennzeichen: Reichlich mittelgroße Art. Das Fell ist kurzhaarig und dicht, die Färbung des Rückens fahl braungrau, die Unterseite deutlich abgesetzt grauweiß. Alle Haare sind 2farbig mit dunkler, fast schwarzer Basis, die Rückenhaare mit braunen, die der Bauchseite mit weißen Spitzen. Die Flügel sind breit und graubraun. Die Ohren haben mittlere Länge, der *Tragus* ist knapp halb so lang wie das Ohr, nach oben nur wenig verschmälert, leicht einwärts gebogen, am Grunde des Außenrandes mit einem deutlichen Zahn. Der *Calcar* ist lang, er nimmt etwa ⅔ der Länge des Schwanzflughautrandes ein. Die Schwanzspitze ragt ungefähr 3 mm aus der Schwanzflughaut hervor. Die Innenseite der Schwanzflughaut ist deutlich behaart. Die Behaarung beiderseits der Schwanzwurzel ist fast so breit wie die Schwanzflughaut und läuft zur Schwanzspitze hin nach den Seiten keilförmig aus. Die Füße sind auffallend groß.

Der 1. und 2. obere *Praemolar* (P^1 und P^2) sind aus der Zahnreihe nach innen abgedrängt, der P^2 ist sehr klein. Die oberen *Molares* (M^1 bis M^3) haben am Vorderrand kleine Höcker.

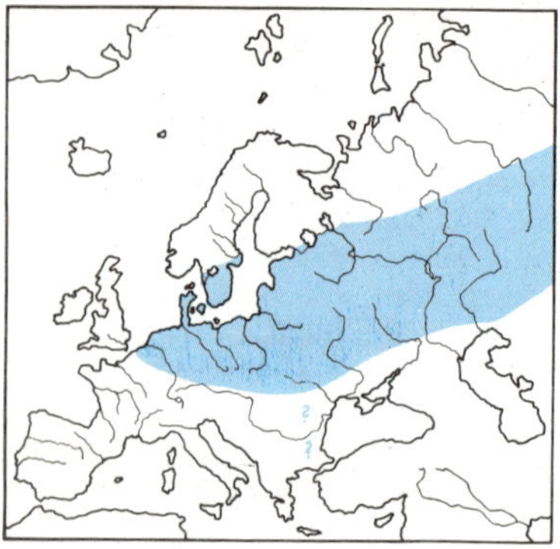

zu 39

Maße und Masse: KR 57 bis 68 mm; Schw 43,5 bis 53 mm; Ohr 14 bis 17 mm; UA 43 bis 49,2 mm; CB 15,7 bis 17,4 mm; Masse 11 bis 20 g.
Vorkommen: Mitteleuropa, östlich bis zum Jenissej. Hauptverbreitung im nichteuropäischen Teil der UdSSR. In größerer Dichte nur im östlichen und westlichen Mitteleuropa, sonst dort nur sporadisch nachgewiesen. Die Art bevorzugt das Tiefland und zeigt eine enge Bindung an größere stehende Gewässer.
Lebensweise: Sommerquartiere in Gebäuden und Baumhöhlen sowie unter Brücken, Winterquartiere in Kalkhöhlen und Bergwerksstollen. Die Paarungszeit beginnt im Spätsommer. Die Wochenstuben in Gebäuden vereinen z. T. mehrere Hundert Weibchen; in Baumquartieren sind die Gruppen wesentlich kleiner. Die Geburt der Jungtiere erfolgt im Juni, Zwillingsgeburten sind äußerst selten. In den Winterquartieren hängen die Tiere einzeln oder in Gruppen frei an Wänden und Decken, verkriechen sich aber auch in Spalten. Zwischen Sommer- und Winterquartieren finden regelmäßig ausgedehnte Wanderungen statt. Der Jagdflug, vorwiegend an oder über stehenden Gewässern, beginnt erst bei völliger Dunkelheit. Die Beutetiere werden im Flug gefangen oder von der Wasseroberfläche abgelesen. Die Nahrung besteht zum überwiegenden Teil aus Wasserinsekten.
Teichfledermäuse können von der Wasseroberfläche auffliegen. Das nachgewiesene Höchstalter beträgt 15½ Jahre.
Besonderes: In Europa ist die Unterart 39a *M. d. dasycneme* verbreitet. Die Art ist in Europa vom Aussterben bedroht.

40 *Myotis daubentoni*
Wasserfledermaus

Kennzeichen: Kaum mittelgroße Art. Das Fell ist dicht und kurzhaarig, auf dem Rücken dunkel- bis rötlichbraun, die Unterseite hellgrau. Alle Haare sind 2farbig mit dunklerer Basis. Die Flügel sind relativ breit und dünnhäutig (wie auch Schwanz und Ohren). Der *Tragus* ist etwa halb so lang wie das Ohr, nach oben verschmälert, am Grunde des Außenrandes mit einem deutlichen Zahn. Die Füße sind auffallend groß. Der *Calcar* ist deutlich länger als die Hälfte des Schwanzflughautrandes und trägt kein *Epiblema.* Die Schwanzspitze ragt etwa 3 mm aus der Schwanzflughaut hervor. Die oberen *Molares* (M^1 bis M^3) besitzen kleine Höcker am Vorderrand, die 1. oberen und unteren *Praemolares* (P^1 und P_1) sind deutlich größer als P^2 und P_2.
Maße und Masse: KR 42 bis 55 mm; Schw 29 bis 45 mm; Ohr 8 bis 15 mm; UA 33 bis 39,5 mm; Spannweite 25 bis 27,5 cm; CB 13,2 bis 15 mm; Masse 7 bis 14 g.
Vorkommen: Europa mit Ausnahme des Südostens, im Osten bis Japan. Vor allem in seenreichen Gebieten sowie an langsam fließenden Gewässern des Tieflandes, im Gebirge bis 1 300 m nachgewiesen.
Lebensweise: Sommerquartiere in Baumhöhlen, Gebäuden, im Mauerwerk von Brücken, in Fels- und Mauerspalten, auch in Fledermauskästen. Winterquartiere in Felshöhlen, Bergwerksstollen, Kellern, Kasematten und Brunnenschächten. In den Wochenstuben, die sich im Mai bilden, wird nach

einer Tragzeit von 50 bis 60 Tagen im Juni/Juli pro Weibchen meist 1 Jungtier geboren. Es ist nach 6 bis 7 Wochen selbständig und ausgewachsen. Die Geschlechtsreife erreicht die Mehrzahl der Jungtiere erst im 2. Lebensjahr. Das nachgewiesene Höchstalter beträgt über 18 Jahre. Während der Wochenstubenzeit halten sich die erwachsenen Männchen von den Weibchen getrennt. Nach Auflösung der Wochenstuben werden ab Mitte August oft Zwischenquartiere bezogen, in denen nicht selten bis über 100 Tiere angetroffen werden. Paarungen, die von schrillen, hochfrequenten Lauten begleitet sind, werden zwar schon in der 2. Augusthälfte beobachtet, finden in der Mehrzahl aber erst in den Winterquartieren statt, die die Tiere von der 1. Septemberhälfte ab aufsuchen. Dort sind sie bei milder Witterung aber noch bis weit in den Oktober hinein nachts aktiv und verlassen die Quartiere noch zur Nahrungsaufnahme. Zur Überwinterung suchen Wasserfledermäuse gern Spalten und Löcher in Wänden und Decken auf, in denen sie sich einzeln oder zu mehreren verkriechen, doch sitzen sie auch häufig in großer Zahl an Wänden und Decken, oft in Trauben mit anderen *Myotis*-Arten vergesellschaftet. In Bergwerksstollen und Höhlen sind sie auch tief im Bodenschotter überwinternd gefunden worden. Zum Aufsuchen der Winterquartiere werden z. T. erhebliche Entfernungen zurückgelegt. Selbst im Spätwinter finden noch Quartierwechsel statt. Der Winterschlaf ist verglichen mit den meisten anderen *Myotis*-Arten kurz. Schon Ende März/Anfang April sind viele Tiere wach, und es kommt erneut zu Paarungen, zu diesem Zeitpunkt wahrscheinlich vor allem zwischen den erwachsenen Männchen und im Vorjahr geborenen Weibchen. Ein großer Teil der Tiere verläßt dann bereits seine Winteraufenthalte.

Der Jagdflug beginnt bald nach Sonnenuntergang und führt vorwiegend

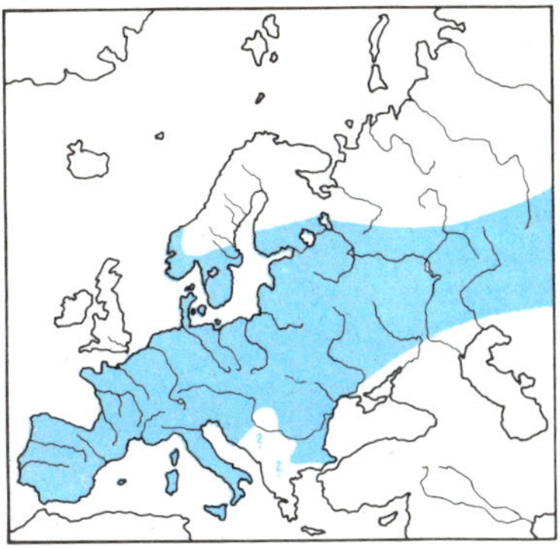

zu 40

niedrig über Wasserflächen oder in den ufernahen Bereich von Seen, Teichen und Fließgewässern, mitunter auch weiter vom Wasser entfernt auf Waldlichtungen und zwischen Bäume. Der Flug ist schnell und unstet. Die Nahrung wird dicht über der Wasseroberfläche oder im bodennahen Bereich ausschließlich im Flug erbeutet, sie setzt sich vorwiegend aus am Wasser lebenden Insekten (Köcher- und Steinfliegen, kleinen Wasserkäfern) zusammen.

Besonderes: Im Gegensatz zu fast allen anderen europäischen Fledermausarten ist die Zahl der Wasserfledermäuse bisher nicht rückläufig, sie stieg in vielen Gebieten sogar an. In Europa kommt die Unterart 40 a *M. d. daubentoni* vor. 1977 wurde eine neue Wasserfledermausart, *Myotis nathalinae*, aus Spanien beschrieben. Sie ist nach äußerlichen Kennzeichen von *Myotis daubentoni* nicht zu unterscheiden. Auch biologische und ökologische Unterschiede sind bisher nicht bekannt. Es muß stark bezweifelt werden, daß ihr der Status einer biologischen Art zukommt.

41 *Myotis capaccinii*
Langfußfledermaus

Kennzeichen: Knapp mittelgroße Art. Das dichte Fell wird von dünnen Haaren mit seidigem Glanz gebildet. Der Rücken ist hellbraun bis grau mit schwach lilafarbenem Anflug, die Unterseite heller, weißlich. Alle Haare sind 2farbig mit dunkelgrauer Haarbasis. Die Schnauze und die Ohren sind braungrau, die Flughäute dunkler. Die mittellangen Ohren sind am Außenrand schwach eingebuchtet. Der *Tragus* ist nach oben verschmälert, am Ende zugespitzt, länger als die halbe Ohrlänge, am Grunde des Außenrandes mit einem deutlichen Zahn. Die Füße sind auffallend groß, etwa ¾ so lang wie der Unterschenkel. Dieser und die ihn umgebende Flughaut sind stark behaart. Der Schwanz ragt 2 bis 4 mm aus der Flughaut hervor. Der Schädel ähnelt sehr dem der Wimperfledermaus (36), besitzt jedoch kleinere Zähne und einen anders geformten Kronenfortsatz.

zu 41

Maße und Masse: KR 44 bis 54 mm; Schw 34 bis 42 mm; Ohr 12 bis 15 mm; UA 37,6 bis 44 mm; Spannweite um 25 cm; CB 13,7 bis 15 mm; Masse 8 bis 15 g.

41 *Myotis capaccinii*

Vorkommen: Süd- und Südosteuropa, Vorderer Orient, Nordafrika. Bevorzugt in Gebieten mit niedriger Vegetation und in der Nähe von Gewässern.

Lebensweise: Nicht ausreichend bekannt. Im wesentlichen ähnlich der nahe verwandten Wasserfledermaus (40), deren ökologische Nische sie in Südosteuropa einzunehmen scheint. Sommer- und Winterquartiere in Felshöhlen und Bergwerksstollen. Während der Wochenstubenzeit leben die Geschlechter getrennt. Soweit bekannt nur 1 Jungtier pro Jahr und Weibchen. In den Quartieren oft mit anderen Fledermausarten vergesellschaftet, wie Großem Mausohr (32), Langflügelfledermaus (45) und Hufeisennasen. Während der Überwinterung einzeln oder in Gruppen in Spalten verborgen oder frei an Decken und Wänden hängend, bei Temperaturen über 3 °C und einer relativen Luftfeuchte von mindestens 70 %.

Besonderes: Im Westen des Verbreitungsgebietes lebt die Unterart 41 a *M. c. capaccinii.*

Gattung *Plecotus*
Langohrfledermäuse

Mittelgroße Arten (Unterarmlänge 35 bis 43,2 mm), die wegen ihrer großen, bis über 40 mm langen Ohren mit anderen Arten nicht verwechselt werden können. Das langhaarige, struppig wirkende Fell ist gelblichbraun oder grau gefärbt. Die Flügel sind breit, der Flug ist langsam, aber sehr gewandt, der Start vom Boden macht den Tieren keine Schwierigkeiten.
Sommerquartiere in Gebäuden, Vogel- und Fledermauskästen. Überwinterung in Kellern, Bergwerksstollen und Höhlen.
Der Jagdflug beginnt bald nach Sonnenuntergang, die Beutetiere, vorwiegend Schmetterlinge, werden nicht nur in der Luft gefangen, sondern auch im Rüttelflug von Blättern und Zweigen abgelesen.
Mit 2 Arten in Europa, Nordafrika und dem Vorderen Orient vertreten.

Zahnformel $\frac{2\,1\,2\,3}{3\,1\,3\,3}$ = 36 Zähne

Schlüssel zur Bestimmung der Arten nach äußeren Merkmalen

1 Rücken bräunlich. Daumen (ohne Kralle) über 6 mm lang. *Tragus* weniger als 5,5 mm breit 42 *P. auritus*
1′ Rücken grau. Daumen (ohne Kralle) unter 6 mm lang. *Tragus* mehr als 5,5 mm breit 43 *P. austriacus*

Schlüssel zur Bestimmung der Arten nach Schädelmerkmalen

1 CB 15,8 bis 16,9 mm, Unterkiefer länger als 11 mm, Jochbogen schmal, Angular-Fortsatz des Unterkiefers am Ende zugespitzt, auswärts gerichtet 43 *P. austriacus*
1′ CB 14,2 bis 16,3 mm, Unterkiefer kürzer als 11 mm, Jochbogen in der Mitte verbreitert, Angular-Fortsatz des Unterkiefers am Ende abgerundet, weniger stark auswärts gerichtet 42 *P. auritus*

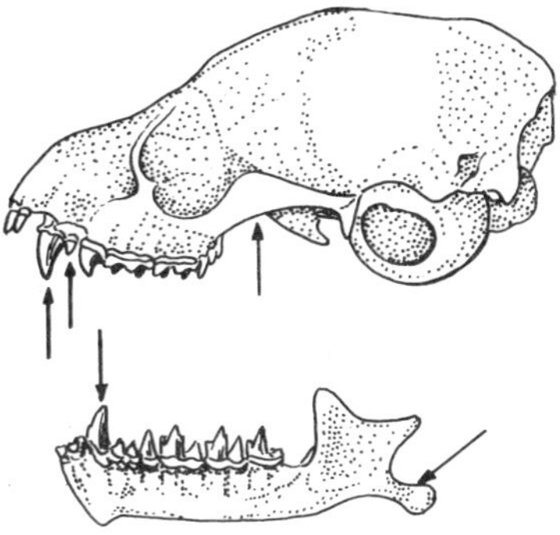

Schädel von *Plecotus auritus* (42)

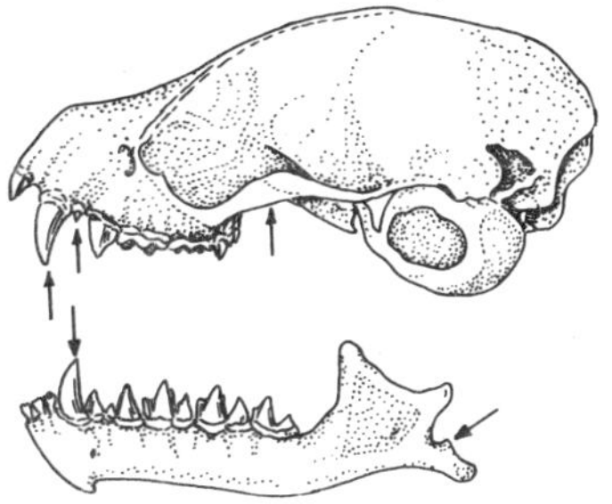

Schädel von *Plecotus austriacus* (43)

42 *Plecotus auritus*
Braunes Langohr

Kennzeichen: Knapp mittelgroße Art mit sehr großen Ohren, die an ihrer Basis auf der Innenseite miteinander verwachsen sind. Das Fell ist langhaarig, seine Farbe auf dem Rücken gelblich- bis rötlichbraun, oft mit einem leichten grauen Anflug, die Unterseite weißlichgrau, oft ins Bräunliche spielend, der Hals und die Schulterpartie sind meist braungelb. Die Ohren werden während der Ruhephasen zurückgelegt und unter den zusammengefalteten Flughäuten verborgen, so daß nur die *Tragi* zu sehen sind. Diese sind knapp halb so lang wie die Ohren und am Ende zugespitzt. Ihre größte Breite liegt unter 5,5 mm. Der Daumen (ohne Kralle) ist über 6 mm lang. Die Flügel sind sehr breit, dünnhäutig und von hellbrauner

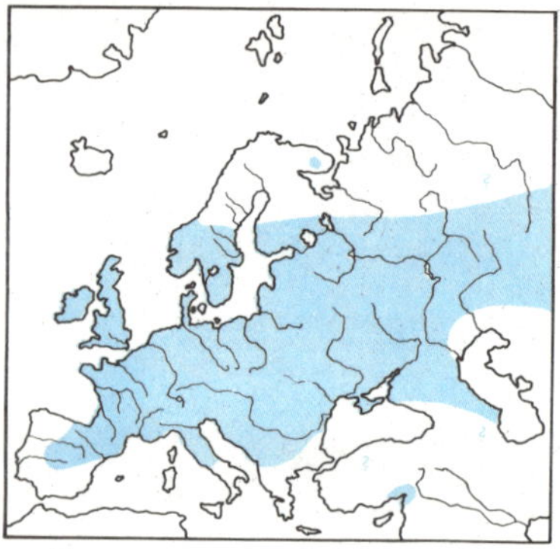

zu 42

Farbe. Der Schwanz ist lang, der letzte Wirbel ragt etwa 3 mm aus der Schwanzflughaut. Der *Calcar* trägt kein *Epiblema.* Am Schädel fallen die sehr großen Hörblasen auf.

Maße und Masse: KR 41 bis 51 mm; Schw 37 bis 55 mm; Ohr 31 bis 43 mm; UA 37 bis 43 mm; Spannweite 26 bis 38 cm; CB 14,2 bis 16,3 mm; Masse 6 bis 14 g.

Vorkommen: Mittel- und Nordeuropa, südlich bis Mittelitalien, im Osten bis zur Mongolei verbreitet. Diese Art bewohnt sowohl geschlossene Waldgebiete als auch Gärten und Parks, oft in menschlichen Siedlungen. In der Ebene, im Gebirge bis 1900 m (Sommerquartiere) bzw. 1700 m (Winternachweise).

Lebensweise: Sommerquartiere in Baumhöhlen, Vogel- und Fledermauskästen, in Gebäuden und Höhlen. Winterquartiere in Höhlen und Stollen sowie in Kellern. Meist einzeln, aber auch zu mehreren in Spalten und Hohlräumen verborgen. Die Wochenstubengesellschaften bilden sich im Mai und bestehen gewöhnlich nur aus 5 bis 10 erwachsenen Weibchen, die sehr ortstreu sind. Im Juni werden die Jungtiere geboren. Zwillingsgeburten sind nicht selten. Die Jungtiere sind im Alter von 6 Wochen selbständig. Wegen ihrer grauen Fellfarbe ähneln sie bis zur im Spätsommer beginnenden Umfärbung stark dem Grauen Langohr (43).

Die Paarungszeit dauert vom Spätsommer bis in das darauffolgende Frühjahr. Der Winterschlaf dauert von Oktober/November bis Ende März/Anfang April bei Umgebungstemperaturen, die wenig über dem Gefrierpunkt liegen und hoher relativer Luftfeuchte. Mausohren, Wasserfledermäuse und Mopsfledermäuse werden oft in den gleichen Quartieren angetroffen.

Der Jagdflug beginnt erst bei Dunkelheit. Der Flug ist nicht schnell. Die

42 *Plecotus auritus*
Jugendkleid

42 *Plecotus auritus* (rechts oben)

43 *Plecotus austriacus* (links oben, unten Schlafstellung)

Tiere sind aber sehr manövrierfähig und haben auch keine Schwierigkeiten, vom Boden aufzufliegen. Die Beutetiere werden in Bodennähe gefangen, aber auch im Rüttelflug von der Vegetation oder vom Boden aufgenommen. Größere Beutetiere werden oft an bestimmten Fraßplätzen verzehrt, die an den übriggelassenen Flügelresten der Beutetiere zu erkennen sind. Die Nahrung setzt sich zum überwiegenden Teil aus Nachtschmetterlingen zusammen. Das nachgewiesene Höchstalter beträgt 22 Jahre.

Besonderes: In Europa ist die Unterart 43 a *P. a. auritus* verbreitet.

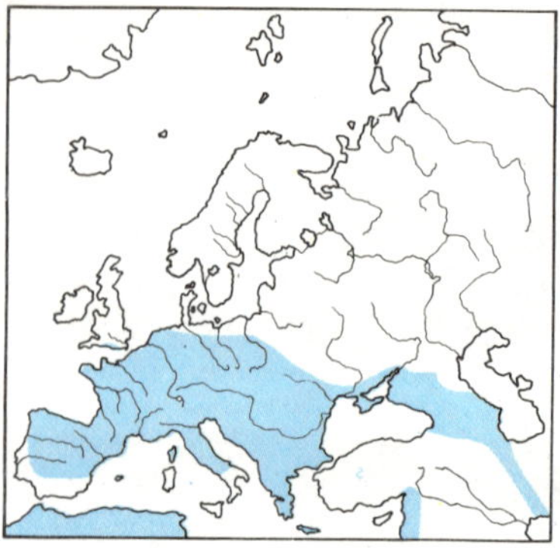

zu 43

43 *Plecotus austriacus*
Graues Langohr

Kennzeichen: Dem Braunen Langohr (42) sehr ähnlich und von diesem schwer zu unterscheiden. Die Oberseite ist grau, oder Grautöne herrschen wenigstens vor, die Unterseite ist heller, hellgrau, oft mit bräunlichem Anflug. Haare der Kehle bis zu den Schultern weißlich. Die größte Breite des *Tragus* beträgt mehr als 5,5 mm, der Daumen (ohne Kralle) ist kürzer als 6 mm.

Maße und Masse: KR 42 bis 53,2 mm; Schw 39 bis 55 mm; Ohr 31 bis 41 mm; UA 35 bis 43,2 mm; Spannweite 26,5 bis 29,5 cm; CB 15,8 bis 16,9 mm; Masse 7 bis 16 g.

Vorkommen: Europa von den Britischen Inseln bis in die Westgebiete der UdSSR (Ukraine) und bis zum Kaukasus; Iran, Afghanistan und Kaschmir, Vorderer Orient, Nordafrika. Die Art ist wahrscheinlich viel weiter nach Osten verbreitet (Sibirien, Japan), der Artstatus der dort lebenden *Plecotus*-Formen ist jedoch noch nicht endgültig geklärt. Die Art ist wärmeliebender als das Braune Langohr (42), mit dem es einen beträchtlichen Teil Europas gemeinsam bewohnt, sie dringt deshalb weniger weit nach Norden vor. Das Graue Langohr bevorzugt offenes Gelände, z. B. weiträumige Ackerbaugebiete, und kommt auch in gänzlich baumlosen Gebieten, von der Ebene bis in niedrige Gebirgslagen, in warmen Hochtälern bis in 1 400 m vor. Oft in der Nähe oder innerhalb menschlicher Siedlungen anzutreffen.

Lebensweise: Sommerquartiere vorwiegend in Gebäuden sowie in warmen Höhlen und Bergwerksstollen. Winterquartiere an den gleichen Orten, außerdem in Kellern, Kasematten und Grüften, meist in Spalten und Ritzen verborgen. Der Winterschlaf dauert etwas länger als beim Braunen Langohr (42) und findet bei Temperaturen zwischen 6 und 8 °C statt. Fortpflanzung und Ernährung im wesentlichen wie beim Braunen Langohr.

Besonderes: In Europa ist die Unterart 43 a *P. a. austriacus* verbreitet.

Gattung *Barbastella*
Mopsfledermäuse

In Europa nur 1 Art. *Barbastella leucomelas* wird hier als Unterart aufgefaßt.

Zahnformel $\frac{2\,1\,2\,3}{3\,1\,2\,3}$ = 34 Zähne.

44 *Barbastella barbastellus*
Mopsfledermaus

Kennzeichen: Mittelgroße Art, die durch ihre Fellfarbe und die Ohrform nicht mit anderen Arten zu verwechseln ist. Das Fell ist dicht und langhaarig, die Rückenseite dunkel- bis schwarzbraun, bei mehrjährigen Tieren mit helleren, weißlichen Haarspitzen. Die Unterseite ist heller, graubraun. Flughäute, Ohren und Gesicht sind nahezu schwarz. Die breiten Ohren berühren sich am Grund des Innenrandes. Der *Tragus* ist reichlich halb so lang wie das Ohr und am Ende gleichmäßig verschmälert. Die Schnauze ist kurz und stumpf, die Nasenlöcher liegen auf ihrer Oberseite. Die Flügel sind lang und schmal. Der *Calcar* trägt ein *Epiblema.* Die Schwanzspitze überragt die Schwanzflughaut nur geringfügig. Der Schädel hat eine charakteristische Profillinie. Der 1. obere *Praemolar* ist sehr klein, aus der

Zahnreihe nach innen verschoben und ohne Lupe kaum sichtbar.

Maße und Masse: KR 45 bis 58 mm; Schw 38 bis 52 mm; Ohr 11,8 bis 18 mm; UA 36 bis 43 mm; Spannweite 26 bis 29,5 cm; CB 12,8 bis 14 mm; Masse 6 bis 15 g.

Vorkommen: Europa, östlich bis Transkaukasien, Nordwestafrika. Im Norden erstreckt sich das Verbreitungsgebiet etwa bis 60° n. Br., in Südeuropa nur sporadisch nachgewiesen, südöstlichster Nachweis aus SO-Jugoslawien. Am häufigsten in Nordost- und Osteuropa. Anpassungsfähige Art, die sowohl im Flachland als auch im Gebirge (bis 1 900 m Höhe) vorkommt, aber bewaldete Gebiete bevorzugt. Auch in menschlichen Siedlungen.

Lebensweise: Die Sommerquartiere befinden sich zumeist in und an Gebäuden, auf Dachböden, mit Vorliebe hinter Fensterläden, in Kellern sowie in Baumhöhlen und Nistkästen. Winterquartiere vorwiegend in Höhlen und Bergwerksstollen, Kellern und unterirdischen Befestigungsanlagen. Als Quartiere werden häufig flache Hohlräume gewählt. Im Winter findet man die Tiere oft einzeln, in enge Spalten verkrochen. In größeren Winterschlafgesellschaften hängen sie auch in Trauben oder dachziegelartig übereinander. Der Winterschlaf ist relativ kurz, meist erscheinen die Tiere erst Anfang November oder noch später in den Winterquartieren und verlassen sie bereits

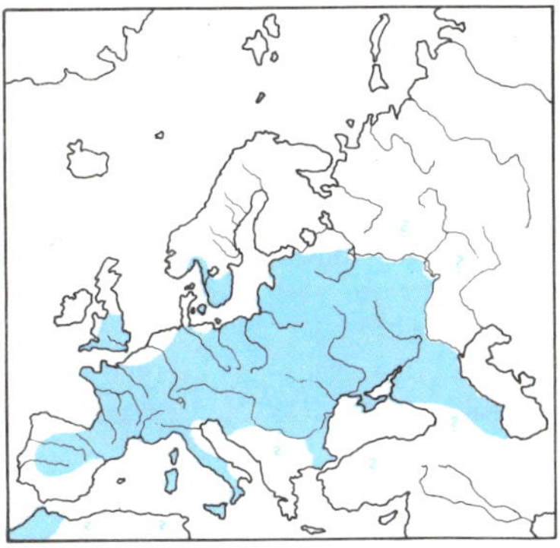

zu 44

Ende Februar wieder. Die Art wird in den Winterquartieren oft in der Nähe der Eingänge, auch an zugigen, relativ trockenen Stellen und bei Umgebungstemperaturen um oder unter 0 °C angetroffen, sie ist aber auch in wärmeren Räumen zu finden.

Die Wochenstubengesellschaften, die im Bergland bis 1 100 m Höhe gefunden wurden, bestehen aus einer meist geringen Anzahl erwachsener Weibchen (bis 50 Tiere). Geschlechtsreife Männchen halten sich während der Wochenstubenzeit einzeln oder in kleinen Gruppen von den Weibchen abgesondert. Im Juni bis Anfang Juli werden 1 bis 2 Jungtiere geboren. Die Paarungszeit dauert vom Spätsommer bis in das darauffolgende Frühjahr.

Der Jagdflug beginnt mit der Dämmerung. Die Tiere fliegen schnell und ge-

44 *Barbastella barbastellus*

wandt in mittlerer Höhe, aber auch nahe am Boden. Bevorzugte Jagdgebiete sind Waldränder, Parks, Gärten und Alleen. Die Nahrung besteht aus kleinen, weichhäutigen Fluginsekten, da die Tiere kein kräftiges Gebiß besitzen und ihre Maulspalte relativ eng ist. Die Art ist auch bei naßkaltem Wetter aktiv.

Das nachgewiesene Höchstalter beträgt über 18 Jahre.

Gattung *Miniopterus*
Langflügelfledermäuse

In Europa nur 1 Art.

Zahnformel $\frac{2\,1\,2\,3}{3\,1\,3\,3}$ = 36 Zähne.

45 *Miniopterus schreibersi*
Langflügelfledermaus

Kennzeichen: Knapp mittelgroße Art. Das Fell ist dünnhaarig und weich, am Kopf deutlich kurzhaariger als am Körper. Der Rücken ist grau gefärbt mit einem leichten bräunlichen Anflug, die Unterseite weißlichgrau. Alle Haare sind an der Basis dunkler. Die Ohren sind dreieckig, klein, ohne Falten, sie ragen kaum über das Fell hinaus, wodurch die Art mit keiner anderen verwechselt werden kann. Der *Tragus* ist etwa halb so lang wie das Ohr, einwärts gebogen, am Ende stumpf gerundet. Die Flügel sind dunkelbraun, an der Basis ziemlich breit, insgesamt sehr lang, zu den Spitzen hin zunehmend verschmälert. Die Schnauze ist kurz und breit, die Nasenlöcher sind nach vorn gerichtet. Die Stirn ist stark gewölbt. Hinterbeine und Schwanz sind lang, der Schwanz ist vollständig in die Schwanzflughaut, die etwas heller gefärbt ist als die Flügel, eingeschlossen. Der *Calcar* ist weniger als halb so lang wie der äußere Schwanzflughautrand und besitzt kein *Epiblema*. Der Schädel ist durch die stark konkave Profillinie mit dem keiner anderen Art zu verwechseln. Der Kronenfortsatz des Unterkiefers ist sehr niedrig, er ragt kaum über das Niveau des Gelenkfortsatzes hinaus.

zu 45

Maße und Masse: KR 48 bis 62 mm; Schw 52 bis 64 mm; Ohr 9,8 bis 13,5 mm; UA 44 bis 48 mm; Spannweite 28 bis 30,5 cm; CB 14,2 bis 15,5 mm; Masse 10,5 bis 17 g.

Vorkommen: Südeuropa, nördlich bis Mittelfrankreich, Schweiz, Österreich und ČSSR; Vorderer Orient, östlich bis Japan; Afrika; Nordaustralien, Neuguinea, Philippinen. Bewohner bewaldeter und offener, klimatisch begünstigter Gebiete der Ebene und des Berglandes, auch von Karstlandschaften. Im Gebirge bis 2 000 m.

Lebensweise: Sommerquartiere in warmen Höhlen, Bergwerksstollen. Ruinen, Kellern, selten in Gebäuden Winterquartiere an den gleichen Örtlichkeiten, aber nicht in Gebäuden. Die Paarungszeit beginnt im Spätsommer. Im Gegensatz zu allen anderen europäischen Arten erfolgen Ovulation und Befruchtung unmittelbar nach der Begattung. Die Embryonalentwicklung wird dann aber in einem sehr frühen Stadium durch den Winterschlaf unterbrochen (sogenannte Keimesruhe) und kommt erst nach dessen Ende wieder in Gang.

In den Wochenstuben, die in Süd- und Südosteuropa aus 1 000 und mehr Tieren bestehen können, sind regelmäßig auch geschlechtsreife Männchen in größerer Zahl anzutreffen. Eine fortpflanzungsbiologische Besonderheit ist es, daß nicht nur das eigene Jungtier – Zwillingsgeburten sind Ausnahmen – sondern auch fremde gesäugt werden. Andere Glattnasen tun das nie. Ob es sich dabei um eine generelle Verhaltensweise oder um Einzelfälle handelt, ist noch ungeklärt. Langflügelfledermäuse sind oft mit anderen Arten (Hufeisennasen, *Myotis*-Arten) vergesellschaftet und (bevor die Jungtiere geboren werden) auch mit artfremden Tieren während des Tagesschlafs in engem Körperkontakt. In den Winterquartieren hängen die Tiere meist frei, einzeln oder in Gruppen, bei Temperaturen zwischen 8 und 12 °C und einer relativen Luftfeuchte von 70 bis 100 %.

Die Art ist wanderfreudig, Ortsveränderungen über 750 km sind nachgewiesen. Als Höchstalter sind mehr als 15 Jahre belegt.

Der Jagdflug, hoch über dem Boden, beginnt nach Eintritt der Dunkelheit. Langflügelfledermäuse gehören zu den besten Fliegern unter den europäischen Arten, sie fliegen schnell, gewandt und ausdauernd. Bei der Nahrungssuche, die oft weit vom Tagesquartier entfernt erfolgt, können sich die Tiere 10 bis 12 h ununterbrochen in der Luft aufhalten, eine Leistung, die von anderen Arten nicht annähernd erreicht wird. Etwa 2 h nach dem abendlichen Ausflug kehren die ersten Tiere in ihre Quartiere zurück, die letzten oft erst kurz vor der Morgendämmerung. Bei Regen fliegen die Tiere nicht aus. Die Nahrung besteht zum überwiegenden Teil aus Nachtschmetterlingen, zum geringeren Teil aus kleinen Käfern und Zweiflüglern.

45 *Miniopterus schreibersi*

Besonderes: In Europa, mit Ausnahme Italiens, ist die Unterart 45 a *M. s. schreibersi* verbreitet. In Italien wird diese Unterart durch 45 b *M. s. italicus* vertreten.

Gattung *Eptesicus*
Breitflügel- und Nordfledermaus

Große bis mittelgroße Arten (UA-Länge bis 57 mm) mit deutlich abgesetzter dunkler Färbung der unbehaarten Teile des Kopfes. Die Schwanzwirbelsäule überragt die Schwanzflughaut. *Calcar* mit *Epiblema*. In Europa 2 in

Aussehen und Lebensweise recht verschiedene Arten.

Zahnformel $\frac{2\,1\,1\,3}{3\,1\,2\,3} = 32$ Zähne.

Schlüssel zur Bestimmung der Arten nach äußeren Merkmalen

1 UA 48 bis 57 mm. Rücken gleichmäßig mittel- bis dunkelbraun. Freie Schwanzwirbel über 5 mm lang 46 *E. serotinus*

1′ UA 37 bis 43,5 mm. Rücken schwarzbraun mit goldgelben Spitzen. Freie Schwanzwirbel 2 bis 3 mm lang 47 *E. nilssoni*

Schlüssel zur Bestimmung der Arten nach Schädelmerkmalen

1 Länge des 2. oberen *Incisivus* (I^2) etwa ⅔ des I^1. CB unter 16 mm 47 *E. nilssoni*

1′ Länge des 2. oberen *Incisivus* (I^2) etwa ½ des I^1. CB über 17 mm 46 *E. serotinus*

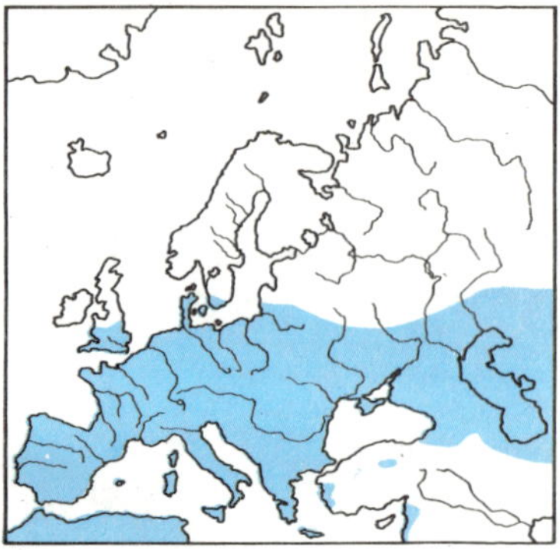

zu 46

46 *Eptesicus serotinus*
Breitflügelfledermaus

Kennzeichen: Große Art. Das Fell ist langhaarig, auf dem Rücken dunkel- bis schwarzbraun, mit glänzenden, gelblichen Haarspitzen, die aber auch fehlen können. Die Bauchseite, von gleicher Grundfarbe wie der Rücken, ist insgesamt stets etwas heller mit grauem Anflug. Flughäute, Ohren und die unbehaarte Gesichtspartien sind schwarzbraun. Die Flügel sind breit, die Ohren kürzer als bei Arten der Gattungen *Plecotus* und *Myotis*, aber länger als bei den anderen europäischen Fledermausarten, etwas länger als breit. Der *Tragus* ist kürzer als die halbe Ohrlänge, sein äußerer Rand leicht konvex, er trägt am Grund einen deutlichen Zahn und ist am Ende breit gerundet. Der Schwanz ist lang, seine Spitze überragt die Schwanzflughaut um 5 bis 7 mm. Der *Calcar* ist kräftig, etwa halb so lang wie der äußere Schwanzflugrand. *Epiblema* nicht sehr deutlich. Der robuste Schädel ist breit und relativ flach. Der 3. obere *Molar* (M^3) ist reduziert, seine Kronenfläche beträgt weniger als die Hälfte der des M^2.

Maße und Masse: KR 62 bis 82 mm; Schw 34 bis 66,5 mm; Ohr 18 bis 22 mm; UA 50 bis 56 mm; Spannweite 34,5 bis 39 cm; CB 18 bis 21,6 mm; Masse 17 bis 34 g.

Vorkommen: In Europa mit Ausnahme Skandinaviens weit verbreitet. In Großbritannien nur im Süden. Im Osten bis nach Sibirien, Mongolei, China, Korea; Vorderer Orient, Nordafrika. Eng an menschliche Siedlungen gebunden, auch in Großstädten. Vorwiegend in gewässerreichen Landschaften der Ebene. Wärmeliebende Art, die Gebirgslagen meidet und nur entlang der Täler bis in mittlere Höhenlagen vordringt.

Lebensweise: Sommerquartiere in Gebäuden, besonders unter Dächern, Einzelfunde auch in Fledermauskästen. Winteraufenthalte der Weibchen ebenfalls in Gebäuden meist in engen Verstecken, Männchen in Kellern und Bergwerksstollen bei sehr verschiedener relativer Luftfeuchte, selten in Höhlen.

Die Wochenstubengesellschaften, die über 100 Tiere umfassen können, bilden sich in der 2. Maihälfte. In Mitteleuropa sind diese Kolonien fast ausschließlich in Gebäuden, meist an schwer zugänglichen Stellen in Dachstühlen, Wandverkleidungen, in Zwischenwänden, die einen trockenen und sehr warmen Unterschlupf bieten, zu finden. Ende Juni/Anfang Juli wird in den meisten Fällen 1 Jungtier geboren (in außereuropäischen Gebieten überwiegen Zwillingsgeburten). Die Jungtiere sind nach 6 bis 7 Wochen selbständig und ausgewachsen. In den Wochenstuben halten sich keine geschlechtsreifen Männchen auf, sie leben in dieser Zeit solitär oder in kleinen Gruppen.

Zwischen Sommer- und Winterquartieren werden keine großen Entfernungen zurückgelegt, oft befinden sich beide im gleichen Gebäude. Es findet ein sehr ausgedehnter Winterschlaf von Ende September bis Anfang Mai statt. Der abendliche Ausflug beginnt kurz nach Sonnenuntergang, nach Schlechtwetterperioden auch früher. Der Flug ist relativ langsam. Die Tiere jagen in mittlerer Höhe, aber auch in Bodennähe entlang von Waldrändern und um Baumgruppen. Während des Fluges sind metallisch klingende Laute wahrnehmbar. Die Jagdreviere werden häufig gewechselt. Die Größe des Jagdgebietes einer Kolonie betrug nach Beobachtungen in Finnland etwa 2 km^2. Bei reichlichem Nahrungsangebot kehren die Tiere ungefähr 2 h nach Beginn des Jagdflugs in die Quartiere zurück. Die Art ist gegen naßkaltes Wetter empfindlich. Bei Regen findet der abendliche Ausflug stark verzögert oder gar nicht statt. Die Nahrung besteht aus größeren Boden- und Fluginsekten, vor allem Käfern und Schmetterlingen sowie am Wasser lebenden Insekten. Auch Spinnen sind als Beute nachgewiesen.

Das Höchstalter beträgt mehr als 19 Jahre.

Besonderes: In Europa kommt die Unterart 46a *E. s. serotinus* vor.

47 *Eptesicus nilssoni*
Nordfledermaus

Kennzeichen: Mittelgroße Art. Das Fell ist langhaarig, auf dem Rücken tief dunkelbraun, bei alten Tieren mit gold-

47 *Eptesicus nilssoni*

46 *Eptesicus serotinus*

oder hellgelben Haarspitzen, die am Hals und an den Körperseiten aber fehlen. Die Unterseite ist durch hellbraune Haarspitzen deutlich heller. Ohren, Schnauze und Flughäute sind schwarzbraun. Die Ohren sind kurz und breit, der *Tragus* kurz und stumpf gerundet und leicht nach innen gebogen. Seine größte Breite erreicht er im mittleren Abschnitt. An der Basis des Außenrandes befindet sich ein kleiner Zahn. Der äußere Ohrrand reicht bis kurz hinter die Maulspalte. Der letzte Schwanzwirbel ragt zur Hälfte, etwa 2 bis 4 mm, aus der Schwanzflughaut hervor. Der *Calcar* trägt ein *Epiblema*. Der 1. obere *Incisivus* (I^1) ist nur wenig länger und kräftiger als der I^2.

Maße und Masse: KR 45 bis 64 mm; Schw 37 bis 48 mm; Ohr 11,5 bis 17 mm; UA 37 bis 43,5 mm; Spannweite 24 bis 27 cm; CB 14 bis 15,6 mm; Masse 8 bis 18 g.

Vorkommen: Europa mit Ausnahme des Südens und Westens, östlich bis Japan und Korea. Einzige Art, die den Polarkreis überschreitet. In Mitteleuropa fast ausschließlich auf gebüsch- und waldreichen Landschaften im Bergland und in Gebirgen bis 2 700 m beschränkt. Im Norden auch in menschlichen Siedlungen.

Lebensweise: Die Sommerquartiere befinden sich in Dachstühlen, hinter Wandverkleidungen, mit Vorliebe unter Schieferplatten von Hausdächern und -wänden, hinter Fensterläden, in Felsspalten, seltener in Baumhöhlen. Als Winterquartiere dienen Höhlen, Gewölbe und Stollen, wo die Tiere häufig in der Nähe des Eingangs einzeln oder zu wenigen, je nach den raumklimatischen Bedingungen, frei an den Wänden hängen oder sich in Spalten, z. T. auch im Bodenschotter verkriechen. Während des Winterschlafs werden Temperaturen wenig unter 0 °C ebenso vertragen wie eine geringe relative Luftfeuchte. Die typische Überwinterungstemperatur liegt zwischen −2 ° und 3 °C. Auch Gebäude und Holzstöße werden als Winterquartiere benutzt.

Die Wochenstubengesellschaften sind meist individuenarm. Sie bilden sich im Mai und bestehen bis Ende Juli. Die geschlechtsreifen Männchen leben während dieser Zeit einzeln, von den Weibchen getrennt. Die Jungtiere, meist 2, werden in der Regel in der 2. Junihälfte geboren und sind nach etwa 5 bis 6 Wochen selbständig. Die Paarungszeit entspricht der anderer Glattnasen-Arten. Obgleich die Tiere weite Wanderungen unternehmen können, sind die Populationen in den zentralen Teilen des Verbreitungsgebietes weitgehend ortstreu und überwintern in der Nähe ihrer Sommerquartiere. Die Überzahl weiblicher Tiere in manchen Winterquartieren legt die Vermutung nahe, daß vor allem die Männchen zu ausgedehnteren Wanderungen neigen. Das nachgewiesene Höchstalter liegt bei 11 Jahren.

Der Jagdflug, meist in mittlerer Höhe, beginnt noch während der Dämmerung. Er ist schnell, geschickt und wendig. Kaltes und nasses Wetter hat wenig Einfluß auf die Flugaktivität. Über die Nahrung gibt es nur wenige Angaben. Sie besteht meist aus Nachtschmetterlingen und kleineren Käfern, die ausschließlich im Flug erbeutet werden.

Besonderes: In Europa ist die Unterart 47a *E. n. nilssoni* verbreitet.

zu 47

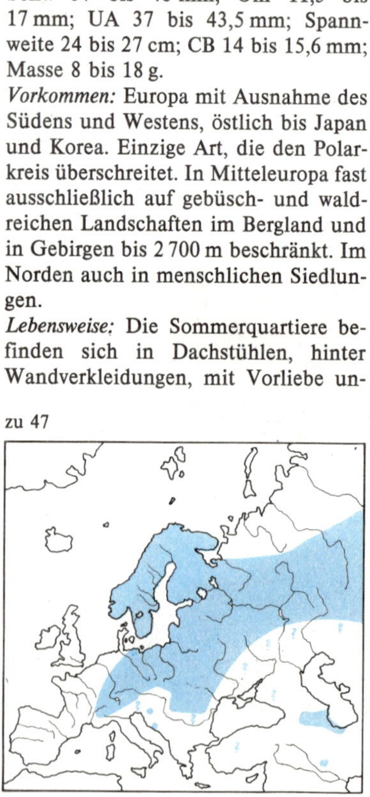

Gattung *Vespertilio*

In Europa nur 1 Art.

Zahnformel $\frac{2\,1\,1\,3}{3\,1\,2\,3} = 32$ Zähne.

48 *Vespertilio murinus* (= *V. discolor*)
Zweifarbfledermaus

Kennzeichen: Mittelgroße Art. Das Fell ist kurzhaarig und dicht, seine Färbung sehr kontrastreich. Die Haare der Rückenseite sind an der Basis rotbraun, dunkelbraun oder schwärzlich, an den Spitzen silbrigweiß, die Unterseite ist weiß, am Bauch mitunter hellgrau. Alle Gesichtshaare sind 1farbig tiefdunkelbraun, die Ohren von gleicher Farbe, die Flughäute oft etwas heller, beide sind relativ dickhäutig. Die Ohren sind relativ kurz, breiter als hoch, ihr Außenrand endet an der Maulspalte. Der *Tragus* ist ebenfalls kurz, knapp halb so lang wie das Ohr, am Ende stumpf, sein Außenrand gleichmäßig konvex. Die Flügel sind verhältnismäßig schmal. Der letzte Schwanzwirbel ragt frei aus der Schwanzflughaut, der *Calcar* trägt ein *Epiblema*, das durch einen Knorpelsteg quergeteilt ist. Der 1. obere *Incisivus* (I^1) ist mehr als doppelt so lang und so stark (Querschnitt) wie der I^2.

Maße und Masse: KR 47 bis 64 mm; Schw 29,7 bis 47 mm; Ohr 13 bis 19 mm; UA 39,6 bis 48,2 mm; Spannweite 26 bis 30 cm; CB 14 bis 15,7 mm; Masse 12 bis 16 g.

48 *Vespertilio murinus*

Vorkommen: Mittel- und Westeuropa mit Ausnahme Großbritanniens, Südskandinavien, Italien, Griechenland, im Osten bis in das Ussurigebiet. Die Hauptverbreitung der Art liegt in den westlichen und südwestlichen Gebieten der UdSSR und weiten Bereichen der asiatischen Paläarktis. Bewohner von Gebirgen, Steppen und Waldgebieten. In West- und Mitteleuropa vor allem in Großstädten. In Westeuropa gibt es aber nur sporadische Nachweise männlicher Tiere. Die reale Verbreitung in Europa ist noch ungenügend bekannt.

Lebensweise: Sommerquartiere in und an Gebäuden, meist in flachen, spaltenförmigen Hohlräumen von Dächern, Jalousiekästen oder hinter Wandverkleidungen, in Fels- und Mauerspalten, selten in Baumhöhlen, manchmal mit Zwerg- und Rauhhautfledermäusen vergesellschaftet. Winterquartiere meist in Fels- und Mauerspalten, auch in Höhlen, Kellern, unterirdischen Gewölben und tiefen Bergwerksstollen, meist in Ritzen und Spalten verborgen.

Die Wochenstubengesellschaften, die

sich im Mai bilden, bestehen überwiegend aus wenigen Tieren, können aber auch bis zu 50 Weibchen umfassen. Mitte Juni/Anfang Juli werden die Jungtiere – meist Zwillinge – geboren. Wenn diese selbständig sind, bilden sie zusammen mit den Muttertieren nicht selten größere Gruppen (bis zu 100 Tiere). Die erwachsenen Männchen leben während der Aufzucht der Jungen einzeln, aber auch in individuenreichen Gesellschaften. Die westlichsten Nachweise der Art in Europa betreffen nur solche Gruppen.

Die Paarungszeit beginnt nach Beobachtungen im Westen der UdSSR Ende Juli. Zu diesem Zeitpunkt werden in den Quartieren Paarungsgruppen von 1 bis 2 Männchen und mehreren Weibchen angetroffen. Noch im Oktober werden im mittleren und westlichen Europa, oft in Großstädten, Balzflüge von Männchen beobachtet, die ein Territorium von 300 bis 400 m Durchmesser beanspruchen. Diese Balzflüge sind von weithin hörbaren zwitschernden Lauten begleitet, die im Abstand von 5 bis 6 s ausgestoßen werden. Großräumige Wanderungen zwischen Sommer- und Winterquartieren über Entfernungen bis zu 1000 km sind – zumindest für die osteuropäischen Populationen – typisch.

Der Jagdflug beginnt kurz nach Sonnenuntergang, er ist schnell und wendig, findet in größerer Höhe statt und zieht sich über den größten Teil der Nachtstunden hin. Bei kaltem Wetter verbleiben die Tiere meist in den Quartieren. Die Nahrung besteht vor allem aus Nachtschmetterlingen und Käfern, die im Flug erbeutet werden. Die Kenntnisse über das Nahrungsspektrum sind noch sehr lückenhaft.

Besonderes: In Europa ist die Unterart 48a *V. m. murinus* verbreitet.

Die Weibchen haben im Gegensatz zu allen anderen europäischen Arten 4 Zitzen. Ob und in welchem Prozentsatz damit eine höhere Jungenzahl pro Fortpflanzungsperiode verbunden ist, bleibt noch zu klären.

zu 48

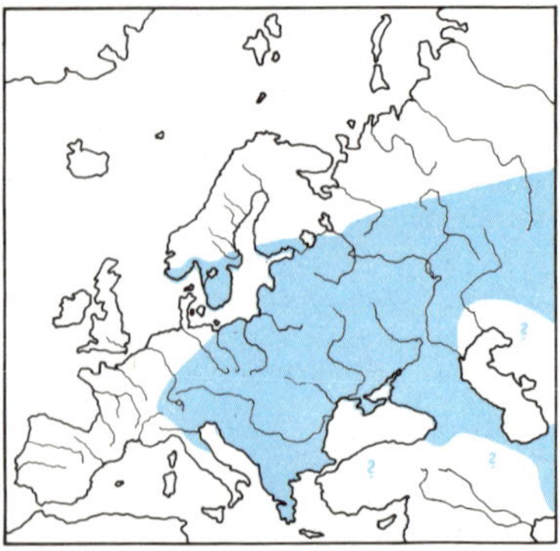

Gattung *Pipistrellus*
Zwergfledermäuse

Kleine Tiere mit stark variierender, vorwiegend bräunlicher Fellfärbung. Flughäute, Ohren und Gesicht sind dunkler. Relativ kurze Ohren mit am Ende abgerundetem, leicht einwärts gebogenem *Tragus*. Der *Calcar* trägt ein *Epiblema*. Durch diese Merkmale von den kleinen Arten der Gattung *Myotis* eindeutig zu unterscheiden. Zwergfledermäuse bewohnen in z. T. sehr individuenreichen Kolonien Gebäude, Baumhöhlen, Felsspalten und nehmen auch Vogel- und Fledermauskästen gern an. Winterschlaf in Baum- und Felshöhlen, Bergwerksstollen und Gebäuden, z. T. weite Wanderungen zu den Winterquartieren.

Der Jagdflug beginnt bald nach Einbruch der Dunkelheit. Die Gattung ist mit 4 Arten in Europa, Nordafrika und Vorderasien vertreten.

Zahnformel $\frac{2\,1\,2\,3}{3\,1\,2\,3}$ = 34 Zähne.

Schlüssel zur Bestimmung der Arten nach äußeren Merkmalen

1 Ohr rundlich, *Tragus* am Ende etwas verbreitert (größte Breite entspricht der Länge seines Vorderrandes).
52 *P. savii*

Kopf von *Pipistrellus savii* (52)

1′ Ohr länglich, *Tragus* am Ende nicht verbreitert 2

2 Flughaut zwischen 5. Finger und Hinterfuß meist mit scharf begrenztem weißem Rand 51 *P. kuhli*

2′ Flughaut ohne scharf begrenzten weißen Rand 3

3 Unterarm 28 bis 34,4 mm; 5. Finger bis 42 mm 49 *P. pipistrellus*

3′ Unterarm 31,5 bis 37 mm; 5. Finger über 42 mm 50 *P. nathusii*

Schlüssel zur Bestimmung der Arten nach Schädelmerkmalen

1 1. oberer *Praemolar* bei Seitenansicht des Schädels von außen nicht oder nur seine Spitze sichtbar 2

1′ 1. oberer *Praemolar* bei Seitenansicht des Schädels von außen sichtbar 3

2 1. oberer *Praemolar* sehr klein (stiftförmig) oder fehlend, von außen nie sichtbar. 1. oberer *Incisivus* (I^1) 2spitzig, I^2 erreicht die kürzere Spitze des I^1 52 *P. savii*

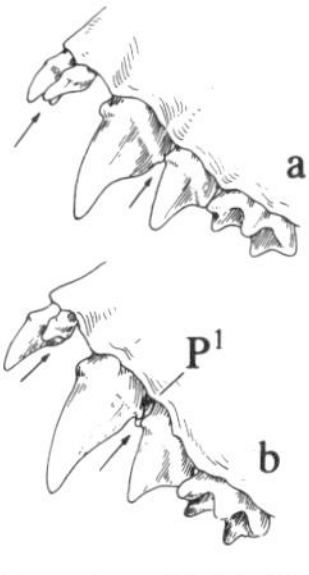

Zahnmerkmale von a *Pipistrellus savii* (52), b *P. kuhli* (51)

2′ 1. oberer *Praemolar* klein, höchstens seine Spitze von außen sichtbar. 1. oberer *Incisivus* (I^1) meist einspitzig, lang und schlank, I^2 sehr viel kleiner als I^1 51 *P. kuhli*

3 1. oberer *Praemolar* teilweise von außen sichtbar, 2. oberer *Incisivus* (I^2) erreicht nicht die Höhe der kürzeren Spitze des I^1. Die unteren *Incisivi* bilden einen geschlossenen Zahnbogen 49 *P. pipistrellus*

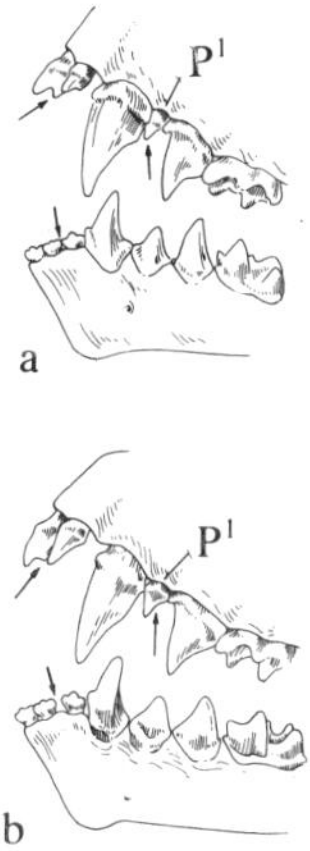

Zahnmerkmale von a *Pipistrellus pipistrellus* (49), b *P. nathusii* (50)

3′ 1. oberer *Praemolar* von außen ganz sichtbar. 2. oberer *Incisivus* (I^2) länger als die kürzere Spitze des I^1; zwischen den unteren 2. und 3. *Incisivi* ein deutlicher Zwischenraum 50 *P. nathusii*

49 *Pipistrellus pipistrellus* **Zwergfledermaus**

Kennzeichen: Kleinste europäische Art. Die Behaarung ist kurz und dicht, die Färbung sehr variabel. Alle Haare sind an der Basis schwarzbraun, die Haarenden auf dem Rücken gelblich-, dunkel- bis rotbraun, auf der Bauchseite heller, gelb- bis graubraun. Das Gesicht, die Ohren und die Flughäute sind schwarzbraun. Die Ohren sind kurz, der *Tragus* ist kürzer als die halbe Ohrlänge, relativ schmal, leicht einwärts gebogen, am Ende abgerundet, am Grunde des Außenrandes mit einem kleinen Zahn. Die Flügel sind relativ lang und schmal. Die Länge des »5. Fingers« (Mittelhand und Fingerglieder) beträgt höchstens 42 mm. Der *Calcar* trägt ein *Epiblema*, das durch einen Knorpelsteg quer unterteilt ist. Die Schwanzflughaut ist auf der Oberseite nur im basalen Drittel schwach behaart, längs der unteren Hälfte des Schienbeins kahl. Die Krone des 1. oberen *Incisivus* (I^1) ist 2spitzig, der I^2 ist deutlich kleiner und reicht höchstens bis zur kürzeren Spitze des I^1. Der 1. obere *Praemolar* ist klein und aus der Zahnreihe nach innen gedrängt, jedoch von außen zwischen den benachbarten Zähnen z. T. sichtbar.

Maße und Masse: KR 32 bis 48,7 mm; Schw 23 bis 36 mm; Ohr 7 bis 12 mm; UA 28 bis 34,4 mm; Spannweite 20 bis 23 cm; CB 10 bis 12,3 mm; Masse 3,5 bis 9,5 g.

Vorkommen: In ganz Europa mit Ausnahme des äußersten Nordens und Nordostens, Nordwestafrika, Vorderer Orient, Zentralasien, östlich bis Korea und Japan. Sehr anpassungsfähig hinsichtlich des Lebensraumes. Sowohl in Wäldern, Gärten und Parks als auch in Dörfern, Städten und Großstädten verbreitet. Vom Tiefland bis ins Gebirge, dort bis 2 000 m.

Lebensweise: Sommerquartiere an und in Gebäuden, in Vogel- und Fledermauskästen, Baumhöhlen, unter loser Rinde. Spaltenbewohner, die sich bevorzugt in flachen Hohlräumen ansiedeln, wo sie mit Rücken und Bauch Berührung mit dem Substrat haben. Deshalb oft hinter Fensterläden, Firmenschildern, Bildern und Tafeln (in Kirchen), in Jalousiekästen, Zwischendecken und -wänden. Winterquartiere in Gebäuden, Holzstapeln, Höhlen und Stollen. Nicht freihängend, sondern in Spalten und Fugen verborgen, oft in großer Zahl im gleichen Quartier.

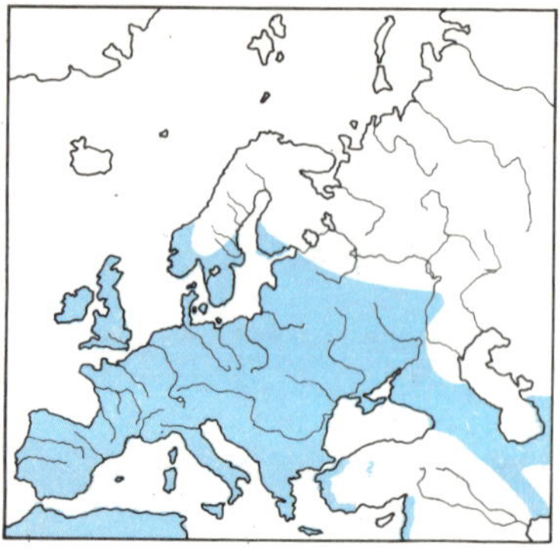

zu 49

Die Wochenstuben, die mehrere 100 Tiere umfassen können und in denen sich mitunter auch einzelne geschlechtsreife Männchen aufhalten, bilden sich im Mai und bestehen bis Ende Juli/Anfang August. Die Geburt der Jungtiere findet im Juni bis Anfang Juli statt. Zwillingsgeburten sind häufig, Drillingsgeburten kommen vor, 3 Jungtiere können aber nicht aufgezogen werden. Nach 4 Wochen sind die Jungen ausgewachsen und selbständig, aber bereits 3 Wochen nach der Geburt flugfähig.

Während der Paarungszeit, die Ende Juli/Anfang August beginnt, besetzen die Männchen einzeln, oft über mehrere Jahre die gleichen Quartiere, die sie gegen Rivalen akustisch abgrenzen. Sie locken durch spezifische Laute im Ultraschallbereich paarungsbereite Weibchen an. Gleichzeitig errichten die Männchen auch Nahrungsterritorien, die sie gemeinsam mit den ihnen zugeflogenen Weibchen gegen andere Tiere ihrer Art verteidigen. Ein hoher Prozentsatz der Weibchen wird bereits im Geburtsjahr begattet. Die Männchen nehmen in der Mehrzahl erst im 2. Lebensjahr an der Fortpflanzung teil. Die Paarung kann auch noch im Winterquartier oder nach Beendigung des Winterschlafs stattfinden.

Die Tiere jagen mit Anbruch der Dämmerung niedrig über dem Boden oder in mittlerer Höhe. Der Flug ist nicht sehr schnell, aber gewandt, mit zahlreichen Bogen und Schleifen. Die Nahrungssuche wird in Abhängigkeit vom Insektenangebot bis zu einer Entfernung von maximal 2 km vom Quartier ausgedehnt. Das Jagdgebiet, welches in Gruppenterritorien unterteilt ist, wird von den dort zusammen jagenden Tieren auf einem beständigen Kurs durchflogen. Nach 2 bis 3 h kehren die Tiere in ihre Quartiere zurück, die sie oft in der 2. Nachthälfte nochmals zur Nahrungssuche bis zum Sonnenaufgang verlassen. Nasses und kaltes Wetter hindert die Tiere nicht am Ausflug. Nicht selten verlassen sie sogar an milden Wintertagen ihre Quartiere und fliegen dann auch vor Einbruch der Dunkelheit umher. Die Nahrung besteht vorwiegend aus Eintagsfliegen, Florfliegen, Mücken, Kleinschmetterlingen und kleinen Käfern.

Die Winterquartiere werden Ende Oktober/Anfang November aufgesucht und oft schon im März wieder verlassen. Die Überwinterungstemperaturen liegen zwischen 0 und 5 °C, die relative Luftfeuchte kann zwischen 55 und 100 % schwanken. Obwohl Wanderleistungen von mehreren hundert, in einem Fall sogar bis 1 000 km nachgewiesen wurden, legen die zentraleuropäischen Populationen keine weiten Strecken zwischen Sommer- und Winterquartieren zurück.

Nach Auflösung der Wochenstuben im August findet bis in den Herbst hinein wahrscheinlich ein mehrfacher Quartierwechsel besonders der Jungtiere statt, bei dem es, auch in Zentren von Großstädten, zu massenhaften Einflügen in Wohnungen kommen kann. Die Tiere sind in jeder Hinsicht ungefährlich, sie können eingesammelt und außerhalb des Hauses, am besten in einem Park, wieder freigelassen werden. Es können auch naturkundliche Museen, zoologische Gärten und Tierparks oder Naturschutzmitarbeiter verständigt werden.

Das nachgewiesene Höchstalter beträgt annähernd 16 Jahre, die durchschnittliche Lebenserwartung liegt mit etwa 2 bis 3 Jahren sehr viel niedriger.

Besonderes: In Europa ist die Unterart 49 a *P. p. pipistrellus* verbreitet.

50 *Pipistrellus nathusii*
Rauhhautfledermaus

Kennzeichen: Kleine Art. Die Behaarung ist länger und dichter als bei der Zwergfledermaus (49), die Färbung nicht so variabel. Alle Haare an der Basis dunkelgrau, die Haarenden auf dem Rücken dunkel- bis rötlichbraun, bei mehrjährigen Tieren z. T. mit weißlichen Haarspitzen. Die Bauchseite ist heller, graubraun bis gelblichbraun. Hinterkopf, Hals und Rücken sind bis zu den Schulterblättern oft deutlich dunkler als der übrige Rücken. Gesicht, Ohren und Flughäute sind mittel- bis dunkelbraun. Die Ohren sind relativ kurz und breit, der *Tragus* ist kürzer als die halbe Ohrlänge, deutlich einwärts gebogen und am Ende abgerundet; am Grunde des Außenrandes mit einem kleinen Zahn. Die Flügel sind relativ lang, aber breiter als bei der Zwergfledermaus, der 5. »Finger« (Mittelhand und Fingerglieder) ist stets länger als 42 mm. Der Außenrand der Handflughaut besitzt oft einen schmalen weißen Saum, der aber nach innen nie scharf begrenzt ist. Das *Epiblema* ist durch

zu 50

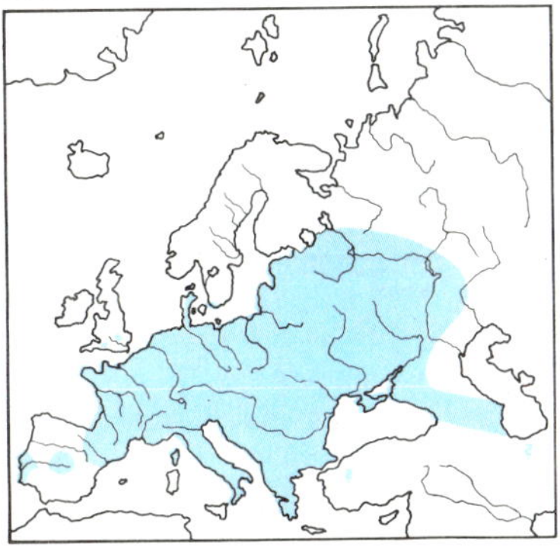

einen Knorpelsteg quer unterteilt. Die Schwanzflughaut ist auf der Oberseite bis zur halben Schwanzlänge und längs des Unterschenkels dicht behaart. Die Krone des 1. oberen *Incisivus* (I^1) ist 2spitzig, der I^2 ist länger als die kürzere Spitze des I^1. Der 1. obere *Praemolar* ist deutlich größer als bei der Zwergfledermaus, nur wenig aus der Zahnreihe nach innen verlagert und von außen zwischen den benachbarten Zähnen fast vollständig sichtbar.

Maße und Masse: KR 46 bis 55 mm; Schw 30 bis 44,6 mm; Ohr 10 bis 13,5 mm; UA 31,5 bis 37 mm; Spannweite 23 bis 25 cm; CB 12,1 bis 13,2 mm; Masse 6 bis 15,5 g.

Vorkommen: Europa bis etwa 60° n. Br., im Osten bis Türkei, Kaukasus und Iran. Vorwiegend in seenreichen Waldgebieten des Flachlandes, aber auch im Hügelland und Mittelgebirge bis 1 000 m. In West- und Nordwesteuropa nur sporadische Nachweise. Die Besiedlungsdichte nimmt von Ost nach West ab. In Südeuropa möglicherweise nur oder vorwiegend zur Überwinterung.

Lebensweise: Sommerquartiere vor allem in Baumhöhlen, hinter loser Rinde und in Stammaufrissen (Spaltenbewohner), in Vogel-, Fledermauskästen und Gebäuden. Die Winterquartiere befinden sich in Baumhöhlen, Holzstapeln, Gebäuden, selten in Höhlen und Stollen. Weite Wanderungen zwischen Sommer- und Winterquartieren sind für die ost- und mitteleuropäischen Populationen die Regel. Die Hauptwanderrichtung führt im Herbst nach Südwesten, wobei Strecken über 1 000 km keine Seltenheit sind (maximale Entfernung 1 600 km!).

Die Wochenstubengesellschaften, die sich im Mai formieren, nachdem um Mitte April zunächst Männchen und Weibchen gemeinsame Quartiere beziehen, bestehen meist aus 10 bis 40 Weibchen. Größere Gruppen sind nur in wenigen Quartieren, vorwiegend in Gebäuden anzutreffen. Die Jungtiere werden im Juni/Juli geboren, in der Mehrzahl Zwillinge. Sie sind bereits im Alter von 3 Wochen flugfähig, mit etwa 4 Wochen selbständig und mit 7 Wochen ausgewachsen. Ab Mitte Juli bis Anfang August lösen sich die Wochenstuben, in denen nie geschlechtsreife Männchen angetroffen werden, auf.

Die Männchen besetzen einzeln Paarungsquartiere, in denen sich, durch spezifische Laute (und Gerüche?) angelockt, ein bis mehrere Weibchen zur Paarung einfinden. Ab Mitte August verlassen zunächst die Jungtiere, im Verlauf des Septembers auch die erwachsenen Weibchen und die geschlechtsreifen Männchen ihre Sommeraufenthalte und beginnen ihre ausgedehnte Wanderung in die Überwinterungsgebiete. Bis zum Frühjahr können dort noch Paarungen stattfinden, an denen – wie Fortpflanzungsnachweise 1jähriger Weibchen zeigen – wahrscheinlich vor allem die im Herbst noch nicht geschlechtsreifen Jungtiere zu einem erheblichen Umfang beteiligt sind. Ob das auch für die Männchen zutrifft, ist bislang ungeklärt, doch sprechen bestimmte Beobachtungen für eine solche Annahme.

Der Jagdflug beginnt kurz nach Sonnenuntergang. Die Tiere fliegen in mittlerer bis geringer Höhe, nicht sonderlich schnell, aber gewandt und mit vielen Richtungsänderungen. Nach 1 ½ bis 2 h kehren die Tiere in ihre Quartiere zurück, um sie vor Sonnenaufgang erneut zur Nahrungssuche zu verlassen. Bei nassem und kaltem Wetter verzögert sich der abendliche Ausflug, oder er unterbleibt ganz. Die Nahrung besteht aus Mücken, kleinen Nachtschmetterlingen, Käfern, Köcherfliegen, Steinfliegen und Eintagsfliegen.

51 *Pipistrellus kuhli*
Weißrandfledermaus

Kennzeichen: Kleine Art, etwas größer, robuster und heller gefärbt als die Zwergfledermaus (49), der sie sonst sehr ähnlich ist. Die Behaarung – wenigstens auf dem Rücken – ist lang und dicht. Die Rückenseite ist gelblichbraun, ockergelb, dunkelbraun oder braun-rötlich, manchmal vorherrschend rötlich, die Bauchseite deutlich heller, weißlich, hellgrau, -gelb oder -braun. Alle Haare sind 2farbig, ihre basalen Abschnitte durchgängig dunkel schiefergrau. Ohren und Gesicht sind dunkel, die Flughäute schwarzbraun. Die Färbung variiert im Verbreitungsgebiet beträchtlich. Die Ohren sind länger als die der Zwergfledermaus und am Ende schmaler. Der *Tragus* ist etwa halb so lang wie das Ohr, länger und schmaler als bei Zwerg- und Rauhhaut-

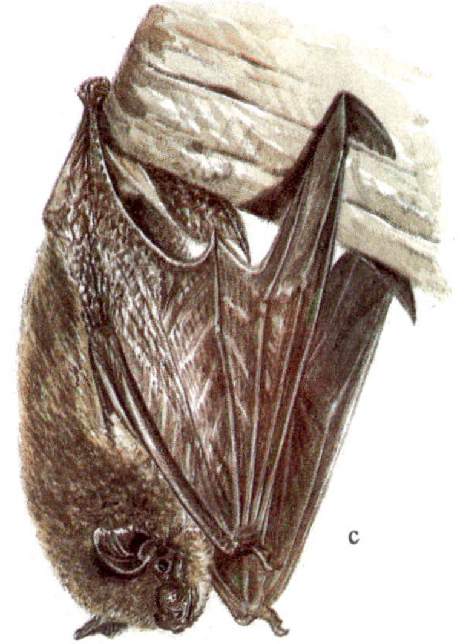

c

a49 *Pipistrellus pipistrellus* ♂, b50 *Pipistrellus nathusii*, c51 *Pipistrellus kuhli*, d52 *Pipistrellus savii* dunkle Variante, e52 *Pipistrellus savii* hell

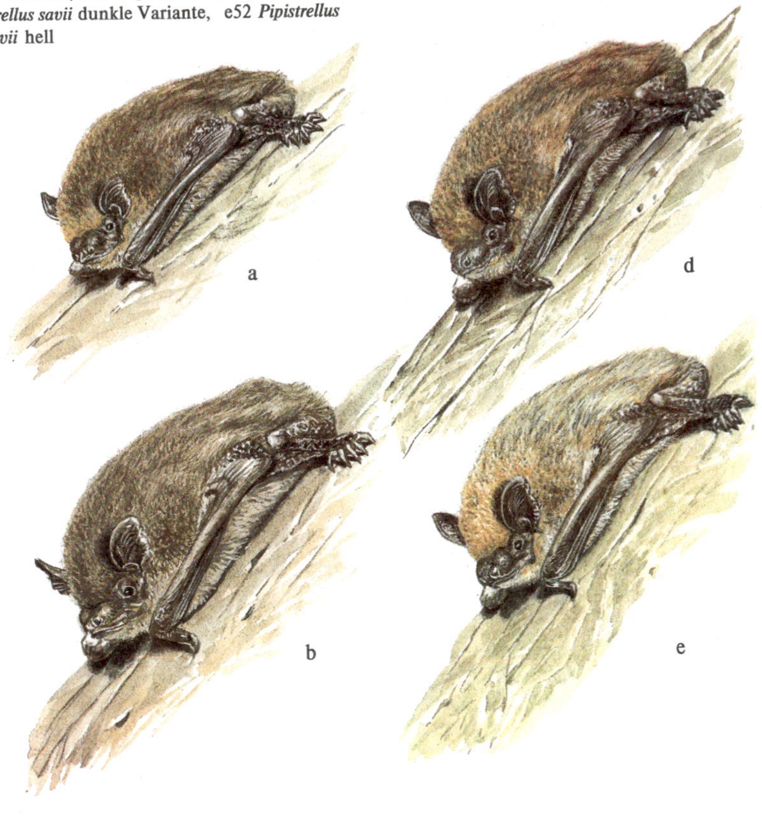

a d b e

fledermaus (49, 50), leicht einwärts gebogen, am Ende stumpf gerundet und am Grunde des Außenrandes mit einer zahnartigen Verbreiterung. Die Flügel sind relativ lang, ihre Breite (Länge des 5. »Fingers«) beträgt etwa 42 mm. Am Außenrand der Flughaut, oft nur zwischen 5. Finger und Fuß, ist meist ein schmaler scharf begrenzter weißer Rand vorhanden. Das *Epiblema* des *Calcar* ist durch einen quer verlaufenden Knorpelsteg gestützt. Die Schwanzflughaut ist im oberen Drittel schwach behaart.

Die Krone des 1. oberen *Incisivus* (I^1) besitzt in der Regel nur 1 Spitze, er kann bei einem geringen Prozentsatz von Tieren auch 2spitzig sein, der I^2 ist im Vergleich zum I^1 sehr klein (sicheres Unterscheidungsmerkmal zu allen anderen europäischen *Pipistrellus*-Arten). Der 1. obere *Praemolar* ist aus der Zahnreihe völlig nach innen abgedrängt, klein und von außen nicht sichtbar.

Maße und Masse: KR 40 bis 50 mm; Schw 30 bis 41 mm; Ohr 11 bis 14,3 mm; UA 30,2 bis 37 mm; Spannweite um 23 cm; CB 12 bis 13,4 mm; Masse 5 bis 11 g.

Vorkommen: Süd- und Südosteuropa, nördlich bis in die Schweiz und bis zum Unterlauf der Wolga bei Wolgograd, östlich bis Pakistan. Vorderer Orient, Nordafrika, auch südlich der Sahara weit verbreitet. Vorwiegend in Ebenen und im niedrigen Bergland, nicht im Gebirge.

Lebensweise: Die Kenntnisse sind noch sehr unvollständig. Die Art ist als ausgesprochener Kulturfolger vorwiegend im Bereich menschlicher Siedlungen anzutreffen. Sommer- und Winterquartiere befinden sich nur in oder an Gebäuden. Die Tiere verbergen sich, oft in größerer Zahl, in engen Spalten von Dächern und Wänden und hinter Fensterläden. Auch moderne Betonbauten werden, sofern sie geeignete Verstecke bieten, gern als Schlafplätze gewählt. In Abhängigkeit vom Klima ist der Winterschlaf entweder kurz und wird öfters unterbrochen, oder er ist – an der nördlichen Verbreitungsgrenze – lang und andauernd (bis zu 5 Monate).

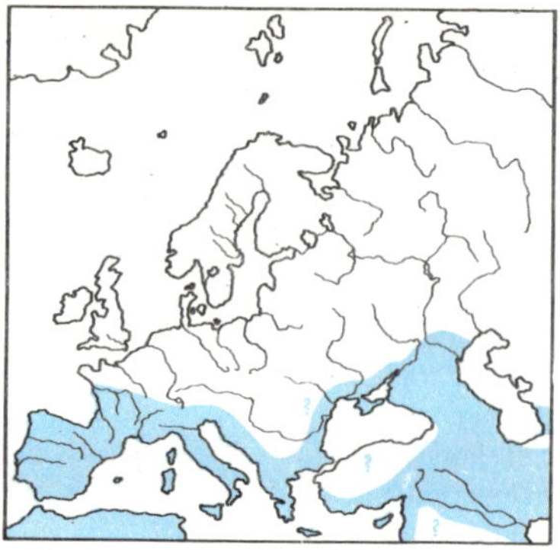

zu 51

Die Wochenstuben bestehen meist aus kleinen Weibchen-Gruppen (2 bis 15 Tiere), nur in wenigen Fällen wurden 40 bis 50 Tiere angetroffen. Je nach den klimatischen Bedingungen werden die Jungtiere zwischen Anfang Juni und Ende Juli geboren. Die erwachsenen Männchen halten sich während der Wochenstubenzeit von den Weibchen getrennt und sind dann schwer auffindbar; mitunter leben die Männchen aber auch mit säugenden Weibchen im gleichen Quartier zusammen.

Der Jagdflug beginnt kurz nach Sonnenuntergang, noch in der Dämmerung, er ist schnell und wendig und findet in mittlerer Höhe statt. Nahrung wahrscheinlich ähnlich der Zwergfledermaus (49).

Besonderes: In Europa ist die Unterart 51a *P. k. kuhli* verbreitet.

52 *Pipistrellus savii*
Alpenfledermaus

Kennzeichen: Kleine Art. Das Fell ist langhaarig mit seidigem Glanz. Alle Haare sind 2farbig, ihr basaler Teil ist dunkelgrau. Die Farbe des Rückens ist sehr variabel, fahlgelb, rötlich- oder tief dunkelbraun, aber helle Haarspitzen immer in deutlichem Kontrast zu dunkler Haarbasis; die hellere Unterseite weißlichgelb oder weißgrau. Ohren, Gesicht und Flughäute sind braunschwarz. Die Ohren sind breiter als die der anderen Zwergfledermäuse, am Ende breit gerundet. Der *Tragus* ist breit und kürzer als die halbe Ohrlänge, hat am Grunde seines Außenrandes 2 zahnartige Ausbuchtungen und weicht in seiner Form von der anderer *Pipistrellus*-Arten ab. Die Flügel sind relativ lang und schmal. Das nicht durch einen Knorpelsteg 2geteilte *Epiblema* des *Calcar* ist sehr klein. Der Schwanz ragt etwa 3 mm aus der Schwanzflughaut, die auf der Oberseite im Bereich des 1. Drittels der Schwanzlänge behaart ist.

Der 1. obere *Incisivus* (I^1) ist 2spitzig, der sehr schlanke I^2 erreicht nicht die kürzere Spitze des I^1. Der 1. obere *Praemolar* ist kleiner als bei der Weißrandfledermaus (51), ebenfalls aus der Zahnreihe nach innen abgedrängt, oder fehlt oft gänzlich und ist von außen, auch wenn vorhanden, nicht sichtbar.

Maße und Masse: KR 42 bis 55 mm; Schw 31 bis 45 mm; Ohr 12 bis 15 mm; UA 30 bis 38 mm; Spannweite 22 bis 23 cm; CB 11,9 bis 14,2 mm; Masse 6 bis 10 g.

Vorkommen: Süd- und Südosteuropa, Vorderer Orient, im Osten bis Korea und Japan, Nordafrika mit Ausnahme Ägyptens. Nördlich der Alpen und in den Alpen sehr wenige Nachweise (deutscher Name unzutreffend). Vorwiegend im Küstenbereich des Mittelmeers und der Adria. Im Gebirge bis 2 000 m, auch oberhalb der Baumgrenze. Die Art ist sehr anpassungsfähig, besonders hinsichtlich der Ansprüche an Temperatur und Luftfeuchtigkeit ihrer Quartiere.

Lebensweise: Sommerquartiere in Felsspalten, unter Steinen, in engen Verstecken an und in Gebäuden, selten in Baumhöhlen. Winterquartiere ebenfalls in Gebäuden, einzeln in Ritzen und Spalten verborgen, mitunter auch in

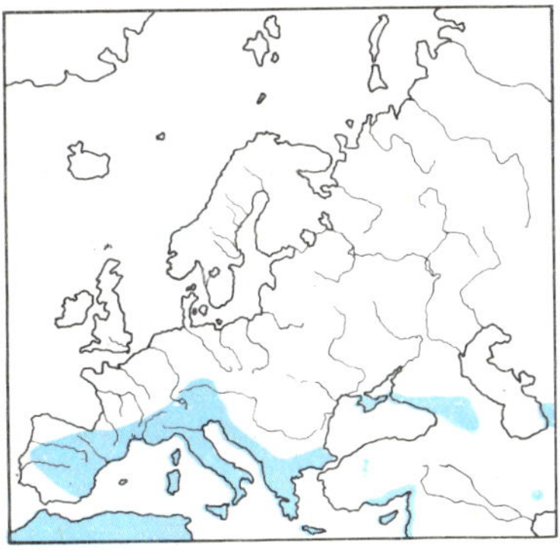

zu 52

Baumhöhlen. Im Mittelmeergebiet werden im Winter (außer in Höhenlagen) die Sommerquartiere nicht verlassen. Nördlichere Populationen wandern zur Überwinterung nach Süden.

Die Wochenstubengesellschaften auf Dachböden, in Felsspalten und Grotten bestehen aus 5 bis 40 Weibchen. Die Geburt der Jungtiere beginnt erst nach der ersten Junidekade und kann sich bis Anfang August hinziehen. Zwillingsgeburten sind häufig.

Der Jagdflug – ruhiger und langsamer als bei den anderen Zwergfledermausarten – beginnt mit Eintritt der Dämmerung und dauert mit Unterbrechungen bis kurz vor Sonnenaufgang. Ungünstige Witterung verzögert den Ausflug und verkürzt die Jagdzeit. Als Nahrung kommen kleine Fluginsekten in Frage; nähere Angaben fehlen. Biologie und Ökologie sind insgesamt noch sehr ungenügend bekannt.

Besonderes: In Europa ist die Unterart 52 a *P. s. savii* verbreitet. Wahrscheinlich handelt es sich bei der Art um eine eigene Gattung (*Hypsugo* KOLENATI, 1856).

Gattung *Nyctalus*
Abendsegler

Mittelgroße bis große Arten mit rotbraunem, glattem Fell, langen, schmalen Flügeln und kurzer Schnauze. Die

54 *Nyctalus lasiopterus*

53 *Nyctalus noctula* ♀

55 *Nyctalus leisleri* ♀

Ohren sind kurz und breit und haben einen oben verbreiterten (pilzförmigen) *Tragus* (wichtiges Unterscheidungsmerkmal der Gattung). Am *Calcar* befindet sich ein gut entwickeltes 2geteiltes *Epiblema.*
Abendsegler sind baumbewohnende Fledermäuse. Bevorzugte Quartiere sind Spechthöhlen. Zur Überwinterung werden Baumquartiere, aber auch spaltenreiche Felswände und Gebäude aufgesucht. Die Mehrzahl der im nördlichen Teil des Verbreitungsgebiets ansässigen Tiere wandert jährlich weite Strecken, um in Gebieten mit wärmerem Klima zu überwintern.
Die Tiere fliegen vor Einbruch der Dunkelheit aus, im Herbst nicht selten auch am Tag. Der Flug ist schnell und geradlinig. Beutetiere werden meist in Höhe der Baumkronen gejagt.
Von der Gattung kommen 3 Arten in Europa vor.

Zahnformel $\frac{2\,1\,2\,3}{3\,1\,2\,3}$ = 34 Zähne.

Schlüssel zur Bestimmung der Arten nach äußeren Merkmalen

1	UA über 60 mm	54 *N. lasiopterus*
1′	UA unter 60 mm	2
2	UA 51 bis 57 mm	53 *N. noctula*
2′	UA bis 46,4 mm	55 *N. leisleri*

Schlüssel zur Bestimmung der Arten nach Schädelmerkmalen

1 CB über 19,5 mm. Länge der oberen Zahnreihe (C bis M^3) über 8,5 mm. Länge des Unterkiefers über 17 mm 54 *N. lasiopterus*

1′ CB unter 19,5 mm. Länge der oberen Zahnreihe (C bis M^3) unter 8,5 mm. Länge des Unterkiefers unter 17 mm 2

2 CB über 17 mm. Länge der oberen Zahnreihe (C bis M^3) über 6,5 mm. Länge des Unterkiefers 13,4 bis 15 mm 53 *N. noctula*

2′ CB unter 17 mm. Länge der oberen Zahnreihe unter 6,3 mm. Länge des Unterkiefers 10,9 bis 12 mm 55 *N. leisleri*

53 *Nyctalus noctula*

Gemeiner Abendsegler

Kennzeichen: Große Art mit breiter, stumpfer Schnauze. Die Behaarung ist kurz und dicht, dem Körper eng anliegend, seidig glänzend. Die Haare sind 1farbig, im Sommer rötlich- bis rostbraun, auf der Bauchseite etwas fahler. Winterfell meist dunkler, fahl- bis dunkelbraun, oft mit grauem Anflug. Die weit auseinanderstehenden dunkelbraunen Ohren sind kurz und dickhäutig, am Ende breit gerundet, der Außenrand reicht bis in die Höhe der Maulspalte. Der *Tragus* ist sehr kurz und pilzförmig. Die Flügel sind sehr lang und schmal, dunkel- bis schwarzbraun, verhältnismäßig derbhäutig, auf der Unterseite mit einer dichten, gelbbraunen, flaumartigen Behaarung entlang der Körperseiten und des Unterarms. Der *Calcar* ist kräftig entwickelt und trägt ein relativ breites, in der Mitte durch einen Knorpelsteg quer unterteiltes *Epiblema.* Der nicht sehr lange Schwanz ragt mit seinem letzten Wirbel etwa 2 bis 3 mm aus der Schwanzflughaut heraus. Der 2. obere *Incisivus* (I^2) ist annähernd doppelt so stark (Querschnitt) wie der längere I^1. Der kleine 1. obere *Praemolar* ist auf die Innenseite der Zahnreihe verschoben und von außen nicht sichtbar.
Maße und Masse: KR 64 bis 82 mm; Schw 42 bis 59 mm; Ohr 16 bis 20 mm; UA 51 bis 57 mm; Spannweite 36 bis 40 cm; CB 17,4 bis 19,4 mm; Masse 22 bis 40 g.
Vorkommen: Europa mit Ausnahme seiner nördlichen Teile, Vorderer Orient, östlich bis Westsibirien, Hinterindien, China, Japan, Nordwestafrika. Wald- bzw. baumbewohnende Art, die das Tiefland bevorzugt. Auch in Parks und Alleen, selbst inmitten von Großstädten. Im Gebirge bis 1 900 m (Zugzeit!) nachgewiesen.
Lebensweise: Sommerquartiere sind fast ausschließlich Baumhöhlen, selten Fledermaus- und Vogelkästen oder Gebäude. Winterquartiere sind ebenfalls

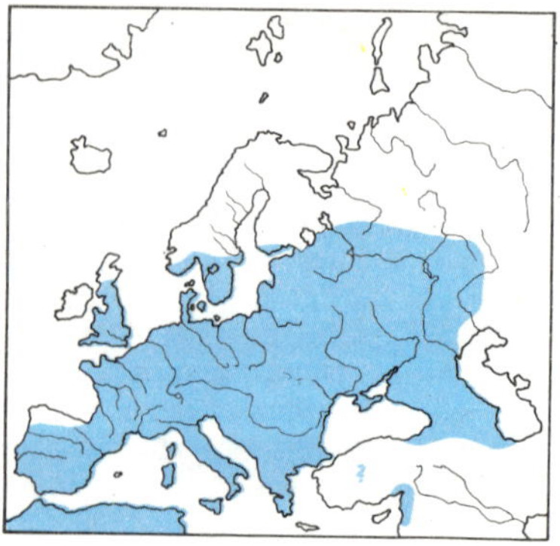

zu 53

vor allem Baumhöhlen, auch oberirdische Teile von Gebäuden (nur 1 Nachweis in einem Hauskeller!) sowie Felsspalten. Nie in Höhlen und Bergwerksstollen. Die Wochenstuben vereinen 5 bis 100 Weibchen, zwischen denen sich selten auch einzelne erwachsene Männchen aufhalten. In der Regel bilden diese eigene Gesellschaften oder leben bis zum Selbständigwerden der Jungtiere einzeln. Die Quartierbäume kann man tagsüber, besonders aber am späten Nachmittag, durch die hohen zwitschernden Laute erkennen, die die Tiere in kurzen Abständen von sich geben. Sie sind 50 bis 75 m weit hörbar. Nachdem die Tiere im Verlauf des April aus ihren Winterquartieren zurückgekehrt sind, bilden sie in der 2. Maihälfte Wochenstuben, die bis Ende Juli/Anfang August bestehen. Mitte bis Ende Juni werden die Jungtiere – in der Mehrzahl Zwillinge – geboren. Drillinge sind sehr selten, aber werden (Ausnahme unter den europäischen Arten!) aufgezogen. Die Jungtiere sind mit 7 bis 8 Wochen selbständig und ausgewachsen.

Die Paarungszeit beginnt etwa ab Mitte August. Im Herbst nimmt ein Teil der im gleichen Jahr geborenen Weibchen bereits an der Fortpflanzung teil. Die Männchen besetzen einzeln bestimmte Quartiere, aus denen sie auch durch grobe Störungen kaum zu vertreiben sind. Sie locken mit spezifischen Lauten, möglicherweise auch unter Mitwirkung von Duftstoffen, paarungsbereite Weibchen an. Nicht selten befinden sich in solchen Paarungsquartieren bis zu 10 weibliche Tiere. Während des Winters finden keine Paarungen statt.

Ab Ende August beginnen die meisten Populationen Mittel- und Osteuropas ausgedehnte Wanderungen in Überwinterungsgebiete mit gemäßigteren Temperaturen. Die bevorzugte Wanderrichtung ist SW, zum Teil auch SO. Wiederfunde markierter Tiere belegen Flüge aus der Norddeutschen Tiefebene nach Südfrankreich über Entfernungen von mehr als 1 000 km. Als maximale Leistung wurden 1 600 km registriert. In den Überwinterungsgebieten werden die Quartiere erst gegen Mitte November oder noch später bezogen. Zwischen dem Eintreffen und dem Beginn des Winterschlafs können mehrere Wochen liegen. Die in Mitteleuropa überwinternden Tiere – möglicherweise fast ausschließlich Zuwanderer aus östlichen und nordöstlichen Gebieten – finden sich oft in großer Zahl in Baumhöhlen oder Gebäuden zum Winterschlaf zusammen. Sind die Quartiere nicht frostsicher, können die Tiere bei anhaltend starkem Frost erfrieren, wenn es ihnen nicht gelingt, einen geschützten Unterschlupf zu finden. Sie beginnen danach zu suchen, wenn die Quartiertemperaturen unter einen kritischen Wert absinken. Sie erwachen dann durch einen Weckreiz aus dem Winterschlaf und erreichen in kurzer Zeit ihre volle Aktivität.

Zur Jagd fliegen die Tiere bald nach Sonnenuntergang aus, oft schon, wenn es noch hell ist. Sie fliegen schnell, dabei außerordentlich gewandt mit vielen schnellen Wendungen, zunächst in der Kronenregion der Bäume, mit zunehmender Abkühlung in geringerer Höhe (Nahrungsangebot!), vorwiegend an Waldrändern, über Wiesen und Wasserflächen. Während im Sommer 2 Jagdperioden (nach Sonnenuntergang

und vor Sonnenaufgang) die Regel sind, findet im Frühjahr und im Herbst nur 1 abendlicher Ausflug statt. Die Ausflüge dauern je nach Nahrungsangebot 20 bis 90 min. Die Nahrung besteht vor allem aus größeren Käfern (Mai-, Juni-, Dungkäfer) und Schmetterlingen. Die Beutetiere werden während des Fluges, oft unter wahrnehmbaren Kaugeräuschen gefressen.
Besonderes: In Europa ist die Unterart 53 a *N. n. noctula* verbreitet.

54 *Nyctalus lasiopterus*
Riesenabendsegler

Kennzeichen: Größte europäische Art. In Aussehen und Färbung dem Gemeinen Abendsegler (53) sehr ähnlich, aber wesentlich größer und robuster (UA-Länge!). Das Ohr ist bedeutend breiter, auf der Innenseite und dem Außenrand dichter behaart, der 1. obere *Praemolar* ist stärker reduziert und so klein, daß er mit bloßem Auge nicht zu erkennen ist.
Maße und Masse: KR 78 bis 104 mm; Schw 51 bis 66 mm; Ohr 21 bis 26 mm; UA 62 bis 70 mm; Spannweite 41 bis 45 cm; CB 20 bis 23,6 mm; Masse 45 bis 76 g.
Vorkommen: Zerstreute Nachweise von SW- bis SO-Europa, Osteuropa, Türkei, Iran, Nordafrika. Hauptverbreitung vermutlich im europäischen Teil (besonders den südwestlichen Gebieten) der UdSSR; von Moskau und Gorki im Norden bis zur Krim und nach Transkaukasien. Die Gesamtverbreitung ist nur sehr lückenhaft bekannt. Vorwiegend Bewohner trockener Waldsteppengebiete, lichter Wälder und ländlicher Siedlungen.
Lebensweise: Wenig bekannt. Sommerquartiere in Höhlen von Laub- und Nadelbäumen, z. T. gemeinsam mit dem Gemeinen Abendsegler (53). Winterquartiere ebenfalls in Baumhöhlen. Wahrscheinlich finden weite Wanderungen zwischen Sommer- und Winterquartieren statt. Fortpflanzung im wesentlichen wie beim Gemeinen Abendsegler. Meist 2 Jungtiere, die im Juni geboren werden und nach 40 Tagen ihre volle Größe erreicht haben.
Der Jagdflug beginnt bald nach Sonnenuntergang. Er ist schnell und wendig, meist im Kronenbereich der Bäume oder darüber. Die Nahrung besteht aus großen Insekten, vorwiegend Käfern, die ausschließlich im Flug erbeutet werden.
Besonderes: In Europa ist die Unterart 54 a *N. l. lasiopterus* verbreitet.

zu 54

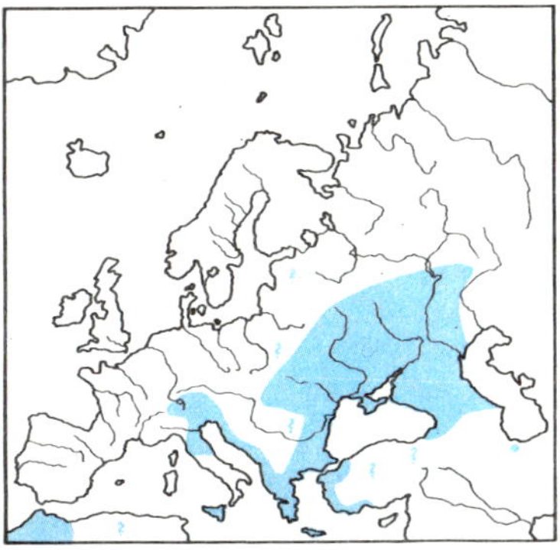

55 *Nyctalus leisleri*
Kleiner Abendsegler

Kennzeichen: Mittelgroße Art. Im Aussehen dem Gemeinen Abendsegler (53) sehr ähnlich, jedoch deutlich kleiner (UA-Länge!) und anders gefärbt. Die Haare sind 2farbig, die des Rückens mit schwarzbrauner Basis und nuß- bis gelblichbraunen Spitzen, insgesamt meist weniger rötlich. Die Unterseite ist gelb- bis graubraun und steht im Kontrast zur Färbung des Rückens. Das Winterfell ist dunkler. Die oberen *Incisivi* sind in Länge und Stärke wenig voneinander verschieden, der 1. obere *Praemolar* ist relativ groß und teilweise von außen sichtbar.
Maße und Masse: KR 58 bis 65,5 mm; Schw 39 bis 46 mm; Ohr 12 bis 17 mm; UA 40 bis 46,4 mm; Spannweite 28 bis 32 cm; CB 15 bis 16,1 mm; Masse 11 bis 20 g.

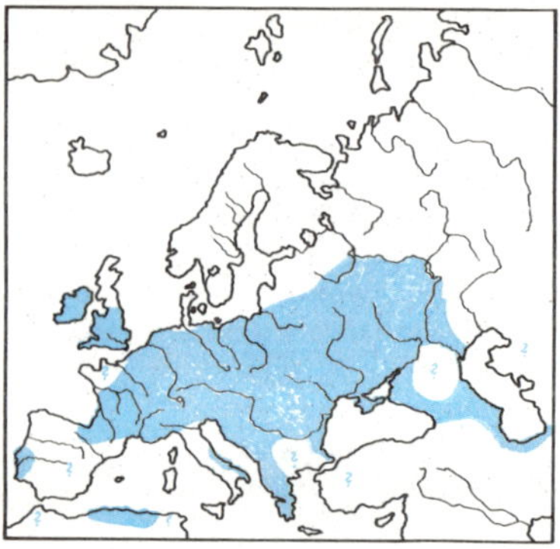

zu 55

Vorkommen: Südliche und mittlere Gebiete Europas von Portugal bis zum Ural mit zunehmender Besiedlungsdichte im Osten des Verbreitungsgebiets, Kaukasus, Afghanistan, östlich bis zum Westhimalaja. Die reale europäische Verbreitung ist noch unvollständig bekannt. Ausgesprochener Waldbewohner, vorwiegend in Laubwäldern. Öfter im Gebirge (bis 1 900 m) als Gemeiner Abendsegler (53) und Riesenabendsegler (54).
Lebensweise: Sommer- und Winterquartiere in Baumhöhlen, im Sommer auch in Fledermauskästen, nur selten in Gebäuden. Zwischen Sommer- und Winterquartieren werden wahrscheinlich große Strecken zurückgelegt, doch fehlen bislang eindeutige Nachweise. Die Wochenstubengesellschaften, in denen sich manchmal auch einzelne geschlechtsreife Männchen aufhalten, umfassen selten mehr als 20 Weibchen. Die Männchen leben bis zur Auflösung der Wochenstuben, Anfang August, solitär oder bilden Männchengesellschaften. Jährlich werden 1 bis 2 Jungtiere pro Weibchen geboren. Der Anteil der Zwillingsgeburten ist nicht bekannt. Der zeitliche Ablauf der Fortpflanzung unterscheidet sich nicht wesentlich von dem des Gemeinen Abendseglers. Der Jagdflug beginnt ziemlich früh, kurz nach Sonnenuntergang. Die Tiere fliegen schnell und gewandt, meist über den Baumkronen. Beuteerwerb und Nahrung wie beim Gemeinen Abendsegler, wahrscheinlich werden aber etwas kleinere Insekten bevorzugt.
Besonderes: In Europa ist die Unterart 55 a *N. l. leisleri* verbreitet.

Familie *Molossidae*
Bulldoggfledermäuse

Die Vertreter dieser artenreichen Familie sind besonders in den Tropen und Subtropen, aber auch in der gemäßigten Klimazone verbreitet. In Europa nur 1 Gattung mit 1 Art. Die kurze, gedrungene Schnauze mit faltiger Oberlippe war Anlaß für die deutsche Familienbezeichnung.

Gattung *Tadarida*
Bulldoggfledermäuse

Zahnformel $\frac{2\,1\,2\,3}{3\,1\,2\,3}$ = 34 Zähne.

56 *Tadarida teniotis*
Bulldoggfledermaus

Kennzeichen: Sehr große Art. Der dicke, lange Schwanz ragt zu einem Drittel frei aus der Schwanzflughaut heraus. Damit unterscheidet sich die Art eindeutig von allen anderen europäischen Fledermausarten. Das Fell ist dicht, weich und samtig, Rückenseite dunkelaschgrau bis graubraun, die Unterseite

zu 56

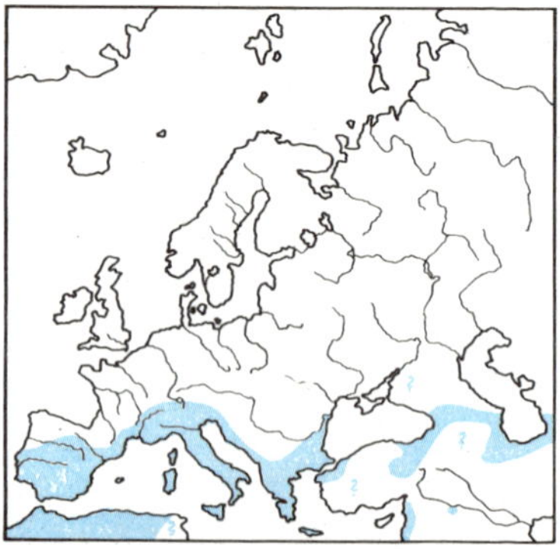

nur wenig heller, weißgrau. Gesicht, Ohren und Flughäute sind schwärzlich. Die Ohren sind groß, vor allem sehr breit, im Umriß eiförmig. Sie berühren sich an den Innenrändern und sind nach vorn gerichtet. Der *Tragus* ist verhältnismäßig klein, annähernd quadratisch und am Ende abgerundet. Die kräftige Schnauze besitzt runzlige Falten. An den Füßen, die starke Krallen tragen, fallen zahlreiche dicke gekrümmte Haare auf. Die Flügel sind lang und schmal. Die Bezahnung ist sehr robust.

Maße und Masse: KR 80 bis 98 mm; Schw 48 bis 60 mm; Ohr 27 bis 31 mm; UA 57 bis 65 mm; Spannweite 41 bis 44 cm; CB 20,9 bis 24 mm; Masse 35 bis 50 g.

Vorkommen: Südliches Europa, nördlich bis zur Schweiz; Kaukasus und Transkaukasien, Vorderer Orient, im Osten bis nach China, Korea und Japan; Nordafrika. Bewohner schluchtenreicher Felsmassive sowie hoher Bauwerke (Brücken, Aquädukte).

56 *Tadarida teniotis*

Lebensweise: Sommerquartiere in Spalten von Felswänden und Mauerwerk, auch in geräumigen Höhlen, in Steinbrüchen, unter Dachziegeln. Winterquartiere an den gleichen Örtlichkeiten, seltener in unterirdischen Gewölben, Höhlen oder Bergwerksstollen. Bei milden Temperaturen wird der Winterschlaf unterbrochen. Die Paarungszeit soll auf den späten Winter und das zeitige Frühjahr beschränkt sein (?). Die Wochenstubengesellschaften bestehen aus kleinen Gruppen von Weibchen. Danach leben die Tiere wieder einzeln. Nach einer Tragzeit von etwa 80 Tagen wird stets nur 1 Jungtier geboren.

Der Jagdflug beginnt schon in der Abenddämmerung, er ist von charakteristischen, weit hörbaren »tsick«-Lauten begleitet. Die Tiere fliegen schnell, geradlinig und meist in großer Höhe. Nahrung: große Fluginsekten. Die Tiere können auf dem Boden sehr behend laufen und sind auch schnelle Kletterer.

Besonderes: In Europa ist die Unterart 56a *T. t. teniotis* verbreitet.

Ordnung *Primates* Herrentiere

Familie *Cercopithecidae* Hundsaffen

Die Affen, deren Vorder- und Hinterfüße etwa gleichlang sind und jeweils 5 Zehen haben, laufen auf den Handflächen. Sie sind tagaktiv, leben in Familienverbänden und bewohnen Bäume und Felsen. Ihre Nahrung besteht vorwiegend aus pflanzlicher Kost.

Zahnformel $\frac{2\,1\,2\,3}{2\,1\,2\,3} = 32$ Zähne.

57 *Macaca sylvanus*
Magot, Berberaffe

Kennzeichen: Etwa so groß wie ein mittelgroßer Hund. Die Arme sind geringfügig länger als die Beine. Der Körper ist kräftig und gedrungen. Das dichte und rauhhaarige Fell ist bräunlich bis ockerfarben. Auffallend sind die kurze, unbehaarte Schnauze, die Backentaschen, die kurzen Ohren und die nackten Handflächen und Fußsohlen. Der Schwanz ist nicht erkennbar. Die Männchen verfügen über lange *Canini*. Die Weibchen sind kleiner als die Männchen.

Maße und Masse: KR 55 bis 75 cm; HF 14,5 bis 17 cm; W 40 bis 55 cm; Masse 4 bis 10 kg.

Vorkommen: In Europa nur Gibraltar. Die in Europa lebenden Affen stammen möglicherweise aus Nordafrika (Marokko, Algerien). Von dort wurden mehrfach Tiere nach Europa zur Bestandsstützung gebracht. Bewohnt werden Felsen und lichte Waldbestände.

Lebensweise: Die tagaktiven Tiere bilden Herden oder Familienverbände mit je etwa 30 Individuen. Die Herden wechseln zwischen Nahrungsplätzen, Wasserstellen und Schlafstätten. Die ausgezeichnet kletternden und springenden Tiere übernachten in Fels- und

57 *Macaca sylvanus* ♂ ♀ mit Jungem

Erdhöhlen. Jede Herde wird von einem alten Männchen angeführt und verteidigt. Als Laute sind Keifen, Schreien und Schmatzen bekannt. Die Paarung erfolgt am häufigsten zwischen November und März, sie kann aber ganzjährig stattfinden. Jährlich wird nach einer Tragzeit von etwa 6 Monaten 1 Junges geboren. Die Säugezeit kann bis 3 Monate dauern. Die Geschlechtsreife tritt mit 3 bis 4 Jahren ein. Das Höchstalter beträgt etwa 15 Jahre.

Die Nahrung besteht vorwiegend aus pflanzlicher Kost. Neben Gräsern, Blättern, Wurzeln und Früchten werden auch Kerbtiere und kleine Wirbeltiere aufgenommen. Um Schäden an Kulturen zu vermeiden, wird die europäische Population vom Menschen gefüttert, und die Tiere haben deshalb ihre natürliche Scheu vor ihm zum Teil verloren.

Als Feinde sind Adler zu nennen. Gelegentlich werden die Affen auch vom Menschen verfolgt, da sie manchmal Gärten plündern und versuchen, Personen anzugreifen.

Ordnung *Lagomorpha* Hasentiere

Die Hasentiere wurden früher zu den *Rodentia* gestellt. Sie müssen aber als eine eigene Ordnung mit eigenständiger Stammesentwicklung angesehen werden. In Europa kommen 3 deutlich voneinander unterscheidbare Arten vor, die zur Familie der *Leporidae* Hasen und Kaninchen gehören.

Die Nagezähne dieser Tiere sind deutlich von denen der zur Ordnung Nagetiere (S. 138) gehörenden Arten zu unterscheiden. Die Hasentiere haben im Oberkiefer hinter den 2 *Incisivi* ein weiteres, kleineres Paar Schneidezähne, die von Zahnschmelz umgeben sind. *Canini* fehlen. Die mittelgroßen, vorwiegend nacht- und dämmerungsaktiven Tiere sind Pflanzenfresser. Sie haben lange Ohren und lange Hinterläufe, einen kurzen, behaarten Schwanz und eine tief gespaltene Oberlippe. Die Hasentiere können ihre Vorderpfoten nicht zum Aufnehmen von Nahrung benutzen. Die Hinterfüße haben 4 Zehen. Hör- und Geruchssinn sind gut entwickelt. 3 bis 5 Paar Zitzen.

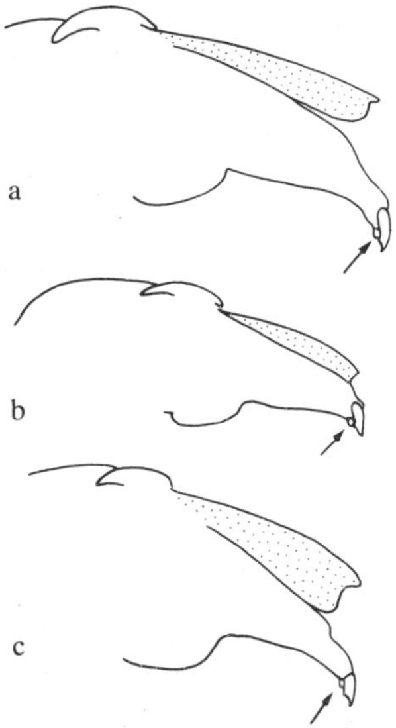

Nasenbeine von a *Lepus europaeus* (59), b *Oryctolagus cuniculus* (58), c *Lepus timidus* (60)

Hasen und Kaninchen scheiden 2 Sorten Kot aus. Neben dem normalen wird im Blinddarm noch ein breiartiger, weicher, bakterienreicher Kot gebildet (»Vitaminkot«), der nach der Ausscheidung (besonders während des Winters) sofort wieder aufgenommen wird.

Zahnformel $\frac{2\,0\,3\,3}{1\,0\,2\,3} = 28$ Zähne.

Schlüssel zur Bestimmung der Arten

1 Ohr kürzer als 80 mm, erreicht nach vorn umgelegt die Schnauzenspitze nicht. Keine schwarzen Ohrspitzen. Jochbögen mit langem Fortsatz. Hinterfuß kürzer als 11 cm
58 *Oryctolagus cuniculus*

1′ Ohr länger als 90 mm, erreicht nach vorn umgelegt mindestens die Schnauzenspitze. Schwarze Ohrspitzen. Jochbögen dreieckig, breit und kurz mit Fortsatz. Hinterfuß länger als 11 cm 2

2 Schwanz oval, 2farbig (Oberseite schwarz, Unterseite weiß) 59 *Lepus europaeus*

2′ Schwanz rund, 1farbig weiß. Winterhaar außer Ohrspitzen weiß 60 *Lepus timidus*

58 *Oryctolagus cuniculus*
Wildkaninchen

Kennzeichen: Oberseite sandfarben bis graubraun, im Nackenbereich hell bis ockerfarben, Unterseite weißlich. Farbvarianten kommen häufig vor. Das Fell ist dicht und wollig. Typisch sind im Unterschied zum Feldhasen (59) der rundliche Kopf mit den kürzeren, stets aufgerichteten Ohren, die, nach vorn am Schädel angelegt, nicht bis an die Schnauzenspitze reichen. Die Ohrspitzen haben einen sehr schmalen schwar-

58 *Oryctolagus cuniculus*

zen Rand. Die Augen sind groß und braun. Der kurze wollige Schwanz ist oberseits schwarz, unterseits weiß. Die Fußsohlen sind behaart. Die Hinterbeine sind länger als die Vorderbeine.
Ähnliche Arten: Feldhase (59), Schneehase (60).
Maße und Masse: KR 35 bis 45 cm; Schw 4 bis 8 cm; HF 7,5 bis 10 cm; Ohr 6 bis 8,2 cm; CB 65,2 bis 75 mm; Zyg 37,2 bis 41,4 mm; Masse 1 bis 3 kg.
Vorkommen: Ursprünglich wahrscheinlich nur in Spanien und Nordwestafrika. Schon im Altertum begannen die Menschen mit der Aussetzung und Verbreitung der Tiere in und auch außerhalb Europas. Die hohe Vermehrungsrate der Art unterstützte die weitere natürliche Ausbreitung. Heute kommen Kaninchen in Europa bis Südschweden und im Osten bis zur Wisła vor, auch im rumänischen Karpatenbecken, in Jugoslawien und in der Ukrainischen SSR. Sie bewohnen trokkenwarmes Gelände, wo die Anlage von tiefreichenden Bauen möglich ist. Besonders lichte Waldränder, Wiesen und Triften, Gärten, Sandgruben, Parks, Bahndämme, Friedhöfe, Heideflächen, Dünen, Grassteppen und Hangkanten mit dichten Büschen werden bevorzugt. Gebirge, große Waldkomplexe, Moore und Flugsandgebiete werden gemieden. Die Bestandsdichte kann örtlich sehr verschieden sein. Oft können die Tiere in Großstädten beobachtet werden.
Lebensweise: Die Tiere graben weitverzweigte unterirdische Gänge mit Kesseln bis in fast 3 m Tiefe. Die gesellig, oft in mehr oder weniger großen Kolonien (Großfamilien) lebenden Kaninchen sind vorwiegend dämmerungs- und nachtaktiv, verlassen aber auch tagsüber ihre schützenden Baue. Sie können auch in Felsspalten oder oberirdisch leben. Die Familien bestehen aus einem erwachsenen Männchen, mehreren Weibchen und zahlreichen Jungtieren. Droht Gefahr, so schlagen die

a

b

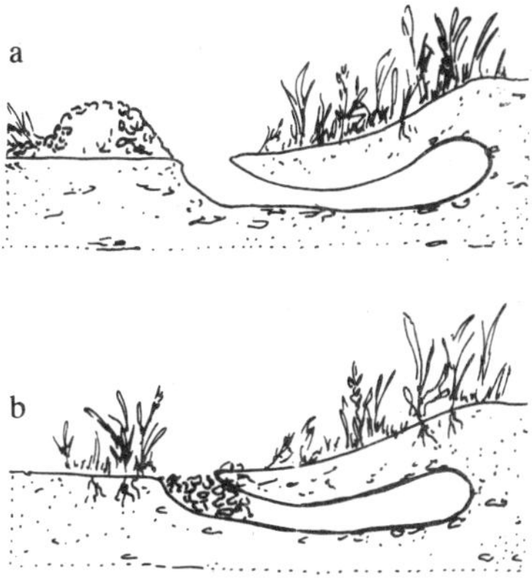

Bau von *Oryctolagus cuniculus* (58): a ohne Junge (Einfahrt offen), b mit Jungen (Einfahrt geschlossen)

Tiere mit den Hinterbeinen auf den Boden (Trommeln), um die Familienmitglieder zu warnen. Sie suchen dann hoppelnd oder bei Flucht in schnellem Kurzstreckenlauf ihre Baue auf. Bei Verfolgung werden viele Haken geschlagen. Die Kaninchen sind meist stumm. In der Rammelzeit ist ein Murksen und in größter Lebensgefahr sind laute Schreie zu vernehmen.
Die meist reviertreuen Tiere verteidigen ihr Territorium gegenüber benachbarten Familien. Das Revier um den Bau hat einen Radius von etwa 80 m. Die Territorien werden mit Duftmarken versehen. Wildkaninchen haben feste Wechsel und Kotplätze. Bei der Nahrungssuche können Wanderungen über mehrere Kilometer (bis 5 km?) erfolgen.
In den sozialen Gruppen besteht eine strenge Rangordnung. Während der Fortpflanzungszeit ist die Territorialität der Tiere sehr stark ausgeprägt. Im Falle einer hohen Populationsdichte werden rangniedere Weibchen nicht befruchtet. Die Paarung beginnt damit, daß das Männchen das Weibchen jagt, umkreist, dann weiter jagt, gelegentlich auch überspringt und mit Harn spritzt. Die Begattung erfolgt vorwiegend im

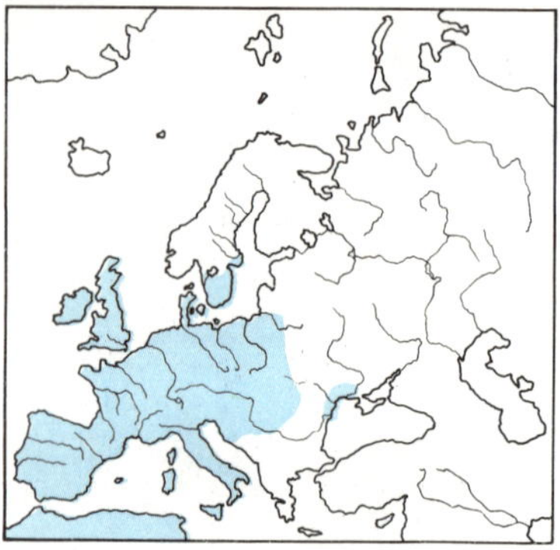

zu 58

Bau. Auch tragende Weibchen bleiben weiter befruchtungsfähig.
In Südeuropa pflanzen sich die Wildkaninchen ganzjährig, in den mittleren und nördlichen Gebieten in den Monaten Februar bis Oktober fort. Die Tragzeit dauert 28 bis 31 Tage. Im Jahr sind 4 bis 7 Würfe mit je 4 bis 7 (bis 15) Jungen möglich. Geburtsmasse 35 bis 45 g. Die nackten und blinden Jungen werden in einem vom Weibchen mit trockenem Gras und der eigenen Bauchwolle ausgepolsterten Wurfnest, einer von innen oder außen verschließbaren, meist eingängigen Röhre geboren. Nach etwa 10 Tagen öffnen die Jungen die Augen, bis etwa 3 Wochen werden sie vorwiegend nachts gesäugt, nach 4 bis 5 Wochen sind sie selbständig, mit 4 bis 5 Monaten geschlechtsreif. Sie können ein Alter bis zu 10 Jahren erreichen.
Die Nahrung besteht vorwiegend aus pflanzlicher Kost, wie Wurzeln, Knospen und Blättern von Gehölzen, Früchten, Kräutern, Gräsern sowie Pilzen; im Winter auch Baumrinde. Schnecken und Würmer sollen ebenfalls gefressen werden. Der feste Kot ist kugelförmig und hat einen Durchmesser von 7 bis 9 mm.
Als Feinde sind Wolf, Bär, Luchs, Fuchs, Hermelin, Katzen sowie Habicht, Uhu und auch Kolkrabe zu nennen. Die durch Mücken übertragene und auch von den Tieren selbst verbreitete Myxomatose fordert aber von den Wildkaninchen eine erheblich größere Zahl von Opfern als ihre tierischen Feinde. Bei starker Vermehrung können die Tiere Schäden in der Forst- und Landwirtschaft, aber auch in Gärten und Parkanlagen anrichten. Von zahlreichen Kaninchenbauten untergrabene Schutzdeiche und Böschungen können bei Hochwasser unterspült werden oder bei Belastung zusammenbrechen. Anhaltend nasses, kühles Wetter sowie kalte, schneereiche Winter wirken reduzierend auf die Bestände.
Besonderes: Das Wildkaninchen ist die Stammform der Hauskaninchen. Es kann sich mit ihnen paaren, mit Hasen jedoch nicht.
In den meisten Ländern Europas unterliegen die Kaninchen der Jagdgesetzgebung, besitzen aber keine Schonzeit.
Verlassene oder unbewohnte Gänge bzw. Röhren von Kaninchen sind für verschiedene Tierarten (z. B. Steinschmätzer, Brandgans und Steinkauz) Brutplätze oder Verstecke.

59 *Lepus europaeus*
Feldhase

Kennzeichen: In der Körperform dem Kaninchen ähnlich, aber größer. Ohren und besonders die Hinterbeine sind erheblich länger. Die Oberseite ist gelblichgrau bis braungrau, die Seiten sind deutlich rostgelb, die Bauchseite ist weiß. Der Schwanz (»Blume«) ist oben dunkel bis schwarz, unten weiß. Das Winterkleid ist hellgrau bis weißlich. Die Augen sind groß, die Ohrspitzen schwarz. Die Ohren reichen am Kopf nach vorn angelegt über die Schnauzenspitze. Typisch sind lange, weiße Schnurrhaare. Hasen haben eine länglichere Kopfform als Kaninchen. Die Weibchen sind in der Regel größer als die Männchen. Hinterfüße mit 4 Zehen. Hinterfußsohlen ohne Schwielen.
Ähnliche Arten: Wildkaninchen (58), Schneehase (60), von dem auch Kreu-

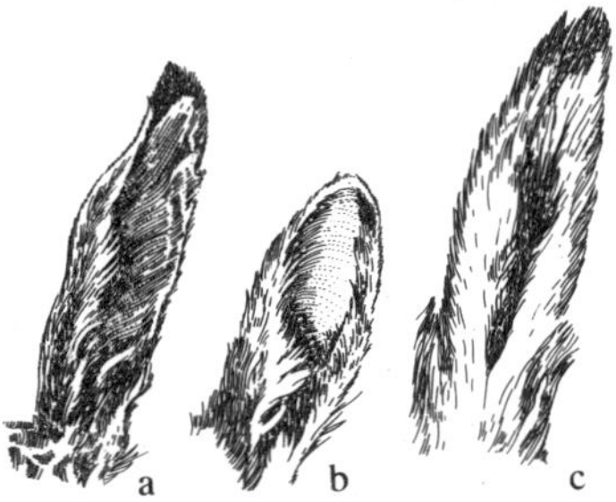

Ohrformen von a *Lepus europaeus* (59), b *Oryctolagus cuniculus* (58), c *Lepus timidus* (60)

zungen mit dem Feldhasen bekannt sind.

Maße und Masse: KR 50 bis 70 cm; Schw 7 bis 12,5 cm; HF 11 bis 15 cm; Ohr 9 bis 15 cm; CB 85 bis 98 mm; Zyg 45,2 bis 51,5 mm; Masse 2,5 bis 7 kg und darüber.

Vorkommen: Europa außer Nordskandinavien, östlich bis Mittelasien, Nordwestafrika. In Irland angesiedelt. Bewohner von Steppengebieten, aber auch von Wäldern. Mit der Ausdehnung der landwirtschaftlichen Nutzflächen fand der Hase günstige Lebensbedingungen, besonders in Mitteleuropa, da er offene Landschaften bevorzugt. Er meidet reine Nadelwälder, kommt aber auch in Sumpfgebieten, in Dünengelände und in den Gebirgen bis in etwa 1 800 m Höhe vor.

Lebensweise: Das vorwiegend dämmerungs- und nachtaktive Tier kann man auch tagsüber beobachten. Außerhalb der Paarungszeit leben die Hasen einzeln. Sie graben keine unterirdischen Röhren, sondern scharren nur eine flache Mulde (»Sasse«), in die der Körper gerade hineinpaßt. Bevorzugt wird die Sasse in Ackerfurchen und Wiesen, an Grabenrändern und unter lichten Gebüschen angelegt. Das Tier drückt sich flach in die Sasse, legt die Ohren nach hinten an und schläft dort mit geschlossenen Augen. Auch bei Gefahr drückt sich das Tier regungslos mit offenen Augen in die Sasse. Hör- und Sehvermögen sind gut entwickelt. Dank der Tarnfärbung des Haarkleides ist der Feldhase leicht zu übersehen. Bei Verfolgung laufen Hasen schnell, springen und schlagen Haken. Sie können gut schwimmen und notfalls auch klettern. Ungestört bewegen sie sich auffallend langsam. Es sind typische Fluchttiere, die kurzzeitig eine Laufgeschwindigkeit bis zu 70 km/h erreichen können. Bis zu 2 m hohe und 2,70 m weite Sprünge wurden beobachtet.

Hasen sind in der Regel ortstreu. Bei markierten Tieren wurden aber auch mehr oder weniger ausgedehnte Wanderungen festgestellt. Es werden Grup-

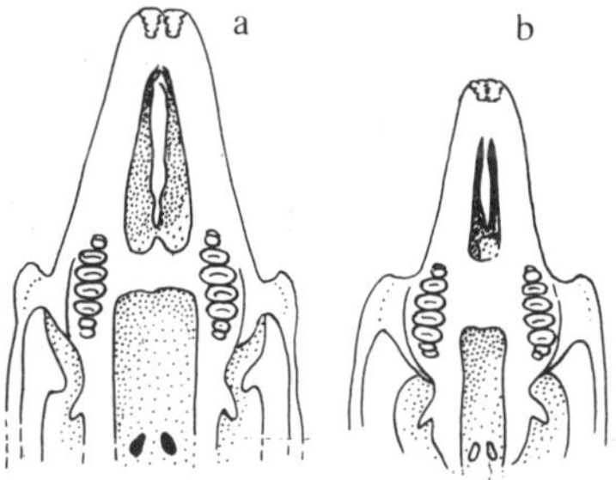

Gaumendach bei a *Lepus europaeus* (59), b *Oryctolagus cuniculus* (58). Beachte unterschiedliche Form und Lage des *Foramen mentale* vor dem vorderen *Praemolar*.

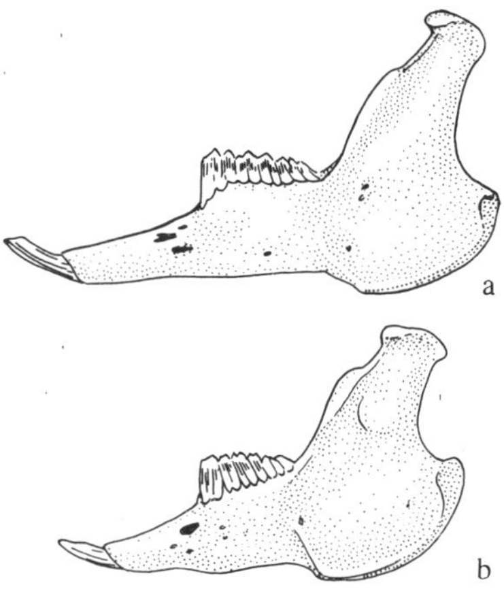

Unterkiefer von a *Lepus europaeus* (59), b *Oryctolagus cuniculus* (58)

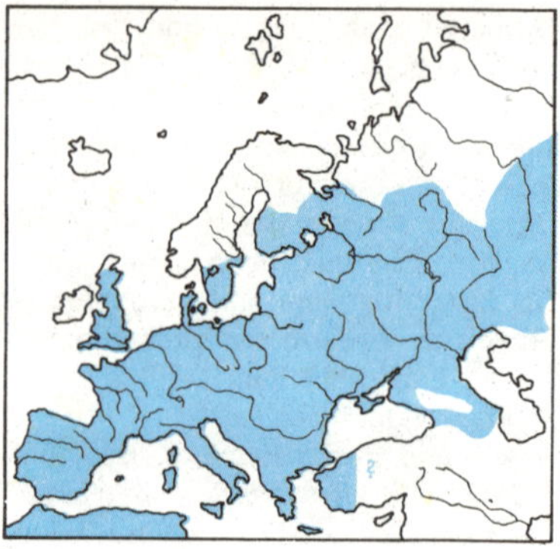

zu 59

penreviere bewohnt, in denen es zwischen den Tieren Sozialkontakte (z. B. gegenseitiges Putzen) gibt; gruppenfremde Tiere können aber vertrieben werden. Als Lautäußerungen sind Fauchen und Knurren, Klagegeschrei (ähnlich Kindergeschrei), Quieken von Jungtieren sowie fiepende Lockrufe bekannt. In größeren Ansammlungen von Hasen können im Herbst Raufereien der Männchen um einzelne Weibchen beobachtet werden.

Die Paarung erfolgt zwischen Januar und Juli. Der Höhepunkt der Paarung, auch Rammelzeit genannt, liegt im März und April. Die Männchen jagen die Weibchen vor der Begattung. Treibende Hasen sind oftmals weniger aufmerksam und fallen dann dem Straßenverkehr und landwirtschaftlichen Maschinen besonders häufig zum Opfer. Nach einer Tragzeit von 6 Wochen werden mit dem 1. Wurf 1 bis 2, bei meist 3 weiteren Würfen 2 bis 4 (1 bis 6) Junge im Freien geboren. Geburtsmasse etwa 130 g. Die Weibchen können im Uterus Embryonen unterschiedlicher Entwicklungsphasen haben, so daß Würfe in Zeitabständen von weniger als 6 Wochen möglich sind. Die Jungen sind trotz des mit der Bauchwolle des Weibchens ausgepolsterten Wurfnestes gegen kaltes und niederschlagsreiches Wetter empfindlich. Die Neugeborenen sind behaart, können sehen und laufen schon kurz nach der Geburt (Nestflüchter). Bei Gefahr drücken sie sich in die Vegetation oder in Vertiefungen des Bodens. Junghasen, die man ohne Mutter auffindet, sind an Ort und Stelle zu belassen, die Mutter kehrt zu ihnen zurück! Die Säugezeit dauert 3 Wochen, die erste feste Nahrung kann mit 14 Tagen aufgenommen werden. Die volle Selbständigkeit erreichen die Junghasen mit 3 oder 4 Wochen, die Geschlechtsreife tritt am Ende des 1. Jahres ein. Hasen können bis 12 Jahre alt werden. Gräser, Wurzeln, Knospen, Früchte, Rinde, Beeren, Pilze, Getreidesprosse, Gemüse- und Futterpflanzen stellen die Nahrung dar. Neben dem eigenen Kot sollen auch Kleintiere (?) als Eiweißnahrung aufgenommen werden.

Feinde sind Raubsäuger, wie Marder, Fuchs, Wolf, Luchs, Bär, Katzen, aber auch Adler und Uhu. Junge und kranke Tiere können auch von anderen Greifvögeln geschlagen werden.

Gegen Krankheiten (z. B. Pseudotuberkulose, Staphylomykose, Brucellose, Kokzidiose) ist der Hase empfindlich. Die Faktoren Klima, Krankheit, menschliche Einflüsse (Landwirtschaft, Straßenverkehr, Jagd) und Feinde wirken ständig reduzierend auf die Populationen.

Besonderes: Für die Jagd ist der Hase das bedeutendste Niederwild. In manchen Ländern zeitweise von der Jagd verschont. In vielen Ländern ist ein deutlicher Rückgang der Populationen festzustellen. Die Auffassung, daß ein Bestand durch das Zusetzen von Tieren fremder Populationen verbessert wird (»Blutauffrischung«), hat sich nicht bestätigt.

Für Nordostspanien wird eine eigene Art, *Lepus granatensis* angegeben. Der Artstatus ist noch umstritten. Manche Autoren sind der Auffassung, daß der afrikanische *L. capensis* konspezifisch mit *L europaeus* ist. Nach der Prioritätsregel müßte dann der europäische Hase *L. capensis* heißen.

Hase in der »Sasse«

59 *Lepus europaeus*

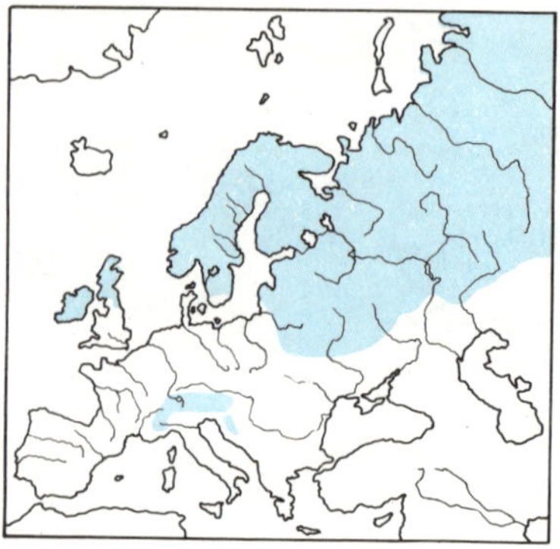

zu 60

60 *Lepus timidus*
Schneehase

Kennzeichen: Der Schneehase ist etwas kleiner und hat einen kürzeren Kopf als der Feldhase (59). Die Ohren, die auch im Winter schwarze Spitzen haben, dienen als innerartliches Signalinstrument. Sie sind etwa so lang wie der Kopf. Der Schwanz ist vollständig weiß. Das Fell ist sehr dicht, im Winter rein weiß, im Sommer graubraun bis braun. Es gibt auch Schneehasen (z. B. in Schottland), die im Winter ihr braungraues Fell behalten oder gescheckt sind. Die Augen sind groß und hellbraun. Die Füße sind behaart. Hinterfüße mit 4 Zehen, Hinterfußsohlen ohne Schwielen. Die Größe der Tiere kann in den Gebieten ihres Vorkommens sehr unterschiedlich sein.

Ähnliche Arten: Feldhase (59), Wildkaninchen (58).

Maße und Masse: KR 46 bis 68 cm; Schw 4 bis 7 cm; HF 12 bis 15 cm; Ohr 6 bis 10 cm; CB 79 bis 92 mm; Zyg 45 bis 52,6 mm; Masse 1,7 bis 5,8 kg.

Vorkommen: Die Nominatform 60a *Lepus t. timidus* ist im nördlichen Eurasien von Island und Irland im Westen über Nordeuropa bis in die nördlichen Gebiete Asiens (Sachalin) verbreitet. Im Alpengebiet kommt die kleinere Unterart 60b *Lepus timidus varronis* vor. In Wäldern und höheren Lagen der Gebirge sowie in der Tundrazone. Auch Moore mit großflächigen Heidekrautbeständen werden bewohnt. In den Alpen während des Sommers in der Krummholzzone und darüber.

Lebensweise: Die Tiere leben einzeln oder gesellig, sind meist nacht- und dämmerungsaktiv, werden aber auch am Tage gesehen. Ihre Sassen legen sie zwischen Felsen an. Sie graben mitunter kurze Höhlen als Versteckmöglichkeiten für sich oder ihre Jungen. Die Tiere laufen langsamer und schlagen weniger Haken als der Feldhase (59). Stimme wie Feldhase, zusätzlich kann der Schneehase zischen und fauchen.

Die Paarungszeit liegt zwischen Februar und Juni. Nach einer Tragzeit von 45 bis 51 Tagen kommen 2 bis 5 Junge zur Welt. Jährlich bis zu 3 Würfe. Die Jungen werden mit bereits offenen Augen und einem Fell in der Sasse geboren und bis etwa 3 Wochen gesäugt. Mit 8 oder 9 Monaten sind sie geschlechtsreif. Sie können bis 13 Jahre (?) alt werden.

Die Nahrung entspricht der des Feldhasen, ist aber entsprechend der geographischen Lage vielfach karger und besteht oft vorwiegend aus Flechten und Zwergsträuchern.

Als Feinde sind besonders Luchs, Eis- und Rotfuchs, Wolf, Vielfraß, Marder sowie Schnee-Eule, Steinadler und Uhu zu nennen.

Besonderes: Wo Feldhase und Schneehase gemeinsam vorkommen, wurden vereinzelt Bastarde festgestellt. Die kräftigeren Feldhasen können den kleineren Schneehasen als Nahrungskonkurrenten aus seinen Territorien verdrängen.

Ordnung *Rodentia*
Nagetiere

Zu dieser artenreichsten Säugetierordnung gehören sehr kleine bis mittelgroße, auch amphibisch lebende Tiere. Typisch sind im Ober- und Unterkiefer

60 *Lepus timidus*
Sommerkleid und Winterkleid

je 1 Paar wurzellose, relativ große meißelförmig ausgebildete Nagezähne *(Incisivi)*, die durch ihre gelbliche oder rötliche Färbung auffallen und meist zwischen Ober- und Unterkiefer gut sichtbar sind. Das Fehlen der *Canini* ist, als Zahnlücke zwischen den *Incisivi* und den *Praemolares* zu erkennen, für das Gebiß der Nagetiere kennzeichnend. Die Schnauze ist nicht rüsselförmig ausgebildet. Dadurch unterscheiden sie sich deutlich von den Insektenfressern. An den Zehen befinden sich Krallen.

In der Regel sind Nagetiere Pflanzenfresser, die, von wenigen Ausnahmen abgesehen, vorwiegend nachtaktiv sind und in selbstgegrabenen Gängen oder in Nestern am Boden leben. Sie verfügen in der Regel über ein gut entwickeltes Geruchsorgan.

Die meisten Nagetiere, besonders die Wühlmäuse, weisen eine hohe Vermehrungsrate auf.

74 europäische Nagetierarten gehören 39 Gattungen in 11 Familien an.

Schlüssel zur Bestimmung der Familien

1 Schwanz in die lockere Haut der hinteren Körperhälfte einbezogen, Augen unter der Haut, keine Ohrmuschel *Spalacidae* S. 247
1′ Mit Schwanz, Augen und Ohrmuscheln 2
Schwanz anliegend und kurz behaart oder nahezu nackt 4
2′ Schwanz dicht mit langen Haaren bedeckt, buschig oder mit Endquaste 3
KR kürzer als 190 mm, ohne Flughaut. Schwanz länger als ¾ der KR 10
3′ KR länger als 190 mm oder mit Flughaut. Schwanz kürzer als ½ der KR *Sciuridae* S. 140
Mit Schwimmhäuten zwischen den Hinterzehen 5
4′ Ohne Schwimmhäute zwischen den Hinterzehen 6
5 Schwanz dorsoventral abgeplattet, nackt *Castoridae* S. 158
5′ Schwanz drehrund, spärlich behaart *Capromyidae* S. 253
6 Mit schwarzweiß geringelten, dicken Stacheln *Hystricidae* S. 251
6′ Ohne echte Stacheln 7
7 Schwanz länger als ⅔ der KR 8
7′ Schwanz kürzer als ⅔ der KR 9
8 Oberlippe gespalten *Muridae* S. 170
8′ Oberlippe nicht gespalten, hausmausgroß, mit schwarzem Aalstrich *Zapodidae* S. 238
9 Mit Backentaschen *Cricetidae* S. 193
9′ Ohne Backentaschen *Arvicolidae* S. 199
10 Schwanz höchstens so lang wie KR, Hintergliedmaßen nicht als Sprungbeine ausgebildet *Gliridae* S. 162
10′ Schwanz länger als KR, Hintergliedmaßen als Sprungbeine ausgebildet *Dipodidae* S. 242

Familie *Sciuridae*
Hörnchenartige

Die im Habitus unterschiedlichen, ratten- bis katzengroßen Tiere leben am Boden oder auf Bäumen. Sie sind vorwiegend tagaktiv und haben an den Vorderfüßen 4 und an den Hinterfüßen 5 Zehen. Der Schwanz ist behaart.

Zahnformel: $\frac{1\,0\,2\,3}{1\,0\,1\,3}$ = 22 Zähne.

Schlüssel zur Bestimmung der Gattungen

1 Längsstreifen auf dem Rücken *Tamias* S. 147
1′ Rücken ungestreift 2
2 Zwischen Vorder- und Hinterbeinen eine behaarte Flughaut *Pteromys* S. 145
2′ Ohne Flughaut 3
3 Schwanz buschig *Sciurus* S. 141
3′ Schwanz dicht, aber nicht buschig behaart 4
4 Rattengroß, Ohren frei, kurz und anliegend *Citellus* S. 149
4′ Größer als eine Katze, Ohren im Fell *Marmota* S. 154

Gattung *Sciurus*
Eigentliche Hörnchen

Schlüssel zur Bestimmung der Arten

1 Ohren ohne auffällige Haarbüschel, 2
1' Ohren im Winter mit deutlichem Haarbüschel. Schwanzhaar bis zur Spitze pigmentiert. 61 *S. vulgaris*
2 Schwanzhaar weiß 62 *S. carolinensis*
2' Schwanzoberseite braunrot 63 *S. anomalus*

61 *Sciurus vulgaris*
Eichhörnchen

Kennzeichen: Der Schwanz ist fast körperlang, buschig und stark behaart. Die Färbung der Körperoberseite kann sehr variabel sein, von hellgelb über leuchtend rotbraun bis schwarz. Die Bauchseite ist meist einfarbig hellweiß. Die unterschiedlichen Farbtypen sind keine regionalen Unterarten und kommen auch nebeneinander im gleichen Gebiet vor. Im Winter kann das Fell hell- bis dunkelgraubraun sein. Während der Winterzeit sind Ohrbüschel sehr deutlich ausgebildet, im Sommer dagegen nur angedeutet. Im Frühjahr und im Herbst findet ein Haarwechsel statt. Die Schwanzhaare werden nur im Frühjahr gewechselt. Die Hinterbeine sind länger und deutlich kräftiger als die Vorderbeine. Die Augen sind groß und dunkel. In südlichen Gebieten können Eichhörnchen größer und schwerer werden als im Norden Europas. Die Hand- und Fußflächen sind im Sommer ohne, im Winter mit Haaren versehen. Die Sohlen der Hinterfüße haben je 4 und die der Vorderfüße je 6 Schwielen. An der Schnauze, über den Wangen und im Bereich des Ellenbogens befinden sich Vibrissen. 4 Paar Zitzen.

Ähnlich aussehende Arten: Grauhörnchen (62), Flughörnchen (64), Siebenschläfer (76).

Maße und Masse: KR 20 bis 25 cm; Schw 15 bis 20 cm; HF 5 bis 6,3 cm; Ohr 2,7 bis 3,6 cm; CB 44,8 bis 50 mm; Zyg 30 bis 34,2 mm; Haarlänge des Schwanzes 50 bis 80 mm; Masse 200 bis 480 g.

Ohr von *Sciurus vulgaris* (61) im Winter, im Sommer

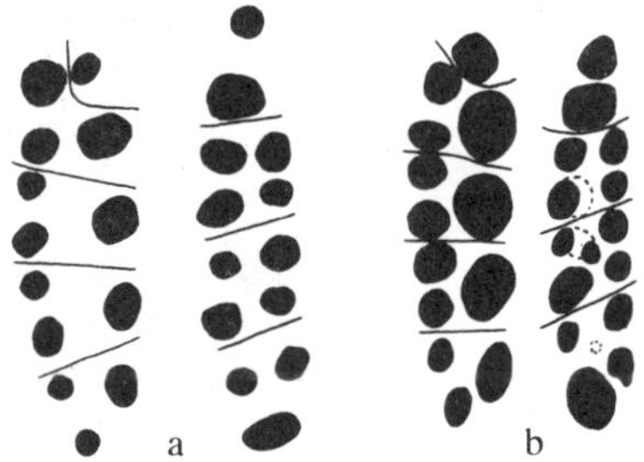

Alveolenmuster von a *Sciurus vulgaris* (61), b *Pteromys volans* (64)

Vorkommen: In Waldgebieten Eurasiens. Von England im Westen über ganz Europa und Asien bis Japan und Sachalin im Osten. Auf den Inseln des Mittelmeeres fehlt das Eichhörnchen. In verschiedenen Gebieten wurde es ausgesetzt (z. B. in Irland). Es bewohnt Wälder, Parkanlagen, Wohngebiete mit reichem Baumbestand und dringt im Gebirge bis zur Baumgrenze vor.

Lebensweise: Das tagaktive Tier ist ein ausgezeichneter Kletterer (auch kopfabwärts), springt mit großer Gewandtheit, selbst durch die Kronen der Bäume und hüpft über den Boden. Selbst an Rauhputzwänden von Hochhäusern kann es klettern. Es hält keinen Winterschlaf und verweilt bei Schlechtwetterperioden im Nest oder in geräumigen Baumhöhlen. Bei verminderter Aktivität geht der Nahrungsbedarf zurück.

61 *Sciurus vulgaris*
schwarze Variante, Sommerkleid
rote Variante, Winterkleid

Eichhörnchen zeigen kein ausgeprägtes Territorialverhalten. Für das durchstreifte Gebiet werden Größen bis zu etwa 50 ha angegeben. Bestimmte Wechsel, besonders aber Futterplätze, werden beibehalten. Während es in den Wäldern starke Bestandsschwankungen beim Eichhörnchen gibt, können die Bestandsdichten in städtischen Parkanlagen, wo die Tiere zusätzlich vom Menschen gefüttert werden, auch über mehrere Jahre hinweg stabil bleiben. In Jahren, in denen es viele Bucheckern oder Fichtenzapfen gibt, vermehren sich die Eichhörnchen besonders stark.

Die Tiere verfügen über einen ausgezeichneten Geruchssinn, mit dem sie versteckte Nahrung auffinden oder die Urinmarkierungen wahrnehmen.

Sie bauen aus meist abgenagten Ästchen in den Baumkronen (über 3 m Höhe) in Stammnähe ein fest verankertes kugeliges Nest (Kobel) mit einem Außendurchmesser bis etwa 40 cm und einem Innenraum von etwa 15 cm Durchmesser. Es wird mit trockenem Gras, Bast und Moos ausgekleidet. Meist haben die Nester 2 Schlupflöcher mit etwa 5 cm Durchmesser. Nicht selten werden verlassene Nester von Rabenvögeln (besonders von Krähen und Elstern) umgebaut oder Baumhöhlen (auch verlassene Schwarzspechthöhlen) ausgepolstert. Selbst in Gebäuden wurden auf Dachböden Kobel gefunden. Oftmals bewohnen die Tiere mehrere Nester.

In der Paarungszeit von Dezember bis Ende Juni/Anfang Juli jagen die Männchen hinter den Weibchen her, veranstalten regelrechte Hetzjagden. Nach einer Tragzeit von etwa 38 Tagen werden 2 bis 5 (8) Junge blind und nackt geboren. Geburtsmasse 8 bis 12 g. Im Jahr können 2 Würfe erfolgen. Wenn das Weibchen Jungtiere säugt, ist es sehr aggressiv und verjagt das Männchen aus dem Nestbereich. Mit etwa 4 Wochen öffnen die Jungen die Augen. Bis zu 12 Wochen werden sie

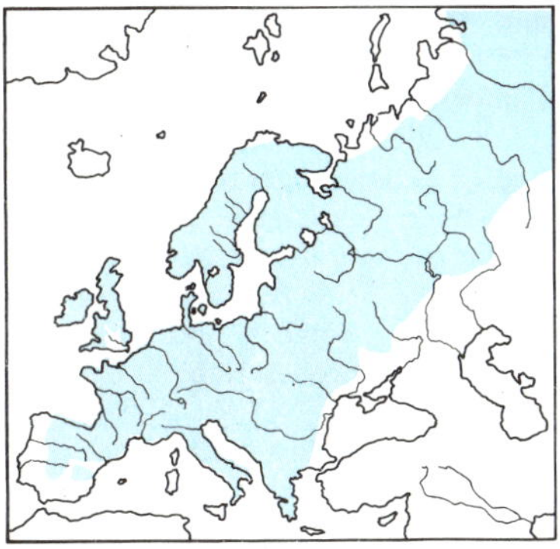

zu 61

gesäugt. Das Nest wird erstmals nach etwa 6 Wochen von den Jungen verlassen. Erfolgen Störungen am Nest, so trägt das Weibchen die Jungen in ein Ausweichnest. Die Geschlechtsreife tritt im 1. oder 2. Lebensjahr ein. Sie können ein Alter bis 12 (in Gefangenschaft bis 18) Jahre erreichen.

Außerhalb der Paarungszeit leben die Tiere einzeln. Im Schlafnest halten sie sich, außer zur Zeit der Jungenaufzucht, auch paarweise auf. Als Laute sind Knurren, Keckern, Schnalzen, auch Klageschreie bekannt. Die Bewegungen von Schwanz und Ohren haben als Verhaltensmuster für die Tiere eine besondere Bedeutung. So scheint das seitliche Hin- und Herwedeln des Schwanzes, das die Aufmerksamkeit anderer Artgenossen erregt, ein Drohverhalten zu sein.

Die Nahrung besteht vorwiegend aus pflanzlicher Kost. Samen von Nadelbäumen, Bucheckern, Eicheln, Nüsse und Kastanien werden bevorzugt, aber auch Triebe, Beeren, Obst, Rinde, Knospen und Pilze gehören neben Vogeleiern, Jungvögeln, Kerbtieren und Schnecken zur Nahrung. Der tägliche Nahrungsbedarf liegt bei etwa 80 g. Futtervorräte werden angelegt, z. T. vergraben und in den meisten Fällen (auch im Winter) wieder aufgefunden. Die Nadelbaumsamen stellen für die Tiere eine wichtige Futtergrundlage dar. An bevorzugten Freßplätzen, die oftmals durch Hunderte bearbeitete Zapfenspindeln am Boden auffallen, werden die harten Schuppen von den Zapfen gerissen oder gebissen, um an die Samen zu gelangen. Dabei wird der Zapfen mit den Vorderfüßen schräg gehalten und beim Benagen laufend gedreht. Als Feinde sind besonders Baummarder, Zobel, Habicht und Uhu zu nennen.

Besonderes: Der Schutzstatus der Eichhörnchen ist in den Ländern Europas unterschiedlich. Sie stehen entweder unter Naturschutz, sind von der Jagd ausgenommen oder auch jagdbar. Ob durch das größere Grauhörnchen (62) in bestimmten Gebieten das Eichhörnchen verdrängt wird, ist noch zu klären, erscheint aber denkbar, wie Beobachtungen in Skandinavien belegen.

62 *Sciurus carolinensis*
Grauhörnchen

Kennzeichen: Etwas größer und wohl auch aggressiver als das Eichhörnchen (61). Ihm fehlen auch im Winter die Ohrbüschel. Im Sommer ist das Fell rötlichgelb bis deutlich rotbraun, im Winter ist der Rückenbereich grau. Kehle und Bauch sind weißlich. Der lange, buschige Schwanz mit bis zu 5 cm langen Haaren ist weiß gesäumt. Um das große Auge ist ein heller, weißlicher Ring deutlich zu erkennen. 4 Paar Zitzen.

Ähnlich aussehende Arten: Eichhörnchen (61), Siebenschläfer (76).

Maße und Masse: KR 20 bis 28 cm; Schw 20 bis 24 cm; HF 60 bis 75 mm; Ohr 28 bis 32 mm; Vibrissen bis 70 mm lang; Masse 350 bis 750 g, in der Regel um 500 g.

62 *Sciurus carolinensis*

Vorkommen: USA und im Grenzbereich Kanadas. In Europa in England, Irland und Schottland zwischen 1876 und 1929 ausgesetzt. Die Tiere lebten sich ein und vermehrten sich stellenweise so rasch, daß ein Zurückdrängen des Eichhörnchens beobachtet wurde. Laub- und Mischwälder werden deutlich Nadelwäldern vorgezogen. Kommt auch in Parks vor.
Lebensweise: Ähnlich der des Eichhörnchens (61). Das tagaktive, wenig scheue Tier ist am Boden schneller und beim Klettern in den Baumwipfeln langsamer als das Eichhörnchen. Im Winter lebt es in kleinen Trupps.
Die größeren, oftmals liederlich angelegten Nester mit einem Durchmesser bis 60 cm werden in Astgabeln von Bäumen gebaut. Schlafplätze auch in Baum- oder Erdhöhlen. Jährlich können 2 Würfe erfolgen. Nach einer Tragzeit von 44 Tagen werden zwischen Anfang Februar bis Mitte August 2 bis 4 (6) nackte und blinde Junge geboren. Geburtsmasse 12 bis 17 g. Die Jungen, die mit etwa 8 Wochen selbständig werden, sind nach 9 Monaten geschlechtsreif. Die Tiere werden bis zu 10 Jahre alt. Die Territorien verschiedener Tiere können sich überschneiden, bei ausreichender Nahrung wird ein Aktionsraum von etwa 0,6 ha bewohnt.
Die Ernährung ist der des Eichhörnchens sehr ähnlich. Eicheln werden bevorzugt, oft werden austretende Baumsäfte abgeleckt. Zur Nahrungssuche wird auch der Boden aufgesucht.
Die Lautgebung ist vielfältig: U. a. sind lautes Brummen, Knurren und Zähnewetzen vernehmbar.

63 *Sciurus anomalus*
Kaukasisches Eichhörnchen
Kennzeichen: Rücken und Bauchseite bräunlich bis graubraun. Schwanz kurz mit braunroter Oberseite. Außenseiten der Extremitäten rötlich gefärbt. Winterfell vom Sommerfell nicht deutlich unterschieden. Keine Ohrpinsel. An

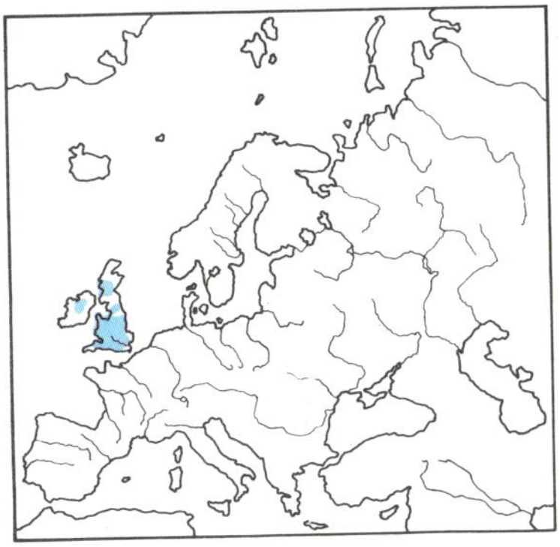

zu 62

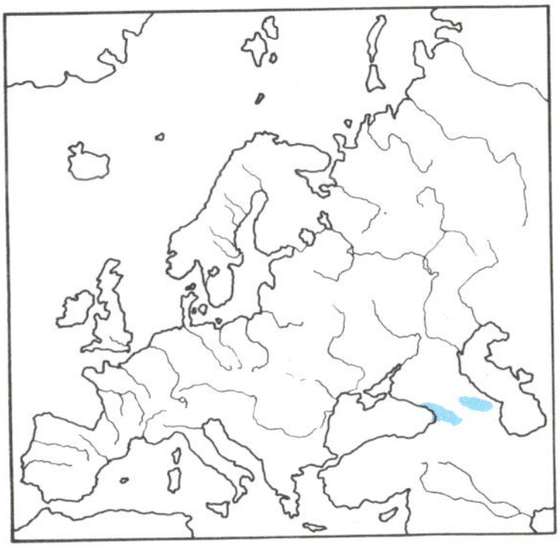

zu 63

den Fußsohlen 6 Schwielen. Weibchen mit 5 Paar Zitzen.
Vorkommen: Transkaukasien, Osttürkei, Syrien, Iran. Bewohnt Buchenwälder und Wälder mit Nußbäumen, auch im Gebirge.

Gattung *Pteromys*
Flughörnchen

64 *Pteromys volans*
Flughörnchen, Gleithörnchen
Kennzeichen: Die Körpergröße entspricht etwa der eines Siebenschläfers (76). Typisch ist die vollständig behaarte, breite »Flughaut« zwischen den Vorder- und Hinterbeinen. Die Körperoberseite ist gelblichgrau oder silbrig-

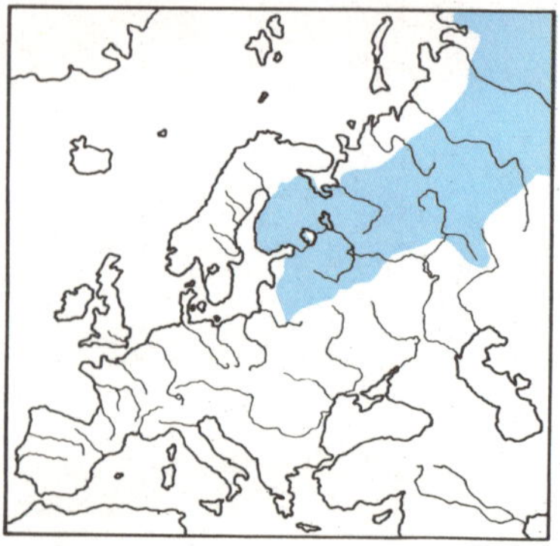

zu 64

grau bis dunkelgrau, die Unterseite ist weiß, der Schwanz (mit Haarlängen zwischen 18 und 33 mm) grau mit rostgelbem Anflug. Die kurzen Ohren haben keine Haarbüschel. Die Augen sind groß. Wenn das Tier sitzt oder klettert, kann die dabei angelegte »Flughaut« leicht übersehen werden.

Ähnlich aussehende Arten: Siebenschläfer (76), Eichhörnchen (61).

Maße und Masse: KR 13,5 bis 20,5 cm; Schw 9 bis 14 cm; HF 30 bis 39 mm; Ohr 14 bis 20 mm; CB 32 bis 38 mm; Masse 95 bis 170 g.

Vorkommen: Taigagebiete von Finnland ostwärts bis Sachalin. Das Tier benötigt naturnahe Wälder, besonders mit Birken oder Erlen und vorwiegend altem Baumbestand. Eine wichtige Lebensbedingung sind Baumhöhlen.

Lebensweise: Die sehr gewandt kletternden Flughörnchen können mit ihrer »Flughaut« von den Kronen der Bäume herab bis etwa 40 m Entfernung gleitend fliegen. Richtungsänderungen während des Gleitfluges sind durch steuernde Bewegungen der Beine und des Schwanzes möglich. Mit Hilfe eines langgestreckten Knorpels an der Handwurzel können die Tiere die Flughaut spannen. Aktiv fliegen, also sich vom Boden in die Luft erheben, können sie nicht. Beim Landen werden die Hinterfüße nach vorn und unten ausgestreckt, und der Schwanz wird angehoben. Die dadurch entstehende Aufwölbung der Flughaut verringert die Gleitgeschwindigkeit, und ein harter Aufprall wird vermieden.

Die besonders in der Dämmerung und in der Nacht aktiven Tiere leben zu gewissen Zeiten paarweise oder in Mutterfamilien zusammen. Sie halten keinen Winterschlaf. Das Nest wird in Baumhöhlen, die meist von Schwarz- oder Buntspecht stammen, in Nistkästen und Eichhörnchenkobeln angelegt. Es gibt auch nur für kurze Zeit bewohnte Nester aus Moos, Flechten und Blättern. Von Flughörnchen gebaute Nester enthalten keine Zweige. Das sich am Nest oben befindliche 2 bis 4 cm weite Einstiegsloch wird von innen durch das Tier verschlossen. In Europa sind die Nester vorwiegend aus Bartflechten gebaut. Im Winter entfer-

63 *Sciurus anomalus*

64 *Pteromys volans*

nen sich die Tiere nicht weit von der schützenden Höhle.
Die Paarungszeit, begleitet von Verfolgungsjagden, dauert von April bis Juni. Nach einer Tragzeit von 5 bis 6 Wochen werden 2 bis 3 (5) nackte Junge geboren. Meist 2 Würfe im Jahr. Die Fortpflanzungsbiologie ist noch nicht ausreichend bekannt. Als Lautäußerungen sind schrilles Piepsen und Knurren nachgewiesen. Die Nahrung der Tiere ähnelt der des Eichhörnchens. Birkenrinde wird besonders gern angenommen. Als Nahrungsvorräte für den Winter sollen Kätzchen von Erlen und Birken eingetragen werden. Feinde sind Baummarder, Zobel, Uhu, Habichtskauz, Bartkauz und Habicht.

Besonderes: Der allgemeine Rückgang der Populationsstärke wird auf die Intensivierung der Forstwirtschaft zurückgeführt.

Gattung *Tamias*
Backenhörnchen

65 *Tamias sibiricus*
Burunduk, Streifenhörnchen

Kennzeichen: Das Burunduk ist an 5 dunkelbraunen Längsstreifen über Rükken und Seiten zu erkennen. Der Rükken ist bräunlich bis sandfarben, die Bauchseite weiß. Am Kopf führt ein

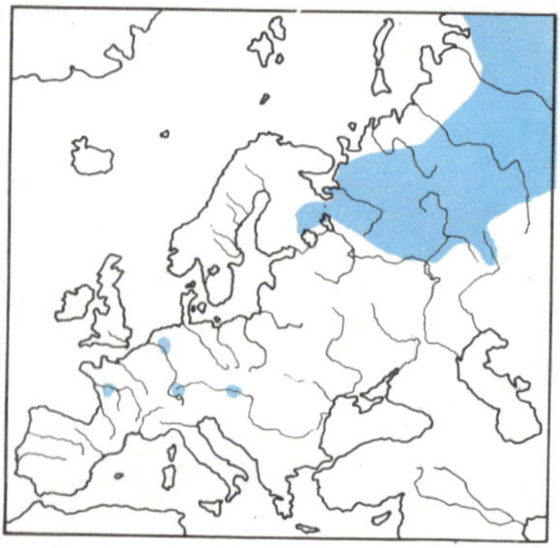

zu 65

heller Streifen von der Nase über das Auge bis zum Ohr und ein weiterer unter dem Auge bis hinter das Ohr. Die Ohren sind länglich. Der lange und stark behaarte Schwanz ist grau und hat oberseits 3 schwarze Längsstreifen. Die Außenkanten sind weiß. Das Fell ist kurzhaarig und liegt dicht an. Die Sohlen tragen bis zu den Ballen Haare. Die Vorderfüße haben 5, die Hinterfüße 4 Schwielen. Die Backentaschen fallen besonders in gefülltem Zustand auf. 4 Paar Zitzen.

Ähnlich aussehende Arten: Eichhörnchen (61), Flughörnchen (64), Ziesel (66), Perlziesel (67), Siebenschläfer (76).

Maße und Masse: KR 12 bis 17 cm; Schw 8 bis 11,5 cm; HF 31 bis 38 mm; Ohr 13 bis 18 mm; CB 38,2 bis 41,5 mm; Zyg 21,7 bis 22,5 mm; Masse 60 bis 120 g.

Vorkommen: Taigagebiete Eurasiens, in Kiefern- und Lärchenwäldern mit Unterwuchs. Die Ausbreitung in westlicher Richtung bis zum Weißen Meer und bis Karelien soll sich in jüngster Zeit bis Ostfinnland fortgesetzt haben. In Frankreich, den Niederlanden, Österreich und der BRD gibt es Populationen, die auf ausgesetzte oder entlaufene Tiere zurückgehen. Die genaue Herkunft dieser Tiere ist nicht bekannt.

Lebensweise: Das vorwiegend bodenbewohnende Tier ist tagaktiv und kann ausgezeichnet auf Bäumen klettern. Der Winterschlaf kann von Oktober bis zum April dauern. Er wird auch unterbrochen. Die Baue werden am Boden angelegt und liegen etwa 50 cm tief und sind bis zu 2 m lang. 1 bis 2 Eingänge mit etwa 5 cm Durchmesser führen zur Wohnkammer. Die Nahrung wird in Vorratskammern (die oft mehrere Kilogramm enthalten) gesammelt oder im Boden verscharrt.

Die beim Bauen ausgeworfene Erde wird meist verteilt. Die Tiere balgen sich und verfolgen sich oft spielerisch. Durch »Wedeln« mit dem Schwanz ziehen die Tiere (wahrscheinlich meist Männchen) die Aufmerksamkeit auf

65 *Tamaias sibiricus*

sich. Burunduks nehmen sehr gern Sandbäder.
Die Paarungszeit dauert von Ende April bis Anfang Juni. Nach einer Tragzeit von 30 bis 32 Tagen werden in der Regel 3 bis 6 blinde und unbehaarte Junge geboren. Bei den in Mittel- und Westeuropa ausgesetzten Tieren ist jährlich ein 2. Wurf möglich. Die Jungen werden etwa 4 Wochen gesäugt, die Geschlechtsreife tritt nach etwa 11 Monaten ein. Das Höchstalter soll bis zu 7 Jahre betragen. Bei der Paarung können Quaklaute vernommen werden. Alarm- und Schreckruf ist ein Tschirpen, in unterschiedlichen Abständen und Zeitreihen.
Die Nahrung besteht vorwiegend aus Knospen, Samen, Beeren und Pilzen. Insekten und kleine Wirbeltiere werden nicht verschmäht.
Feinde sind Marder, Hermelin, Iltis, Rotfuchs und Mäusebussard.
Besonderes: Burunduks eignen sich als Heimtiere. In entsprechenden Terrarien sind sie leicht zu ernähren, werden zahm und zutraulich und vermehren sich leicht.

Gattung *Citellus*
Ziesel

Schlüssel zur Bestimmung der Arten

1 KR unter 25 cm, mehr oder weniger gefleckt 2
1′ KR über 25 cm, gleichmäßig gelb gefärbt 68 *C. fulvus*
2 Auf dem Rücken nur kleine helle Sprenkel angedeutet 69 *C. pygmaeus*
2′ Deutliche weißliche Rückenflecke 3
3 Rücken mit weißlichen Flecken bis 5 mm Durchmesser. Schwanz meist kürzer als 45 mm 67 *C. suslicus*
3′ Weißliche Rückenflecke 2 bis 3 mm im Durchmesser, unauffällig. Schwanz meist länger als 45 mm 66 *C. citellus*

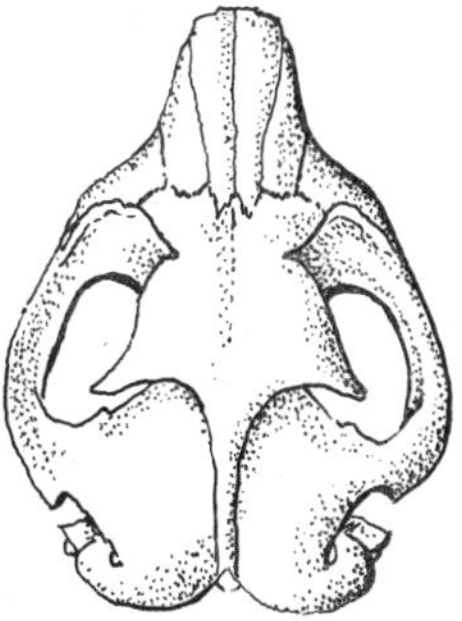

Schädel (Draufsicht) von *Citellus fulvus* (68)

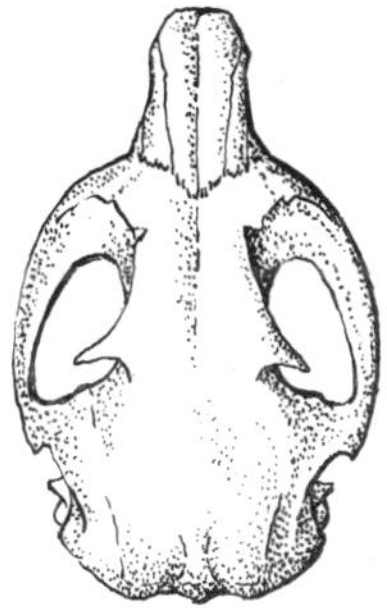

Schädel (Draufsicht) von *Citellus pygmaeus* (69)

66 *Citellus citellus*
Gemeines Ziesel

Kennzeichen: Das knapp eichhörnchengroße Tier ist schlank, hat ein anliegendes Fell und sehr kurze, breite Ohren ohne Haarbüschel. Beine und Schwanz sind kurz, die Augen groß. Die Körperoberseite ist leicht rötlichgelbgrau mit helleren Flecken, die Unterseite grauweißlich bis sandfarben. Die Männchen sind größer als die Weibchen. Kleine Backentaschen. Vibrissen bis 30 mm Länge. Die Zehen haben leicht gekrümmte Krallen. Hinterfußsohlen mit 4 Schwielen. 5 Paar Zitzen.
Ähnliche Art: Perlziesel (67).
Maße und Masse: KR 17 bis 24 cm; Schw 38 bis 80 mm; HF 30 bis 42 mm; Ohr 7 bis 10 mm, CB 41,5 mm; Zyg 27,2 bis 30,5 mm; Masse 200 bis 350 g.

Vorkommen: Von Polen über die ČSSR und Österreich nach Südeuropa einschließlich der Balkanländer. Im Osten bis China und Mongolei. Ob die Populationen im Vorderen Orient eine eigene Art darstellen, ist noch unklar. In Mitteleuropa ist die Verbreitung der Art in verschiedene Areale aufgespalten oder inselartig. Das einzige Vorkommen im Osterzgebirge (DDR) ist seit 1961 erloschen. In anderen Gebieten sind ebenfalls Arealeinbußen festzustellen.
Bewohnt werden offene Landschaften, steppenartiges Gelände, trockenes Grasland, Flächen mit niedriger Vegetation und Luzernefelder. Im Gebirge bis über 2 500 m Höhe. Wälder und feuchte Gebiete werden gemieden.
Lebensweise: Das sehr flinke und gesellig lebende Tier ist tagaktiv. Beim Laufen macht es oft »Männchen« (Aufrichten des Körpers auf den Hinterbeinen), um Ausschau zu halten. Die Tiere siedeln meist in Kolonien. In selbstgegrabenen Erdbauen, die bis zu 2 m Tiefe erreichen können und zahlreiche Eingänge haben, wird am Ende ein mit trockenem Gras ausgepolsterter Wohnkessel angelegt. Meist liegen mehrere Baue nebeneinander. Die Tiere legen aber auch kürzere, röhrenartige Schutzbaue zum Unterschlupf bei Gefahr oder für Ruhepausen an. Die Dauerbaue werden einzeln bewohnt. Hier halten sie ihren Winterschlaf oder bringen die Jungen zur Welt. Der Winterschlaf, der von September an bis zu 7 Monate dauern kann, ist sehr tief. Die Eingänge zum Bau werden verschlossen.
Die Paarung erfolgt einmal jährlich gleich nach dem Winterschlaf. Nach einer Tragzeit von etwa 25 Tagen werden 6 bis 8 blinde, nackte Junge geboren. Geburtsmasse 5 bis 6 g. Die Jungen öffnen die Augen nach etwa 28 Tagen und werden etwa 6 Wochen gesäugt, davon etwa 2 Wochen außerhalb des Baues. Nach 2 Monaten werden sie selbständig und beziehen verlassene (eigene) Baue. Die Geschlechtsreife tritt nach 1 Jahr ein. Die Tiere können bis 8 Jahre alt werden. Die Größe des Aktionsraumes der Tiere

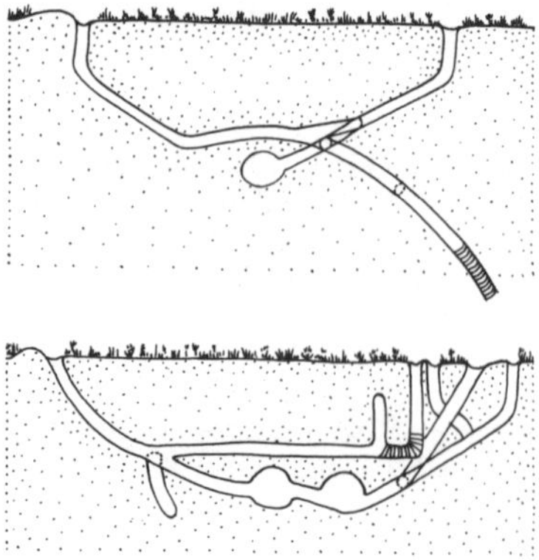

Baue von *Citellus citellus* (66)

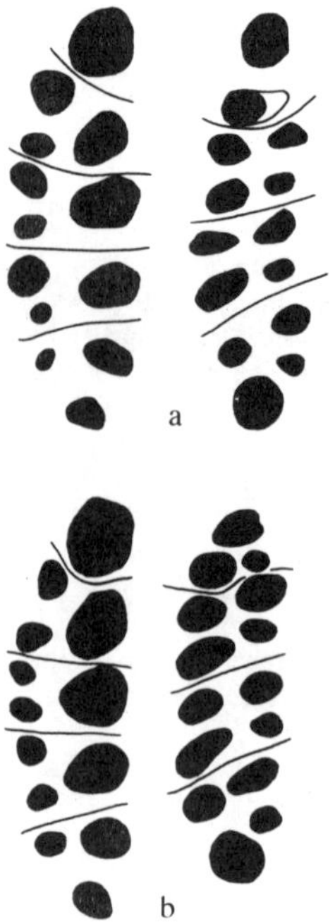

Alveolenmuster von a *Citellus citellus* (66), b *C. suslicus* (67)

hängt vom Nahrungsangebot und von der Populationsdichte ab. Die Tiere entfernen sich in der Regel nicht weiter als etwa 80 m vom Bau. Bei Gefahr warnen sie sich durch schrille Pfiffe. Kurze und längere Knurrlaute sind oft vernehmbar.

Die Nahrung besteht hauptsächlich aus Samen, Blättern und Wurzeln von Gräsern, Luzerne, Klee und anderen Feldfrüchten. Es werden aber auch Insekten angenommen. Die Nahrung wird oft vor den Bau getragen und dort gefressen. In den Bauen werden keine Nahrungsvorräte angelegt.

Feinde des Ziesels sind Greifvögel (Adler, Milane, Bussarde), Wiesel, Iltis und Rotfuchs.

Besonderes: In vielen Gebieten, vor allem in Mitteleuropa, geht der Zieselbestand infolge intensiver landwirtschaftlicher Nutzung zurück. Die Tiere treten deshalb kaum noch als Schädlinge in der Landwirtschaft auf. Ausgewählte Populationen sollten geschützt werden.

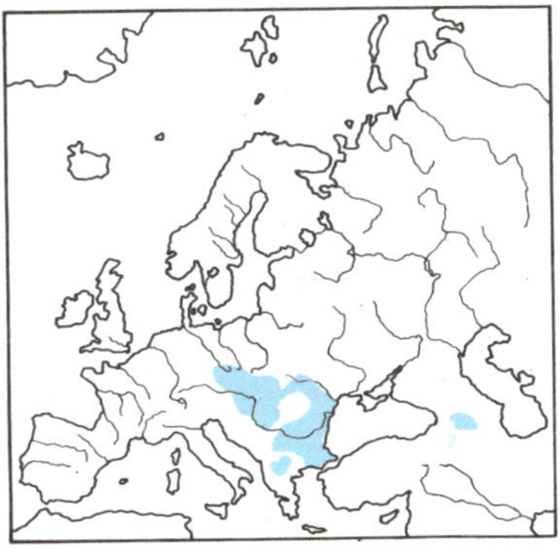

zu 66

67 *Citellus suslicus*

66 *Citellus citellus*

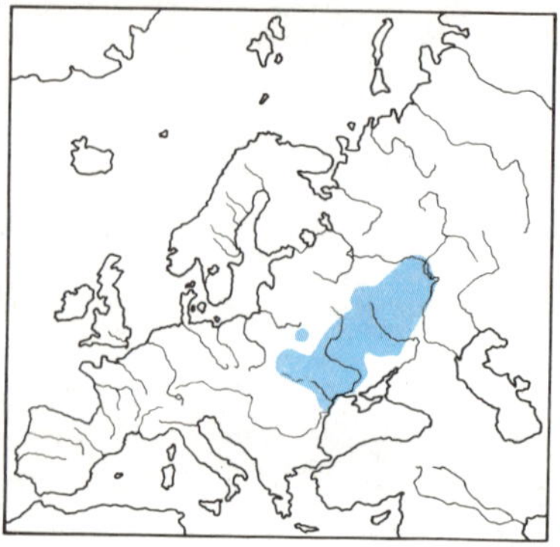

zu 67

zu 68

67 *Citellus suslicus*
Perlziesel

Kennzeichen: Sehr ähnlich, aber etwas kleiner als das Gemeine Ziesel (66). Der braune Rücken ist deutlich mit 3 bis 5 mm großen weißlichen Flecken gezeichnet, der Bauch ist gelbgrau, Brust und Hals sind weiß. Der Schwanz ist kurz und behaart. Die Augenumrandung ist weiß, die Iris ist gelblich. Vibrissen bis etwa 30 mm Länge. Die Weibchen sind etwas kleiner als die Männchen.

Ähnliche Art: Gemeines Ziesel (66).

Maße und Masse: KR 20 bis 22 cm; Schw 29 bis 46 mm; HF 30 bis 37 mm; CB 41 bis 45 mm; Zyg 27,9 bis 30,6 mm; Masse 200 bis 360 g.

Vorkommen: Von Südostpolen über Nordostrumänien nach Osten bis zur Wolga und Oka. Überwiegend auf Löß- und Lehmböden, auf Getreidefeldern und Weiden sowie in Steppenlandschaften.

Lebensweise: Sehr ähnlich dem Gemeinen Ziesel (66). Das Bausystem ist noch verzweigter. Die Gänge werden oftmals senkrecht angelegt. Die Paarung beginnt nach dem Winterschlaf. Die Jungen werden nach einer Tragzeit von 23 bis 26 Tagen zwischen Ende April und Anfang Juni geboren. Mit dem einen Wurf im Jahr können bis zu 11 Junge (in der Regel 4 bis 8) zur Welt kommen, die 5 Wochen und länger gesäugt werden. Die Tiere geben melodische Pfiffe von sich. Die Nahrung besteht aus Gräsern und Getreide, es werden aber auch andere grüne Pflanzenteile, Insekten und kleine Wirbeltiere gefressen. Als Feinde sind Hermelin, Wiesel, Fuchs, Greifvögel, aber auch Störche, Kolkraben und Schlangen (Vierstreifennatter und Balkanpfeilnatter) zu nennen.

Besonderes: Die Bestände wurden durch intensive landwirtschaftliche Nutzung in den letzten Jahrzehnten stark reduziert. Schutzmaßnahmen sind notwendig.

68 *Citellus fulvus*
Gelbziesel, Sandziesel

Kennzeichen: Das größte Ziesel Eurasiens ist gleichmäßig gelb gefärbt. Auf dem Rücken sind etwas verlängerte graubräunliche Haare vorhanden. Die Bauchseite ist sichtbar heller als die Körperoberseite. Hinterfußsohlen ohne Haare. Backentaschen sind kaum ausgebildet.

Ähnliche Arten: Gemeines Ziesel (66), Grauziesel (69).

Maße und Masse: KR 26 bis 38 cm; Schw 7,5 bis 13 cm; HF 45 bis 60 mm; CB 54 bis 67 mm, Masse 600 bis 900 g.

Vorkommen: UdSSR (bis westlich der Wolga, Kasachstan bis Mittelasien), Afghanistan, Nordiran. Die Art be-

wohnt die Steppen- und Waldsteppenzonen und kommt auch in Halbwüsten vor.
Lebensweise: Die Tiere bevorzugen die feuchteren Gebiete. Vertrocknet die Steppenvegetation, können sie in Bereiche mit noch frischem Pflanzenbestand abwandern. In forstlichen Anpflanzungen werden sie gelegentlich beobachtet. Die Tiere leben ähnlich wie die anderen Zieselarten und legen Wohn- und Winterbaue an. Die Gänge können bis etwa 7 m lang sein. Die Wohnbaue (weit von einander entfernt) können bis zu 2 m tief angelegt werden. Neben dem Winterschlaf können die Tiere auch noch einen Sommerschlaf halten, der durch fehlende Feuchtigkeit oder vertrocknete Vegetation hervorgerufen wird (»Dürreschlaf«). Der Dürreschlaf kann in den Winterschlaf übergehen. Die Eingänge zu den Bauen werden von den Tieren mit Gräsern oder Erdmaterial verschlossen. Etwa Ende März erwachen die Tiere aus dem Winterschlaf. Haben die Tiere ausreichend Fett angesetzt, begeben sie sich im Sommerfell zum Winterschlaf (der Beginn ist unterschiedlich) und haben nach seiner Beendigung im Frühjahr einen Winterpelz. Kurz danach erfolgt die Paarung.
Nach etwa 4 Wochen werden 4 bis 13 (meist 5 bis 9) Junge im Bau geboren. Sie verlassen diesen Ende Mai, Anfang Juni und werden dann selbständig.

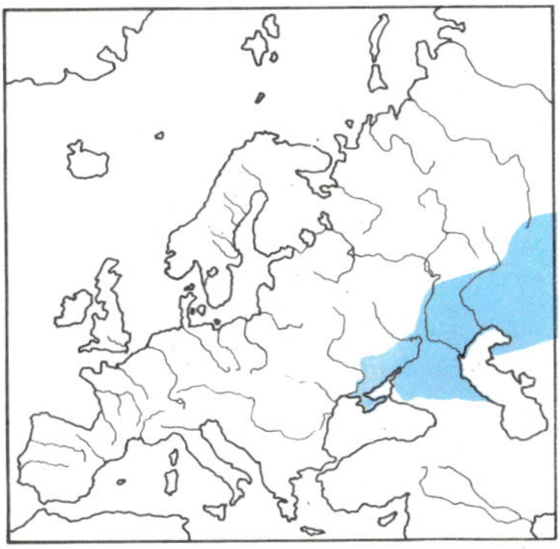
zu 69

Die Nahrung besteht aus pflanzlicher (Gräser, Wurzeln) und tierischer Kost (kleine Säuger, Insekten, Vögel und Reptilien).
Als Feinde sind besonders Iltis, Fuchs, Wolf und Steppenadler zu nennen.
Besonderes: Das Fell ist im Kürschnergewerbe gefragt. Jährlich werden viele Tiere gefangen, so daß stellenweise Schutzmaßnahmen notwendig werden.

69 *Citellus pygmaeus*
Grauziesel, Zwergziesel
Kennzeichen: Die Färbung des kleinen, kurzschwänzigen Ziesels ist hellgelbbraun bis graubraun. Auf dem Rücken sind kleine helle Sprenkel angedeutet. Hinterfußsohlen ohne Haare.
Ähnliche Art: Gemeines Ziesel (66).

69 *Citellus pygmaeus*

71 *Marmota bobak*

70 *Marmota marmota*

Maße und Masse: KR 18 bis 23 cm; Schw 32 bis 50 mm; HF 30 bis 35 mm; CB 40 bis 45 mm; Masse 180 bis 300 g.
Vorkommen: UdSSR (Dnepr bis Ostkasachstan, westliches Vorland des Kaukasus). Bewohnt werden Waldsteppen und Steppengebiete.
Lebensweise: Ähnlich dem Perlziesel (67). Einzelne Steppengebiete werden sehr dicht besiedelt. Bis 600 Baue wurden pro ha gezählt. Sandige und lokkere Böden werden gemieden. In sehr trockenen Sommern kann auch ein Sommerschlaf erfolgen. Die Tiere leben meist einzeln, zur Paarungszeit im Bau mit anderen zusammen. In der Regel wirft das Weibchen 4 bis 8 Junge. Schwankungen der Populationsstärke sind nachweisbar. Das Höchstalter liegt bei 3 Jahren. Zum Stimminventar gehört kurzes lautes Zirpen.
Die Nahrung besteht vorwiegend aus Pflanzenkost, neben Zwiebeln und Wurzeln auch Körner und andere Pflanzenteile. Oft entstehen Schäden an landwirtschaftlichen Kulturen (Weizen, Mais, Sonnenblumen, Melonen und Gemüse).
Feinde sind Iltis, Fuchs und Greifvögel.

Gattung *Marmota*
Murmeltiere

Schlüssel zur Bestimmung der Arten

1 Kopf schwärzlich mit abgesetzter heller Schnauze. Seiten gelblicher als Rücken. Schwanz im letzten Drittel schwarz. Vorderseite der *Incisivi* kräftig orangerot
70 *M. marmota*

1′ Kopf nur wenig dunkler als Rücken, keine helle Schnauze. Schwanz nicht schwarz. Krallen deutlich sichtbar. Vorderseite der *Incisivi* blaßorange bis weißlich.
71 *M. bobak*

70 *Marmota marmota*
Alpenmurmeltier

Kennzeichen: Das etwa hasengroße Tier wirkt durch die lange dunkelgraubraune dichte Behaarung der Oberseite sehr massig. Die Unterseite ist heller. Der kurze Schwanz ist buschig und behaart, die Schwanzspitze schwarz gefärbt. Der kurze Kopf trägt kleine Ohren. Die Augen sind dunkelbraun, die Nase ist schwarz. Typisch sind die kräftigen Füße mit stumpfen Grabklauen. Handflächen unbehaart. Hinterfußsohlen mit 6 Schwielen. Die Vorderseite der Nagezähne ist braun oder orangerot. Die Männchen sind schwer von den Weibchen zu unterscheiden. Bis 5 Paar Zitzen. In seinem Biotop mit keinem anderen Tier zu verwechseln.

Maße und Masse: KR 47 bis 61 cm; Schw 13 bis 20 cm; HF 85 bis 95 mm; Ohr 25 bis 30 mm; CB 85 bis 98 mm; Zyg 52 bis 63 mm; Masse 4 bis 8 kg.

Vorkommen: Autochthon in den Westalpen und in der Hohen Tatra. In verschiedenen Gebieten, so in den Ostalpen, in den Pyrenäen, im Schwarzwald, im Bayerischen Wald und in den Karpaten vom Menschen eingebürgert. Nicht alle Einbürgerungsversuche waren erfolgreich. Bewohnt werden ausschließlich offene Almen und Felsregionen zwischen 1 200 (mindestens 900) und 2 700 m Höhe, soweit der Boden das Anlegen von Bauen zuläßt. Südexponierte Hänge werden bevorzugt.

Lebensweise: Die tagaktiven Tiere leben als Familien in der Regel in Kolonien. Sie graben tiefe, weitverzweigte Baue, die über 3 m Tiefe und 10 m Ausdehnung haben können. Neben diesen Wohn- und Schlafbauen graben sie sich auch Höhlen als Unterschlupf bei Gefahr. Die Eingänge zu den Bauen haben einen Durchmesser von 15 bis 30 cm, oftmals liegen sie unter Felsplatten. Mit den Vorderbeinen wird der Boden gelockert und unter den Bauch gescharrt. Mit den Hinterbeinen wird die

70 *Marmota marmota*

Erde weiterbefördert. Steine werden mit der Schnauze aus dem Gang geschoben. Auf erhöhten Stellen (Steine, aufgewühlte Erdhaufen) halten einzelne Tiere »Wache«, wobei sie oftmals »Männchen« machen. Die Tiere spielen gern, dösen vor sich hin, sonnen sich oder können beim Staubbaden beobachtet werden. Im Verlauf des Tages werden Ruhepausen eingelegt. Bemerken die Tiere eine Gefahr, dann stoßen sie schrille Pfiffe aus, die weit zu hören sind. Die dadurch gewarnten Artgenossen verstärken ihre Aufmerksamkeit oder flüchten sofort in die schützenden Baue.

Der Familienverband sucht im Herbst gemeinsam einen Bau zum Winterschlaf auf, der, abhängig vom Klima, etwa von Oktober bis April dauert. Die Ausgänge werden von den Tieren von innen verschlossen. Der Schlafkessel ist mit trockenem Gras ausgepolstert, in dem sich die Tiere wie eine Kugel zusammenrollen. Murmeltiere tragen keine Nahrungsvorräte in die Baue. Obwohl sie mehrmals den Winterschlaf für kurze Zeit unterbrechen, um Kot abzusetzen, fressen sie im Winter nichts.

zu 70

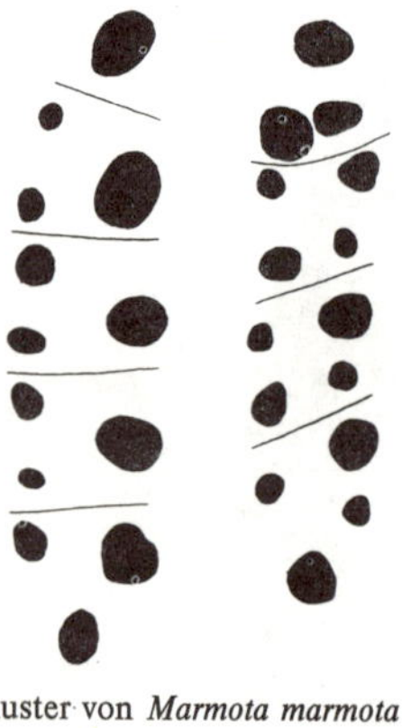

Alveolenmuster von *Marmota marmota* (70)

Baue von *Marmota marmota* (70): a Fluchtröhre, b Bau

Nach Beendigung des Winterschlafes beginnt die Paarungszeit, die gewöhnlich von April bis Mitte Mai dauert. Die Männchen bilden Reviere und verteidigen sie. Durch das Reiben der Wangendrüsen am Boden oder an Steinen werden sie markiert. In der Regel tragen die Tiere keine ernsten Kämpfe miteinander aus. Ein Knurren und Brummen ist dabei zu hören. Die Brünstigkeit der Weibchen dauert nur ungefähr 1 Tag. Ein Weibchen kann sich mit mehreren Männchen an einem Tag, meist im Kessel des Winterbaues, paaren. Nach einer Tragzeit von 33 bis 34 Tagen werden 2 bis 7 blinde, nackte Junge mit einer Masse von je etwa 30 g geboren. Nach 3 Wochen öffnen sich die Augen und die Nagezähne brechen durch. 4 bis 5 Wochen nach der Geburt verlassen die Jungen erstmals den Bau. Im Spätsommer ziehen sie in andere Baue um. Die Geschlechtsreife tritt mit 2 bis 4 Jahren ein, das Höchstalter wird mit 20 Jahren angegeben.

Gräser, Knospen, Kräuter, Samen und Wurzeln bilden die Hauptnahrung. Sie ist sehr energiereich und ermöglicht

den Tieren in relativ kurzer Zeit die nötigen Fettreserven im Körper anzulegen, um den Winter überstehen zu können.
Als Feinde sind Steinadler, Uhu und Kolkrabe sowie Fuchs, Luchs und Marder (auch Bär und Wolf) zu nennen.
Besonderes: Murmeltiere können an bestimmten Stellen im Gebirge zutraulich werden und sich von Touristen füttern lassen. Sie sind geschützt. Früher wurden sie wegen ihres Fettes, dem eine besondere Heilkraft zugesprochen wurde, intensiv gejagt, besonders im Winter aus ihren Bauen ausgegraben.
Neben der Nominat-Unterart 70a *M. m. marmota* wird noch die Unterart 70b *M. m. latirostris* aus der Hohen Tatra unterschieden.

71 *Marmota bobak*
Bobak, Steppenmurmeltier

Kennzeichen: Dem Alpenmurmeltier (70) in Körperbau und Lebensweise sehr ähnlich. Der etwas größere Körper und der kürzere Schwanz sind heller.
Ähnliche Art: Alpenmurmeltier (70).
Maße und Masse: KR 48 bis 65 cm;

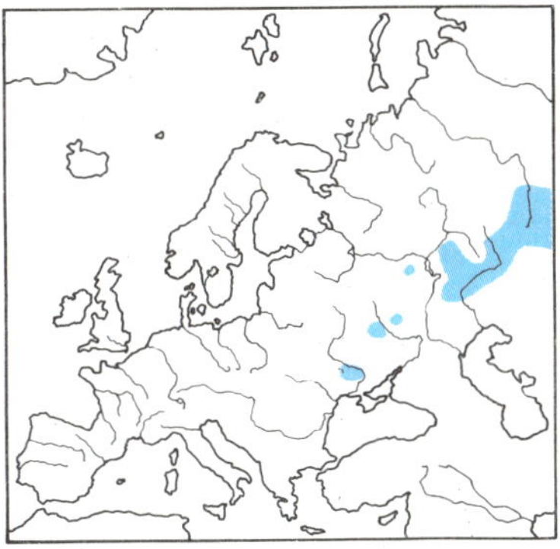

zu 71

Schw 11 bis 15 cm; HF 80 bis 90 mm; Masse 4 bis 9 kg.
Vorkommen: In den Steppengebieten im Süden der UdSSR, im Osten bis zum Altai und zur Mandschurei. Im Kaukasus sollen Tiere ausgesetzt worden sein.
Bewohnt wird offenes, steppenartiges Gelände, auch Hochsteppen bis etwa 2 500 m Höhe.
Lebensweise: Der gesellig lebende Bobak gräbt umfangreiche Baue, die über

71 *Marmota bobak*

3 m tief, etwa 20 m lang sein können und mehrere Eingänge haben. Die Wohnkessel werden meist an den tiefsten Stellen angelegt. Um die Eingänge wird die herausgewühlte Erde zu Hügeln aufgeworfen. Bei Gefahr stehen die Tiere auf den Hinterbeinen und pfeifen mehrmals, um dann in den Bauen zu verschwinden.
In Abhängigkeit vom Klima beginnt der Winterschlaf ab Mitte September bis Ende Oktober. Die Tiere tragen trockenes Pflanzenmaterial in die Baue. Sie überwintern einzeln, aber auch gemeinsam. Der Bau wird von innen verschlossen.
Nach dem Winterschlaf beginnt im März die Paarung. Nach etwa 42 Tagen werden 5 bis 6 (10) Junge geboren, die etwa 4 Wochen gesäugt werden und im Juni die Baue verlassen. Das Höchstalter wird mit 15 Jahren angegeben. Zahlreiche Feinde stellen dem Bobak nach. Neben Adlern, Geiern und Weihen sind Wolf, Fuchs, Schneeleopard und Steppeniltis zu nennen.
Besonderes: Für verschiedene Insekten-, Amphibien-, Reptilien-, Vogel- und Säugetierarten bieten die geräumigen Bobakbaue gute Unterschlupfmöglichkeiten oder Fortpflanzungshabitate. Das äußerst wertvolle Fell des Bobak wird von der Rauchwarenindustrie geschätzt.

Familie *Castoridae*
Biberartige

Gattung *Castor*
Biber

72 *Castor fiber*
Europäischer Biber
Kennzeichen: Größtes europäisches Nagetier. Das fuchsgroße, plump wirkende Tier hat einen breiten, abgeplatteten,

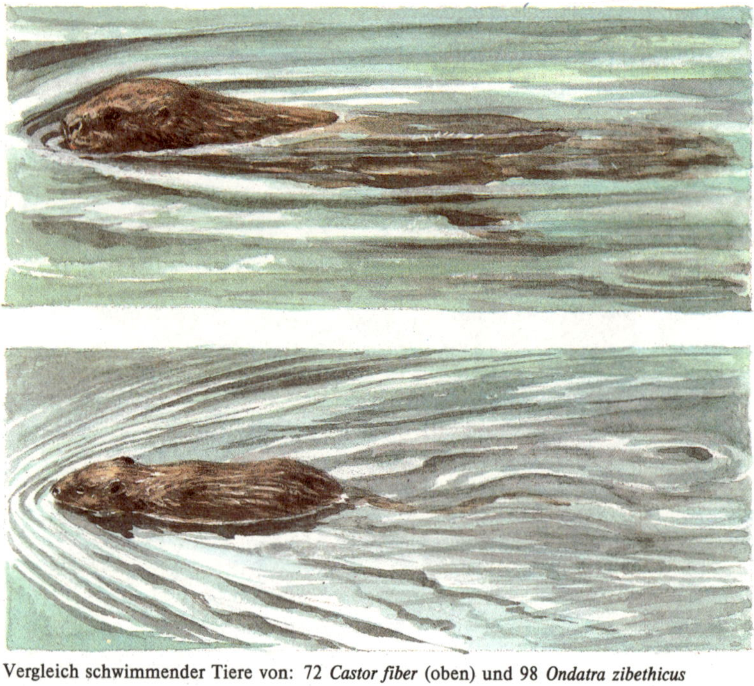

Vergleich schwimmender Tiere von: 72 *Castor fiber* (oben) und 98 *Ondatra zibethicus*

mit Schuppen bedeckten und unbehaarten Schwanz (»Kelle«). Das braunschwarze Fell ist sehr dicht und weich. Die Zehen an den Hinterfüßen sind durch Schwimmhäute verbunden. An der 2. Hinterfußzehe befindet sich eine Putzkralle. Mit den Vorderfüßen wird das Fell mit dem Sekret aus den Öldrüsen an der Schwanzwurzel eingefettet. Die dunkelbraunen Augen sind klein. Die kurzen Ohren sind, wie die Nase, verschließbar. Die Geschlechtsbestimmung lebender Tiere ist sehr schwierig. 2 Paar Zitzen.

Zahnformel $\frac{1\,0\,1\,3}{1\,0\,1\,3}$ = 20 Zähne.

Maße und Masse: KR 83 bis 100 cm; Schw 30 bis 38 cm; HF 16 bis 20 cm; Ohr 30 bis 40 mm; CB 125 bis 155 mm; Zyg 84 bis 110 mm; Masse 23 bis 35 (38) kg.

Vorkommen: Einst über das gesamte nördliche Eurasien verbreitet. Besonders durch menschliche Verfolgung wurde der Biber fast ausgerottet, so daß die Art nur in eng begrenzten Gebieten erhalten werden konnte: Unterlauf der Rhône (Frankreich), Mittlere Elbe, Mulde- und Saalemündung (DDR), Südnorwegen, Polen, Sowjetunion und Mongolei. In den letzten Jahren wurden Tiere in der Schweiz, in der BRD, in Frankreich, Finnland, Schweden, in der Sowjetunion, in Polen, Österreich und im Norden der DDR wieder ausgesetzt. Bewohnt werden langsam fließende und stehende Gewässer mit reichem Uferbewuchs aus Weiden, Pappeln, Erlen, Birken und Espen oder mit ausgedehnten Auewäldern. Die Wassertiefe muß 1,5 bis 2 m betragen, das Gewässer darf im Winter nicht bis zum Grund gefrieren und im Sommer nicht austrocknen. Gebirgsflüsse werden nur bewohnt, wenn die Uferbereiche nicht steinig oder grobsandig sind.

Lebensweise: Die vorwiegend dämmerungs- und nachtaktiven Tiere sind gute Schwimmer und Taucher. Sie können bis 20 min unter Wasser bleiben. Beim Schwimmen wird mit den Hinterfüßen gerudert, der Schwanz dient als Steuer. Wenn ein Biber mit der Kelle auf die Wasseroberfläche schlägt, gilt dieses laute »Klatschen« als Alarmsignal. Daraufhin tauchen die Tiere sofort unter. An Land machen Biber einen schwerfälligen Eindruck.

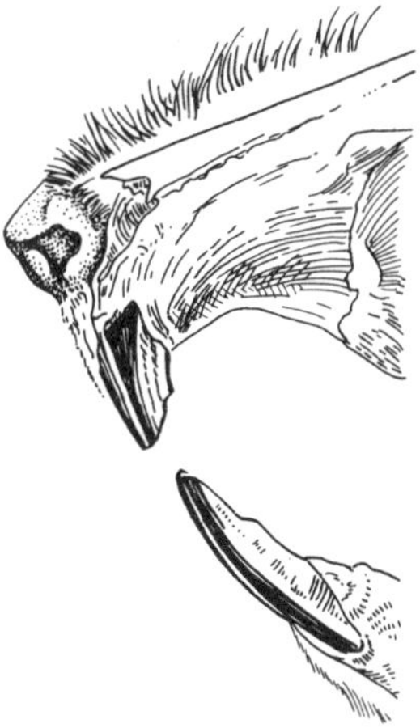

Incisivi von *Castor fiber* (72)

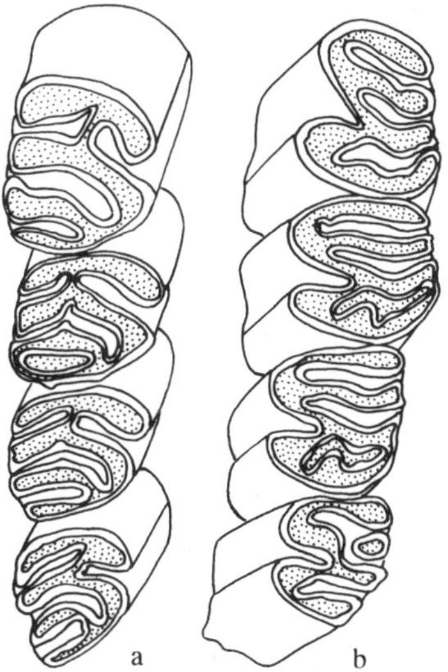

Molares von *Castor fiber* (72): a oben rechts, b unten links

Biber leben monogam in kleinen Familien, zu denen in der Regel das Elternpaar und die Jungen im 1. und 2. Lebensjahr gehören.
Die Gewässer der Reviere werden mit dem Bibergeil, einem Sekret aus den Geilsäcken, die sich nahe der »Kloake« befinden, markiert. Beide Geschlechter haben diese paarigen Geilsäcke. Die Reviergrößen schwanken in Abhängigkeit von der Gewässergröße zwischen 100 bis 3 000 m Länge.
Der Zugang zu den Bauen liegt immer unter Wasser. Die Tiere legen meist Erdbaue an Flüssen, Burgen aus Ästen, Stämmen, Schlamm und Pflanzenmaterial in Sümpfen oder Seen an. Der Wohnkessel, bis 1,20 m im Durchmesser und 0,5 m hoch, ist stets trocken und liegt über dem Wasserspiegel. Die

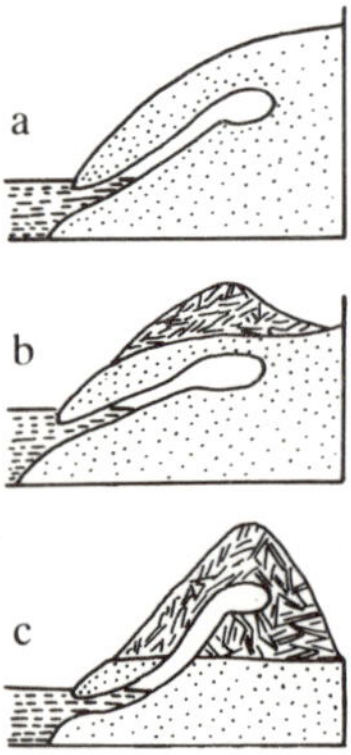

Bautypen von *Castor fiber* (72): a Erdbau, b Mittelbau, c Hochbau

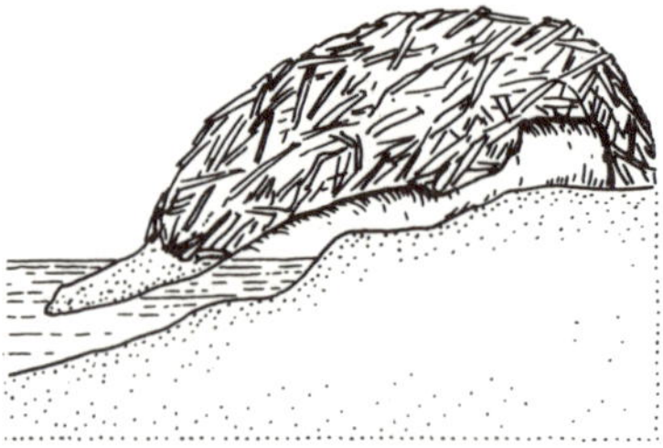

Schematischer Schnitt durch eine Burg von *Castor fiber* (72)

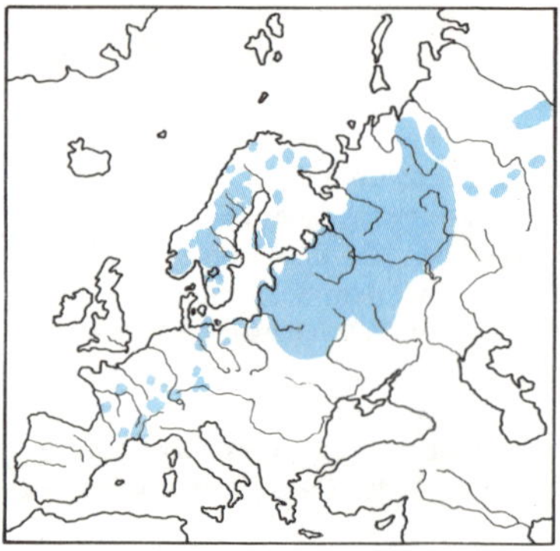

zu 72

Burgen, die von mehreren Generationen bewohnt werden können und an denen ständig weiter gebaut wird, erreichen oftmals Höhen bis über 2 m und Durchmesser von 12 m.
Biber verfügen über die beachtliche Fähigkeit, den Wasserstand der Wohngewässer durch Dammbauten zu regulieren. Dabei werden Äste und Zweige sogar senkrecht in den Grund des anzustauenden Gewässers gesteckt, um den aus Stämmen, Zweigen, Schlamm und Pflanzenmaterial bestehenden Damm standfest zu machen. Durch diese bis zu 100 m langen, über 1 m hohen und bis 80 cm breiten Dämme wird der Wasserstand auf einem bestimmten Niveau gehalten, so daß die Eingänge zur Biberburg ganzjährig unter Wasser liegen. Damit wird anderen Tieren das Eindringen in die Baue sehr erschwert. Bei hohem oder mehr oder weniger gleichbleibendem Wasserstand der Flüsse werden keine Dämme gebaut. Bei Hochwasser werden Dämme auch teilweise wieder abgebaut.
Das Fällen von Bäumen bis zu 60 cm Durchmesser bereitet den Tieren keine Schwierigkeit.
Biber halten keinen Winterschlaf, können aber in strengen Wintern über mehrere Wochen in ihren Bauen bleiben. Die Paarung findet zwischen Januar und März im Wasser statt. Die Jungen, die behaart und mit offenen

Augen nach 105 bis 107 Tagen Tragzeit zur Welt kommen, sind Nestflüchter und können bald schwimmen. Vor der Geburt verläßt das Männchen den Familienbau. Es werden jährlich in 1 Wurf 1 bis 5 Junge mit einer Geburtsmasse von 500 bis 700 g geboren. Sie bleiben in der Regel in den ersten 4 bis 6 Wochen im Mutterbau. Schon mit etwa 14 Tagen können die Jungen an Pflanzenteilen im Bau knabbern, werden aber bis zu 3 Monaten vom Weibchen gesäugt. Biber können ihre Jungen buchstäblich auf Händen tragen. Nach etwa 2 Jahren verlassen die Jungtiere den Bau der Eltern. Mit 3 bis 4 Jahren werden sie geschlechtsreif. Biber können nachweislich bis 17 Jahre alt werden (auch älter). Beide Geschlechter sind bis 16 Jahre fortpflanzungsfähig.

Die Nahrung besteht ausschließlich aus Pflanzen. Im Sommer werden besonders Kräuter (z. B. Mädesüß, Brennesseln, Ampfer- und Knötericharten, Giersch, Schilf, Rohrkolben, Froschlöffel) gefressen. Um an Zweige, Rinde und Blätter von Bäumen zu gelangen,

72 *Castor fiber*

Doppelkegelschnitt an Bäumen von *Castor fiber* (72)

werden diese gefällt. Besonders weiche Hölzer wie die von Espe, Pappeln, Weiden, Erlen, Birken, Ulmen und Traubenkirschen, aber auch die von Eschen, Eichen und einigen Nadelgehölzen sind begehrt. Die Bäume werden kurz über dem Boden in Form der typisch kegelförmigen Anschnitte benagt, bis sie umfallen. In der »sitzenden« Nagestellung dient die Kelle als Stütze. Danach können die Tiere an die Blätter, Zweige und an die saftige Rinde der Äste gelangen. Sie schneiden die dünnen Äste (bis zu 2 m Länge) ab und schleppen sie an die Freßplätze oder stapeln sie als Nahrungsreserven für den Winter am Bau. Die stärksten Äste können zerteilt als Bauholz für die Dämme oder Baue verwendet werden. Beim Schälen der Rinde von den dünnen Ästen werden die Vorderpfoten sehr geschickt eingesetzt.

Knurrende und fauchende Laute sind von den Erwachsenen, ein Wimmern ist von den Jungtieren bekannt.

Der Biber hat kaum tierische Feinde. Bei plötzlich einsetzendem Hochwasser können sie in ihren Bauen ertrinken und durch Infekte infolge von Bißverletzungen Verluste erleiden.

Besonderes: Die Biber sind in den meisten Staaten, in denen sie vorkommen, gesetzlich geschützt. Mehrere Wiedereinbürgerungen in Europa (meist mit Bibern aus Schweden) waren erfolgreich. Derzeit wird der autochthone Biberbestand in der DDR, der sich infolge strenger Schutzmaßnahmen progressiv entwickelt, mit etwa 1600 Exemplaren angegeben. In Schweden haben die Biber wieder sehr hohe Bestandszahlen erreicht. In Finnland und in einigen osteuropäischen Staaten wurde der Nordamerikanische Biber *(Castor canadensis)* eingeführt. Er ist dem Europäischen Biber sehr ähnlich, etwas größer und dunkler. Pro Wurf hat er eine größere Anzahl an Jungen. Beide Arten haben unterschiedliche Chromosomenzahlen. Die Populationen sollten durch entsprechende Maßnahmen unbedingt voneinander getrennt gehalten werden.

Nach dem derzeitigen Kenntnisstand werden folgende Unterarten nach ihrem autochthonen Vorkommen unterschieden: 72a *C. f. fiber*, Nordeuropa; 72c *C. f. galliae*, Frankreich; 72b *C. f. albicus*, DDR; 72d *C. f. vistulanus*, europäischer Teil der UdSSR.

Familie *Gliridae*
Schläfer, Bilche

Maus- bis rattengroße Nachttiere, die überwiegend auf Sträuchern und Bäumen leben, kaum Gänge graben und in den kalten und gemäßigten Zonen einen Winterschlaf halten. Vorderfüße ohne Daumen. Das Fell ist dicht, und die Schwanzhaut reißt leicht ab. Die Jungen werden nackt und blind geboren. Die 5 Gattungen sind jeweils nur mit 1 Art in Europa vertreten.

Zahnformel: $\frac{1\,0\,1\,3}{1\,0\,1\,3} = 20$ Zähne.

Schlüssel zur Bestimmung der Arten

1 Auffällige schwärzliche Gesichtszeichnung 2

1′ Auffällige Gesichtszeichnung fehlt 3

2 Auf jeder Kopfseite ein Streifen von der Oberlippe um das Auge bis hinter das Ohr. Schwanz mit langhaariger Endquaste

73 *Eliomys quercinus*

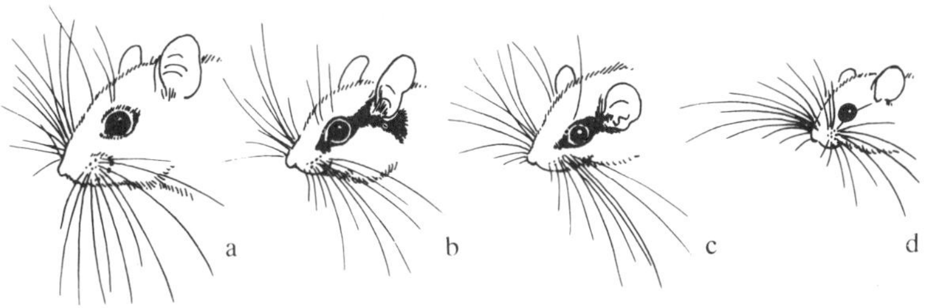

Vibrissenfelder von Schläferarten:
a *Glis glis* (76), b *Eliomys quercinus* (73), c *Dryomys nitedula* (74), d *Muscardinus avellanarius* (77)

2′ Streifen reicht nur bis unter das Ohr. Schwanz buschig behaart
74 *Dryomys nitedula*

3 Schmaler dunkler Ring um die Augen. Schwanz stark buschig behaart 76 *Glis glis*

3′ Kein Schwarz im Gesicht. Schwanz wenig buschig 4

4 Schwanz in ganzer Länge kurzbuschig behaart
77 *Muscardinus avellanarius*

4′ Schwanz nur sehr kurz behaart. Schwanzringe sichtbar und dünn
75 *Myomimus roachi*

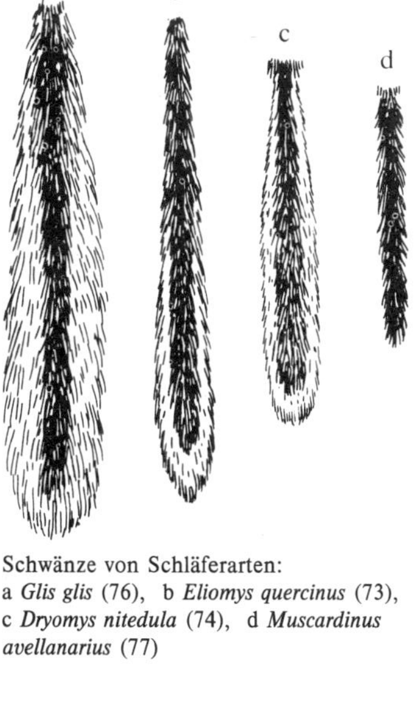

Schwänze von Schläferarten:
a *Glis glis* (76), b *Eliomys quercinus* (73), c *Dryomys nitedula* (74), d *Muscardinus avellanarius* (77)

73 *Eliomys quercinus*
Gartenschläfer

Kennzeichen: Knapp rattengroß mit kontrastreicher Färbung. Die Körper- und Schwanzoberseite ist graubraun, zimtbraun getönt, Wangen und Unterseite sind weiß, scharf abgesetzt. Der kurzbehaarte Schwanz hat eine schwarzweiße Endquaste. Auffällig ist der schwarze Augenstreif bis kurz hinter das Ohr und der weiße Vorohrfleck. Große und längliche Ohren, große Augen. Hinterfüße mit 5 Zehen, Hinterfußsohlen mit 5 Schwielen, 4 Paar Zitzen.

Ähnliche Arten: Siebenschläfer (76), Baumschläfer (74).

Maße und Masse: KR 11 bis 17 cm; Schw 9 bis 13 cm; HF 22 bis 31 mm; Ohr 22 bis 26 mm; CB 30 bis 33,8 mm; Zyg 18,2 bis 21 mm; Masse 50 bis 150 g (im Herbst noch mehr).

Vorkommen: Von Portugal über Mittel- und Südeuropa bis zum Ural, Nordafrika. Im Norden der BRD und der DDR keine neuen (aktuelle) Nachweise. Bewohnt werden im Mittelmeerraum Karstlandschaften, Kulturland, felsige Gebiete und Weingärten. In Mittel- und Osteuropa ist er meist in Nadel- und Mischwäldern auf felsigem Untergrund mit lichter Bodenvegetation anzutreffen, auch in Gebäuden und Hütten. Im Gebirge bis etwa 2 200 m Höhe.

Lebensweise: Der nachtaktive Bilch lebt zumeist auf dem Boden, klettert und

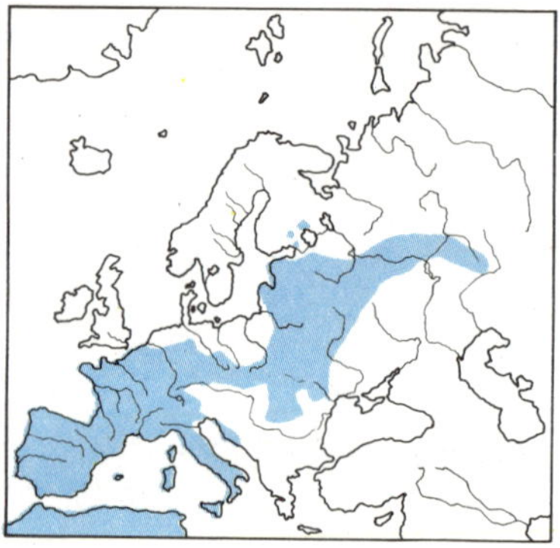
zu 73

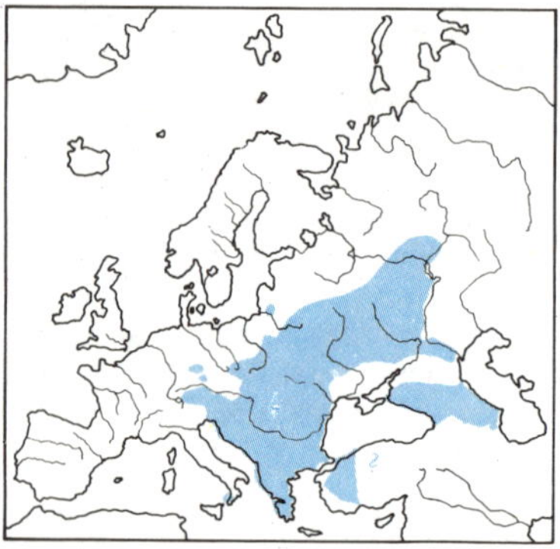
zu 74

springt aber auch sehr geschickt in den Kronen der Bäume. Die wenig geselligen Tiere bauen Nester aus Gras, Reisern, Laub, Moos und Haaren in Baumhöhlen, in Fels- und Mauerspalten, auch freistehend (oftmals in Fichten), in Vogelnistkästen und in Zwischendecken von Gebäuden. Er bewohnt auch verlassene Eichhörnchenkobel und größere Vogelnester, die er umbaut. Der Winterschlaf, in Abhängigkeit von der geographischen Lage zwischen Oktober und April, erfolgt meist in Erd- oder tieferen Felshöhlen.

Die Tiere sind sehr stimmfreudig. Sie grunzen, kekkern, murmeln und pfeifen, besonders zur Paarungszeit.

Jährlich werden, wahrscheinlich abhängig vom Vorkommensgebiet, 1- bis 2mal nach etwa 23 Tagen Tragzeit jeweils 2 bis 9 (meist 4) Junge geworfen. Nach 18 Tagen öffnen sie die Augen, 4 Wochen lang werden sie gesäugt, nach etwa 2 Monaten sind sie selbständig. Die Geschlechtsreife tritt nicht vor dem 1. Winterschlaf ein. Höchstalter 5 Jahre.

Auf Störungen am Nest mit Jungen reagiert das Weibchen sehr empfindlich. Es trägt die Jungen dann an andere, geschützte Stellen. Tierische Nahrung steht an erster Stelle, besonders Insekten (Schmetterlinge, Käfer), aber auch Spinnen, Schnecken, kleine Wirbeltiere (Eidechsen, Kleinsäuger, Jungvögel) und wahrscheinlich auch Vogeleier. Die pflanzliche Nahrung besteht aus Baumsamen, Beeren, Obst, Knospen, Blüten und Rinde. Nahrungsvorräte werden nicht (?) angelegt. Gartenschläfer können stellenweise als Obstschädlinge auftreten.

Als Feinde sind Eulen (besonders Waldkauz), Marder und Ratten bekannt.

Besonderes: Die Tiere sind in den meisten Staaten gesetzlich geschützt.

74 *Dryomys nitedula*
Baumschläfer

Kennzeichen: Kleiner als der Gartenschläfer (73), etwa so groß wie eine Waldmaus. Die Rückenfärbung kann (je nach Vorkommensgebiet) von aschgrau bis rotbraun reichen. Die Flanken sind heller und von der gelblichen Unterseite scharf abgesetzt. Der Schwanz ist buschig und stark behaart. Eine schwarze Augenbinde reicht bis zum Vorderrand der Ohröffnung. Kleine Ohren. Hinterfüße mit 5 Zehen, Hinterfußsohlen mit 6 Schwielen. 4 Paar Zitzen.

Ähnliche Art: Gartenschläfer (73).

Maße und Masse: KR 8 bis 12 cm; Schw 7 bis 10 cm; HF 18 bis 23 mm; Ohr 10 bis 15 mm; CB 18 bis 27,8 mm; Zyg 12,3 bis 17 mm; Masse 17 bis 40 g.

Vorkommen: Mittel-, Südost- und Osteuropa, von Kleinasien bis Pakistan

76 *Glis glis*

73 *Eliomys quercinus*

74 *Dryomys nitedula*

zu 75

und zum Altai. Laubwälder und Fichtenwälder mit Unterwuchs im Gebirge. Hin und wieder auch in Gebäuden. In Mittelasien auch baum- und gebüschfreie Geröllfelder. Im Gebirge bis 2 300 m Höhe.

Lebensweise: Vorwiegend nachtaktiv. Nester in Baumhöhlen oder Nistkästen und in verlassenen Vogelnestern. Auch selbstgebaute freistehende Nester in Bäumen und Büschen mit seitlichen Eingängen sind bekannt. Sie werden aus Laub (besonders Buchenlaub) gebaut und mit trockenem Pflanzenmaterial im Innern ausgekleidet. Der Winterschlaf erfolgt in Erdhöhlen. Die Tiere rollen sich dabei kugelförmig zusammen. Der Winterschlaf kann für kurze Zeit unterbrochen werden. Bei Erregung geben die Tiere fauchende und pfeifende, sonst mehr leise langgezogene Laute von sich. Paarungszeit von Mai bis August. Jährlich 1 Wurf (in südlichen Gebieten 2 bis 3 Würfe) mit 2 bis 6 Jungen nach einer Tragzeit von 23 bis 25 Tagen. Die Jungen öffnen die Augen nach 16 Tagen, sie werden etwa 4 bis 5 Wochen gesäugt und sind nach 4 bis 5 Wochen selbständig. Geschlechtsreif werden die Tiere nach der 1. Überwinterung. Höchstalter 4 Jahre.

Zur Nahrung gehören Käfer, Nachtschmetterlinge, Insektenlarven, kleine Wirbeltiere (Jungvögel), Vogeleier, Sämereien, Knospen, Beeren und Früchte. Zu den Feinden zählen Eulen und Marder.

Besonderes: Steht in den meisten Staaten unter Naturschutz.

75 *Myomimus roachi*
Mausschläfer

Kennzeichen: Dem etwa hausmausgroßen Bilch fehlt eine Gesichtszeichnung. Die Oberseite ist hellgrau mit dunkelgelblicher Zeichnung, die Unterseite, die Schwanzhaare und die Zehen sind weißlich. Der dünne Schwanz ist kurz behaart, Augen und Ohren sind klein. 7 Paar Zitzen.

Ähnlich aussehende Art: Hausmaus (86).

Maße: KR 8 bis 13 cm; Schw 6 bis 9 cm; HF 18 bis 22 mm; Ohr 13 bis 18 mm; CB 22,6 bis 29,2 mm; Zyg 13,7 bis 16 mm.

75 *Myomimus roachi*

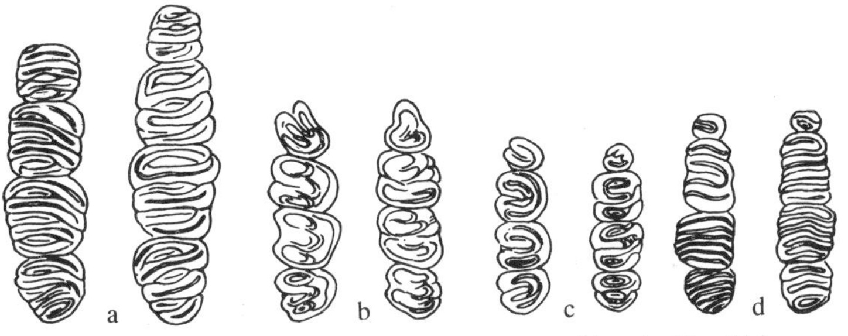

Kauflächenmuster verschiedener Schläferarten (links Oberschädel, rechts Unterkieferzahnreihe): a *Glis glis* (76), b *Eliomys quercinus* (73), c *Dryomys nitedula* (74), d *Muscardinus avellanarius* (77)

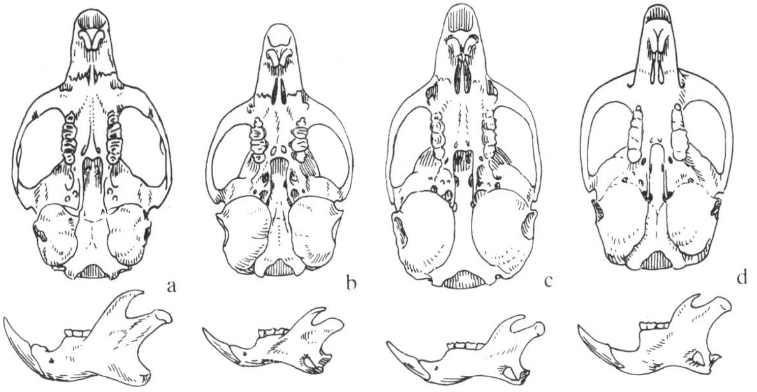

Ober- und Unterkiefer verschiedener Schläferarten: a *Glis glis* (76), b *Eliomys quercinus* (73), c *Dryomys nitedula* (74), d *Muscardinus avellanarius* (77)

Vorkommen: Im Südosten der Balkanhalbinsel und in Westanatolien in offenen steppenartigen Landschaften mit lichtem Buschbestand oder auch trokkenem Kulturland.
Lebensweise: Noch wenig bekannt. Die Tiere leben vorwiegend am Boden und scheinen selten zu klettern und zu graben. Die Nahrung besteht aus Samen von Kräutern, möglicherweise auch aus tierischer Kost.

76 *Glis glis*
Siebenschläfer
Kennzeichen: Das rattengroße Tier mit buschigem Schwanz ähnelt sehr dem Eichhörnchen (61). Das dichte und weiche Fell ist an den Oberseiten und Flanken grau, braungrau bis silbergrau gezeichnet, die Bauchseite ist hellgrau oder cremefarben. Um das große Auge ist eine schwärzliche Zone angedeutet. Der Schwanz, der eine weitgehend gleichmäßig lange Behaarung hat, ist für diese größte Bilchart kennzeichnend. Vibrissen bis 6 cm lang. Ohren klein und rundlich, ohne Ohrhaarpinsel, Hinterfüße mit 5 Zehen, Hinterfußsohlen mit 6 Schwielen. 4 bis 6 Paar Zitzen.
Ähnlich aussehende Arten: Gartenschläfer (73), Eichhörnchen (61), Flughörnchen (64).
Maße und Masse: KR 13 bis 20 cm;

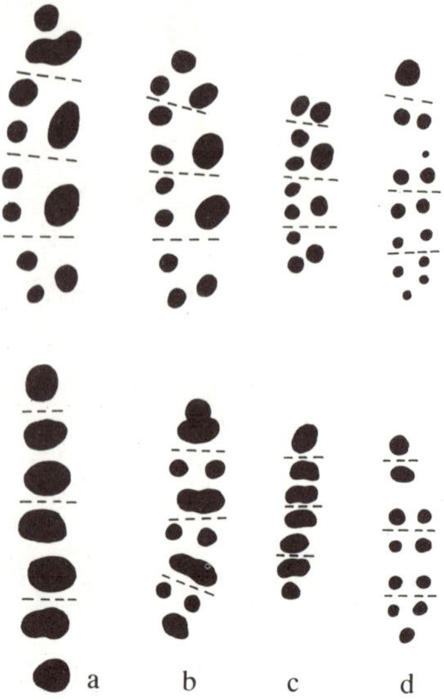

Alveolenmuster verschiedener Schläferarten (oben Oberkiefer, unten Unterkiefer):
a *Glis glis* (76), b *Eliomys quercinus* (73), c *Dryomys nitedula* (74), d *Muscardinus avellanarius* (77)

Schw 10 bis 18 cm; HF 23 bis 33 mm; Ohr 17 bis 24 mm; CB 33 bis 39,5 mm; Zyg 21,6 bis 25 mm; Masse 70 bis 150 g (und darüber, besonders im Herbst).

Vorkommen: Von Nordspanien über Süd- und Mitteleuropa, im Osten bis zur Wolga und zum Kaukasus. Auch in Kleinasien. In Südengland (Tring Park) wurden 1902 Siebenschläfer ausgesetzt. Ihre Ausbreitung bleibt offenbar begrenzt. Der Lebensraum sind unterholzreiche Laub- und Mischwälder (besonders Buchen- und Eichenwälder), Obst- und Weingärten sowie Parkanlagen. Er bewohnt auch Gebäude, Wochenendhäuser und Ruinen. Im Gebirge bis etwa 1 500 m. Große, geschlossene Nadelwaldungen werden gemieden.

Lebensweise: Dämmerungs- und nachtaktiv. Die in der Regel ortstreuen Tiere können in lockeren Gruppen gesellig ohne sichtbare feste Rangordnung zusammenleben. Trächtige Weibchen leben meist einzeln. Siebenschläfer können ausgezeichnet klettern (auch an senkrechten Wänden) und springen. Sie versuchen bei Gefahr nach oben zu flüchten, wobei sie plötzlich regungslos verharren können. Die Lautgebung ist vielseitig und reicht von »Drohsurren« über Quiek-, Fiep-, Pfeiflaute und Zähnerattern bis zu zwitschernden Rufen. Sehr gut entwickeltes Gehör! Die Tiere bauen Nester aus Gras, Blättern (oft grüne Buchenblätter) und Moos in Baumhöhlen, Nistkästen, in Zwischendecken von Gebäuden oder in Felsspalten. Besetzte Nistkästen können meist durch abgesetzte Kothäufchen (Duftmarken) auf dem Dach erkannt werden. Ihre Reviere kennzeichnen die Tiere durch das Absetzen von Duftmarken (Drüsenabsonderungen). Freistehende Nester sind selten zu finden. Wurfnester sind besonders ausgebaut. Den Winterschlaf halten die Tiere bis in 1 m Tiefe in selbstgegrabenen Erdhöhlen. Sie rollen sich dort kugelförmig zusammen. Überwinterungen in Schwarzspechthöhlen kommen selten vor.

Die Paarungszeit beginnt im Juni und endet im August. Jährlich, nach einer Tragzeit von 30 bis 32 Tagen, 1 Wurf mit 2 bis 11 (meist 3 bis 6) Jungen. Die Jungtiere öffnen nach etwa 3 Wochen die Augen, werden bis zu 5 Wochen gesäugt und sind mit 8 Wochen selb-

zu 76

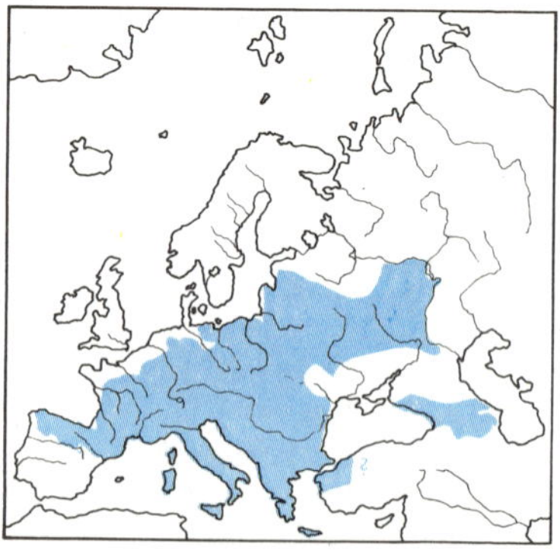

77 *Muscardinus avellanarius*

ständig. Die Geschlechtsreife tritt in der Regel im Sommer nach dem 1. Winterschlaf ein. Das Höchstalter liegt bei 9 Jahren. In kalten Sommern kann die Fortpflanzung gebietsweise ausfallen, oder es werden nur wenige Junge geboren.
Blätter, Knospen, Rinde, Früchte, Samen, Pilze sowie Insekten, Vogeleier und Jungvögel gehören zur Nahrungspalette der Tiere. Sie können Nahrungsvorräte anlegen, die aber nicht für den Winter bestimmt sind. Siebenschläfer können gelegentlich im Obstbau und in der Forstwirtschaft mehr oder weniger spürbare Schäden anrichten. Zu den Feinden zählen Baummarder und Waldkauz, nur gelegentlich der Uhu. Haben die Tiere im Herbst nicht ausreichend Fettvorräte angesetzt, das kann infolge fehlender Samenmast besonders bei Eiche und Buche vorkommen, dann können starke Verluste im Verlauf des Winters eintreten, die erhebliche Populationsschwankungen auslösen.

Besonderes: Siebenschläfer stehen in den meisten Staaten unter gesetzlichem Schutz. Einst war ihr Fleisch, das einen zarten und angenehmen Geschmack haben soll, eine ausgesprochene Delikatesse.

77 *Muscardinus avellanarius*
Haselmaus

Kennzeichen: Kleinste Schläferart, hausmausgroß. Die Färbung variiert auf der Oberseite von gelbbraun bis fuchsrot. Kehle und Brust sind weiß, der Bauch ist gelblich. Keine Gesichtszeichnung. Der Schwanz ist dicht behaart. Die Ohren sind kurz, die Nase fleischfarben. Hinterfüße mit 5 Zehen, Hinterfußsohlen mit 6 Schwielen, 4 Paar Zitzen.
Ähnlich aussehende Art: Zwergmaus (78).
Maße und Masse: KR 65 bis 86 mm; Schw 55 bis 78 mm; HF 15 bis 18 mm; Ohr 10 bis 14 mm; CB 20,4 bis 23 mm; Zyg 12,6 bis 14,8 mm; Masse 15 bis 35 g.

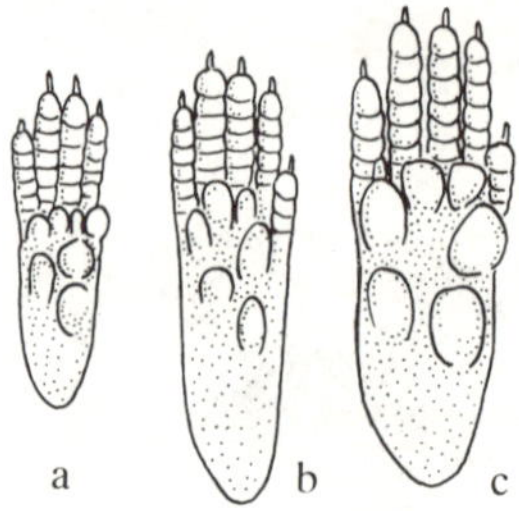

Rechte Hinterfüße mit Sohlenschwielen von Schläferarten: a *Muscardinus avellanarius* (77), b *Dryomys nitedula* (74) und *Eliomys quercinus* (73), c *Glis glis* (76)

Vorkommen: Von Südfrankreich ostwärts bis zur Wolga (fehlt in Nordeuropa) und in Kleinasien.
Bewohnt unterholzreiche Laub- und Mischwälder, Kahlschläge mit aufwachsenden Büschen, Hecken, jüngere Fichtenbestände, Waldsäume und Buchenaltholzbestände. Im Gebirge bis etwa 1 700 m. Nachweise in Gebäuden sind selten.
Lebensweise: Ausgezeichneter Kletterer und Springer im Gezweig. Die dämmerungs- und nachtaktiven Tiere bauen aus dürrem Gras, Bast und Laub kugelige Nester mit seitlichem Eingang freistehend in dichtem Gebüsch oder in jungen Bäumen. Die Nester haben einen Durchmesser von 6 bis 15 cm. Die Tiere legen aber auch Nester in

zu 77

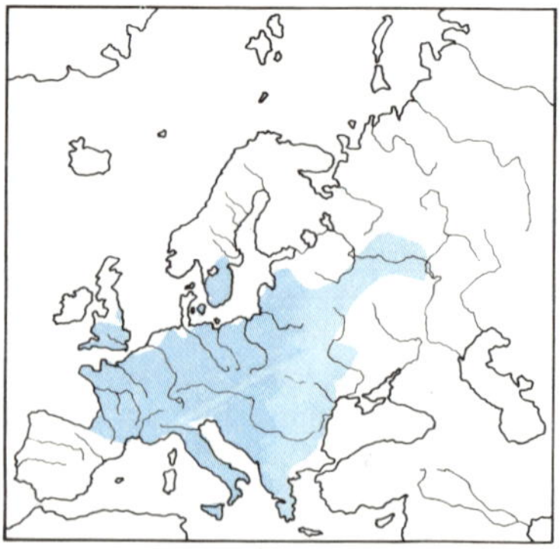

Baumhöhlen 20 m über dem Boden und in Nistkästen an. Meist wird ein Nest von einem Tier bewohnt, sie leben ungesellig. Es gibt Schlaf- und Wochenstubennester.
Oft kann eine regungslose Tarnstellung der Tiere im Geäst beobachtet werden. Sie geben wispernde, schnalzende und fiepende Laute von sich. Der Winterschlaf beginnt im Oktober und dauert bis April. Die Tiere überwintern am Boden unter dichter Laubdecke, zwischen Wurzelwerk, an Baumstümpfen, in Felsspalten und Erdlöchern und in ihren selbstgebauten, dichten kugelförmigen Nestern.
Die Paarungszeit kann von April bis Oktober dauern. Jährlich nach etwa 22- bis 24tägiger Tragzeit 1 bis 2 Würfe mit jeweils 2 bis 7 Jungen. Die Jungen öffnen die Augen mit etwa 16 Tagen, sie werden etwa 28 Tage gesäugt und sind nach 42 Tagen selbständig. Nach dem 1. Winterschlaf werden sie geschlechtsreif. Höchstalter bis 5 Jahre.
Die Tiere sind in der Regel ortstreu, die weiteste Wanderung eines Männchens wird mit 1 600 m angegeben. Zur Nahrung gehören neben Knospen, Samen, Früchten auch Insekten. Nahrungslager wurden nicht bekannt. Als Feinde sind Wiesel, Hermelin, Rauhfußkauz und Waldkauz zu nennen.
Besonderes: In den meisten Staaten unter Naturschutz.

Familie *Muridae*
Echte Mäuse

Die maus- bis rattengroßen Tiere, deren Färbung in der Regel schlicht und unauffällig ist, haben lange, meist dünne, wenig behaarte Schwänze. Die Ohren, die Augen und die Hinterfüße sind relativ groß. Die Oberlippe ist gespalten. Die *Molares* haben Wurzeln, auf der Kaufläche befinden sich Höcker. Die vorderen Füße haben 4, die hinteren 5 Zehen, die Hinterfußsohlen 6 Schwielen. Die Nahrung ist vielseitig. Die Tiere halten keinen Winterschlaf.

Die Jungen werden nackt und blind geboren.

Zahnformel: $\frac{1\,0\,0\,3}{1\,0\,0\,3} = 16$ Zähne.

Schlüssel zur Bestimmung der Gattungen

1 KR über 15 cm, Hinterfuß über 30 mm *Rattus* S. 182
1′ KR unter 15 cm, Hinterfuß unter 30 mm 2
2 Hinterrücken mit Borsten (»Stacheln«) *Acomys* S. 192
2′ Fell ohne »Stacheln« 3
3 KR unter 8 cm, unter 10 g. Ohr kurz, unter 10 mm *Micromys* S. 172
3′ Größer, erwachsen über 10 g. Ohr über 10 mm 4
4 HF kurz, meist unter 20% der KR. Kein Aalstrich *Mus* S. 186
4′ Entweder mit Aalstrich oder HF um 25% der KR *Apodemus* S. 173

78 *Micromys minutus*

Gattung *Micromys*
Zwergmäuse

78 *Micromys minutus*
Zwergmaus

Kennzeichen: Sehr klein und zierlich, mit langem, nacktem Greifschwanz. Körperoberseite gelbbraun bis rotbraun (gebietsweise auch dunkelbraun), Unterseite meist weiß, scharf abgesetzt. Die Ohren ragen nur wenig aus dem Fell hervor, die Augen sind dunkelbraun und mittelgroß. Die Schnauze ist spitz, die Nase fleischfarben. Die Hinterbeine sind nur wenig größer als die Vorderbeine. Der Schwanz hat 120 bis 150 Ringe. 4 Paar Zitzen. Die weiblichen Tiere sind in der Regel etwas größer als die Männchen (Geschlechtsdimorphismus).

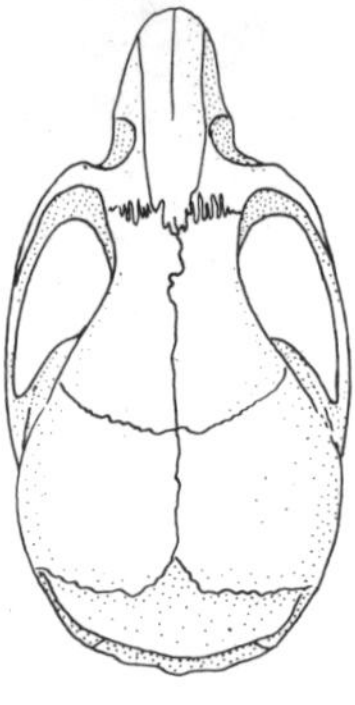

Schädel von *Micromys minutus* (78)

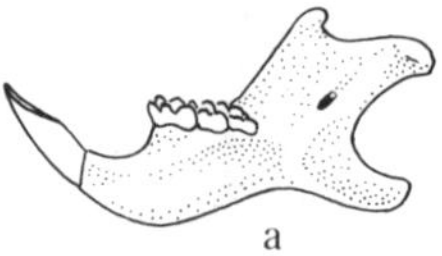

a

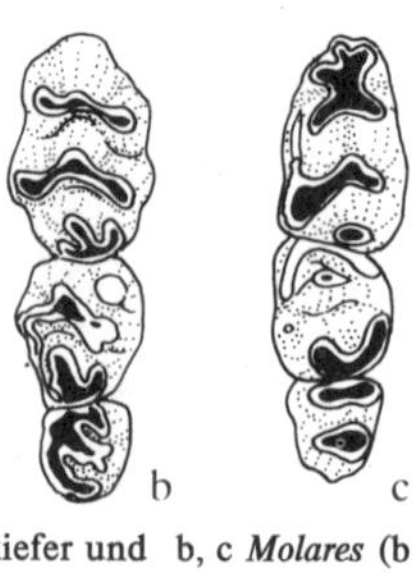

b c

a Unterkiefer und b, c *Molares* (b oben rechts, c unten links) von *Micromys minutus* (78)

Ähnlich aussehende Art: Haselmaus (77).

Maße und Masse: KR 50 bis 78 mm; Schw 45 bis 75 mm; HF 12 bis 16 mm; Ohr 7 bis 10 mm; CB 14,7 bis 18,3 mm; Zyg 9 bis 9,6 mm; Masse 3,5 bis 13 g.

Vorkommen: Von Nordspanien über Mittel- und Osteuropa bis nach Japan. Bewohnt werden Gebiete mit dichter Vegetation (z. B. feuchte Wiesen, Rohrglanzgras-, Seggen-Bestände, Schilf- und Rohrgürtel an Gewässern), aber auch Waldränder, Getreidefelder (bevorzugt Hafer und Weizen) und im Winter Scheunen, Ställe und Mieten. Gebirge werden gemieden.

Lebensweise: Die Aktivität der ungesellig lebenden Tiere ist individuell sehr verschieden. Sie können sowohl dämmerungs- und nachtaktiv als auch tagaktiv sein. Sie benötigen keine großen Reviere und siedeln deshalb dicht nebeneinander. Sie sind hochspezialisierte Halmkletterer, die zum Klettern auch ihren Schwanz benutzen (besonders beim Abwärtsklettern wird er um den Pflanzenstengel gewickelt). Die Nester werden im hohen Gras, im Röhricht und im Getreide in 20 bis 130 cm Höhe über dem Boden angelegt. Auch das Paarungsvorspiel (Treiben des Männchens) findet in diesen Vegetationsregionen statt, die Kopulation erfolgt jedoch am Boden. Im Sommer werden kugelförmige Nester (Schlafnester 5 bis 7 cm und Wurfnester 6 bis 10 cm Durchmesser) in der Vegetation gebaut. Sie haben eine äußere Hülle aus Grasblättern, die mit den tragenden Pflanzen fest verbunden wird. Der innere Nestraum wird mit fein zerschlissenen Gräsern und Pflanzenwolle (gegebenenfalls mit Vogelfedern) ausgekleidet. Die Schlafnester haben 2 seitliche Eingänge, die Wurfnester haben nur 1 Eingang. Verlassene Singvogelnester können gelegentlich von

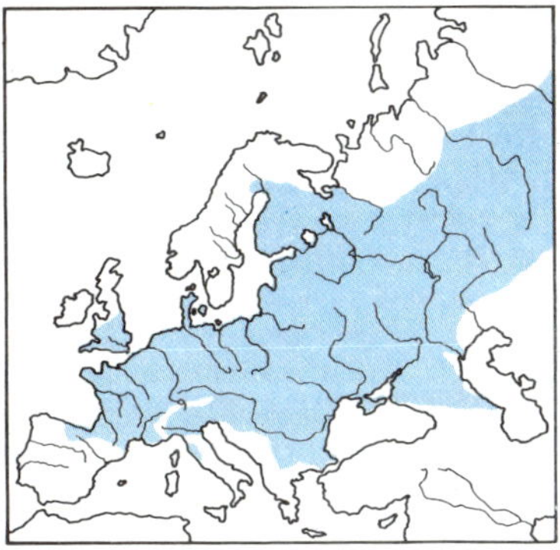

zu 78

Zwergmäusen umgebaut werden. Im Winter werden meist Nester am Boden oder in kleinen Erdhöhlungen bezogen.
Die Paarungszeit liegt zwischen April und September. Jährlich werden 2- bis 6mal (maximal 7mal) nach etwa 21 Tagen Tragzeit jeweils 2 bis 6 (7) Junge geboren. Die Mutter wohnt allein mit den Jungen im Wurfnest. Die Entwicklung der Haare beginnt gleich nach der Geburt und ist nach etwa 10 Tagen abgeschlossen. Die Augen können ab dem 7. Tag geöffnet werden. 14 bis 16 Tage werden die Jungen gesäugt, mit etwa 16 Tagen sind sie selbständig, nach etwa 4 bis 5 Wochen geschlechtsreif. Das Höchstalter liegt bei 3 Jahren. Massenvermehrungen sind möglich.
Das Stimminventar der Tiere ist vielseitig (möglicherweise durch die Habitatstruktur bedingt) und reicht von zwitschernden und zirpenden Lauten bis zu langen Rufreihen (Balzruf?). Die Nahrung besteht aus Grassamen, Getreidekörnern, Beeren und Insekten, einschließlich ihrer Entwicklungsstadien. Bei Futtermangel, besonders im Winter, wurde mehrfach Kannibalismus festgestellt. Eine ausgesprochene Vorratshaltung wurde nicht beobachtet. Als Feinde sind Mauswiesel, Wiesel, Fuchs, Greifvögel und Eulen, aber auch Würger und Rabenvögel bekannt.

Besonderes: Zwergmäuse können in geräumigen Terrarien bei entsprechender Ausstattung mit hohen Pflanzen leicht gehalten werden.

Gattung *Apodemus*
Waldmäuse

Schlüssel zur Bestimmung der Arten

1 Rücken mit schwarzem Aalstrich — 83 *A. agrarius*

1′ Rücken ohne Aalstrich (Mitte kann aber unscharf begrenzt verdunkelt sein) — 2

2 HF meist länger als 26 mm. Vibrissen länger als 40 mm. Ohne gelbes Halsband — 79 *A. mystacinus*

2′ HF meist unter 27 mm. Vibrissen kürzer als 40 mm — 3

3 In Mittel- und Nordeuropa HF 24 mm, 70 bis 100 % mit gelbem Halsband — 80 *A. flavicollis*

3′ In Mittel- und Nordeuropa HF nur ausnahmsweise 24 mm. Ohne Halsband — 81 *A. sylvaticus*, 82 *A. microps*

79 *Apodemus mystacinus*
Felsenmaus

Kennzeichen: Oberseite aschgrau, an den Flanken etwas bräunlich. An der scharf abgesetzten weißen Bauchseite

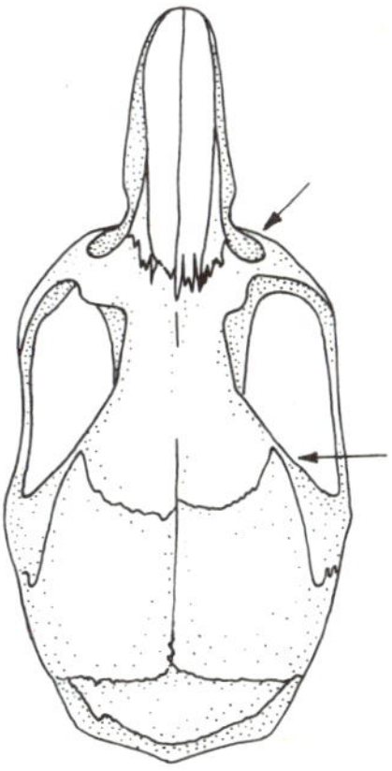

Schädel von *Apodemus mystacinus* (79)

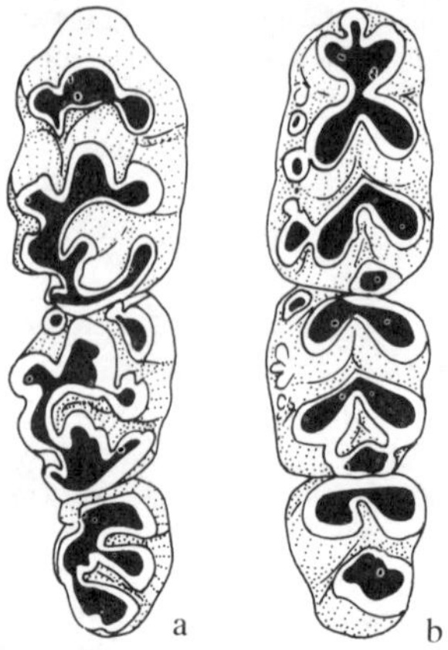

Molares von *Apodemus mystacinus* (79): a oben rechts, b unten links

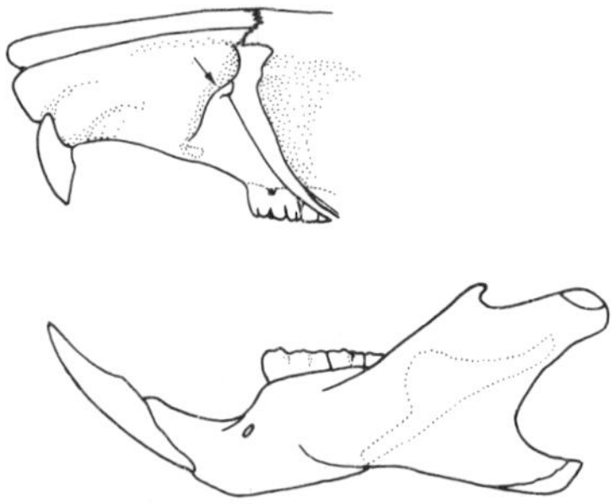

Vorderschädel und Unterkiefer von *Apodemus mystacinus* (79)

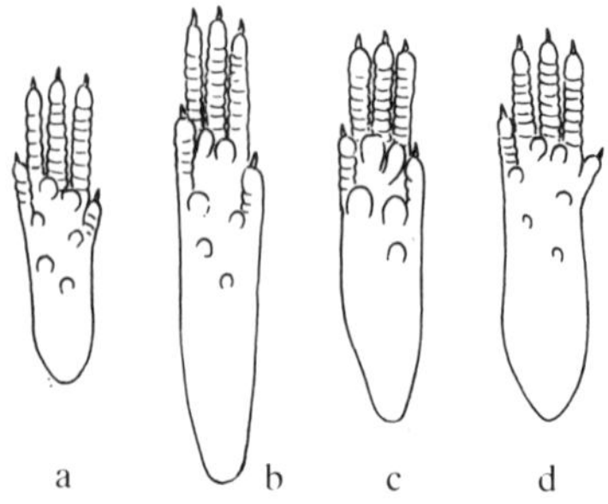

Rechte Hinterfüße mit Sohlenschwielen von: a *Micromys minutus* (78), b *Apodemus flavicollis* (80), c *A. agrarius* (83), d *Mus musculus* (86)

und den sehr langen Vibrissen (durchschnittlich 47 mm) ist die Art gut zu erkennen. Ein gelbes Halsband oder ein gleichfarbener Kehlfleck fehlt in der Regel. Die Sohlenschwielen sind groß. Der Schwanz hat 185 bis 205 Ringe, ist auf der Oberseite schwarz, auf der Unterseite weiß und an der Spitze dicht behaart. 3 Paar Zitzen.

Ähnliche Arten: Gelbhalsmaus (80), Gemeine Waldmaus (81), junge Wander- oder Hausratten (84, 85).

Maße und Masse: KR 10 bis 13 cm; Schw 10 bis 14 cm; HF 24 bis 28 mm; Ohr 17 bis 21 mm; CB 25,5 bis 30,6 mm; Zyg 14,2 bis 16,8 mm; Masse 28 bis 64 g.

Vorkommen: Balkanländer, Türkei, Kaukasus, weiter östlich bis Ural; Kleinasien, südlich bis Israel.

Bewohnt trockenes, steiniges Gelände, Karstgebiete mit lichtem Buschbestand oder spärlichem Pflanzenbewuchs, in Blocksteinhalden, felsreichem Berggelände und trockenen Laubwäldern mit genügend Gesteinsspalten.

Lebensweise: Die nachtaktiven Tiere graben keine eigenen (?) Baue. Die Nester aus dürrem Gras und trockenem Laub werden in Gesteinsspalten und lockeren Mauern angelegt.

Über die Lebensweise der Tiere ist noch nicht viel bekannt. Während der Paarungszeit von März bis Oktober können jährlich 2- bis 3mal nach einer Tragzeit von 22 bis 24 Tagen jeweils 3 bis 7 (oder mehr?) Junge geboren werden. Trächtige und säugende Weibchen wurden in Jugoslawien bis Oktober und in Griechenland schon ab März beobachtet. Das Geburtsgewicht beträgt etwa 3 g. Die Jungen öffnen die Augen mit 13 Tagen und werden nach etwa 5 Wochen selbständig. Die Nahrung besteht aus Pflanzenteilen, Sämereien, Früchten (Olivenkerne und Kirschkerne wurden aufgenagt vorgefunden) und Insekten. Die Tiere legen Vorratslager an.

Als Feinde sind Eulen, besonders die Schleiereule, zu nennen.

zu 79

80 *Apodemus flavicollis*
Gelbhalsmaus

Kennzeichen: Die große und langschwänzige Maus ist an dem Farbunterschied zwischen rost- bis kastanienbraunem Rücken und stets scharf abgesetzter weißlicher bis gelblicher Unterseite zu erkennen. Jungtiere sind auf dem Rücken mehr grau als braun.

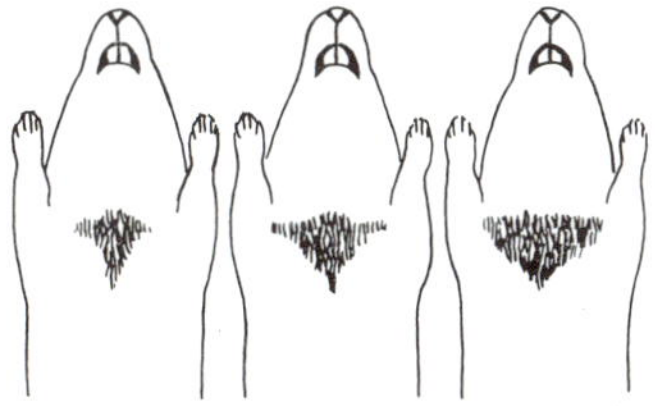

Kehlflecke bei *Apodemus flavicollis* (80)

Typisch ist ein gelber Kehlfleck oder ein gelbes Halsband. Augen und Ohren sind groß, die Hinterfüße lang. Der Schwanz ist in der Regel länger als der Körper und hat 170 bis 220 Ringe. Die Männchen sind etwas größer als die Weibchen. Vibrissen bis 35 mm lang, 3 Paar Zitzen.

Ähnliche Arten: Gemeine Waldmaus (81), Hausmaus (86).

Maße und Masse: KR 8,5 bis 13 cm; Schw 9 bis 13,5 cm; HF 22 bis 27 mm; Ohr 14 bis 20 mm; CB 23 bis 27,1 mm; Zyg 12,2 bis 16 mm; Masse 18 bis 50 g.

Vorkommen: Von Südengland über Mitteleuropa und Südeuropa nach Osten bis zum Ural und zum Kaukasus. Fehlt in großen Teilen Westeuropas. Bevorzugt in Laub- und Mischwäldern, aber auch in Parks, in buschreichem Gelände, selbst in Nadelwäldern und auf Feldern. Im Gebirge bis etwa 2 000 m. Im Herbst und Winter hin und wieder in Häusern und Ställen.

Lebensweise: Die an Bäumen bis zu 20 m Höhe ausgezeichnet kletternde Gelbhalsmaus ist dämmerungs- und nachtaktiv. Sie kann weit springen und legt Freßplätze in Baumlöchern, Nistkästen und auch in Vogelnestern an.

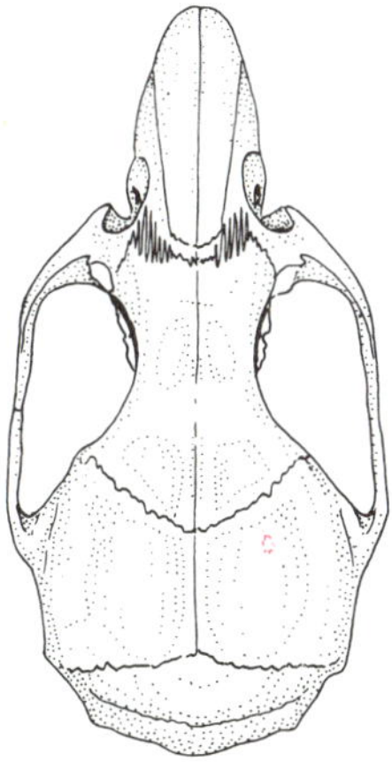

Schädel (Draufsicht) von *Apodemus flavicollis* (80)

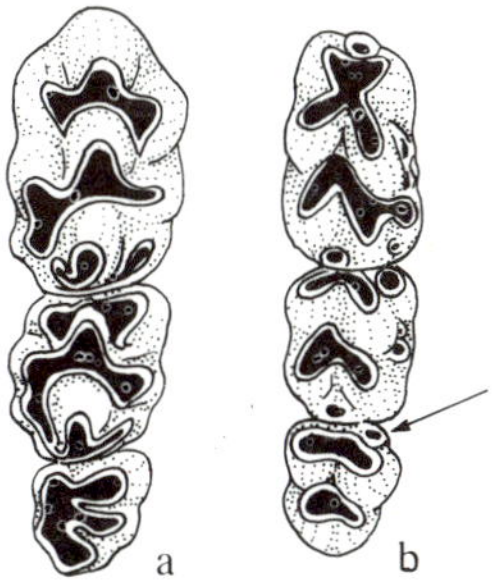

Molares von *Apodemus flavicollis* (80): a oben rechts, b unten links

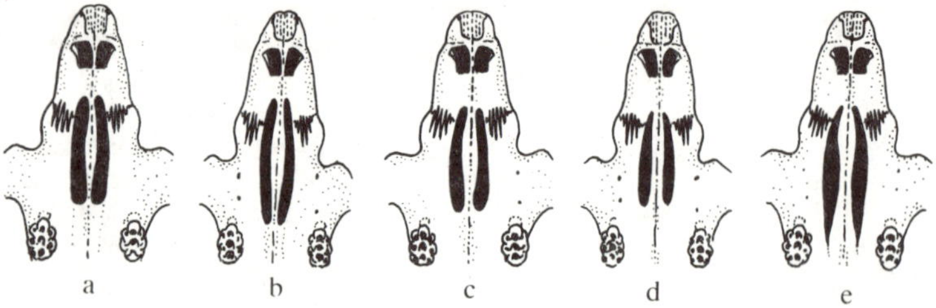

Gaumenspalten verschiedener Mäuse: a *Apodemus flavicollis* (80), b *A. sylvaticus* (81), c *Micromys minutus* (78), d *Apodemus agrarius* (83), e *Mus musculus* (86)

Ihr Nest, das aus Moos, Blättern und dürren Grashalmen gebaut wird, findet man bis in über 1 m Tiefe unter Baumwurzeln, in hohlen Baumstümpfen und Baumhöhlen sowie in Vogelnistkästen. Die Tiere leben aber mehr oberirdisch, sind ungesellig und verhalten sich ihren Artgenossen und der Gemeinen Waldmaus (81) gegenüber oft aggressiv. Es werden auch Gänge von Schermäusen (100, 101) oder Baue anderer Tiere bewohnt. Jährlich werden 2- bis 3mal nach 21 bis 23 Tagen Tragzeit jeweils 3 bis 8 Junge geworfen. Die Fortpflanzungszeit kann in Abhängigkeit vom Witterungsverlauf schon im Februar beginnen, Wintervermehrung wurde von in Gebäuden lebenden Tieren bekannt. Die Jungen werden bis 15 Tage gesäugt, mit 12 bis 14 Tagen öffnen sie die Augen und sind mit etwa 21 Tagen selbständig. Im Alter von 8 Wochen sind sie geschlechtsreif. Das Höchstalter liegt bei 4 Jahren. Von den Tieren sind hohe Pieplaute zu hören.

Als Nahrung dienen besonders Samen von Bäumen, Beeren, Früchte, Nüsse, Schmetterlingslarven, Weberknechte, Tausendfüßer, Spinnen, Würmer, Schnecken und Fleisch von kleinen Wirbeltieren. Oftmals werden Futtervorräte (besonders Bucheckern und Eicheln) im Bau zusammengetragen. Feinde sind Rotfuchs, Marder, Wiesel, Wildschwein, Waldkauz und Rauhfußkauz. Bei Buchenmast wachsen die Populationen zahlenmäßig oft stark an. Bastardierungen mit der Gemeinen Waldmaus sind nicht sicher bestätigt. Jungtiere können sich paaren, zeugen aber keine Nachkommen. Bei Gefahr werden die Jungen vom Weibchen im Maul an einen anderen Ort transportiert.

zu 80

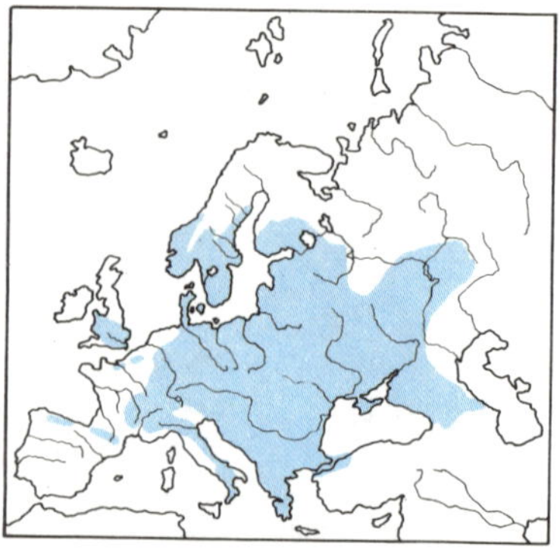

81 *Apodemus sylvaticus*
Gemeine Waldmaus

Kennzeichen: Kein vollständiges gelbes Halsband. Die Oberseite ist graubraun, bei älteren Tieren mit einem rotbraunen Anflug, die Unterseite ist weißlichgrau. Zwischen den Vorderfüßen ist ein mehr oder weniger deutlich ausgeprägter rotgelber oder ockerfarbener länglicher Fleck zu finden. Die Füße sind oberseits weiß. Große hervortretende Augen und große Ohren. Der 2farbige Schwanz hat 130 bis 180 Ringe und ist in der Regel kürzer als Kopf und Rumpf. 3 Paar Zitzen.

79 *Apodemus mystacinus*

82 *Apodemus microps*

80 *Apodemus flavicollis*

81 *Apodemus sylvaticus*

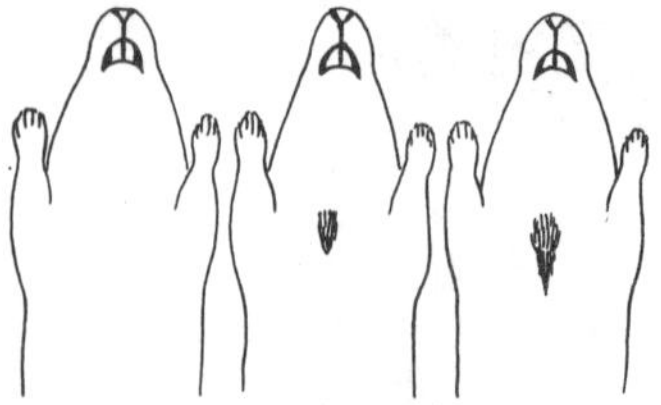

Variabilität des Kehlflecks von *Apodemus sylvaticus* (81)

Ähnliche Arten: Gelbhalsmaus (80), Hausmaus (86).
Maße und Masse: KR 8,2 bis 11 cm; Schw 7 bis 11 cm; HF 20 bis 24 mm; Ohr 15 bis 20 mm; CB 21,6 bis 25 mm; Zyg 11,6 bis 14 mm; Masse 15 bis 32 g.
Vorkommen: Europa außer Nordeuropa, ostwärts bis zum Altai; Nordafrika.

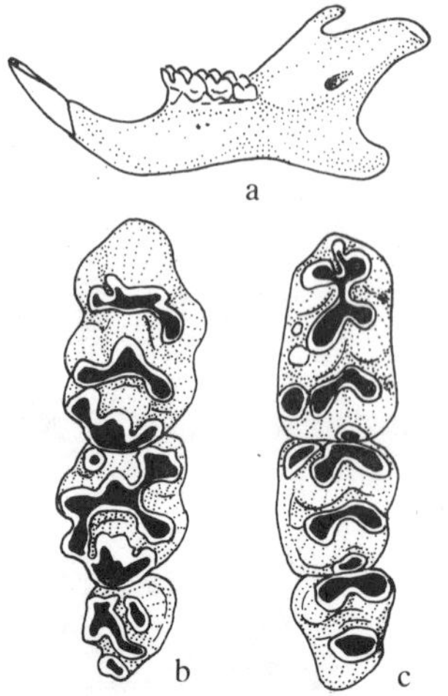

a Unterkiefer und b, c *Molares* (b oben rechts, c unten links) von *Apodemus sylvaticus* (81)

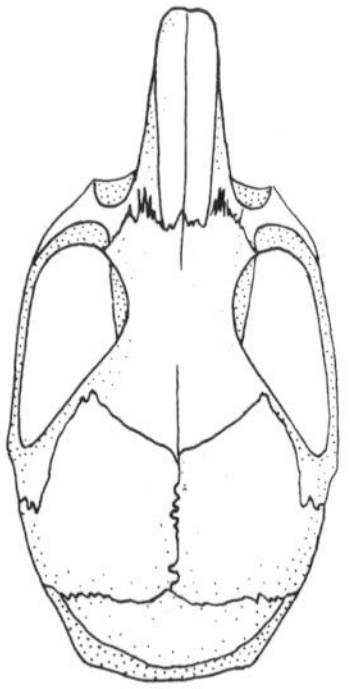

Schädel (Draufsicht) von *Apodemus sylvaticus* (81)

Dieser häufige Kleinsäuger bewohnt Laub- und Mischwälder, Waldränder, Flurgehölze, Gärten, Parks und kommt auch auf Feldern, Wiesen und in Küstenlandschaften vor. Im Winter werden oft einzeln stehende Gebäude und Ställe aufgesucht. Im Gebirge bis etwa 1 000 m.
Lebensweise: Die einzeln lebenden Tiere sind dämmerungs- und nachtaktiv, laufen schnell und können gut springen und klettern. Sie graben selbst Gänge und legen in diesen ihre Nester und Vorratslager an. Die Nester beste-

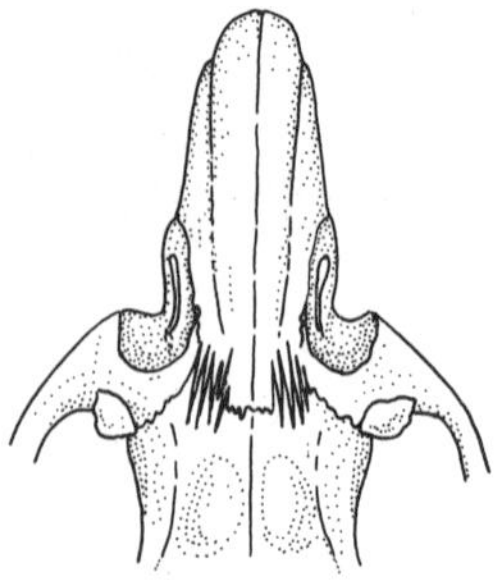

Oberschädel von *Apodemus sylvaticus* (81)

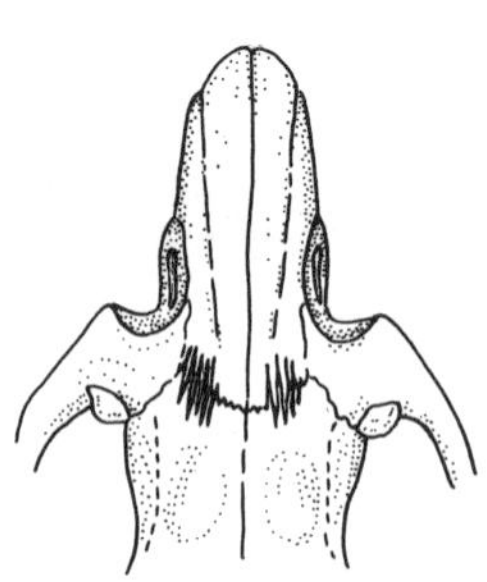

Oberschädel von *Micromys minutus* (78)

hen aus Moos und trockenem Pflanzenmaterial. Gelegentlich bewohnen sie auch Baumhöhlen oder Nistkästen oder die Gangsysteme von Wühlmäusen oder Maulwürfen.
Die Paarung erfolgt von April bis Oktober; in Südeuropa auch in den Wintermonaten. Jährlich 3 bis 4 Würfe. Nach etwa 23 Tagen Tragzeit werden 3 bis 9 Junge geboren, die nach 12 bis 14 Tagen ihre Augen öffnen, ebensolange gesäugt werden und nach 21 Tagen selbständig sind. Die Geburtsmasse beträgt 1,5 bis 2 g. Mit 8 Wochen sind die Jungen geschlechtsreif. Die Tiere können 2 bis 4 Jahre alt werden. Als Laute lassen sie ein helles Piepen hören. Die Nahrung besteht aus Samen, Knospen, Beeren, Früchten, Pilzen, Würmern und Insekten. Oft wird das Futter an geschützte Orte getragen und dort gefressen. In die Vorratslager werden vor allem Haselnüsse, Eicheln, Bucheckern, aber auch Insektenreste eingetragen. Waldmäuse markieren ihre Territorien möglicherweise mit Urin. Begegnungen zwischen Artgenossen können zu heftigen Auseinandersetzungen führen.
Als Feinde sind besonders Marder, Iltis, Fuchs, Wildkatze, Wildschwein, Waldkauz, Rauhfußkauz und Waldohreule zu nennen.
Besonderes: Die Gelbhalsmaus (80) tritt wahrscheinlich als Nahrungskonkurrent der Gemeinen Waldmaus auf.

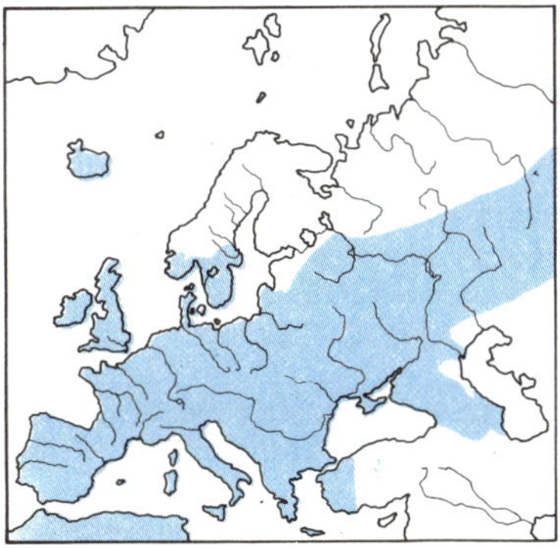

zu 81

zu 82

82 *Apodemus microps*
Zwergwaldmaus

Kennzeichen: Die Körperoberseite ist grau, die Unterseite weiß, scharf abgesetzt. Kleiner als die Gemeine Waldmaus (81). Ein gelblicher Kehlfleck ist nicht immer ausgebildet, oder er ist nur angedeutet, meist aber kleiner als bei der Waldmaus. Augen klein, Ohren und Hinterfüße kurz.
Ähnliche Arten: Gemeine Waldmaus (81), Gelbhalsmaus (80), Hausmaus (86).
Maße und Masse: KR 7 bis 9,6 cm; Schw 6,4 bis 9,2 cm; HF 17 bis 20,5 mm; Ohr 12 bis 15 mm; CB 19,4 bis 22,5 mm; Masse 11 bis 22 g.
Vorkommen: Osteuropa, Türkei. Bewohnt trockenes Gelände, Wiesen, Akkerflächen, Weingärten, Feldraine und auch lichte Wälder. Ist in der Ebene

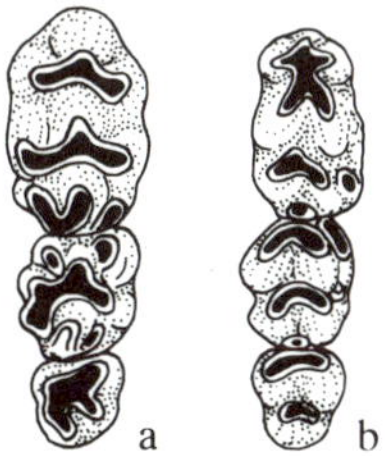

Molares a oben rechts, b unten links von *Apodemus microps* (82)

und im Hügelland anzutreffen. Häuser werden offenbar gemieden.
Lebensweise: Soweit bekannt, ähnlich der Gemeinen Waldmaus (81). Die Tiere halten sich vorwiegend am Boden auf, klettern und springen kaum und reagieren nicht scheu und schreckhaft. Der Beginn der Paarungszeit hängt vom Temperaturverlauf in den Monaten Januar und Februar ab. Die Paarung findet meist in der Zeit zwischen März und August statt. Mehrere Würfe (Anzahl?) im Jahr mit je 3 bis 10 Jungen. Die Nahrung besteht vorwiegend aus Sämereien und grünen Pflanzenteilen sowie aus Wurzeln, Knollen und Blüten. An tierischer Nahrung, die besonders von März bis Mai aufgenommen wird, kommen Insekten, deren Larven und Würmer in Frage. Feinde sind kleine Raubsäuger und Eulen.
Besonderes: Die Art wurde erst 1952 in der ČSSR entdeckt und beschrieben.

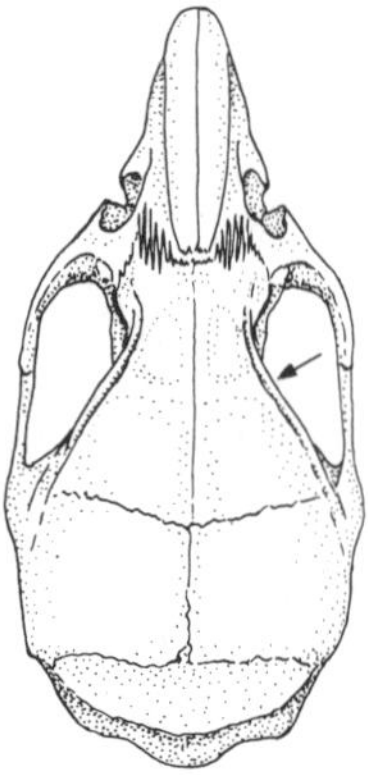

Schädel (Draufsicht) von *Apodemus agrarius* (83). Beachte die deutlich sichtbaren Supraorbitalleisten.

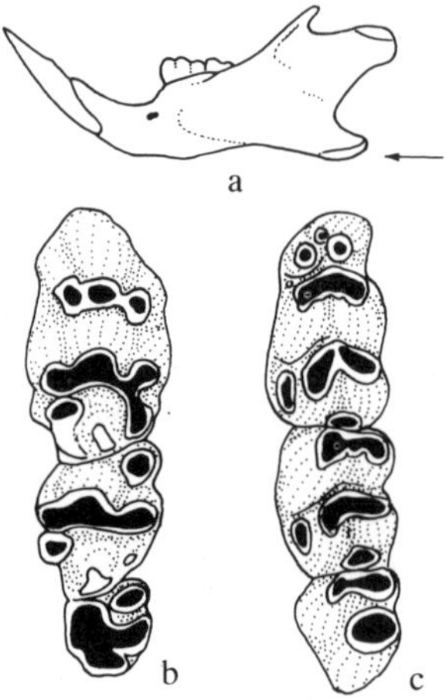

a Unterkiefer und b, c *Molares* (b oben rechts, c unten links) von *Apodemus agrarius* (83)

83 *Apodemus agrarius*
Brandmaus

Kennzeichen: Typisch ist der 2 bis 3 mm breite, scharf abgesetzte schwarze Aalstrich auf dem Rücken zwischen Stirnmitte und Schwanzwurzel. Das Fell ist im Sommer rehbraun, im Winter mehr graubraun (auch bei Jungtieren), die Bauchseite grauweiß. Der nackte Schwanz ist meist kürzer als der Körper. 120 bis 150 Schwanzringe. Die Oberlippe ist gespalten. Das Ohr ist mittelgroß, rund und nackt. 4 Paar Zitzen.
Ähnlich aussehende Arten: Waldbirkenmaus (125), Steppenbirkenmaus (124), Gemeine Waldmaus (81), Gelbhalsmaus (80).
Maße und Masse: KR 8,5 bis 12,3 cm; Schw 7 bis 9 cm; HF 17 bis 21 mm; Ohr 10 bis 12 mm; CB 19 bis 26 mm; Zyg 10,7 bis 13,2 mm; Masse 16 bis 25 (35) g.
Vorkommen: Mitteleuropa, Osteuropa; Asien, im Osten bis Korea. Die westliche Grenze des Verbreitungsgebietes scheint instabil zu sein. Die Art bewohnt sehr unterschiedliche Biotope: Waldränder, Flurgehölze und Ackerraine in den Agrargebieten, feuchte Wiesen, die Uferbereiche von Fließ- und Standgewässern, Gartenland und Parkanlagen. Im Gebirge bis etwa 1 000 m. Im Winter häufig in Scheunen, Ställen, Kellern und Mieten. Die Tiere scheinen ihre Biotope, verbunden

mit Wanderungen, wechseln zu können.

Lebensweise: Die vorwiegend tag- und dämmerungsaktiven Tiere leben wenig gesellig. Im Winter kann in Mieten oft eine größere Anzahl auf engbegrenztem Raum beobachtet werden. Die Männchen haben größere Reviere als die Weibchen. Die Tiere graben ihre Gänge flach unter der Erdoberfläche. Sie benutzen aber auch die Gangsysteme anderer Kleinsäuger. Brandmäuse laufen schnell, klettern aber selten. Sie legen Nestkammern aus trockenem Gras und Vorratslager an. Die eingetragene Nahrung (z. B. Eicheln und Bucheckern) wird mit Blättern abgedeckt.

In der Paarungszeit von April bis Oktober erfolgen nach einer Tragzeit von etwa 21 Tagen mehrere Würfe von jeweils 3 bis 9 (12?) Jungen. Die Geburtsmasse liegt zwischen 1,6 bis 2,3 g. Ab dem 4. Tag deutet sich schon auf der noch nackten Rückenhaut der schwarze Aalstrich an, nach weiteren 4 Tagen ist der Rücken behaart. Zwischen dem 10. und 12. Tag öffnen sich die Augen. Die Säugezeit beträgt etwa 14 Tage. Mit 21 Tagen sind die Jungen selbständig und mit etwa 8 Wochen geschlechtsreif. Höchstalter 4 Jahre. Brandmäuse können gebietsweise (unter welchen Bedingungen?) in einzelnen Jahren zu Massenvermehrungen neigen. Über die Lautgebung ist noch nicht viel bekannt, bisher sind »Zanklaute« nachgewiesen.

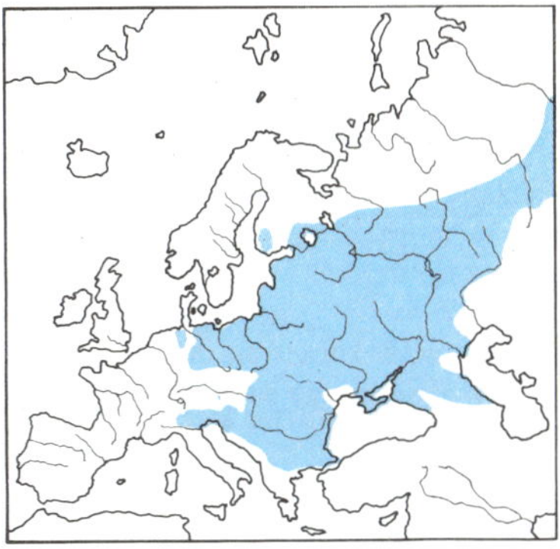

zu 83

Die Nahrung ist zu einem hohen Anteil animalischer Natur (besonders im Frühjahr). Daneben werden Samen, Früchte, Beeren, Getreidekörner sowie Aas gefressen.

Als Feinde sind Hermelin, Mauswiesel, Marder, Wiesel, Greifvögel und Eulen zu nennen. Bei Gewöllanalysen von Eulen muß bedacht werden, daß die Brandmaus infolge ihrer Tagesaktivität und dem Vorkommen in vegetationsreichen Biotopen stets unterrepräsentiert ist und die Knochenfunde nicht die reale Populationsdichte zeigen.

83 *Apodemus agrarius*

Gattung *Rattus*
Ratten

Schlüssel zur Bestimmung der Arten

1 Schwanz bei geschlechtsreifen Tieren meist länger als KR. Oberseite der HF dunkel 84 *R. rattus*
1′ Schwanz bei geschlechtsreifen Tieren meist kürzer als KR. Oberseite der HF bei der graubraunen Form hell 85 *R. norvegicus*

84 *Rattus rattus*
Hausratte

Kennzeichen: Schlanke Körperform, spitze Schnauze, große Ohren und Augen. Der drehrunde, einfarbig graue, nackte Schwanz ist länger als der Körper und hat 200 bis 290 Ringe. In Europa kommen 3 Farbvarianten vor: fast schwarz mit schiefergrauer bis brauner Unterseite, braungrau mit weißlicher Unterseite und rotbraungrau mit deutlich abgesetzter weißlicher

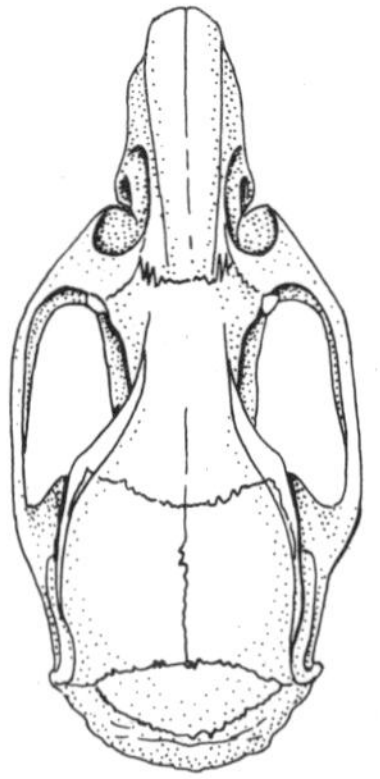

Schädel (Draufsicht) von *Rattus rattus* (84)

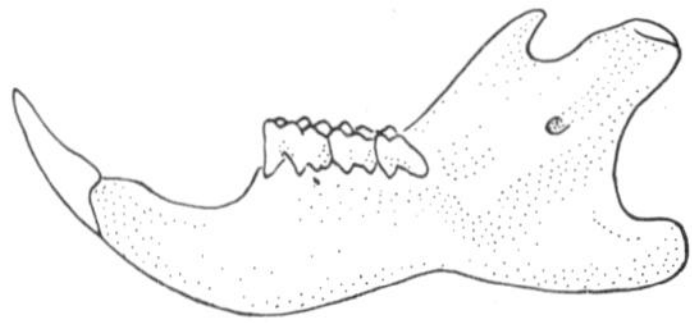

Unterkiefer von *Rattus rattus* (84)

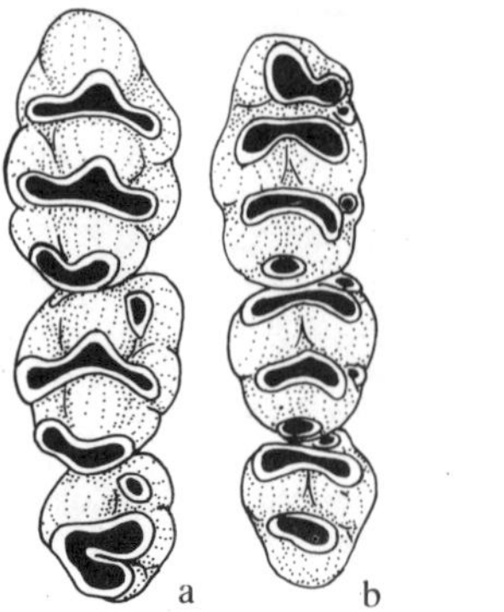

Molares von *Rattus rattus* (84): a oben rechts, b unten links

Bauchfärbung. Die Füße sind weißlich bis rosa. Das glatte Fell hat im Rückenbereich längere Grannenhaare. 5 (bis 6) Paar Zitzen. Parietalleisten am Schädel bogenförmig.
Ähnliche Art: Wanderratte (85).
Maße und Masse: KR 16 bis 24 cm; Schw 18 bis 26 cm; HF 31 bis 40 mm; Ohr 22 bis 26 mm; CB 31,3 bis 45,7 mm; Zyg 18,3 bis 21,8 mm; Masse 150 bis 250 g.
Vorkommen: Aus Südostasien nach Europa in frühgeschichtlicher Zeit durch den Menschen eingeschleppt und heute fast kosmopolitisch verbreitet. In Nord-, West- und Mitteleuropa ist die Hausratte nicht überall verbreitet. Der Bestand und das bewohnte Areal dürfte starken Schwankungen unterliegen. Die Wanderratte (85) kann die kleinere Hausratte gebietsweise verdrängen. Hausratten bewohnen Hausböden (daher auch der Name Dachratte) in Dörfern und Städten, Vorratslager und meiden Keller. Wärmere und trockenere Plätze werden bevorzugt. In Südeuropa auch außerhalb von Gebäuden.
Lebensweise: Die dämmerungs- und nachtaktiven Tiere können ausgezeichnet klettern und springen. In Gebäuden vorkommende Hausratten leben in Rudeln zwischen 20 und 60 Tieren, Rang-

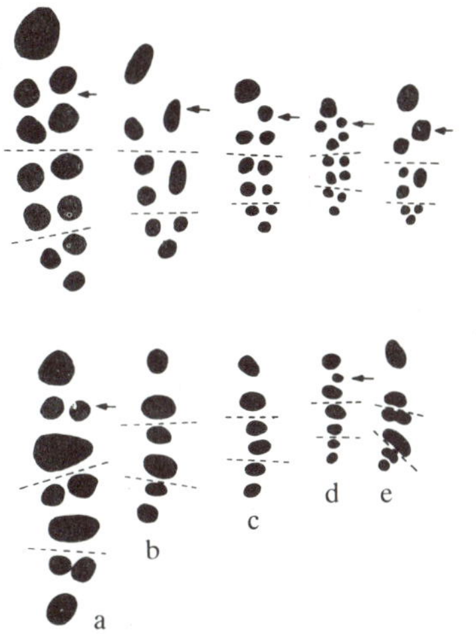

Alveolenmuster verschiedener Echter Mäuse (oben linker Oberkiefer, unten rechter Unterkiefer): Gattung a *Rattus* (84, 85), b *Acomys minous* (88), c Gattung *Apodemus* (79 bis 83), d *Micromys minutus* (78), e *Mus musculus* (86)

ordnungen und Paarbildung konnten nicht festgestellt werden. Die Tiere haben markierte Wechsel zu ihren Fraß- und Nestplätzen. Die Nester befinden sich zwischen Balkenlagen, in Hohlräumen und in abgestelltem Hausrat. In Südeuropa wurden in Baumlöchern (selbst in mehreren Metern Höhe), dichtem Gebüsch und in Felsspalten Nester gefunden. Die Nester in Gebäuden werden mit Holzwolle, Textilresten, Papier und Stroh ausgekleidet, die im Freiland mit Blättern, Gräsern und kleinen Zweigen. Es wurden größere Gemeinschaftsnester gefunden, in denen auch die Jungen zur Welt gebracht werden können. Erdbaue sind nicht bekannt. Von den Tieren sind quiekende und piepende Laute zu hören.

Die Paarung erfolgt zwischen März und Oktober (oder auch ganzjährig) mit 2 bis 6 (und mehr?) Würfen. Nach 20 bis 24 Tagen Tragzeit werden 4 bis 10 Junge geboren, die nach etwa 13 Tagen ihre Augen öffnen und bis 22 Tage gesäugt werden. Sobald die Augen offen sind, beginnen die Jungen die Umgebung des Nestes zu erkunden. Mit 6 Wochen sind sie selbständig und im Alter von 3 bis 4 Monaten geschlechtsreif. Das Höchstalter liegt bei 6 (7?) Jahren.

Hausratten sind Allesfresser, bevorzugen aber Pflanzenkost. Neben Sämereien, frischen und trockenen Früchten werden auch Abfälle, Fischreste, Kleintiere sowie Lebensmittel angenommen. Die Tiere legen Nahrungsvorräte an. Sie sind Vorratsschädlinge und Krankheitsüberträger. Feinde sind Katze, Hund, Marder und Schleiereule.

Besonderes: Eine eigenartige Erscheinung ist der »Rattenkönig«. Er besteht

Mit den Schwänzen verknotete *Rattus rattus* (84). Dieser »Rattenkönig« wurde 1784 gefunden.

zu 84

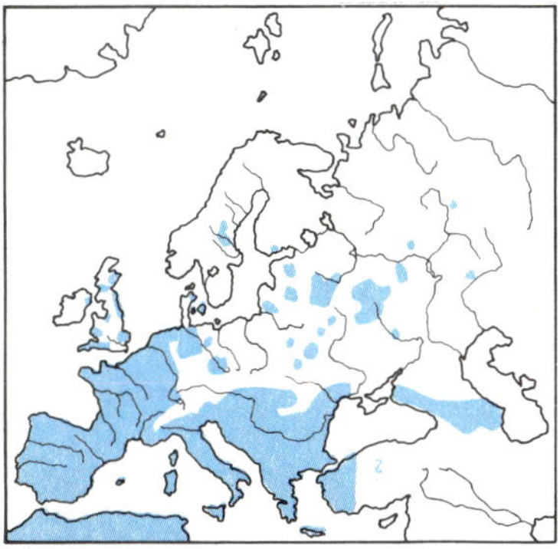

aus mehreren Tieren, die mit ihren Schwänzen zusammenhängen. Die Schwänze sind miteinander verschlungen oder verknotet; sie können auch miteinander verklebt sein. Offensichtlich kommt es bei jüngeren Tieren im Nest zu solchen (seltenen) Verknotungen der Schwänze. Wenn die einzelnen Tiere versuchen fortzulaufen, werden die Knoten nur fester. Die betroffenen Tiere können sich nicht befreien und gehen nach einer gewissen Zeit ein. Rattenkönige mit 10 und mehr (bis 32) Tieren wurden bekannt.

85 *Rattus norvegicus*
Wanderratte

Kennzeichen: Das große und robuste Tier hat eine stumpfe Schnauze. Der Schwanz hat 163 bis 205 Schuppenringe, ist etwas kürzer als der Körper und 2farbig (Oberseite graubraun, Unterseite heller). Augen und Ohren sind verhältnismäßig klein. Die Körperoberseite ist grau- bis rotbraun, kann aber auch schwärzlich sein. Auffallend sind die langen Grannenhaare im Rückenbereich. Die Bauchseite ist grauweiß bis grau, nur undeutlich von der Farbe der Flanken getrennt. Gelegentlich kommen nahezu schwarze Tiere vor, die an den Seiten oder im Kehlbereich weiße Haare (die auch streifenförmig angeordnet sein können) haben. Albinos und gescheckte Tiere sind selten. Die Füße der Tiere sind weißlich. Jungtiere sind meist dunkler als erwachsene. 5 bis 6 Paar Zitzen. Die Schädelleisten auf dem Schädeldach verlaufen nach hinten fast parallel. Ähnliche Arten: Hausratte (84), Gemeine Schermaus (101).

Maße und Masse: KR 20 bis 28 cm; Schw 17 bis 23 cm; HF 38 bis 46 mm; Ohr 20 bis 24 mm; CB 42,4 bis 54,2 mm; Zyg 20,2 bis 28,6 mm; Masse 270 bis 580 g.

Vorkommen: Ursprünglich in Ostasien. Durch den Menschen weltweit verbreitet. Bevorzugt werden menschliche Siedlungen bewohnt. Sie fehlen weder in Großstädten noch in Dörfern. Keller, Ställe, Lagerhäuser, Kanalisationsanlagen und Müllplätze werden bevorzugt.

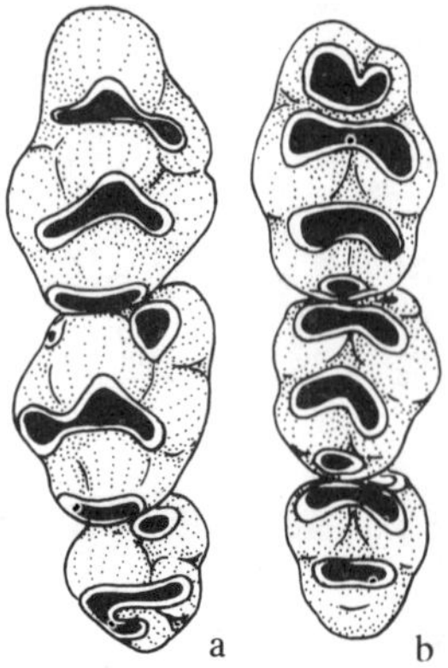

Molares von *Rattus norvegicus* (85): a obere rechte *Molares*, b untere linke *Molares*

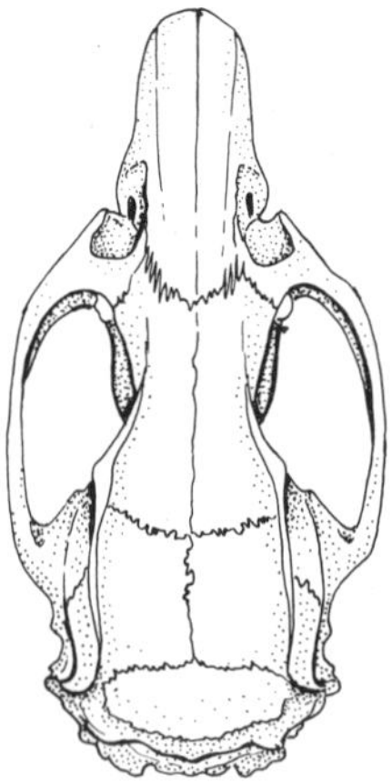

Schädel (Draufsicht) von *Rattus norvegicus* (85)

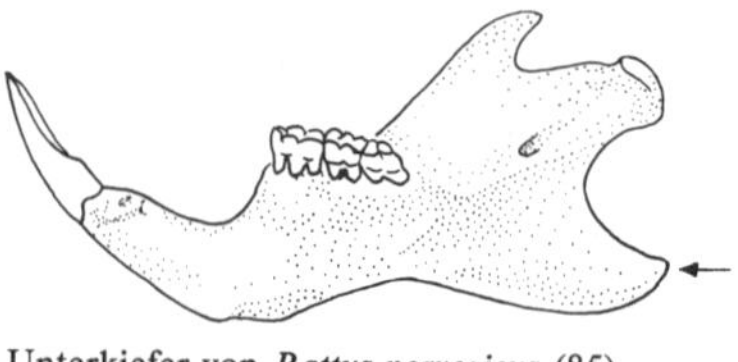

Unterkiefer von *Rattus norvegicus* (85)

Sie kommen aber auch in der Feldflur und an Gewässern vor.
Lebensweise: Die dämmerungs- und nachtaktiven Tiere können gut schwimmen, tauchen und klettern. Die Nase ist das wichtigste Sinnesorgan. Sie leben in Familienverbänden in einer sozialen Rangordnung, die in bestimmten Zeitabständen durch kämpferische Auseinandersetzungen neu geregelt wird. Das Männchen verteidigt sein Revier und den Bau gegen andere Geschlechtsgenossen. Einen Bau bewohnen mehrere Weibchen. Nach der Geburt der Jungen können sie aggressiv werden und tolerieren dann nur trächtige und ebenfalls Junge versorgende Weibchen des gleichen Verbandes. Mit zunehmender Individuendichte können die Reviere oder Familienstrukturen geändert werden. Die Tiere halten meist an festen Wegen zwischen ihrem Bau und den Nahrungsquellen fest, wobei Urinmarkierungen die Wechsel kennzeichnen. Die Aktionsräume der Tiere scheinen begrenzt zu sein, ihre Größe wird offenbar vom Nahrungsangebot bestimmt. In Einzelfällen unternahmen Tiere während einer Nacht Ausflüge bis zu 3 km entfernten Futterplätzen.
Wanderratten bilden Rudel bis zu 200 und mehr Tieren. Die Tiere eines Rudels erkennen sich wahrscheinlich am Geruch. Die Sozialkontakte sind sehr ausgeprägt. Sie spielen miteinander

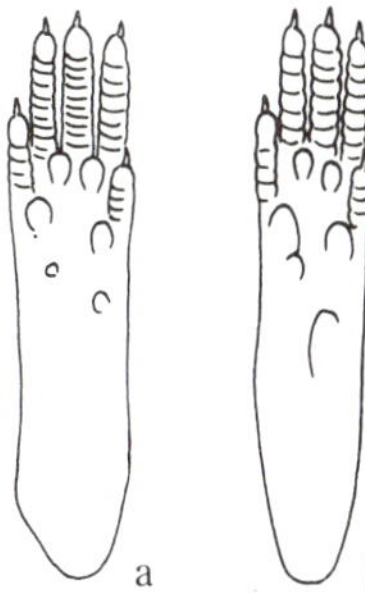

Rechte Hinterfüße mit Sohlenschwielen von a *Rattus norvegicus* (85), b *Rattus rattus* (84)

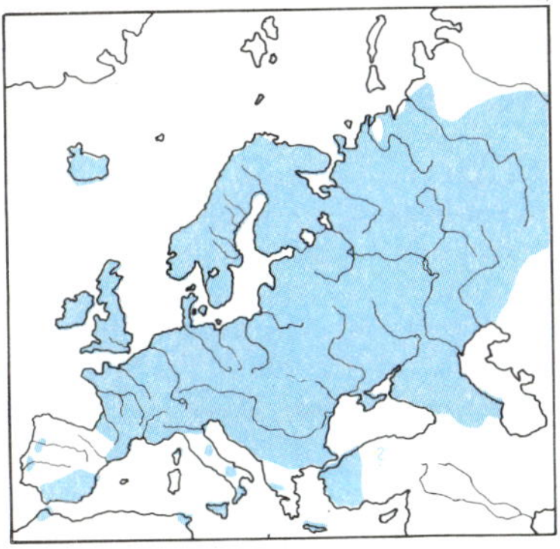

zu 85

und putzen sich. Als akustische Äußerungen sind fauchende, knurrende und fiepende Laute bekannt. Laute im Ultraschallbereich wurden bei verlassenen Jungtieren und während des Paarungsverhaltens gemessen.
Die Tiere legen im freien Gelände (Müllplätze, Gewässerufer) Erdbaue an, die aus einem Gangsystem mit mehreren Eingängen bestehen. In diesen Bauen werden auch die Wohn- und Nahrungskessel errichtet. Der Wohnkessel wird mit dürrem Gras, Blättern und Papier ausgepolstert, in den Nahrungskesseln werden Futtervorräte gehortet. In Gebäuden dienen Zwischendecken, Hohlräume und gestapelte Materialien als Schlupfwinkel. Es werden auch Löcher in Wände genagt. Die Nester sind oben offen.
Wanderratten können in höchster Gefahr den Menschen angreifen. Ihnen wird ein »raubtierhaftes« Verhalten nachgesagt, da sie gelegentlich verschiedene andere Säugetiere (Schafe, Schweine, Mäuse und in Zoos gehaltene Tiere) annagen, freilebende Vögel fangen (Möwen, Limikolen, Enten, Hühner, Gänse) und Fischen nachstellen. Selbst Menschen (besonders Säuglinge) können sie anfressen, wie mehrfach belegt wurde.
Die Paarung erfolgt in der Regel zwischen April und Oktober, sie kann aber bei ausreichender Nahrung ganzjährig

stattfinden. Jährlich 4 bis 6 oder auch mehr Würfe mit jeweils 6 bis 9 (bis 13) Jungen nach einer Tragzeit von 22 bis 24 Tagen. Die Jungen öffnen die Augen mit 14 Tagen und sind dann schon behaart. Sie werden etwa 3 Wochen gesäugt, sind mit 6 bis 7 Wochen selbständig und mit etwa 3 Monaten geschlechtsreif. Das Höchstalter liegt bei 4 Jahren. Ein brünstiges Weibchen wird von mehreren Männchen verfolgt und begattet. In größeren Rudeln können mehrere Weibchen im gleichen Kessel gebären. Die Aufzucht der Jungen kann gemeinsam erfolgen. Verwaiste Junge werden von anderen Weibchen mitgesäugt.
Ausgesprochene Schwankungen der Populationsdichte kommen nicht vor. Bei aggressiven Auseinandersetzungen zwischen den Tieren können Hormone wirksam werden, durch die die Fortpflanzung zeitweise unterbunden wird. Nach Bekämpfungsmaßnahmen kann aber der Bestand sehr rasch wieder die ursprüngliche Stärke erreichen.
Die Nahrungspalette ist sehr variabel. Nahrungsmittel und Abfälle werden ebenso wie Samen, Früchte, Gemüse, Gräser, Getreide und tierische Nahrung aufgenommen. Küken, Mäuse, Vögel und junge Kaninchen werden überfallen, Vogelgelege ausgenommen und Schnecken, Lurche und Fische gefressen. Wanderratten können auch Obstbäume und Sonnenblumen erklettern, um dort Obst, Knospen, Samen, Vogeleier und Jungvögel zu fressen. Kannibalismus (Verzehr kranker oder junger Tiere) ist bekannt, ebenso die Aufnahme von Aas. Wanderratten verursachen beträchtliche Schäden an Lebens- und Futtermitteln, die auch durch Kot und Urin verdorben werden. Die Tiere nagen elektrische Kabel, Blei- und Kunststoffrohre an und können dadurch technische Havarien auslösen. Sie übertragen Krankheiten. Ihre unglaubliche Anpassungsfähigkeit ermöglicht ihr Überleben selbst bei großräumigen Bekämpfungsaktionen.
Als natürliche Feinde sind Rotfuchs, Marder, Iltis, Hauskatze, Hund und von den Vögeln besonders Uhu und Waldkauz zu nennen.
Besonderes: Stammform der Laborratte, die für den Menschen große Bedeutung im Rahmen der Forschung hat.

Gattung *Mus*
Hausmäuse

Die europäischen Formen der Gattung sind hier in 2 Arten zusammengefaßt. Das entspricht der generellen Orientierung der systematischen Anordnung dieses Buches nach Niethammer und Krapp (1978 ff.). Andere Autoren unterscheiden 4 Arten:

M. musculus Linnaeus, 1758
M. domesticus Rutty, 1772
– – *domesticus* Rutty, 1772
– – *helgolandicus* Zimmermann, 1953
– – *caoccii* Krause, 1920
– – *bactrianus* Blyth, 1846
– – *corsicus* Kratochvil, 1986
M. hortulanus Nordmann, 1840
M. spretus Lataste, 1883

Außerdem wird eine »chromosomale« Form (*Mus poschiavinus* Fatio, 1869) diskutiert.

86 *Mus musculus* **Hausmaus**

Kennzeichen: Hausmäuse sind klein, schlank und haben eine spitze Schnauze. Die Oberlippe ist gespalten. Die Augen sind klein, die Ohren lang, der Schwanz nackt, die 150 bis 205 Schuppenringe sind deutlich erkennbar. Die Fellfärbung ist sehr variabel. Der Rücken ist bräunlichgrau, grauschwarz bis hellgrau oder auch rostbraun. Nach den Flanken werden die Farben heller und sind gegenüber der weißen, hellgrauen oder gelblichgrauen Bauchseite deutlich abgesetzt.

a 84 *Rattus rattus* (dunkle und helle Form),
b 85 *Rattus norvegicus*

a

b

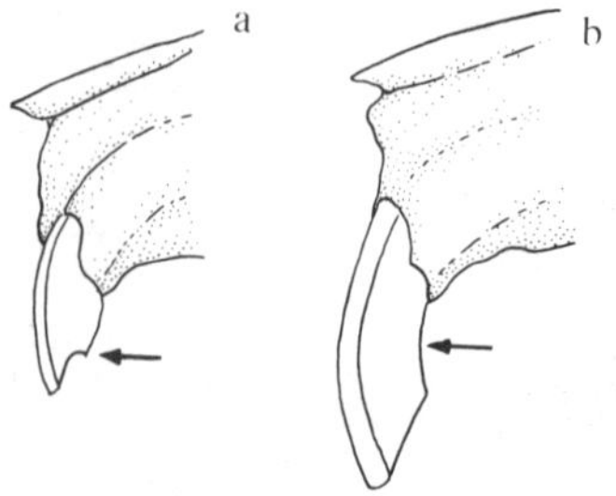

Vergleich der *Incisivi* von a *Mus musculus* (86), b *Apodemus*-Arten (80, 81, 83)

Die Haare des Bauches sind kürzer als die des Rückens.
Die Weibchen sind in der Regel größer und schwerer als die Männchen. Hausmäuse verbreiten einen muffigen Geruch. 5 Paar Zitzen. Die Hinterseiten der oberen *Incisivi* haben rechtwinklige Einschnitte. Die Gaumenspalten reichen zwischen die 1. oberen *Molares* bis zur Höhe der 2. Wurzel.
Die Hausmaus kommt in Europa in mehreren Unterarten vor. Sie unterscheiden sich nach folgenden vereinfachten Merkmalskombinationen:

Ähnliche Arten: Gemeine Waldmaus (81), Heckenhausmaus (87).
Maße und Masse: KR 7,2 bis 10,3 cm (und größer?); Schw 5 bis 10,2 (bis 11) cm; HF 16 bis 19,5 mm; Ohr 12 bis 16 mm; CB 19,3 bis 23 mm; Zyg 10,4 bis 12,4 mm; Masse 10 bis 36 g.
Vorkommen: Ursprünglich nur in der Paläarktis, südlich bis in die Halbwüsten Nordwestafrikas, östlich bis Ostasien. Vom Menschen aber über die gesamte Welt verschleppt, so daß die Art heute als Kosmopolit angesehen werden muß. Die Ausbreitung ist in ihrer zeitlichen und räumlichen Folge kaum rekonstruierbar, sie dürfte aber in Folge des Getreideanbaus eine Beschleunigung erfahren haben.
Besonders in menschlichen Bauwerken, wie Vorratslagern, Scheunen, Getreidesilos, Stallanlagen, Kellern, Heizungsschächten, Kühl- und Wohnhäusern anzutreffen, ebenso auf Schuttplätzen. Auch an Feldrändern und stehenden Gewässern sowie im Dünengelände. Einige Unterarten sind nicht an menschliche Siedlungen gebunden.

Unterart		Rückenfärbung	Bauchfärbung	Flankenbegrenzung	Schwanzlänge
86a	*M. m. musculus* Nordische Hausmaus	braungrau	gelblichgrau	unscharf/ deutlich	mittel
86b	*M. m. domesticus* Westliche Hausmaus	schiefergrau	hellgrau	fehlt	lang
86c	*M. m. praetextus*	hellbraun	grauweiß/ weiß	deutlich	lang
86d	*M. m. brevirostris*	braungrau	gelblichgrau	unscharf	lang
86e	*M. m. spicilegus* Ährenmaus	graubraun	grauweiß/ weiß	deutlich	kurz
86g	*M. m. helgolandicus*	braungrau	gelblichgrau	unscharf/ deutlich	lang

(nach NIETHAMMER u. KRAPP, 1978)

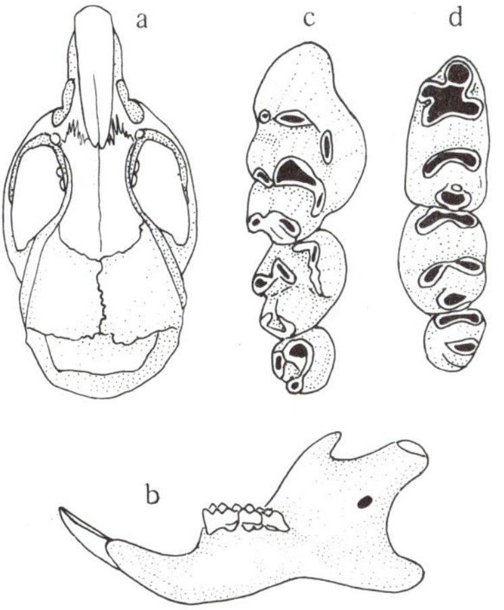

a Schädel, b Unterkiefer und c, d *Molares* (c oben rechts, d unten links) von *Mus musculus* (86)

Vorkommen der europäischen Unterarten:
Die Nördliche Hausmaus (86a) lebt an Gewässern und in menschlichen Siedlungen. Während des Sommers im Freiland und im Winter in Gebäuden kommen Mischpopulationen mit der Westlichen Hausmaus (86b) besonders in Mittel- und Nordeuropa vor.
Die Westliche Hausmaus (86b) zeigt eine starke Bindung an den Menschen. Verbreitungsschwerpunkt sind West- und Mitteleuropa.
Die Ährenmaus (86e) lebt das ganze Jahr außerhalb von Gebäuden, im Winter in ihren unterirdischen Bauen (verzweigte Gangsysteme mit Nestkammern und Vorratslagern). Besonders in Österreich, der ČSSR, Ungarn, Jugoslawien, Rumänien, Bulgarien, Griechenland, östlich bis zur Ukrainischen SSR.
M. m. praetextus (86c) lebt außerhalb von Gebäuden auf zahlreichen Inseln des Mittelmeeres (Süditalien?).
M. m. brevirostris (86d) scheint mehr oder weniger an menschliche Siedlungen des Mittelmeergebietes gebunden zu sein.
M. m. hanuma (86f) kommt in Jugoslawien vor.
M. m. helgolandicus (86g) kommt nur auf der Insel Helgoland vor.
Lebensweise: Die Hausmaus ist vorwiegend dämmerungs- und nachtaktiv. Sie kann schnell laufen, ausgezeichnet klettern und springen und gut schwimmen. Geruchs- und Gehörsinn sind besonders gut entwickelt. Während des Tages halten sich die Tiere in ihren Schlupfwinkeln in Zwischenböden, Löchern, Hohlräumen, hinter Verschalungen und in selbstgegrabenen Erdbauen mit Nest- und Vorratskammern auf.
Hausmäuse leben in mehr oder weniger großen Familienverbänden mit einem dominanten Männchen, einem oder mehreren alten Weibchen und Jungtieren unterschiedlichen Alters. Territorialverhalten ist ausgeprägt. Die Reviermarkierung erfolgt mittels Harnmarken. Jede Familie scheint ihren eigenen Geruch zu haben. Hausmäuse putzen sich gegenseitig. In Gebäuden lebende Tiere bauen Nester aus Papier und Lumpen, die in kleine Stücke zerbissen wurden. Quieklaute sind bekannt; Nestjunge können Laute im Ultraschallbereich hervorbringen.
Die Paarung im Freiland findet in der Regel von April bis Oktober statt. Bei in Gebäuden lebenden Tieren ist sie ganzjährig möglich. Bis zu 4 Würfen im Freiland und bis zu 8 in Gebäuden

zu 86

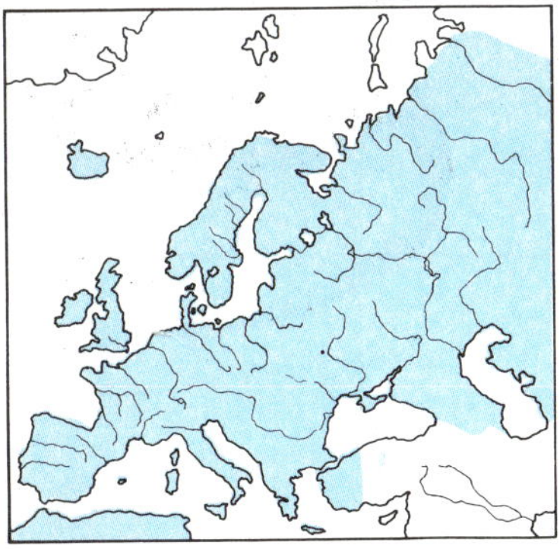

sind bekannt. Die 3 bis 8 etwa 20 mm langen und 1 g schweren Jungen werden mit geschlossenen Augen und Ohren nach einer Tragzeit von 18 bis 24 Tagen geboren. Die Behaarung entwickelt sich ab dem 2. oder 3. Lebenstag. Die Ohrmuscheln öffnen sich nach dem 5. und die Augen zwischen dem 12. und 15. Tag. Die Säugezeit umfaßt etwa 18 Tage. Im Alter von etwa 1 Monat sind die Jungen selbständig, nach 2 bis 3 Monaten geschlechtsreif. Die Tiere können bis 3 Jahre alt werden. Die Sterberate von Nestjungen im Frühjahr ist beachtlich hoch, das kann auch auf die Wintersterblichkeit der im Freiland lebenden Hausmäuse zutreffen. Daraus resultieren im Jahresverlauf unterschiedliche Populationsdichten. Die Weibchen verdrängen nach dem Werfen die Männchen aus dem Nest. Mit zunehmender Individuendichte kann es mitunter zur gemeinsamen Aufzucht verschiedener Würfe kommen.

Wenn die Anzahl der Tiere eine bestimmte Dichte überschreitet, kann die weitere Vermehrung, besonders bei heranwachsenden Weibchen, durch (zeitweise?) Sterilität eingeschränkt sein. Möglicherweise löst die Übervölkerung und die dadurch entstehende Unruhe in den Familienverbänden bei den Weibchen hormonale Mechanismen aus.

86b *Mus musculus domesticus* (»Weiße Maus«)

86a *Mus. m. musculus*

86b *Mus musculus domesticus*

88 *Acomys minous*

Die Nahrung besteht aus Samen, grünen Pflanzenteilen, Insekten und menschlichen Nahrungsmitteln. Besonders werden Körner von Weizen, Roggen, Hafer, Gerste, Mais und Hirse angenommen. Bei im Freiland lebenden Hausmäusen (z. B. Ährenmaus) wurden Vorratsmengen bis 16 kg (meist zwischen 4 bis 7 kg) festgestellt. Bei den sozial lebenden Formen ist das Vorratsammeln nicht ausgeprägt, sie legen ihre Nester im Bereich von Nahrungsplätzen an. In Kühlhäusern können die Nager rein animalisch leben.
Als Feinde sind alle Raubsäuger, Greifvögel und Eulen, besonders die Schleiereule, zu nennen.
Besonderes: Die Hausmaus ist die Stammform der Labormäuse. Diese Tiere waren und sind dem Menschen im Bereich der Medizin und der Verhaltensforschung von großem Nutzen. Hausmäuse spielten im Altertum eine große mythologische Rolle, sie wurden sogar in Tempeln gehalten.

87 *Mus spretus* **Heckenhausmaus**

Kennzeichen: Etwas kleiner als die Hausmaus (86). Die Oberseite ist gelblichgraubraun und von der weißen bis hellgrauen Unterseite scharf abgesetzt. Die Füße sind weiß. Der Schwanz ist kürzer als der Körper. Die oberen *Incisivi* haben keine Einkerbung.
Ähnliche Art: Hausmaus (86).
Maße und Masse: KR 67 bis 88 mm; Schw 52 bis 74 mm; HF 15 bis 17 mm; Ohr 13 bis 15 mm; Masse 10 bis 15 g.
Vorkommen: Portugal, Spanien und Südfrankreich; Nordwestafrika. Bewohnt werden lichte Wälder, Gartenland, auch feuchtere Gebiete.
Lebensweise: Die Art lebt ganzjährig im Freien und legt keine Vorratslager an. Familienverbände, wie sie bei der

zu 87

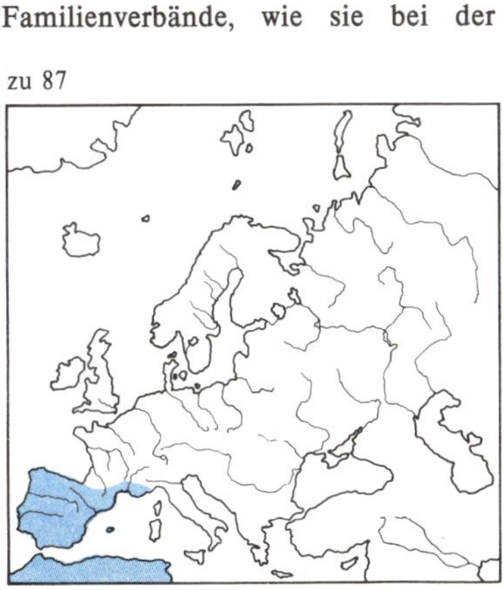

Hausmaus (86) bekannt sind, wurden nicht beobachtet. Fortpflanzung und Nahrung ähnlich der Hausmaus, mit der sie zusammenleben kann. Die Tiere verpaaren sich aber in der Natur nicht; in Gefangenschaft gelingen Kreuzungen, von denen die männlichen Hybriden unfruchtbar sein sollen.

Gattung *Acomys*
Stachelmäuse

88 *Acomys minous*
Kreta-Stachelmaus

Kennzeichen: Die Oberseite des Körpers ist graubraun, auf dem Mittel- und Hinterrücken sind glatte, abgeplattete, stachelige, an den Seiten borstenartige Haare deutlich erkennbar.
Die Flanken sind rötlichgraubraun, die weißliche Unterseite ist scharf abgesetzt. Hinter den langen Ohren ist ein schmaler, weißer Fleck zu finden.

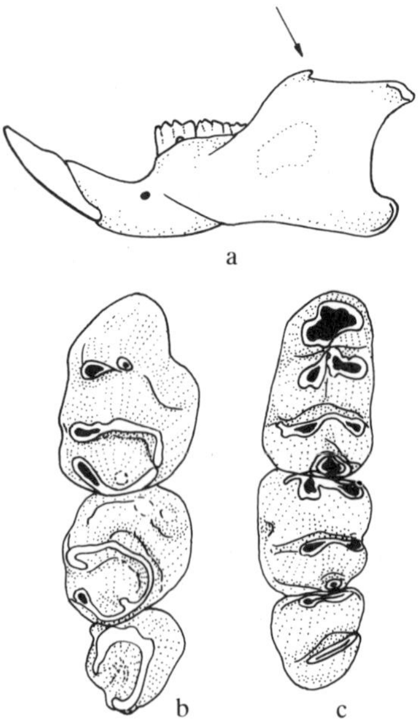

a Unterkiefer und b, c *Molares* (b oben rechts, c unten links) von *Acomys minous* (88)

Augen groß, Vibrissen bis 5 cm lang. Der Schwanz mit 120 bis 150 Ringen ist oberseits grau und unterseits weißlich. 1 bis 2 Paar Zitzen.
Ähnliche Arten: Hausmaus (86), Gemeine Waldmaus (81), Felsenmaus (79).
Maße und Masse: KR 9,2 bis 12,5 cm; Schw 9 bis 12 cm; HF 18 bis 20 mm; Ohr 16,5 bis 19,5 mm; CB 27,7 bis 31,4 mm; Zyg 14,1 bis 16,3 mm; Masse 33 bis 86 g.
Vorkommen: Insel Kreta. Dort werden trockene, felsige Gebiete, Zwergbuschsteppe und südexponierte Hänge bewohnt. Die Tiere dringen auch in Häuser und Gärten ein.
Lebensweise: Dämmerungs- und nachtaktiv. Die Tiere sind schnell und gewandt. Eigene Baue werden nicht gegraben, sondern Felsspalten bewohnt. Stachelmäuse leben sozial in Familienrudeln und legen Freßplätze an geschützten Stellen an.
Jährlich werden nach 34 bis 37 Tagen Tragzeit 1- bis 5mal jeweils 1 bis 4 Junge geboren. Sie sind weit entwickelt, können schon nach wenigen Stunden laufen, vermögen nach 48 Stunden ihre Augen zu öffnen und sind mit 6 Tagen selbständig. Von der Mutter werden sie bis zu 20 Tagen gesäugt. Die Tiere werden 2 bis 3 (?) Jahre alt.
Fremde Weibchen leisten aktive Geburtshilfe und versuchen, das Neugeborene an sich zu nehmen und es zu säugen. Bei der Geburt, die im Familienverband stattfinden kann, steht das Weibchen und hebt den Hinterkörper an. Der Geburtsvorgang gleicht dem eines Huftieres und nicht dem anderer Mäuse. Junge dürfen bei allen Müttern trinken, so daß sie auch von jedem zum Rudel gehörenden Weibchen gepflegt werden. Der bei den Stachelmäusen ausgeprägte »Hebammendienst« ist nach gegenwärtigem Wissensstand unter den Nagern einmalig.
Weibchen, die Junge zur Welt gebracht haben, können noch am gleichen Tag brünstig und begattet werden. Während

sie die Jungen aufziehen, entwickeln sich schon die nächsten Nachkommen im Körper.
Die Nahrung besteht aus Schnecken, Gliederfüßern, Sämereien und grünen Pflanzenteilen.
Als Feinde sind Eulen zu nennen.
Besonderes: Stachelmäuse können ohne größere Schwierigkeiten in Terrarien gehalten werden.

Familie *Cricetidae* Hamster

Grabende Nagetiere mit vorwiegend unterirdischer Lebensweise. Die maus- bis meerschweinchengroßen, meist in der Färbung kontrastreichen Tiere bewohnen offene Landschaften (Steppen Zentralasiens, in Europa Agrargebiete). Ihre Nahrung, die sie in ihren »Backentaschen« aufnehmen können, besteht vorwiegend aus Pflanzen und deren Samen. Die Kauflächen haben 2 Längsreihen von Höckern. 3 Gattungen mit jeweils 1 Art in Europa.

Zahnformel $\frac{1\,0\,0\,3}{1\,0\,0\,3}$ = 16 Zähne.

Schlüssel zur Bestimmung der Arten

1 Fell bunt, Bauch mindestens zum Teil schwarz. KR über 130 mm — 2
1′ Rücken grau, Bauch hellgrau bis weiß. KR unter 130 mm — 91 *Cricetulus migratorius*
2 Hintere Bauchhälfte schwarz. KR meist über 180 mm — 89 *Cricetus cricetus*
2′ Hintere Bauchhälfte hellgrau. KR unter 180 mm — 90 *Mesocricetus newtoni*

89 *Cricetus cricetus*
Feldhamster

Kennzeichen: Etwa rattengroß, gedrungen, mit Stummelschwanz. Das dichte, kurze Fell ist am Rücken gelb- bis rotgraubraun, auf der Bauchseite vorwiegend schwarz. An den Lippen, der Kehle, unterhalb der Ohren, an den Armansätzen und an der Innenseite der Schenkel weiße bis gelblichweiße Flekken. Es kommen auch schwarze Hamster mit weißen Füßen, Schecken,

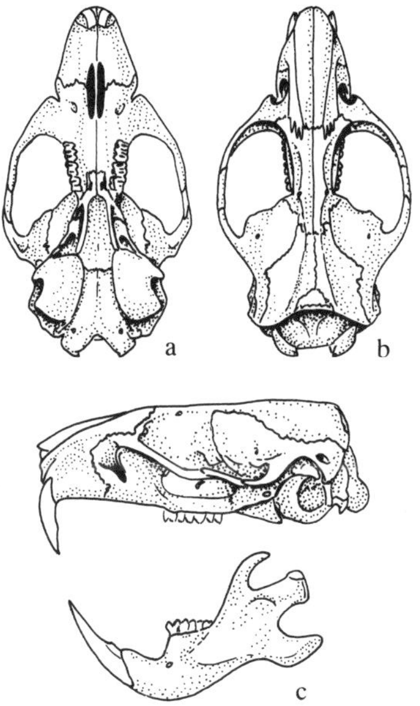

Schädel von *Cricetus cricetus* (89):
a Oberschädel von unten, b Oberschädel von oben, c Seitenansicht

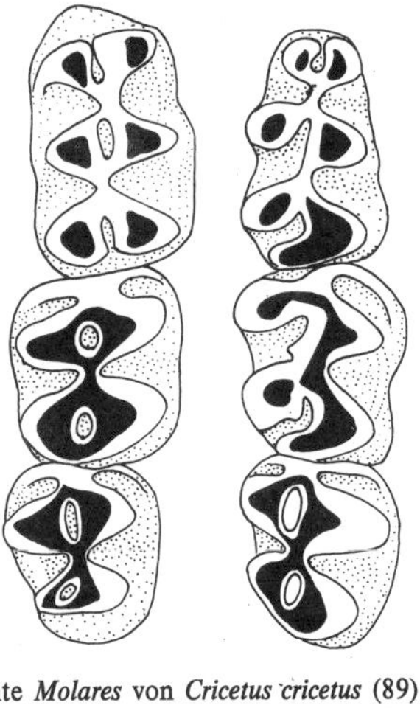

Rechte *Molares* von *Cricetus cricetus* (89)

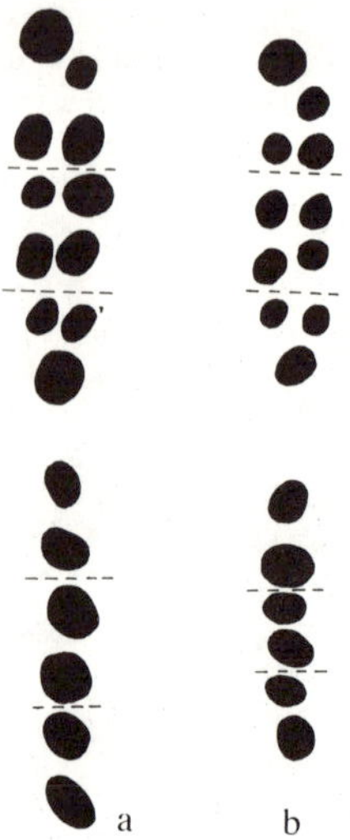

Alveolenmuster (oben Oberkiefer, unten Unterkiefer) von a *Cricetus cricetus* (89), b *Cricetulus migratorius* (91)

Gelblinge und rein weiße Tiere vor. Die Nase ist fleischfarben. Die dunkelbraunen Augen sind nicht sehr groß, die Ohren mittelgroß und rund. Schnauze mit bis zu 35 mm langen Tasthaaren. Die kräftigen weißen Füße haben vorn 4 und hinten 5 Zehen. Vorderfüße mit 5, Hinterfüße mit 6 Sohlenschwielen.
4 Paar Zitzen. Die Männchen sind geringfügig größer als die Weibchen.
Ähnliche Arten: Rumänischer Goldhamster (90).
Maße und Masse: KR 18 bis 28 cm; Schw 3 bis 7 cm; HF 30 bis 40 mm; Ohr 23 bis 31 mm; CB 40,8 bis 52,5 mm; Zyg 24,5 bis 32 mm; Masse 150 bis 400 g (im Winter noch darüber).
Vorkommen: Im Westen Europas in kleinen Gebieten Frankreichs, der Niederlande und Belgiens. Von der BRD an ostwärts bis zum Jenissej und zum Altai-Gebirge.
Bewohnt werden tiefgründige (lehmigtonige) Böden in den Agrargebieten. In Mitteleuropa sind die Tiere Kulturfolger, die offene, landwirtschaftlich genutzte Landschaften mit Getreidefeldern, Klee- und Luzerneschlägen und Straßenränder bewohnen. Soweit es die Bodenstruktur zuläßt, kommen die Tiere in einzelnen Gebieten bis in etwa 600 m Höhe vor.
Lebensweise: Die vor allem nachtaktiven Tiere sind gelegentlich auch am Tage und in den Abendstunden zu beobachten. Sie leben ungesellig und sind typische Bodenbewohner. Sie vermögen schnell zu laufen, gut zu schwimmen und zu springen. Sie sind mitunter sehr bissig. Bei Gefahr und bei Auseinandersetzungen untereinander stellt sich der Hamster auf seine Hinterfüße (macht »Männchen«). Dabei wetzt er die Zähne und faucht. Der Kopf wird durch das Aufblasen der Backentaschen vergrößert, das farbenprächtige Fell kommt voll zur Wirkung. Im Kampf unterlegene Tiere werfen sich auf den Rücken. Der Bau und seine nähere Umgebung wird mit einem Drüsensekret (Drüsen an den Flanken der Tiere) markiert. Das Männchen kann auch das Territorium des Weibchens markieren.
Die Hamster graben ausgedehnte und tiefe Gangsysteme mit Wohn- und Vorratskesseln und mit mehreren Eingängen. Die Baue sind im Sommer bis etwa 60 cm und im Winter bis maximal 200 cm tief und die Gänge bis etwa 10 m lang. Ihr Durchmesser beträgt 6 bis 8 cm. Die Gänge führen mit schwa-

zu 89

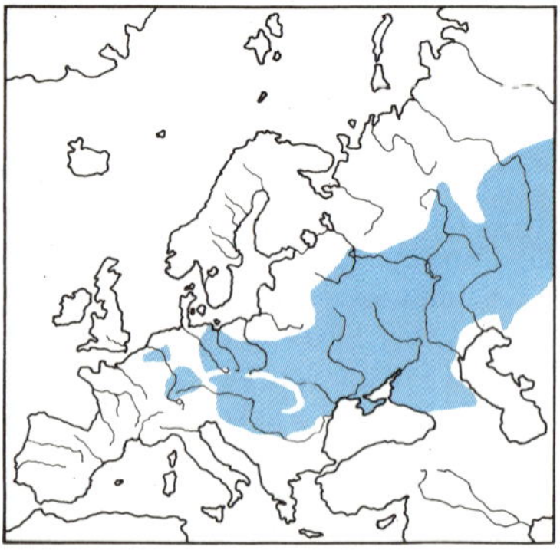

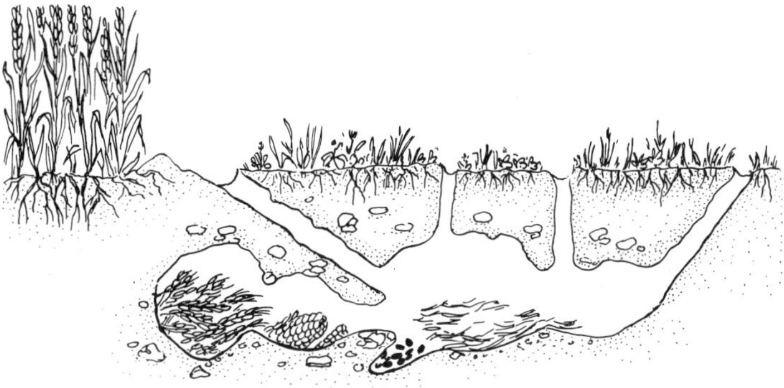

Schematischer Schnitt durch einen Bau von *Cricetus cricetus* (89)

cher Neigung zu verschiedenen Nestkammern. Es gibt auch nahezu senkrechte »Fall- oder Fluchtröhren«. Die Erde wird beim Graben mit den Vorderfüßen gelöst und unter den Bauch geschoben, mit den Hinterbeinen wird sie dann aus dem Bau oder der Röhre ausgeworfen. Jedes Tier besitzt seinen eigenen Bau und verteidigt ihn sehr standhaft auch gegen Artgenossen. Nur während der Paarungszeit dulden Weibchen einzelne Männchen in ihren Bauen. In der Regel hat der einfache Hamsterbau 2 Zugänge und 1 Wohnkammer mit einem aus trockenen Pflanzenteilen hergestellten Nest sowie mindestens 1 Vorratskammer. Blindgänge dienen oft als »Abortkammern«. Der Winterschlaf in der mit trockenem Pflanzenmaterial dick ausgepolsterten Schlafkammer dauert von Oktober bis März. Er wird aber, ohne daß die Tiere den Bau verlassen, zur Aufnahme von Nahrung und zur Abgabe von Kot öfters für kurze Zeit unterbrochen. Vor dem Winterschlaf werden die Eingänge meist mit Erde verschlossen.

Als Laute sind Quieken, Schnaufen, Zähnewetzen und Piepsen bekannt. Paarungszeit ist April bis August. Die Tragzeit dauert 19 bis 20 Tage. Jährlich 2 bis 3 Würfe von jeweils 5 bis 12 (und mehr?) nackten und blinden Jungen. Die Geburtsmasse beträgt etwa 5 g. Mit etwa 12 Tagen ist das Jugendfell entwickelt, mit 14 Tagen öffnen die Jungen die Augen. Junge, die zu früh die Nestkammer verlassen, werden vom Weibchen im Maul dorthin zurückgetragen. Das Junge verfällt dabei in eine für viele Säugerarten typische »Tragestarre« und kann so ohne Schwierigkeiten transportiert werden. Die Jungen werden etwa 18 Tage gesäugt, mit 25 bis 30 Tagen sind sie selbständig. Mit etwa 10 Wochen können Weibchen geschlechtsreif sein und sich an der Fortpflanzung beteiligen. Deshalb kann die Populationsdichte in günstigen Jahren beträchtlich zunehmen (»Hamsterjahre«).

Nahrungsmangel und ansteigender Grundwasserspiegel lösen oftmals Wanderungen aus. Hamster können bis etwa 10 Jahre alt werden.

Die Nahrung besteht vorwiegend aus Samen, vor allem Getreidekörnern und Hülsenfrüchten, Wurzeln, Knollen, Gräsern und anderen Pflanzenteilen. Der tierische Anteil der Nahrung umfaßt Schnecken, Regenwürmer, Käfer, Heuschrecken, Frösche, Mäuse und Jungvögel von Bodenbrütern. Hamster können auch auf kräftige Pflanzen klettern und so an die Samen von Sonnenblumen und Mais gelangen. Trockene Getreideähren entkörnen die Tiere an Ort und Stelle. Die Nahrung wird in den Backentaschen zum Bau gebracht. Sind die Ähren naß, werden sie abge-

91 *Cricetulus migratorius*

90 *Mesocricetus newtoni*

89 *Cricetus cricetus*
normal gefärbt und schwarze Farbvariante

bissen und im ganzen eingelagert. Im Spätsommer und im Herbst werden bis etwa 15 kg Nahrungsvorräte (z. B. Getreidekörner, Kartoffeln, Erbsen, Rübenstücke, Luzernewurzeln aus einer Entfernung bis zu 700 m in den Bau eingetragen. Diese Vorräte werden vom Hamster im Verlaufe des Winters aufgebraucht. Bei hoher Populationsdichte wurde Kannibalismus beobachtet.
Feinde sind besonders Steppeniltis (151), Fuchs (140), Hermelin (146), Adler, Uhu und Roter Milan.
Besonderes: Die Felle sind als Pelzwerk gefragt. In vielen Staaten gibt es zugelassene Hamsterfänger. Gebietsweise wurde ein drastischer Rückgang des Hamsters festgestellt. Die Ursachen dafür werden in der intensiven landwirtschaftlichen Bodenbearbeitung (z. B. sofortiger Umbruch abgeernteter Felder, Bodenverdichtung, mineralische Überdüngung und tiefgründiges häufiges Pflügen) gesehen.

90 *Mesocricetus newtoni*
Rumänischer Goldhamster
Kennzeichen: Der Körper ist kleiner und der Schwanz kürzer als der des Feldhamsters (89). Die Farbe des Fells ist am Rückenbereich kräftig mittelgrau bis graugelb, ein schwärzlicher Aalstrich ist zwischen Kopf und Schultern angedeutet. Brust- und Kehlregion sind schwarz, die Bauchseite ist hellgrau. Typisch ist der gelblichweiß umfaßte schwarze Schrägstreifen hinter dem Ohr. Der Schwanz ragt kaum aus dem Fell hervor. 6 bis 8 Paar Zitzen.
Ähnliche Arten: Feldhamster (89), Zwerghamster (91).
Maße und Masse: KR 13,5 bis 16 cm; Schw 1,8 bis 2,6 cm; HF 15 bis 22 mm; Ohr 14 bis 20 mm; CB 24 bis 34 mm; Zyg 14 bis 20 mm; Masse 60 bis 130 g.
Vorkommen: Bulgarien und Rumänien. Bewohnt trockene Steppengebiete, Luzerneschläge und Grastriften bis in etwa 450 m Höhe.
Lebensweise: Noch wenig bekannt, vermutlich ähnlich dem Feldhamster. Die Gänge können bis 20 m lang sein und werden meist dicht unter der Erdoberfläche angelegt. Senkrechte Fallröhren sind nachgewiesen. Der Winterschlaf, der etwa Ende Oktober Anfang November beginnt, wird wahrscheinlich mehrmals unterbrochen. Dabei werden auch die Baue mitunter kurzfristig verlassen. Die Paarung erfolgt dann, soweit bekannt, von April bis August. Im Mai kann der 1. Wurf mit 6 bis 14 Jungen, im Hochsommer ein 2. Wurf erfolgen. Die Nahrung besteht aus Gräsern, krautigen Pflanzen, Sämereien und möglicherweise auch Insekten.

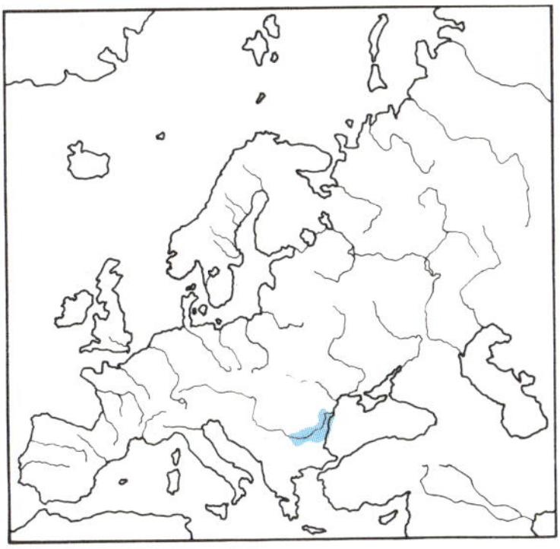
zu 90

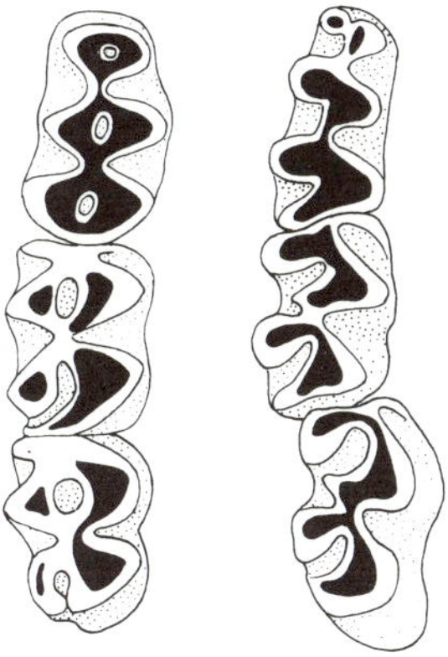
Rechte *Molares* von *Mesocricetus newtoni* (90) (links Ober-, rechts Unterkiefer)

91 *Cicetulus migratorius*
Zwerghamster, Kleiner Grauhamster

Kennzeichen: Etwa Feldmausgröße, Fell ohne Farbmuster. Die Oberseite ist grau bis sandfarben, die Unterseite weißlich bis hellgrau. Farbunterschiede innerhalb des Verbreitungsgebietes sind bekannt. Schwarze Zeichnungen im Fell fehlen. Die Farbe der Unterseite ist scharf von der Oberseite abgesetzt. Der Schwanz ist kurz, die Ohren sind deutlich sichtbar. Die Vorderfüße haben 4, die Hinterfüße 6 unbehaarte Sohlenschwielen. 4 Paar Zitzen.
Ähnliche Art: Rumänischer Goldhamster (90).
Maße und Masse (europäischer Tiere): KR 9 bis 11 cm; Schw 2,2 bis 3,2 cm; HF 14 bis 17 mm; Ohr 13 bis 20 mm; CB 21,2 bis 28,2 mm; Zyg 12,1 bis 15,5 mm; Masse 25 bis 36 g.
Vorkommen: Griechenland, Bulgarien und Rumänien, Osteuropa, ostwärts bis zur Mongolei. Türkei, Kleinasien, Iran, Afghanistan, Pakistan.
Bewohnt werden Halbwüsten, Steppen sowie trockene Felder, Ödländer, Brachflächen und Gärten bis in etwa 300 m Höhe. Auch Nachweise aus felsigen Gebieten, lichten, trockenen Nadelwäldern und aus unbewohnten Gebäuden liegen vor.

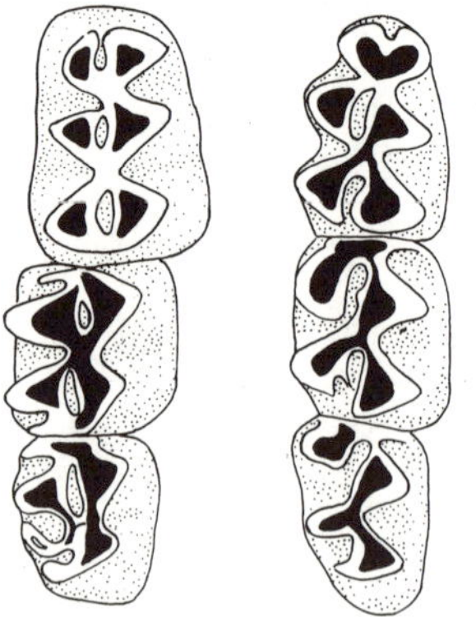

Rechte *Molares* von *Cricetulus migratorius* (91)

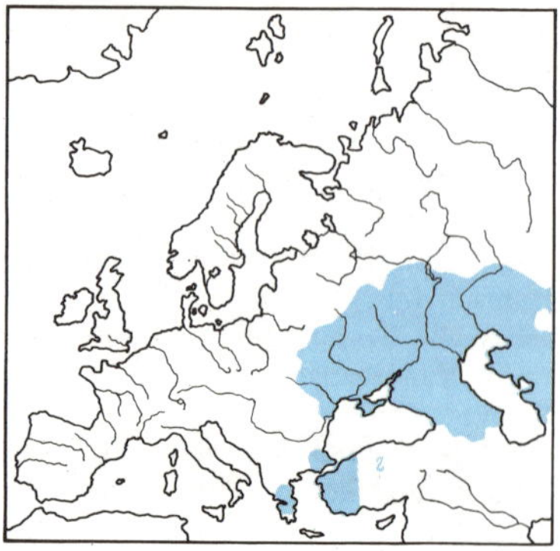

zu 91

Lebensweise: Die nachtaktiven Tiere sind im Winter weniger mobil, halten aber keinen Winterschlaf. Der Bau enthält eine Nestkammer, die im Sommer in etwa 20 cm und im Winter in etwa 40 cm Tiefe angelegt und vorwiegend mit trockenem Pflanzenmaterial ausgepolstert ist. Die Gänge sind bis etwa 2 m lang. Blind endende Gänge benutzen die Tiere oftmals als »Aborte«. Fallröhren werden ebenfalls angelegt. Sie dienen als zeitweilige Versteckmöglichkeit.
Neben dem eigenen Bau können auch entsprechende Hohlräume in steinigem Boden bewohnt werden.
Über die Fortpflanzung ist noch wenig bekannt. Die Paarung kann von April bis September erfolgen. Auch im Winter wurden Junge festgestellt. Es können 5 bis 10 (und mehr?) Junge je Wurf geboren werden. Auffallend hohe Populationsdichten wurden bisher nicht beobachtet.
Die Nahrung besteht aus Sämereien, Gräsern, krautigen Pflanzenteilen, Walnüssen sowie Insekten, Schnecken und Wühlmäusen. Sie wird von den Tieren mit Hilfe ihrer Backentaschen zusammengetragen. Die Masse der Wintervorräte, die meist aus trockenen Pflanzensamen bestehen, kann bis etwa 500 g betragen.
Feinde sind besonders Schleiereule, Uhu, Steinkauz, Wiesel und Iltis.

Familie *Arvicolidae* Wühlmausartige

Walzenförmige maus- bis kaninchengroße Nagetiere mit einer stumpfen Schnauze. Augen, Ohren und Hinterfüße sind relativ klein, die Ohren sind meist im Fell versteckt. Der wenig behaarte Schwanz ist meist kürzer als die Kopf-Rumpf-Länge. Die *Molares* sind »wurzellos« und ihre Reihen in der Regel etwas länger als bei den Echten Mäusen. Die Schmelzschlingen verlaufen quer zur Schädelachse. Die Tiere führen eine meist unterirdische Lebensweise in selbstgegrabenen, oftmals weitverzweigten Gangsystemen. Die Nahrung besteht hauptsächlich aus Pflanzen. Die Vermehrungsraten sind bei kurzen Zeitabständen zwischen den Würfen sehr hoch. Die Individuenzahl der Bestände unterliegt dabei starken Schwankungen. Wühlmäuse halten keinen Winterschlaf. 11 Gattungen mit 32 teilweise schwer zu unterscheidenden Arten in Europa.

Zahnformel $\frac{1\,0\,0\,3}{1\,0\,0\,3}$ = 16 Zähne.

Bei verschiedenen Wühlmausarten sind Simplex-Zähne bekannt. Diese sind meist kürzer als Normalzähne und weisen unterschiedliche Formen auf.

Schlüssel zur Bestimmung der Gattungen

1 Schwanz nahezu nackt, seitlich zusammengedrückt, KR über 25 cm — *Ondatra* S. 207
1′ Schwanz behaart, drehrund, KR unter 25 cm — 2
2 Schwanz kürzer als 2 cm — 7
2′ Schwanz länger als 2 cm — 3
3 Schwanz so lang wie KR (über 9 cm), Körper schlank — *Meriones* S. 236
3′ Schwanz wesentlich kürzer als KR (meist unter 9 cm), Körper meist gedrungen — 4
4 Meist über 80 g, HF mit 5 Sohlenschwielen — *Arvicola* S. 213
4′ Meist unter 80 g, HF mit 5 oder 6 Sohlenschwielen — 5
5 Schwanz über 80 mm — *Dinaromys* S. 210
5′ Schwanz unter 80 mm — 6
6 Zumindest Rückenmitte rot bis rotbraun — *Clethrionomys* S. 203
6′ Rückenmitte weniger fuchsrot — *Microtus* S. 215
7 Einfarbig, Fell samtartig, ohne Ohrmuscheln — *Ellobius* S. 235
7′ Fell mehrfarbig, nicht samtartig, mit Ohrmuscheln — 8
8 Färbung bunt oder Oberseite mehr oder weniger rotbraun — 9
8′ Oberseite grau — 10
9 Färbung schwarz-rot-gelb, Sohlenschwielen von Haaren bedeckt — *Lemmus* S. 200
9′ Färbung rotbraun, mit weißem Halsband — *Dicrostonyx* S. 203
10 Aschgrau, meist mit rotbraunem Sattelfleck auf dem Hinterrücken, Sohlenschwielen der HF immer erkennbar. Ohr über 6 mm lang. — *Myopus* S. 199
10′ Rücken mit schwarzem Aalstrich, Seiten ockerfarben. Ohr unter 6 mm lang. — *Lagurus* S. 234

Clethrionomys- und manche *Microtus*-Arten sind nach der Farbbeschreibung nicht immer sicher zu unterscheiden.

Gattung *Myopus* Waldlemminge

92 *Myopus schisticolor* **Waldlemming**

Kennzeichen: Das Fell ist schiefer- bis aschgrau. Über den Rücken zieht sich ein zimtbraunes bis rotbraunes schmales Band, das in einzelnen Fällen zwischen den Augen beginnt. Die Bauchseite ist hellgrau. Im Winter kann das gesamte Fell heller sein. Der sehr kurze Schwanz ist dicht behaart, die Oberseite ist dunkelgrau, die Unterseite hellgrau. Die Krallen der Hinterfüße sind etwas länger als die der Vorderfüße. Die Sohlenschwielen sind im Gegensatz zum Berglemming nicht behaart. Die Vorderfüße haben 4, die

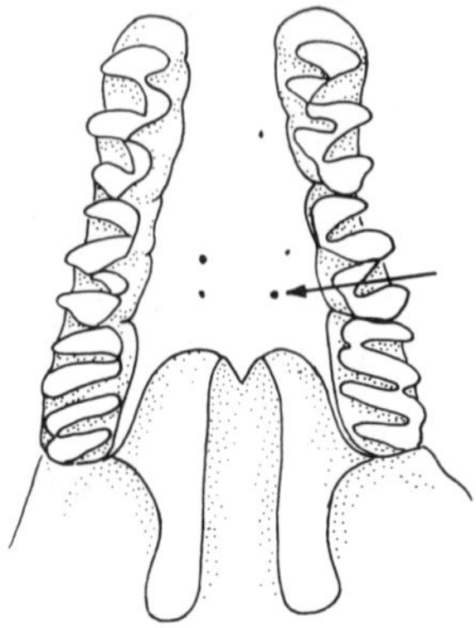

Gaumenregion von *Myopus schisticolor* (92)

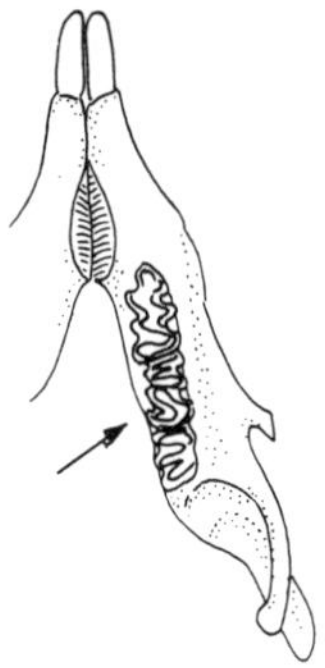

Unterkiefer von *Myopus schisticolor* (92). Beachte die Abstände der Zahnreihe zur Unterkieferkante.

Hinterfüße 6 Schwielen. 4 Paar Zitzen.
Ähnliche Arten: Gemeine Rötelmaus (95), Graurötelmaus (96), Polarrötelmaus (97).
Maße und Masse: KR 8 bis 11,5 cm; Schw 1,2 bis 1,8 cm; HF 14 bis 17 mm; Ohr 8 bis 12 mm; CB 20,1 bis 24,7 mm; Zyg 13,2 bis 16 mm; Masse 12 bis 40 g.
Vorkommen: Nordeuropa, ostwärts bis zum Altai, in die Mongolei, die Mandschurei und nach Kamtschatka. In Europa in feuchten, moosreichen Fichtenwäldern sowie in mit Sträuchern bestandenen Mooren.

Lebensweise: Die nachtaktiven Tiere legen ein dichtes Gangsystem im Moos an. Ihr Nest bauen sie aus Moosen und Gräsern an geschützten Stellen. Die Tiere sind weniger wanderfreudig und aggressiv als die Berglemminge.
Die Paarung findet meist zwischen April und August statt, gelegentlich wurde auch Wintervermehrung bekannt. Jährlich können nach einer Tragzeit von etwa 21 Tagen in 2 bis 4 Würfen jeweils 3 bis 8 nackte Junge geboren werden. Die Geburtsmasse beträgt durchschnittlich 3 g. Mit 11 Tagen öffnen die Jungen ihre Augen, mit 12 Tagen können sie das Nest verlassen, bis zum 20. Tag werden sie gesäugt. Ausgesprochene Massenvermehrungen sind nicht nachgewiesen, zyklische Bestandserhöhungen, die die Tiere zu Wanderungen veranlassen, können aber eintreten. Das erreichbare Alter wird mit etwa 18 bis 20 Monaten angegeben. Nahrung sind Moose, Flechten, Farne und Gräser.
Als Feinde sind neben Habichtskauz, Rauhfußkauz, Hermelin und Baummarder auch Hunde und Katzen zu nennen.
Besonderes: In Finnland gehört die Art zu den vom Aussterben bedrohten Tieren.

Gattung *Lemmus*
Berglemminge

93 *Lemmus lemmus*
Berglemming

Kennzeichen: Bunte, durch schwarze, hellgelbe bis rotbraune Rückenfärbung gekennzeichnete Wühlmaus. Das weiche Fell ist von der Nase bis in den Schulterbereich schwarz und weist im Bereich des hinteren Rückens einen schmalen schwärzlichen Strich auf. Flanken und Bauchseite sind gelblichweiß. Die Farbverteilung ist sehr variabel. Der Stummelschwanz ist oberseits schwärzlich, unterseits, wie die Füße, weiß. Die Augen sind klein. Zwischen den kaum aus dem Fell hervorragenden

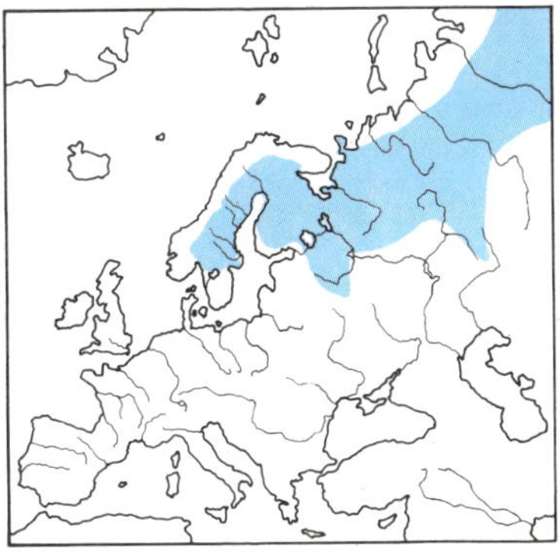

zu 92

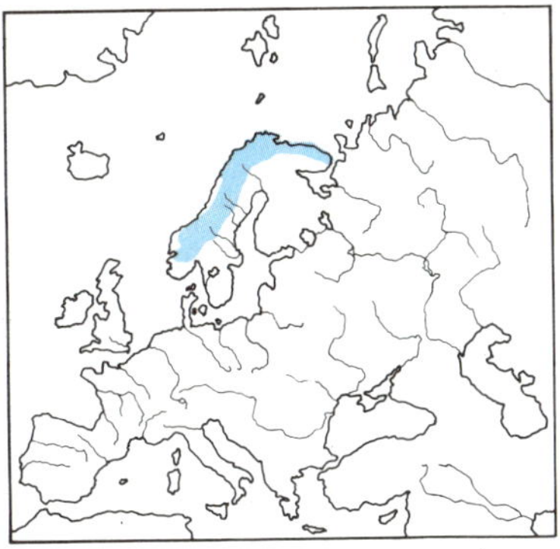

zu 93

dunkelbraunen Ohren sind deutlich gelbliche Flecken sichtbar. Die kräftigen Füße (Krallen der Vorderfüße länger als die der Hinterfüße) haben von Haaren verdeckte Sohlenschwielen. Hinterfüße mit je 6 Sohlenschwielen. 4 Paar Zitzen.

Die Berglemminge sind kaum mit einer anderen Art zu verwechseln. Beim 3. oberen *Molar* ist das Mittelfeld geteilt. Die Zähne wachsen ständig nach.

Maße und Masse: KR 7 bis 15,5 cm; Schw 1 bis 1,9 cm; HF 16 bis 19 mm; Ohr 6 bis 11 mm; CB 22,4 bis 27,9 mm; Zyg 15,4 bis 18,4 mm; Masse 40 bis 130 g.

92 *Myopus schisticolor*

93 *Lemmus lemmus*

Vorkommen: Nur in Nordeuropa, ostwärts bis zur Halbinsel Kola. Das von der Art bewohnte Gebiet ist infolge von Massenwanderungen der Tiere zeitweise größer als normalerweise angegeben.
Im Sommer werden Moore, Bachränder und offene mit Zwergsträuchern bestandene Gebiete sowie ausgedehnte Birkenwälder bewohnt. Im Winter werden das Gebirge, Grasheiden und felsenreiche Gebiete aufgesucht.

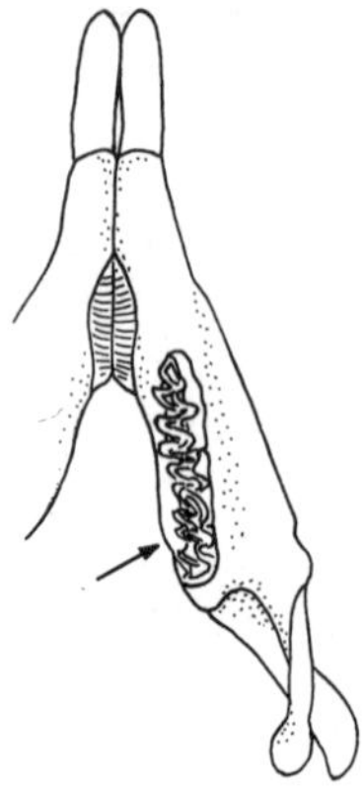

Unterkiefer von *Lemmus lemmus* (93). Beachte die Abstände der Zahnreihe zur Unterkieferkante.

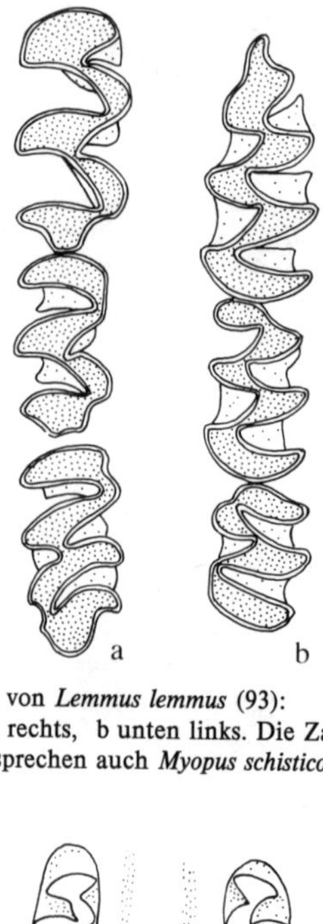

Molares von *Lemmus lemmus* (93):
a oben rechts, b unten links. Die Zahnbilder entsprechen auch *Myopus schisticolor* (92).

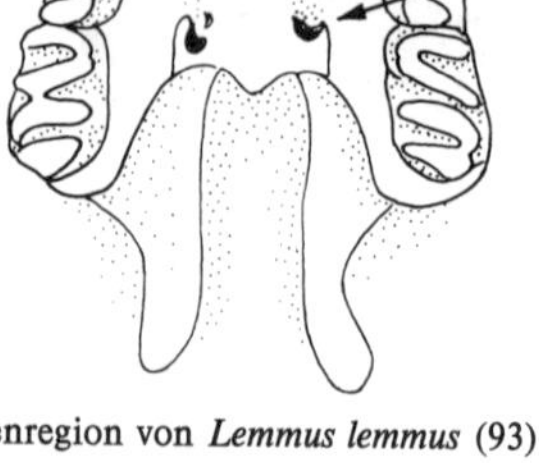

Gaumenregion von *Lemmus lemmus* (93)

Lebensweise: Die Tiere sind nachtaktive Einzelgänger, die sich oft aggressiv, auch gegenüber den Artgenossen, verhalten. Sie springen ihre Gegner sogar an und beißen sich fest. Das farbenprächtige Fell wirkt möglicherweise als Warnsignal. Die Tiere können schnell laufen und gut schwimmen. Im Sommer werden kurze unterirdische Gänge gegraben, an deren Ende das aus Moos und Gräsern gebaute Nest mit 15 bis 18 cm Durchmesser liegt. Die Winternester aus den gleichen Baustoffen sind mit etwa 20 bis 30 cm Durchmesser größer und sind an der Erdoberfläche unter dem Schnee oder zwischen Steinen und hohlen Baumstubben zu finden. Die Tiere wechseln im Jahresverlauf zwischen Sommer- und Wintergebieten. Die Krallen der Vorderfüße sind im Winter deutlich länger und breiter als im Sommer. Die Lautgebung reicht von feinen Zieplauten über Zeterlaute, schrilles Pfeifen, flötendes Zwitschern, Fauchen und Knurren bis zum hörbaren Zähnewetzen.
Die Paarungszeit beginnt meist im April und endet im September, aber auch Wintervermehrung ist nachgewie-

sen. In der Regel erfolgen nach einer Tragzeit von 20 bis 21 Tagen 2 bis 3 (mehr?) Würfe im Jahr mit jeweils 2 bis 11 Jungen. Die Geburtsmasse beträgt etwa 2 bis 4 g. Die Augen werden ab dem 10. Lebenstag geöffnet. Bis etwa zum 15. Tag werden die Jungen gesäugt. Geschlechtsreif sind die Weibchen mit 3 und die Männchen mit 5 Wochen. Die Tiere können 2 und mehr (bis 6?) Jahre alt werden. Etwa aller 2 bis 4 Jahre können Massenvermehrungen stattfinden. Die Tiere unternehmen dann große Wanderungen bis zur Küste. Treffen mehrere wandernde Populationen zusammen, so können riesige »Lemmingzüge« entstehen. Bei diesen Wanderzügen, die wahrscheinlich durch Nahrungsverknappung ausgelöst werden, müssen die Tiere auch Flüsse, Seen und Meeresbuchten überqueren. Dabei können sie ins offene Meer abgetrieben werden, oder sie ertrinken massenhaft in großen Seen und Strömen.
Die Nahrung besteht vorwiegend aus Moosen, Gräsern, Seggen, Beeren und Knospen von Zwerggehölzen.
Zu den Feinden gehören Schnee-Eule, Sperbereule, Sumpfohreule, Rauhfußbussard, Raubmöwen, Kolkrabe, Eisfuchs, Rotfuchs, Hermelin, Wolf, Braunbär, Luchs, Vielfraß.

Gattung *Dicrostonyx*
Gabelkrallenlemminge

94 *Dicrostonyx torquatus*
Halsbandlemming

Kennzeichen: Durch sein rotbraunes Fell und ein weißes Halsband deutlich von Berglemming (93) und Waldlemming (92) zu unterscheiden. Etwa die gleiche Körpergröße wie diese Arten. Im Winter können die Tiere ein nahezu weißes Fell tragen.
Vorkommen: Tundren Nordasiens. Gelegentlich können sie mit Treibholz oder auf Eisschollen in das nordöstlichste Europa und nach Spitzbergen gelangen.

Gattung *Clethrionomys*
Rötelmäuse

Schlüssel zur Bestimmung der Arten

1 Flanken grau. Schwanz meist kürzer als 35 % KR — 96 *C. rufocanus*
1′ Flanken grau bis graubraun. Schwanz meist länger als 35 % KR — 2
2 Rücken leuchtend hell rotbraun. Schwanz meist kürzer als 38 % KR, meist mit dichtem Büschel von Endhaaren — 97 *C. rutilus*
2′ Rücken weniger leuchtend rotbraun. Schwanz meist länger als 38 % KR, dünner behaart, nur mit wenigen Endhaaren — 95 *C. glareolus*

95 *Clethrionomys glareolus*
Gemeine Rötelmaus, Waldwühlmaus

Kennzeichen: Die Oberseite ist kräftig rotbraun, manchmal auch gelb- bis dunkelbraun gefärbt. Die Flanken sind grau mit meist rötlichem Schimmer, die Bauchseite ist grauweiß bis weißlich. Der Schwanz, der etwa halb so lang ist wie der Körper, hat 78 bis 110 Ringe und ist deutlich 2farbig, die Oberseite bräunlichgrau, die Unterseite

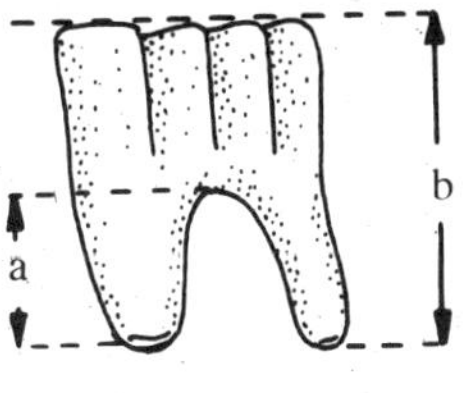

M[1] von *Clethrionomys glareolus* (95), Meßweise: a Wurzellänge und b Zahnhöhe

Variabilität des M[3] bei *Clethrionomys glareolus* (95): a Normalform, b Simplexform

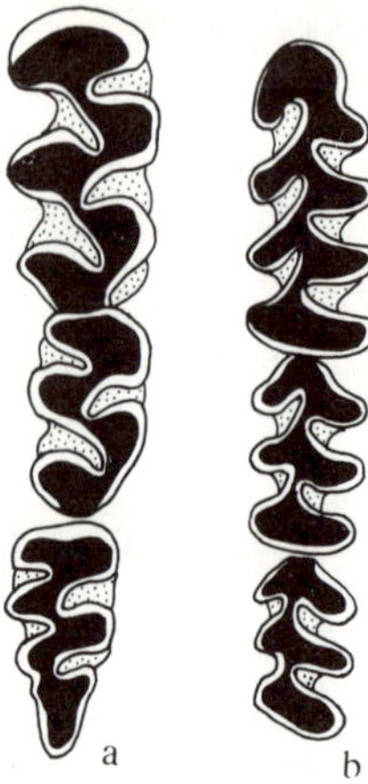

Molares von *Clethrionomys glareolus* (95): a oben rechts, b unten links

weißlich. Die Schwanzspitze endet mit längeren Haaren pinselförmig. Die Ohren sind verhältnismäßig groß und treten aus dem Fell hervor. Die Tiere haben große schwarze Augen. Ihre Füße sind auf der Oberseite weiß. Am Hinterfuß befinden sich 6 Sohlenschwielen. 4 Paar Zitzen. Die Zähne erwachsener Tiere haben je 2 Wurzeln. Die *Molares* schleifen sich ab, wachsen aber stets nach.
Ähnliche Arten: Feldmaus (103), Polarrötelmaus (97), Graurötelmaus (96).
Maße und Masse: KR 7 bis 13,5 cm; Schw 3,5 bis 6,5 cm; HF 1,6 bis 2 cm; Ohr 9 bis 15 mm; CB 20,3 bis 23,5 mm; Zyg 11,2 bis 13,5 mm; Masse 12 bis 35 g.
Die im Gebirge lebenden Tiere sind meist geringfügig größer.
Vorkommen: Europa außer Südeuropa, ostwärts bis Westsibirien, Kleinasien. In unterholz- und vegetationsreichen Laub- und Mischwäldern, an Waldrändern, in Flurgehölzen und Parken. Im Norden Europas ist die Art auch in Nadelwäldern weit verbreitet. Gelegentlich suchen die Tiere im Winter Gebäude auf. Sie sind im Gebirge bis etwa 2 200 m anzutreffen.
Lebensweise: Die gesellig lebenden, vor allem dämmerungs- und nachtaktiven Tiere sind in Mitteleuropa auch tagaktiv. Sie können gut klettern und werden in Vogelnistkästen und beim Benagen von Zweigen im Geäst gefunden. Sie legen weitläufige unterirdische Gänge unmittelbar unter der Erdoberfläche mit 2 oder mehr Eingangslöchern an. Oft werden hohlraumreiche oder in Zersetzung befindliche Baumstubben bewohnt. Die Nester (gelegentlich auch oberirdisch angelegt) bestehen aus Moos, trockenem Gras und Blättern. Sie dienen neben der Jungenaufzucht als Speicher- und Freßplätze.
Die Tiere sind nicht scheu und sehr leicht zu beobachten. Bekannt sind feine Zwitscherlaute, die sich möglicherweise bereits im Ultraschallbereich befinden.
Die Paarung erfolgt zwischen März und Oktober. Auch Wintervermehrung wurde nachgewiesen. Jährlich, nach einer Tragzeit von etwa 18 Tagen, 2 bis 4 Würfe mit je 2 bis 8 Jungen, die nackt und blind geboren mit 13 Tagen die Augen öffnen. Etwa am 25. Lebenstag haben sie ein graues Fell. Das Nest verlassen sie mit 15 Tagen.
Sie werden etwa 30 Tage gesäugt, danach sind sie selbständig. Möglicherweise werden junge Weibchen nur dann im gleichen Jahr fortpflanzungsfähig, wenn sie ein eigenes Revier gefunden

zu 95

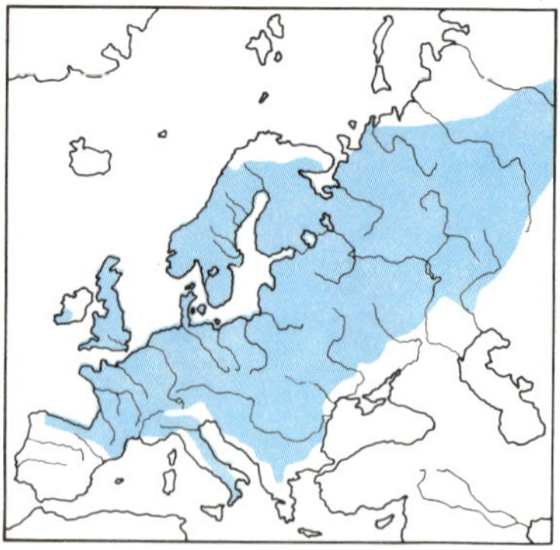

haben. Das Höchstalter beträgt etwa 3 Jahre.
Die Nahrung besteht aus Kräutern, Gräsern, Rinde, Knospen, Pilzen, Moosen, Sämereien, Wurzeln und auch Insekten. Oft sammeln die Tiere Vorräte und decken auch Futter mit Blättern zu. Nester von Kleinvögeln, die am Boden brüten, können geräubert werden. Bei hoher Populationsdichte kann die Rötelmaus durch das Benagen von jungen Bäumen erhebliche forstliche Schäden anrichten.
Bei Warnrufen von Meisen scheinen die Rötelmäuse zu flüchten.
Als Feinde sind Waldkauz, Rauhfußkauz, Sperlingskauz, Habichtskauz, Hermelin, Baum- und Steinmarder, Mauswiesel, Kreuzotter und Wildkatze zu nennen.
Besonderes: In Mitteleuropa wurden mehrere Farbmutanten nachgewiesen.

97 *Clethrionomys rutilus*

96 *Clethrionomys rufocanus*

95 *Clethrionomys glareolus*

96 *Clethrionomys rufocanus*
Grauröltelmaus

Kennzeichen: Größte Art der Gattung. Die schmale Rückenzone ist deutlich dunkelrotbraun. Die Körperseiten sind dunkelgrau, der Bauch ist hellgrau. Der dünne und wenig behaarte Schwanz ist auf der Oberseite dunkelgrau, auf der Unterseite hellgrau bis gelblich gefärbt. Das Winterfell ist heller als das Sommerfell.

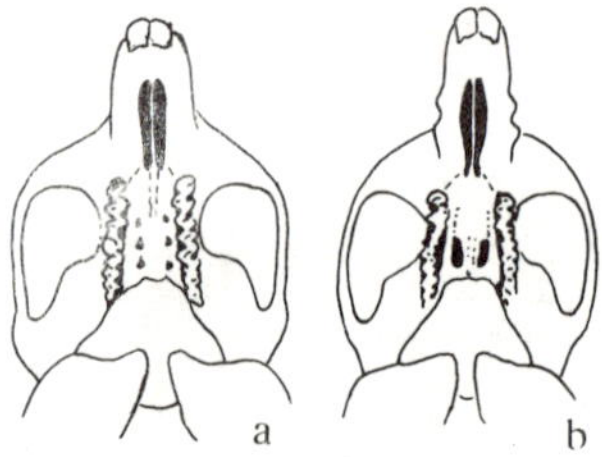

Gaumenregion bei a *Clethrionomys rufocanus* (96), b *C. glareolus* (95)

Die *Molares* sind länger als bei der Gemeinen Rötelmaus (95). Die Wurzeln werden spät ausgebildet. Der 3. obere *Molar* ist meist als simplex-Form ausgebildet.

Ähnliche Arten: Gemeine Rötelmaus (95), Polarrötelmaus (97).

Maße und Masse: KR 9 bis 13,5 cm; Schw 2,5 bis 4 cm; HF 16 bis 20 mm; Ohr 12 bis 16 mm; CB 22,2 bis 27,4 mm; Zyg 11,2 bis 15,2 mm; Masse 20 bis 55 g.

zu 96

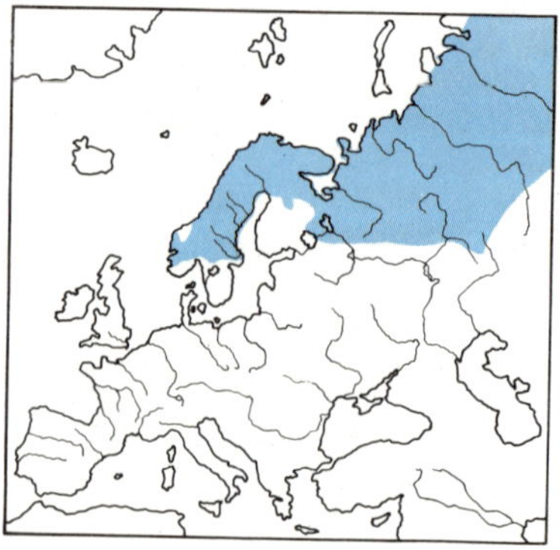

Vorkommen: Von Nordeuropa ostwärts bis Japan. In Skandinavien auch an der Meeresküste. In steinigem Gelände, lichten Nadelwäldern, auf Kahlschlägen, Moorflächen, in strauchreichen Biotopen sowie in der subalpinen Birkenzone.

Lebensweise: Wahrscheinlich vorwiegend dämmerungs- und nachtaktiv. Die Tiere klettern gut und zeigen wenig Scheu. Sie graben wenig und legen ihre Gänge im Schutze der bodendeckenden Vegetation (Gras, Zwergsträucher, Moos) an. Das am Boden in Hohlräumen errichtete Nest wird aus Gräsern und Moosen erbaut und mit Tierwolle, gelegentlich auch mit kleinen Federn ausgestattet. Im Verlauf des Winters suchen die Tiere gelegentlich Gebäude auf.

Die Paarung erfolgt meist zwischen Mai und September. Jährlich 2 bis 3 Würfe mit 2 bis 10 Jungen. Die im Frühjahr geborenen Tiere können im gleichen Sommer noch geschlechtsreif werden. Es sind erhebliche Populationsschwankungen bekannt.

Die Nahrung besteht neben Moosen aus Knospen, Trieben und Beeren der Zwergsträucher. Im Winter wird auch Rinde dieser Pflanzen gefressen. Als Feinde sind besonders Eulen (z. B. Rauhfußkauz, Sperlingskauz, Sperbereule) zu nennen.

97 *Clethrionomys rutilus*
Polarrötelmaus

Kennzeichen: Der Rücken ist intensiver rot gefärbt als bei der Gemeinen Rötelmaus (95). Die Flanken sind gelblichbraun, die Bauchseite ist grauweiß. Der kurze Schwanz ist dicht behaart, die Endhaare bilden einen etwa 5 bis 8 mm langen Pinsel. Der deutlich 2farbige Schwanz ist oberseits bräunlich, unterseits hellgelblich. Junge Tiere sind meist grau.

Ähnliche Arten: Gemeine Rötelmaus (95), Graurötelmaus (96).

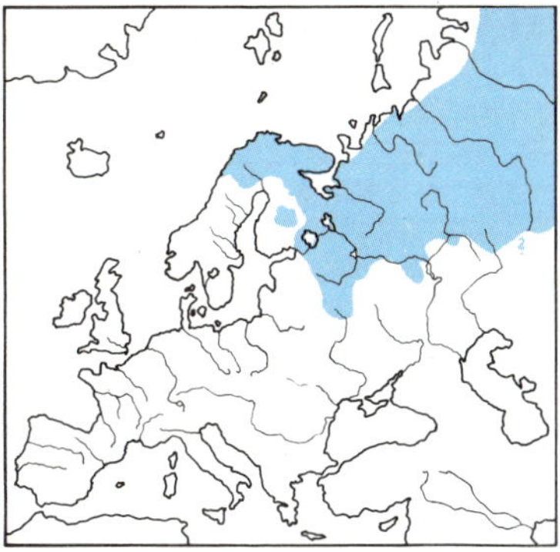

zu 97

Maße und Masse: KR 7,5 bis 11 cm; Schw 2 bis 4 cm; HF 15 bis 19 mm; Ohr 11 bis 16 mm; CB 19,6 bis 23,4 mm; Zyg 10,8 bis 13,4 mm; Masse 10 bis 35 g.
Vorkommen: Von Nordeuropa ostwärts bis Ostasien (Sachalin, Hokkaido), Tundrazone Nordamerikas. Bewohnt gras-, moos- und krautreiche Laub- und Nadelwälder sowie mit Weidengebüsch und Birken bestandene Flächen.
Lebensweise: Die sogar auf Bäume kletternden lebhaften Tiere sind vorwiegend dämmerungs- und nachtaktiv, im Sommer auch tagaktiv. Sie bewohnen vorgefundene Verstecke und graben kaum im Boden. Ihre Nester aus Moosen und Gräsern legen die Tiere in der dichten Bodenvegetation oder unter Wurzelstöcken und in Felsspalten an. Im Winter suchen sie auch Gebäude auf.
Die Paarung erfolgt in der Regel zwischen Ende April und September. Bei zeitigem Beginn der Vermehrung im Jahr kann eine hohe Populationsdichte entstehen. Meist 2 bis 3 Würfe mit je 4 bis 8 Jungen, die etwa 14 Tage lang gesäugt werden. Selbständig geworden, verlassen die Jungtiere das Territorium ihrer Mutter.
Als Nahrung werden Samen, Blätter, Knospen und Flechten gefressen. Im Winter nagen die Tiere auf Bäumen auch die Rinde an und fressen bevorzugt Flechten. Möglicherweise sammeln sie Nahrungsvorräte.
Feinde sind zumeist Eulen (Bartkauz, Sperbereule).

Gattung *Ondatra*
Bisamratten

98 *Ondatra zibethicus*
Bisamratte, Bisam
Kennzeichen: Das etwa kaninchengroße Tier mit langhaarigem, dichtem und weichem Fell ist oberseits dunkel- bis kastanienbraun, der Bauch ist schiefergrau. Jungtiere sind auf der Oberseite meist graublau. Die dunkelbraunen Augen sind klein. Die Ohren sind kurz und rund. Der lange, nackte, fein beschuppte Schwanz besteht aus etwa 150 Ringen. Er ist seitlich zusammengedrückt. Die Zehen der großen Hinterfüße haben Schwimmborstensäume und 4 bis 5 Sohlenschwielen. Zehen mit langen, scharfen Krallen. 5 Paar Zitzen.

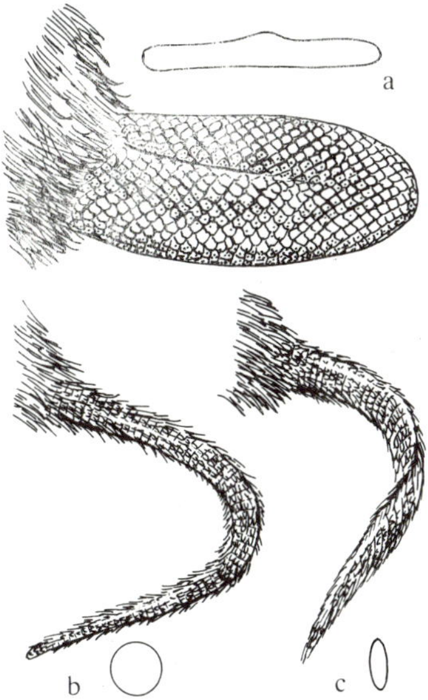

Vergleich der Schwanzformen und -querschnitte von: a *Castor fiber* (72), b *Myocastor coypus* (135), c *Ondatra zibethicus* (98)

Ähnlich aussehende Arten: Gemeine Schermaus (101), Wanderratte (85), Jungbiber (72).
Maße und Masse: KR 25 bis 40 cm; Schw 19 bis 25 cm; HF 60 bis 80 mm; Ohr 14 bis 30 mm; CB 55 bis 70 mm; Zyg 35 bis 45 mm; Masse 600 bis 2 400 g.
Vorkommen: Nordamerika. 1905 bei Prag ausgesetzt. Von dort verbreitete sie sich (gestützt durch weitere fragwürdige Aussetzaktionen) über Mitteleuropa. Auch in Frankreich, Finnland und Schweden sowie in der Sowjetunion ist sie durch Einbürgerung verbreitet. In Großbritannien wurde sie 1927 ausgesetzt, aber bis 1939 wieder ausgerottet. In vielen Gebieten Europas und Asiens ist die Art in weiterer Ausbreitung begriffen.

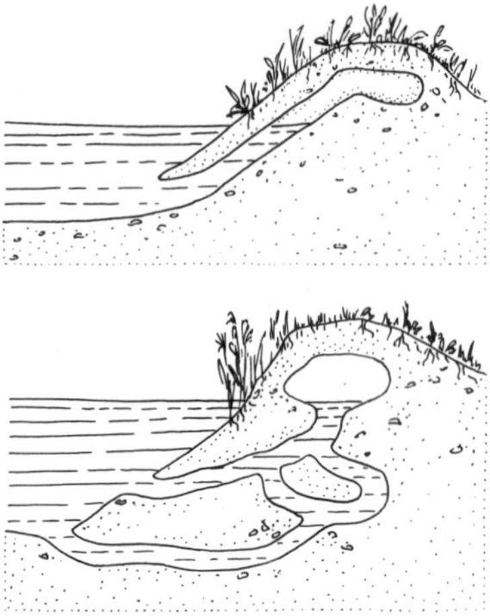

Schematische Schnitte durch Baue von *Ondatra zibethicus* (98) im Uferbereich

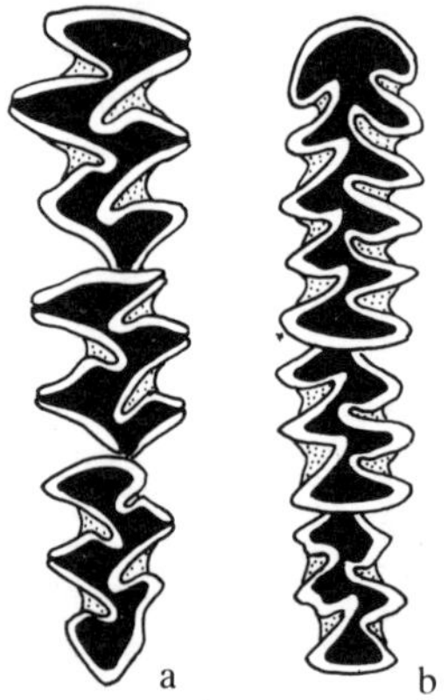

Molares von *Ondatra zibethicus* (98):
a Oberkiefer, b Unterkiefer

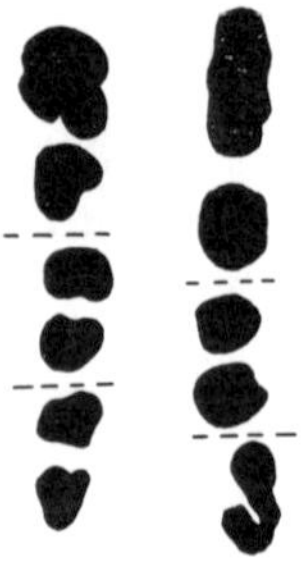

Alveolenmuster von *Ondatra zibethicus* (98)

Bewohnt werden Teiche und Seen, Kanäle, Sümpfe und langsam fließende Flüsse und Bäche mit krautreicher Ufervegetation und dichtem Bewuchs mit Wasserpflanzen. Oft wandern die Tiere weit über Land in andere Territorien, auch im Winter.
Lebensweise: Die vorwiegend dämmerungs- und nachtaktiven, aber auch am Tage zu beobachtenden Tiere, sind scheu und tauchen bei Gefahr. Sie können mit ihren Hinterbeinen und dem Ruderschwanz, der während der Fortbewegung im Wasser seitliche Pendelbewegungen ausführt, sehr gut schwimmen und tauchen (auch unter Eis). Bis etwa 10 min vermögen die Tiere, die Gehörgang und die Nasenöffnung verschließen können, unter Wasser zu bleiben. Es werden 2 Typen von Bauten errichtet: Bei Gewässern mit Uferböschungen werden Baue mit den Vorderpfoten und Nagezähnen gegraben, wobei der Eingang stets unter dem Wasserspiegel liegt. Der Gangdurchmesser beträgt bis zu 18 cm. Durch ihre Grabetätigkeit können sie große wasser-

wirtschaftliche Schäden anrichten. Bei Teichen und Sümpfen mit flachen Ufern werden von den Tieren kegelförmige Burgen bis 2 m Durchmesser und bis etwa 2 m Höhe aus Pflanzenmaterial (z. B. Schilf, Binsen, Wasserpflanzen) über der Wasseroberfläche errichtet. Der Eingang zu der Burg wird unter ihr oder seitlich von ihr, vom Wasser aus, angelegt. An der höchstgelegenen Stelle wird im trockenen Bereich der Kessel geschaffen. Große Bisamburgen können mehrere Jahre bewohnt werden. Wasservögel benutzen die Burgen oftmals als Ruhe- oder Brutplätze. Im Winter werden »Winterburgen« bezogen. Außerdem gibt es Flucht- und Futterburgen.

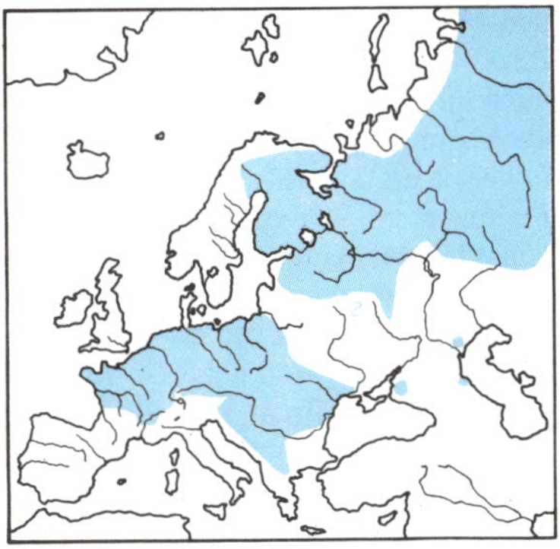

zu 98

Beide Geschlechter verfügen über Moschusdrüsen. Als Lautgebung sind kurze Pfeiftöne und Zähnewetzen bekannt; junge Tiere können deutlich piepsen.

Die Fortpflanzung kann durch Witterungsbedingungen eingeschränkt wer-

98 *Ondatra zibethicus*

den. Die Paarungszeit dauert in der Regel von März bis September, aber auch im Winter wurden trächtige Weibchen und Jungtiere gefunden. Meist erfolgen 2 bis 3 Würfe mit jeweils 2 bis 8 Jungen im Jahr nach einer Tragzeit von 30 Tagen. Geburt und Aufzucht erfolgt in Mutterbauen. Die Jungen, mit einer Geburtsmasse von etwa 20 g, werden nackt und blind geboren. Ab dem 10. Lebenstag öffnen sich die Augen. Die Jungen werden etwa 18 Tage lang vom Weibchen gesäugt. Im Alter von etwa 4 Wochen ist ihr Jugendkleid ausgebildet. Weibchen sind nach etwa 5 Monaten geschlechtsreif. Das Höchstalter der Bisamratte liegt bei 5 (bis 10) Jahren.

Die Nahrung besteht hauptsächlich aus pflanzlicher Kost (Schilf, Rohrkolben, Binsen, Wasserpflanzen, See- und Teichrosen und ihre Rhizome, Wurzeln, Rinde von Ästen und Zweigen, Gemüse, Kräuter, Obst). Auch tierische Nahrung (Muscheln, Krebse) wird nicht verschmäht.

Die Pflanzenteile werden nicht vollständig aufgefressen, so daß oftmals zerbissene Stengel und Blätter auf dem Gewässer schwimmen und neben den Burgen einen deutlichen Hinweis auf die Anwesenheit der Tiere liefern. Durch Fraß- und Wühltätigkeit und bei hoher Populationsdichte können die Tiere die Ökologie der besiedelten Gewässer und der anliegenden Flächen negativ verändern, andererseits vermögen sie üppigen Wasserpflanzenwuchs in Entwässerungsgräben oder Kanälen kurzzuhalten.

Als Feinde sind Fischotter, Fuchs, Nerz, Mink und Uhu zu nennen.

Besonderes: In den meisten Ländern wird der Bestand dieser Tiere von staatlichen Bisamfängern reduziert. Obwohl sogar Fangprämien gezahlt wurden und werden, ist die weitere Ausbreitung der Tiere nicht zu verhindern. Bisamratten zerbeißen auch Fischernetze. Das Fell ist wertvoll und von der Pelzindustrie gefragt.

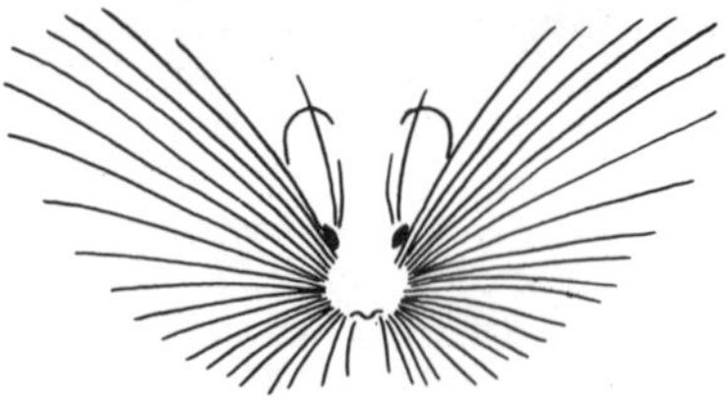

Vibrissenfeld von *Dinaromys bogdanovi* (99)

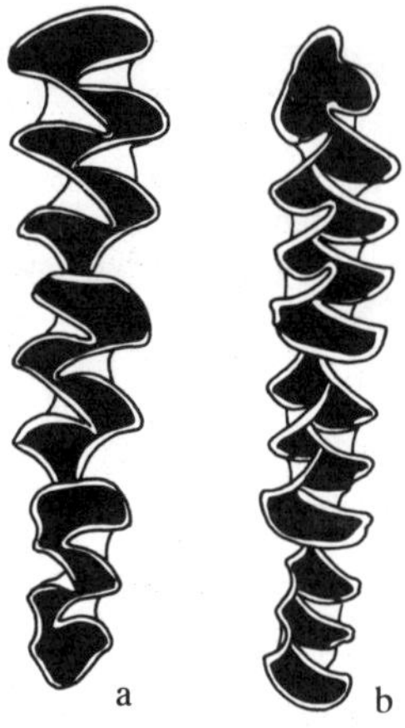

Molares von *Dinaromys bogdanovi* (99): a oben links, b unten rechts

Gattung *Dinaromys*
Bergmäuse

99 *Dinaromys bogdanovi*
Bergmaus

Kennzeichen: Das weiche Fell dieser langschwänzigen Wühlmaus ist im Rückenbereich bei jungen Tieren graubläulich, bei alten bräunlich gefärbt. Die Bauchseite ist ohne deutliche Farbgrenze grauweiß. Der Schwanz ist 2farbig, die Oberseite bräunlich, Unterseite und Endhaare sind weiß. Die großen Ohren ragen aus dem Fell hervor. Die Vibrissen sind lang (bis 60 mm) und dicht. Hinterfuß mit 6 Sohlenschwielen, 3 Paar Zitzen.

Molares mit 2 oder 3 Wurzeln. 1 oberer *Molar* mit 5 geschlossenen Dreiecken, M^3 mit 3 bis 4 Außenzacken.

Ähnliche Arten: Schneemaus (102).
Maße und Masse: KR 12 bis 15,2 cm; Schw 6 bis 10,5 cm; HF 1,8 bis 2,6 cm; Ohr 16,2 bis 23,8 mm; CB 27,6 bis 34,6 mm; Zyg 15,3 bis 19,8 mm; Masse 50 bis 82 g.

Vorkommen: In Jugoslawien, wahrscheinlich auch in Griechenland und Albanien auf felsigen Berghängen mit spärlicher Vegetation. In den Karstgebieten an der Adria vom Küstenbereich bis zu 2 200 m Höhe. Der Biotop muß tiefe Spalten oder Hohlräume aufweisen.

Lebensweise: Noch wenig bekannt. Die Tiere sind vorwiegend nachtaktiv, werden aber auch am Tage beobachtet. Sie graben kaum Gänge, sondern leben zwischen den schützenden Gesteinsblöcken und in Felsspalten und legen dort Nester aus Gras an. Die Paarung erfolgt, soweit derzeit bekannt, zwischen März und Juni. Möglicherweise

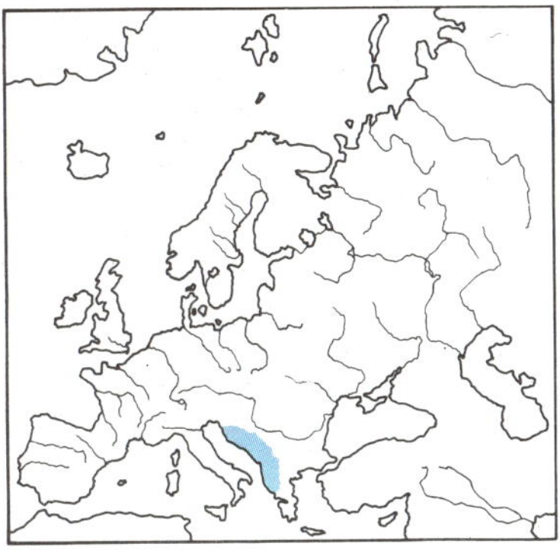

zu 99

gibt es 2 Paarungszeiten. Die Tragzeit ist mit etwa 4 Wochen lang. Es werden 2mal (?) 2 bis 3 Junge geworfen. Die geringe Vermehrungsrate ist mit einer höheren Lebenserwartung der Tiere verbunden. Die Nahrung besteht aus Kräutern, Gräsern, Trieben und Blät-

99 *Dinaromys bogdanovi*

100 *Arvicola sapidus*

101 *Arvicola terrestris*

tern von Bäumen. Es ist nicht ausgeschlossen, daß Wintervorräte angelegt werden. Die Fraßplätze in den Felsspalten sind an abgebissenen Halmen, Stengeln und anderen Pflanzenresten zu erkennen.
Besonderes: Bergmaus und Schneemaus (102) scheinen in Gebieten gemeinsamen Vorkommens Konkurrenten zu sein, dabei dürfte die Bergmaus dominieren. Erst 1922 wurde die Bergmaus als der letzte lebende Vertreter der Gattung entdeckt. Bis zu dieser Zeit war diese noch *Dolomys* benannte Gattung nur fossil bekannt.

Gattung *Arvicola*
Schermäuse

100 *Arvicola sapidus*
Westschermaus,
Südwesteuropäische Schermaus

Kennzeichen: Größer, langschwänziger und meist dunkler als die Gemeine Schermaus (101), wo beide Arten gemeinsam vorkommen. Die Fellfärbung ist im Rückenbereich gleichmäßig braun bis dunkelbraun mit schwarzen Leithaaren. Das Hellbraun der Körperflanken geht in das Schiefergrau der Bauchseite über. Die Männchen sind meist etwas größer als die Weibchen. Am Hinterfuß befinden sich 6 Sohlenschwielen. 4 Paar Zitzen. Der 3. obere *Molar* meist mit 2 geschlossenen Schmelzdreiecken.
Ähnliche Arten: Gemeine Schermaus (101), Bisamratte (98).
Maße und Masse: KR 17 bis 22 cm; Schw 10,5 bis 13,5 cm; HF 32 bis 38 mm; Ohr 14 bis 20,5 mm; CB stets über 36 mm (39 bis 41,8 mm); Zyg 22,1 bis 25,4 mm; Masse 120 bis 280 g.
Vorkommen: Iberische Halbinsel, nördlich bis Mittelfrankreich. Bewohnt werden langsam fließende und stehende Gewässer mit üppiger Ufervegetation sowie Moore, ausgedehnte Naßflächen, Brackwassergebiete, aber auch Gärten und Äcker. Im Gebirge bis etwa 2 200 m.

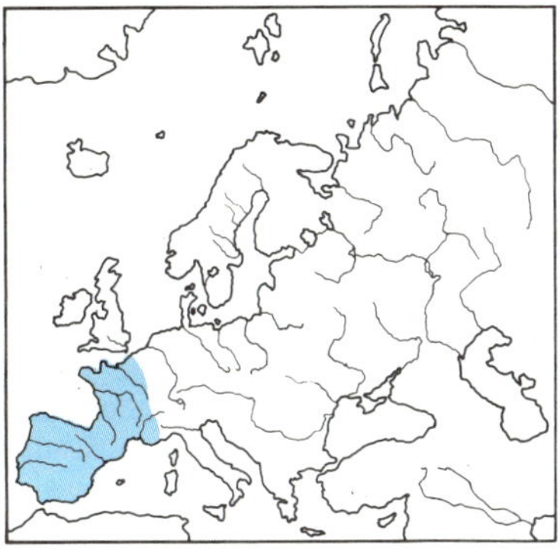

zu 100

Lebensweise: Über die tag- und nachtaktiven Tiere ist wenig bekannt. Sie schwimmen und tauchen ausgezeichnet und legen Gang- und Röhrensysteme in den Uferbänken an. Meist befinden sich die Eingänge zu den Nest- und Vorratskammern unter Wasser.
Über die Fortpflanzung, die der der Gemeinen Schermaus (101) ähnlich ist, liegen wenige Angaben vor. Geschlechtsaktive Tiere wurden von April bis Oktober beobachtet. Es können 3 bis 4 Würfe mit jeweils 2 bis 8 Jungen erfolgen. Die Nahrung besteht aus Gräsern, Kräutern, Wasserpflanzen und auch aus Insekten, Fischen, kleinen Fröschen und Krebsen.
Als Feinde sind Iltis, Nerz, Fischotter und Schleiereule zu nennen.
Besonderes: Mit dem weiteren Vordringen der Bisamratte (98) ist ein Rückgang der Westschermaus zu beobachten. Das kann durch ökologische Konkurrenz der Arten bedingt sein.

101 *Arvicola terrestris*
Gemeine Schermaus, Ostschermaus, Große Wühlmaus

Kennzeichen: Wühlmaus mit enormer Variabilität in Färbung und Körpergröße. Das Fell des gedrungenen Körpers ist oberseits grau, gelbbraun bis schwarzbraun oder völlig schwarz. Die Bauchseite ist weißgrau bis dunkelgrau. Oftmals hat das Fell einen rötlichen bis rostfarbenen Anflug. Die kurzen Ohren ragen kaum aus dem Fell hervor. Die Augen sind klein. Der runde Schwanz ist halb so lang wie der Körper und hat 100 bis 140 Ringe. Er ist kurz behaart und meist auf der Oberseite dunkler als auf der Unterseite. Die Füße sind schwarzbraun. Hinterfuß mit 5 Sohlenschwielen. 4 Paar Zitzen.

Der 1. obere *Molar* meist außen mit 1, innen mit 2 geschlossenen Schmelzdreiecken, M^3 außen und innen vorwiegend mit je 1 geschlossenen Schmelzdreieck.

Ähnliche Arten: Westschermaus (100), Bisamratte (98).

Maße und Masse: KR 12 bis 23,5 cm; Schw 7 bis 11 cm; HF 20 bis 38 mm; Ohr 12 bis 18 mm; CB 30 bis 45 mm; Zyg 20 bis 25 mm; Masse 80 bis 320 g.

Vorkommen: Europa, Asien bis zum Baikalsee, in Kleinasien bis Iran. Die Tiere sind ökologisch sehr anpassungsfähig und besiedeln sehr unterschiedliche Biotope. Neben langsam fließenden oder stehenden Gewässern mit dicht bewachsenen Uferzonen werden

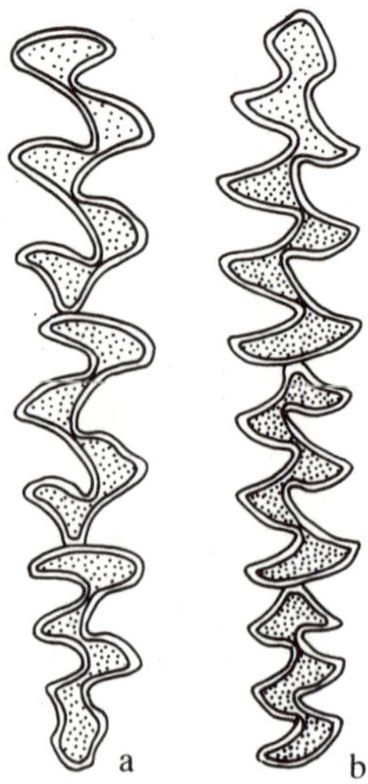

Molares von *Arvicola terrestris* (101): a oben rechts, b unten rechts

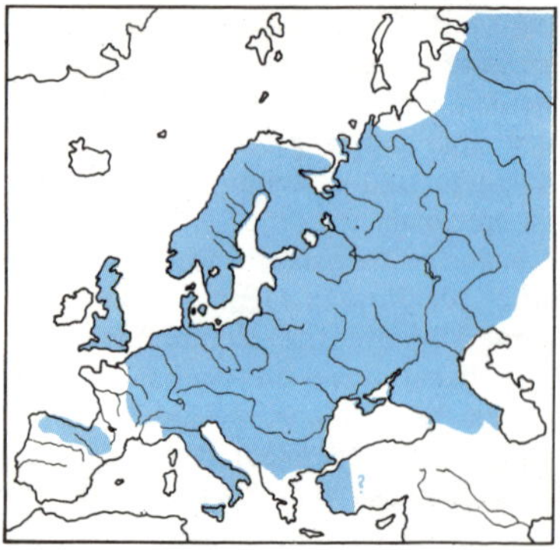

zu 101

auch Moore, Sümpfe, Wassergräben, Wiesen, Gärten, Äcker, Obstplantagen, Dünen und Wälder bewohnt. Im Gebirge bis etwa 2 400 m.

Lebensweise: Die vorwiegend ungesellig lebenden Tiere sind tag- und nachtaktiv. Bei Sonnenaufgang und -untergang liegen die Aktivitätsmaxima. Die Tiere können gut schwimmen (bis etwa 200 m) und tauchen (bis etwa 1,5 min, Tauchtiefe bis etwa 1,5 m). In Steilufern graben sie weitverzweigte unterirdische Gangsysteme mit Nestern und Vorratskammern und Zugängen über und unter dem Wasserspiegel. Abseits von Gewässern legen sie oberflächennahe Gänge an, die oft als Erdwälle zu erkennen sind. Neben den Eingängen befinden sich meist Erdhaufen, die mit denen des Maulwurfs verwechselt werden können. Wird der Gang geöffnet, dann schließen die Tiere das Loch bald wieder. Das kugelförmige Nest wird aus Gras oder anderen trockenen Pflanzenteilen gebaut und meist unterirdisch, bis etwa 40 cm Tiefe, aber auch in dichtbestandenen Schilfbeständen oder Büschen über dem Wasser (Schwimmnest) angelegt.

Die Reviere im Bereich von Gewässern haben eine sehr unterschiedliche Größe und können zwischen 50 und 200 m Uferlänge umfassen. Als Laute sind scharfes Quieken, Gezeter und Zähnewetzen bekannt.

Die Paarung findet von März bis Oktober statt. Nach einer Tragzeit von 21 bis 22 Tagen werden jährlich 2- bis 5mal 2 bis 10 (14) nackte Junge geboren. Auch Vermehrung im Winter wurde nachgewiesen.
Mit 8 Tagen öffnen die Jungen ihre Augen, und mit 10 Tagen können sie ihr Nest verlassen und auch schwimmen. Bis zum 12. Lebenstag werden sie gesäugt, mit 14 Tagen ist ihr Haarkleid ausgebildet, und im Alter von etwa 3 Wochen sind sie selbständig. Nach 8 bis 9 Wochen sind sie geschlechtsreif. Das Höchstalter beträgt 4 Jahre. Gelegentlich werden hohe Populationsdichten durch Massenvermehrung bekannt. In Obstanlagen, Gärten und Forstkulturen können erhebliche Schäden durch Wurzelfraß entstehen.
Die Nahrung besteht aus Wasserpflanzen, Schilf, Kräutern, Wurzeln von Gehölzen, Feldfrüchten, Knollen und Gräsern. Die Tiere vermögen auch unter Wasser Nahrung aufzunehmen und in Vorratskammern Nahrung anzulegen. Animalische Kost ist selten nachgewiesen.
Die Feinde der Schermaus sind Hermelin, Mauswiesel, Fischotter, Iltis, Fuchs, Haus- und Wildkatze, Uhu, Waldkauz, Schleiereule, Rohrweihe, Weißstorch, Graureiher und Hecht.
Besonderes: Die Verbreitung der Unterarten (oder Ökotypen?) ist im Detail nicht geklärt.

Gattung *Microtus*
Wühlmäuse

Die zahlreichen Arten und Unterarten dieser Gattung sind nur sehr schwer voneinander zu unterscheiden. Eine sichere Bestimmung ist vielfach nur dem Spezialisten möglich.

102 *Microtus nivalis*
Schneemaus

Kennzeichen: Große Wühlmaus mit bis 60 mm langen Vibrissen. Das weiche und dichte Fell ist im Rückenbereich

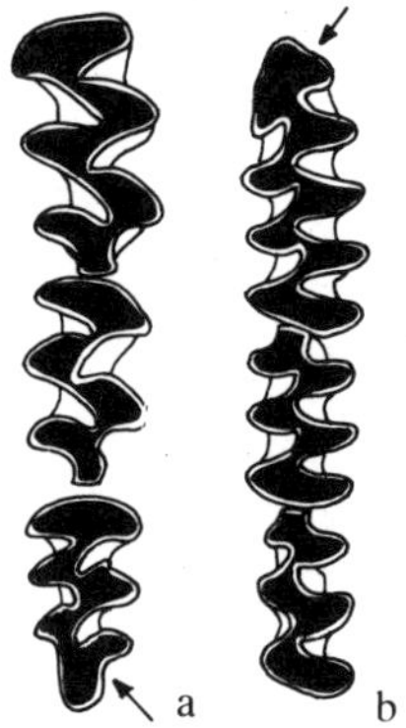

Molares von *Microtus nivalis* (102):
a obere rechte, b untere linke Molarenreihe

hell- bis gelblichgrau mit schwacher schwärzlicher Strichelung, der Bauch ist grauweiß. Relativ große Ohren, kleine Augen. Der grauweiße Schwanz ist halb so lang wie der Körper und hat 90 bis 120 Schwanzringe. Die Fußoberseite ist weiß. Hinterfuß mit 6 Sohlenschwielen. An den Zehen befinden sich vergrößerte Ballen. 4 Paar Zitzen.
Der 1. obere *Molar* ist an seiner Vorderkappe einfach ausgebildet.
Ähnliche Arten: Feldmaus (103), Gemeine Schermaus (101), Bergmaus (99).
Maße und Masse: KR 9,5 bis 14 cm; Schw 4 bis 7,5 cm, HF 18,5 bis 22,5 mm; Ohr 13 bis 18 mm; CB 24,3 bis 32 mm; Zyg 13,8 bis 17,4 mm; Masse 40 bis 68 g.
Vorkommen: Europäische Hochgebirge. Die Alpen sind in Europa das größte zusammenhängende Verbreitungsgebiet der Art. Außerhalb Europas in verschiedenen Gebirgen Asiens. Vorwiegend auf steinreichen Bergmatten oberhalb der Baumgrenze, Geröllhalden mit schütterer Vegetation, spaltenreichen Felsgebieten, aufgelockerten Nadelwäldern (z. B. Zirbelkiefer-Bestände) und in der Krummholzregion. In den Alpen zwischen etwa 1 000 und 2 600 m. Es gibt Nachweise bis 4 100 m Höhe im Bereich von Hochgebirgshütten. In

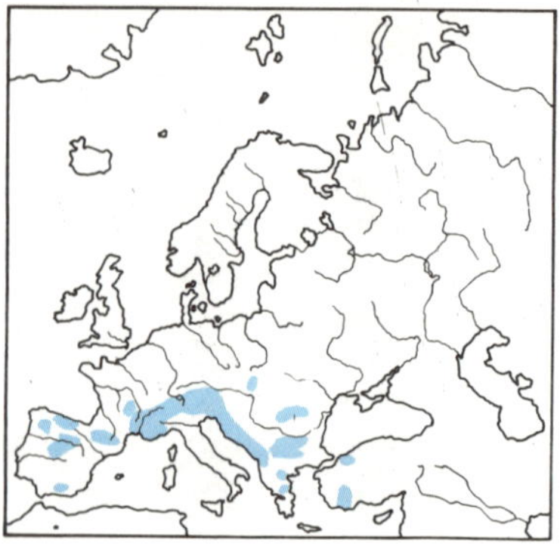

zu 102

Spanien und Frankreich schon bei etwa 150 m Höhe nachgewiesen.

Lebensweise: Die nicht besonders scheuen, vor allem dämmerungs- und nachtaktiven Tiere verlassen auch am Tage ihre Baue. Sie bewohnen tiefe Felsspalten oder graben unter der Erdoberfläche Gänge und legen Nest- und Vorratskammern an. Auch Alm- und Schutzhütten können besiedelt werden. In den Gängen befinden sich Fraß- und Kotplätze.

Die Paarung erfolgt von Anfang Mai bis Mitte September. Nach einer Tragzeit von 20 bis 22 Tagen werden jährlich 2mal (bis 4mal?) 1 bis 4 (6) nackte Junge in aus fein zerbissenen trockenen Pflanzenfasern gebauten Wurfnestern geboren. Die Jungen öffnen ihre Augen mit 13 Tagen. Das Höchstalter beträgt 3 Jahre. Von den Tieren sind quiekende Laute bekannt. Die Weibchen beanspruchen bestimmte Territorien, die auch von ihren Jungen bis zum Herbst oder Winter bewohnt werden. Die Nahrung besteht aus Pflanzen. Bevorzugt werden Gräser, Kleearten und Heidekrautgewächse aufgenommen. Das Futter wird in die Gänge oder Felsspalten getragen und dort gefressen.

Als Feinde sind Uhu, Waldkauz, Rauhfußkauz, Kolkrabe, Fuchs, Mauswiesel und Kreuzotter zu nennen.

Schneemäuse können ihre Biotope im Winter bis zur Schneeschmelze wechseln und im Herbst und Winter mehrmals andere Wohnbaue beziehen.

103 *Microtus arvalis*
Feldmaus

Kennzeichen: Oberseite graubraun bis sandfarben, von der grauen bis gelblichgrauen Unterseite nicht scharf abgesetzt; Jungtiere sind dunkler. Das dichte Fell ist kurzhaarig. Der Schwanz hat 55 bis 80 Ringe, ist kurz und fast einfarbig. Die Ohren ragen aus dem Fell, die Ohrmuschel ist innen dicht behaart, der innere Ohrlappen ist kürzer als der der Erdmaus (107). Hinterfüße mit 6 Sohlenschwielen. 4 Paar Zitzen. Der 2. obere *Molar* innen mit 2 Schmelzschlingen. Geographisch variiert der Simplex-Anteil an M^3. Ähnliche Arten: Erdmaus (107), Nordische Wühlmaus (108), Süd-Feldmaus (104).

Maße und Masse: KR 8 bis 12,5 cm; Schw 3 bis 4,5 cm; HF 1,4 bis 1,8 cm; Ohr 0,9 bis 1,2 cm; CB 20,3 bis 27,6 mm; Zyg 12 bis 25,4 mm; Masse 20 bis 43 (51) g.

Vorkommen: Europa, Mittelasien, östlich bis zur Mandschurei. Die Art fehlt

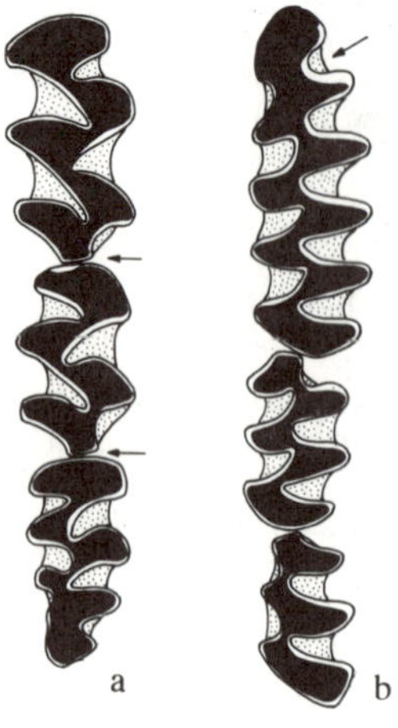

Molares von *Microtus arvalis* (103): a oben rechts, b unten links

Verschiedene Simplex-Formen des linken M^3 von *Microtus arvalis* (103)

in Großbritannien, Skandinavien und in verschiedenen Teilen der Iberischen Halbinsel, Italiens und auf den Mittelmeerinseln. Häufigste Wühlmaus in Europa. Sie bewohnt offenes Gelände, Felder, Wiesen, Weiden, Luzerneschläge, Gärten, Straßenböschungen und kommt auch gelegentlich in Schonungen vor. In geschlossenen Waldbeständen fehlt die Art. Im Gebirge etwa bis 2 400 m.

Lebensweise: Die tag- und nachtaktiven, bewegungsfreudigen und geselligen Tiere haben einen etwa 3- bis 4stündigen Wach-Schlaf-Rhythmus. Sie leben vorwiegend unterirdisch in meist dicht unter der Erdoberfläche selbstgegrabenen, weitverzweigten Gangsystemen mit mehreren Öffnungen. Der Durchmesser der Gänge beträgt etwa 3,5 cm. Auf der Bodenoberfläche sind regelrechte »Wechsel« zu erkennen. Am Eingang der Gänge findet man oftmals abgelegtes Futter, Kotablagerungen und herausgewühlte Erde. Das kugelige Nest aus trockenem Gras liegt in erweiterten Kammern, bis etwa 50 cm unter der Erdoberfläche. Im Winter wird das Nest unter der geschlossenen Schneedecke auch im Gras angelegt. Auch unter dem Schnee sind ausgedehnte Laufgänge zu finden. Feldscheunen und Strohmieten werden im Winter bevorzugt aufgesucht. Feldmäuse können gut schwimmen.

Die Feldmaus kann sich ganzjährig fortpflanzen. Die Paarungszeit liegt aber vorwiegend zwischen März und Oktober. Nach einer Tragzeit von 16 bis 24 Tagen werden 3- bis 6mal im Jahr (und häufiger!) je 2 bis 12 nackte, blinde, je 2 g schwere Junge geboren. Nach 9 Tagen öffnen die Jungen ihre Augen, sie werden bis zum 12. Tag gesäugt und sind mit etwa 21 Tagen selbständig. Nestgemeinschaften mehrerer Weibchen sind bekannt. Da Weibchen

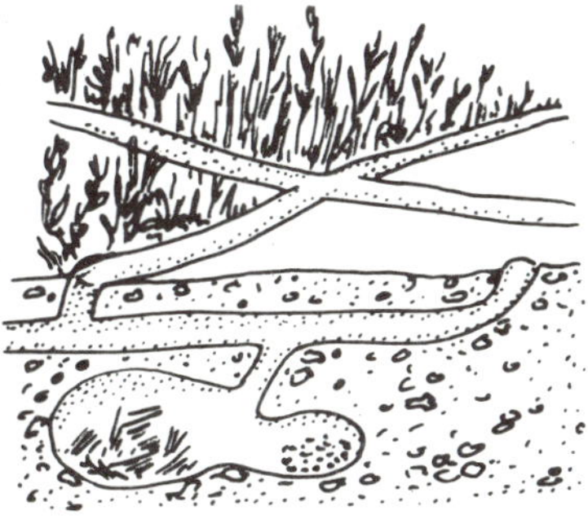

Schematischer Schnitt durch den Bau von *Microtus arvalis* (103)

zu 103

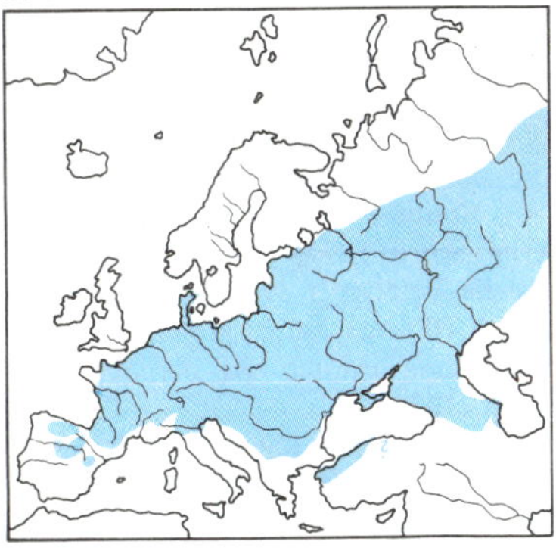

bereits im Alter von 12 Tagen (Männchen mit 28 Tagen) fortpflanzungsfähig sind, werden zyklische Massenvermehrungen (Gradationen) mit darauf folgenden Zusammenbrüchen der Populationsdichte (durch Streß-Syndrom) beobachtet. Aller 4 Jahre, durch viele Umweltfaktoren modifiziert, wird mit solchen Massenvermehrungen gerechnet. Weibchenüberschuß tritt zeitweise auf. Sehr hohe Feldmausdichten liegen vor, wenn mehr als 10 (bis über 25) Tiere pro 100 m^2 gezählt werden. Feldmäuse können $1\frac{1}{2}$ bis 3 Jahre alt werden.

Die Tiere können schrille quiekende, aber auch fauchende Laute von sich geben. Ihre Nahrung besteht aus Gräsern, Kräutern, Wurzeln, Samen, Getreide und Feldfrüchten. Im Winter kann auch Baumrinde benagt werden.

Feinde sind besonders Greifvögel, Eulen und Raubtiere. Bussarde, Turmfalken, Waldohreulen, Schleiereulen, Sumpfohreulen, Füchse und Wiesel leben vorwiegend von Feldmäusen. In Zeiten geringer Populationsdichten der Feldmaus ist auch die Reproduktionsrate dieser Vogelarten gering. Auch Störche, Reiher, Krähen, Katzen und Wildschweine erbeuten in beachtlichem Umfang Feldmäuse. Spitzmäuse fressen Jungtiere. Starke, anhaltende Regenfälle und lange, naßkalte Winter reduzieren ebenfalls den Feldmausbestand.

Besonderes: Es werden in Europa 11 geographische Unterarten unterschieden (vgl. S. 36).

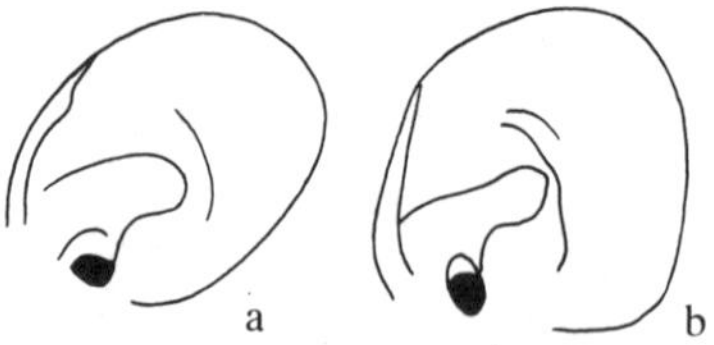

Vergleich der Ohrmuscheln von a *Microtus arvalis* (103), b *M. epiroticus* (104)

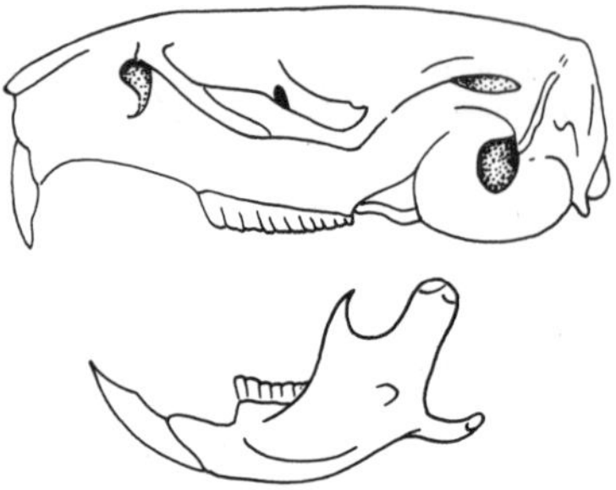

Schädel von *Microtus epiroticus* (104)

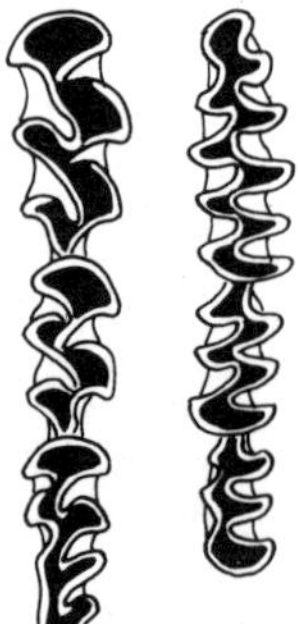

Molares von *Microtus epiroticus* (104): a oben rechts, b unten links

104 *Microtus epiroticus*
Südfeldmaus, Ondrias-Feldmaus, Epirus-Feldmaus

Kennzeichen: Etwas größer und dunkler als die Feldmaus 103). Die gering behaarte Ohrmuschel ist größer und breiter. Zähne ähnlich wie bei der Feldmaus (103).

Maße und Masse: KR 10,5 bis 12,8 cm; Schw 3,5 bis 5,2 cm; HF 16,1 bis 19,1 mm; Ohr 9,7 bis 12,6 mm; CB 23,4 bis 28,2 mm; Zyg 13,2 bis 15,8 mm; Masse 25 bis 47 g.

Vorkommen: Noch ungenügend bekannt. Von der Balkanhalbinsel über Teile der UdSSR bis nach Finnland. Möglicherweise auch in Kleinasien. Bevorzugt werden dichte Grasbestände, Luzerne- und Kleeschläge, Getreidefelder, aber auch mit Bäumen und Gebüschen bestandene Flächen sowie Flußufer bewohnt.

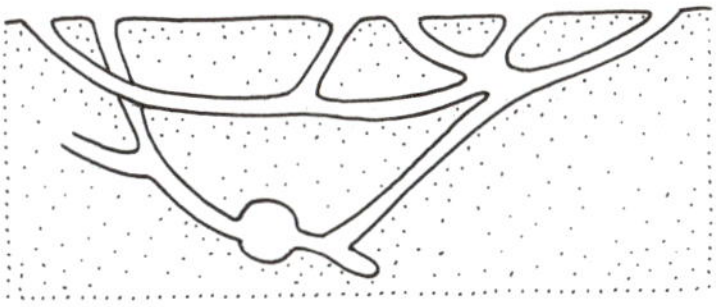

Schematischer Schnitt durch den Bau von *Microtus epiroticus* (104)

Lebensweise: Vorwiegend während der Abenddämmerung, aber auch am Tage aktiv. Die Tiere graben bis etwa 40 cm tiefe, verzweigte Gänge mit Nestkammern. Im Gebirge bis 1 100 m nachgewiesen.

Die Paarung findet, soweit bekannt, von März bis Oktober statt. Im Jahr mindestens 3 Würfe mit je 2 bis 10 Jungen. Die Individuenzahl der Populationen unterliegt großen Schwankungen. Massenvermehrungen in Abständen von 4 bis 6 Jahren.

Die Nahrung besteht überwiegend aus Luzerne, Früchten, Feldkräutern und Baumrinde. Feinde sind Greifvögel, Eulen und Raubsäuger.

105 *Microtus guentheri*
Levante-Wühlmaus,
Mittelmeer-Feldmaus

Kennzeichen: Etwas größer als die Feldmaus (103), ihr aber äußerlich sehr ähnlich. Schwanz und Ohren sind kurz, die Ohrmuschel ist weniger behaart. Die Rückenfärbung ist gelbgrau, das weiche Haarkleid auf der Bauchseite hellgrau. Die weißlichen Hinterfüße haben 5 Sohlenschwielen. Das Molaren-Muster entspricht dem der Feldmaus, der M^2 hat am hinteren Innenrand die Andeutung einer *Agrestis*-Schlinge. Der M^3 kommt vorwiegend in der Normalform (selten simplex) vor. Die Gehörkapseln am Schädel sind groß. 4 Paar Zitzen.

Ähnliche Arten: Feldmaus (103), Süd-Feldmaus (104).

Maße und Masse: KR 9,7 bis 12,7 cm; Schw 2 bis 3,6 cm; HF 18 bis 21 mm; Ohr 11 bis 16 mm; CB 26,7 bis 29,6 mm; Zyg 15,1 bis 17,8 mm; Masse 33 bis 75 g.

Vorkommen: Im östlichen Mittelmeergebiet, Südjugoslawien, Griechenland, Bulgarien, Syrien, Libanon, Türkei, Israel, Nordlibyen. Bewohnt trockenes Gelände, besonders Felder, Wiesen und Ödland.

Rechter M^2 von *Microtus guentheri* (105) mit angedeuteter *Agrestis*-Schlinge

zu 104

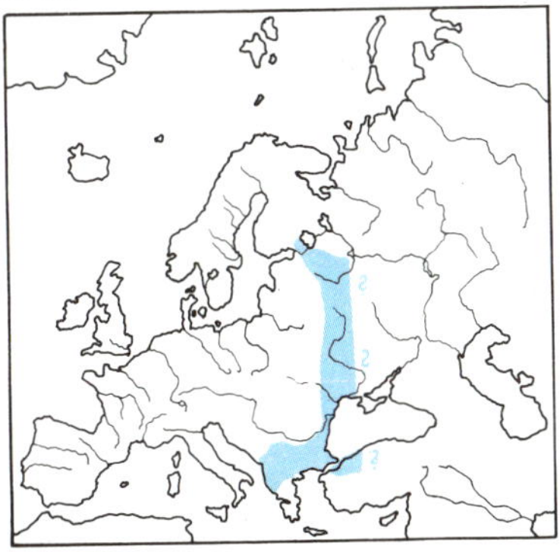

zu 105

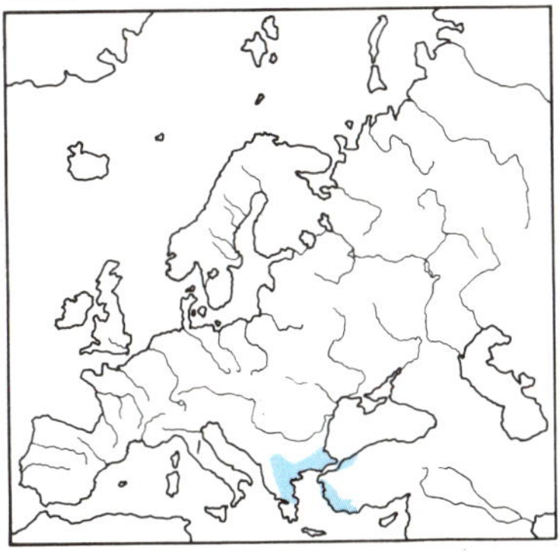

Lebensweise: Die gesellig lebenden tag- und nachtaktiven Tiere legen ausgedehnte Gangsysteme bis etwa 20 cm Tiefe an. Auch einfache Baue haben eine Nestkammer mit 3 bis 4 Zugängen. Der Gangdurchmesser beträgt 4 bis 5 cm. Es werden Vorratskammern angelegt. Die Nestkammern sind mit trockenem Gras ausgekleidet. An Lauten sind kurze, scharfe Warnpfiffe und lautes Quieken zu hören. Die Fortpflanzung ist noch nicht vollständig bekannt. Sie kann ganzjährig erfolgen, wahrscheinlich mit Ausnahme des trockenen Sommers. Weibchen mit 11 Embryonen wurden gefunden. Die Populationsdichte ist gebietsweise hoch.

Die Nahrung besteht aus Kräutern, Gräsern und Feldfrüchten. Oberirdische Pflanzen können vollständig abgefressen werden.

Feinde sind Greifvögel, Eulen und Raubsäuger.

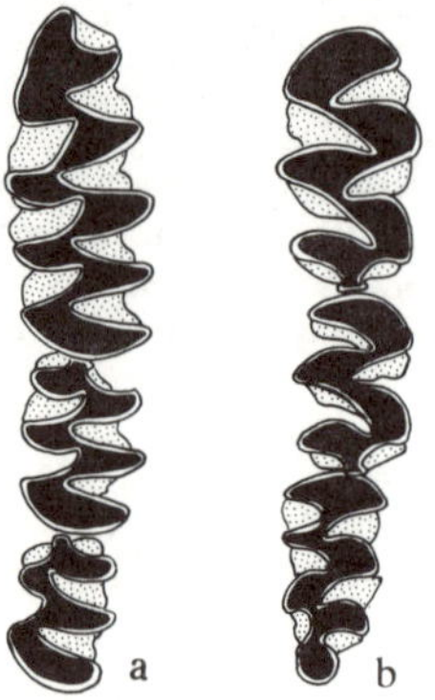

Molares von *Microtus cabrerae* (106): a unten links, b oben rechts

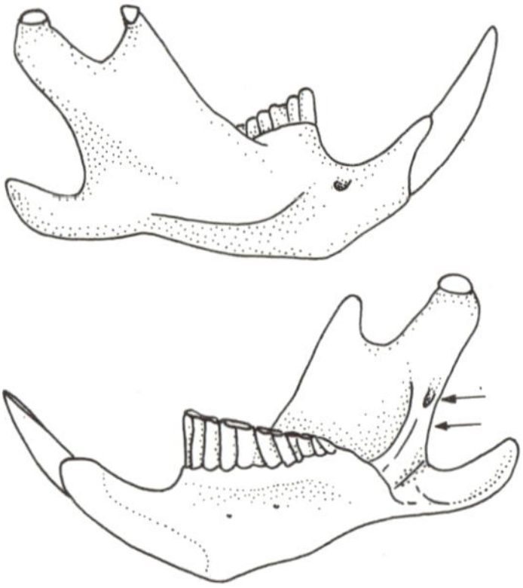

Unterkiefer von *Microtus cabrerae* (106). Beachte die verschmälerte Wulst.

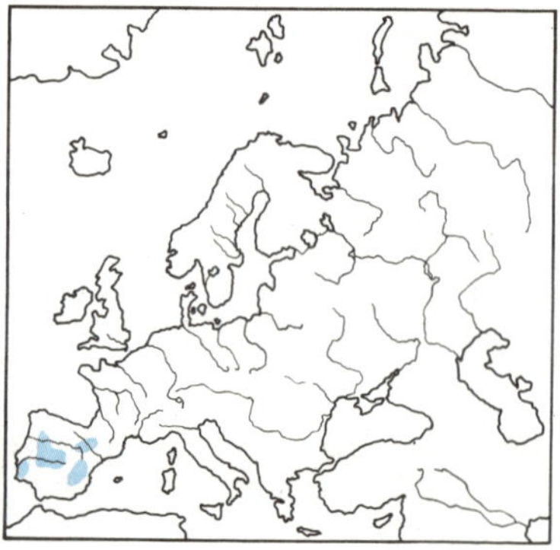

zu 106

106 *Microtus cabrerae*

Cabreramaus

Kennzeichen: Größer als Feldmaus (103). Auf dem Hinterrücken auffallende, bis etwa 10 mm lange Leithaare. Der Rückenbereich ist dunkel graubraun, die Bauchseite grau mit gelblichem Farbton. Der Schwanz ist undeutlich 2farbig. Lange Tasthaare. Die weißlichen Krallen heben sich von den weißlichgrauen Oberseiten der Füße ab, Hinterfüße mit 6 Sohlenschwielen. Der Schädel ist höher, das Schädeldach stärker gewölbt als bei der Feldmaus. Die Zähne gleichen denen der Feldmaus, die Schmelzschlingen sind aber länger und schmaler. Der 3. obere *Molar* oftmals (?) in Simplex-Form.

Ähnliche Arten: Feldmaus (103), Erdmaus (107).

Maße und Masse: KR 11 bis 13 cm; Schw 3 bis 4,5 cm; HF 20 bis 23 mm; Ohr 13 bis 16 mm; CB 22,4 bis 30,3 mm; Zyg 12,9 bis 17,4 mm; Masse 40 bis 65 g.

a 102 *Microtus nivalis*, b 103 *Microtus arvalis*, c 105 *Microtus guentheri*, d 107 *Microtus agrestis*, e 108 *Microtus oeconomus*

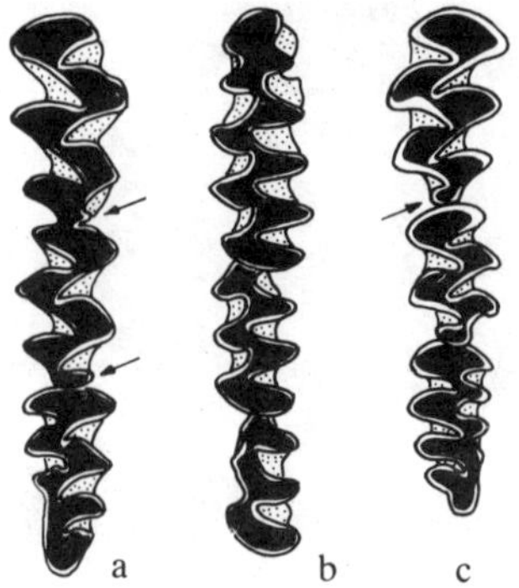

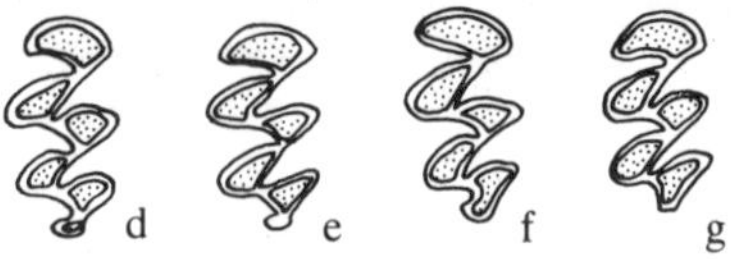

Molares von *Microtus agrestis* (107):
a oben rechts, b unten links, c bis g Variabilität der Exsul-Schlinge am M^1

Vorkommen: Iberische Halbinsel. Bewohnt vergraste Äcker, Wiesen und Binsenbestände. Die Tiere kommen auch unter Büschen, in lichten Wäldern, im Bereich von Bächen und auf Kleeschlägen vor. Im Gebirge bis etwa 1 500 m.
Lebensweise: Noch wenig bekannt. Die Nahrung scheint ausschließlich aus Blättern und Halmen von Gräsern und Binsen zu bestehen.

107 *Microtus agrestis*
Erdmaus
Kennzeichen: Größer als die Feldmaus (103) und mit einem breiteren Kopf. Das dunkle, lange und rauhhaarige Fell unterscheidet sich nur wenig von dem der Feldmaus. Rücken und Schwanzoberseite sind braungrau bis rötlichbraun, die Flanken sind heller, Bauchseite und Schwanzunterseite sind weißgrau. Die Ringelung des Schwanzes ist erkennbar, am Schwanzende bilden die Schwanzhaare einen Pinsel. Die runden Ohren, die vom Kopfhaar fast überdeckt werden, haben einen deutlich ausgebildeten Innenlappen. Die Ohrmuschel ist im oberen Bereich mit langen Haaren besetzt. Die Augen sind klein. Hinterfußsohlen mit 6 großen Schwielen. 4 Paar Zitzen. Das sicherste Erkennungsmerkmal ist der 2. obere *Molar*, der an der Kaufläche eine 3. kleine Schmelzschlinge besitzt. Mit Ausnahme der Levante-Wühlmaus (105), bei der sie angedeutet ist, fehlt sie allen anderen Wühlmausarten.
Ähnliche Arten: Feldmaus (103), Nordische Wühlmaus (108).
Maße und Masse: KR 8,3 bis 13,5 cm; Schw 3 bis 4,7 cm; HF 16 bis 21 mm; Ohr 9 bis 13,5 mm; CB 22 bis 29,2 mm; Zyg 12,1 bis 16,6 mm; Masse 16 bis 60 g.
Vorkommen: Europa mit Ausnahme des Mittelmeerraumes, Islands und Irlands, im Osten bis zur Mongolei und Nordchina.
Bevorzugt werden feuchte Flächen (Naßwiesen, Seggen- und Binsenbestände, Moore, Sümpfe) bewohnt. In vergrasten Waldgebieten, auf Lichtungen und am Gewässer. Im Gebirge bis etwa 2 000 m.
Lebensweise: Die im Sommer mehr nacht- und im Winter tagaktiven Tiere laufen schnell, schwimmen gut, sind

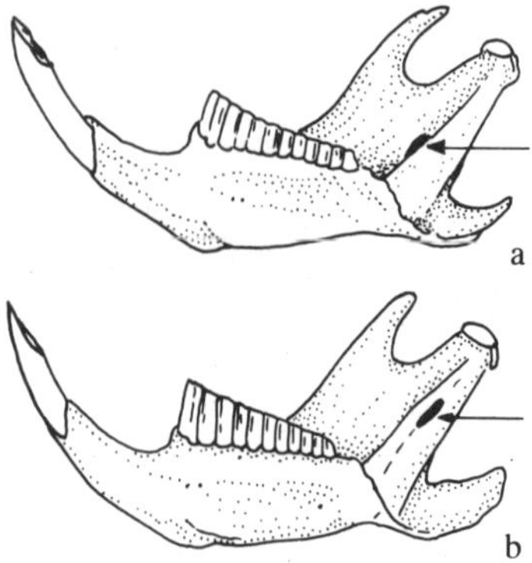

Vergleich der Unterkiefer von a *Microtus arvalis*, b *M. agrestis*. Die Pfeile weisen auf die unterschiedliche Lage der Öffnung des Zahnkanals hin.

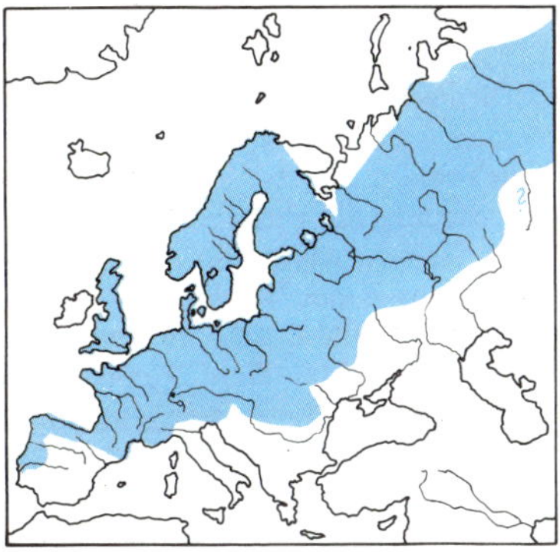

zu 107

gesellig und verträglich. Im verfilzten Gras und dicht unter der Erdoberfläche werden die Gänge (auch unter dem Schnee) angelegt. Ihre Nester werden aus Gras unter Wurzeln, im dichten Grasgewirr und im Erdreich gebaut. In den oberirdischen Wechseln, die sich meist im Schutz dichter Vegetation befinden, sind sehr häufig Kot und abgebissene Pflanzenteile zu sehen.
Als Lautäußerungen sind Knurrlaute, vielsilbiges Zetern und mehrsilbiges Tuckern bekannt.
Die Paarungszeit liegt zwischen März und November. Wintervermehrung ist nachgewiesen. Jährlich 3 bis 5 Würfe mit jeweils 3 bis 8 (und mehr) Jungen nach einer Tragzeit von etwa 21 Tagen. Die Jungen öffnen ihre Augen mit 9 bis 10 Tagen, sie werden etwa 14 Tage gesäugt und sind mit etwa 7 Wochen geschlechtsreif. Massenvermehrungen werden alle 2 bis 3 Jahre beobachtet. Die Lebensdauer beträgt 2 bis 3 Jahre.

Die Nahrung besteht aus Gräsern, Binsen, Kräutern, Samen und Wurzeln. Im Winter wird häufig Rinde von Bäumen und Sträuchern gefressen (Forstschädling!). Aas wird ebenfalls angenommen. Feinde sind Eulen, Greifvögel und Raubsäuger.

108 *Microtus oeconomus*
Nordische Wühlmaus, Sumpfmaus

Kennzeichen: Etwas größer, langschwänziger und dunkler als die Erdmaus (107). Die Unterseite ist deutlich heller, zuweilen mit gelblichem Anflug. Rückenmitte vorwiegend schwarzbraun. Im Winter ist das Fell insgesamt heller. Die Ohren sind fast völlig im Haarkleid versteckt. Der Schwanz hat 60 bis 89 Ringe, ist auf der Oberseite meist schwärzlich, auf der Unterseite hellgrau gefärbt. Kleine Augen, Hinterfußsohlen mit 6 Schwielen, 4 Paar Zitzen. Der 1. obere *Molar* in der Regel mit 4 (oder mehr) geschlossenen Dreiecken.

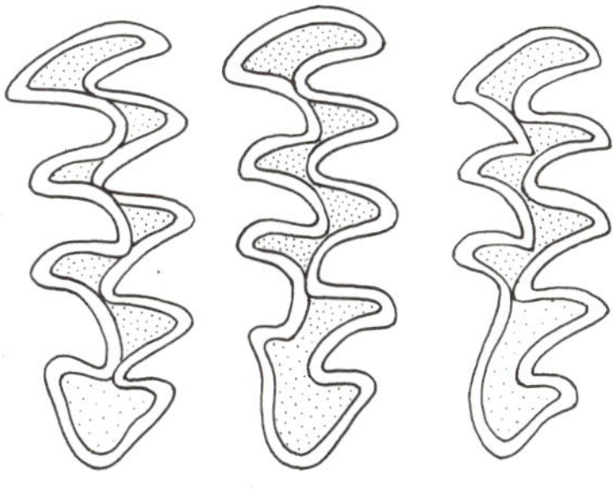

Variabilität des M^1 von *Microtus oeconomus* (108)

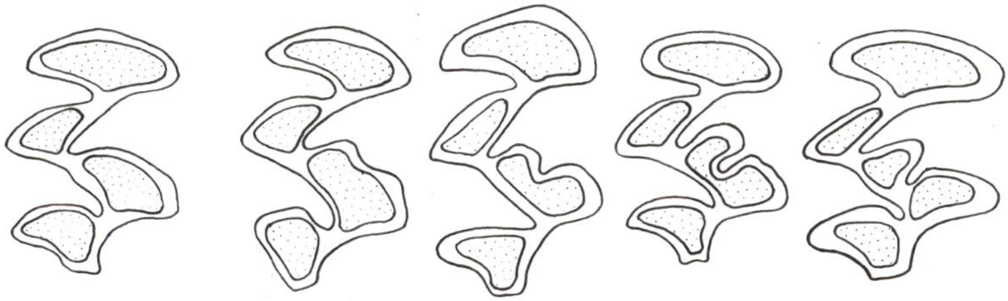

Variabilität des M^2 von *Microtus oeconomus* (108)

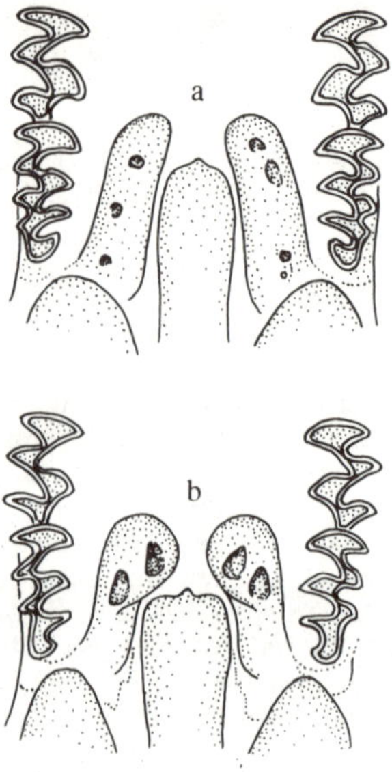

Vergleich der Gaumenregion von a *Microtus oeconomus* (108), b *M. arvalis* (103)

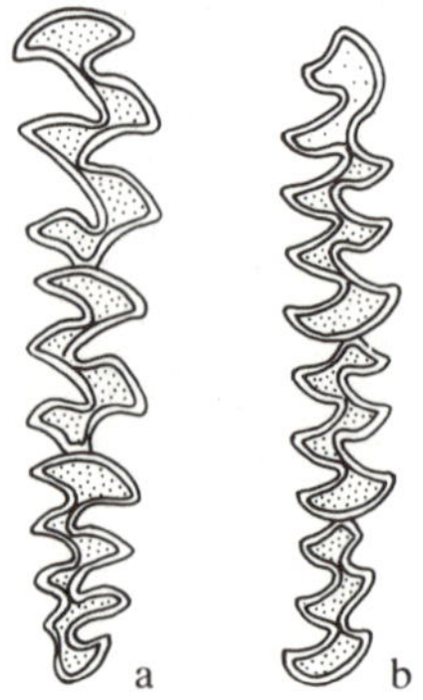

Molares von *Microtus oeconomus* (108): a oben rechts, b unten links

Ähnliche Arten: Feldmaus (103), Gemeine Schermaus (101).
Maße und Masse: KR 8,5 bis 16,1 cm; Schw 2,4 bis 7,2 cm; HF 17 bis 22 mm; Ohr 8 bis 16 mm; CB 22 bis 30 mm; Zyg 13,5 bis 16,5 mm; Masse 35 bis 90 g.
Vorkommen: In Mitteleuropa einzelne isolierte Vorkommen, Nordeuropa bis Ostsibirien, Nordkanada und Alaska. In Europa scheint das Vorkommen (stellenweise) zurückzugehen. Bewohnt werden sumpfige und nasse Wiesen, Bruchwälder, Moore, Schilf- und Binsenbestände, die Umgebung von Söllen und Gewässerufern. In Nordeuropa werden im Winter trockenere Biotope, auch Häuser und Dünen, aufgesucht.
Lebensweise: Die Tiere können gut schwimmen und tauchen. Sie sind dämmerungs- und nachtaktiv, tagaktiv vorwiegend im Winter. Die Gänge verlaufen oberirdisch in dichter Vegetation oder unterirdisch. Die kugeligen Nester mit meist 2 Eingängen werden aus Grashalmen, Moos, Blättern vorwiegend in Grasbülten oder Schilfablagerungen (aber auch unterirdisch) gebaut. Die Paarungszeit liegt zwischen März und September. Nach einer Tragzeit von 20 bis 23 Tagen werden 3- bis 5mal im Jahr je 2 bis 12 Junge geboren. Die Jungen öffnen die Augen mit 9 Tagen, werden etwa 20 Tage gesäugt und sind mit etwa 16 Tagen geschlechtsreif. Weibchen können bereits im Alter von etwa 6 Wochen erstmals werfen. Das Höchstalter der Tiere liegt bei 2 Jahren. Als Drohruf ist ein scharfes »Tschätt« bekannt. Die Nahrung besteht aus Seggen (bevorzugt Wollgras), Gräsern, jungen Sprossen und Rhizomen von Schilf, Wurzeln und (meist im Winter) auch Rinde von Bäumen.

zu 108

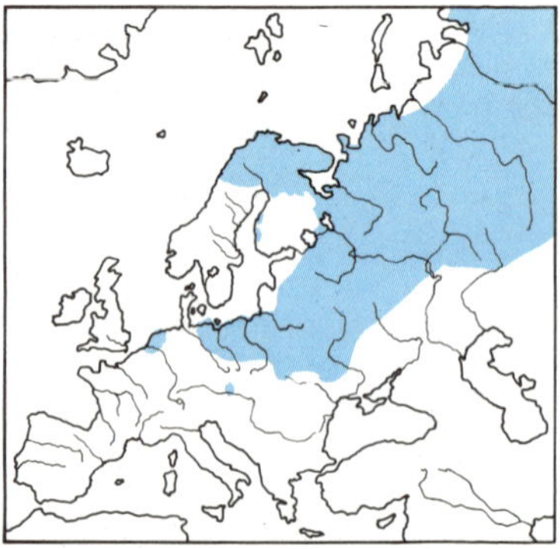

Feinde sind Waldkauz, Habichtskauz, Sumpfohreule, Schleiereule, Mäuse-, Rauhfußbussard, Fuchs und Hermelin.
Besonderes: In vielen Gebieten kommt entweder die Erdmaus (107) oder die Nordische Wühlmaus in entsprechenden Biotopen vor (Nahrungskonkurrenten). Durch großflächige Meliorationsmaßnahmen ist die Art stellenweise in ihrem Bestand gefährdet.

109 *Microtus subterraneus*
(= Pitymys subterraneus)
Gemeine Kurzohrmaus,
Kleinäugige Wühlmaus

Kennzeichen: Körper klein und gedrungen, Augen und Ohren sehr klein. Die Ohrmuschel ist wenig behaart und fast vollständig im Fell versteckt. Das Fell ist langhaarig, dicht und sehr weich. Der Rücken ist dunkelgrau, die hellgraue Unterseite weist meist einen silbrigen Anflug auf. Der Schwanz hat 60 bis 80 Ringe, ist oberseits dunkelgrau und unterseits hellgrau. Sicheres äußeres Unterscheidungsmerkmal ist der Hinterfuß, der nicht länger als 16 mm ist und 5 Sohlenschwielen aufweist. 2 Paar Zitzen.
Molares mit Schmelzfalten und ohne Wurzeln. Am M^1 sind die Dreiecke 1 bis 3 isoliert und 4 bis 5 offen verbunden. Die Simplex-Form am M^3 ist nachgewiesen.
Ähnliche Arten: Feldmaus (103), Erdmaus (107), Alpen-Kleinwühlmaus (110), Italienische Kleinwühlmaus (111), Bayerische Kurzohrmaus (114), Mittelmeer-Kleinwühlmaus (116).
Maße und Masse: KR 8 bis 10,2 cm; Schw 2 bis 4 cm; HF 13 bis 15,5 mm; Ohr 8 bis 10 mm; CB 20,8 bis 23,2 mm; Zyg 12,2 bis 14 mm; Masse 14 bis 23 g.
Vorkommen: Von Frankreich über Norditalien östlich bis zur Ukrainischen SSR. Lebensräume sind Quellwiesen, feuchte, lichte Laubwälder, Alm- und Bergwiesen. Bachtäler und gelegentlich auch Gärten. Im Gebirge bis in etwa 2 300 m Höhe. Die Gemeine Kurzohrmaus kommt im Winter auch vereinzelt in Gebäuden vor.
Lebensweise: Die vorwiegend dämmerungs- und nachtaktiven, aber auch schon am Nachmittag anzutreffenden Tiere leben gesellig. Ihre dicht unter der Erdoberfläche liegenden Gänge mit zahlreichen Ausgängen bilden ein Labyrinth. Die oberirdischen Wechsel

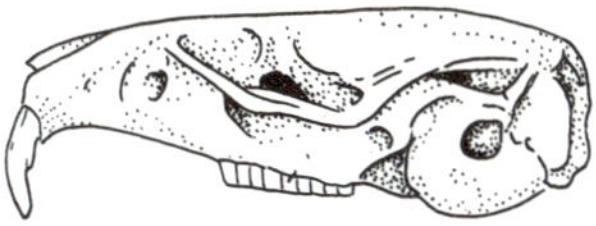

Schädelprofil von *Microtus subterraneus* (109)

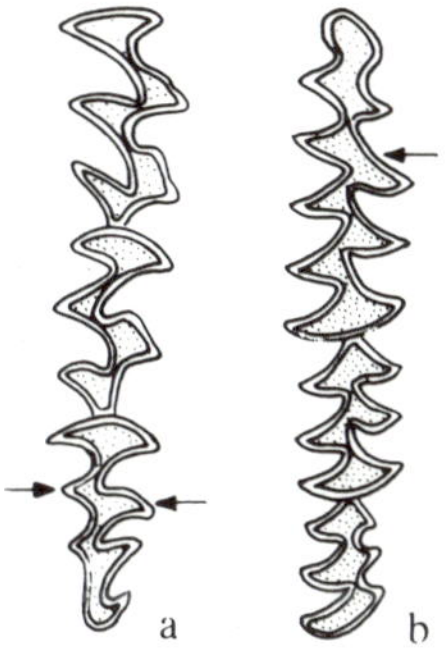

Molares von *Microtus subterraneus* (109):
a oben rechts, b unten links

zu 109

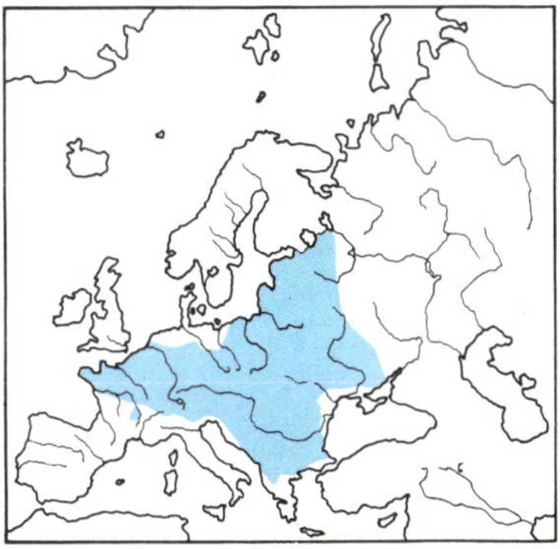

sind verdeckt. Die Tiere leben meist unterirdisch. Oftmals werden die Gänge auch von anderen Kleinsäugern (Maulwürfen, Schermäusen und anderen Mäusen) mitbenutzt. Das aus Gras und Moos bestehende Nest wird bevorzugt unter der Erdoberfläche angelegt. Die Zugänge können durch die Tiere von innen mit Erde verschlossen werden.

Fortpflanzung ist bei beiden Geschlechtern bereits im 1. Lebensjahr möglich. Paarungen erfolgen bevorzugt in den Monaten März bis Oktober, aber auch während des Winters. Nach einer Tragzeit von 21 Tagen werden 2 bis 4 Junge geboren, die ihre Augen mit 10 oder 11 Tagen öffnen und etwa 14 Tage lang gesäugt werden. Jährlich 3 bis 8 Würfe. Die Jungen sind mit 8 oder

Rechter M^3 von *Microtus multiplex* (110)

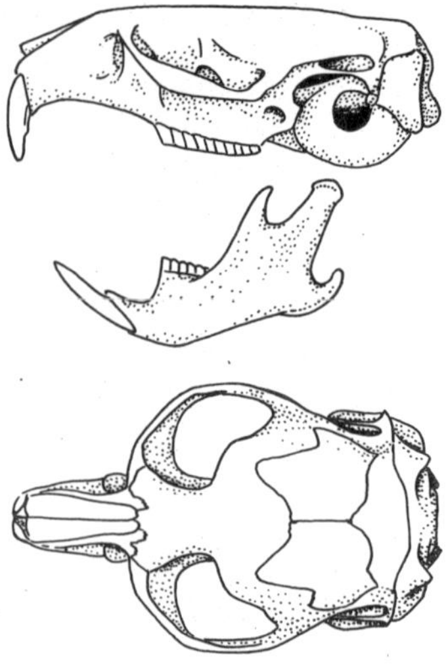

Schädel von *Microtus multiplex* (110)

9 Wochen geschlechtsreif. Höchstalter 2 Jahre. Von den Tieren sind zwitschernde Laute zu hören. Als Nahrung dienen Stengel und Blätter von Kräutern (z.B. Schafgarbe, Kratzdistel), Gräser, unterirdische Pflanzenteile (Möhren, Kartoffeln). Feinde sind Eulen und kleine Raubsäuger.

Ob Konkurrenz zwischen Feldmaus (103) und Gemeiner Kurzohrmaus besteht, ist noch nicht völlig geklärt. Wo die Feldmaus in entsprechenden Biotopen fehlt (oder selten vorkommt), kommt die Gemeine Kurzohrmaus vor. Die Tiere scheinen sehr ortstreu zu sein.

110 *Microtus multiplex*
(= Pitymys multiplex)
Alpen-Kleinwühlmaus,
Fatio-Kleinwühlmaus

Kennzeichen: Das weiche, wollige Rükkenfell ist deutlich rotbraun, kaum mit grauen Tönen, die Unterseite ist weiß bis gelblich. Die Hinterfüße sind länger als die der Gemeinen Kurzohrmaus (109) und bei älteren Tieren weißlich.

Das Zahnbild ist dem der Gemeinen Kurzohrmaus ähnlich. Die beiden Dentindreiecke am 3. oberen *Molar* sind (meist) voneinander getrennt. Der Schädel ist höher als der der Gemeinen Kurzohrmaus. 2 Paar Zitzen.

Ähnliche Arten: Gemeine Kurzohrmaus (109), Italienische Kleinwühlmaus (111).

Maße und Masse: KR 9 bis 11,5 cm; Schw 2,8 bis 4,2 cm; HF 15 bis 17,5 mm; Ohr 6,8 bis 8,5 mm; CB 23,3 bis 26,6 mm; Zyg 12,9 bis 15,1 mm; Masse 19 bis 31 g.

Vorkommen: Frankreich, Schweiz, Italien, Österreich, Jugoslawien. Bewohnt Wiesen und Bergmatten, Ufer von Fließgewässern, unterwuchsreiche Nadel-, Misch- und Laubwälder. Die Tiere kommen von der Ebene bis in etwa 2000 m Höhe vor. Bevorzugt werden Habitate mit guten Deckungsmöglichkeiten.

zu 110

Lebensweise: Soweit bekannt, mehr tagaktive, gesellig siedelnde Tiere. Es werden weitverzweigte Gänge (5 bis 7 m Länge) meist flach unter der Erdoberfläche angelegt und kleine Erdhäufchen aufgeworfen. Oberirdische Gänge sind selten zu finden. Die Nester können auch unter Schnee über dem Boden angelegt werden. Die Fortpflanzung ähnelt, soweit bekannt, der der Gemeinen Kurzohrmaus (109). Die Wurfgröße beträgt 2 bis 4 Junge. Wurfnester an der Erdoberfläche wurden auch unter Schnee gefunden. Die Nahrung bilden saftige Pflanzenteile, Stengel, Blätter, Wurzeln sowie Zwiebeln, Rinde und Beeren. Feinde sind vor allem Eulen, Greifvögel, aber auch kleine Raubsäuger.

111 *Microtus savii (= Pitymys savii)*
Italienische Kleinwühlmaus,
Savi-Kleinwühlmaus

Kennzeichen: Etwa so groß wie die Gemeine Kurzohrmaus (109). Schwanz und Ohren sind kleiner. Die Färbung der Oberseite ist meist hellbräunlich, die der Unterseite dunkelgelblich. Die Hinterfüße sind gelblich bis hellbraun und haben 5 Sohlenschwielen. 2 bis 3 Paar Zitzen. Das mittlere Feld am 3. oberen *Molar* ist meist geteilt.

116 *Microtus duodecimcostatus*

111 *Microtus savii*

109 *Microtus subterraneus*

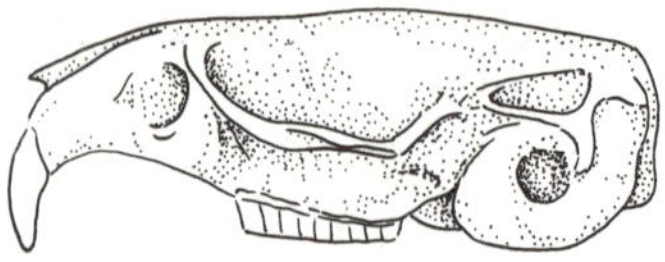

Schädelprofil von *Microtus savii* (111)

Ähnliche Arten: Gemeine Kurzohrmaus (109), Alpen-Kleinwühlmaus (110) und Mittelmeer-Kleinwühlmaus (116).
Maße und Masse: KR 6,5 bis 9,5 cm; Schw 2,2 bis 3,2 cm; HF 13 bis 17 mm; Ohr 6 bis 8 mm; CB 19 bis 22,9 mm; Zyg 12,3 bis 13,8 mm; Masse 9 bis 22 g.
Vorkommen: Apenninen-Halbinsel, Insel Elba. Bewohnt werden unterschiedliche Biotope, wie Laub-, Misch- und Nadelwälder, Wiesen, Felder, Gärten und Ödländereien. Im Gebirge bis etwa 2 000 m.
Lebensweise: Tag- und nachtaktiv. Die Tiere graben Gänge (bis 20 cm Tiefe) mit meist senkrechten Eingangslöchern, neben denen oftmals Haufen ausgewühlter Erde zu finden sind. Als Lautäußerung sind Zähnewetzen und Zeterlaute bekannt. Das Futter wird in die Baue geschleppt und im schützenden Gang zerkleinert und nach Bedarf gefressen. Auch Vorräte werden angelegt. Obwohl die Wurfgröße mit 2 bis 4 Jungen gering erscheint, sind zyklische Massenvermehrungen bei der Art bekannt. Die Nahrung besteht vorwiegend aus Kräutern und Gräsern. Die Art kann in landwirtschaftlichen Kulturen erhebliche Schäden verursachen. Sie besetzt in Italien die ökologische Nische der dort fehlenden Feldmaus (103). Als Feinde sind Schleiereule, Steinkauz, Waldkauz sowie Greifvögel und Raubsäuger (Fuchs, Marder und Mauswiesel) zu nennen.

zu 111

112 *Microtus felteni (= Pitymys felteni)*
Felten-Kleinwühlmaus

Kennzeichen: Schwer von der Italienischen Kleinwühlmaus (111) zu unterscheiden, die Arten bewohnen jedoch getrennte Areale. Die Ohren sind auffallend klein. 2 Paar Zitzen. Der 3. obere *Molar* hat meist am Ende eine Einbuchtung.

Rechter M^3 von *Microtus felteni* (112)

Ähnliche Arten: Gemeine Kurzohrmaus (109), Balkan-Kurzohrmaus (118).
Maße und Masse (bisher liegen nur von wenigen Tieren Angaben vor): KR 8,3

zu 112

bis 10,4 cm; Schw 2,5 bis 3 cm; HF 14,2 bis 15,5 mm; Ohr 6,2 bis 7,2 mm; CB 21,6 bis 23,8 mm; Zyg 13 bis 15 mm; Masse 16 bis 26 g.
Vorkommen: Jugoslawien und Griechenland. Bewohnt werden lichtes Gebüsch mit Gräsern, Nadelholzbestände, Rotbuchen-Wälder, Ufer von Gebirgsbächen zwischen 1 100 und 1 700 m Höhe.
Lebensweise: Bisher noch unbekannt.

113 *Microtus pyrenaicus*
(= Pitymys pyrenaicus)
Pyrenäen-Kleinwühlmaus

Kennzeichen: Ähnlich der Italienischen Kleinwühlmaus (111), aber von ihr territorial getrennt. Die Rückenmitte ist gelb- bis rötlichbraun. Die kleinen Ohren sind vom Fell überdeckt.
Ähnliche Arten: Gemeine Kurzohrmaus (109), Mittelmeer-Kleinwühlmaus (116), Iberien-Kleinwühlmaus (117).
Maße und Masse: KR 9,2 bis 10,5 cm; Schw 2,3 bis 3,4 cm; HF 14 bis 16 mm; Ohr 7 bis 9 mm; CB 21,5 bis 24 mm; Zyg 13,1 bis 14,3 mm; Masse 17 bis 24 g.
Vorkommen: Nordwestspanien und Südfrankreich. Bewohnt Bergmatten, Kalksteingebiete, Laubwaldrandzonen, Wiesen und Parks.
Lebensweise: Wenig bekannt. Anlage von Gängen unter der Erdoberfläche.

zu 113

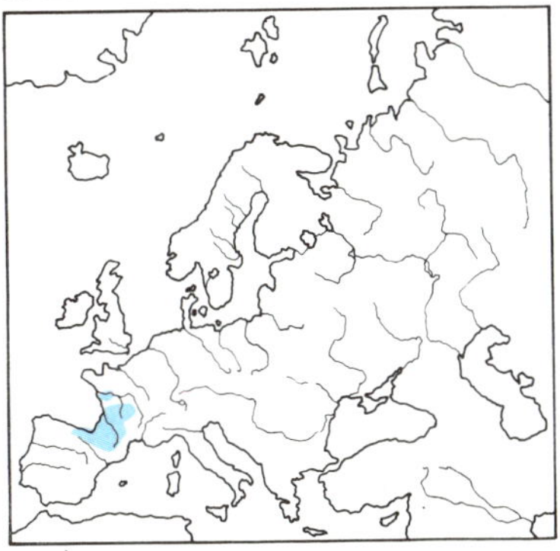

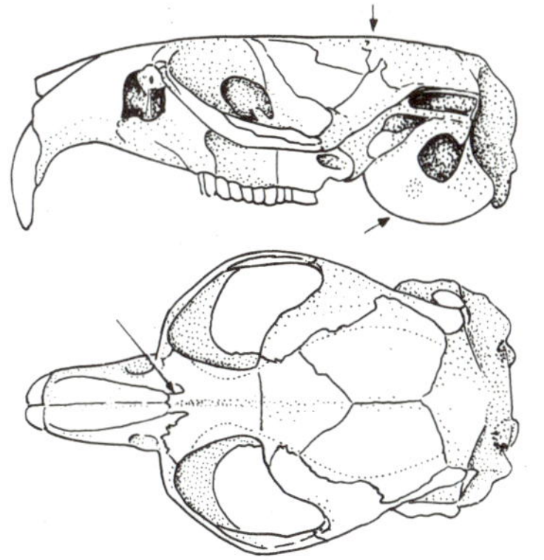

Schädel (Profil und Draufsicht) von *Microtus bavaricus* (114)

114 *Microtus bavaricus*
(= Pitymys bavaricus)
Bayerische Kurzohrmaus

Kennzeichen: Etwas größer als die Gemeine Kurzohrmaus (109). Das auffallend weiche Fell ist oberseits hellbräunlich, die Unterseite hat einen gelbbraunen bis weißlichen Anflug. Bei Jungtieren ist der Rücken dunkel. Die Ohren sind sehr klein und liegen im Fell versteckt. Die Vibrissen sind deutlich hell gefärbt, die Augen sind klein. Die Füße sind oberseits weißlich (bei Jungtieren schwärzlich), die Hinterfüße haben 5 Sohlenschwielen. Bis 2 Paar Zitzen. Der 3. obere *Molar* gleicht in der Form dem der Gemeinen Kurzohrmaus. Die

zu 114

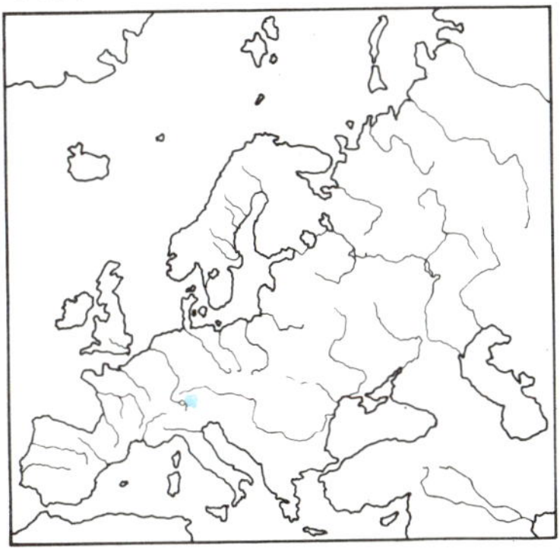

Felder 2 und 3 sind geschlossen. Die Endschlinge ist meist groß. Das Schädeldach ist leicht gewölbt.
Ähnliche Arten: Gemeine Kurzohrmaus (109), Feldmaus (103).
Maße und Masse: KR 9 bis 10,6 cm; Schw 3,4 bis 4 cm; HF 16 bis 17 mm; Ohr 7 bis 8 mm; CB 22,6 bis 24,7 mm; Zyg 13,7 bis 15,4 mm.
Vorkommen: Bisher nur aus den Bayerischen Alpen und aus Tirol bekannt. Bewohnt feuchte Wiesen zwischen 600 und etwa 1 000 m Höhe. Tallagen und Nordhänge scheinen bevorzugt zu werden.
Lebensweise: Noch nicht ausreichend bekannt. Die tag- und nachtaktiven Tiere legen unterirdische Gänge mit Luftlöchern dicht unter der Erdoberfläche an. Auch Baue anderer Kleinsäuger können bewohnt werden. Fortpflanzung wahrscheinlich wie bei der Gemeinen Kurzohrmaus (109). Die Nahrung besteht vorwiegend aus frischen Gräsern, Kräutern und kleinen Wurzeln.

115 *Microtus majori (Pitymys majori)* **Östliche Kleinwühlmaus**

Kennzeichen: Der Gemeinen Kurzohrmaus (109) sehr ähnlich. Die Körperoberseite ist gelblichbraun, die Unterseite silbrigweiß. Der Schwanz ist unscharf 2farbig. 3 Paar Zitzen. Der 3. obere *Molar* (M^3) ist länger als M^2. Die

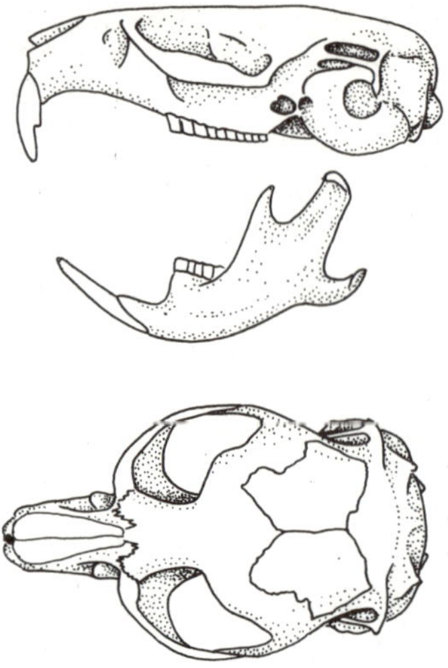

Schädel von *Microtus majori* (115)

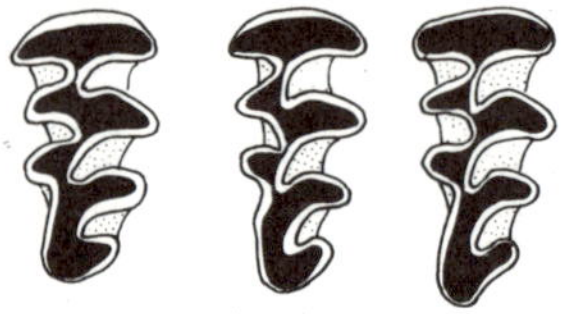

Variabilität des M^3 von *Microtus majori* (115)

Kaufläche kann 3 bis 5 getrennte Dentin-Felder aufweisen.
Ähnliche Arten: Gemeine Kurzohrmaus (109), Balkan-Kurzohrmaus (118), Feldmaus (103).

zu 115

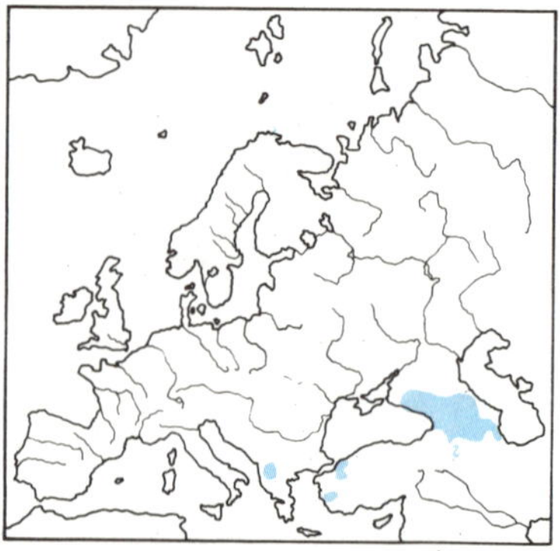

zu 116

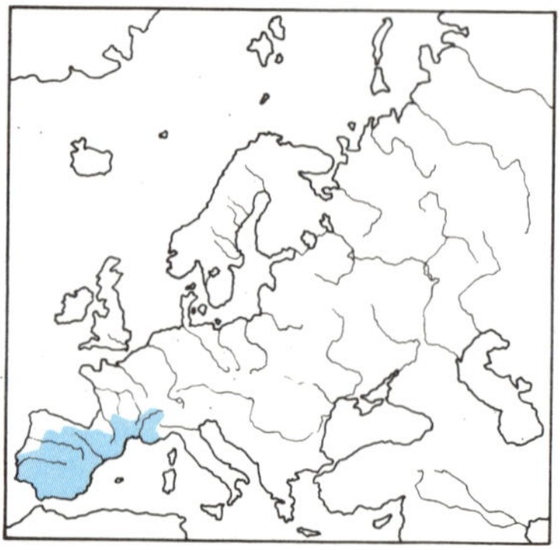

Maße und Masse: KR 8 bis 9,6 cm; Schw 2,6 bis 4,1 cm; HF 14 bis 16 mm; CB 21,9 bis 24 mm; Zyg 12,9 bis 14,1 mm.
Vorkommen: Jugoslawien, Türkei, Kaukasus. Nadelwälder, Lichtungen, Wiesen und Brachfelder in Gebirgen ab 800 (?) bis etwa 1 800 m.
Die Art scheint besonders feuchte und dichtbewachsene Standorte zu bevorzugen. Das Vorkommen in sehr unterschiedlichen Biotopen deutet auf eine große ökologische Anpassungsfähigkeit hin.
Lebensweise: Noch wenig bekannt. Die Tiere scheinen sehr ortstreu zu sein. Trächtige Weibchen mit 4 Embryonen wurden festgestellt.

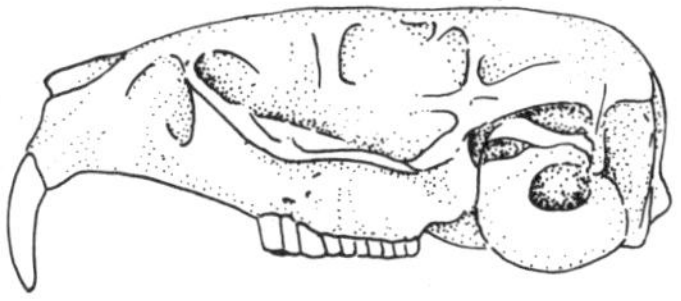

Schädelprofil von *Microtus duodecimcostatus* (116)

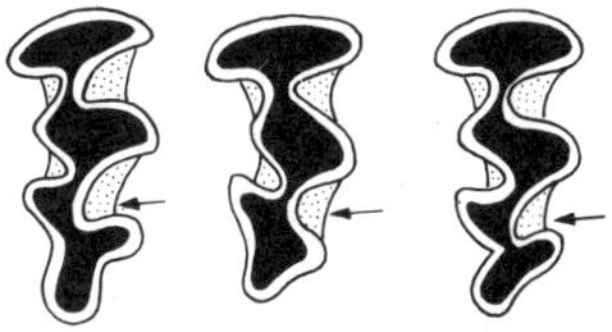

Variabilität des M^3 von *Microtus duodecimcostatus* (116)

116 *Microtus duodecimcostatus*
(= Pitymys duodecimcostatus)
Mittelmeer-Kleinwühlmaus

Kennzeichen: Das weiche Fell ist oberseits gelblich, unterseits silbergrau. Der Schwanz ist relativ kurz und undeutlich 2farbig. Fußoberseite weiß, Hinterfuß mit 5 Sohlenschwielen. Vibrissen bis etwa 22 mm lang. 2 Paar Zitzen.
Der 3. obere *Molar* (M^3) gleicht in seiner Form dem der Iberien-Kleinwühlmaus (117). Die Kopfform des M^1 ist einfacher ausgebildet als bei der Gemeinen Kurzohrmaus (109).
Ähnliche Arten: Gemeine Kurzohrmaus (109), Pyrenäen-Kleinwühlmaus (113), Italienische Kleinwühlmaus (111).
Maße und Masse: KR 7,5 bis 10,5 cm; Schw 2,1 bis 3,2 cm; HF 15 bis 17,5 mm; Ohr 6,5 bis 9 mm; CB 20,8 bis 25,5 mm; Zyg 12,9 bis 15,5 mm; Masse 14 bis 28 g.
Vorkommen: Iberische Halbinsel und Südfrankreich. Bewohnt werden Wiesen, Äcker, Ödländer, Kleefelder, vegetationsreiche Ufer von Fließgewässern und auch gebüschreiche Kiefernwälder. Von der Ebene bis in etwa 2 000 m Höhe.
Lebensweise: Die Tiere, die ausgedehnte Gangsysteme dicht unter der Erdoberfläche anlegen, sind hauptsächlich dämmerungs- und nachtaktiv. Die Zugänge zu der Nestkammer werden mit Erdreich abgedeckt. Zum Stimminventar gehören kurze tiefe Laute. Die Fortpflanzung ist noch nicht ausreichend bekannt. Bei trächtigen Weibchen wurden 5 Embryonen gezählt. Paarungen während des ganzen Jahres erscheinen möglich. Die Nahrung besteht hauptsächlich aus Wurzeln von Gräsern und Hülsenfrüchten.
Feinde sind vor allem Eulen und Raubsäuger (Fuchs, Mauswiesel).

117 *Microtus lusitanicus*
(= Pitymys lusitanicus)
Iberien-Kleinwühlmaus,
Lusitanische Kleinwühlmaus

Kennzeichen: Rückenfärbung dunkel, Unterseite silbergrau. Der Schwanz ist relativ lang, Hinterfüße und Ohren sind kurz. Die Vibrissen können 16 bis 20 mm lang werden.

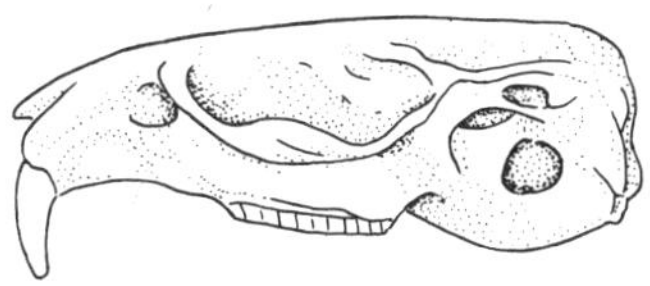

Schädelprofil von *Microtus lusitanicus* (117)

Der 3. obere *Molar* ähnelt sehr dem der Mittelmeer-Kleinwühlmaus (116), Schädel klein und flach.
Ähnliche Arten: Mittelmeer-Kleinwühlmaus (116), Pyrenäen-Kleinwühlmaus (113).
Maße und Masse: KR 7,7 bis 9,3 cm; Schw 2,3 bis 3,1 cm; HF 13 bis 15,5 mm; Ohr 7 bis 9 mm; CB 20,4 bis 23 mm; Zyg 11,9 bis 14,3 mm; Masse 11 bis 22,5 g.
Vorkommen: Portugal, Spanien und Südwestfrankreich. Bewohnt Wiesen mit Sträuchern, Feldränder und Felskanten mit dichter Grasvegetation sowie Trockenmauern, lockere Böden werden bevorzugt.
Lebensweise: Noch nicht vollständig bekannt. Unmittelbar unter der Erdoberfläche legen die Tiere weitverzweigte Gangsysteme an. Die Ausgänge und die oberirdischen Laufgänge befinden sich meist in der schützenden Vegetation. Die Tragzeit beträgt etwa 3 Wochen. Bei trächtigen Weibchen wurden 4 Embryonen gefunden. Die Jungen werden nackt geboren. Die Nahrung besteht aus Gräsern und Kräutern. Möglicherweise werden auch tote Artgenossen angefressen. Feinde sind Eulen.

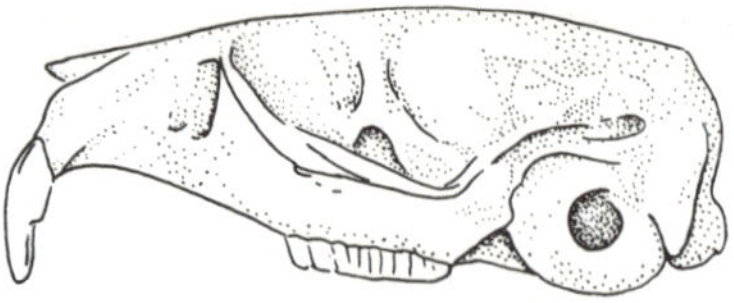

Schädelprofil von *Microtus thomasi* (118)

Rechter M^3 von *Microtus thomasi* (118)

zu 117

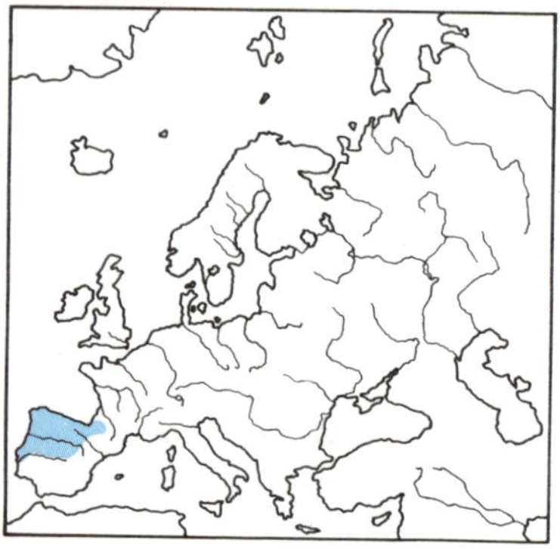

zu 118

118 *Microtus thomasi*
(= Pitymys thomasi)
Balkan-Kurzohrmaus,
Thomas-Kleinwühlmaus

Kennzeichen: Relativ groß, mit kurzem Schwanz. Die variable Rückenfärbung reicht von gelbbraun bis graubraun, die Bauchseite ist mehr hellgrau. Die Vibrissen werden nur bis etwa 20 mm lang. Der Schwanz ist 2farbig, die Oberseite der Füße weißlich, Hinterfuß mit 5 Sohlenschwielen. 3 Paar Zitzen. Am 3. oberen *Molar* ist die letzte Innenzacke meist nicht eingebuchtet.
Ähnliche Art: Gemeine Kurzohrmaus (109).
Maße und Masse: KR 8,7 bis 11,5 cm; Schw 1,8 bis 2,6 cm; HF 14 bis 16 mm;

Ohr 8 bis 10 mm; CB 20,7 bis 25,6 mm; Zyg 13,2 bis 16,2 mm; Masse 17 bis 40 g.
Vorkommen: Südjugoslawien, Griechenland und Insel Euböa, möglicherweise auch in Albanien. Bewohnt werden vergraste Äcker, Wiesen, auch Feldränder, Weinberge und Olivenpflanzungen.
Lebensweise: Noch nicht ausreichend bekannt. Die wahrscheinlich auch am Tage (zeitweise?) aktiven Tiere legen ausgedehnte unterirdische Gangsysteme mit Nest- und Vorratskammern an. Die Baueingänge werden vorwiegend mit ausgewühltem Erdmaterial abgedeckt. Das Nest wird aus trockenem Gras gebaut.
Die Anzahl der Jungen liegt offenbar höher (bis 8 Embryonen wurden nachgewiesen) als bei den anderen Kurzohrmäusen. Die Nahrung besteht aus Kräutern, Gräsern und Früchten (z. B. Oliven).

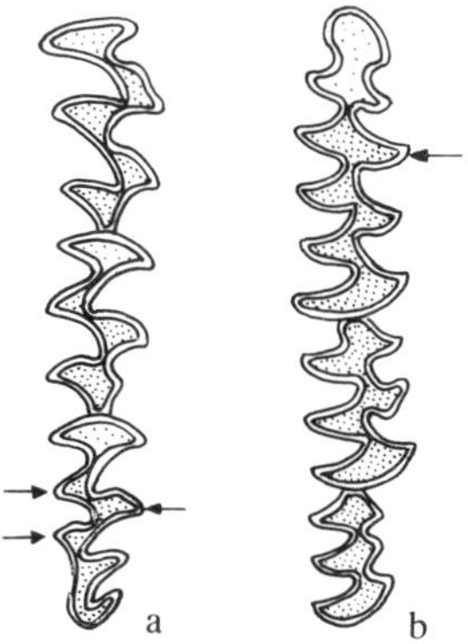

Molares von *Microtus tatricus* (119): a oben rechts, b unten links

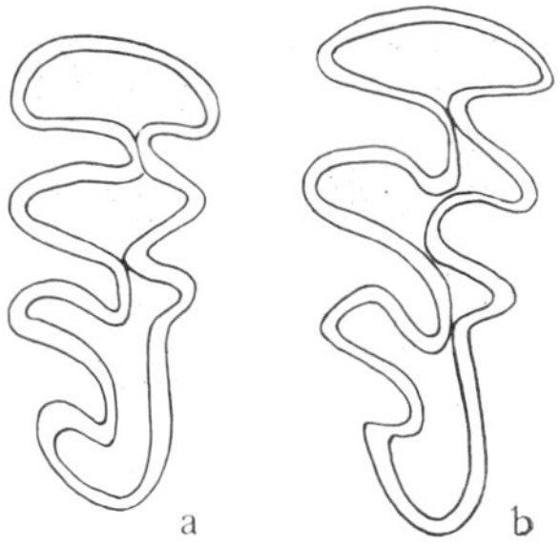

Vergleich der M^3 von a *Microtus subterraneus* (109), b *Microtus tatricus* (119)

119 *Microtus tatricus (= Pitymys tatricus)*
Tatra-Kleinwühlmaus
Kennzeichen: Das langhaarige Fell ist im Rückenbereich dunkel rostbraun gefärbt. Die Farbe ist nicht scharf von der weißlichen Bauchseite abgesetzt.

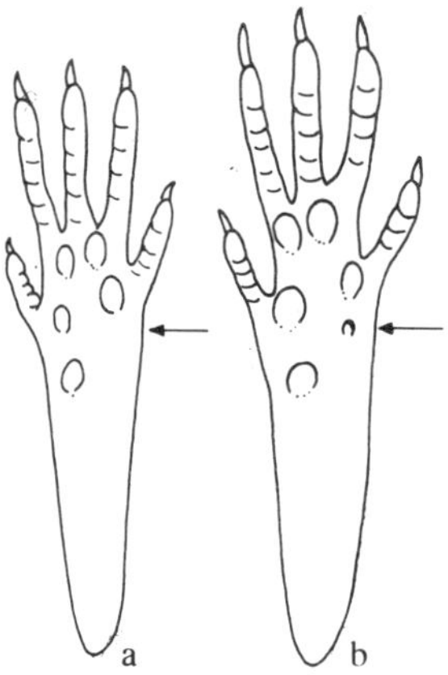

Vergleich der linken Hinterfüße von a *Microtus subterraneus* (109), b *Microtus tatricus* (119)

Die Leithaare treten sichtbar aus dem Fell hervor. Der Schwanz ist 2farbig. Lange Vibrissen, Augendurchmesser über 2 mm. Hinterfuß mit 6 Sohlenschwielen, die Füße sind weißlich. Bis 2 Paar Zitzen. Meist sind am 3. oberen *Molar* 5 Felder deutlich sichtbar. Bisher ist ein geringer Simplex-Anteil nachgewiesen.
Ähnliche Art: Gemeine Kurzohrmaus (109).
Maße und Masse: KR 9,8 bis 11,7 cm; Schw 3,4 bis 4,9 cm; HF 16 bis 19 mm; Ohr 9 bis 12,5 mm; CB 22,9 bis 26,5 mm; Zyg 13,4 bis 15,7 mm; Masse 20 bis 42 g.
Vorkommen: ČSSR, Polen (Tatra und Beskiden). In lichten Fichtenbeständen mit Vogelbeergehölzen, in der Krumm-

zu 119

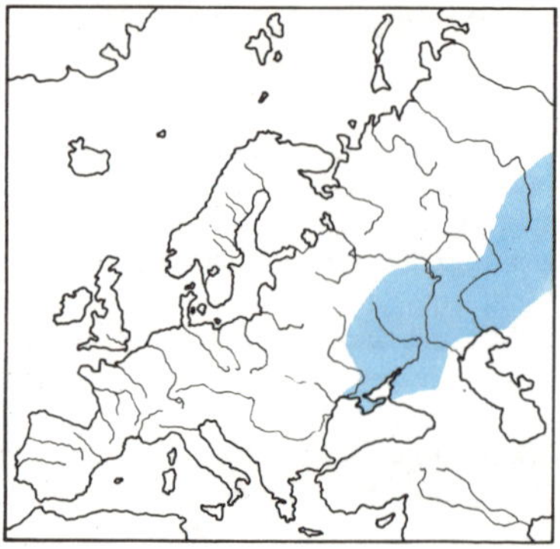

zu 120

holzzone und auf Bergmatten in Höhen zwischen etwa 1 000 und 2 300 m.
Lebensweise: Die Tiere bewohnen meist die Gänge anderer Kleinsäuger, oder sie benutzen Hohlräume im Geröll. Sie legen selbst keine Baue oder Gangsysteme an.
Die Fortpflanzung ist ähnlich wie bei der Gemeinen Kurzohrmaus (109). Möglicherweise werden aber die Weibchen später geschlechtsreif. Die Männchen scheinen auch erst nach dem 1. Lebenswinter fortpflanzungsfähig zu werden. Bei trächtigen Weibchen wurden bis 4 Embryonen festgestellt. Spürbare Dichteschwankungen sind bisher nicht bekannt. Die Lebensdauer beträgt etwa 18 Monate. Die Nahrung besteht aus Gräsern, Blättern, Beeren und Moosen.

Gattung *Lagurus*
Steppenlemminge

120 *Lagurus lagurus*
Graulemming, Steppenlemming
Kennzeichen: Oberseite grau, Bauchseite hellgelblich, Seiten ockerfarben. Typischer schmaler schwarzer Streifen vom Nacken bis zur Schwanzwurzel.
Ähnliche Art: Feldmaus (103)
Maße und Masse: KR 9 bis 11,5 cm; Schw 10 bis 18 mm; HF 13 bis 16 mm; Ohr 5 bis 6 mm; CB 22 bis 25 mm; Masse 23,5 bis 33 g.
Vorkommen: UdSSR (von Poltawa am Dnepr bis in die Kasachische SSR) in Halbwüsten, in Wermut-Steppen und Waldsteppengebieten.
Lebensweise: Die auch tagaktiven Tiere halten keinen Winterschlaf. Sie legen flach unter dem Boden ein verzweigtes Gangsystem mit Nestkammern und verschiedenen Zugängen an. Ein Bau wird meist von 1 Paar bewohnt. Die Tiere können in großen Kolonien leben. Die von den Tieren herausgewühlte Erde liegt in kleinen Haufen vor den Baueingängen. Die oberirdischen Wechsel sind breit ausgebildet.
Paarungszeit ist vom Frühjahr bis zum Herbst; Wintervermehrung ist nachgewiesen. Nach einer Tragzeit von 15 bis 23 (meist 20) Tagen wirft das Weibchen 2 bis 11 (in der Regel 6) Junge. Im Jahr sind 4 bis 7 Würfe im Abstand von etwa 25 bis 30 Tagen möglich. Im Alter zwischen 50 und 65 Tagen kann das Weibchen erstmals Junge gebären. Durch diese beachtliche Vermehrungsfähigkeit kann schnell eine starke Population aufgebaut werden. Die Stärke der Populationen kann schwanken. Wanderungen in schwach besiedelte Gebiete sind bekannt.
Kräuter, Zwiebeln, Wurzeln und Sämereien bilden die Nahrung. In Getreidefeldern können bei großer Populationsdichte beachtliche Schäden entstehen. Ungünstige Wetterbedingungen vermö-

gen die Bestände zu reduzieren. Als Feinde sind Fuchs, Iltis, Wiesel, Tigeriltis, Greifvögel, Eulen, Möwen, Krähen, Trappen, Schlangen zu nennen.

Gattung *Ellobius*
Mull-Lemminge

An unterirdisches, maulwurfähnliches Leben angepaßte Tiere, die in ihren Merkmalen auffallend von den übrigen Wühlmausartigen abweichen. Die wenigen Arten werden auch in einer »Gattungsgruppe« (Ellobini) zusammengefaßt.

121 *Ellobius talpinus*
Nördlicher Mull-Lemming,
Wurfmoll

Kennzeichen: Walzenförmiger Körper mit samtartig, kurzhaarigem bräunlichgelben Fell. Der große rundliche Kopf ist dunkler. Auch schwarze Exemplare kommen vor. Die großen Incisivi sind sichtbar. Die Augen sind sehr klein, Ohrmuscheln fehlen. An den Fußrändern stehen harte, seitwärts gerichtete Haare.

Maße und Masse: KR 8 bis 12,5 cm, Schw 9 bis 15 mm, HF 18 bis 22 mm, CB 27 bis 32 mm, Zyg 19 bis 23 mm, Masse 38 bis 60 g

Vorkommen: In der UdSSR 2 Bereiche: Das westliche Vorkommen nördlich des Schwarzen Meeres im Bereich der Krim, das östliche Vorkommen reicht vom Asowschen Meer bis zur Baschkirischen ASSR, in die Kasachische SSR und nach Mittelasien. China, Mongolei. Bewohnt werden Steppen und Halbwüsten, gelegentlich Waldsteppen.

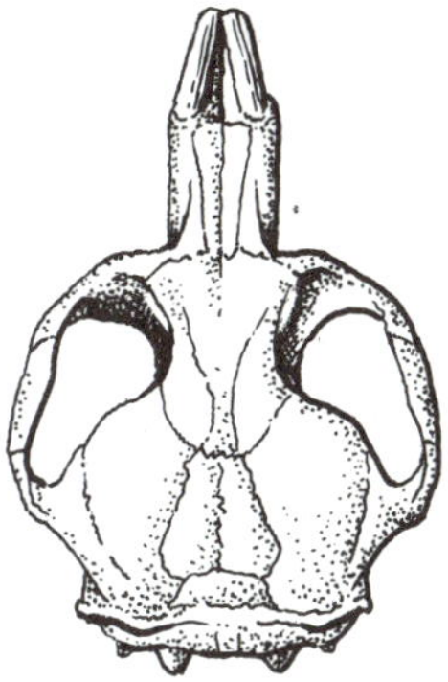

Schädel (Draufsicht) von *Ellobius talpinus* (121)

Rechter M^1 von *Ellobius talpinus* (121)

Lebensweise: Die Tiere leben vorwiegend in Gängen mit Speicher- und Nestkammern unter der Erde und kommen nur für kurze Zeit an die Erdoberfläche. Die in 20 bis 30 cm Tiefe liegenden Gänge bilden ein verzweigtes System. Die Nestkammern liegen bis

120 *Lagurus lagurus*

zu 121

etwa 50 cm tief. Die Tiere halten keinen Winterschlaf. Nur für sehr kurze Zeit kommen sie an die Bodenoberfläche. Zum Graben werden die Schneidezähne eingesetzt. Das kurze Fell ermöglicht den Tieren, vorwärts und rückwärts in den Gängen zu laufen. An der Erdoberfläche weisen aufgewühlte Erdhäufchen auf die Anwesenheit der Tiere hin. Die Ausgänge werden mit Erde verschlossen. Im Alter von etwa 13 bis 15 Wochen gebären die Weibchen erstmals meist 4 bis 7 Junge. Dem 1. Wurf kann bei älteren Weibchen nach etwa 9 Wochen ein 2. Wurf folgen. Auffällige Massenvermehrungen sind nicht bekannt.
Besonders unterirdische Pflanzenteile (Knollen, Zwiebeln, Wurzeln) werden gefressen. Wegen ihrer unterirdischen Lebensweise haben die Tiere kaum Feinde (gelegentlich von Raubsäugern, Greifvögeln, Eulen erbeutet).

Gattung *Meriones*
Sandmäuse

Kleine Nager mit schlankem Körperbau und langem, dicht behaarten Schwanz. Die vordere Fläche der oberen Incisivi hat eine Längsrille. Die Tiere bewohnen Steppen und Halbwüsten. In der Sowjetunion gibt es 9 Arten. In der Familie der Wühlmausartigen werden sie der Unterfamilie der Rennmäuse (Gerbillinea) zugeordnet.

Schlüssel zum Bestimmen der Arten

1 KR über 15 cm
Unterseite des HF mit dunklem Längsstreifen. Gehörtrommel des Schädels vor dem Gehörgang ohne »Aufblasung« 122 *M. tamariscinus*

1′ KR unter 15 cm
Unterseite des HF ohne dunklen Längsstreifen. Gehörtrommel des Schädels vor dem Gehörgang mit deutlich sichtbarer »Aufblasung«
123 *M. meridianus*

122 *Meriones tamariscinus*
Tamarisken-Rennmaus, Ringel-Rennmaus, Wüstenmaus, Schenkelmaus

Kennzeichen: Am letzten Schwanzdrittel bilden verlängerte Haare einen

121 *Ellobius talpinus*

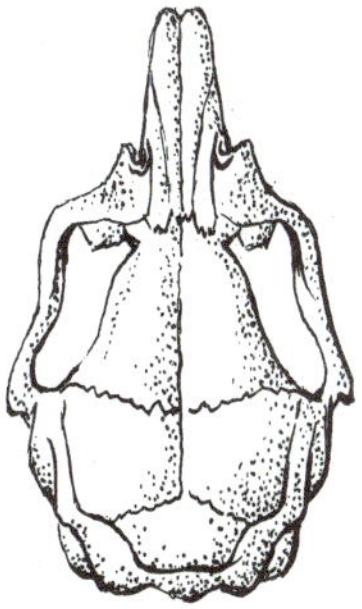

Schädel (Draufsicht) von *Meriones tamariscinus* (122)

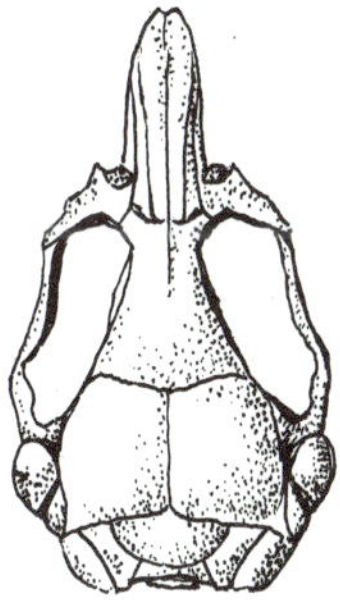

Schädel (Draufsicht) von *Meriones meridianus* (123)

»Pinseln«. Oberkörper bräunlich oder braunrötlich, Bauchseite und innere Seiten der Pfoten sind weiß.
Ähnliche Art: Sand-Rennmaus (123)
Maße und Masse: KR 16 bis 20,5 cm; Schw 13,5 bis 16,5 cm; HF 30 bis 40 mm; Ohr 18 bis 23 mm; CB 38 bis 45 mm; Zyg 21 bis 26 mm; Masse 120 bis 160 g.
Vorkommen: In der UdSSR von der Wolgamündung an ostwärts, Kasachische SSR, Mittelasien, Westchina. Bewohnt werden Halbwüsten, Steppen und Waldsteppengebiete.
Lebensweise: Die nachtaktiven Tiere halten keinen Winterschlaf. Sie laufen sehr schnell und führen dabei auch große Sprünge aus. Neben einfachen Höhlen legen die Tiere auch komplizierte Höhlensysteme an, die tief in den Boden hineinreichen. In ihnen liegt das Nest, sie werden aber auch als Zufluchtsort genutzt. Die Baue haben 4 und mehr Eingänge. Die Tiere leben gesellig und legen ihre Baue oft in Kolonien an.
Die Paarung erfolgt in der warmen Jahreszeit. Jährlich können die Weibchen 2 bis 3mal 3 bis 6 Junge zur Welt bringen. Die Populationsstärke ist Schwankungen unterworfen. Als Nahrung werden Samen, Knollen, Zwiebeln und andere Pflanzenteile, auch Insekten gefressen. Feinde sind Fuchs, Steppenfuchs, Iltis, Mauswiesel und Eulen.
Besonderes: Die Tiere können an Bewässerungsanlagen durch ihre Wühlarbeit Schäden verursachen. Der Balg findet als Pelzwerk Verwendung.

123 *Meriones meridianus*
Mittags-Rennmaus, Wüstenmaus, Sand-Rennmaus

Kennzeichen: Oberkörper hellgelb (westlich der Wolga mit Schattierung), Bauchseite weiß, Schwanz (mit Quaste) gelb gefärbt. Die Unterseite kann heller sein. Die Unterseiten der Füße sind dicht mit weißen Haaren besetzt, die Krallen sind weiß.
Ähnliche Art: Tamarisken-Rennmaus (122)
Maße und Masse: KR 9,5 bis 12,5 cm; Schw 9 bis 12 cm; HF 26 bis 30 mm; Ohr 13 bis 16 mm; CB 32 bis 35 mm; Masse 45 bis 60 g.

zu 122

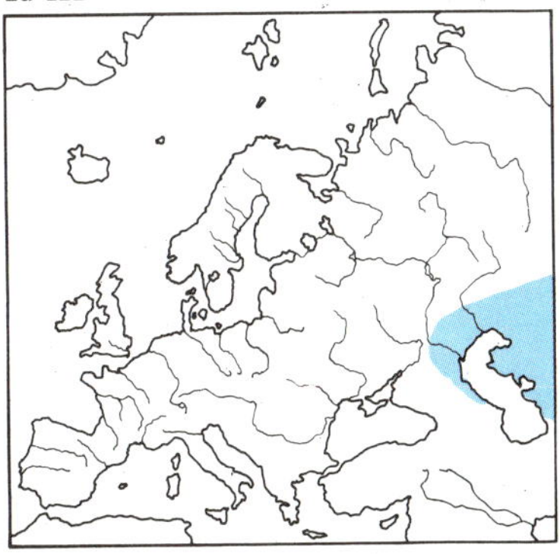

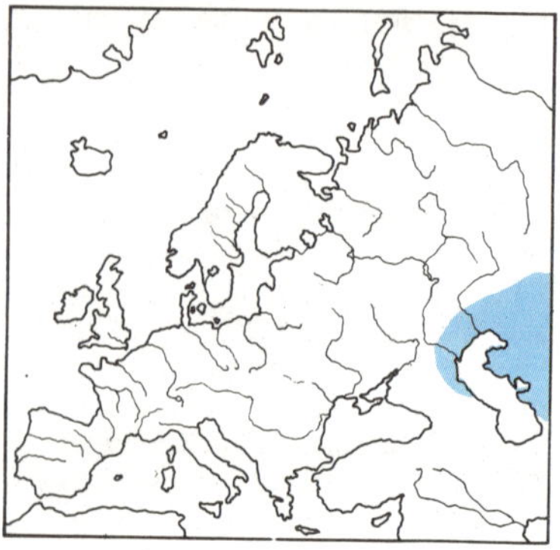

zu 123

Vorkommen: In der UdSSR von der Wolgamündung ostwärts bis in die Kasachische SSR und nach Mittelasien, Afghanistan, Iran, China, Mongolei. In Halbwüsten, Sandgebiete werden bevorzugt.

Lebensweise: Die einzeln lebenden, mehr nachtaktiven Tiere können sich sehr schnell bewegen. Sie fiepen laut. Wanderdünen und dicht bewachsenes Gelände werden gemieden. Die Baue sind meist einfach. Im festen Sand werden sie nicht selten unter einem Strauch mit 2 bis 5 Ausgängen angelegt. Auch kurze Gänge mit einer Erweiterung am Ende sind bekannt. In diesen können die Tiere den Tag verbringen. Sie entfernen sich weit vom Wohnbau. Springen sie auf ihren Hinterfüßen, so hinterlassen sie in lockerem Sand charakteristische paarweise Spuren. Paarung zwischen März und August (?). Das Weibchen kann 3- bis 4mal im Jahr trächtig werden und jeweils 3 bis 7 Junge zur Welt bringen. Unmittelbar nach der Geburt der Jungen kann es wieder befruchtet werden. Noch im September wurden trächtige Weibchen gefunden. Die Weibchen des ersten Wurfes im Jahre können im gleichen Jahr noch tragend werden. Durch die hohe Vermehrungsrate können die Populationen schnell anwachsen.

Grasartige Pflanzen, Samen, Keimlinge sowie Insekten bilden die Nahrung. Als Feinde sind Fuchs, Steppenfuchs, Iltis, Tigeriltis und Eulen zu nennen.

Familie *Zapodidae* Hüpfmäuse

Nagetiere mit sehr kleinem Körper. Der runde Schwanz ist länger als der Körper. Die Oberlippe ist nicht gespalten, Hinterbeine lang, mit 6 Sohlenschwielen. Die Tiere können ausgezeichnet springen und klettern, sie halten einen Winterschlaf. In Europa 1 Gattung mit 2 Arten.

Zahnformel $\frac{1\,0\,1\,3}{1\,0\,0\,3}$ = 18 Zähne.

Schlüssel zur Bestimmung der Arten

1 Aalstrich des Rückens wird auf dem Hinterrücken von gelblichen Streifen begleitet. Schwanz 60 bis 90 mm
124 *Sicista subtilis*

1′ Rücken außerhalb des Aalstriches gleichmäßig graubraun. Schwanz 76 bis 109 mm 125 *Sicista betulina*

123 *Meriones meridianus*

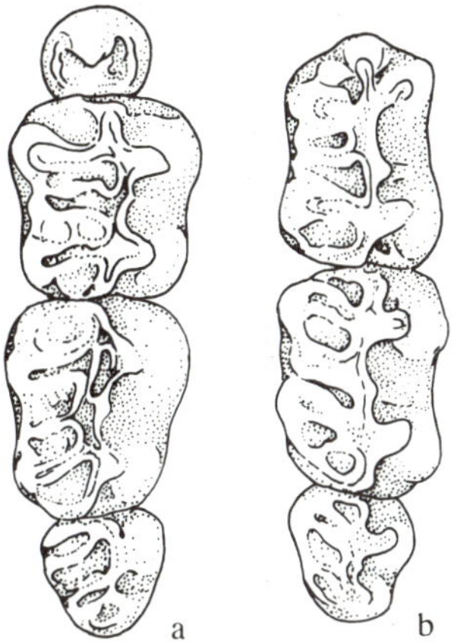

Molares von *Sicista subtilis* (124): a oben, b unten rechts

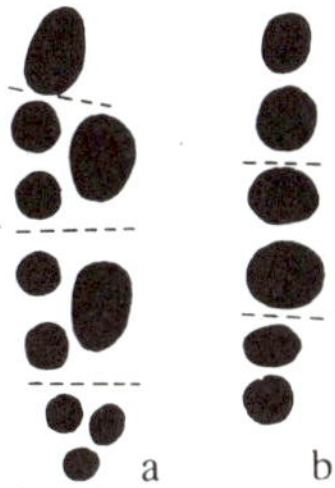

Alveolenmuster von *Sicista subtilis* (124): a oben, b unten rechts

124 *Sicista subtilis*
Steppenbirkenmaus

Kennzeichen: Der schwarze Aalstrich von Hinterkopf bis Schwanzansatz kann am Vorderrücken unterbrochen sein. Wird auf beiden Seiten von hellen, gelblichgrauen Streifen gesäumt. Die Flanken sind rötlich graubraun. Der Schwanz ist etwa um ⅓ länger als der Körper, oberseits grau und unterseits weißlich. Vibrissen bis 24 mm lang.
Ähnlich aussehende Arten: Waldbirkenmaus (125), Brandmaus (83).
Maße und Masse: KR 55 bis 69 mm; Schw 68 bis 85 mm; HF 14 bis 16 mm; Ohr 10 bis 14 mm; CB 16,7 bis 18,6 mm; Masse 8 bis 15 g.

Vorkommen: Von Ostösterreich über die ČSSR, Ungarn, Bulgarien, Rumänien, Jugoslawien ostwärts bis zum Baikalsee. Bevorzugt werden offene Landschaften (Steppen, landwirtschaftliche Flächen und deren Randzonen) aber auch in Waldsteppen, Waldschutzstreifen und auf Wiesen in Flußtälern ist die Art zu finden.
Lebensweise: Die Tiere sind nicht scheu, vorwiegend nachtaktiv, können aber auch gelegentlich am Tage beobachtet werden. Sie graben keine eigenen Baue, sondern bewohnen die Gänge anderer Nager. Steppenbirkenmäuse klettern ausgezeichnet, selbst an senkrecht stehenden Halmen. Dabei wird auch der Schwanz mit eingesetzt. Das Sommernest wird aus feinem Pflanzenmaterial unter der Erde, in Spalten oder in Steinhaufen angelegt. Die Tiere geben piepsende und quietschende Laute von sich. Der Winterschlaf dauert in Mitteleuropa von Oktober bis Mai.
Die Paarungszeit liegt zwischen Mai und August. Sie kann aber in den östlichen Gebieten schon früher beginnen. Jährlich 1 Wurf mit 2 bis 6 (7) Jungen.
Als Nahrung werden Grassamen und Getreidekörner sowie Insekten und deren Larven angenommen.
Feinde sind besonders Schleiereule und Steinkauz.

zu 124

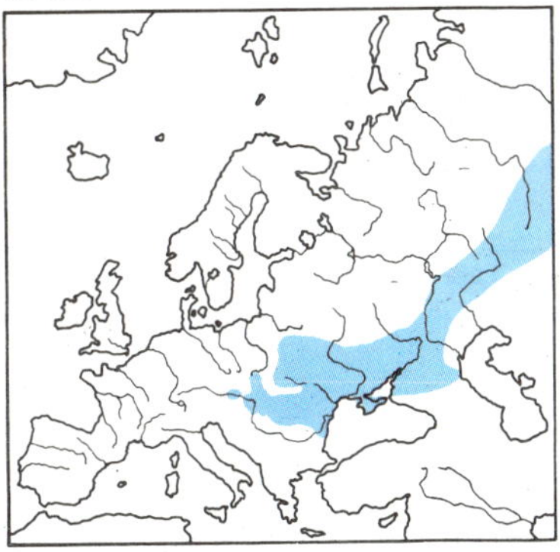

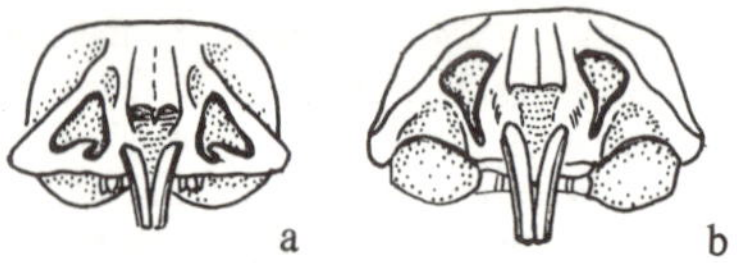

Vorderansicht der Schädel von a *Sicista betulina* (125), b *Mus musculus* (86)

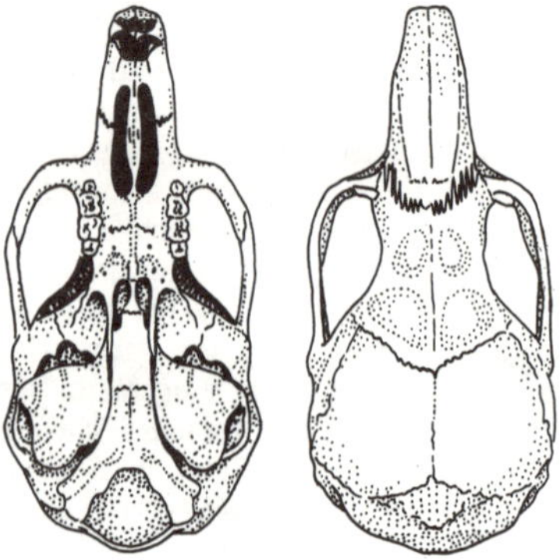

Schädel von *Sicista betulina* (125)

125 *Sicista betulina*
Waldbirkenmaus

Kennzeichen: Die Oberseite dieses kleinsten Nagetieres ist rötlichbraun mit einem etwa 3 mm breiten schwarzen, von der Nasenwurzel über den Rücken bis zur Schwanzwurzel verlaufenden Längsstreifen. Die Unterseite hat einen hellgelblichgrauen Anflug. Das Fell ist weich. Der Schwanz hat die 1,5fache Körperlänge (bei der Brandmaus ist der Schwanz stets kürzer als der Körper). Augen und Ohren sind deutlich sichtbar. Vibrissen 18 bis 20 mm lang. 180 bis 220 Schwanzringe. 4 Paar Zitzen.

Ähnlich aussehende Arten: Steppenbirkenmaus (124), Brandmaus (83), Zwergmaus (78).

Maße und Masse: KR 50 bis 76 mm; Schw 74 bis 110 mm; HF 14 bis 18 mm; Ohr 10 bis 15 mm; CB 16,2 bis 18,8 mm; Zyg 9,5 bis 10 mm; Masse 5 bis 15 g.

Vorkommen: In Mitteleuropa sehr selten, im Osten bis Westasien. In Europa Nachweise in Skandinavien, Dänemark, BRD, Polen, ČSSR, Österreich, Ungarn, UdSSR. Bewohnt werden Waldmoore, vegetationsreiche und sumpfartige Flußuferbereiche, feuchte Waldwiesen, Hochmoore, Birken- und Nadelwald mit dichtem Unterwuchs. Im Gebirge bis etwa 2 000 m in der Krummholzzone und auf Almen.

Lebensweise: Die dämmerungs- und

125 *Sicista betulina*

124 *Sicista subtilis*

nachtaktiven Tiere sind nicht scheu. Sie klettern (auch mit Hilfe des Schwanzes) sehr geschickt in der Bodenvegetation und im Gebüsch. Gele-

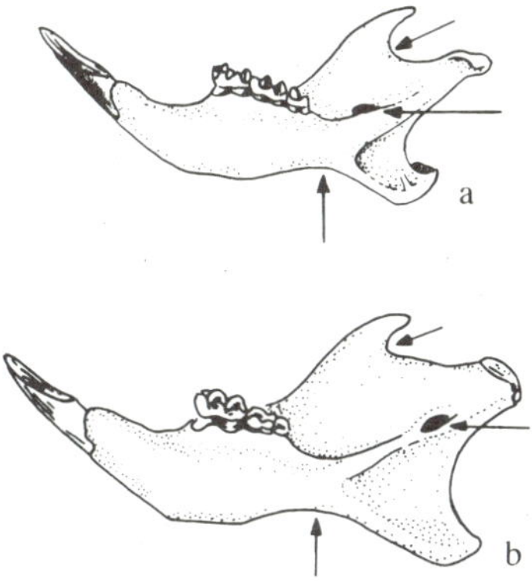

Vergleich der Unterkiefer von a *Sicista subtilis* (124), b *Mus musculus* (86)

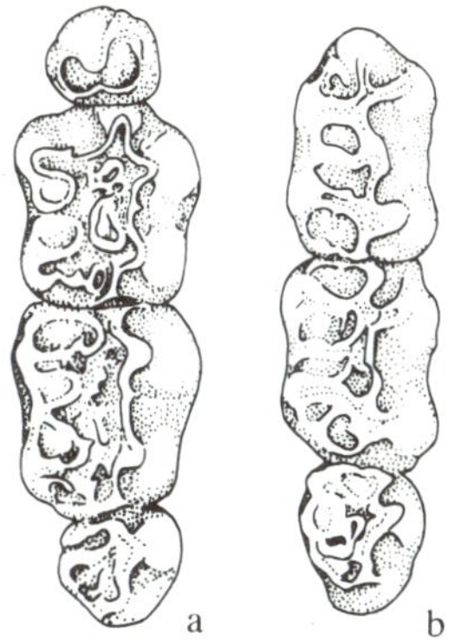

Molares von *Sicista betulina* (125): a oben, b unten rechts

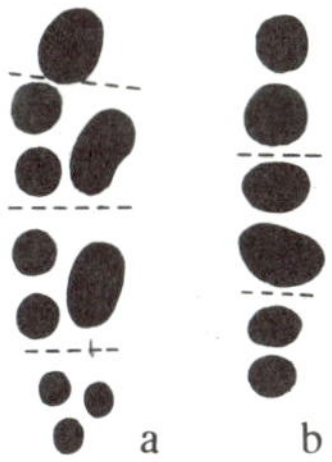

Alveolenmuster von *Sicista betulina* (125): a oben, b unten rechts

gentlich können sie am Morgen und am späteren Nachmittag beobachtet werden. Aus dürrem Pflanzenmaterial und Moos wird ein rundes Sommernest mit 5 bis 9 cm Durchmesser, im Innern mit Gräsern und Laub ausgekleidet, an geschützten Stellen (z. B. in hohlen Baumstubben) gebaut. Es werden auch selbstgegrabene Erdlöcher bewohnt, in denen von Oktober bis Mai der Winterschlaf erfolgt. Der Körper ist während dieser Zeit zusammengerollt, dabei wird der lange Schwanz spiralförmig um den Körper gelegt.

Ab Mai beginnt die Paarungszeit, sie dauert bis August. Die Körpertemperatur ist sehr witterungsabhängig. Dadurch könnte die Länge der Tragzeit beeinflußt werden. Bei Temperaturen unter 10 °C verfallen die Tiere in Winterschlaf. Jährlich 1 Wurf mit 2 bis 7 (11) nackten, blinden Jungen, die mit 25 Tagen ihre Augen öffnen und bis 36 Tage gesäugt werden.

Nach dem 1. Winterschlaf sind die Tiere geschlechtsreif. Sie können bis 3 Jahre alt werden. Die Nahrung besteht aus Sämereien, Beeren, kleinen Insekten, Mollusken und Würmern. Die Nahrung wird mit den Vorderpfoten gehalten. Feine und hohe Piepslaute sind bekannt. Als Feinde sind besonders Mauswiesel, Waldkauz, Rauhfußkauz, Sperlingskauz und Habichtskauz zu nennen.

Besonderes: In den meisten Staaten unter Naturschutz.

zu 125

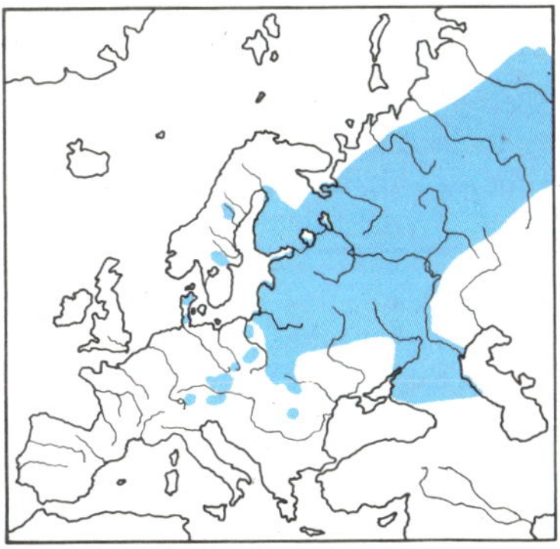

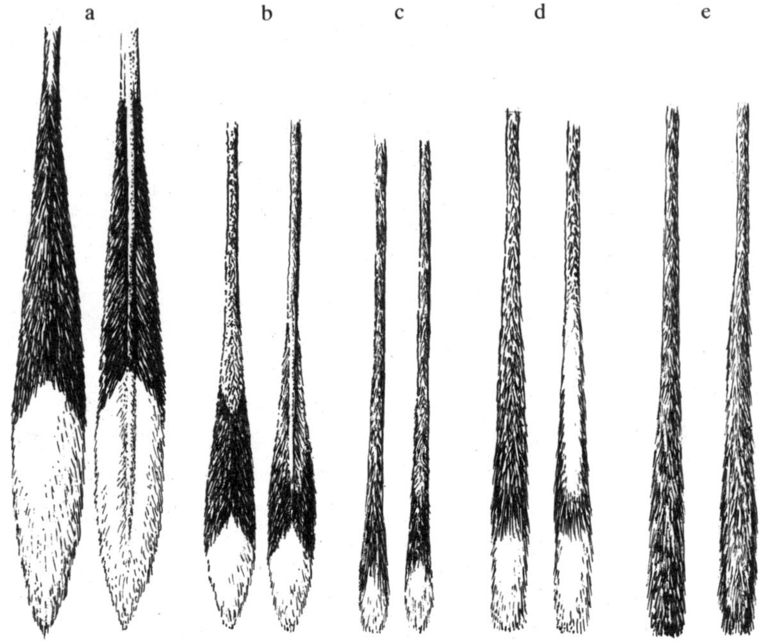

Schwanzenden (links Ober-, rechts Unterseite) von a *Allactaga jaculus* (126), b *A. elater* (127), c *Alactagulus pygmaeus* (128), d *Dipus sagitta* (129), e *Scirtopoda telum* (130)

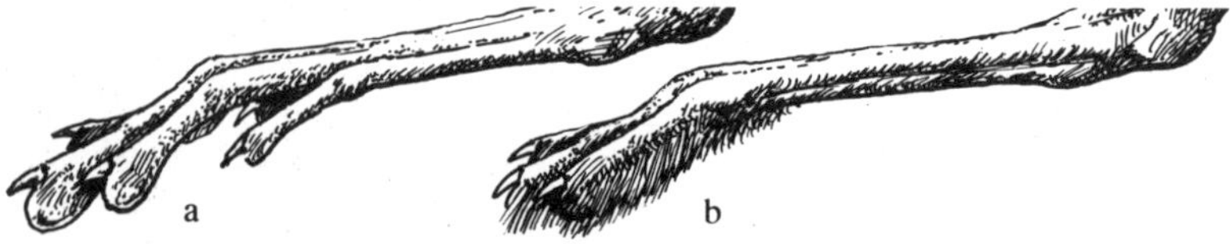

Hinterfüße von a *Allactaga jaculus* (126), b *Dipus sagitta* (129)

Familie *Dipodidae*
Springnager

Kleine und mittelgroße Nager, die meist in Halbwüsten oder Wüsten vorkommen. Sie haben sehr lange Hinterbeine und nur kleine Vorderfüße. Unverwechselbare Gestalt. Sehr lange Schnurrhaare.

Der dicht behaarte, lange Schwanz hat in der Regel am Ende einen schwarzweiß gezeichneten Pinsel. Die Tiere bewegen sich meist mit den Hinterbeinen springend fort. Hinterfüße mit 5 oder 3 Zehen. Das Vorkommen von 5 Arten reicht im Westen bis nach Europa hinein.

Zahnformel $\frac{1\,0\,0\,4/3}{1\,0\,0\,3}$ = 18/16 Zähne.

Schlüssel zur Bestimmung der Gattungen

1 HF mit 5 Zehen 2

1′ HF mit 3 Zehen 3

2 Ohren erreichen nach vorn gebogen Schnauzenspitze, Oberkiefer mit 4 Molares. 1. und 5. Zehe des HF gleich lang *Allactaga* S. 243

2′ Ohren erreichen nach vorn gebogen nicht Schnauzenspitze, Oberkiefer

mit 3 Molares. 1. Zehe länger als 5. Zehe des HF *Alactagulus* S. 244
3 HF über 59 mm, Unterseite der Zehen des HF weiß behaart *Dipus* S. 245
3′ HF unter 55 mm, Unterseite der Zehen des HF dunkel behaart *Scirtopoda* S. 246

Gattung *Allactaga*
Pferdespringer

Schlüssel zur Bestimmung der Arten

1 KR über 18 cm. Kein weißer Ring vor dem schwarzen Teil der Standarte. HF über 85 mm. 126 *A. jaculus*
1′ KR unter 15 cm. Weißer Ring vor dem schwarzen Teil der Standarte. HF unter 70 mm. 127 *A. elater*

126 *Allactaga jaculus (= Allactaga major)*
Großer Pferdespringer, Großer Erdhase

Kennzeichen: Rückenbereich ockerfarben bis gelblich, Kehle und Bauch sind weiß. Auffallend sind die großen Ohren. Am Ende des dünnen Schwanzes befindet sich ein Pinsel (Standarte) aus schwarzen Haaren und einer weißen Schwanzspitze.
Ähnliche Art: *A. elater* (127).
Maße und Masse: KR 18 bis 26,5 cm; Schw 27,5 bis 30,8 cm; HF 86 bis 98,5 mm; Ohr 54 bis 60 mm; CB 41 bis 47 mm; Zyg 30 bis 36 mm; Masse 290 bis 358 g.

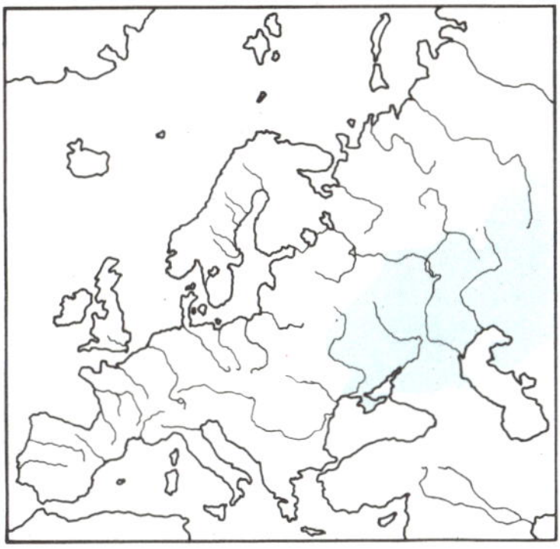

zu 126

Vorkommen: Vom Dnepr ostwärts, Kasachische SSR, Kirgisische SSR und Westsibirien. In den Bergländern der Krim und der Baschkirischen ASSR fehlt die Art. Bewohnt werden unterschiedliche Biotope der Steppen- und Waldsteppenzonen. Halbwüsten, Brachland und Weiden werden bevorzugt, Flächen mit dichtem oder hohem Gras gemieden.
Lebensweise: Die Tiere leben einzeln und halten einen Winterschlaf. Sie bewegen sich mit den Hinterbeinen springend mit hoher Geschwindigkeit fort (Sprünge bis über 2 m). Aktiv werden sie nach Sonnenuntergang und in der Morgendämmerung. Die Tiere graben verschiedene Formen von Höhlen. Die ständig benutzten Sommerhöhlen ha-

126 *Allactaga jaculus*

ben eine komplizierte Bauart. Ein langer Hauptgang reicht bis 1,5 m unter die Bodenoberfläche. Eine Nestkammer ist meist vorhanden. Von ihr führt ein weiterer Gang ins Freie. Zeitweise benutzte Tageshöhlen werden 20 bis 40 cm tief und 2 bis 13 m lang angelegt. Halten sich die Tiere im Bau auf, werden die Gänge mit Erde verschlossen. Sommernachtshöhlen (etwa 80 bis 150 cm lang) haben keine Kammer, enden blind und werden nicht verschlossen. Sie werden bei Gefahr angelegt. In der sehr unterschiedlich gebauten Winterhöhle liegt die Nestkammer bis 2,5 m tief.

Der Winterschlaf dauert vom Herbst bis etwa Ende März. Nach dem Winterschlaf paaren sich die Tiere. Die Fortpflanzungsbiologie ist noch nicht ausreichend bekannt. Im Mai oder Juni wirft das Weibchen 3 bis 6 Junge.

Pflanzen, Samen und auch Insekten bilden die Nahrung. Feinde sind besonders Steppeniltis und Eulen.

127 *Allactaga elater*
Zwerg-Pferdespringer

Kennzeichen: Der Rücken ist graubräunlich bis sandfarben, die Flanken sind heller, der Bauch ist weiß. Die Haare am Ende des Schwanzes bilden eine Standarte.

Die Unterseite der 3 Mittelzehen an den Hinterfüßen ist ohne Haare.

Ähnliche Art: Großer Pferdespringer (126).

Maße und Masse: KR 9 bis 11,8 cm; Schw 14,4 bis 18,5 cm; HF 46 bis 65 mm; Ohr 29 bis 43 mm; CB 25 bis 29 mm; Zyg 18 bis 22 mm; Masse 54 bis 73 g (♂), 44 bis 50 g ♀.

Vorkommen: Westlich des Kaspisees nur kleine Vorkommen. Von der Wolgamündung ostwärts in der Kasachischen, Turkmenischen, Usbekischen, Tadshikischen und Kirgisischen SSR. Iran und Afghanistan. Sandwüsten werden gemieden, Salzwüsten, Wüstenbereiche mit festem Boden sowie vegetationsfreie Niederungen bevorzugt.

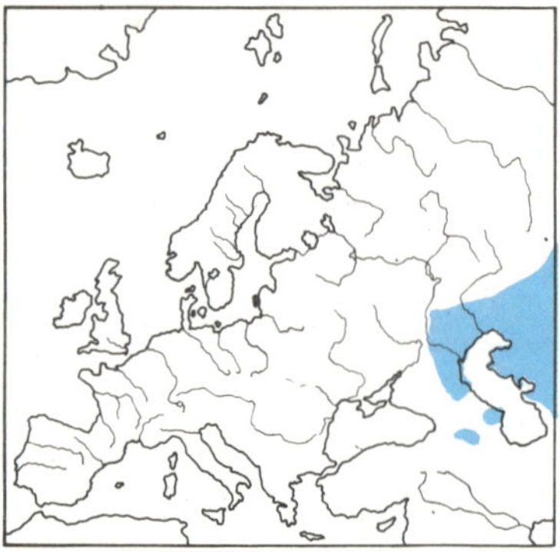

zu 127

Lebensweise: Noch wenig bekannt. Das dämmerungs- und nachtaktive Tier hält einen Winterschlaf, der auch unterbrochen werden kann. Verschiedenartige Höhlen mit rundlicher Nestkammer (Durchmesser bis 15 cm, bis etwa 80 cm unter der Bodenoberfläche) werden angelegt. Alle Eingänge zur Wohnhöhle werden mit Erde verstopft.

Die Zeitdauer des Winterschlafes ist noch nicht ausreichend bekannt. Die Paarung findet nach dem Winterschlaf statt. Ab Mai kann das Weibchen 4 bis 6 (?) Junge werfen. Mehrere Würfe im Jahr sind nicht ausgeschlossen.

Über die Ernährung der Tiere ist ebenfalls noch wenig bekannt. Mit Sicherheit bilden Pflanzen und Samen die Hauptnahrung. Feinde sind Steppeniltis, Eulen und Schlangen.

Gattung *Alactagulus*

128 *Alactagulus pygmaeus (= Alactagulus acontion, A. pumilio)*
Kleiner Pferdespringer, Erdhäschen, Zwergpferdespringer

Kennzeichen: Der Rückenbereich ist braun- oder rötlichgrau, die Unterseite weißlich. Die Standarte des Schwanzes ist nur angedeutet. Die mittleren 3 Zehen am Hinterfuß haben eine unbehaarte Unterseite. Die 1. ist länger als die 5. Zehe. Im Oberkiefer 3 Molares.

Ähnliche Art: *Allactaga elater* (127).

Maße und Masse: KR 9 bis 12 cm; Schw 12 bis 18,5 cm; HF 39 bis 51 mm; Ohr 18 bis 32 mm; CB 24 bis 27 mm; Zyg 19 bis 22,5 mm; Masse 42 bis 63 g.
Vorkommen: UdSSR (von der Don-Mündung bis Saratow, in der Kasachischen, Usbekischen und Turkmenischen SSR), China, Mongolei. Vegetationsarme Steppen und Halbwüsten.
Lebensweise: Dämmerungs- und nachtaktiv. Beginn und Ende des Winterschlafes sind nicht genau bekannt. Die Tiere legen 3 Höhlentypen an. Sommerhöhle: 1 bis 2 m lange Gänge mit kleiner Nestkammer in 20 bis 30 cm Tiefe. Der Eingang wird bei Anwesenheit des Tieres mit Erde verstopft. Winterhöhle: Nestkammer 1,2 bis 1,5 m unter der Bodenoberfläche. Kurze Baue mit offenem Zugang werden nur zeitweise benutzt. Die Fortpflanzung ist noch unzureichend erforscht. Möglicherweise wirft das Weibchen 2mal im Jahr 3 bis 6 Junge.
Die Nahrung besteht aus Pflanzen, Samen und Insekten. Feinde sind Steppeniltis, Eulen und Schlangen.

Gattung *Dipus*
Rauhfuß-Springmäuse

129 *Dipus sagitta*
Wüstenspringmaus, Pfeilspringmaus

Kennzeichen: Rücken sandgelb. Die Ohren reichen nach vorn gebogen bis etwa zur Mitte des Auges. Die Incisivi des

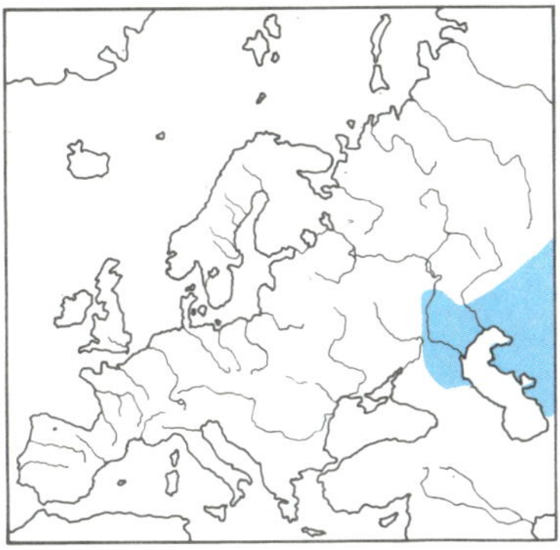

zu 128

Oberkiefers sind gelb und haben in der Mitte eine Längsrille. Die Hinterfußzehen tragen an der Unterseite dichte, lange, weiße borstenähnliche Haare. Am Schwanzende ist deutlich eine schwarzweiße Standarte ausgebildet.
Maße und Masse: KR 11 bis 15,8 cm; Schw 14 bis 17,8 cm; HF 59 bis 67 mm; Ohr 16 bis 26 mm; CB 33 bis 37 mm; Zyg 21 bis 24,5 mm; Masse 78 bis 98 g.
Vorkommen: UdSSR (von der Wolgamündung ostwärts, Kasachische, Turkmenische, Usbekische SSR), China, Mongolei. In Wüsten und Halbwüsten. Sandböden mit mehr oder weniger dichten Grasdecken stellen bevorzugte Lebensräume dar.
Lebensweise: Die dämmerungs- und nachtaktiven Tiere leben einzeln, ihre ständig bewohnten Baue liegen weit voneinander entfernt. Den Winter-

128 *Alactagulus pygmaeus*

zu 129

schlaf halten die Tiere in Winterbauen etwa 80 bis 100 cm unter der Erdoberfläche. Der Eingang wird von den Tieren oft mit Sand verschlossen. Die Baue der Weibchen sind bis etwa 5 m, die der Männchen bis etwa 3,5 m lang. Im Herbst (Ende Oktober) beginnt in Abhängigkeit vom Klima der Winterschlaf. Er dauert bis etwa Mitte März. In warmen Gebieten halten die Tiere keinen Winterschlaf.
Die Paarung erfolgt im März. Nach einer Tragzeit von 25 bis 30 Tagen werden 2 bis 5 Junge geboren. Die Nestkammer polstert das Weibchen mit ihren Bauchhaaren aus.
Die Nahrung besteht aus Pflanzensamen, jungen Sprossen, Wurzeln, Zwiebeln und Insekten. Feinde sind Steppenfuchs, Steppeniltis, Großes Wiesel, Eulen und wohl auch Schlangen.

Gattung *Scirtopoda*
Dickschwanz-Springmäuse

130 *Scirtopoda telum (= Stylodipus telum)*
Zierliche Springmaus

Kennzeichen: Bräunlichgrau oder sandgelb gefärbt. Die Hinterfußzehen sind an der Unterseite mit schwarzbräunlichen oder schwarzen Haaren bedeckt. Die Schwanzspitze ist dunkel.
Ähnliche Art: Wüstenspringmaus (129).
Maße und Masse: KR 10 bis 12,8 cm; Schw 13,2 bis 16,5 cm; HF 45 bis 55 mm; Ohr 14 bis 20 mm; CB 28 bis 31 mm; Zyg 19 bis 23 mm; Masse 60 bis 81 g.
Vorkommen: In der UdSSR in 2 getrennten Gebieten: Kleines Gebiet östlich vom unteren Dnepr, Hauptverbreitung von Don-Mündung bis in die Kasachische SSR. In Steppen und Halbwüsten.
Lebensweise: Dämmerungs- und nachtaktiv. Der ständig bewohnte Bau mit bis zu 6 Ausgängen hat eine Nestkammer in 20 bis 70 cm Tiefe. Der regelmäßig benutzte Ausgang wird tagsüber mit Erde oder Sand verschlossen, die anderen Ausgänge werden oft nur teilweise verstopft. Offene, bis 2 m lange und etwa 40 cm tiefe Löcher sind ein 2. Bautyp. Das Nest wird aus Halmen und dürren Gräsern gebaut. Im Herbst beginnt der Winterschlaf, je nach Witterung, Ende März wird er beendet.
Die Fortpflanzungsbiologie ist noch nicht ausreichend bekannt. Wahr-

130 *Scirtopoda telum*

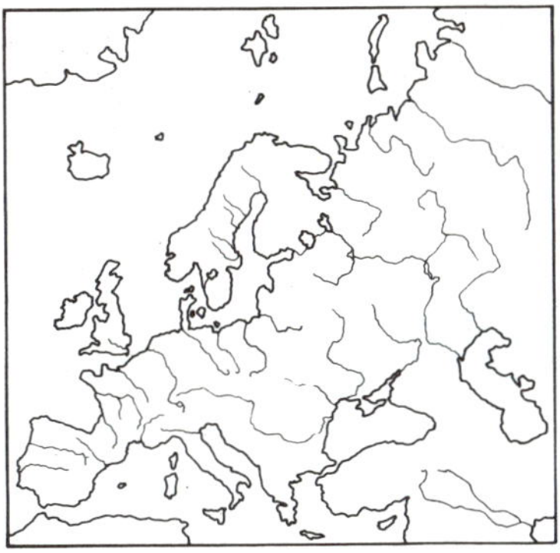

zu 130

scheinlich beginnt die Paarung nach dem Winterschlaf. Die 3 bis 4 (?) Jungen werden in der Zeit von Mai bis Juni geboren. Die Nahrung besteht aus pflanzlicher Kost (Gräser, Samen). Feinde sind Steppenfuchs, Steppeniltis, Greifvögel, Eulen und Schlangen.

Familie *Spalacidae* Blindmäuse

Diese Tiere leben meist unter der Erde. Der walzenförmige, plumpe, rattengroße Körper mit kurzen Beinen und nicht sichtbarem Schwanz ist gut ihrer grabenden Lebensweise angepaßt. Die kleinen, unter der Haut liegenden Augen sind ohne Funktion. Ohrmuscheln sind nicht vorhanden. Die breiten, kräftigen und weit vorstehenden Schneidezähne dienen als Grabwerkzeuge. Das Fell ist weich und samtartig. Die Hinterfüße haben 5, die Vorderfüße 2 Sohlenschwielen. An der Kopfseite befinden sich bis etwa 10 mm lange bräunlichgelbe Tastborsten. Typisch sind die nackten Hautstellen über der Nase. Der Schädel ist breit, flach und kräftig. Die Tiere leben von pflanzlicher Nahrung.
In Europa kommen 2 Gattungen mit 3 Arten vor. Die Arten sind schwer voneinander zu unterscheiden.

Zahnformel $\frac{1\,0\,0\,3}{1\,0\,0\,3} = 16$ Zähne.

Gattung *Microspalax* Kleinblindmäuse

131 *Microspalax leucodon* **Westblindmaus**

Kennzeichen: Körperoberseite rötlichbraun bis gelblichbraun, im Bauchbereich aschgrau. Beiderseits des Kopfes ein kleiner weißlicher Streifen. Die Männchen sind größer als die Weibchen. 3 Paar Zitzen. Die Schneidezähne können sehr unterschiedlich gefärbt sein.
Ähnliche Arten: Podolische Blindmaus (132), Bukowinische Blindmaus (133).
Maße und Masse: KR 15 bis 24 cm; HF 19 bis 30 mm; CB 43,5 bis 55,6 mm; Zyg 34 bis 44,3 mm; Masse 140 bis 220 g.
Vorkommen: Rumänien, Ungarn, Jugoslawien, Bulgarien, Griechenland, UdSSR, Türkei. In Steppen, auf Wiesen, Weiden, aber auch Feldern. Nachweise bis in etwa 2 400 m Höhe.
Lebensweise: Die ungesellig lebenden Tiere sind tag- und nachtaktiv. Mittags und um Mitternacht wurde verstärkte Aktivität beobachtet. Es werden weit verzweigte Gänge angelegt, die meist direkt unter der Erdoberfläche verlaufen und bis etwa 100 m lang sind. Der Bau enthält 1 bis 2 Nestkammern sowie verschiedene Vorrats- und Abortkammern. Die Kammern sind durch Gänge von etwa 6 bis 9 cm Durchmesser ver-

zu 131

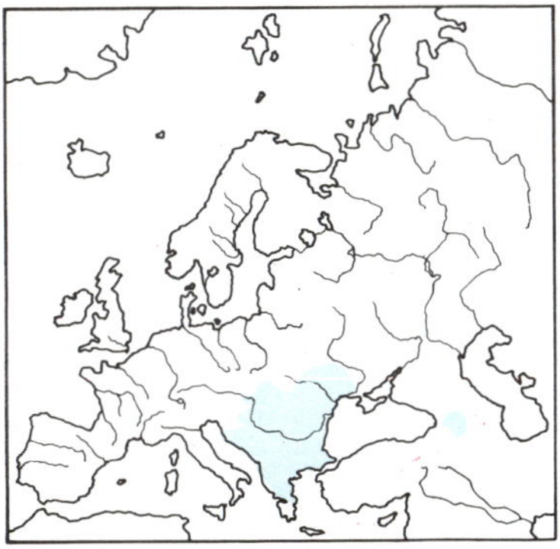

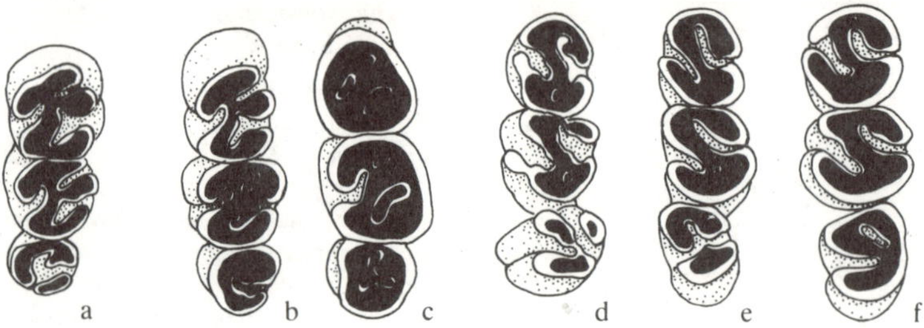

Molares von *Microspalax leucodon* (131): a bis c oben links, d bis f unten links (a, d Jungtier; b, e erwachsenes Tier; c, f Alttier)

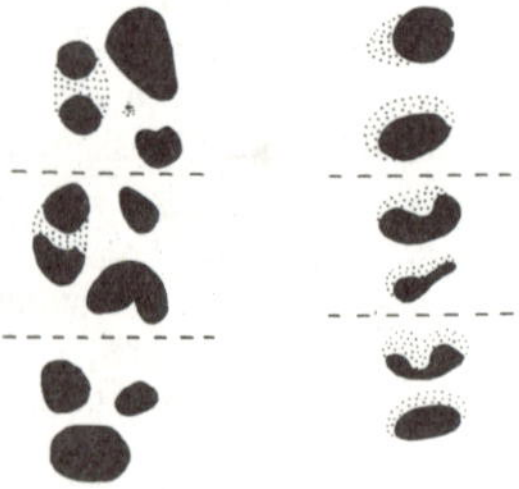

Alveolenmuster von *Microspalax leucodon* (131), oben links und unten links

bunden. Die Nester werden mit trockenen Gräsern ausgepolstert und haben einen Durchmesser von etwa 16 bis 20 cm. Sie können in etwa 1 bis 4 m Tiefe liegen. Ständig werden neue Gänge gegraben, bewohnte wieder verlassen. Die Tiere kommen nur gelegentlich (nachts oder am zeitigen Morgen) an die Erdoberfläche.

Beim Graben wird das Erdreich mit den Zähnen gelöst und mit den Hinterfüßen nach hinten geschoben oder mit dem kräftigen Kopf an die Gangwände gedrückt. Die Ausgänge werden verschlossen. An der Erdoberfläche sind Erdhaufen deutlich sichtbar. Hindernisse (z. B. kleine Steine) werden mit den Zähnen gefaßt und befördert.

Die Tiere geben sehr unterschiedliche Laute von sich.

Die Fortpflanzung ist noch nicht ausreichend untersucht. Möglicherweise bringen die Weibchen in ihrem Leben nur 1mal 1 bis 5 (oder mehr?) nackte Junge zur Welt. Die Paarung findet zwischen Januar und April im Nest statt. Die Tragzeit dauert 29 bis 32 Tage. Die Jungen werden etwa 20 Tage lang gesäugt, sind mit etwa 6 Wochen selbständig und mit 10 bis 11 Monaten fortpflanzungsfähig. Das Höchstalter wird mit 2 Jahren angegeben. Die geringe Fortpflanzungsintensität läßt keine hohen Populationsdichten erwarten.

Die Nahrung besteht vorwiegend aus Wurzeln, Zwiebeln und Knollen sowie Pflanzenstengeln, Blättern und Früchten. Die Tiere sammeln während des Jahres stets Vorräte. Oft werden Kartoffeln, Zwiebeln, Rüben, Möhren, Mais sowie Petersilie und Klee gehortet. In den Vorratskammern können manchmal Futtervorräte von mehreren Kilogramm enthalten sein.

zu 133

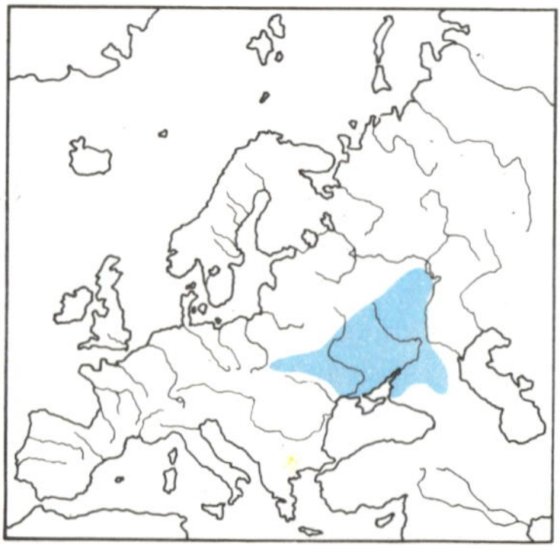

Feinde sind Iltis (150), Steppeniltis (151), Rotfuchs (140), Mauswiesel (147), Haushund und Hauskatze sowie Uhu, Würgfalke, Mäusebussard und Adler.
Besonderes: Blindmäuse werden oft als Schädlinge betrachtet. In vielen Gebieten nehmen die Bestände als Folge von Monokulturen, Meliorationsmaßnahmen und Verfolgungen sichtbar ab, und selbst die Ausdehnung der bewohnten Areale verringert sich. In einzelnen Ländern (z. B. Ungarn, Jugoslawien, Griechenland, Rumänien) bestehen gesetzliche Schutzmaßnahmen, oder sie sind vorgesehen.

Gattung *Spalax*
Echte Blindmäuse

132 *Spalax polonicus*
Podolische Blindmaus
Kennzeichen: Das Fell hat einen Goldschimmer und ist überall gleichmäßig bräunlich. Der Körper ist größer als der der Westblindmaus (131).
Ähnliche Arten: Westblindmaus (131), Bukowinische Blindmaus (133).
Maße und Masse: KR 20 bis 28 cm; HF 25 bis 30 mm; CB 39,3 bis 49,3 mm und darüber; Zyg 38 bis 46,8 mm; Masse 130 bis 300 g.
Vorkommen: Noch nicht genau be-

131 *Microspalax leucodon*

133 *Spalax graecus*

kannt, bisher in Südostpolen und in der UdSSR nachgewiesen.
Bewohnt Steppen und Waldsteppen, Wegränder, Böschungen, Wiesen, Klee- und Baumwollfelder. Schwarzerdeböden werden bevorzugt.
Lebensweise: Im wesentlichen wie die der Westblindmaus (131). Bevorzugt abends und in der Nacht aktiv. Im Herbst suchen die Tiere häufig Windschutzpflanzungen auf, da der Boden dort nicht so tief gefriert. Die Ganglänge kann bis rund 280 m betragen. Bis maximal 3 m Tiefe werden Nest-, Vorrats- und Abortkammern angelegt.
Wird der Boden tief gepflügt, so meiden die Tiere diese Flächen so lange,

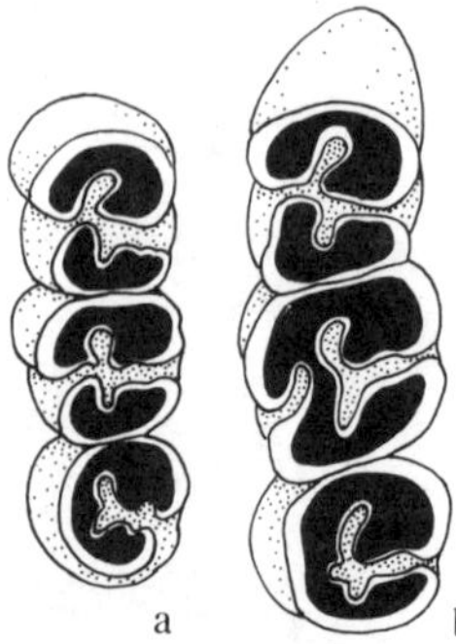

Obere linke *Molares* von *Spalax polonicus* (132):
a Jungtier, b erwachsenes Tier

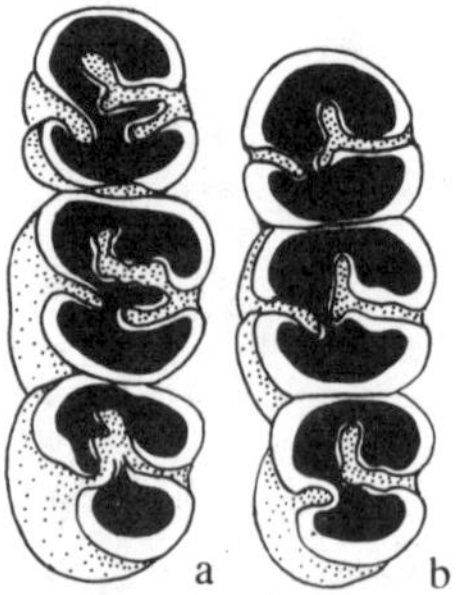

Untere linke *Molares* von *Spalax polonicus* (132):
a Jungtier, b erwachsenes Tier

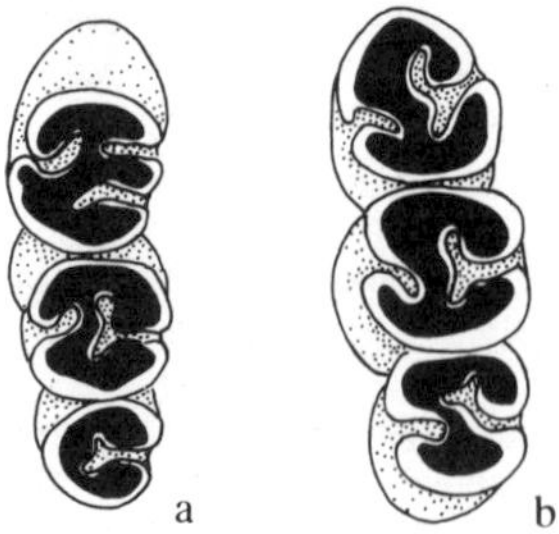

Molares von *Spalax graecus* (133):
a oben links, b unten links

bis der Boden wieder eine bestimmte Dichte erreicht hat.
Fortpflanzung und Nahrungsansprüche sind nicht ausreichend bekannt. Bisher wurden Wurzeln von Luzerne, Bäumen und verschiedenen Feldpflanzen als Nahrung nachgewiesen. Im Winter soll auch die Rinde von Sträuchern benagt werden. Als Feinde sind Eulen, Greifvögel und Raubsäuger zu nennen.
Besonderes: Stellenweise wird ein Rückgang der Populationen infolge häufigen Umbrechens des Oberbodens beobachtet. Gezielte Schutzmaßnahmen sind notwendig.

133 *Spalax graecus*
Bukowinische Blindmaus

Kennzeichen: Im Aussehen und Größe der Westblindmaus (131) sehr ähnlich. Das *Rostrum* ist breiter als bei den anderen Blindmaus-Arten.
Ähnliche Arten: Westblindmaus (131), Podolische Blindmaus (132).
Maße und Masse: KR 26 bis 30 cm; HF 24 bis 28 mm; CB 49,9 bis 55,1 mm; Zyg 39,8 bis 45,5 mm; Masse 150 bis 300 g.
Vorkommen: Rumänien, Moldauische SSR. Auf Brachländern, Weiden, Kartoffelfeldern, Klee- und Luzernefeldern, in Obstgärten, an Bahndämmen sowie unter Hecken und an Waldrändern.
Lebensweise: Soweit bekannt wie Westblindmaus (131). Im Verlaufe des Jahres werden verschiedene Biotope be-

wohnt. Auf bewirtschafteten Flächen kommen bis 3 und auf unbewirtschafteten Flächen bis 23 Tiere/ha vor. Die Paarungszeit beginnt Ende Januar und endet im März. Die Jungen werden bis 3 Wochen gesäugt. In die Vorratslager werden bis zu 12 kg Futter eingetragen.
Besonderes: In der Sowjetunion ist der Schutz der Art vorgesehen.

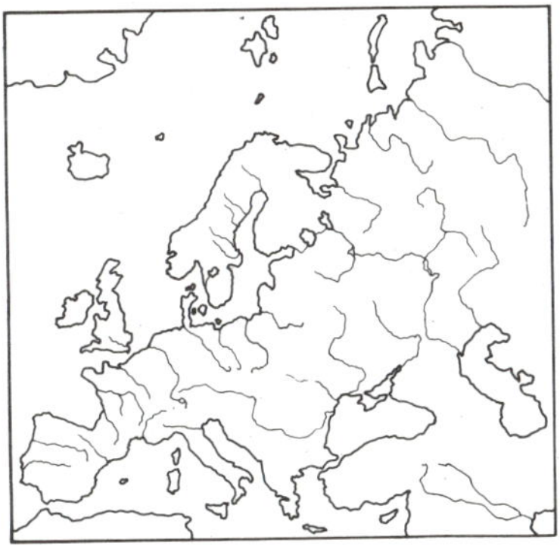

zu 133

Familie *Hystricidae*
Altwelt-Stachelschweine

In Europa nur 1 Gattung mit 1 Art.

134 *Hystrix cristata*
Gemeines Stachelschwein

Kennzeichen: Das ungefähr hasengroße Tier hat schwarzweiß geringelte, bis 30 cm lange und 2 bis 3 mm starke Stacheln auf Rücken und Flanken. Die Stacheln reichen angelegt bis zum Schwanzende. Füße und Ohren sind kurz, der Kopf ist mit dunklen, samtartigen Haaren bedeckt, im Nacken mit weißlichen Borsten. Kleine Augen. Die Fußsohlen sind nackt, die Zehen tragen kräftige Krallen. Bodenbewohner. 2 bis 3 Paar Zitzen.

Zahnformel $\frac{1\,0\,1\,3}{1\,0\,1\,3} = 20$ Zähne.

Maße und Masse: KR 57 bis 70 cm; Schw 4 bis 6 cm; HF 7 bis 9 cm; Masse bis 15 kg.
Vorkommen: Von Nordafrika südlich bis in die tropischen Bereiche des Kontinents. Die heutigen Vorkommen in Italien und auf Sizilien gehen vermutlich auf Tiere aus Nordafrika zurück,

134 *Hystrix cristata*

die von den Römern dort ausgesetzt wurden. Die Tiere bewohnen trockene Gebiete und Berghänge mit reichlichen Deckungsmöglichkeiten, kommen aber auch in die Nähe von Kulturflächen.
Lebensweise: Die nachtaktiven Tiere graben Höhlen, in denen sie sich tagsüber und im Winter für längere Zeit aufhalten. In ihren Bauen leben sie einzeln oder mit anderen Tieren zusammen. Als Laute sind Drohknurren und Grunzen zu hören. Werden Stachelschweine bedroht, so stellen sie ihre Stacheln auf und gehen seitlich oder

zu 134

rückwärts auf den Angreifer zu, wobei sie mit den Schwanzstacheln rasseln können. Am Schwanzende befinden sich Stacheln, deren Spitzen abbrechen können. Solche abgebrochenen Stacheln, die »Rasselbecher«, können bei Bewegung vibrieren und beim Anschlagen an andere Stacheln das Rasseln erzeugen. Bei heftigen Schwanzbewegungen können einzelne lockere Stacheln sich lösen und dem Angreifer entgegengeschleudert werden.
Die Tiere verfügen über ein gutes Gehör und einen gut entwickelten Geruchssinn. Wenn das Weibchen paarungsbereit ist, wird der mit Stacheln besetzte Schwanz hochgehoben, damit die Paarung stattfinden kann. Jährlich werfen die Weibchen 2 (3) Mal und bringen je 1 bis 4 Junge (meist 2) zur Welt. Geburtsmasse zwischen 300 und 450 g. Die Tragzeit beträgt 7 bis 8 Wochen. Das Wurfnest wird vom Weibchen mit trockenem Gras, Wurzeln und Blättern ausgelegt. Die Jungen haben als Nestflüchter bei der Geburt bereits offene Augen und weiche, schon nach wenigen Tagen hart werdende Stacheln. Sie werden bis zu 8 Wochen gesäugt, obwohl die Jungen nach etwa 3 Wochen auch feste Nahrung aufnehmen können. Die Geschlechtsreife tritt im 2. Lebensjahr ein, das Höchstalter der Stachelschweine wird mit 20 Jahren angegeben.

Übergang vom Wollhaar über Borsten zu Stacheln bei *Hystrix cristata* (134) am Kopf-Nacken-Bereich

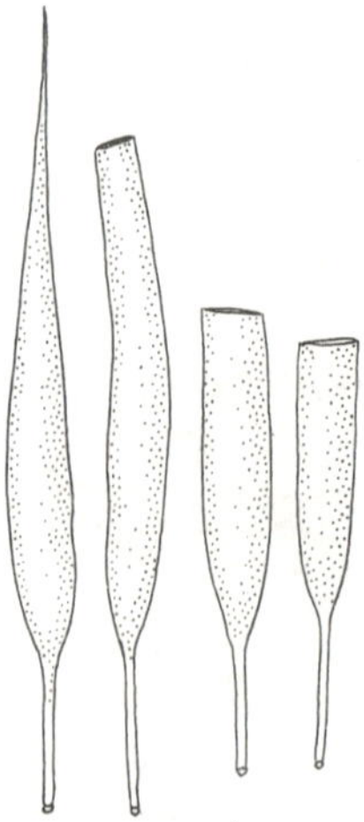

Rasselbecher (Schwanzende) von *Hystrix cristata* (134)

Die pflanzliche Nahrung besteht aus Knollen, Wurzeln, Kräutern, Blättern und Früchten. Sie benagen auch Sträucher und junge Bäume. Auch tierische Nahrung (Insekten, kleine Wirbeltiere, Aas) wird angenommen.
Als Feinde sind in Europa wildernde Hunde und Wölfe zu nennen.
Besonderes: Durch menschliche Verfolgung sind die europäischen Populationen in ihrem Bestand bedroht.

Familie *Capromyidae* Baum- oder Ferkelratten

Neuweltliche Nagerfamilie, von der nur der Nutria in Pelztierfarmen in Europa gehalten wird; von dort entwichen oder ausgesetzt. Auf der Erde sind 7 Gattungen mit 16 Arten bekannt. In jüngster Zeit gibt es Bestrebungen, die Bestände in Europa durch das Hinzusetzen weiterer Individuen zu vergrößern.

Gattung *Myocastor* Biberratten

135 *Myocastor coypus*
Nutria, Sumpfbiber, Biberratte
Kennzeichen: Etwa hasengroß, plump, mit langem, drehrundem, beschupptem und spärlich behaartem Schwanz. Das Fell, mit dichtem Unterhaar, ist gelbbraun bis schwärzlich, vorwiegend dunkelbraun. Es gibt verschiedene Farbvarianten. Am Hinterfuß 5 Zehen, zwischen der 1. bis 4. Zehe befinden sich Schwimmhäute. Breite, große, orangerote Nagezähne. Kleine Augen und Ohren. Stumpfe Schnauze. Die Oberlippe ist gespalten. Die Männchen sind etwas größer als die Weibchen. 4 bis 5 (6?) Paar Zitzen.
Ähnlich aussehende Arten: Biber (72), Bisamratte (98).
Zahnformel $\frac{1\,0\,1\,3}{1\,0\,1\,3}$ = 20 Zähne.

135 *Myocastor coypus*

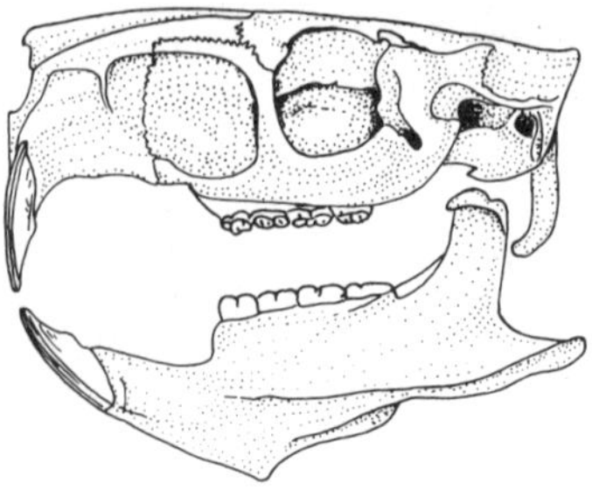

Schädel von *Myocastor coypus* (135)

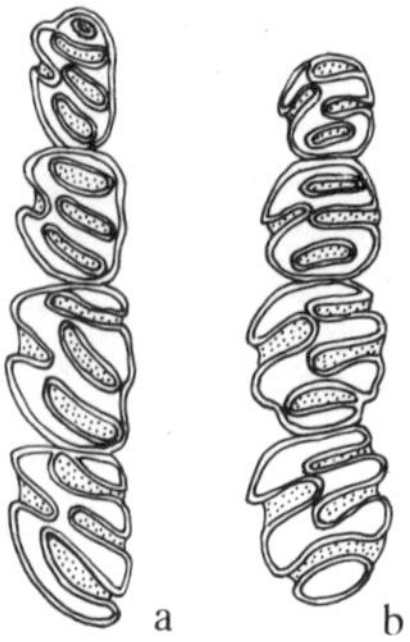

Molares von *Myocastor coypus* (135):
a unten links, b oben links

Maße und Masse: KR 40 bis 65 cm; Schw 30 bis 45 cm; HF 12 bis 14 cm; Ohr 25 bis 30 mm; CB 95 bis 115 mm; Zyg 60 bis 83 mm; Masse 3 bis 9 (12) kg.

Vorkommen: Südamerika. In Europa wegen des wertvollen Felles in Pelztierfarmen gehalten. Von dort entwichen Tiere, oder sie wurden in verschiedenen Gebieten bewußt (wie z. B. in Transkaukasien) angesiedelt. Inzwischen existieren in West-, Mittel- und Nordeuropa verschiedene Populationen unterschiedlicher Größe. Nicht alle Tiere überstehen den europäischen Winter. Bewohnt werden Bäche und Flüsse mit reicher Ufervegetation. Sie kommen auch an eutrophen Seen, Teichen und Lagunen mit entsprechend reichem Wasserpflanzen- und Sumpfpflanzenbewuchs vor.

Lebensweise: Die amphibisch lebenden Tiere sind vorwiegend dämmerungsaktiv und halten keinen Winterschlaf. Sie leben paarweise, aber auch gesellig in Kolonien in selbstgegrabenen Uferhöhlen mit ausgepolsterter Nestkammer. Die Eingänge liegen nicht immer unter der Wasseroberfläche. Auch Schilfnester werden angelegt. Die Tiere pflegen ihr Fell sehr intensiv. Reviere, aber auch Einzelobjekte werden durch Bespritzen mit Urin markiert. Bei Gefahr wird das Wasser aufgesucht. Die Tiere können gut schwimmen, aber nicht länger als etwa 5 min tauchen. Sie geben fauchende und brummende Laute von sich.
Genaue Angaben zur Fortpflanzung der europäischen Populationen fehlen noch. Im Jahr 2 (1 bis 3) Würfe mit je 4 bis 13 (in der Regel 4 bis 6) behaarten und sehenden Jungen.
Feinde sind Fischotter, Braunbär, Wolf und Fuchs.

Besonderes: In Mitteleuropa werden Nutrias wegen ihres wertvollen Pelzes oft in Farmen gehalten.

Ordnung *Carnivora* Raubtiere

Die Raubtiere werden in die Unterordnungen *Fissipedia* Landraubtiere und *Pinnipedia* Wasserraubtiere oder Robben untergliedert. Diese Untergliederung entspricht nicht den typologischen Beziehungen in dieser Gruppe.
Die Körpergröße der Raubtiere ist sehr unterschiedlich. Das Gehirn ist hochentwickelt und stark gefurcht.
Raubtiere verfügen über ein Gebiß mit 6 kleinen *Incisivi*, 2 langen, spitzauslaufenden *Canini* (Reißzähne) und verschieden geformten *Praemolares* und *Molares*. Die Schädel haben meist Knochenleisten.
Raubtiere ernähren sich von tierischer Kost oder sind Allesfresser. Sie leben einzeln, paarweise oder in Gruppen, einige Arten halten eine Winterruhe, jedoch keinen Winterschlaf. Um Beute-

tiere zu erjagen, können Landraubtiere sehr schnell und ausdauernd laufen, gut schwimmen und tauchen oder ausgezeichnet springen. Die Beute wird meist durch einen Biß getötet. Geruchs- und Gehörsinn sind gut entwikkelt, die Lautgebung ist reichhaltig. Die Augen ermöglichen den Tieren, Beute noch in großer Entfernung auszumachen. Die Zehen haben Krallen.
Von den Landraubtieren haben sich die Robben entwicklungsgeschichtlich vermutlich schon früh getrennt. Ihre Anpassung an das Leben im Wasser hat zu einem wesentlich von den Landraubtieren abweichenden Körperbau geführt. Der Rumpf ist spindelförmig, die Gliedmaßen sind stark verkürzt, flossenförmig umgebildet und nur noch in sehr beschränktem Maße für die Bewegung auf dem Lande geeignet. Dennoch haben sie noch eine feste Bindung an das Land. Hier findet die Fortpflanzung statt und werden auch die Jungen geboren.

Unterordnung *Fissipedia* Landraubtiere

Schlüssel zur Bestimmung der Familien

1 KR über 160 cm, W über 90 cm *Ursidae* S.266
1′ KR bis 160 cm, W bis 90 cm 2
2 HF mit 5 Zehen 3
2′ HF mit 4 Zehen 5
3 Schwanz bis 30 cm; wenn länger, dann Zehen mit Schwimmhäuten 4
3′ Schwanz über 30 cm, Zehen nie mit Schwimmhäuten *Viverridae* S.291
4 Schwanz geringelt *Procyonidae* S.269
4′ Schwanz nicht geringelt *Mustelidae* S.271
5 Kopf rund, Schnauze stumpf, Krallen einziehbar *Felidae* S.294
5′ Kopf langgestreckt, Schnauze spitz, Krallen nicht einziehbar *Canidae* S.255

Familie *Canidae* Hundeartige

In Europa kommen 4 Gattungen mit 6 Arten vor. Die Tiere sind Zehengänger, relativ hochbeinig und schnelle Läufer. Die Vorderfüße haben 5, die Hinterfüße 4 Zehen. Die Ohren sind meist spitz und stehen aufrecht. Der Schwanz ist vorwiegend mittellang und buschig. Typisch ist der längliche Kopf mit schlanker Schnauze. Die europäischen Arten haben die Zahnformel $\frac{3\,1\,4\,3}{3\,1\,4\,2}$ = 42 Zähne.

Schlüssel zur Bestimmung der Gattungen

1 Schwarze Gesichtszeichnung, Schwanz unter 25 cm, W unter 25 cm *Nyctereutes* S.264
1′ Ohne schwarze Gesichtszeichnung, Schwanz meist über 25 cm, W über 25 cm 2
2 W über 40 cm, Schwanz bis ⅓ KR *Canis* S.255
2′ W unter 40 cm, Schwanz über ½ KR 3
3 Ohren klein und rundlich 138 *Alopex lagopus* S.259
3′ Ohren groß und dreieckig 4
4 W unter 30 cm, Fell oberseits ockerfarben 139 *Alopex corsac*
4′ W über 30 cm, Fell oberseits meist rötlich *Vulpes* S.262

Gattung *Canis* Hunde

Schlüssel zur Bestimmung der Arten

1 KR über 100 cm, Schwanz über 30 cm, W über 50 cm 136 *C. lupus*
1′ KR unter 100 cm, Schwanz unter 30 cm, W bis 50 cm 137 *C. aureus*

136 *Canis lupus*
Wolf

Kennzeichen: Gestalt eines kräftigen Schäferhundes. Das Männchen (Rüde) ist größer als das Weibchen (Wölfin). Hochbeinig, mit breitem Nacken und

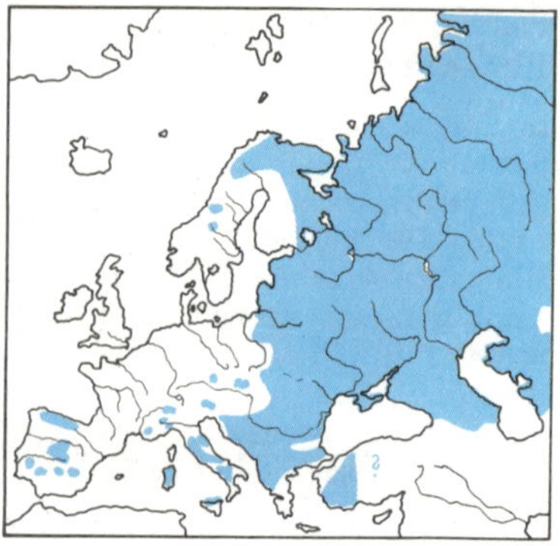

zu 136

mittellangem, buschigem, herabhängendem Schwanz. Der breite Kopf wird meist gesenkt gehalten. Alte Rüden haben an der Halsoberseite eine starke Behaarung, die einer Mähne gleicht. Das Fell europäischer Tiere ist meist graubraun bis dunkelgelbbraun, im Winter heller und wesentlich dichter als im Sommer. Die Färbung der Wölfe variiert in den unterschiedlichen Gebieten ihres Vorkommens. 5 Paar Zitzen.

Maße und Masse: KR 100 bis 160 cm; Schw 30 bis 50 cm; W 65 bis 90 cm; Ohr 10,5 bis 12 cm; CB 220 bis 285 mm; Zyg 131 bis 155 mm; Masse 25 bis 60 kg. Trittsiegellänge 4 bis 4,5 cm.

Vorkommen: In Europa bis auf Gebiete in Nord- und Osteuropa, der Iberischen Halbinsel, Italien und Skandinavien ausgerottet. Kommt auch in Asien und in Nordamerika zum Teil in speziellen Unterarten vor. Bewohnt werden offene Landschaften (Tundren, Halbwüsten) und lichte, große Waldgebiete. Im Gebirge bis etwa 3 000 m Höhe. Meist in von Menschen dünn besiedelten Gebieten.

Lebensweise: Die tag-, und nachtaktiven Tiere leben und jagen einzeln, in Paaren, in Familienverbänden oder in Großrudeln. Sie sind gute und ausdauernde Läufer, die sehr weite Wanderungen (etwa 150 km in 24 Stunden) unternehmen können. Sie sind auch gute Schwimmer. Die sehr scheuen Tiere verfügen über ein gut entwickeltes Riech- und Hörvermögen. Sie greifen Menschen nur dann an, wenn sie in die Enge getrieben werden. Die Wölfe erkennen sich individuell am Geruch. Ihre Reviere kennzeichnen sie durch das Setzen von Duftmarken. Während der Jagd verhalten sich die Tiere stumm. Vom Oktober bis Dezember lassen sie oft ein langgezogenes, weit hörbares Aufheulen nach Sonnenuntergang hören.

Rüde und Wölfin können über mehrere Jahre in Dauerehe leben. Im Winter schließen sich Wölfe oft zu größeren Rudeln zusammen und scheuen dann auch nicht die Nähe von Ortschaften. Im Rudel herrscht eine deutliche Hierarchie. Es wird meist von einer alten, erfahrenen Wölfin angeführt. Wolfsrudel sind hochentwickelte soziale Organisationen. In der Regel erfolgt die Paarung zwischen Dezember und März (Ranzzeit). Während der Fortpflanzungszeit sind die Paare ortstreu und besetzen Reviere. Nach einer Tragzeit von 62 bis 65 Tagen wird jährlich zwischen März und Mai ein Wurf mit 3 bis 8 (und mehr?) blinden, behaarten Welpen geboren. Die Geburtsmasse liegt zwischen 200 und 500 g. Kurz vor der Geburt gräbt die Wölfin einen Erdbau oder erweitert vorhandene Fuchs- und Dachsbaue. Sie benutzt aber auch Höhlen, die Wurzelteller umgestürzter Bäume oder wählt dichte Dornenbüsche als Lager aus, in dem sie ihre Jungen abseits vom Rudel zur Welt bringt. Die Jungen öffnen ihre Augen mit 9 bis 13 Tagen und werden 2 Monate gesäugt. Mit etwa 4 Wochen nehmen sie feste Nahrung an. Der Rüde beteiligt sich an der Jungenaufzucht. Nach 2 bis 3 Monaten gehen die Jungen mit auf Jagd.

Bis zum nächsten Frühjahr bleiben sie meist bei ihren Eltern. Im 2. Lebensjahr werden sie geschlechtsreif. Höchstalter bei 16 Jahren.

Wolf

Schäferhund

Schakal

136 *Canis lupus*

zu 137

Nahrungsmangel kann eine indirekte Auswirkung auf die Fruchtbarkeit der Tiere haben. Meist bekommt dann nur die ranghöchste Wölfin des Verbandes Junge. Möglicherweise wirkt Nahrungsüberfluß positiv auf die Geburtenraten. Die Nahrung besteht hauptsächlich aus Fleisch. Besonders werden mittelgroße Säugetiere, gelegentlich auch Aas und pflanzliche Kost, Fische, Insekten und Frösche angenommen. Größere Beutetiere (Rehe, Rentiere, Hirsche, Elche) werden vom Rudel so lange gehetzt, bis sie erschöpft sind und überwältigt werden können. Auch Haustiere (Schafe, Rinder) außerhalb von Stallungen werden angegriffen. Wölfe haben außer Bären kaum Feinde. Bei akutem Nahrungsmangel können eigene Artgenossen zur Beute werden (Kannibalismus).

Besonderes: Der Wolf ist die Stammart des Haushundes, eine Kreuzung mit ihm ist möglich. Die Festlegung von Unterarten bereitet noch Schwierigkeiten. In naturnahen Landschaften gilt es die Art zu erhalten. In Italien, Norwegen und Schweden geschützt.

137 *Canis aureus*
Goldschakal

Kennzeichen: Kleiner, schlanker und etwa halb so hoch wie der Wolf (136). Die Schnauze ist schmal und spitz, Ohren groß, Augen braun. Die Oberseite ist gelbgrau mit rötlichem Anflug und schwärzlichem Unterton, die Unterseite grauweiß, die Kehle weißlich. Der

137 *Canis aureus*

Schwanz ist am Ende schwarz und erscheint leicht gestutzt. Die Jungen sind graubraun. 4 Paar Zitzen.
Ähnliche Arten: Wolf (136), Rotfuchs (140).
Maße und Masse: KR 65 bis 105 cm; Schw 18 bis 27 cm; W 40 bis 50 cm; Ohr 7 bis 10 cm; Masse 8 bis 15 kg.
Vorkommen: Balkanhalbinsel, Kleinasien, im Osten bis Indien, auf Sri Lanka und in Nordafrika.
Bewohnt offenes Gelände, Felsen, Felder und Gärten, wenn Gehölze entsprechende Deckungsmöglichkeiten bieten. Auch im Bereich von Siedlungen. Im Gebirge bis etwa 2 000 m Höhe.
Lebensweise: Bevorzugt dämmerungs- und nachtaktiv. Die Tiere sind ausdauernde Läufer und gute Schwimmer. Ihren Unterschlupf haben sie in Höhlen, oder sie legen ihr Lager unter dichten Büschen oder anderen geschützten Stellen an. Die Tiere, die ein ausgezeichnetes Hör- und Riechvermögen haben, leben und jagen meist paarweise, aber auch einzeln oder im Familienverband. Das Territorium wird mit Kot und Urin markiert und von Männchen und Weibchen auch gegen Artgenossen gemeinsam verteidigt. Das bewohnte Territorium kann unterschiedlich groß sein (bis etwa 5 km²).
Als Laute sind Heulen und kurzes Kläffen am Abend und am frühen Morgen, zur Ranzzeit neben Bellen und Knurren auch Winseln bekannt.
Die Paarung findet zwischen Januar und März statt. Nach einer Tragzeit von 60 bis 63 Tagen bringt das Weibchen im April oder Mai in einem Wurfbau (Erdhöhle oder Felsspalte) 3 bis 8 (12?) blinde, wollige Welpen zur Welt. Das Männchen hilft dem Weibchen beim Graben des Wurfbaues und bei der Jungenaufzucht. Die Augen der Jungen öffnen sich ab dem 10. Tag. Die Jungen nehmen mit etwa 4 Wochen feste Nahrung auf und werden etwa 6 Wochen gesäugt. Im Alter von etwa 8 Wochen nehmen die Eltern sie zur Jagd mit. Nach etwa 6 Monaten werden

zu 138

sie geschlechtsreif und verlassen das Territorium der Eltern. Die Tiere können ein Alter von 10 bis 12 Jahren erreichen.
Zur Nahrung gehören Kleintiere, Jungwild, Insekten, Aas sowie Früchte, Beeren und Mais. Gelegentlich werden auch Haustiere (Geflügel, Lämmer und Jungkälber) gerissen.
Feinde sind Wolf und Adler.

Gattung *Alopex*
Eisfüchse, Steppenfüchse

138 *Alopex lagopus*
Eisfuchs, Polarfuchs
Kennzeichen: Kleiner als der Rotfuchs, mit kurzer Schnauze und kleinen, rundlichen Ohren. Die Augen sind gelbbraun. Im Winter ist das Fell schneeweiß, lang und dicht, im Sommer vorwiegend bräunlich und an der Unterseite weißgrau. Jungwelpen sind dunkelbraun. Die Farbvariante »Blaufuchs« ist im Winter blaugrau und im Sommer braungrau bis schwarzgrau. Zehen und Sohlenballen sind behaart.
Ähnliche Arten: Rotfuchs (140), Marderhund (141).
Maße und Masse: KR 50 bis 65 cm; Schw 28 bis 33 cm; W 25 bis 30 cm; Masse 4,5 bis 8 kg.
Vorkommen: Nördliches Skandinavien, Island und weitere arktische Inseln.

138 *Alopex lagopus*
Sommerkleid

Winterkleid

»Blaufuchs«

Östlich bis Kamtschatka, Nordamerika. Bewohnt werden baumlose Tundren, Meeresküsten und Gebirge.
Lebensweise: Vorwiegend dämmerungs- und nachtaktive Tiere. Sie leben einzeln, paarweise oder in Familienverbänden. Ihre Höhlen legen sie in vorhandenen Felsspalten an oder graben außerhalb des Dauerfrostbodens verzweigte Baue mit Wohnkesseln.
Bei optimalem Nahrungsangebot können mehrere Baue dicht nebeneinander liegen. Auch die Größe des von einem Paar besetzten Territoriums hängt von der Nahrungssituation ab. Als typische Laute sind heiseres Bellen, Heulen und Jaulen bekannt.
Eisfüchse können innerhalb eines Jahres ihre Aufenthaltsorte wechseln. Im Winter wurden oft Tiere auf großen Treibeisblöcken des Polarmeeres beobachtet. Dabei ernähren sie sich häufig von den Nahrungsresten von Eisbären (143).
Die Paarungszeit beginnt im März oder April. Nach einer Tragzeit von etwa 50 Tagen werden 2 bis 8 blinde, wollige Welpen geboren, die mit 12 bis 14 Tagen die Augen öffnen. Etwa 1 Monat lang werden die Jungen gesäugt, im Alter von 3 bis 4 Monaten sind sie selbständig, mit 1 Jahr fortpflanzungsfähig. Gelegentlich ist auch ein 2. Wurf im Juli oder August möglich. Die Lebenserwartung der Tiere liegt bei 10 Jahren. Das Männchen versorgt unmittelbar nach der Geburt das Weibchen mit Nahrung und beteiligt sich später auch an der Ernährung der Jungen. Die Nahrung besteht aus kleineren Wirbeltieren (Wühlmäusen, Schneehasen, Schneehühnern und bodenbrütenden Kleinvögeln). Es werden auch Eier, Muscheln, Insekten sowie Aas und Beeren gefressen. Um Beutetiere zu überlisten, können sich Eisfüchse tot stellen. Sie legen Nahrungsvorräte an.
Als Feind ist besonders der Wolf zu nennen. Vom Menschen wird der Eisfuchs oft verfolgt. Harte Winter wirken bestandsregulierend.

139 *Alopex corsac (= Vulpes corsac)*
Korsak, Steppenfuchs

Kennzeichen: Kleine Fuchsart. Der kurze und grobe Sommerpelz ist vom Rücken bis zu den Flanken ockergelb oder schmutzig sandfarben. Das dichte Winterfell ist hellgrau bis ockerfarben schattiert. Der Rücken hat einen zimtbraunen Farbton, die Flanken sind heller, die Unterseite ist weiß oder hat einen leichten gelblichen Anflug. Der Kopf ist grau oder bräunlich gefärbt, um die Augen heller. Die großen Ohren sind am Rand der Vorderseite weiß ge-

139 *Alopex corsac*

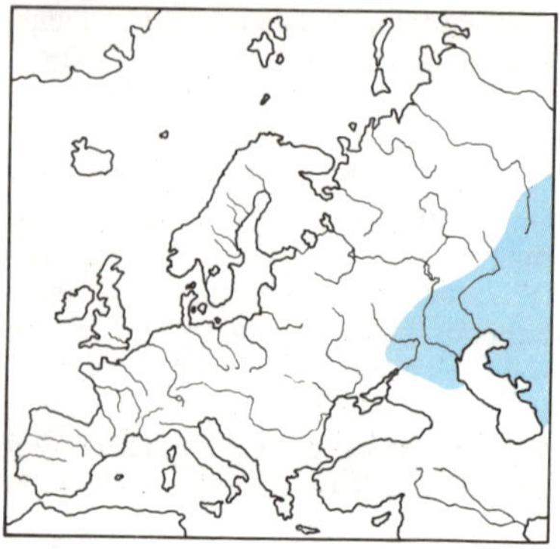

zu 139

säumt. Der Schwanz hat dichte, graubräunliche Haare, die Schwanzspitze ist fast schwarz. Die Männchen sind kaum größer als die Weibchen.
Ähnliche Art: Rotfuchs (140).
Maße und Masse: KR 50 bis 60 cm; Schw 25 bis 35 cm; W etwa 30 cm; Ohr 7 bis 8 cm; CB 98 bis 118 mm; Zyg 57 bis 71 mm; Masse bis 2,6 kg (♂), 2,3 bis 2,5 kg (♀).
Vorkommen: UdSSR (Nordkaukasien, Kasachstan, Mittelasien, Westsibirien, Transbaikalien), Nordostiran (?), China, Mongolei, Afghanistan. In ebenen Steppen und Halbwüsten, gelegentlich auch in der Waldsteppenzone.
Lebensweise: Vorwiegend dämmerungsaktiv, aber auch tagaktiv. Der Korsak bewohnt Baue von anderen Tieren, z. B. Murmeltier (70), Bobak (71) oder legt in weichem Boden eigene, kurze Gänge als Unterschlupf an. Die Baue haben meist einen Gang und einen Kessel. Im Winter lassen sich die Tiere auch gelegentlich einschneien. Ihr Geruchssinn ist ausgezeichnet entwickelt. Sie jagen einzeln. Durch periodischen Futtermangel bedingt können zeitlich begrenzte Wanderungen erfolgen, angestammte Gebiete aufgegeben oder wieder besiedelt werden.
Die Tiere leben monogam, das Männchen beteiligt sich bei der Aufzucht der Jungen. Die Paarungszeit liegt zwischen Januar und Februar. Bei der Paarung ist ein Bellen zu hören. Die Trächtigkeitsdauer ist nicht genau bekannt, sie soll zwischen 49 und 52 Tagen liegen. Im März oder April werden 2 bis 16 (meist 3 bis 6) blinde Junge mit hellbräunlicher Behaarung im Bau geboren. Geburtsgewicht 58 bis 65 g. Etwa ab 14. Tag können die Jungen die Augen öffnen, nach 4 Wochen wird feste Nahrung aufgenommen und mit 8 Wochen der Bau erstmals verlassen. Mit 9 oder 10 Monaten werden sie geschlechtsreif, das Höchstalter wird mit 10 Jahren angegeben.
Die Nahrung besteht aus Kleinsäugern (Wühlmäuse, Springmäuse, Ziesel, Hamster), Vögeln, Reptilien, Insekten und Aas. Feinde sind besonders Wolf, Rotfuchs, Stein- oder Steppenadler.
Besonderes: Da gebietsweise ein Bestandsrückgang infolge starker Bejagung und Kultivierung von Steppengebieten zu verzeichnen ist, wurde zeitweise Jagdruhe festgelegt. Das Fell ist weniger wertvoll als das des Rotfuchses (140). In der UdSSR werden 3 Unterarten unterschieden.

Gattung *Vulpes*
Füchse

140 *Vulpes vulpes*
Rotfuchs

Kennzeichen: Gestalt und Färbung unverkennbar. Lange, spitze Schnauze, schwarze Nase, gelbbraune Augen, große dreieckige Ohren, langer und buschiger Schwanz, meist mit einer weißen oder schwarzen Spitze.
Das weiche und dichte Fell ist oberseits gelbrot bis rotbraun, unterseits weißlich. Es gibt individuelle und geographische Farbvarianten (z. B. Goldfuchs, Silberfuchs).
Ähnliche Arten: Eisfuchs (138), Goldschakal (137).
Maße und Masse: KR 50 bis 90 cm; Schw 30 bis 50 cm; W 35 bis 40 cm; HF 14 bis 17 cm; Ohr 8,5 bis 10 cm; CB 135 bis 155 mm; Zyg 71 bis 87 mm; Masse 4 bis 10 kg.

Vorkommen: Europa außer Island, auf den Balearen, Zypern, Kreta und Malta; Nordafrika, Asien und Nordamerika. In Australien eingeführt.
In allen Landschaften von der Meeresküste bis in etwa 4 500 m Höhe. Die Tiere sind sehr anpassungsfähig.
Lebensweise: Besonders dämmerungs- und nachtaktiv. Die Tiere halten sich aber auch tagsüber außerhalb des Baues auf. Füchse können gut, schnell und ausdauernd laufen, »schnüren« und auch schwimmen. Ihr Hör-, Riech- und Sehvermögen ist ausgezeichnet entwickelt. Sie sind sehr gewandt und vorsichtig. Die Lautäußerungen sind sehr vielgestaltig: Knurren, Winseln, Kläffen, klagendes Schreien, Kreischen und Kekkern (es wurden über 40 ver-

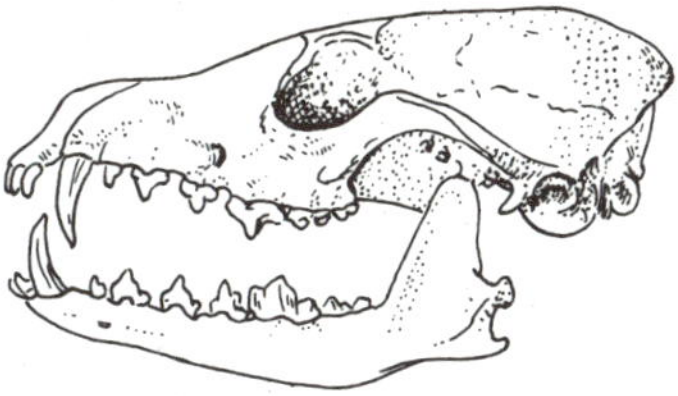

Schädel von *Vulpes vulpes* (140)

dunkle Variante

140 *Vulpes vulpes*

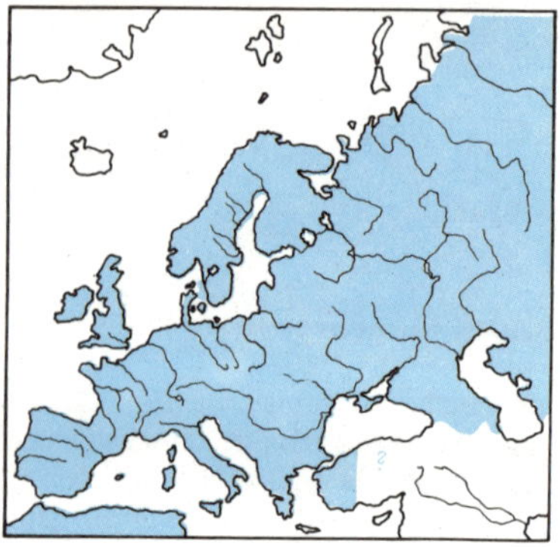

zu 140

schiedene Lautformen nachgewiesen). Die Tiere sind meist Einzelgänger. Die Männchen markieren ihre Territorien mit Harn und Kot, die Weibchen meist nur die Umgebung ihrer Wurfbaue. Die Territorien sind unterschiedlich groß. In Mitteleuropa beträgt ihre Fläche etwa 100 ha.

Die Tiere graben eigene Erdbaue mit Wohnkesseln und mehreren Röhren, zusätzlich gut getarnte Notbaue und Nebenbaue. Oft werden geräumige Dachsbaue, auch gemeinsam mit Dachsen, bewohnt.

In Mitteleuropa findet die Paarung zwischen Januar und Februar statt, in Nordeuropa etwa 1 Monat später und in Südeuropa bis zu 1 Monat früher. Während der Ranzzeit besteht unter den Rüden, die die Fähe umwerben, eine soziale Hierarchie. Die Begattung dauert 15 bis 25 Minuten. Nach einer Tragzeit von etwa 50 bis 55 Tagen werden jährlich 1mal 3 bis 12 blinde, wollige Welpen im Kessel des Wurfbaues geboren (Geburtsmasse etwa 100 g). Das Lager ist mit trockenem Pflanzenmaterial und Bauchhaaren der Mutter gepolstert. Die Jungen öffnen mit 12 bis 14 Tagen die Augen, kurze Zeit später nehmen sie von den Alten vorgekaute feste Nahrung auf. Während der Jungenaufzucht hilft der Rüde bei der Futterbeschaffung. Die Jungen werden etwa 4 Wochen gesäugt, danach verlassen sie zeitweise den Bau. Nach maximal 4 Monaten sind sie selbständig und mit etwa 9 Monaten geschlechtsreif. Das Höchstalter liegt bei 12 Jahren. Die Mutter geht mit den Jungen auch auf Jagd. Spätestens im August löst sich der Familienverband auf.

Die Nahrung besteht aus kleinen und mittelgroßen Wirbeltieren (bevorzugt Mäuse), Wirbellosen, Aas, Früchten und Beeren. Füchse vermögen Insekten zu fangen und nehmen an Küsten oder auf Inseln tote Fische, Muscheln und Vogeleier auf. Sie suchen auch Müllplätze auf und dringen in Geflügelställe ein.

Feinde sind Wolf (136), Goldschakal (137), Luchs (162), Vielfraß (157) und Adler. Jungfüchse können von Uhus geschlagen werden.

Besonderes: Füchse können verschiedene Infektionskrankheiten übertragen. Als Hauptträger der Tollwut werden sie stark bejagt. Trotzdem ist der Bestand nirgends gefährdet. Es scheint eher so zu sein, daß Verluste durch höhere Fortpflanzungsraten ausgeglichen werden.

Füchse kreuzen sich nicht mit Hunden. Das Fell ist als Rauchwerk sehr geschätzt.

Gattung *Nyctereutes*
Marderhunde

141 *Nyctereutes procyonoides*
Marderhund

Kennzeichen: Etwa fuchsgroß, kurzbeinig, gedrungen, mit langhaarigem Fell. Typisch ist eine dunkle Gesichtsmaske, die von den rotbraunen Augen bis zur Kehle reicht. Die Schnauze ist spitz, die abgerundeten Ohren ragen nur wenig aus dem Fell. Der 1farbige Schwanz ist kurz und buschig. Das dichte Haarkleid ist oberseits graubraun bis schwärzlich. 5 Paar Zitzen.

Ähnliche Arten: Waschbär (144), Rotfuchs (140).

Maße und Masse: KR 50 bis 80 cm; Schw 15 bis 25 cm; W 20 bis 25 cm; CB

103 bis 127 mm; Grannenhaare bis 12 cm; Masse 4 bis 10 kg.
Vorkommen: Ostasien, China, Korea, Japan. Im europäischen Teil der Sowjetunion etwa ab 1930 als Pelztier eingebürgert. Von dort aus erfolgte eine schnelle Ausbreitung in westlicher Richtung bis nach Nord-, Mittel- und Südeuropa. Bewohnt werden bevorzugt busch- und schilfreiche Flußtäler sowie Laub- und Mischwälder mit Unterwuchs. Die Tiere halten sich recht häufig in der Nähe von Gewässern auf. Scheinen aber keine besonderen Anforderungen an den Lebensraum zu stellen.
Lebensweise: Die dämmerungs- und nachtaktiven Tiere leben meist als Einzelgänger oder paarweise, gelegentlich auch im Familienverband. Meist ruhen die Tiere am Tage in selbstgegrabenen Erdbauen, in vorhandenen Höhlen oder in Schilflagern. Sie können gut schwimmen, klettern nicht, laufen langsam oder bummeln durch das Revier und halten im gut ausgepolsterten Bau meist vom Dezember bis Februar eine Winterruhe. Miauende Laute und Schnarchen sind bekannt.

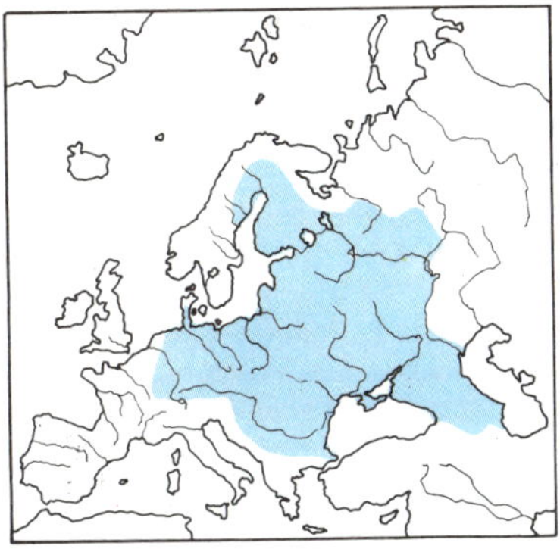

zu 141

Die Ranzzeit liegt in den Monaten Februar bis April. Nach einer Tragzeit von etwa 60 Tagen werden je Wurf 5 bis 8 (12?) blinde, wollige Welpen geboren. Mit etwa 14 Tagen öffnen sie ihre Augen. Sie werden etwa 4 Wochen gesäugt. Mit 4 Monaten sind sie selbständig, bleiben aber noch im Familienverband. Die Geschlechtsreife tritt mit etwa 10 Monaten ein. Sie können ein Alter bis zu 10 Jahren erreichen. Das Männchen ist an der Jungenaufzucht beteiligt. Die hohe Vermehrungsrate

141 *Nyctereutes procyonoides*

ist, verbunden mit optimalen Lebensbedingungen, die Ursache für das deutliche Anwachsen der Populationen und die damit verbundene rasche Ausbreitung der Art.
Die Nahrung besteht vorwiegend aus tierischer Kost. Der Marderhund fängt geschickt Fische, erbeutet kleinere Wirbeltiere (z. B. Mäuse, Frösche), plündert nicht selten Vogelnester am Boden, verschmäht aber auch Weichtiere, Insekten, Beeren und Früchte nicht.
Als Feinde sind Wolf (136), Luchs (162) und Braunbär (142) zu nennen.
Besonderes: Pelztier, das konsequent zu bejagen ist. Ob der Marderhund ein Konkurrent von Dachs und Fuchs ist, ist noch unklar.

Familie *Ursidae* Großbären

Die größten Landraubtiere. Sohlengänger mit starken Gliedmaßen. Schwanz kaum sichtbar. An den Vorder- und Hinterbeinen je 5 Zehen und lange Krallen. Meist Fleischfresser.
Von den 8 Arten der meist monotypischen Gattungen kommen 2 in Europa vor.

Zahnformel $\frac{3\,1\,2\,2}{3\,1\,2\,2}$ = 32 Zähne.

Gattung *Ursus* Echte Bären

142 *Ursus arctos*
Braunbär

Kennzeichen: Großer und gedrungener, schwerer Körper mit breitem Kopf, kleinen Augen, mittelgroßen, runden Ohren. Schwanz nicht sichtbar. Das zottige Fell ist meist hell- bis dunkelbraun, auch graue und fast schwärzliche Färbungen können vorkommen. Jungbären haben einen weißen Halsring oder einen weißen Fleck am Hals. Das sehr kräftige Gebiß hat große *Canini.* Die Weibchen haben 3 Paar Zitzen und sind meist etwas kleiner und leichter als die Männchen. Die Körpergröße des Braunbären nimmt in Eurasien vom Westen nach Osten zu.

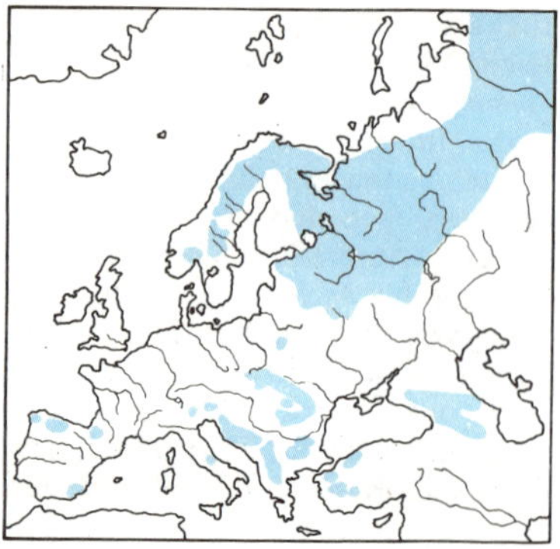

zu 142

Maße und Masse (europäischer Tiere): KR 170 bis 250 cm; Schw 6 bis 14 cm; W 90 bis 110 cm; HF 18 bis 22 cm; Masse 120 bis 250 kg und darüber.
Vorkommen: Einst über die ganze Paläarktis und in Nordamerika verbreitet. Derzeit in Europa (außer UdSSR insgesamt noch etwa 10 000 Tiere) nur noch kleine, oft isolierte Vorkommen meist in Gebirgen in Spanien, Frankreich, Italien, Griechenland, Jugoslawien, Rumänien, Bulgarien, der ČSSR, Polen, Finnland, Norwegen und Schweden. In der UdSSR noch in großen zusammenhängenden Territorien vorkommend. Bewohnt werden vom Menschen dünn besiedelte, großräumige Waldgebiete und Gebirgslandschaften. Gelegentlich dringen die Tiere auch in die Tundrazone vor.
Lebensweise: Die dämmerungs- und nachtaktiven Tiere sind scheue Einzelgänger. Sie können gut schwimmen und klettern. In Gebieten ohne Störungen sind sie auch am Tage tätig. Bären trotten gemächlich, können aber auch schnell und ausdauernd laufen. Sie legen Lager in geschützten Erd- oder Felshöhlen an, in denen sie von Oktober bis März Winterruhe halten und von ihren Fettreserven zehren. Im Winter verlassen die Bären oft über mehrere Tage ihre Höhle nicht. Als Laut-

143 *Thalarctos maritimus*

142 *Ursus arctos*

äußerungen sind besonders Brummen, Heulen und Schnaufen bekannt. Die Tiere richten sich mitunter auf den Hinterbeinen auf. Das beanspruchte Territorium kann sehr unterschiedlich groß sein, in Mitteleuropa bis etwa 2 500 ha.
Die Paarungszeit liegt zwischen April und August. Die Tiere paaren sich meist im Juli. Nach einer Tragzeit von 7 bis 8 Monaten, oft im Februar, werden 1 bis 4 (meist 2) sehr kleine, rattengroße, fast nackte, blinde Junge in der gut ausgepolsterten Überwinterungshöhle der Bärin geboren. Die Jungen öffnen mit 4 oder 5 Wochen ihre Augen und werden bis zu 4 Monaten gesäugt. Vor April verlassen sie die Höhle nicht. Oft bleiben die Jungen, die mit etwa 3 Jahren geschlechtsreif werden, bis zum Herbst oder nächsten Frühjahr bei der Mutter. Die Sterblichkeit der Jungen ist trotz der Fürsorge des Weibchens hoch. Wenn die Bärin Junge aufzieht, wird sie erst im übernächsten Jahr wieder trächtig. Die Bärin verteidigt ihre Jungen gegen Angreifer sehr heftig. Bären können 30 bis 35 Jahre alt werden.
Feinde hat der Braunbär kaum. Gelegentlich können Wölfe Jungbären überwältigen. Die Nahrung ist vielseitig. Bären sind Allesfresser. Sie nehmen Beeren, Früchte, Wurzeln, Samen, Insekten und Wirbellose auf. Fische, Lurche, Kriechtiere, Vögel und deren Eier sowie Säugetiere und Aas werden ebenfalls gefressen. Beutetiere werden oft verfolgt. Selten werden größere Säugetiere (Elche, Hirsche, Rinder oder Schafe) gerissen. Um an den begehrten Honig zu gelangen, graben sie die Nester von Wildbienen aus.
Besonderes: In den meisten Ländern Europas geschützt. Einzelabschüsse bedürfen einer Sondergenehmigung. In zahlreichen Unterarten über Europa, Asien und Nordamerika verbreitet.

zu 143

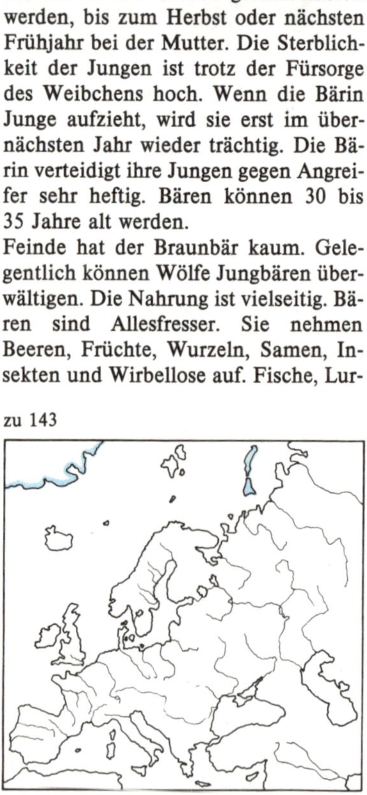

Gattung *Thalarctos*
Eisbären

143 *Thalarctos maritimus*
Eisbär

Kennzeichen: Größer als Braunbär (142), mit längerem Hals und schmalerem Kopf. Das Fell ist lang und zottig, es ist nahezu einheitlich gelbweiß bis schmutzigweiß gefärbt. Ohren und Augen sind klein, die Zunge ist blau, der Schwanz kaum sichtbar. Die Sohlen sind außer an den Ballen behaart. Zwischen den Zehen eine kurze Schwimmhaut. Die Weibchen sind deutlich kleiner und leichter als die Männchen. 3 Paar Zitzen.
Maße und Masse: KR 160 bis 250 cm; Schw 8 bis 10 cm; W 120 bis 140 cm; Masse 250 bis 500 kg und darüber.
Vorkommen: Arktische Region Europas, Asiens und Nordamerikas. In Europa auf Grönland, Spitzbergen, Nowaja Semlja, Island und in Nordnorwegen. Oft auf Treibeisdecken. Bewohnt arktische Inseln, Küstengebiete und Treibeisfelder mit offenen Wasserflächen.
Lebensweise: Die meist tag- und nachtaktiven Tiere sind Einzelgänger, die gut schwimmen und bis etwa 2 min tauchen können. Sie führen weite Wanderungen aus oder gelangen auf Treibeis und werden so über größere Strecken im Nordpolarmeer transportiert. Das dichte Fell und die darunter befindliche Fettschicht schützen die Tiere vor der Kälte. Auf dem glatten Eis können

sie durch ihre behaarten und mit starken Krallen versehenen Füßen sicher laufen. Eisbären ruhen, besonders bei schlechtem Wetter, in selbstgegrabenen, geräumigen Schneehöhlen oder Eishöhlen. Vorhandene Fels- oder Eishöhlen – meist aus aufgetürmten Eisschollen bestehend – werden genutzt. Sie können schnaufen, brüllen und schreien. Gelegentlich richten sich die Tiere auf ihren Hinterbeinen auf. Sie halten keine Winterruhe.

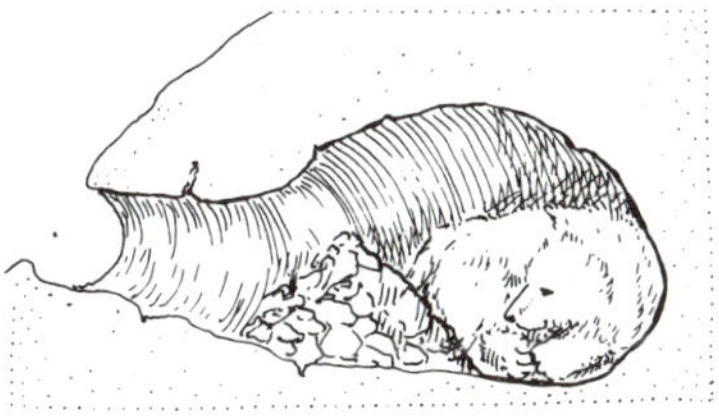

Schematischer Schnitt durch eine Schneehöhle von *Thalarctos maritimus* (143)

Die Paarung findet zwischen März und Mai statt. Nach 7 bis 8 Monaten bringt das Weibchen, meist im Dezember, 1 bis 3 blinde und nackte Junge in ihrer Schneehöhle zur Welt, die sie ab November bezogen hat und erst wieder im Frühjahr (April) verläßt. Während dieser Zeit wird das angelagerte Körperfett aufgebraucht. Die Geburtsmasse beträgt knapp 1 kg. Nach etwa 4 Wochen öffnen die Jungen ihre Augen. Sie werden 2 bis 3 Monate gesäugt. Im Alter von 3 Monaten nehmen die Jungen feste Nahrung auf und verlassen nun mit ihrer Mutter die Höhle. Die Mutterfamilie kann sich nach 3 Jahren auflösen. Mit 4 bis 6 Jahren sind die Tiere geschlechtsreif. Sie können etwa 30 Jahre alt werden. Zieht die Bärin Junge auf, bekommt sie erst nach 3 Jahren wieder Nachwuchs.
Die Nahrung besteht vorwiegend aus Robben, Fischen, Vögeln und Aas. Es werden auch Abfälle, Moosbeeren, Schneehasen, Eisfüchse und Lemminge gefressen.

Als Feinde sind nur Schwertwal (199) und Walroß (163) zu nennen.
Besonderes: In den letzten Jahren gibt es zusätzlich zu staatlichen Schutzbestimmungen international koordinierte Bemühungen zur Erhaltung der Art. Menschen werden von Eisbären kaum bedroht.

Familie *Procyonidae*
Kleinbären

Mittelgroße Raubtiere Amerikas, von denen 1 Art in Europa eingeführt wurde.
Die Vorder- und Hinterfüße dieser Sohlengänger haben je 5 Zehen. Allesfresser.

Zahnformel $\frac{3\,1\,4\,2}{3\,1\,4\,2}$ = 40 Zähne.

Gattung *Procyon*
Waschbären

144 *Procyon lotor*
Waschbär

Kennzeichen: Größer als Hauskatze. Gedrungener Körper mit kurzen Beinen. Spitze Schnauze, kleine, dunkelbraune Augen, relativ große Ohren. Schwarze Gesichtsmaske. Dicker, buschiger, mit breiten schwarzen Ringen versehener, halbkörperlanger Schwanz. Das langhaarige Fell ist überwiegend graubraun und hat hellere Grannenspitzen, ein

zu 144

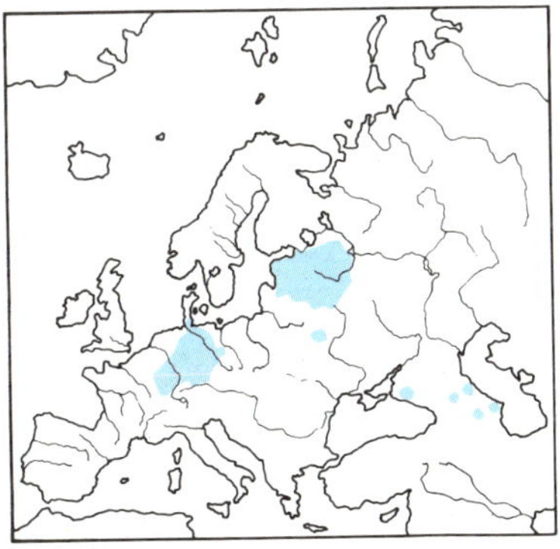

weißes Stirnband und weiße Schnauzenseiten.
Ähnliche Arten: Marderhund (141), Dachs (145).
Maße und Masse: KR 40 bis 70 cm; Schw 20 bis 30 cm; W 30 bis 35 cm; HF etwa 12 cm; Ohr 5,5 bis 6,5 cm; Masse 5 bis 16 (20?) kg.
Vorkommen: Nord- und Mittelamerika. In verschiedenen Gebieten Europas in Pelztierfarmen gehalten. Von dort aus gelangten Tiere in die Freiheit. In der Belorussischen SSR und in Transkaukasien gezielt eingebürgert. In Deutschland wurden 1934 in der Nähe des Edersees 2 Paare ausgesetzt. Etwa 25 weitere Tiere entkamen z. B. 1945 (?) bei Berlin. In beiden Gebieten vermehrten sie sich rasch, wanderten weiter und bezogen neue Territorien. Die Ausbreitung der Art hält bis heute an. Die genaue Verbreitung läßt sich nicht eindeutig angeben. Gegenwärtig liegen Nachweise aus der BRD, der DDR, Polen, Frankreich, Luxemburg, den Niederlanden und Österreich vor. Nachweise sind wegen der versteckten, nächtlichen Lebensweise schwierig. Der Waschbär bewohnt Laub- und Mischwälder, Sumpf- und Seengebiete, Flußtäler, Parkanlagen und Gärten. Er kann sich an sehr unterschiedliche Lebensräume anpassen.
Lebensweise: Dämmerungs- und nachtaktive Einzelgänger, die unterschiedlich große Territorien haben und sich tagsüber versteckt in Erd-, Fels- und Baumhöhlen aufhalten. Sie können geschickt an Bäumen klettern und gut schwimmen. In kalten Wintern halten Waschbären eine Winterruhe und zehren von ihren Fettreserven. Als Laute sind Knurren, Kreischen, Trillern und Keckern bekannt. Die Vorderpfoten werden, besonders bei der Nahrungsaufnahme, wie Hände eingesetzt.

144 *Procyon lotor*

Die Paarung erfolgt zwischen Dezember und März, in Mitteleuropa wohl meist von Ende Januar bis März. Nach etwa 63 Tagen bringt das Weibchen 1mal im Jahr 2 bis 7 blinde Junge in ihrer Höhle zur Welt. Sie haben ein kurzes, dichtes Haarkleid und wiegen zwischen 65 und 75 g. Die Jungen öffnen die Augen im Alter von etwa 3 Wochen. Nach 4 oder 5 Wochen verlassen sie mit der Mutter erstmals die Höhle. Gesäugt werden sie etwa 6 Wochen lang. Mit 5 bis 6 Monaten sind die Jungen selbständig, oft verbleiben sie aber noch bis zum nächsten Frühjahr bei der Mutter. Weibchen werden im 1. Lebensjahr, Männchen im 2. Lebensjahr geschlechtsreif. Die Tiere können 6 bis 8 Jahre alt werden.
Die Nahrung ist vielseitig. Als Allesfresser bevorzugen sie Fische, Frösche, Krebse, Lurche, Insekten, Schnecken, Mäuse, Vögel und deren Gelege, Früchte, Obst (Weintrauben), Bucheckern, Kartoffeln und Mais.
Feinde sind Wolf, Luchs und Vielfraß. Jungtiere können von Fuchs, Marder und Uhu erbeutet werden.
Besonderes: Der Waschbär hat in Mitteleuropa keine Schonzeit. Die Reduzierung freilebender Bestände ist eine notwendige Schutzmaßnahme für die einheimische Fauna.
Zu den Beutetieren der Waschbären gehören viele bestandsbedrohte Tierarten.

Familie *Mustelidae*
Marderartige

Kleine bis mittelgroße Raubtiere mit meist schlankem, langgestrecktem Körper und mit kurzen Beinen. Sie sind Zehen-, Halbsohlen- oder Sohlengänger. An den Vorder- und Hinterbeinen je 5 Zehen. Die meisten Arten sind nachtaktiv. Die »Stinkdrüsen« im Analbereich dienen der Markierung von Territorien oder der Feindabwehr. In Europa kommen 13 Arten aus 6 Gattungen vor.

Schlüssel zur Bestimmung der Gattungen

1 KR über 60 cm — 2
1′ KR unter 60 cm — 4
2 W über 35 cm, Körper plump, dicker buschiger Schwanz — *Gulo* S. 290
2′ W unter 35 cm — 3
3 Ohne auffallende Kopfzeichnung, die Zehen mit Schwimmhäuten, Schwanz über 25 cm lang — *Lutra* S. 284
3′ Seiten des Kopfes mit schwarz-weißen Streifen. Zehen der Vorderfüße mit starken Grabkrallen. Schwanz unter 25 cm — *Meles* S. 271
4 Fell oberseits bunt (schwarze, gelbe, weiße Flecken und Felder) — *Vormela* S. 283
4′ Fell nicht bunt — 5
5 HF über 8 cm (wenn unter 8 cm, dann Ohr über 5 cm und Kehlfleck undeutlich abgegrenzt). Schwanz ⅓ KR. Kehle mit größerem gelben oder weißen Fleck — *Martes* S. 286
5′ HF unter 8 cm, Ohr unter 5 cm, ohne größeren Kehlfleck — *Mustela* S. 273

Gattung *Meles*
Dachse

Zahnformel $\frac{3\,1\,4\,1}{3\,1\,4\,2}$ = 38 Zähne.

145 *Meles meles*
Dachs

Kennzeichen: Plumper, keilförmiger, breiter und flacher Körper. Typisch sind die schwarzweißen, scharf abgegrenzten Streifen längs des Kopfes. Beine und Schwanz sind kurz. Die Oberseite des rauhen Felles mit dichter Unterwolle ist grau bis gelbbraun, die Unterseite schwärzlich. Der Kopf ist flach und spitzschnauzig, hat eine schwarze Nase und kleine Augen und Ohren. Die Krallen der Vorderfüße sind lang und stark. 3 Paar Zitzen. Die Männchen sind größer und schwerer als die Weibchen.
Ähnliche Arten: Waschbär (144), Marderhund (141).

Maße und Masse: KR 60 bis 90 cm; Schw 15 bis 20 cm; W bis 30 cm; HF 7,5 bis 13 cm; Ohr 35 bis 70 mm; CB 113 bis 144 mm (♂), 100 bis 140 mm (♀); Zyg 68 bis 90 mm (♂), 62 bis 85,5 mm (♀); Masse 10 bis 18 kg (im Winter bis 25 kg?).

Vorkommen: Europa (außer Island, Nordskandinavien, Sardinien, Sizilien und Korsika), nach Osten bis Mittelasien. In Laub- und Mischwäldern, Parklandschaften sowie Flußauen. Im Gebirge bis etwa 2 000 m Höhe.

Lebensweise: Nacht- und dämmerungsaktive Tiere, die meist als Einzelgänger, paarweise oder im Familienverband verträglich miteinander leben. Sie führen eine halbunterirdische Lebensweise, da sie sich tagsüber und im Winter über mehrere Monate im Bau aufhalten. Im Wald finden die Tiere die notwendige Deckung. Sie graben umfangreiche, mehrere Meter tiefe Baue mit oft verzweigten (bis insgesamt etwa 80 m langen) Gangsystemen mit 1 oder mehreren Kesseln. In großen Bauen (»Dachsburgen«) leben manchmal mehrere Familien. Einige Ausgänge, als »Rutschrinnen« bezeichnet, werden laufend benutzt. Sie sind halbrund und etwa 14 bis 32 cm hoch. Der Kessel ist

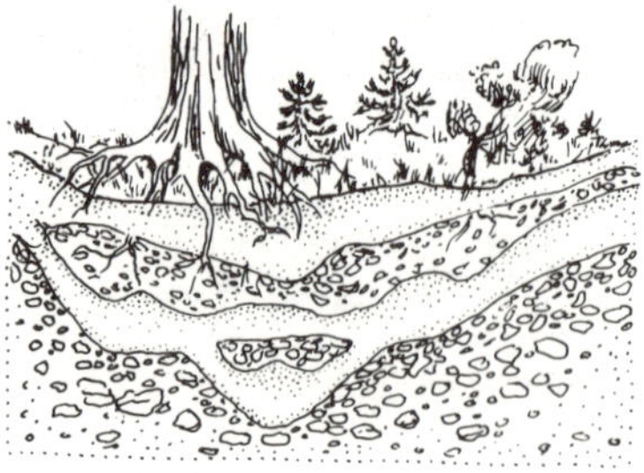

Schematischer Schnitt durch einen Bau von *Meles meles* (145)

145 *Meles meles*

bis etwa 75 cm lang und 38 cm hoch und wird mit Laub und Gräsern ausgelegt. Das Material wird erneuert. Vom Bau entfernen sich Dachse bis maximal 5 km. Im Winter werden die Eingänge gelegentlich mit Erde und Laub verschlossen. Mehrfach konnte beobachtet werden, daß verschiedene Generationen einen Dachsbau bewohnen. Vor den Eingangsröhren fallen die mehr oder weniger großen, frischen Erdauswürfe auf. Die Tiere halten Winterruhe und zehren dann von ihrem Körperfett. Sie haben meist feste Wechsel und halten ihren Bau sauber. Kot und Harn werden in »Aborten« abgesetzt. Der Geruchssinn ist am besten entwickelt. Als Laute sind Brummen, Fauchen, Quieken und Schreien bekannt.
Die Paarungszeit liegt zwischen Februar und Oktober. Die sehr unterschiedliche Tragzeit, die durch eine latente Periode verlängert wird, kann insgesamt 271 bis 284 Tage nach erfolgter Paarung im Sommer betragen. Erfolgte die Paarung im Frühjahr, kann die Tragzeit bis zu 1 Jahr dauern. Es können 1 bis 6 Junge geboren werden. Die Neugeborenen wiegen etwa 85 g, sind etwa 12 cm lang und blind. Sie kommen in einer gesäuberten und mit Gras und Moos ausgepolsterten Nestkammer zur Welt, öffnen mit etwa 35 Tagen ihre Augen und werden etwa 2 bis 3 Monate gesäugt. Mit 5 Monaten sind sie selbständig, mit etwa 18 Monaten geschlechtsreif. Bis Oktober bleiben die Jungen bei der Mutter. Die Lebensdauer kann 15 bis 18 Jahre betragen.
Die Nahrung besteht aus Würmern, Schnecken, Insekten, Kleinsäugern, Lurchen, Eidechsen, Vögeln und deren Eiern, Obst, Beeren, Wurzeln, Knollen und Aas. Der Dachs ist ein Allesfresser.
Seine Feinde sind vor allem Wolf und Luchs. Oft wird der Dachs als Überträger der Tollwut vom Menschen verfolgt. Er bewohnt nicht selten gemeinsam mit dem Fuchs ein großes Bausystem. Die langen harten Grannenhaare werden für die Herstellung von Pinseln benutzt.

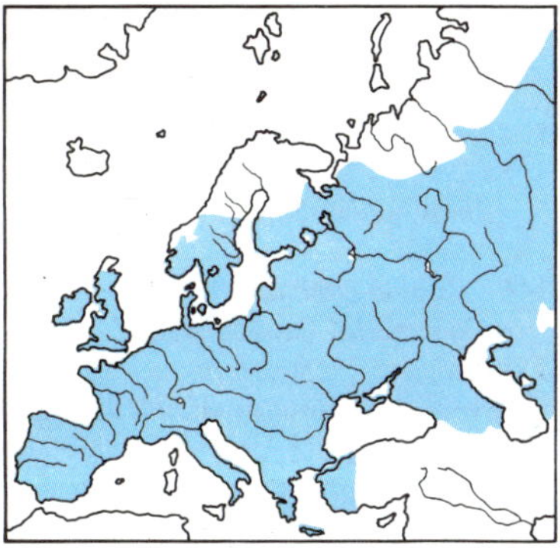

zu 145

Besonderes: In vielen Ländern unter Jagdschutz.

Gattung *Mustela*
Wiesel

Zahnformel $\frac{3\,1\,3\,1}{3\,1\,3\,2} = 34$ Zähne.

P^1 und P_1 fehlen mitunter.

Schlüssel zur Bestimmung der Arten

1 Bauch mehr oder weniger scharf abgesetzt weiß, Winterkleid teilweise oder völlig weiß. KR unter 30 cm (bis 33 cm) 2
1′ Bauch meist dunkel. Kein weißes Winterkleid. KR über 30 cm 3
2 Schwanz fast ½ KR, das letzte Drittel immer schwarz;
Index $\frac{CB}{\text{Länge der Gehörblase}} = 3{,}2$ bis 3,3 146 *M. erminea*
2′ Schwanz nur ⅓ KR, Schwanzspitze nur mit wenigen schwarzen Haaren;
Index $\frac{CB}{\text{Länge der Gehörblase}} = 3{,}0$ bis 3,1 147 *M. nivalis*
3 Unterwolle des Felles hell, cremefarben oder weißlich 4
3′ Unterwolle dunkelgrau 5
4 Schwanz insgesamt schwarz. Bauch dunkel. Gelbliche Unterwolle 150 *M. putorius*

4′ Schwanz nur Endhälfte schwarz. Bauch bräunlich. Weiße Unterwolle
151 *M. eversmanni*

5 Ober- und Unterlippe weiß
148 *M. lutreola*

5′ Oberlippe dunkel 149 *M. vison*

146 *Mustela erminea*

Hermelin, Großes Wiesel

Kennzeichen: Sehr schlanker Körper. Oberseite im Sommer einheitlich hell- bis zimtbraun, die Unterseite gelblichweiß, geradlinig scharf abgesetzt. Der Schwanz ist etwa halb so lang wie der Körper, an der Spitze etwas buschig und stets schwarz. Im Winter ist das Tier mit Ausnahme der Schwanzspitze völlig weiß. Die Umfärbung zum Winterfell, verbunden mit einem Haarwechsel, erfolgt schnell, während der Haarwechsel im Frühjahr langsam verläuft. Deshalb sind oft braunweiß gefleckte Tiere in dieser Zeit zu beobachten. Die Ohren sind kurz, ihr Rand ist weißlich, die Nase ist schwarz. 4 Paar Zitzen.

Ähnliche Art: Mauswiesel (147).

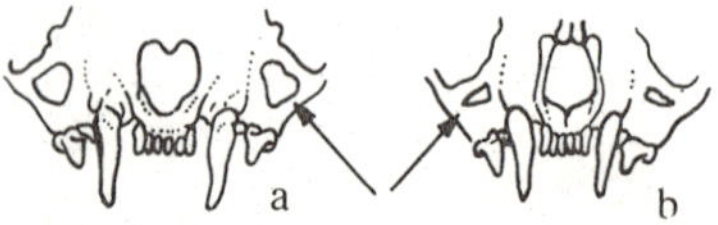

Vergleich der oberen Vorderschädel von a *Mustela erminea* (146), b *M. nivalis* (147)

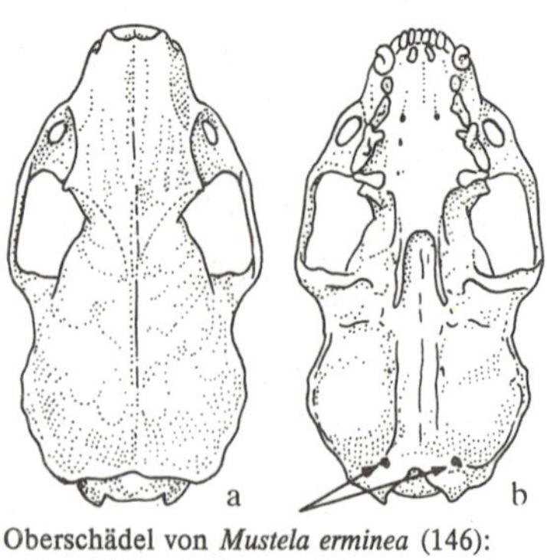

Oberschädel von *Mustela erminea* (146): a Draufsicht, b Unteransicht

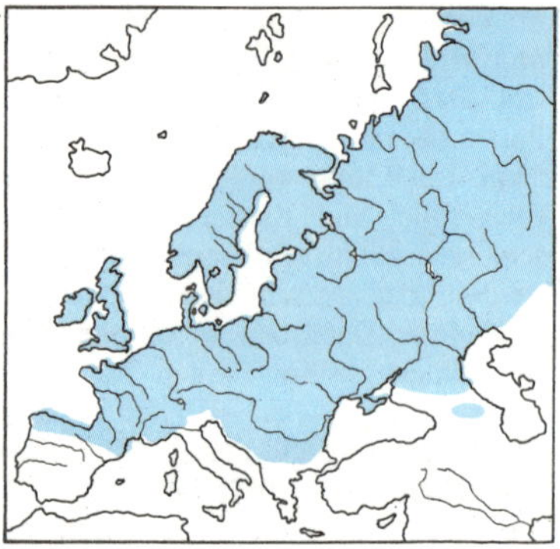

zu 146

Maße und Masse: KR 18,7 bis 32,5 cm (♂), 17 bis 27 cm (♀); Schw 5 bis 12 cm (♂), 5 bis 10,6 cm (♀); HF 4 bis 4,8 cm (♂), 3,7 bis 4,7 cm (♀); Ohr 1,8 bis 2,3 cm (♂), 1,4 bis 2,3 cm (♀); CB 39,9 bis 52,2 mm (♂), 35,7 bis 45,8 mm (♀); Zyg 21 bis 30,6 mm (♂), 18,2 bis 24,2 mm (♀); Masse bis 350 g (♂), bis etwa 200 g (♀).

Vorkommen: Europa mit Ausnahme Islands und des Mittelmeerraumes, Asien und Nordamerika. In Wäldern, Parks, Agrargebieten, in der Nähe von Siedlungen, an Gewässerufern, auf Dünen, im Gebirge bis etwa 3 000 m Höhe.

Lebensweise: Die vorwiegend nacht- und dämmerungsaktiven Tiere können gut klettern und springen und ausgezeichnet schwimmen. Ihre Bewegungen sind rasch und gewandt. Sie sind meist Einzelgänger. Bewohnt werden Erd- und Baumhöhlen, Stein- und Reisighaufen, die Baue und Nestkammern von Nagetieren (z. B. Schermäusen, Hamstern) und Maulwürfen. Das Hermelin legt selbst kaum Baue an. Der Aktionsraum beträgt bei Männchen 15 bis 20 ha, bei Weibchen etwa 8 ha. Die Reviermarkierung erfolgt mit einem Sekret aus Afterdrüsen. Oft richten sich die Tiere auf und machen »Männchen«. Sie trillern, fauchen und stoßen scharfe Drohschreie aus.

Die Fortpflanzungsbiologie ist nur un-

147 *Mustela nivalis*

146 *Mustela erminea*
Winterkleid

146 *Mustela erminea*
Sommerkleid

81 *Apodemus sylvaticus*
zum Größenvergleich

zureichend bekannt. Die Paarung findet im März/April oder im Spätsommer statt. Im Verlauf der Trächtigkeit gibt es offenbar eine (längere?) Periode verzögerter Embryonenentwicklung, möglicherweise von unterschiedlicher Dauer. Nach einer Tragzeit von 9 bis 10 Monaten werden im Frühjahr 3 bis 12 (meist 5 bis 6) nackte, blinde Junge geboren. Die Nestkammer wird oft mit Haaren oder Fellstücken erbeuteter Mäuse gepolstert. Die Geburtsmasse beträgt etwa 3 g. Mit 6 Wochen öffnen die Jungen die Augen, 6 bis 7 Wochen lang werden sie gesäugt, ab der 4. Woche wird auch feste Nahrung aufgenommen. Mit 5 Monaten sind sie selbständig. Im Herbst trennen sich die Jungen von der Mutter. An der Aufzucht beteiligen sich oft beide Geschlechter. Die Weibchen werden mit 2 bis 3 Monaten geschlechtsreif, die Männchen erst nach 1 (?) Jahr. Das Höchstalter liegt bei 12 Jahren.

Die Nahrung besteht überwiegend aus Kleinsäugern bis Kaninchengröße. Es werden auch Lurche, Kriechtiere, Vögel und Fische gefressen. Die Beute wird meist durch einen Nackenbiß getötet.

Feinde sind Fuchs, Adler, Bussarde und große Eulen.

147 *Mustela nivalis*
Mauswiesel

Kennzeichen: Kleinstes Raubtier, mit langgestrecktem und sehr beweglichem Körper. Die Oberseite ist braun gefärbt, die Unterseite weiß, mehr oder weniger deutlich gezackt, abgesetzt. Der kurze Schwanz ist einheitlich braun. Die Nase ist dunkelbraun, die Ohren sind hell- bis dunkelbraun. Wichtiges Kennzeichen ist oft ein brauner Fleck am Mundwinkel. Nur in den nördlichen Regionen und im Hochgebirge tragen die Tiere ein weißes oder weißgeflecktes Winterfell. Die Vorder- und Hinterfüße sind an den Unterseiten behaart. Die Ursache der geographischen Variabilität der Körpergrößen der Tiere ist

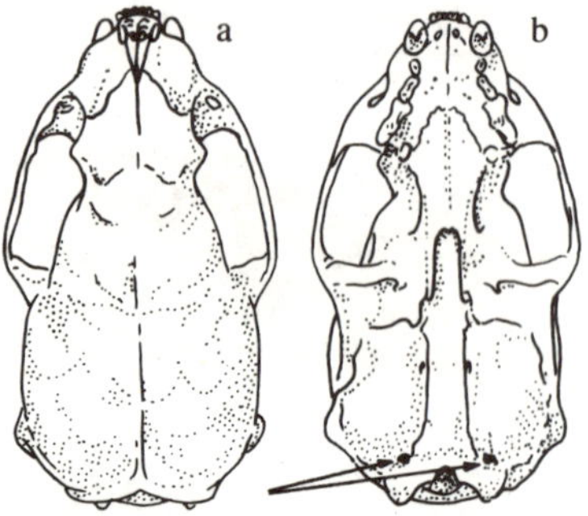

Oberschädel von *Mustela nivalis* (147):
a Draufsicht, b Unteransicht

noch nicht ausreichend geklärt. 4 Paar Zitzen.

Ähnliche Art: Hermelin (146).

Maße und Masse: KR 13 bis 26 cm (♂), 11 bis 22,5 cm (♀); Schw 5 bis 7 cm (♂), 1,7 bis 6 cm (♀); HF 16 bis 42 mm (♂), 35 bis 55 mm (♀); Ohr 10 bis 16 mm (♂), 8,8 bis 12,8 mm (♀); CB 22,8 bis 47,2 mm (♂), 27,5 bis 36,7 mm (♀); Zyg 11 bis 22,5 mm und darüber (♂), 12,5 bis 19 mm (♀); Masse 75 bis 200 g (♂), 45 bis 110 g (♀).

Vorkommen: Europa außer Island und Irland, Asien, Afrika und Nordamerika. In nahezu allen Landschaften, im Gebirge bis 3 000 m Höhe. Die anscheinend anspruchslosen Tiere kommen auch in Agrargebieten und Siedlungen vor.

zu 147

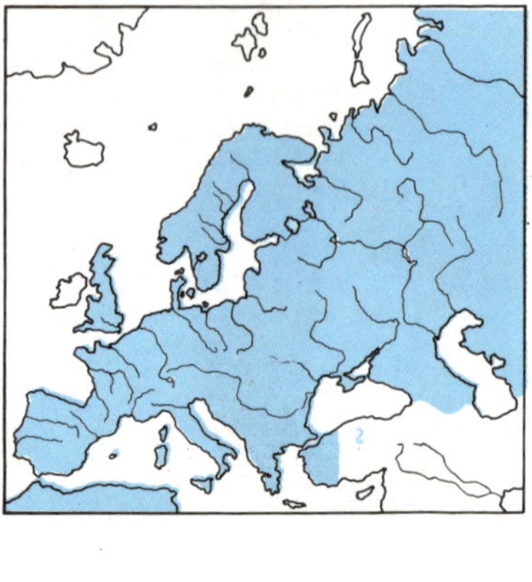

Lebensweise: Nacht- und tagaktive Einzelgänger. Sie können klettern und schwimmen, meist bewegen sie sich in kleinen Sprüngen fort. Das Wohnrevier des Männchens grenzt meist an das des Weibchens. Das Territorium wird mit Analdrüsensekret, Urin und Kot markiert, seine Größe scheint von der Populationsdichte der Beutetiere abzuhängen. Die ausgeprägten Bestandsschwankungen dürften auch damit in Zusammenhang stehen. Meist hat das Mauswiesel in seinem Revier mehrere Verstecke. Das Nest wird in Steinhaufen, unter Baumwurzeln, in Spalten, Löchern und in Wühlmausbauen angelegt. Der kleine, schlanke Körper ermöglicht dem Tier, in Mäusebaue einzudringen, dort Beute zu schlagen oder sich zu verstecken.

Als Laute sind Trillern, Zirpen und Zischen sowie Drohschreie bekannt. Das Haar wird im Frühjahr und im Herbst gewechselt. Die Fortpflanzung ist nur unvollständig bekannt. Eine feste Paarungszeit gibt es anscheinend nicht. Wahrscheinlich liegt die Hauptranzzeit in den Monaten Februar und März. Trächtige Weibchen wurden zu allen Jahreszeiten beobachtet. Die Weibchen werfen im Jahr 1 bis 2 (3?) mal nach einer Tragzeit von etwa 5 Wochen. Es werden 3 bis 12 (und mehr?) blinde Junge geboren, die ihre Augen mit etwa 35 Tagen öffnen. Die Säugezeit beträgt 6 Wochen. Mit 3 bis 4 Monaten sind die Jungen selbständig und verlassen danach die Mutter. Weibchen können noch in ihrem Geburtsjahr trächtig werden. Das Höchstalter liegt bei 8 Jahren. Die Nahrung besteht vorwiegend aus Kleinsäugern bis Kaninchengröße, Kriechtieren, Lurchen, Insekten sowie Vögeln. Oft überwältigt das Mauswiesel mehr Mäuse, als es selbst verzehren kann. Seine Rolle im Rahmen biologischer Schädlingsbekämpfung ist deshalb sehr hoch zu bewerten. Feinde sind vor allem Fuchs, Hermelin, Waldiltis, Wildkatze, Schleiereule, Uhu und Mäusebussard.

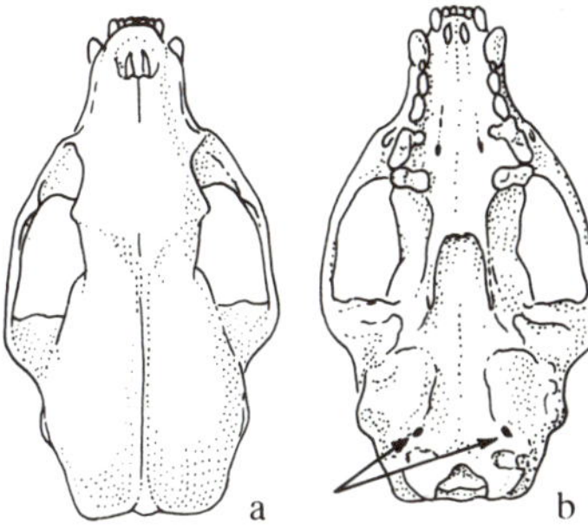

Oberschädel von *Mustela lutreola* (148): a Draufsicht, b Unteransicht

Besonderes: Als Vertilger schädlicher Nager sollte das Mauswiesel in allen Staaten unter Schutz gestellt werden.

148 *Mustela lutreola*
Nerz

Kennzeichen: Einheitlich zimtbraun gefärbt. Das Fell ist weich, glänzend und durch lange Grannenhaare charakterisiert, Ober- und Unterlippe sowie Kinn sind weiß. Der Kopf ist verhältnismäßig groß, die Ohren sind kurz. Zwischen den Zehen kurze Schwimmhäute. 4 Paar Zitzen.

Ähnliche Arten: Waldiltis (150), Mink (149).

Maße und Masse: KR 28,4 bis 43 cm (♂), 32 bis 40 cm (♀); Schw 12,4 bis 19 cm (♂), 13 bis 18 cm (♀); HF 5,4 bis

zu 148

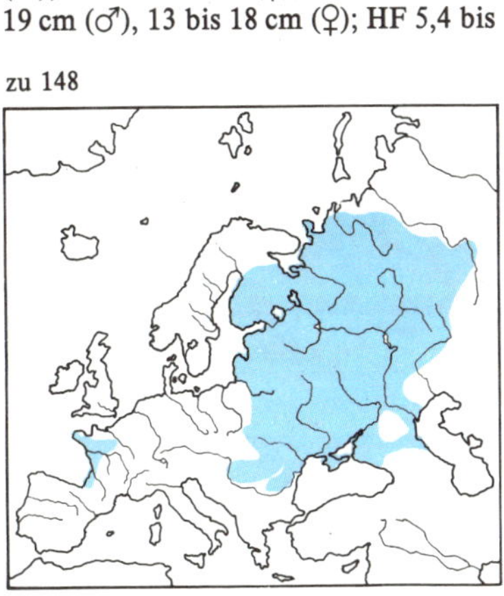

149 *Mustela vison*

148 *Mustela lutreola*

6,4 cm (♂), 5 bis 5,3 cm (♀); Ohr 2 bis 2,5 cm; CB 56,4 bis 62,7 mm (♂), 52,8 bis 61,4 mm (♀); Zyg 30,8 bis 35,5 mm (♂), 28,9 bis 32,3 mm (♀); Masse 500 bis 1 000 g.

Vorkommen: In großen Teilen Europas seit Beginn des 20. Jahrhunderts wegen seines wertvollen Felles ausgerottet. Vorkommen zur Zeit noch in Finnland, in Osteuropa bis Westsibirien, in Rumänien und in Frankreich. Die westlichen Vorkommen schrumpfen weiter. Bewohnt werden gewässerreiche Gebiete, Ufer von Seen und Flüssen mit dichtem Pflanzenbewuchs, Sümpfe und Moore.

Lebensweise: Die vor allem nachtaktiven, aber auch in den Abend- und Morgenstunden jagenden Tiere können gut schwimmen, 1 bis 2 Minuten unter Wasser bleiben und dabei bis 20 m zurücklegen. Nerze sind reviertreue Einzelgänger. Sie haben einen über das ganze Jahr benutzten Bau und zusätzliche Unterschlupfe. Der Bau mit seiner Nestkammer, meist nicht weit vom Ufer entfernt, ist über 1 bis 2 Gänge (Durchmesser 8 bis 10 cm) zu erreichen. Oft liegt der Eingang unter Wasser. Selbstgegrabene Baue haben einen »Luftschacht«. Mitunter befindet sich der Bau auch in hohlen umgestürzten Baumstämmen. Die Größe des Wohnreviers schwankt wahrscheinlich in Abhängigkeit von dem Nahrungsangebot. Es werden bis 100 ha angegeben. Im Sommer ist es kleiner als im Winter. Als Laute sind Triller und Knurren bekannt.

Die Paarung findet zwischen Februar und April statt. Nach etwa 6 Wochen Tragzeit werden 3 bis 7 blinde Junge geboren, die etwa 4 Wochen gesäugt werden. Nach 5 Wochen öffnen sie die Augen, mit etwa 9 Wochen sind sie selbständig, im folgenden Jahr werden sie geschlechtsreif. Das Höchstalter liegt bei 10 Jahren.

Die Nahrung besteht, soweit bekannt, aus Mäusen, Fischen, Krebsen, Fröschen, Wasserinsekten, Weichtieren

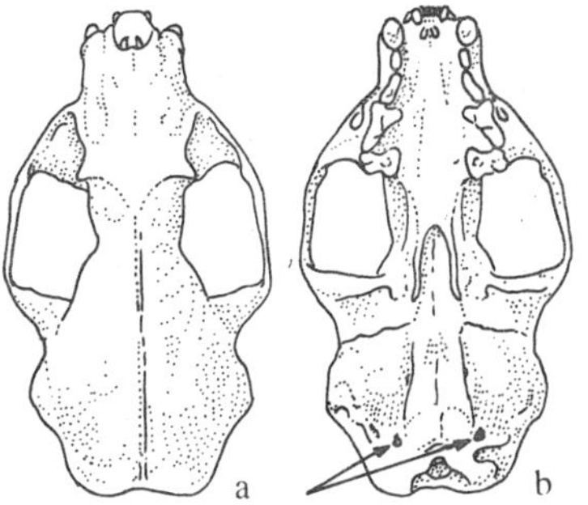

Oberschädel von *Mustela vison* (149): a Draufsicht, b Unteransicht

und Vögeln. Bei reichlich vorhandener Nahrung werden Vorräte angelegt. Feinde sind Fischotter, Mink, Waldiltis und Dachs. Mehrfach wurden in bestimmten Gebieten (z.B. UdSSR) Nerzpopulationen durch Fischotter und Mink als starke Konkurrenten vernichtet.

Besonderes: Der Nerz liefert einen wertvollen Pelz. Oft werden die Tiere in Pelztierfarmen in zahlreichen Farbvarianten gezüchtet. Die Erhaltung der freilebenden Populationen ist eine wichtige Naturschutzaufgabe.

149 *Mustela vison* **Mink**

Kennzeichen: Im Unterschied zum Nerz hat die Oberlippe keinen weißen Fleck. Mitunter haben Kehle oder Brustbereich weißliche Flecken. Es gibt viele Farbvarianten. So wurden z. B. schwarze und silberblaugraue Tiere gezüchtet.

Ähnliche Arten: Nerz (148), Waldiltis (150).

Maße und Masse: KR 34 bis 45 cm (♂), 31 bis 38 cm (♀); Schw 12 bis 25 cm; Ohr 2 bis 3 cm; HF 4 bis 7 cm; Masse 600 bis 1 500 g (♂), 400 bis 850 g (♀).

Vorkommen: Nordamerika. In den 20er Jahren als Farmtier nach Europa gebracht und seitdem auch züchterisch verändert. Mehrmals entkamen Tiere

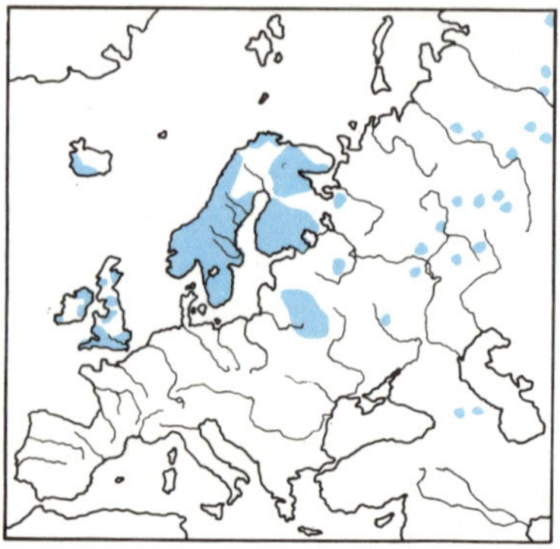

zu 149

oder wurden bewußt ausgesetzt, so z.B. in Irland, Großbritannien, Skandinavien und der UdSSR. Inzwischen gibt es auch in Mitteleuropa Einzelnachweise oder regionale Populationen. Die Verbreitung in Europa ist noch unklar.
Der Mink bewohnt besonders die Uferbereiche von stehenden und fließenden Gewässern und Sümpfe.
Lebensweise: Ähnlich dem Nerz (148). In Mitteleuropa wurden mehrfach Tiere in Bauen von Bisamratten festgestellt.

150 *Mustela putorius*
Waldiltis, Iltis
Kennzeichen: Kleiner als Hauskatze. Typisch sind das helle Gesicht mit einer dunklen Maske, der buschige Schwanz von halber Körperlänge und die »buckelartige« Rückenlinie. Die Färbung ist dunkelbraun bis schwärzlich, an den Flanken hell mit deutlich durchscheinender gelblicher Unterwolle, unterseits schwärzlichbraun. Die Grannenhaare glänzen. Der Kopf ist flach und kurz, die Nase schwärzlich, die Augen sind klein, die kurzen rundlichen Ohren haben einen weißen Rand. Es gibt zahlreiche Farbvarianten, besonders in Südeuropa. Pfoten- und Zehenballen sind nackt. 4 Paar Zitzen.
Die domestizierte Form des Waldiltis, das Frettchen *Mustela putorius* f. *furo* hat eine hellere bis weiße Fellfarbe und wird zum Kaninchenfang und auch zur Rattenbekämpfung eingesetzt. Frettchen kommen verwildert besonders auf Sardinien und Sizilien vor. Sie können sich mit dem Waldiltis und dem Steppeniltis (151) kreuzen.
Ähnliche Arten: Steppeniltis (151), Nerz (148), Mink (149).
Maße und Masse: KR 35 bis 46 cm (♂), 29 bis 40 cm (♀); Schw 11,5 bis 16,7 cm (♂), 8,4 bis 15 cm (♀); W 4,5 bis 6,5 cm; HF 4,2 bis 6,3 cm (♂), 3,3 bis 5,8 cm (♀); Ohr 2,1 bis 3,6 cm (♂), 1,5 bis 2,6 cm (♀); CB 59 bis 71,2 mm (♂), 51 bis 63 mm (♀); Zyg 35 bis 42 mm (♂), 32 bis 38 (♀); Masse 1 bis 1,5 kg (♂), 0,6 bis 0,8 kg (♀).
Vorkommen: Europa (außer Irland, Nordskandinavien, Balkan und nördliche Gebiete der UdSSR), Asien, Nordafrika.
Die Nähe von Gewässern und Siedlungen sowie reich gegliederte Landschaften werden bevorzugt. Im Widerspruch zu seinem Namen meidet er ausgedehnte Waldgebiete. Im Gebirge bis etwa 2 000 m Höhe.
Lebensweise: Dämmerungs- und nachtaktive Einzelgänger, die gut schwimmen, tauchen und graben, aber kaum klettern können. Fühlen sich die Tiere bedroht oder erschrecken sie, dann sondern ihre Analdrüsen ein stark riechendes Sekret ab, das ihnen den Namen »Stinkmarder« einbrachte. Tagsüber halten sie sich in Felsspalten, Mauerlö-

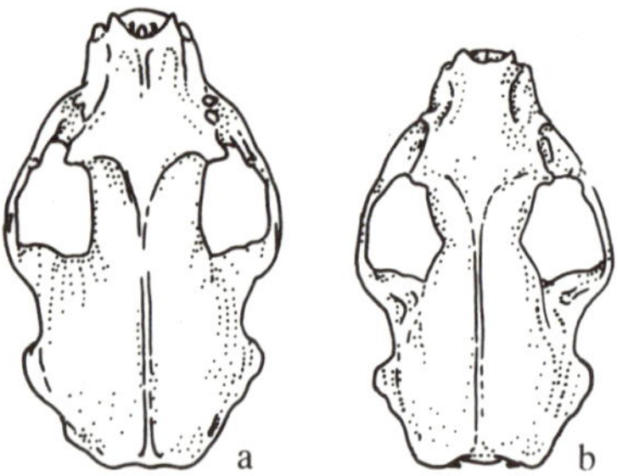

Oberschädel (Draufsicht) von a *Mustela putorius* (150), b *M. eversmanni* (151)

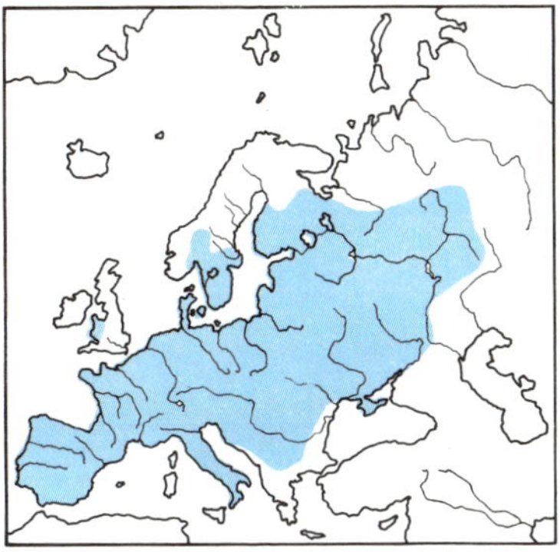

zu 150

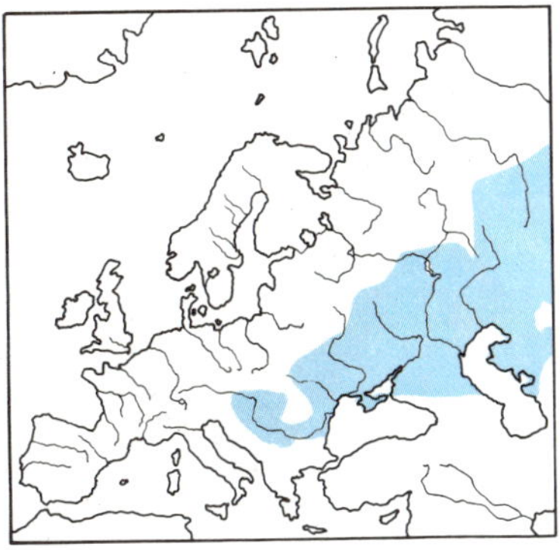

zu 151

chern, Scheunen und anderen Gebäuden, in Zwischenböden, unter Holzhaufen, in Erdbauen von Kaninchen, Fuchs und Dachs sowie in selbstgegrabenen Höhlungen auf. Meist besetzen die Tiere individuelle Reviere unterschiedlicher Größe. In einer Nacht können Entfernungen von etwa 5 km zurückgelegt werden. Die Gründe der oft festzustellenden Bestandsschwankungen sind noch nicht ausreichend geklärt. An Lauten sind besonders Kekkern, Zischen, Fauchen, Schreien und Kreischen bekannt.

Die Ranzzeit liegt in den Monaten Februar bis April, zuweilen bis Juni. Nach einer Tragzeit von etwa 42 Tagen werden 2 bis 12 (meist 4 bis 6) blinde, mit weißlichem Flaum bedeckte Junge von je etwa 7 g Masse geboren. Nach 5 Wochen öffnen sie die Augen, bis zu 6 Wochen werden sie gesäugt. Im Herbst sind die Jungen selbständig, oft bleiben sie bis zum Frühjahr bei der Mutter. Im Alter von etwa 1 Jahr werden sie geschlechtsreif. Das Höchstalter liegt zwischen 12 und 15 (?) Jahren.

Die Nahrung besteht hauptsächlich aus Kleinsäugern (bis zur Größe von Ratten und Kaninchen), bodenbrütenden Vögeln, Eiern, Lurchen, Kriechtieren, Fischen, Kerbtieren, Würmern und Aas. Auch Früchte werden gefressen. Es werden Nahrungsvorräte angelegt. Feinde sind Dachs, Fuchs und gelegentlich auch der Uhu. Des wertvollen Felles wegen stellt der Mensch den Tieren stark nach.

Besonderes: In vielen Gebieten ist die Bestandsentwicklung rückläufig. Möglicherweise ist die Trockenlegung zahlreicher Feuchtgebiete dafür verantwortlich. Auch mehrjährige Trockenperioden oder eine Folge sehr kalter Winter können Ursachen dafür sein.

151 *Mustela eversmanni* **Steppeniltis**

Kennzeichen: Habitus und Verhalten ähnlich dem Waldiltis (150), der Körper wirkt aber länger. Die Färbung der Oberseite ist hell- bis weißlichgelb mit einem schwärzlichen Anflug, die Bauchseite ist bräunlich, die Unterwolle fast weiß. Der Schwanz ist mit Ausnahme des dunklen Schwanzendes hell, die Füße sind dunkel gefärbt. Die Fellfärbung kann sehr variieren. Das Sommerfell ist kürzer und gröber als das Winterfell. 3 bis 5 Paar Zitzen.

Ähnliche Arten: Waldiltis (150), Tigeriltis (152), Steinmarder (155), Nerz (148), Mink (149).

Maße und Masse: KR 32 bis 56,2 cm (♂), 29 bis 52 cm (♀); Schw 8 bis 18,3 cm (♂), 7 bis 18 cm (♀); HF 4 bis 8 cm (♂), 3,5 bis 7,2 cm (♀); Ohr 2,3 bis 2,6 cm (♂), 2 bis 2,3 cm (♀); CB 61,7 bis 82 mm (♂), 52,4 bis 76,7 mm (♀); Zyg 30 bis 59 mm (♂), 30 bis

152 *Vormela peregusna*

151 *Mustela eversmanni*

150 *Mustela putorius*

48,7 mm (♀); Masse bis 2 kg (♂), bis 1,4 kg (♀).
Vorkommen: Südosteuropa, im Osten bis nach Zentralasien. Gelegentlich auch in Mitteleuropa gefunden. Bewohnt Steppen, Halbwüsten, Brachland und Weiden. Im Winter oft an vereisten Ufern von Gewässern.
Lebensweise: Ähnlich dem Waldiltis (150). Die Tiere beziehen gern die Baue von Hamstern, Murmeltieren, Zieseln und Blindmäusen. Sie haben kein ausgeprägtes Wohnrevier. Die Aktionsreviere können bis 3 km² umfassen. Im Winter wurden bei guter Nahrungssituation oft mehrere Tiere auf engem Raum in der Nähe von Dörfern festgestellt. Fortpflanzung und Lebenserwartung ähnlich dem Waldiltis.
Die Nahrung besteht vorwiegend aus Nagetieren, Reptilien, Lurchen, Vögeln und Fischen. Von den Landwirten wird der Steppeniltis wegen der Vertilgung von Zieseln und Hamstern geschätzt, sein Fell ergibt einen wertvollen Pelz.
Als Feinde sind besonders Wolf, Fuchs und Kaiseradler zu nennen.

Gattung *Vormela*
Tigeriltisse

152 *Vormela peregusna*
Tigeriltis

Kennzeichen: An der ungewöhnlichen Färbung leicht zu erkennen. Das Fell ist oberseits bunt, mit schwarzen, gelben und weißen Flecken oder Feldern, der Bauch ist dunkelbraun, die Gesichtsmaske schwarz-weiß. Über den Augen verläuft ein breiter weißer Streifen, darüber, zwischen den großen breiten weiß gerandeten Ohren, eine schwärzliche Querbinde (Stirnbinde). Die Nasenspitze ist schwarz. Der Schwanz ist buschig, halb so lang wie der Körper und am Ende schwärzlich. Die Färbung des Felles kann sehr stark variieren.
Ähnliche Art: Steppeniltis (151).
Maße und Masse: KR 26,9 bis 35,2 cm

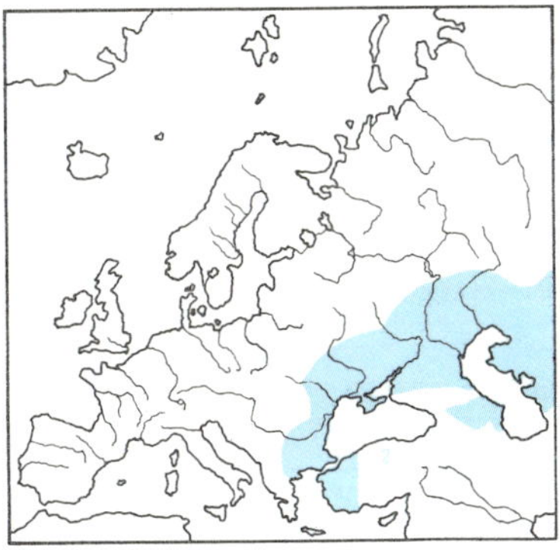

zu 152

(♂), 29 bis 34,5 cm (♀); Schw 11,8 bis 20,5 cm (♂), 15,9 bis 18,4 cm (♀); HF 39 bis 50 mm (♂), 38 bis 45 mm (♀); Ohr 20,5 bis 31 mm (♂), 24 bis 27 mm (♀); CB 50,6 bis 62 mm (♂), 49 bis 56,3 mm (♀); Zyg 30 bis 39 mm (♂), 30 bis 44 mm (♀); Masse 370 bis 720 g.
Vorkommen: Südosteuropa, Vorder-, Mittel- und Teile von Zentralasien (Nordchina, Mongolei). Bewohnt besonders Steppen, Wüsten und Halbwüsten; gelegentlich auch in Flußtälern, Gartengelände und Ortschaften anzutreffen. Im Gebirge bis etwa 3 000 m Höhe.
Lebensweise: Hauptsächlich dämmerungsaktiv. Die Tiere jagen meist unter der Erde in den Gängen oder Bauen von Steppennagern (besonders Rennmäusen). Diese Baue werden auch vom Tigeriltis bewohnt. Er legt kaum eigene Baue an. Auffallend ist die Drohstellung der Tiere. Dabei werden die Stinkdrüsen entleert, das Fell gesträubt, der Schwanz aufgerichtet und unter eigentümlichem Knurren die Zähne gefletscht.
Die Ranzzeit liegt meist im März, sie kann auch zeitlich verlagert sein. Die Tragzeit ist nicht genau bekannt. Es werden 3 bis 8 Junge je Wurf geboren. Das Männchen scheint sich an der Aufzucht der Jungen zu beteiligen.
Die Nahrung besteht vorwiegend aus Rennmäusen, Zieseln, Springmäusen,

Hamstern, Reptilien, bodenbrütenden Vögeln und deren Eiern und auch Kerbtieren. Als Feinde sind Fuchs und Adler zu nennen.
Besonderes: Die Urbarmachung von Steppengebieten und die Verringerung der Nagetierbestände führen zum Rückgang der Populationen.

Gattung *Lutra*
Fischotter

153 *Lutra lutra*
Fischotter

Kennzeichen: Körper langgestreckt walzenförmig; rundlicher, sich zur Spitze hin verjüngender Schwanz. Das dichte, mit feiner Unterwolle versehene Fell ist oberseits dunkelbraun, unterseits hellbraun und im Bereich des Kinns und der Kehle deutlich weißgrau. Der Kopf ist breit und flach, die Schnauze stumpf, mit starken langen Tasthaaren. Augen und Ohren sind klein. Zwischen den Zehen befinden sich Schwimmhäute. 3 Paar Zitzen. Die Männchen sind größer und schwerer als die Weibchen.
Ähnliche Arten: Nerz (148), Mink (149).

Zahnformel $\frac{3\,1\,4\,1}{3\,1\,3\,2}$ = 36 Zähne.

Maße und Masse: KR 60 bis 95 cm; Schw 25 bis 55 cm; W 25 bis 30 cm; HF 10,5 bis 13,5 cm; Ohr 17 bis 25 mm; CB 105 bis 126 mm (♂), 96,5 bis 121 mm (♀); Zyg 62 bis 83 mm (♂), 60,5 bis 72 mm (♀); Masse 5,5 bis 10 kg.
Vorkommen: Europa mit Ausnahme von Island und den Inseln im Mittelmeer, Nordafrika, Kleinasien, im Osten mit Ausnahme der Steppen und Wüsten bis Japan. In vielen Gebieten innerhalb des Areals stark bedroht oder bereits ausgerottet. Der Fischotter bewohnt stehende und fließende Gewässer mit dichter Ufervegetation, mitunter auch die Meeresküste, bevorzugt im Mündungsbereich von Flüssen. Im Gebirge bis etwa 2 500 m Höhe.

153 *Lutra lutra*

Fischotter unter Wasser schwimmend

Lebensweise: Vorwiegend nacht- und dämmerungsaktiv, im Winter wahrscheinlich mehr tagaktiv. Die spielfreudigen Tiere, die ausgezeichnet schwimmen sowie bis etwa 8 min tauchen können, leben meist als Einzelgänger sehr verborgen. Das Wohnrevier ist auf den Ufersaum beschränkt. Seine Größe ist wahrscheinlich vom Nahrungsangebot abhängig. Es sind Reviere von 15 bis 20 km Flußlänge, aber auch solche von nur 2 bis 5 km Länge bekannt. Die Tiere laufen auf der Suche nach neuen Revieren auch über Land und überqueren Wasserscheiden. Meist befinden sich am Ufer gut getarnte Ausstiege auf regelrechte Pfade (»Ottersteige«). Im Revier können neben diesen Ottersteigen auch Kot-, Abfall- und Markierungsstellen gefunden werden. Der Bau wird in den Uferböschungen in vorhandenen oder selbst gegrabenen Erdhöhlen angelegt. Die Eingänge liegen vorwiegend unter dem Wasserspiegel. Gelegentlich legen die Tiere Rutschbahnen zum Wasser an. Als Laute sind Pfeifen, Trillern, Knurren, Kreischen, Quieken und Drohschreie bekannt. Der Haarwechsel erfolgt sehr langsam und unauffällig.

Die Fortpflanzung ist noch nicht ausreichend bekannt. Eine feste Ranzzeit scheint es nicht zu geben. Eine unterschiedlich lange Keimruhe (bis 9 Monate oder länger) ist zu vermuten. Die Paarung findet meist im Wasser statt, die Trächtigkeit scheint sich über 60 Tage zu erstrecken. Geburten im Winter sind mehrfach belegt. In der Regel werden 1 bis 3 (bis 5?) Junge in dem mit Gras oder Moos gepolsterten Wohnkessel zur Welt gebracht. Mit 35 Tagen öffnen sie die Augen. Nach 6 Wochen schwimmen sie erstmals, und ab der 8. Woche werden sie nicht mehr gesäugt. Mit etwa 8 bis 9 Monaten sind sie selbständig, sie verbleiben aber noch bis zum Herbst oder Winter bei der Mutter. Die Geschlechtsreife tritt im 2. oder 3. Lebensjahr (?) ein. Das Höchstalter liegt bei 20 Jahren.

Die Nahrung besteht aus Fischen, Fröschen, bis kaninchengroßen Kleinsäugern (Bisamratte), Muscheln, Schnecken, Wasservögeln, Krebsen und Wasserinsekten. Für die Verfolgung der

zu 153

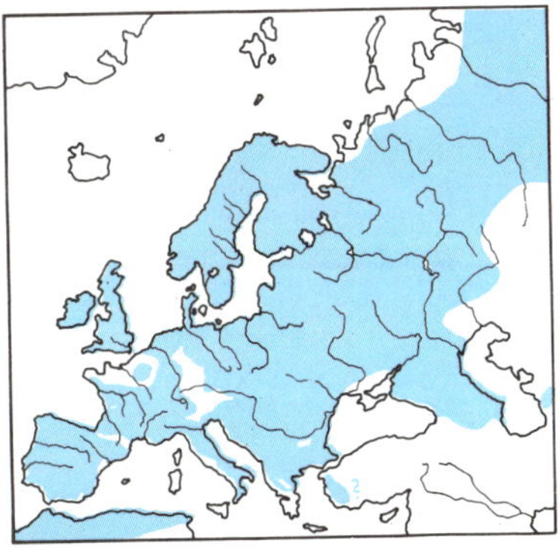

Beute unter Wasser ist der Tastsinn gut entwickelt. Hat kaum Feinde.
Besonderes: Schon frühzeitig stellten die Menschen dem Otter wegen seines wertvollen Felles nach. Die Fischer führten wegen Verlusten in den Fischbeständen jahrzehntelang einen erbarmungslosen Kampf gegen die Tiere. Der Rückgang der Bestände wird durch Fluß- und Bachregulierungen sowie durch Wasserverschmutzung wesentlich beschleunigt. In allen europäischen Staaten sind strenge Schutzmaßnahmen notwendig und zum Teil auch schon in Kraft.

Gattung *Martes*
Marder

Zahnformel $\frac{3\,1\,4\,1}{3\,1\,4\,2}$ = 38 Zähne. P^1 und P_1 fehlen mitunter.

Schlüssel zur Bestimmung der Arten

1 Kein deutlich abgegrenzter Kehlfleck, Schwanzlänge ⅓ KR — 156 *M. zibellina*
1′ Deutlich abgegrenzter Kehlfleck, Schwanzlänge ½ KR — 2
2 Meist runder, gelblichweißer Fleck auf der Kehle. Fußballen behaart — 154 *M. martes*
2′ Gabelförmig weißer Fleck auf der Kehle. Fußballen unbehaart — 155 *M. foina*

zu 154

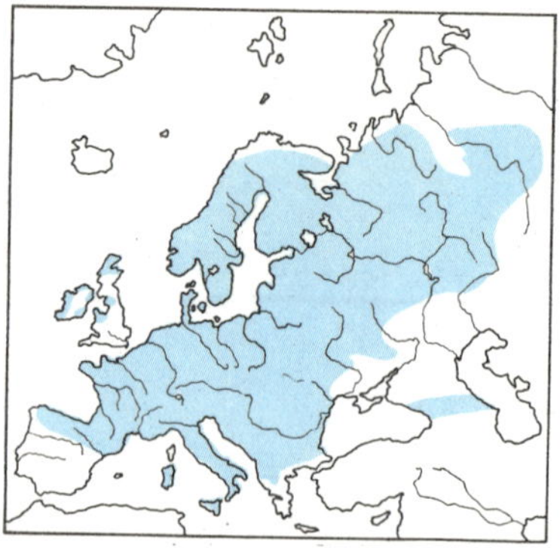

154 *Martes martes*
Baummarder, Edelmarder

Kennzeichen: Etwa katzengroß, schlank, mit spitzem Kopf. Schwanz lang und buschig, Ohren relativ lang, abgerundet mit gelblichem Rand. Das Fell ist weich, dicht und glänzend, die Färbung hellbraun bis schwarzbraun, die Füße sind am dunkelsten. Der typische Kehlfleck ist gelblich bis orange, meist fleckenartig aufgelöst. Er reicht nicht bis zu den Vorderbeinen herab. Die Nase ist schwarz, die Sohlen sind stark behaart, die Krallen kräftig. Weibchen sind etwas kleiner und leichter als Männchen. 2 Paar Zitzen.
Ähnliche Arten: Steinmarder (155), Zobel (156), Nerz (148), Waldiltis (150).
Maße und Masse: KR 40 bis 53 cm; Schw 22 bis 28 cm; HF 8 bis 10 cm; W 13 bis 16 cm; Ohr 3,5 bis 5,5 cm; CB 84,5 bis 89,5 mm (♂), 78 bis 81,8 (♀); Zyg 47,6 bis 53,9 (♂), 43 bis 48 mm (♀); Masse 1,2 bis 2,4 kg (♂), 0,8 bis 1,4 kg (♀).
Vorkommen: Fehlt in Europa auf Island, im nördlichsten Skandinavien, in großen Teilen der Iberischen Halbinsel und Griechenlands. Im Osten bis nach Sibirien, auch in Klein- und Vorderasien. Bewohnt größere Waldgebiete sowie Parkanlagen, in Gebirgen bis zur Baumgrenze.
Lebensweise: Die an Wald gebundenen Tiere sind hauptsächlich nachtaktiv, aber auch am Tage und während der Dämmerung anzutreffen. Sie können vorzüglich an Bäumen und in Baumkronen klettern, kopfunter an Stämmen abwärts laufen und bis zu 4 m weit von Baum zu Baum springen. Baummarder verfügen über einen ausgezeichneten Geruchssinn und haben ein feines Gehör. Als Laute sind Keckern, Fauchen, Knurren und Schreien bekannt. Während der Paarungszeit kreischende Laute.
Die meist als Einzelgänger lebenden scheuen Tiere bewohnen Baumhöhlen, große Nistkästen, unbewohnte größere Vogelnester (z. B. von Krähen oder

154 *Martes martes*

156 *Martes zibellina*

155 *Martes foina*

Greifvögeln), Eichhörnchenkobel oder Felsspalten. Oft werden mehrere Ausweichlager bezogen. An bestimmten Stellen werden zur Reviermarkierung Duftmarken abgesetzt. Die Tiere graben und schwimmen selten. Sie jagen meist einzeln, aber auch paarweise oder im Familienverband. Die Größe der beanspruchten Reviere ist sehr unterschiedlich, im Durchschnitt sind es 300

bis 500 ha. Über das Territorialverhalten ist wenig bekannt.
Die Paarung erfolgt meist in den Monaten Juni bis August. Die Tragzeit der Marder ist sehr lang. Die Keimentwicklung ist verzögert. Die Jungen kommen erst nach 240 bis 290 Tagen zu Beginn des Frühjahrs, meist im April in einer gut mit Moos und Laub ausgepolsterten Baumhöhle zur Welt. Die eigentliche »Austragezeit« dauert etwa 2 bis 3 Monate. Geburtsmasse etwa 30 g. Eine Nebenranzzeit liegt zwischen Januar und Februar. Jährlich 1mal werden 2 bis 7 (in der Regel 3 bis 5) hellbehaarte, blinde Junge geboren. In der 5. Woche erst öffnen sie ihre Augen, die Säugezeit kann bis 8 Wochen dauern. Danach verlassen sie erstmals das Nest.

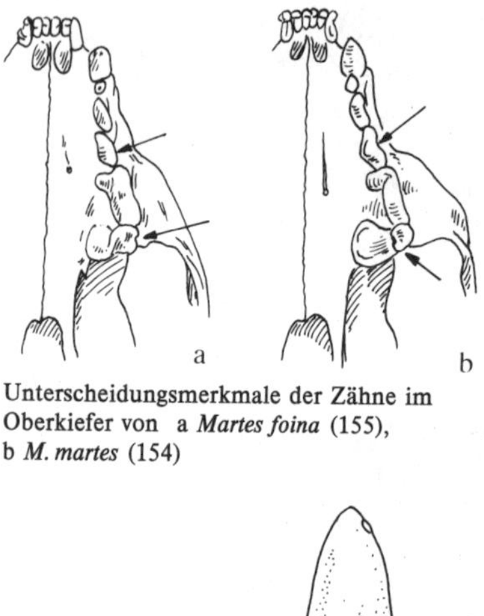

Unterscheidungsmerkmale der Zähne im Oberkiefer von a *Martes foina* (155), b *M. martes* (154)

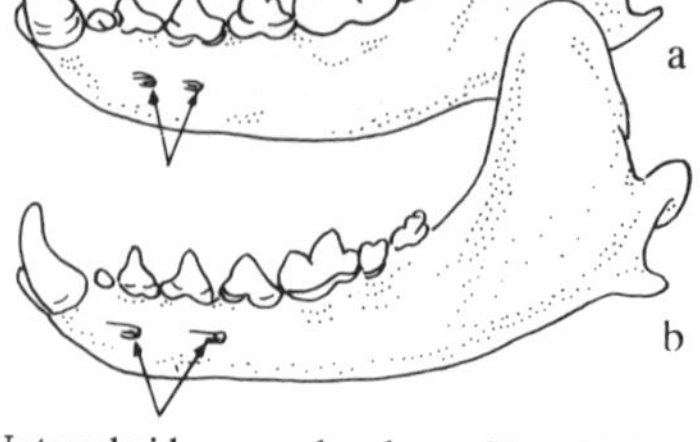

Unterscheidungsmerkmale am Unterkiefer von a *Martes foina* (155), b *M. martes* (154)

Mit 3 Monaten sind sie selbständig, bleiben aber meist bis zum Herbst bei der Mutter. Mit etwa 2 Jahren sind sie geschlechtsreif. Ob während der Jungenaufzucht die Eltern zusammenhalten, ist noch nicht ausreichend geklärt. Höchstalter etwa 17 Jahre.
Die Nahrung besteht vorwiegend aus Kleinsäugern (bis Eichhörnchengröße), Vögeln (bis Hühnergröße), Eiern, Kriechtieren, Insekten, aber auch Obst, Beeren und Bucheckern werden gefressen.
Feinde sind größere Raubtiere (z. B. Vielfraß, Rotfuchs) sowie Greifvögel (Adler, Habicht) und Eulen (Uhu). Sie werden recht häufig Opfer des Straßenverkehrs.
Besonderes: Der in vielen Ländern Europas jagdbare Marder wird wegen seines hochwertigen Felles gejagt. Winterfelle werden bevorzugt. In Dänemark steht die Art ganzjährig unter Schutz. Der Baummarder scheint viel seltener vorzukommen als der Steinmarder. Über das Verhalten beider Arten ist außer Beobachtungen in der Gefangenschaft wenig bekannt.

155 *Martes foina*
Steinmarder

Kennzeichen: Dem Baummarder (154) sehr ähnlich, aber schwerer und plumper. Die Färbung ist graubraun, bei genauer Betrachtung ist die graue Unterwolle zu erkennen. Typisch ist der weiße oder gelblichweiße Kehlfleck, der oft bis zur Vorderbrust reicht und sich gabelförmig auf die Vorderbeine erstreckt. Der Kopf ist hell gezeichnet, die Ohren sind weiß gesäumt. Die Nase ist fleischfarben. Die Sohlen sind unbehaart. 2 Paar Zitzen.
Ähnliche Arten: Baummarder (154), Mink (149), Nerz (148), Waldiltis (150).
Maße und Masse: KR 40 bis 50 cm; Schw 21 bis 27 cm; W etwa 12 cm; HF 7 bis 9 cm; Ohr 2,5 bis 3,5 cm; CB 79 bis 85 mm (♂), 75,5 bis 80 mm (♀); Zyg 48,5 bis 55 mm (♂), 44,5 bis

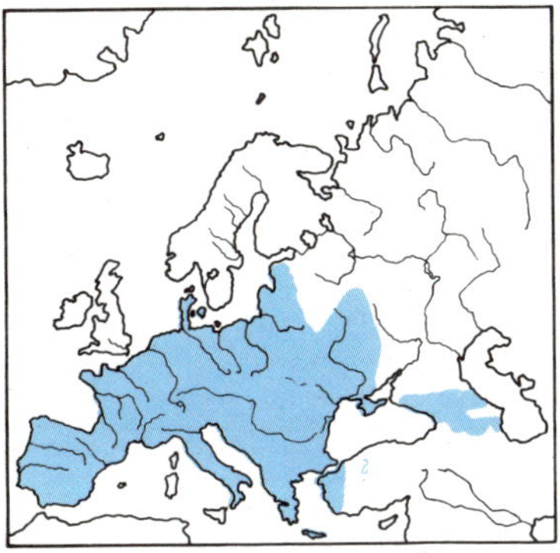

zu 155

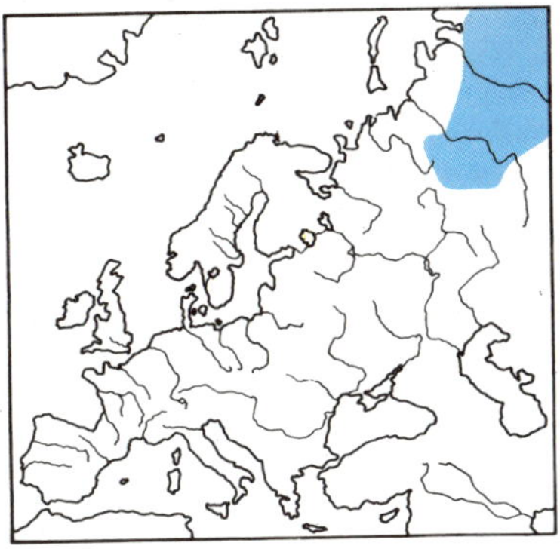

zu 156

50 mm (♀); Masse 1,7 bis 2,3 kg (♂), 1,1 bis 1,5 kg (♀).

Vorkommen: Fehlt in Europa auf Island, in Großbritannien, Skandinavien und auf den Mittelmeerinseln. Östlich bis China und Mongolei. Bewohnt deckungsreiches Gelände, vor allem Mischwälder. Im Gebirge bis etwa 2 500 m Höhe. Oft in Dörfern und Städten (auf Dachböden), auch in Steinbrüchen und felsigem Gelände, in Parkanlagen und Gärten.

Lebensweise: Die meist nachtaktiven Tiere springen und klettern gut, aber selten auf Bäumen; sie bevorzugen den Boden. Ihre Lager legen sie in hohlen Bäumen, in Felsspalten, unter Steinhaufen, in Dachstühlen und Ställen an. Gelegentlich werden auch selbstgegrabene oder vorgefundene Höhlen bewohnt. Bei der nächtlichen Jagd auf Hausböden oder auf Dächern können Steinmarder großen Lärm verursachen. In jüngster Zeit mehren sich Meldungen, nach denen die Tiere Antennenkabel, Bremsschläuche oder Gummiüberzüge parkender Autos zerbeißen. Von den lautfreudigen Tieren ist vor allem Muckern, Knurren, Kreischen und Schreien zu hören.

Die Fortpflanzung ist der des Baummarders ähnlich. Die Jungen werden mit 1 oder 2 Jahren geschlechtsreif. Die Tiere können 12 bis 14 Jahre alt werden.

Die Nahrung, besonders Kleinsäuger, Vögel, Insekten, Regenwürmer, auch Früchte und Beeren, wird bevorzugt am Boden gesucht. Steinmarder holen sich geschickt Eier aus Vogelnestern, fangen Ratten und können in Taubenschlägen und Hühnerställen große Schäden anrichten, da sie dort mehr Tiere töten, als sie fressen können.

Feinde sind u. a. Rotfuchs, Adler und Uhu.

156 *Martes zibellina* **Zobel**

Kennzeichen: Ähnelt dem Baummarder (154). Das lange und weiche Fell ist einheitlich braun gefärbt, an Kehle und Brust gelblich mit unscharfen Grenzen. Der Kopf ist meist heller als der Rükken.

Ähnliche Arten: Baummarder (154), Steinmarder (155).

Maße und Masse: KR 32 bis 58 cm; Schw 11 bis 18 cm; HF 6 bis 10,5 cm; Ohr 5 bis 5,6 cm; CB 74,1 bis 94,6 mm (♂), 70 bis 84,4 mm (♀); Zyg 38,7 bis 56,2 mm (♂), 32,9 bis 52,8 mm (♀); Masse 0,8 bis 1,8 kg.

Vorkommen: Sibirien, Mongolei, China, Korea und Japan, früher auch in Nordeuropa.

Die Rekonstruktion der ehemaligen natürlichen Verbreitung des Zobels ist kaum möglich, da seine Ausrottung durch übermäßige Jagd schon sehr

frühzeitig einsetzte. In Europa zur Zeit wahrscheinlich noch im südlichen Bereich des Urals in Nadel- und Mischwäldern der Taigaregion.
Lebensweise: Ähnlich Baummarder (154).
Besonderes: Wegen des sehr wertvollen Pelzes in der UdSSR streng geschützt. Die Ausfuhr lebender Tiere ist verboten.

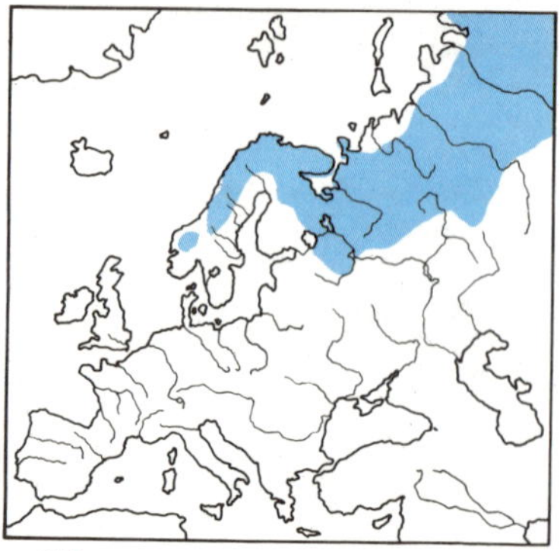

zu 157

Gattung *Gulo*
Vielfraße

157 *Gulo gulo*
Vielfraß

Kennzeichen: Der größte europäische Marderartige. Das starke und gewandte, aber plump und massig wirkende Tier ist etwas größer als ein Dachs. Die Färbung variiert individuell, aber auch geographisch stark. Das lange dichte Fell ist meist dunkelbraun, an der Stirn und an den Flanken gelblichweiß bis grauweiß. Augen und Ohren sind klein. Der Schwanz ist kurz, dick und buschig, die Schwanzhaare sind dicht und lang. Die kräftigen Füße verfügen neben langen, scharfen Krallen auch über eine Spannhaut zwischen den Zehen. Männchen sind größer und schwerer als Weibchen.
Ähnliche Art: Dachs (145).
Maße und Masse: KR 70 bis 105 cm; Schw 15 bis 28 cm; W 35 bis 45 cm; HF 17 bis 19 cm; Ohr 5 bis 6 cm; CB 132,7 bis 158 mm (♂), 128,7 bis 149 mm (♀); Zyg 92,7 bis 110 mm (♂), 89 bis 103 mm (♀); Masse 9 bis 19 kg.
Vorkommen: Nordskandinavien, östlich bis Nordsibirien, Nordamerika. Bewohnt die Taiga, die Tundra, aber auch Fels- und Moorgebiete. Im Gebirge bis etwa 4 000 m Höhe.
Lebensweise: Vorwiegend nachtaktiv. Die Tiere können aber auch am Tage beobachtet werden. Es sind meist Einzelgänger, die gut springen, schwimmen und auch auf Bäume klettern können. Sie springen aber nicht von Baum zu Baum. Die Jagdreviere können zwischen 200 und 1 600 km^2 umfassen. Einzelne Tiere wandern über 250 km. In den großen Territorien, die ein Männchen bewohnt und mit seinen Duftmarken abgrenzt, können einzelne Weibchen mit eigenen Revieren leben. Den großen Territorien der einzelnen Tiere entspricht eine geringe Populationsdichte. Als Laute sind Knurren, Kreischen und Fauchen bekannt. In Felshöhlen und unter Wurzelstöcken von Bäumen sowie im dichten Geäst werden oft mehrere geschützte Lager angelegt. Der Vielfraß hält keinen Winterschlaf und hat im Winter auch keine ständigen Zufluchtsplätze.
Die Paarung beginnt meist im Mai/Juni. Während dieser Zeit leben Männchen und Weibchen kurz zusammen. Die Tragzeit (sie schließt eine Periode verzögerter Embryonenentwicklung ein) dauert 8 bis 9 Monate. Nach dieser Zeit werden 2 bis 5 (meist 2 bis 3) blinde Junge (Geburtsmasse zwischen 70 und 85 g) geboren. Ihre Augen öffnen sie nach etwa 30 Tagen. Sie werden bis 10 Wochen gesäugt. Mit etwa 1 Jahr sind sie selbständig und nach 2 Jahren geschlechtsreif. Das Höchstalter liegt bei 15 bis 18 Jahren. Da oft neben dem Wurfbau Fährten des Männchens beobachtet wurden, ist eine Beteiligung an der Fütterung der Jungen nicht auszuschließen.
Die Nahrung besteht aus Kleinsäugern

(besonders Lemminge), Vögeln, Eiern, Insekten, Reptilien, Aas und Beeren. Im Winter werden (meist kranke) Hirsche, Rehe, Elche, Schneehasen und Waldhühner gefressen. Oft wird anderen Raubsäugern (z. B. Fuchs, Baummarder) die Beute abgejagt. Der Vielfraß versteckt auch Nahrung oder legt Vorräte an. Die tägliche Nahrungsmenge soll bis zu etwa 850 g betragen. Der Name »Vielfraß« ist nicht aus seinen Freßgewohnheiten abzuleiten. Schuld an diesem Namen tragen die übertriebenen Darstellungen in der Literatur.
Als Feinde sind Wolf, Bär und Luchs zu nennen. Oft auch vom Menschen verfolgt.

Familie *Viverridae* Schleichkatzen

Kleine bis mittelgroße Raubtiere mit langem Schwanz. Vorder- und Hinterfüße mit je 5 Zehen. Am After Stinkdrüsen. In Europa 3 Arten, die möglicherweise vom Menschen eingeführt wurden.

Zahnformel $\frac{3\ 1\ 3{-}4\ 1{-}3}{3\ 1\ 3{-}4\ 1{-}3}$ = 32 bis 44 Zähne.

Schlüssel zur Bestimmung der Arten

1 Fell gefleckt. Große Ohren — 160 *Genetta genetta*

1′ Fell ungefleckt. Auffallend kleine Ohren — 2

2 KR bis 50 cm, bis 2 kg schwer. Nur Mittelitalien — 159 *Herpestes edwardsi*

2′ KR bis 65 cm, bis 8 kg schwer. Nur Iberische Halbinsel — 158 *Herpestes ichneumon*

158 *Herpestes ichneumon*

Ichneumon, Gemeine Manguste

Kennzeichen: Mardergroß, schlank, mit langem, spitz auslaufendem langhaarigem Schwanz. Augen und Ohren sind klein, die Schnauze ist spitz. Die Oberseite ist bräunlichgrau, die Unterseite gelblich. Silbergraue Haarspitzen geben dem Fell Glanz. Sohlengänger. 2 bis 3 Paar Zitzen.
Ähnliche Art: Indischer Mungo (159).
Maße und Masse: KR 45 bis 65 cm; Schw 35 bis 55 cm; W etwa 20 cm; HF 8,5 bis 9,5 cm; Masse bis 8 kg.
Vorkommen: In Europa im Süden der Iberischen Halbinsel (möglicherweise eingeführt), Afrika, Palästina. Bewohnt Steppen, Halbwüsten und Ödländer, ist

157 *Gulo gulo*

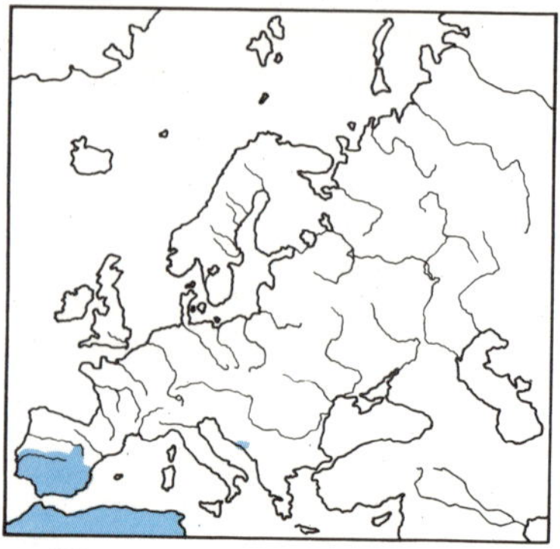

zu 158

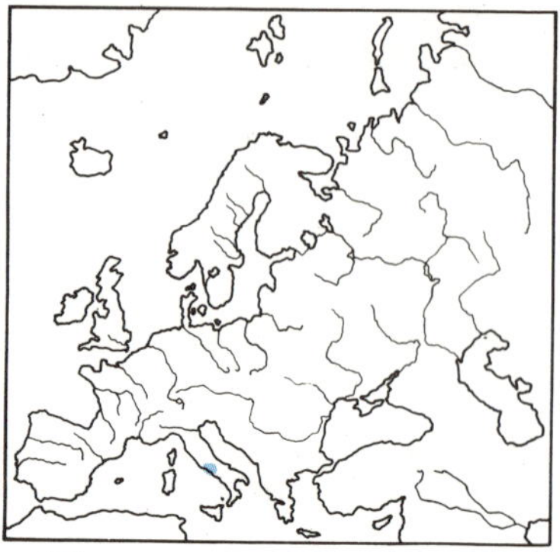

zu 159

aber auch im Bereich von Siedlungen anzutreffen. Im Gebirge bis etwa 2 000 m Höhe.
Lebensweise: Die meist tagaktiven, flinken Tiere leben vorwiegend in Familienverbänden. Ihr Lager legen sie in selbstgegrabenen Erdbauen, in Höhlungen oder unter dichten Gebüschen an. Sie können gut springen und schwimmen. Alle Sinnesorgane sind gut entwickelt. Als Laute sind Knurren, Fauchen und Pfeifen bekannt.
Die Paarung erfolgt in Europa im Februar und März. Die Fortpflanzung ist noch nicht ausreichend erforscht. Nach einer Tragzeit von 8 bis 12 Wochen werden 2 bis 4 Junge geboren, die nach 1 Jahr selbständig und mit 2 Jahren geschlechtsreif sind. Das Männchen beteiligt sich an der Jungenaufzucht. Die Jungen verbleiben etwa 1 Jahr bei der Mutter. Das Höchstalter freilebender Tiere ist nicht bekannt, es dürfte bei 5 bis 7 Jahren liegen.
Die Nahrung besteht aus Kleinsäugern bis Kaninchengröße, Vögeln und deren Eiern, Eidechsen, Schlangen, Insekten und gelegentlich auch aus pflanzlicher Kost. Die gewandten Tiere sind durchaus in der Lage, auch Giftschlangen zu erbeuten.
Feinde sind größere Raubsäuger und Adler.
Besonderes: Die Tiere waren den alten Ägyptern heilig. Wegen ihrer Fähigkeit, Ratten und Schlangen zu vertilgen, werden sie auch heute noch hin und wieder ausgesetzt.

159 *Herpestes edwardsi*
Indischer Mungo
Kennzeichen: Ähnlich dem Ichneumon (158), aber kleiner und mit relativ längerem Schwanz. Das graue Fell ist silberfarben gesprenkelt, Kopf und Beine sind dunkel gefärbt. Die Zehen tragen kräftige Krallen.
Maße und Masse: KR 45 bis 50 cm; Schw 38 bis 41 cm; W etwa 16 cm, Masse bis 2 kg.
Vorkommen: Indien und Südasien. Einziges Vorkommen in Europa (um 1960 angesiedelt) in Italien südlich Rom. Bewohnt deckungsreiches Gelände und lichte Wälder.
Lebensweise: Ähnlich dem Ichneumon (158).

Gattung *Genetta*
Ginsterkatzen

160 *Genetta genetta*
Ginsterkatze
Kennzeichen: Gestalt einer Hauskatze, aber langgestreckter, mit spitzem Kopf und langem schwarz gebändertem Schwanz. Augen und Ohren sind groß. Typisch sind die dunkelbraunen bis schwärzlichen, meist rundlichen Flekken, die sich deutlich von der weiß-

grauen bis gelblichbraunen Grundfarbe des Fells abheben. Auf dem Rücken meist ein dunkler Aalstrich. Die Krallen können teilweise eingezogen werden. Bei Erregung verbreiten die Tiere einen starken Moschusgeruch. 2 Paar Zitzen.

Maße und Masse: KR 40 bis 55 cm; Schw 40 bis 51 cm; W 15 bis 20 cm; HF 7,5 bis 8,5 cm; Masse 1,2 bis 2,3 kg.

Vorkommen: In Europa auf der Iberischen Halbinsel und in Südfrankreich, Nordafrika, ostwärts bis Palästina. In buschreichem Gelände, Ödländereien, Savannen und Halbwüsten. Im Gebirge bis etwa 2 500 m.

Lebensweise: Die sehr beweglichen und gewandt jagenden Tiere können gut klettern und springen. Sie leben verborgen und sind dämmerungs- und nachtaktiv. Ihr Territorium markieren sie mit Harn, Kot und einem Analdrüsensekret.

Die Tiere leben einzeln oder im Familienverband und sind gegenüber Artgenossen verträglich. Ihre Lager legen sie in Felsspalten, hohlen Bäumen oder unter dichtem Geäst an. Besonders gut entwickelt sind Riech- und Hörvermögen. Als Laute lassen sie scharfe Schreie hören.

Die Paarung erfolgt in den Monaten

160 *Genetta genetta* ♂

158 *Herpestes ichneumon* ♂

Februar/März und Juli/August. Nach etwa 10 bis 12 Wochen Tragzeit werden 1 bis 4 blinde, behaarte Junge geboren, die am 8. Tag ihre Augen öffnen und bis etwa 3 Monate gesäugt werden. Feste Nahrung wird schon im Alter von 6 Wochen angenommen. Die Jungen sind spielfreudig und mit etwa 9 Monaten selbständig. Im 2. Lebensjahr werden sie geschlechtsreif. Die Familie bleibt etwa 1 Jahr zusammen. Als Höchstalter werden 10 bis 15 Jahre angegeben; Verläßliche Angaben über freilebende Tiere fehlen aber noch.

Die Nahrung besteht aus Kleinsäugern, Vögeln, Eidechsen, Schlangen, Lurchen, Kerbtieren und Früchten.

Als Feinde sind besonders Luchs und Wildkatze zu nennen.

zu 160

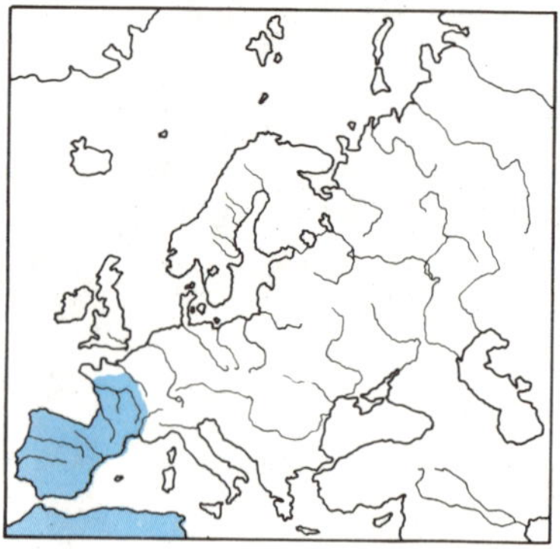

zu 161

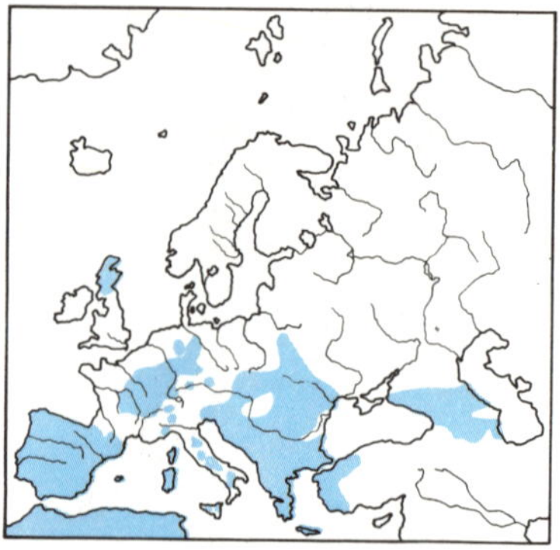

Vergleich der Schwänze von a *Felis silvestris*, b Hauskatze

Familie *Felidae*
Katzen

Raubtiere mit kurzer Schnauze und großen Augen. Gebiß mit kräftigen *Canini.* Vorderfüße mit 5, Hinterfüße mit 4 Zehen. Die Zehen tragen kräftige Krallen, die ausgestreckt bzw. eingezogen werden können. In Europa 1 Gattung mit 2 Arten.

Schlüssel zur Bestimmung der Arten

1 Ohren ohne Haarpinsel, Schwanz über 25 cm lang

Zahnformel $\frac{3\,1\,3\,1}{3\,1\,2\,1}$ = 30 Zähne

161 *Felis silvestris*

1′ Ohren mit Haarpinseln, Schwanz unter 25 cm lang

Zahnformel $\frac{3\,1\,2\,1}{3\,1\,2\,1}$ = 28 Zähne

162 *Felis lynx*

161 *Felis silvestris*
Wildkatze

Kennzeichen: Gestalt einer kräftigen, graubraunen Hauskatze. Das langhaarige, weiche, dichte Fell ist oberseits gelbgrau, unterseits gelblichweiß. Auf der Rückenmitte ist ein schmaler Aalstrich angedeutet; an den Flanken meist undeutliche Querstreifen. Der Schwanz ist dick und buschig, endet stumpf und trägt mehrere schwarze Ringe. Die Nase ist fleischfarben, die Augen sind groß und gelbgrün. 2 Paar Bauch- und 2 Paar Brustzitzen. Wildkatzen sind nach Körpergröße und Färbung meist schwer von Hauskatzen zu unterscheiden. Sie paaren sich mit Hauskatzen (Blendlinge). Wildkatzen der Mittelmeerinseln gleichen im Aussehen den Hauskatzen. Sicheres Unterscheidungsmerkmal ist der Index Gesamtlänge des Schädels zu Volumen des Hirnschädels: Über 2,75 = Hauskatze, unter 2,75 = Wildkatze. Auch die Unterschiede in der Darmlänge können (mit Einschränkungen) herangezogen werden: Wildkatze etwa 150 cm, Hauskatze über 150 cm.

Maße und Masse: KR 45 bis 80 cm; Schw 29 bis 40 cm; W 30 bis 40 cm; HF 12 bis 16 cm; Ohr etwa 6 cm; CB 85 bis 102,5 mm (♂), 80 bis 100 mm (♀); Zyg 62,4 bis 80 mm (♂), 60,6 bis 69 mm (♀); Masse 3,5 bis 15 kg (♂), 3 bis 10 kg (♀).

Vorkommen: Europa außer Island, Irland, Skandinavien, Nordpolen und Baltische Sowjetrepubliken; Afrika, Vorderasien. In ausgedehnten Wäldern sowie in deckungsreichem Gelände und in Felsgebieten. Im Gebirge bis etwa 4 000 m Höhe.

Lebensweise: Dämmerungs- und nachtaktiv; in Gebieten, in denen die Tiere nicht gestört werden, oft auch am Tage anzutreffen. Wildkatzen sind meist Einzelgänger. Sie leben auch paarweise oder in Mutterfamilien. Sie haben

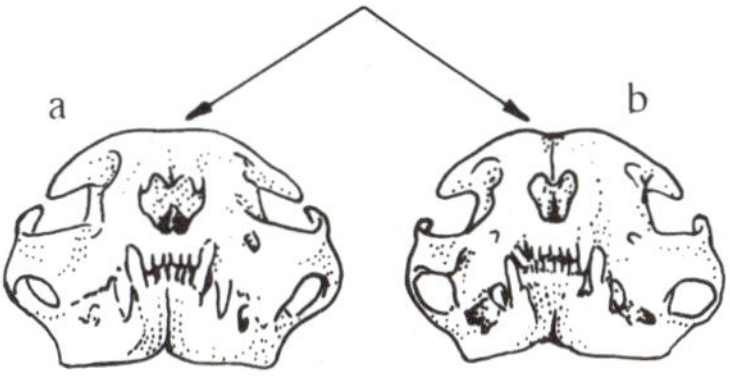

Vergleich der Schädel von a *Felis silvestris* (161), b Hauskatze

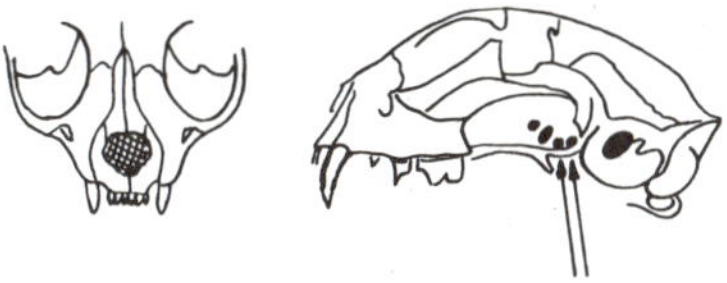

Oberschädel von *Felis silvestris* (161)

ihren Unterschlupf oder ihr Lager in Felshöhlen, Erdlöchern, großen hohlen Bäumen oder unter Wurzelstöcken und dichtem Gebüsch. Sie können gut klettern und springen, sie sehen und hören gut. In ihrem Revier, über dessen Größe wenig bekannt ist, setzt die Katze an mehreren Stellen Duftmarken (auch mit Urin). Die meist reviertreuen Tiere unternehmen zur Ranzzeit größere Wanderungen. Als Laute lassen sie Knurren, Fauchen, Schnurren, Miauen und Schreie hören. Das Haarkleid wird im Jahr 2mal gewechselt.

Die Paarungszeit variiert in Abhängigkeit von der geographischen Lage. In Europa beginnt die Ranzzeit meist im Februar und endet im März. In dieser Zeit kämpfen rivalisierende Kater mit-

Vergleich zwischen wildfarbener Hauskatze (links) und Wildkatze (rechts)

162 *Felis lynx*

161 *Felis silvestris* ♂

einander. Es gibt Hinweise auf eine 2. Fortpflanzungsperiode im Jahr, dennoch ist es nicht sicher, ob 2 oder 3 Würfe im Jahr möglich sind. Nach einer Tragzeit von 63 bis 70 Tagen werden 2 bis 6 (meist 3 bis 4) blinde, behaarte Junge geboren. Ihre Augen öffnen sich mit 10 bis 12 Tagen. Die Säugezeit kann bis 2 Monate dauern. Mit etwa 4 Monaten sind die Jungen selbständig und verlassen dann meist die Mutter. Gegen Ende des 1. Lebensjahres tritt die Geschlechtsreife ein. Das Höchstalter liegt bei 21 Jahren, in der Regel aber nur bei 13 bis 14 Jahren.

Die Nahrung besteht hauptsächlich aus bis kaninchengroßen Kleinsäugern, Vögeln, Lurchen und gelegentlich auch Fischen. Feinde sind Luchs und Wolf, junge Wildkatzen können von Rotfuchs und Marder erbeutet werden.

Besonderes: Es wird eine Reihe von Unterarten unterschieden, deren Status jedoch noch nicht gesichert ist.

Die Hauskatzen stammen überwiegend von der Falbkatze *(Felis silvestris lybica)* aus Vorderasien und Nordafrika ab, die europäische Wildkatze wurde eingekreuzt.

In den meisten europäischen Staaten ist die Wildkatze geschützt.

162 *Felis lynx (= Lynx lynx)*
Luchs, Nordluchs

Kennzeichen: Etwa so groß wie ein Deutscher Schäferhund, mit langen Beinen. Schwanz kurz, stummelförmig, gestutzt, mit schwarzem Ende. Ohren spitz, dreieckig, mit schwarzen etwa 4 cm langen Haarpinseln. Die Nase ist braunrötlich, die Augen sind goldgelb. Das dichte weiche Fell ist rotbraun oder gelbgrau bis hellgrau, mit nur angedeuteten oder kräftigen dunklen Flecken. Bauch, Brust, Kehle und Kinn sind meist weißlich.

Es können im gleichen Gebiet sehr unterschiedlich gefärbte Tiere vorkommen. Typisch ist der hellgraue Backenbart. 3 Paar Zitzen.

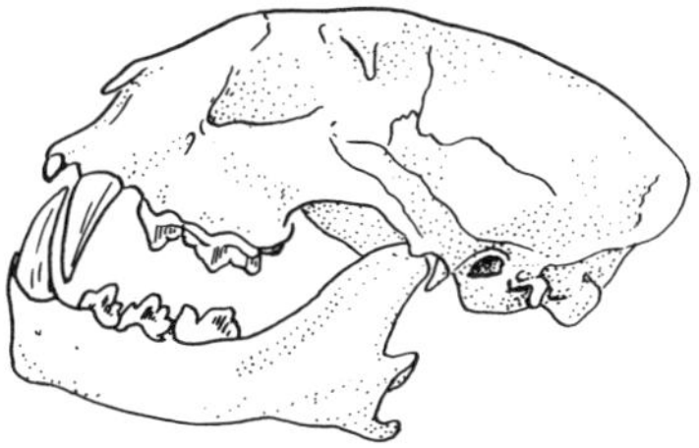

Schädelprofil von *Felis lynx* (162)

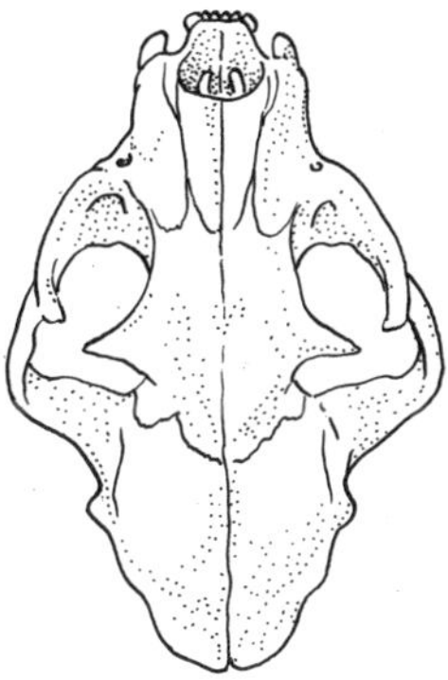

Schädel (Draufsicht) von *Felis lynx* (162)

Die Männchen sind etwas größer und schwerer als die Weibchen.

Maße und Masse: KR 80 bis 130 cm; Schw 11 bis 25 cm; W 60 bis 75 cm; HF 17 bis 27 cm; Ohr 7 bis 10 cm; CB 122 bis 169 mm (♂), 120 bis 160 mm (♀); Zyg 111,2 bis 153 mm (♂), 108,4 bis 144,6 mm (♀); Masse 12 bis 32 kg (meist etwa 20 kg).

Vorkommen: Europa, Asien und Nordamerika. In vielen Gebieten Europas, besonders West- und Mitteleuropas, vom Menschen seit etwa 150 Jahren ausgerottet. Gegenwärtig nur noch kleine, isolierte Vorkommen in Süd- und Mitteleuropa. In einzelnen Ländern (z. B. Schweiz, BRD) wurden Luchse wieder eingebürgert. Gelegentlich wandern einzelne Tiere nach Mitteleuropa ein. Bewohnt werden ausgedehnte Wälder sowie deckungsreiches Gelände. Im Gebirge bis etwa 2 500 m Höhe.

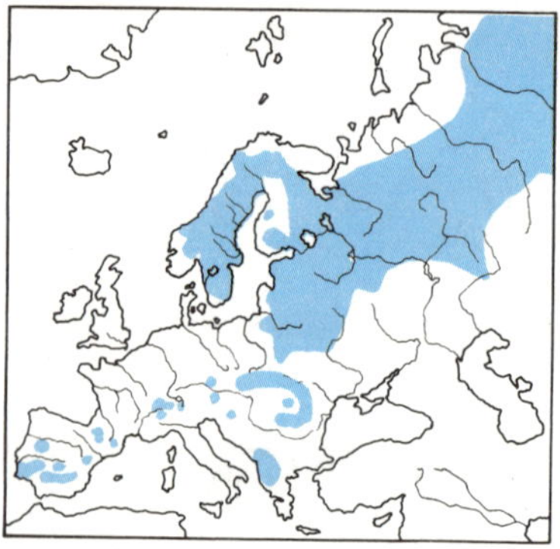

zu 162

Lebensweise: Die vorwiegend dämmerungs- und nachtaktiven Tiere sind während der Ranzzeit und der Jungenaufzuchtperiode auch am Tage zu beobachten. Sie sind Einzelgänger, die ihr weiträumiges Revier mit Harn und Kot markieren. Im Verlaufe eines Jagdganges können sie 7 bis 8 km, bei Nahrungsmangel bis 20 km zurücklegen. Einzelne Tiere wandern oft über Hunderte Kilometer. Die Territorien der Männchen sind in der Größe sehr unterschiedlich (bis etwa 300 km^2), das Revier der Mutterfamilie ist kleiner als das der Männchen.

Luchse haben ein ausgezeichnetes Gehör, können ausdauernd laufen, gut springen, klettern und, wenn nötig, schwimmen. Als Laute sind Fauchen, Knurren und lautes Schreien (Heulen) zu hören. Die Tiere ruhen in Fels- oder Baumhöhlen. Ihr Lager können sie aber auch unter Baumwurzeln vom Wind geworfener Bäume anlegen. Es wird nicht ausgepolstert.

Die Paarungszeit ist in den einzelnen Gebieten ihres Vorkommens verschieden und noch nicht genau bekannt. Die Ranz beginnt im Februar oder März. Brünstigen Weibchen folgen gelegentlich mehrere (bis 5?) Männchen, zwischen denen es zu Kämpfen kommen kann. Ob sich die Weibchen jedes Jahr verpaaren, ist nicht genau bekannt. Oft werden sie nach der Ranzzeit nicht trächtig. Nach einer Tragzeit von 67 bis 74 Tagen werden meist 2 bis 3 (bis 5?) blinde, behaarte Junge mit einer Geburtsmasse von etwa 240 bis 300 g geboren. Sie öffnen die Augen etwa am 16. Tag und werden rund 2 Monate gesäugt. Ob sich das Männchen an der Aufzucht der Jungen beteiligt, konnte noch nicht nachgewiesen werden. Die Jungen bleiben bis zum Ende des 1. Lebensjahres bei der Mutter. Mit etwa 22 Monaten sind sie geschlechtsreif. Das Höchstalter kann angeblich 25 Jahre betragen. Die Individuenzahl der Luchsbestände unterliegt erheblichen Schwankungen.

Die Nahrung besteht aus Säugetieren bis zur Größe des Rehs, gelegentlich auch bis Hirschgröße. Neben Rehen, Wildschweinen, Rothirschen, Hasen und Mäusen werden auch Vögel, Fallwild sowie Schafe erbeutet. Die Beute wird angepirscht, über kürzere Strecken verfolgt oder aus Verstecken im Baumgeäst angesprungen. Es besteht keine Gefahr, daß der Luchs eine Art seiner Beutetiere ausrottet. Als Feinde kommen lediglich Wolf und Vielfraß in Frage.

Besonderes: Der früher noch als eigene Art aufgeführte Pardelluchs *(Felis pardina)* wird heute als Unterart angesehen. Die Gliederung in Unterarten ist noch nicht endgültig geklärt; allein für die UdSSR werden 8 Unterarten angegeben.

In verschiedenen Ländern stehen die Luchse unter Natur- oder Jagdschutz, in anderen Ländern sind sie mit Einschränkungen jagdbar.

Unterordnung *Pinnipedia* Wasserraubtiere

Die Vorder- und Hintergliedmaßen sind flossenartig ausgebildet, der Rumpf ist meist spindelförmig. In Europa kommen 2 Familien mit 8 Arten vor, wovon die monotypische Familie der Walrosse mit keiner anderen Robbenart verwechselt werden kann.

Familie *Odobenidae*
Walrosse

Bewohner des Meeres und der Küsten. Sie können ihre Hinterbeinflossen nach vorn aufsetzen und zur Fortbewegung auf dem Land nutzen. Die Oberlippe trägt Bartborsten. Die oberen *Canini* sind ungewöhnlich lange, wurzellose, zeitlebens wachsende Hauer. An den Vorder- und Hinterfüßen je 5 Zehen. Die Tiere haben keine Ohrmuscheln.

Zahnformel $\frac{3\,1\,3\,2}{3\,1\,3\,1} = 34$ Zähne

zu 163

163 *Odobenus rosmarus*
Walroß

Kennzeichen: Große, massige, plumpe Tiere mit relativ kleinem Kopf. Die dicke, faltige, spärlich behaarte Haut ist braun bis gelblichbraun. Die oberen *Canini* erreichen bei Männchen (Bullen) eine Länge bis etwa 75 cm, bei Weibchen (Kühen) etwa 60 cm. Die Bartborsten an der Oberlippe können bis 20 cm lang werden. Sie erreichen aber diese Länge infolge Abnutzung in der Regel nicht.

Maße und Masse: KR 3 bis 5 m (♂), etwa 3 m (♀); Masse 1 000 bis 2 500 kg (♂), etwa 800 kg (♀).

Vorkommen: Auf Treib- und Küsteneis der Polarmeere. In Europa an den Küsten von Spitzbergen und an der Eis-

163 *Odobenus rosmarus*

163 *Odobenus rosmarus* Herde auf treibender Eisscholle

163 *Odobenus rosmarus* »gründelnd«

meerküste der UdSSR. Gelegentlich auch an den Küsten Norwegens und Islands. Nachweise an den Küsten Großbritanniens ausgesprochen selten.

Lebensweise: Die gesellig lebenden tagaktiven Tiere vermögen etwa 10 Minuten unter Wasser zu bleiben und etwa 30 bis 40 m tief (oder tiefer) zu tauchen. Zum Schwimmen werden Vorder- und Hinterflossen genutzt. Eine Walroßfamilie besteht in der Regel aus 1 alten Bullen, 1 bis 3 Kühen und mehreren Jungtieren. Es gibt auch reine Bullenherden. Die Bullen verteidigen ihren Harem gegen Rivalen. Die meist gebietstreuen Tiere sind an Land unbeholfen, sie schnauben und pusten und geben mit »awök« beschreibbare Laute von sich. Die dicke Speckschicht schützt den Körper vor Auskühlung in Wasser und Eis.

Die Fortpflanzung ist noch unzureichend bekannt. Die Paarung findet zwischen April und Juni wahrscheinlich im Wasser statt. Bisher wurde Paarung oder Geburt an Land nicht beobachtet. Nach einer Tragzeit von 12 oder mehr Monaten wird 1 Junges geboren. Seine Augen sind offen, und es wiegt zwischen 50 bis 60 kg. Es wird 18 bis 24 Monate lang gesäugt, danach ist es selbständig. Kühe werden mit 3 bis 4 Jahren, Bullen mit 4 bis 6 Jahren geschlechtsreif. Höchstalter 30 Jahre (darüber?). Offenbar haben Kühe nur aller 2 bis 3 Jahre Nachwuchs.

Die Nahrung besteht aus Muscheln, Schnecken, Krebsen, Fischen und wahrscheinlich auch Kadavern. Klein-Robben werden mitunter von den eigenen Artgenossen getötet und verzehrt. Bei der Nahrungssuche auf dem Mee-

resboden werden mit den Stoßzähnen die Nahrungstiere (z. B. Muscheln) losgerissen.
Besonderes: Die rücksichtslosen Nachstellungen durch den Menschen haben die Bestände sehr stark reduziert. Die Eskimos besitzen noch Jagdrechte. Die Populationen bedürfen strenger Schutzmaßnahmen.

Familie *Phocidae* Hundsrobben

Der stromlinienförmige Körper ermöglicht diesen Robben ausgezeichnet zu schwimmen und zu tauchen. Die Tiere bewohnen Meeresküsten, Treibeis, Flußmündungen und Sandbänke. Die zu Flossen verwandelten Hinterextremitäten sind nach hinten gerichtet. Nasen- und Gehörgang sind verschließbar. Ohrmuscheln fehlen. An Land bewegen sich die Tiere »robbend« auf dem Bauch. Das kurze Fell ist dicht. Die starke Speckschicht ist eine gute Isolation gegen Kälte, stellt aber zugleich eine notwendige Energiereserve dar. Vorder- und Hintergliedmaßen mit je 5 Zehen und Zehennägeln. Meist 1 Paar Zitzen. In Europa 7 Arten.
Zahnformel $\frac{2-3\ 1\ 4-6}{1-2\ 1\ 4-5} = 26$ bis 36 Zähne. *Praemolares* und *Molares* gleichgestaltet.

164 *Phoca vitulina*

165 *Phoca hispida*

164 *Phoca vitulina* auf Sandbank im Gezeitenbereich

164 *Phoca vitulina* schwimmend

Schlüssel zur Bestimmung der Arten

1 Nur im Mittelmeer und im Schwarzen Meer
170 *Monachus monachus*
1′ Polarmeere, Nordatlantik, Ostsee 2
2 KR über 2 m 3
2′ KR unter 2 m 5
3 Gestreckte Schnauze, Kopf kegelförmig 168 *Halichoerus grypus*
3′ Kopf nicht kegelförmig 4
4 Rote »Hautblase« über der Nase
169 *Cystophora cristata*
4′ Ohne diese »Hautblase«. Lange weiße Barthaare
167 *Erignathus barbatus*
5 Rücken einfarbig, auf beiden Seiten meist mit langgestreckter dunkler Sattelzeichnung. Kopf dunkel
166 *Phoca groenlandica*
5′ Rücken gefleckt, Kopf meist hell 6
6 Rücken mit dichter, schwärzlicher Fleckung. KR bis 2 m. Weiße Tastborsten 164 *Phoca vitulina*
6′ Flecken des Rückens hell eingefaßt. KR unter 2 m. Braune Tastborsten
165 *Phoca hispida*

Gattung *Phoca*
Seehunde

164 *Phoca vitulina*
Gemeiner Seehund

Kennzeichen: Gedrungener Körper, großer, runder Kopf mit großen Augen, an der Schnauze lange weiße Tastborsten. Grundfärbung graugelb bis graubraun. Der Rücken hat eine dichte schwärzliche Fleckung. Bei den Männchen sind

die Flecken so dicht, daß die Rückenzone dunkel erscheint. Gleichlange Fußzehen. Die schmalen Nasenöffnungen sind v-förmig. Männchen sind größer als die Weibchen. 1 Paar Zitzen.
Ähnliche Arten: Ringelrobbe (165), Kegelrobbe (168).
Maße und Masse: KR 140 bis 200 cm; CB 146 bis 160 mm; Zyg 88,2 bis 106,7 mm; Masse 70 bis 150 kg.
Vorkommen: Europäische Atlantikküste (einschließlich Nordsee) bis Spanien, Küsten Nordamerikas und des Nordpazifiks. Nachweise in der Ostsee sind selten. Einzelne Tiere wandern gelegentlich in größeren Flüssen (z. B. Elbe) stromaufwärts. Bevorzugt werden ungestörte Küstengewässer mit flachen Sandbänken und Wattenmeere.
Lebensweise: Die Tiere können über 25 min unter Wasser bleiben und bis etwa 80 m (?) Tiefe tauchen. Außerhalb der Paarungszeit sind es meist Einzelgänger, aber sie können auch gesellig in unterschiedlich starken Rudeln leben. Alte sind wahrscheinlich ortstreu; Jungtiere können weite Wanderungen unternehmen.
An Land sind die Tiere unbeholfen. Am häufigsten kann man sie ruhend auf Sandbänken beobachten. Als Lautäußerung ist ein »klagendes« Bellen bekannt.
Die Paarung erfolgt im Juli/August. Die Begattung findet unter Wasser (?)

164 *Phoca vitulina*
»Heuler« (von der Mutter verlassenes Jungtier)

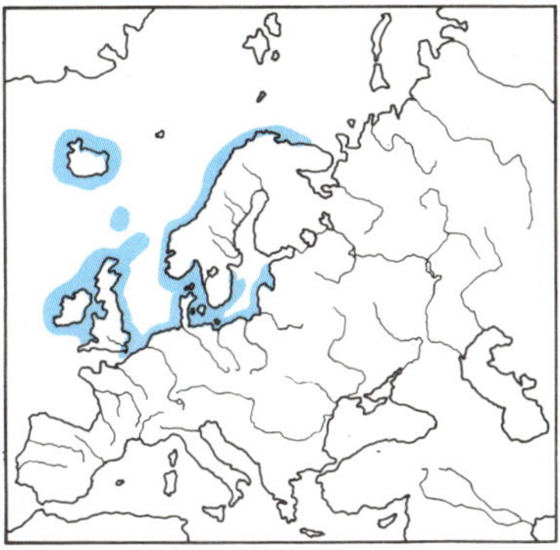

zu 164

statt. Nach einer Tragzeit von 11 Monaten werden in der Regel 1 bis 2 behaarte und bereits sehfähige Junge an Land geboren. Die Geburtsmasse beträgt etwa 10 kg. Kurz nach der Geburt können die Jungen schon schwimmen und tauchen. Sie werden etwa 5 bis 6 Wochen auf den Sandbänken gesäugt. Mit etwa 8 bis 10 Wochen sind sie selbständig, mit 3 Jahren geschlechtsreif. Das Höchstalter liegt bei 20 Jahren. Unselbständige oder von der Mutter verlassene Jungtiere sind als »Heuler« bekannt. Die Meinung, daß das Weibchen nur ein Junges aufziehen kann, ist falsch. Die Nahrung besteht aus Fischen, Krabben, Krebsen und Weichtieren. Als Feinde sind Zahnwale zu nennen.
Besonderes: Bisher werden 5 Unterarten unterschieden. Der rapide Rückgang der Bestände ist auf starke Bejagung, Störungen an den Wurfplätzen, ständige Beunruhigungen und Wasserverschmutzung zurückzuführen. Es sind strenge Schutzmaßnahmen notwendig.

165 *Phoca hispida*
Ringelrobbe

Kennzeichen: Dem Gemeinen Seehund (164) sehr ähnlich, aber kleiner. Die dunklen Flecke sind hell eingefaßt. Der bräunlich gefärbte Rücken ist unregelmäßig dunkel gezeichnet. Die Bauch-

zu 165

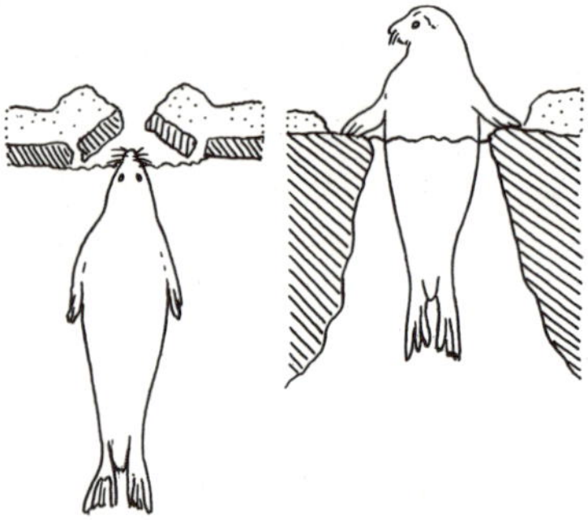

Schematische Darstellung der Atem- und Schlupflöcher von *Phoca hispida* (165)

seite ist hell und kaum gefleckt. Der rundliche Kopf trägt braune Tastborsten. Das Jugendkleid ist gelblichweiß. 1 Paar Zitzen.
Ähnliche Arten: Gemeiner Seehund (164), Kegelrobbe (168).
Maße und Masse: KR 120 bis 185 cm; CB 143 bis 187 mm; Zyg 82,7 bis 88,7 mm; Masse bis 100 kg (♂), bis etwa 40 kg (♀).
Vorkommen: Besonders an den Küsten arktischer Meere Nordeuropas, Nordasiens (bis Japan) und Nordamerikas. Gelegentlich auch in der Nord- und Ostsee. Die Küsten Norwegens, Islands, Großbritanniens und der Niederlande werden gelegentlich im Winter aufgesucht. Bevorzugt Buchten, Gletschermündungen, Eisdecken und Fjorde, aber auch große Süßwasserseen (z. B. Saimaasee).
Lebensweise: Die Tiere sind Einzelgänger oder leben in kleinen Gruppen. Sie halten durch ständiges Auftauchen und Atmen in einer entstehenden Eisdecke meist mehrere Atemlöcher frei. Wenn Schnee auf dem Eis liegt, versuchen die Tiere eines der Atemlöcher so weit mit ihrer warmen Atemluft zu öffnen, daß sie sich hindurchschieben können, um im Schnee oder im Eis eine Höhle als Ruheplatz anzulegen. Einzelne Tiere wandern im Herbst südwärts, die meisten bleiben im hohen Norden. Die Ringelrobben können bis etwa 20 min unter Wasser bleiben und bis 100 m (?) tief tauchen.
Die Paarung erfolgt von April bis Mai. Das etwa 50 cm lange und 5 kg schwere Junge wird nach 9 bis 10 Monaten Tragzeit im März oder April in einer geschützten Schneehöhle geboren. Dort verbleibt es etwa 4 Wochen. Nach dieser Zeit ist das weiße Fell dunkler geworden, und das Junge sucht das Wasser auf. Es wird etwa 2 Monate gesäugt. Mit 6 bis 7 Jahren ist es geschlechtsreif. Als Höchstalter werden 40 Jahre angegeben. Feinde sind Eisbär und Schwertwal.
Besonderes: Es werden mehrere Unterarten unterschieden. Wasserverschmutzung und Bejagung dezimieren die Bestände.

166 *Phoca groenlandica*
Sattelrobbe

Kennzeichen: Ähnlich dem Gemeinen Seehund (164). Die Männchen sind gelblichweiß gefärbt, haben einen schwarzen Kopf und beiderseits des Rückens eine langgestreckte schwarze Sattelzeichnung. Seiten und Bauchbereich sind hell gelbgrau. Die jungen Weibchen sind oberseits bräunlich-

166 *Phoca groenlandica* a ♂, b junges ♀, c Jungtier; 168 *Halichoerus grypus* d ♂, e ♀ mit Jungtier

a
b
c
d
e

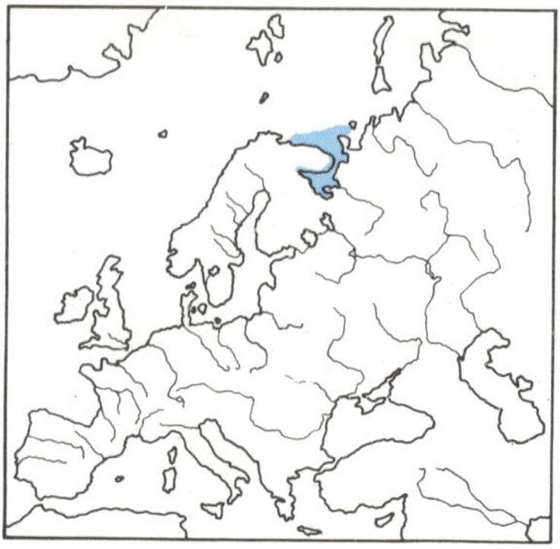

zu 166

schwarz, die alten bräunlich, mit einem kurzen grauen Sattel. Männchen sind größer als Weibchen.

Ähnliche Arten: Gemeiner Seehund (164), Ringelrobbe (165), Kegelrobbe (168).

Maße und Masse: KR 120 bis 220 cm; Masse 120 bis 180 kg.

Vorkommen: Besonders im Nordpolarmeer. Zwischen den Nahrungs-, Paarungs- und Wurfplätzen liegen weite Wanderwege. So können Sattelrobben auch im Weißen Meer, vor Grönland, an den Britischen Inseln und im Nord- und Ostseeraum beobachtet werden.

Lebensweise: Die Tiere leben gesellig und verträglich in Verbänden. Sie können 20 min unter Wasser bleiben und etwa 250 bis 300 m tief tauchen. Sie können sich auch gut auf dem Eis bewegen. An Lauten sind Bellen, Brummen, Knurren und (bei der Paarung) Gebrüll bekannt.

Zur Paarung finden sich im Herbst, nach oftmals weiten Wanderungen, zahlreiche Tiere auf den Eisfeldern der Wurfplätze ein. Im Februar oder März wird das Junge mit seinem weißen, sehr weichen Fell geboren. Es ist etwa 60 bis 90 cm lang und 5 bis 8 kg schwer. Das Neugeborene wird etwa 3 bis 4 Wochen lang gesäugt und wächst schnell heran. Etwa im Alter von 1 Woche erfolgt der Wechsel zum ersten Jugendkleid. Nach der Säugezeit suchen die Jungen das Wasser auf. Während dieser Zeit paart sich 1 Männchen mit 1 Weibchen, danach erfolgt bei den Tieren der Haarwechsel. Dieser ist Anfang Mai abgeschlossen. Danach verlassen die erwachsenen Tiere zusammen mit den Jungen in Gruppen die Wurfplätze wieder und wandern nordwärts. Weibchen werden mit 6 Jahren, Männchen mit 8 Jahren geschlechtsreif, das Höchstalter liegt bei 30 Jahren.

167 *Erignathus barbatus*

Die Nahrung besteht aus Fischen, Krebsen und Krabben. Als Feinde sind Eisbär und Zahnwale zu nennen.
Besonderes: Die Neugeborenen werden an den Wurfplätzen wegen ihres wertvollen Felles in großer Zahl erschlagen (»Robbenschläger«) oder auch noch lebend enthäutet. Die bestehenden Schutzmaßnahmen reichen zur Erhaltung der Art noch nicht aus.

Gattung *Erignathus*
Bartrobben

167 *Erignathus barbatus*
Bartrobbe

Kennzeichen: Typisch sind die langen, weißen Barthaare (Tasthaare). Der Körper ist nahezu einheitlich gelbgrau bis gelbbraun, die Bauchseite heller. Bei Jungtieren können Flecken angedeutet sein. Die Männchen sind größer als die Weibchen. 2 Paar Zitzen.
Maße und Masse: KR 200 bis 350 cm; Masse 200 bis über 400 kg.
Vorkommen: An den arktischen Küsten Nordamerikas und Eurasiens. Bevorzugt werden flachere Küstenabschnitte ohne Packeis, die Bartrobbe ist aber auch im offenen Meer und auf Treibeis gelegentlich zu beobachten.
Lebensweise: Die meist einzeln lebenden Tiere finden sich vor allem während der Paarungszeit zu kleinen Gruppen zusammen. Sie wandern nicht weit, tauchen bis etwa 50 m Tiefe und können etwa 30 min unter Wasser bleiben. Im Winter werden in der Eisdecke Atemlöcher offengehalten. Die Tiere »flöten«, pfeifen und heulen. Während des Haarwechsels sind sie weniger scheu. Die Nahrung wird am Meeresboden gesucht.
Die Paarung erfolgt wahrscheinlich im Juni. Feste Paarungsplätze scheint es nicht zu geben. Nach einer Tragzeit von 11 Monaten wird im April oder Mai ein etwa 1 m langes und 40 bis 50 kg schweres Junges mit weichem hellbräunlichem Fell vermutlich im Wasser geboren. Die Mutter säugt es

zu 167

etwa 3 Wochen lang. Auch danach bleibt es noch längere Zeit (?) mit der Mutter zusammen. Die Weibchen werden mit 6 Jahren, die Männchen mit 7 Jahren geschlechtsreif. Mit hoher Wahrscheinlichkeit bekommen die Weibchen nur alle 2 Jahre Nachwuchs. Das Höchstalter liegt bei etwa 20 Jahren.
Die Nahrung besteht vorwiegend aus Weichtieren, Krabben und am Boden lebenden Fischen.
Feinde sind Eisbär, Walroß und Schwertwal.
Besonderes: Das Fell, die Haut und der Speck sind für die Eskimos lebenswichtig. Der Bestand erhält den notwendigen Schutz.

Gattung *Halichoerus*
Kegelrobben

168 *Halichoerus grypus*
Kegelrobbe

Kennzeichen: Gestreckte Schnauze und kegelförmiger Kopf. Die Tiere sind viel größer als der Gemeine Seehund (164). Obwohl die Färbung sehr variabel sein kann, haben alte Männchen auf dem dunkleren Fell immer helle Flecken und die Weibchen dunkle Flecken auf hellem Fell. Das Fell der neugeborenen Jungen ist langhaarig und grauweiß. Die Nasenlöcher liegen bei den Tieren weit auseinander. Die Männchen sind

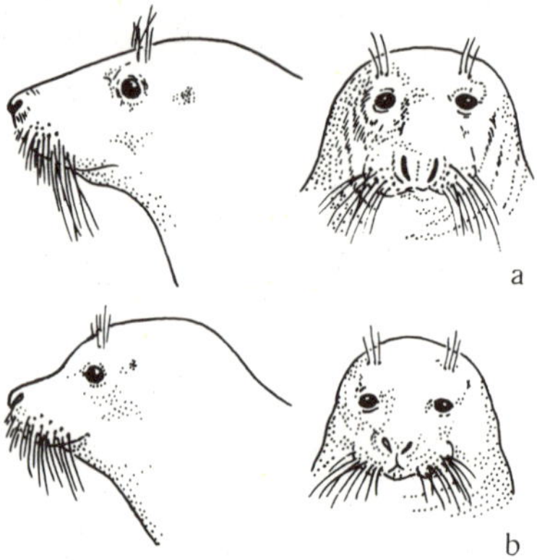

Vergleich der Kopfformen von a *Halichoerus grypus* (168), b *Phoca vitulina* (164)

größer und schwerer als die Weibchen.

Ähnliche Arten: Gemeiner Seehund (164), Ringelrobbe (165), Sattelrobbe (166).

Maße und Masse: KR 180 bis 380 cm; Masse 125 bis 320 kg.

Vorkommen: Küsten Islands, Großbritanniens, Irlands, der Färöer-Inseln, in der Nord- und Ostsee, Ostküste Kanadas. Bevorzugt Meeresteile mit Felsriffen und Klippen sowie Fels- und Geröllküsten.

Lebensweise: Die scheuen Tiere leben meist in kleinen Gruppen oder Rudeln. Während der Paarung, zur Wurfzeit und während des Haarwechsels halten sie sich an Land auf. Zur Paarungszeit haben die Männchen einen Harem von 6 bis 7 Weibchen. Junge Kegelrobben können über größere Strecken wandern. Bei Alttieren wurde das noch nicht beobachtet. Kegelrobben tauchen bis in 120 bis 140 m Tiefe und können bis etwa 20 min unter Wasser bleiben. Sie können in senkrechter Haltung im Wasser verweilen. Als Laute sind Jaulen, Heulen, Grunzen, Schnaufen und Brummen bekannt.

Die Paarung findet zwischen November und März statt. Nach einer Tragzeit von 12 Monaten wird 1 bis etwa 75 cm langes und 15 bis 20 kg schweres Junges mit dichtem, weißgrauem Fell an Land geboren. Die Jungen werden etwa 2 Wochen gesäugt. Mit 4 bis 5 Wochen sind sie nach dem Haarwechsel selbständig. Die Weibchen werden mit 5, die Männchen mit 6 Jahren geschlechtsreif. Das Höchstalter liegt bei 35 Jahren. Die Paarung erfolgt in der Zeit, in der das Weibchen das Junge säugt.

Die Nahrung besteht vorzugsweise aus Fischen. Weichtiere und Krebse werden auch angenommen.

Tierische Feinde hat die Art kaum. Die Tiere werden vom Menschen verfolgt. Besonders negativ wirkt sich die Meeresverschmutzung auf die Population aus. Die ohnehin seltene Robbenart ist deshalb in ihrer Existenz stark bedroht.

zu 168

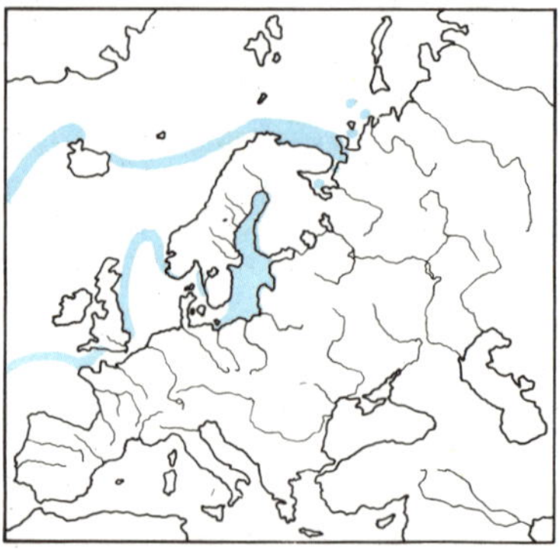

Gattung *Cystophora*
Mützenrobben

169 *Cystophora cristata*
Klappmütze

Kennzeichen: Der Körper ist hellgrau bis hellbraun, an den Flanken und auf der Bauchseite mit unterschiedlich großen weißlichen Flächen; auf dem Rükken mehr oder weniger dunkle, unregelmäßig verteilte graublaue Flecken. Typisch ist die schlaff über der Nase liegende, kräftig rotgefärbte »Hautblase«, die die Männchen bei Erregung

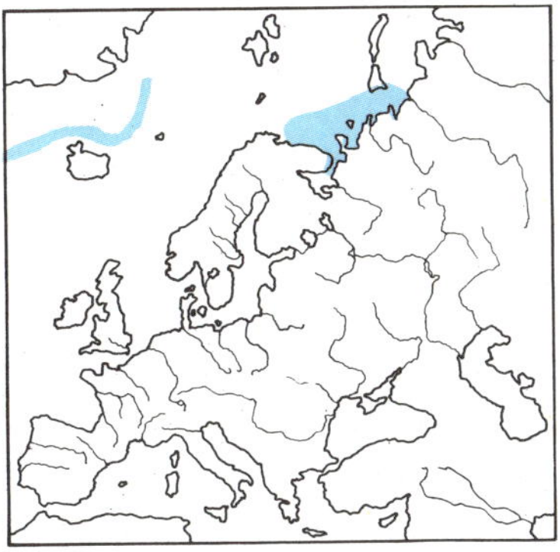

zu 169

fast bis zur Größe eines Fußballes aufblasen können. Bei den Weibchen ist sie auch vorhanden, aber kaum voll ausgebildet und daher unauffälliger. Junge Tiere sind auf dem Rücken blaugrau und am Bauch weißlich.
Der Kopf ist von der Schnauzenspitze bis in den Bereich der Augen schwarz. Die Flossen sind ebenfalls schwarz. Die Männchen sind größer als die Weibchen.
Ähnliche Arten: Kegelrobbe (168), Gemeiner Seehund (164).
Maße und Masse: KR 200 bis 250 cm; Masse 300 bis 400 kg.
Vorkommen: Nordatlantik, besonders arktischer Teil. Wichtige Fortpflanzungsgebiete sind Grönland, Island und Neufundland. Besonders bevorzugt werden die Treibeisbereiche im offenen Meer.
Lebensweise: Die einzeln oder in Gruppen lebenden Tiere sind scheu und streitbar. Sie können bis etwa 300 m tief tauchen und etwa 20 min unter Wasser bleiben. Sie bewegen sich geschickt auf dem Land und auf dem Eis.

169 *Cystophora cristata* ♂

♀, juv.

Die Männchen brüllen während der Paarungszeit.
Die Tiere wandern weit umher. Im Juni/Juli erfolgt der Haarwechsel an bestimmten Plätzen auf Eisbänken.
Die Paarung beginnt im März, wenn sich die Tiere auf Treibeis in Gruppen zusammenfinden. Im März/April wird das weit entwickelte etwa 1 m lange und bis 25 kg schwere Junge auf dem Eis geboren. Das Neugeborene, das sich sofort ins Wasser begeben kann, wird etwa 2 Wochen vom Weibchen gesäugt und anschließend sich selbst überlassen. Die Geschlechtsreife tritt im Alter von 4 bis 6 Jahren ein. Das Höchstalter liegt bei 30 Jahren. Die Paarung der Alttiere findet nach der Säugezeit des Nachwuchses statt. Oft kämpfen die Männchen heftig miteinander um die Weibchen.
Die Nahrung bilden am Meeresboden lebende Fische sowie Muscheln, Seesterne und Tintenfische. Feinde sind Eisbär und Zahnwale.
Besonderes: Die ohnehin seltene Art ist in ihrem Fortbestand bedroht, besonders durch die wegen des Felles vom Menschen veranstalteten Massenschlächtereien auf den Fortpflanzungsplätzen.

Gattung *Monachus*
Mönchsrobben

170 *Monachus monachus*
Mittelmeer-Mönchsrobbe
Kennzeichen: Der Rücken ist braun, die Bauchseite weiß bis hellgrau und gelegentlich gelblich. Kopf und Nackenbereich zeigen kleine, unregelmäßig verteilte helle Flecken. Die Jungen sind vor dem 1. Haarwechsel dunkelbraun bis schwärzlich. Die Männchen sind kleiner als die Weibchen.
Maße und Masse: KR 230 bis 340 cm; Masse 280 bis 320 kg.
Vorkommen: Restpopulationen im Mittelmeer, im südlichen Schwarzen Meer und an der Atlantikküste Nordafrikas.

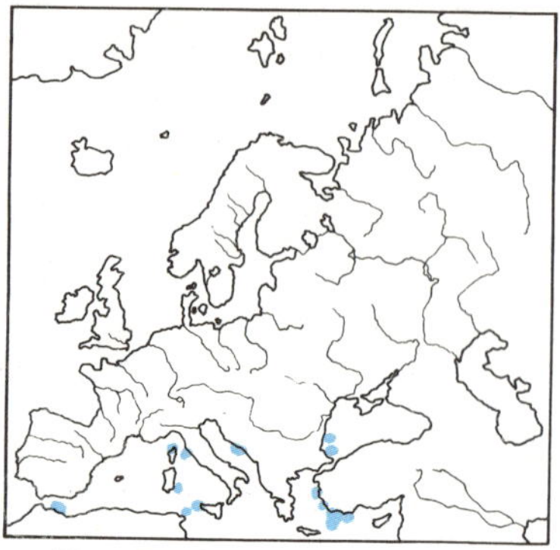
zu 170

Bevorzugt werden Meeresteile mit ungestörten Sand- und Felsküsten sowie Klippen und Grotten.
Lebensweise: Die meist ortstreuen Tiere leben einzeln oder in kleinen Gruppen. Sie sonnen sich gern und ruhen an geschützten, ungestörten Stränden. Sie können sich sehr geschickt an Land bewegen. Oft jagen die Tiere in kleinen Gruppen. Sie können jaulen und bellen.
Die Paarung erfolgt im Wasser im Oktober und November. Nach einer Tragzeit von 12 Monaten wird im September oder Oktober an Land 1 Junges geboren. Es ist etwa 1 m lang und kann bis 25 kg wiegen. Bis zur 6. Woche wird es gesäugt, danach kann es schwimmen und tauchen und verläßt das Land. Die Mutter bleibt bis zu 3 Jahren bei dem Jungen, dessen Geschlechtsreife mit 4 bis 5 Jahren einsetzt. Das Höchstalter beträgt 30 Jahre. Das Weibchen wird wahrscheinlich aller 2 Jahre trächtig, nachdem ein Junges aufgezogen wurde. Die Paarung findet kurze Zeit nach der Geburt des Jungen statt. Die Nahrung besteht bevorzugt aus Fischen, Krabben und Langusten. Tierische Feinde sind kaum bekannt.
Besonderes: Die Art kommt nur noch in kleinen Restpopulationen vor und ist vom Aussterben, besonders durch Jagd, Tourismus und Sporttauchen, bedroht.

Ordnung *Artiodactyla*
Paarhufer

Zu dieser Ordnung gehört die Mehrzahl der großen pflanzenfressenden Säugetierarten. In Europa ist die Ordnung mit 19 Arten aus 14 Gattungen und 3 Familien vertreten. Die 4 Zehen dieser Arten sind paarig angeordnet. Der Körper ruht auf der 3. und 4. Zehe der Vorder- und Hinterbeine. Die erste Zehe fehlt, die 2. und 5. Zehe sind in der Regel zurückgebildet oder fehlen.

Mit Ausnahme der Schweine tragen wenigstens die Männchen (mit Ausnahme des Wasserrehs) ein Geweih oder Gehörn, fehlen *Incisivi* im Oberkiefer zumeist und wird die Nahrung zwischen Phasen der Verdauung noch einmal gekaut (Wiederkäuer).

Schlüssel zur Bestimmung der Familien

1 Körper gedrungen, relativ kurzbeinig. Fell borstig. Lange Schnauze mit Rüsselscheibe. *Incisivi* im Oberkiefer vorhanden. Ohne Hörner oder Geweihe *Suidae* S. 311

1′ Körper nicht gedrungen. Fell nicht borstig. Ohne Rüssel. *Incisivi* fehlen vielfach im Oberkiefer. Mindestens Männchen mit Hörnern oder Geweihen (Ausnahme Wasserreh) 2

2 Meist nur Männchen mit meist verzweigtem Geweih, das jährlich abgeworfen wird *Cervidae* S. 313

2′ Meist beide Geschlechter mit unverzweigten Hörnern *Bovidae* S. 334

Familie *Suidae*
Schweine

Mittelgroße Paarhufer mit borstigem Haarkleid, langgestreckter, beweglicher, rüsselförmiger Schnauze mit nackter Rüsselscheibe. Die *Canini* der Männchen haben sich zu langen Hauern entwickelt. Allesfresser. In Europa nur 1 Art.

Zahnformel: $\frac{3\,1\,4\,3}{3\,1\,4\,3} = 44$ Zähne. *Molares* mit Schmelzhöckern.

170 *Monachus monachus*

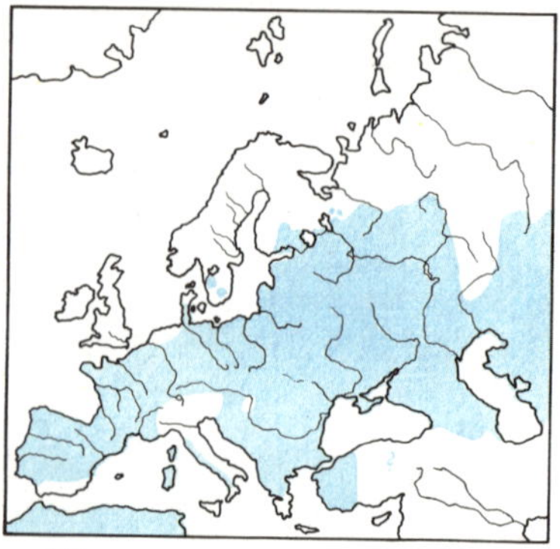

zu 171

Gattung *Sus*
Schweine

171 *Sus scrofa*
Wildschwein

Kennzeichen: Massig, gedrungen, mit borstigem, schwarzbraunem bis graubraunem Fell, das sich durch lange Grannen und dichte Unterwolle auszeichnet. Im Winter sind die Haare länger und dunkler als im Sommer. Die längsten Haare auf der Rückenmitte. Kopf langgestreckt mit kleinen dunkelbraunen Augen und großen Ohren. Die Männchen (Keiler) haben kräftige dreikantige *Canini* (Hauer, Waffen); die unteren sind lang, die oberen kürzer und auswärts gekrümmt. Sie wachsen zeitlebens nach. Das Weibchen (Bache, Sau) hat kleinere *Canini*. Relativ kurze Beine. Der mittellange Schwanz trägt eine Endquaste. Jungtiere (Frischlinge) sind gelbbraun mit gelblichen Längsstreifen. Männchen sind größer und schwerer als Weibchen. Wildschweine im Norden Europas sind größer als im Süden. 6 Paar Zitzen.

Maße und Masse: KR 110 bis 180 cm; Schw 15 bis 25 cm; W 60 bis 115 cm; Masse 50 bis 350 kg.

Vorkommen: Eurasien bis Indien und Japan, Nordafrika.

In verschiedenen Gebieten (z. B. Nordamerika, Australien) eingeführt. In Laub- und Mischwäldern, Sümpfen, Schilfgebieten und anderen deckungsreichen Landschaften, zur Nahrungsaufnahme auch auf Feldern. Im Gebirge bis zur Baumgrenze.

Lebensweise: Die tag- und nachtaktiven Tiere leben meist gesellig in Familienverbänden (Rotten); alte Keiler sind oft Einzelgänger. Die Familienverbände setzen sich vor allem aus Bachen und deren Jungen zusammen. Die Rangordnung in diesen Verbänden ist mit vom Alter der Tiere abhängig. Die Keiler suchen den Familienverband nur gelegentlich auf.

Die scheuen Tiere sind ausdauernde Läufer und gute Schwimmer, verfügen über einen ausgezeichneten Geruchssinn und ein sehr gutes Gehör. Während des Tages halten sie sich häufig im schützenden Dickicht auf. Dort legen sie Mulden als Lager an. Wildschweine durchwühlen den Boden nach Freßbarem und wandern oft weite Strecken. Sie baden gern in Schlamm (Suhlen). Als Laute sind Grunzen, Schnauben, Schreien, Quieken und Zähnewetzen bekannt.

Die Paarung findet zwischen November und Januar (Rauschzeit) statt. Die Keiler führen heftige ritualisierte Kämpfe um brünstige Weibchen, dabei können sich die Gegner mit ihren Hauern verletzen. Nach einer Tragzeit von 16 bis 20 Wochen werden im März oder April 3 bis 12 sehende, behaarte Junge in einem vom Weibchen hergerichteten Wurfkessel geboren. Der Wurfkessel ist mit weichem, trockenem Pflanzenmaterial ausgepolstert und oft mit Ästen überdeckt. Bis zu 1 Woche können die Frischlinge im Kessel bleiben. Neugeborene wiegen 600 bis etwa 1 000 g. Sie werden bis zu 3 Monaten gesäugt, danach wird feste Nahrung angenommen. Mit etwa 6 Monaten sind sie selbständig. Im Alter von etwa 10 Monaten nehmen die Jungen die Färbung der Alten an und werden im 2. Lebensjahr »Überläufer« genannt. Zwischen dem 9. und 18. Monat tritt die Geschlechtsreife ein. Das Höchstalter liegt bei etwa

20 Jahren. Die Jungtiere bleiben meist bis zur Geschlechtsreife mit ihren Müttern zusammen.
Die Nahrung dieser Allesfresser ist vielseitig, aber vorwiegend pflanzlicher Natur (Wurzeln, Feldfrüchte, Knollen, Eicheln, Bucheckern, Kerbtiere, am Boden brütende Vögel und deren Eier, Kriechtiere, Kleinsäuger und Aas). Ihre Wühltätigkeit wird im Forst geschätzt, richtet aber auf landwirtschaftlichen Flächen beträchtlichen Schaden an.

Als Feinde sind Wolf, Bär und bei jungen Tieren auch der Luchs zu nennen.
Besonderes: Stammform der Hausschweinerassen.

Familie *Cervidae* Hirsche

Mit Ausnahme des Ren (181) tragen nur die Männchen mehr oder weniger verzweigte Geweihe, die sich auf »Ro-

171 *Sus scrofa*

senstöcke« genannten Fortsätzen der Stirnbeine entwickeln, jährlich abgeworfen und erneuert werden. Stärke und in gewissem Maße auch die Endenzahl des Geweihes sind abhängig von Alter, Ernährung und Gesundheitszustand der Tiere. Hormonale Störungen können zu abnormen Bildungen des Geweihes führen (z. B. Perückenböcke des Rehs).

Zahnformel $\frac{0\ 0\ (1)\ 3\ 3}{3\ 1\quad 3\ 3} = 32$ bis 34 Zähne. Die unteren *Canini* sind den *Incisivi* gleichgestaltet und an diese herangerückt.

Schlüssel zur Bestimmung der Gattungen

1 KR unter 100 cm. Ohne oder mit kurzem, gegabeltem Geweih. Männchen mit hauerartigen oberen *Canini* 2

1′ KR über 100 cm. Männchen immer mit mehr oder weniger verzweigtem Geweih, ohne hauerartige *Canini* 3

2 W bis 55 cm. Ohne Geweih. Rücken mehr oder weniger gerade *Hydropotes* S. 323

2′ W bis 50 cm. Männchen mit kurzem, gegabeltem Geweih. Rücken gewölbt *Muntiacus* S. 324

3 W über 150 cm. Breite, überhängende Oberlippe (Muffel) *Alces* S. 329

3′ W unter 150 cm. Ohne Muffel 4

4 Beide Geschlechter mit reich verzweigten Geweihen. Breite Hufe. 2. und 5. Zehe sind gut ausgebildet. Obere *Canini* vorhanden *Rangifer* S. 332

4′ Nur Männchen mit Geweihen. 2. und 5. Zehe stark reduziert 5

5 Männchen mit endenreichen, mehr oder weniger nach hinten gerichteten und ausladenden Geweihen *Cervus* S. 315

5′ Männchen mit relativ kleinem, gabelig verzweigtem Geweih. Hauptstange kurz und aufrecht oder in einer gewissen Höhe nach vorn gebogen 6

6 Geweih (»Gehörn«) selten mit mehr als 3 Enden, aufrechtstehend. Schwanz nicht erkennbar *Capreolus* S. 325

6′ Gabelig verzweigtes Geweih nach vorn gebogen. Schwanz breit, unterseits weiß *Odocoileus* S. 331

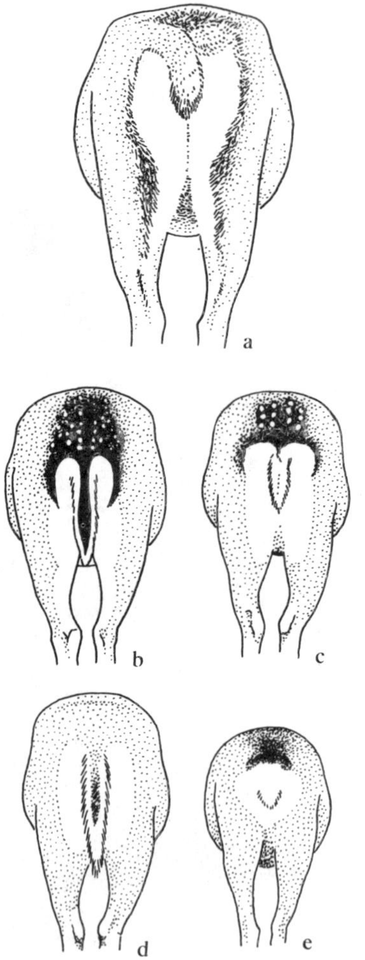

Vergleich der Spiegel von:
a *Cervus elaphus* (172), b *Cervus dama* (173), c *Cervus nippon* (174), d *Odocoileus virginianus* (180), e *Capreolus capreolus* (178)

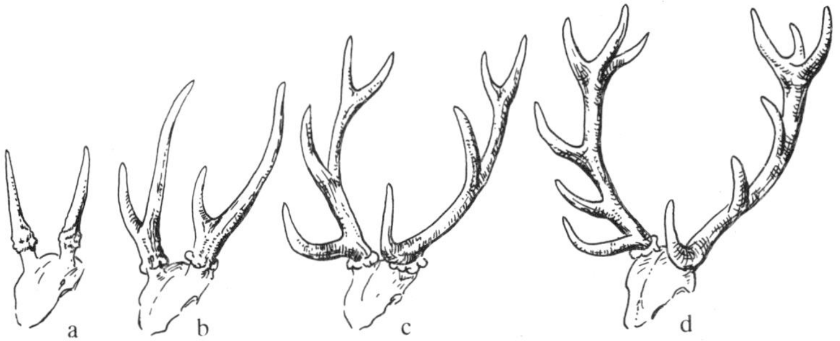

Geweihbildung bei *Cervus elaphus* (172): a Spießer, b Gabler, c Achtender, d Zwölfender

Gattung *Cervus*
Echte Hirsche

Schlüssel zur Bestimmung der Arten

1 W über 120 cm, KR über 160 cm. Fell erwachsener Tiere nicht gefleckt, Schwanz ohne Schwarzweiß-Zeichnung, Spiegel gelblich 172 *C. elaphus*

1′ W unter 120 cm, KR unter 160 cm (wenn über 160 cm, dann Geweih schaufelartig). Das Fell auch erwachsener Tiere ist zumindest im Sommer weiß gefleckt, Schwanz mit Schwarzweiß-Zeichnung, Spiegel weiß 2

2 KR bis 230 cm. Geweih schaufelartig. Schwanz oben schwarz. Obere *Canini* fehlen 173 *C. dama*

2′ KR bis 160 cm. Geweih nicht schaufelartig, 6 bis 8 Enden 3

3 Geweih kurz, bis zu 8 Enden. Schwanz weiß mit schwarzem Mittelstreifen, bis 20 cm. Oberer *Canini* vorhanden 174 *C. nippon*

3′ Geweih lang, dünn, bis 6 Enden. Schwanz oberseits dunkel, über 20 cm. Rücken mit dunklem Mittelstreifen 175 *C. axis*

172 *Cervus elaphus*
Rothirsch, Edelhirsch

Kennzeichen: Die größte Art der Gattung. Es gibt zahlreiche geographische Unterarten. Die nachfolgenden Angaben beziehen sich auf die des westlichen Mitteleuropas. Das Fell ist im Sommer glatt, rötlichbraun bis zimtbraun, im Winter langhaariger, rauher und graubraun. Die Schwanzumgebung (»Spiegel«) ist gelblich bis gelbrötlich gefärbt. Jungtiere

Geweihentwicklung bei *Cervus elaphus* (172) im Jahresverlauf:
a März/April, b Mai/Juni, c Juli/August, d Februar

sind rotbraun und haben im Fell weiße Flecken, die bis zum Herbst völlig verschwinden. Das Männchen (Hirsch) hat im Herbst und Winter eine deutlich sichtbare Halsmähne. Die Hirsche tragen in Abhängigkeit von Alter, körperlicher Verfassung und Unterart individuell variierende Geweihformen. Bis zu 4 Enden (Aug-, Eis-, Mittel- und Wolfssprosse) ragen nach vorn. Starke Geweihe zeichnen sich an ihrem Ende meist durch »Kronenbildung« aus. Sie können je Stange über 10 normal ausgebildete Sprossen (Enden) haben. Werden alle angedeuteten Enden gezählt, kann die Zahl vor allem bei krankhaft entarteten Geweihen wesentlich darüber liegen, so bei dem 1692 vom Kurfürst Friedrich III. von Brandenburg erlegten Sechsundsechzigender. Der Abwurf der Geweihstangen erfolgt im Februar/März. Das meist jährlich neu nachwachsende Geweih ist im Juli vollendet und wird bis Anfang August von der Haut (Bast) befreit (»gefegt«). Es kommt auch vor, daß eine Geweihbildung unterbleibt, diese

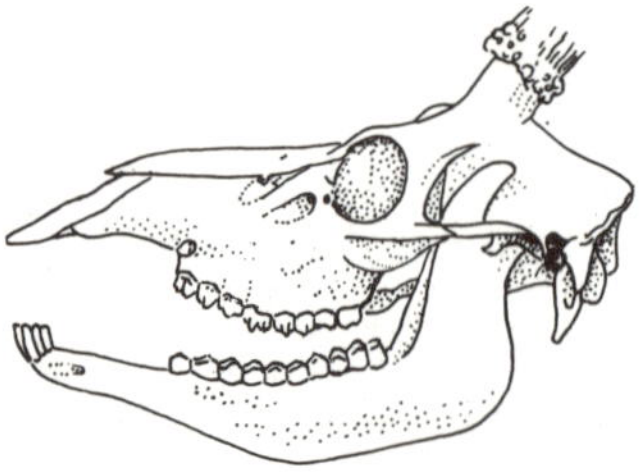

Schädelprofil von *Cervus elaphus* (172)

Hirsche werden als »Mönche« bezeichnet. Die Nase ist schwarz, die mittelgroßen Augen sind braun, die Ohren lanzettförmig. Der Schwanz ist kurz und oberseits dunkel. Das Männchen ist größer als das Weibchen (Hindin, Tier, Kuh).

Ähnliche Arten: Damhirsch (173), Sikahirsch (174), Axishirsch (175), Weißwedelhirsch (180).

172 *Cervus elaphus* ♀

Kalb

Maße und Masse: KR 160 bis 250 cm; Schw 12 bis 14 cm; W 120 bis 150 cm; Masse 95 bis 350 kg.
Vorkommen: Europa, außer Island und Nordskandinavien, Asien, Nordafrika, Nordamerika. Die europäischen Vorkommen sind zersplittert. In vielen Gebieten wurden Hirsche ausgesetzt, wieder eingebürgert, oder sie entkamen aus Gattern. Bewohnt werden Waldgebiete mit Freiflächen (Kahlschläge, Felder, Waldwiesen). Im Gebirge während des Sommers bis zur Baumgrenze und gelegentlich in der Mattenregion. Gebietsweise auch in Heide- und Moorlandschaften.

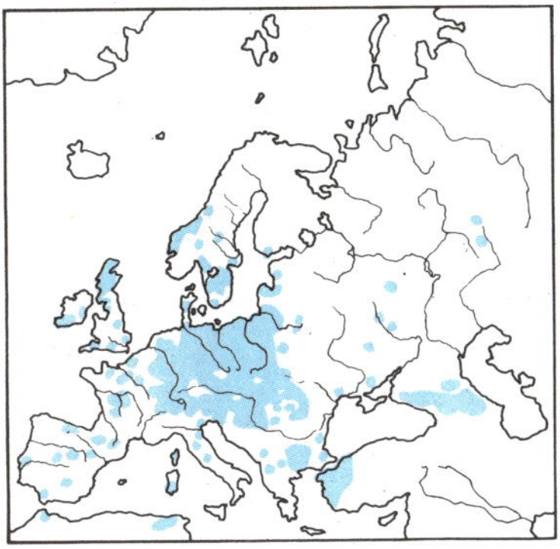

zu 172

Lebensweise: Die Tiere sind tag- und nachtaktiv und leben mit Ausnahme alter Männchen (Einzelgänger) meist in Rudeln. Die Ruheplätze (Einstände) befinden sich in Dickungen, Schilf und gelegentlich auch in hochgewachsenem Getreide. Hirsche können ausdauernd laufen, über kürzere Strecken galoppieren, weit und hoch springen und gut

172 *Cerphus elaphus* ♂

schwimmen. Zur Körperpflege werden Schlammbäder in sogenannten Suhlen genommen. Hirsche ziehen auf beständig genutzten Pfaden (Wechseln) zur Nahrungssuche (»Äsung«). Diese scheuen, meist standorttreuen Tiere sehen und hören gut, auch ihr Geruchssinn ist ausgezeichnet entwickelt.

Mit den Voraugendrüsen markieren die Hirsche ihre Reviere. Als Laute sind besonders Röhren und »Knören« in der Fortpflanzungszeit (Brunft) sowie Grunzen, Brummen und Blöken (»Schrecken«) bekannt.

Die weiblichen Tiere leben unter Führung einer alten Hirschkuh mit den Jungtieren in Rudeln, die Hirsche außerhalb der Brunftzeit in mehr oder weniger großen Trupps.

Die Brunft beginnt Ende September und endet etwa Mitte Oktober. Während dieser Zeit versuchen die Hirsche Kühe in Rudeln zusammenzubringen, die sie gegen Rivalen mit ihrem Geweih verteidigen. »Platzhirsche« haben mit ihrem Rudel Kühe feste Brunftplätze, sie dulden aber in der näheren Umgebung auch jüngere Hirsche (»Beihirsche«). Nach der Brunft verlassen die Hirsche die Rudel wieder.

Nach einer Tragzeit von 230 bis 238 Tagen wird im Mai/Juni meist nur 1 sehendes, behaartes und nach kurzer Zeit lauffähiges Junge (Kalb) geboren. Es folgt der Mutter, wird von ihr 3 bis 4 Monate gesäugt und ist mit etwa 1 Jahr selbständig. Die Geschlechtsreife tritt im 2. oder 3. Lebensjahr ein, wobei sich Hirsche meist erst im 4. Lebensjahr erfolgreich an der Paarung beteiligen. Das Höchstalter liegt bei 20 Jahren.

Die Nahrung besteht aus Kräutern, Gräsern, Blättern, Trieben von Gehölzen, Wasserpflanzen, Knospen, Flechten, Bucheckern, Kastanien, Eicheln, Feldfrüchten, Beeren und Baumrinde. Besonders im Sommer schälen die Tiere Rinde in Streifen von Laub- und Nadelbäumen. Starke Populationen verursachen oft beträchtliche Verbißschäden an jungen Bäumen. Als Feinde

173 *Cervus dama* ♀

Kalb

sind Wolf und Bär zu nennen. Jungen und kranken Tieren kann der Luchs nachstellen. Auch durch wildernde Hunde und Autoverkehr treten oft Verluste auf.

Besonderes: In Europa werden über 23 Unterarten unterschieden. In vielen Gebieten wurden fremde Tiere von Unterarten eingekreuzt, um vor allem den Wert der Trophäen dieses »königlichen« Jagdwildes zu verbessern.

173 *Cervus dama*
Damhirsch

Kennzeichen: Sommerfell hellbraun, bei beiden Geschlechtern mit kräftigen, weißlichen Flecken, Winterfell dunkel- oder graubraun ohne Fleckung. Die Bauchseite ist wie der Spiegel weißlich, von den Flanken schwarz abgesetzt. Der Schwanz ist relativ lang, oberseits dunkel, unterseits weiß. Es gibt verschiedene Farbvarianten, von hellbraun bis braunschwarz oder graubraun. Am unteren Fersengelenk der Hinterläufe befindet sich ein heller Drüsenfleck. Das Territorium wird mit Urin markiert. Die Männchen haben ein schaufelartiges bis etwa 80 cm langes und ausladendes Geweih. Die Aug- und Mittelsprossen sind deutlich sichtbar von der Schaufel abgesetzt. Die Eissprosse ist bei alten Hirschen selten ausgebildet. Im April/Mai beginnt nach dem Abwurf des alten die Bildung des neuen Geweihs, im August wird es gefegt. Die Männchen sind größer und schwerer als die Weibchen.

Ähnliche Arten: Sikahirsch (174), Axishirsch (175), Rothirsch (172).

Maße und Masse: KR 130 bis 230 cm; Schw 15 bis 20 cm; W 85 bis 110 cm; Masse 45 bis 150 kg.

173 *Cervus dama* ♂

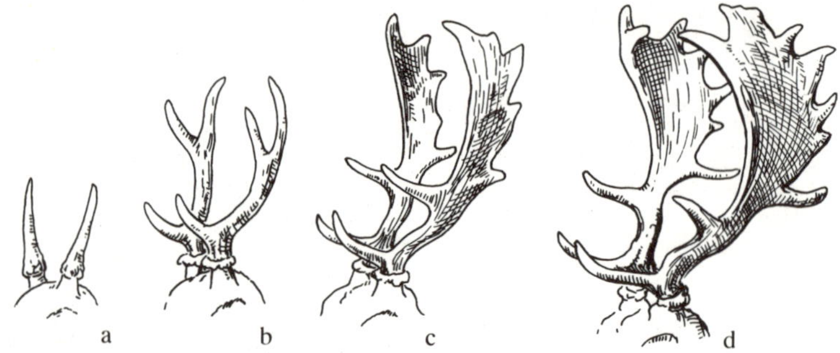

Geweihbildung bei *Cervus dama* (173): a Spießer, b Sechsender, c Löffler, d Hauptschaufler

Vorkommen: Im Altertum in Europa ausgerottet, seit dem Mittelalter wieder eingebürgert. Heute gibt es in vielen Ländern freilebende Bestände. In Nord- und Südamerika, Südafrika und auf Neuseeland ausgesetzt. Damhirsche bewohnen größere Laub- und Mischwälder sowie weiträumige Parklandschaften von der Ebene bis ins Mittelgebirge.
Lebensweise: Die vorwiegend dämmerungs- und tagaktiven, gesellig lebenden Tiere laufen und springen sehr gut. Die Ruheplätze befinden sich in Dikkungen. Im Winter leben Männchen und Weibchen zusammen in Rudeln, deren Individuenzahl sehr groß sein kann. Im Frühjahr trennen sich die Geschlechter. Die Tiere können gut sehen.

zu 173

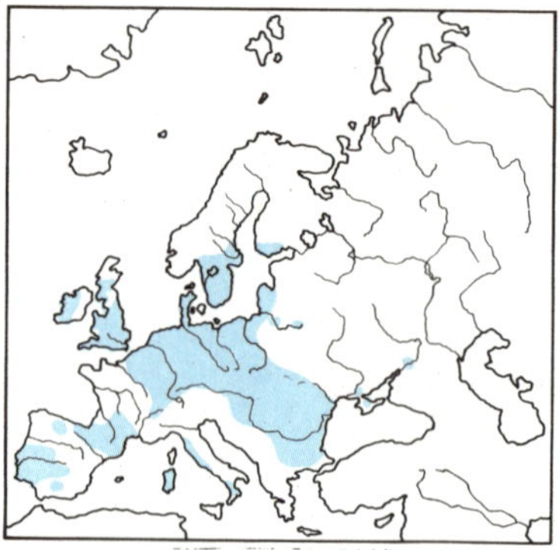

Als Laute sind besonders »Knören«, Röhren, Bellen und Fiepen bekannt.
Die Fortpflanzung (Brunft) findet vom Oktober bis November statt. Die Männchen kämpfen um die Weibchenrudel. Oft schlagen sie mit dem Geweih an bestimmten Plätzen Erdgruben (Brunftgruben) aus. Die Tragzeit dauert etwa 7 Monate. Meist wird nur 1 Junges zwischen Mai und Juli geboren. Kurze Zeit nach der Geburt folgt es der Mutter. Das Jugendkleid unterscheidet sich nicht von der Fellfärbung der erwachsenen Tiere. Der Nachwuchs wird bis zum Spätsommer gesäugt. Die Weibchen werden im 2., die Männchen im 3. Lebensjahr geschlechtsreif. Das Höchstalter liegt bei 20 Jahren.
Die Nahrung besteht aus Gräsern, Kräutern, Rinde, Trieben von Gehölzen, Blättern, Eicheln, Bucheckern und Feldfrüchten.
Als Feinde sind neben wildernden Hunden Wolf und Luchs zu nennen.
Besonderes: Zur Zeit werden 2 Unterarten in Europa unterschieden. Wegen der Trophäen der Hirsche als Jagdwild geschätzt. Zur Haltung in Parkanlagen geeignet.

174 *Cervus nippon*
Sikahirsch
Kennzeichen: Am meist kurzen Geweih mit (bis zu 4 Enden je Stange, Aug- und Mittelsprosse und gegabelte

Spitze) und am oberseits schwarz umrandeten weißen Spiegel zu erkennen. Der kurze Schwanz ist auf der Oberseite weiß und hat einen schwarzen Strich. Sommerfell meist mehr oder weniger rotbraune mit gelblichweißen Flecken, Winterfell dunkelgrau, die hellen Tupfen fehlen nahezu. Jungtiere haben ein feingetupftes Fell. Die Männchen tragen während der Herbst- und Wintermonate eine deutlich sichtbare Halsmähne. Beide Geschlechter haben an den Hinterläufen unter dem Fersengelenk helle Fußdrüsen. Das Geweih beginnt sich im April zu entwickeln, wird im August/September gefegt und im März des folgenden Jahres wieder abgeworfen. Die Männchen sind (oft wesentlich) größer als die Weibchen.
Ähnliche Arten: Rothirsch (172), Damhirsch (173), Axishirsch (175).
Maße und Masse: KR 105 bis 155 cm; Schw 10 bis 20 cm; W 85 bis 110 cm; Masse 60 bis 120 kg.
Vorkommen: Ostasien. Soweit bekannt, stammen die in West-, Mittel- und Osteuropa eingeführten Tiere aus Japan. In Laub- und Mischwäldern sowie in Parklandschaften.
Lebensweise: Ähnlich Rothirsch (172). Die tag- und nachtaktiven Tiere leben im Sommer getrennt in Männchenrudel und in Rudel von Weibchen mit ihren Jungen. Im Verlaufe des Winters bilden sich gemischte Rudel. Sikahirsche sind schnelle, aber nicht ausdauernde Läufer. Als Laute sind »Knören«, Bellen, Schreien, Quietschen und Pfeifen bekannt. Die Tiere suchen ihre Ruheplätze in Dickungen. Sie suhlen sich gern. Die Paarung (Brunft) findet von Ende September bis Anfang Dezember statt. Nach einer Tragzeit von 30 bis 32 Wochen wird meist im Juni 1 lauffähiges Junges geboren, Zwillinge sind selten. Das Junge wird 3 bis 4 Monate gesäugt und ist mit etwa 18 Monaten geschlechtsreif. Das Höchstalter wird mit 15 Jahren angegeben.

zu 174

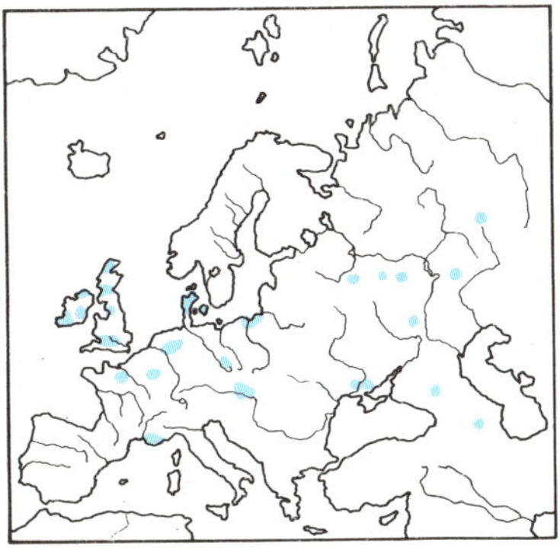

Geweih von *Cervus nippon* (174)

Die Nahrung besteht aus Kräutern, Gräsern, Trieben von Gehölzen, Rinde und Samen.
Besonderes: Möglicherweise kommen Bastarde von Sikahirsch und Rothirsch (z. B. in Großbritannien) vor. Gut für die Haltung in Gattern und Parkanlagen geeignet.

175 *Cervus axis*
Axishirsch

Kennzeichen: Das gelbbraune bis rötlichbraune Fell aller Altersstufen trägt weiße Tupfen. Der Schwanz ist relativ lang. Typisch sind ein dunkler Mittelstrich auf dem Rücken, die weiße Bauchseite und die weiße Kehle und der schmale Spiegel. Die Männchen tragen lange dünne Geweihstangen ohne Kronenbildung. Die Stangen sind

175 *Cervus axis* ♂

174 *Cervus nippon* ♂

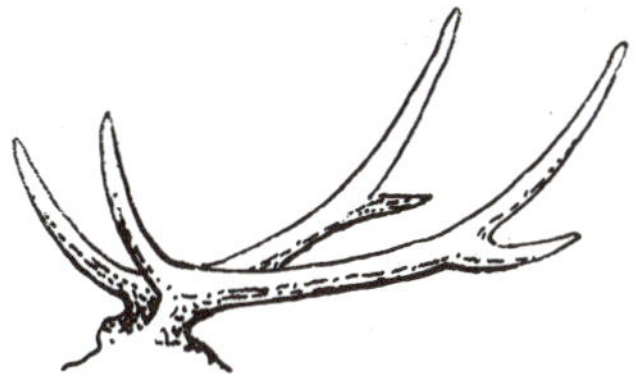

Geweih von *Cervus axis* (175)

hell, haben bis zu 3 Enden je Stange und weisen kaum eine Perlung auf.
Ähnliche Arten: Sikahirsch (174), Damhirsch (173).
Maße und Masse: KR 110 bis 140 cm; Schw 20 bis 30 cm; W 75 bis 98 cm; Masse 75 bis 100 kg.
Vorkommen: Vorderindien und Sri Lanka. In Europa an mehreren Stellen (z. B. Großbritannien und Jugoslawien) mit wechselndem Erfolg eingeführt. Die aktuelle Verbreitung in Europa ist nicht bekannt. Bewohnt werden Waldgebiete und Parklandschaften. Nur in klimatisch milden Gebieten!
Lebensweise: Entsprechend seiner tropischen Heimat wird die Lebensweise des Axishirsches nicht von einer ausgeprägten Jahresrhythmik bestimmt. Die Tiere sind mehr tagaktiv und halten sich in kleinen oder größeren Rudeln zusammen, die meist von Weibchen geführt werden. Alte Männchen sind oft Einzelgänger. Axishirsche haben keine feste Brunftzeit. Als Lautgebung ist ein lautes Bellen und Schreien (besonders während der Brunft) bekannt. Das Geweih kann im Verlaufe des ganzen Jahres abgeworfen werden. Die Tragzeit dauert etwa 7 Monate. Entsprechend der jahreszeitlich nicht feststehenden Brunft können Geburten während des ganzen Jahres erfolgen. Das von der Mutter gut versteckte Junge wird zum Säugen aufgesucht. Etwa nach 1 Woche folgt es ihr.
Die Nahrung besteht besonders aus Gräsern und Kräutern, aber auch Blättern und dünnen Zweigen.

Gattung *Hydropotes*
Wasserrehe

176 *Hydropotes inermis*
Chinesisches Wasserreh

Kennzeichen: Einzige in Europa eingeführte Hirschart ohne Geweih. Die Männchen haben im Oberkiefer etwa 8 cm lange, nach unten gerichtete deutlich sichtbare hauerartige *Canini*. Ohren groß und breit. Ohne Spiegel. Im Sommer Fell rötlichbraun, im Winter dunkel- bis graubraun. Um die Augen und am Kinn Färbung weißlich.
Maße und Masse: KR 75 bis 105 cm; Schw 5 bis 8 cm; W 45 bis 55 cm; Masse 12 bis 22 kg.
Vorkommen: China und Korea. In Ostengland in sehr kleinen Beständen

zu 175

zu 176

eingebürgert. Bewohnt Grasländereien, Sümpfe und lichte Wälder.
Lebensweise: Die vor allem nachtaktiven, scheuen Tiere leben einzeln oder in Paaren. Bei Territorialkämpfen geben die Männchen trillernde oder pfeifende Laute von sich. Bei Auseinandersetzungen nutzen sie ihre Hauer.
Die Paarung findet im Dezember statt. Nach etwa 6 Monaten Tragzeit werden im Mai/Juni 1 bis 2 (oder auch mehr) Junge geboren. Ihre Entwicklung verläuft etwa wie beim Reh (178). Auch die Nahrung ist der des Rehs ähnlich.

Gattung *Muntiacus*

177 *Muntiacus reevesi*
Muntjak

Kennzeichen: Etwa fuchsgroß, gedrungen, Rücken gewölbt. Die Fellfärbung ist fuchsrot bis gelbbraun oder schwarzbraun. Schwanz kurz und breit, unterseits weiß (bei flüchtenden Tieren deutlich zu sehen). Große Voraugendrüsen. Die Männchen haben mit Ausnahme des Frühsommers ein kurzes, gegabeltes, rückwärts gerichtetes Geweih mit weit in die Stirn reichenden behaarten Rosenstöcken und hauerartige *Canini* im Oberkiefer. Die Weibchen haben kein Geweih, die oberen *Canini* sind kurz. Männchen sind größer und schwerer als Weibchen.

176 *Hydropotes inermis* ♂

Ähnliche Arten: Chinesisches Wasserreh (176).
Maße und Masse: KR 70 bis 90 cm; Schw etwa 12 cm; W 40 bis 50 cm; Masse 12 bis 22 kg.
Vorkommen: Südchina und Taiwan. Mit Erfolg in Südengland und in Frankreich eingebürgert. Bewohnt unterholzreiche Waldgebiete.
Lebensweise: Vorwiegend dämmerungs- und nachtaktiv. Die scheuen Tiere leben einzeln oder in Familienverbänden. Werden sie erschreckt, geben sie bellende Laute von sich. Die Männchen markieren zur Paarungszeit (Januar/Februar) ihre Territorien durch Reiben der Voraugendrüsen an Gehölzen. Im zeitigen Sommer wird das Geweih abgeworfen. Im Spätsommer werden (in Europa) die 1 bis 2 Jungen geboren und etwa 3 Monate gesäugt. Als Nahrung werden Blätter von Sträuchern, Früchte, Gräser und Samen (Bucheckern, Eicheln) bevorzugt.
Als Feinde sind besonders wildernde Hunde zu nennen.

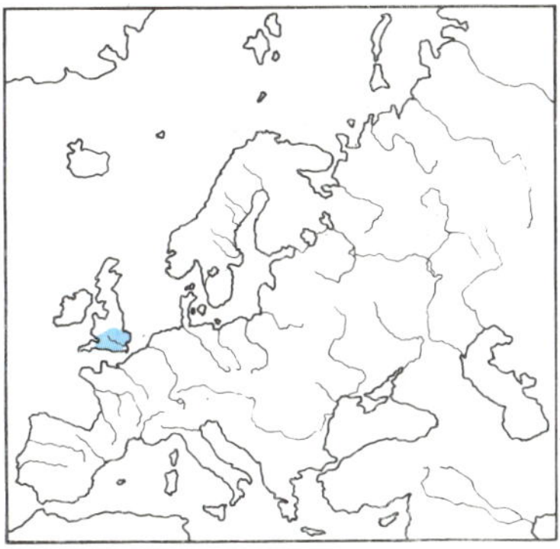

zu 177

Gattung *Capreolus*
Rehe

178 *Capreolus capreolus*
Reh

Kennzeichen: Kleinste autochthone Hirschart Europas. Männchen (Bock) mit etwa bis 23 cm langem Geweih (Gehörn). Es hat meist 3 Enden je Stange, selten mehr. Die Rosen sind geperlt (an der Stangenbasis eine Wulst).

177 *Muntiacus reevesi* ♂

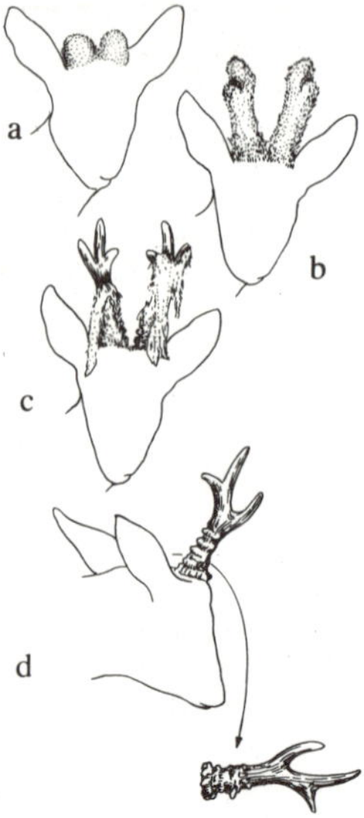

Geweihentwicklung bei *Capreolus capreolus* (178) im Jahresverlauf:
a Januar/Februar, b März, c März/April, d Oktober/November

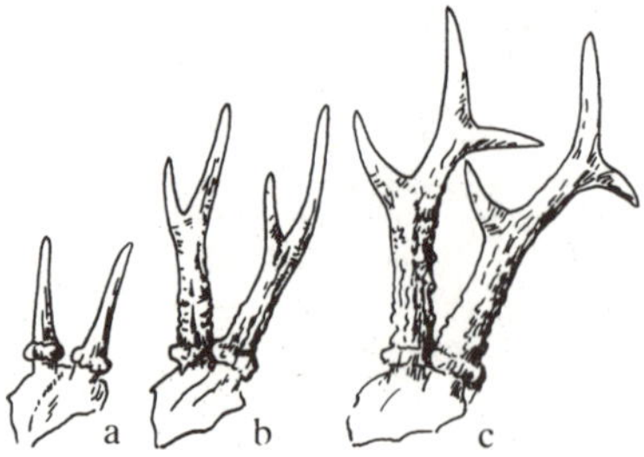

Geweihbildung bei *Capreolus capreolus* (178):
a Spießer, b Gabler, c Sechser-Bock

Durch Ausfall des Sexualhormons können Wucherungen am Geweih, sogenannte »Perückenböcke« vorkommen. Das Gehörn wird im Oktober oder Anfang November abgeworfen. Ab Dezember entwickelt es sich neu. Im April/Mai wird es gefegt. Das Sommerkleid ist rotbraun, das Winterkleid graubraun. Es kommen auch Schwärzlinge oder Albinos vor. Das Jungtier ist weiß getupft. Im Herbst sind die Tup-

178 *Capreolus capreolus*
Bock im Winterkleid

fen verschwunden. Die Schnauze ist nackt und schwarz, die Ohren sind groß. Der Schwanz ist nicht erkennbar, an seiner Stelle ist das Fell weiß gefärbt. (Spiegel). Männchen größer und schwerer als das Weibchen (Ricke, vor der ersten Geburt Schmalreh). 2 Paar Zitzen, obere *Canini* fehlen.
Ähnliche Arten: Chinesisches Wasserreh (176).
Maße und Masse: KR 95 bis 135 cm; W 60 bis 80 cm; Masse 15 bis 35 kg.
Vorkommen: Europa mit Ausnahme von Island, Irland, dem hohen Norden und verschiedenen Gebieten im Mittelmeerraum, in Asien bis China. Bevorzugt unterholzreiche Laub- und Mischwälder, gebüschreiche Felder und Wiesen sowie Moorgebiete. Im Gebirge bis zur Baumgrenze.
Lebensweise: Die vorwiegend dämmerungsaktiven Tiere leben einzeln, paarweise oder in einem Familienverband (»Sprung«). Meist nur zur Paarungszeit (Brunft) halten sich Böcke und Ricken zusammen. Im Sommer bleiben die Ricken mit den Jungtieren für sich. Der Familienverband setzt sich aus einer

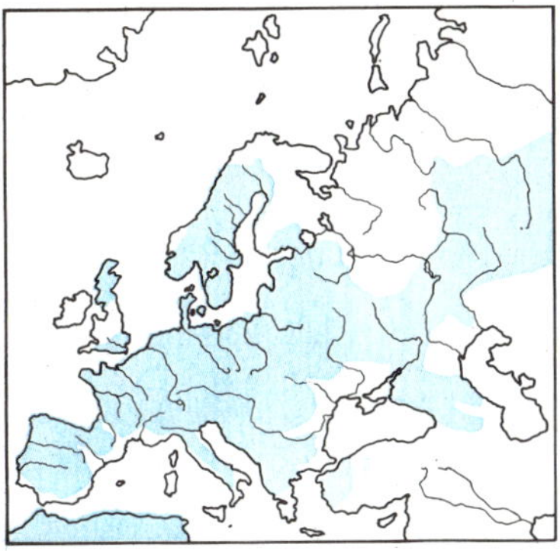

zu 178

178 *Capreolus capreolus*

Ricke oder mehreren Ricken und deren Jungen zusammen. Zahlenstarke Verbände gibt es meist im Herbst und Winter. Die scheuen Tiere sind Kulturfolger. Rehe können gut laufen, springen und schwimmen. Sie hören gut. Zur Brunftzeit zeigen sie ein ausgeprägtes Territorialverhalten. Das Männchen markiert mit seinen Stirndrüsen das Revier. Dabei reibt es die Rinde von Bäumen und Büschen mit dem Gehörn ab. Das Revier wird unter Einsatz des Gehörns gegen fremde Böcke verteidigt. Als Laute sind besonders Bellen des Bockes und Fiepen der Weibchen bekannt.

Die Hauptpaarungszeit liegt in den Monaten Juli und August. Der Bock treibt das Weibchen in Kreisen, die als »Hexenringe« bezeichnet werden. Nach der Befruchtung stagniert die Entwicklung des Keimes bis zu 4 Monaten. Bemerkenswert ist, daß die während der Nebenbrunftzeit im November/Dezember gezeugten Jungen ebenfalls im Mai/Juni geboren werden. Die 1 bis 2 (selten 3) Jungen kommen mit offenen Augen zur Welt, werden 2 bis 3 Monate gesäugt, sind am Ende des 1. Lebensjahres selbständig und im 2. Jahr geschlechtsreif. Rehe können bis etwa 15 Jahre alt werden. Das Neugeborene, das sich mit seinem gefleckten Tarnkleid ganz ruhig verhält, wird bei Gefahr von der Ricke verlassen. Die Mutter kehrt aber zu ihm zurück!

Werden scheinbar verwaiste Kitze gefunden, so sind sie unbedingt an Ort und Stelle zu belassen, sie dürfen auch nicht angefaßt werden. Etwa 1 Woche

179 *Alces alces* ♀

nach der Geburt folgen die Kitze ihrer Mutter.
Die abwechslungsreiche Nahrung besteht aus Gräsern, Kräutern, Laub, Knospen von Gehölzen, Eicheln, Bucheckern, Feldfrüchten, Pilzen und Getreide. Feinde sind Wolf, Luchs, Braunbär und wildernde Hunde, bei Jungtieren der Rotfuchs.
Besonderes: Es werden mehrere Unterarten unterschieden. Das Reh gehört zu den jagdbaren Wildarten. Hohe Verluste verursachen der Straßenverkehr und landwirtschaftliche Maschinen bei den Kitzen.

Gattung *Alces*
Elche

179 *Alces alces*
Elch

Kennzeichen: Größte Hirschart. Die Tiere haben lange Beine, relativ große Ohren, kleine Augen und eine breite überhängende Oberlippe (Muffel). Das Fell ist schwärzlich bis graubraun, die Läufe sind grauweiß. Das Geweih ist bei jungen Tieren stangenförmig, bei alten schaufelförmig. Es kann bis zu

179 *Alces alces* ♂

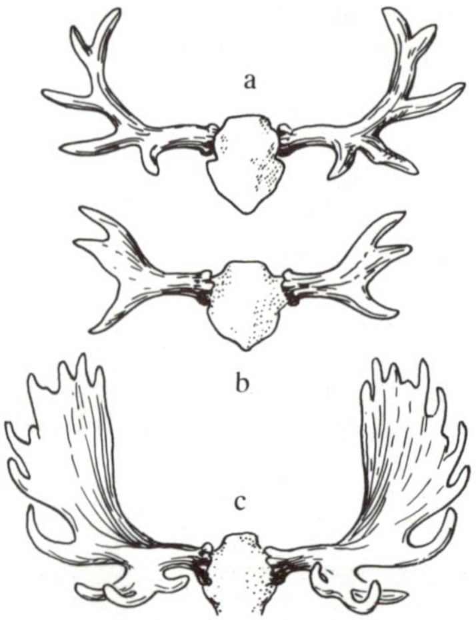

Geweihbildung bei *Alces alces* (179):
a Stangenelch, b angehender Schaufler,
c Schaufelelch

2 m breit und 20 kg schwer werden. Häufig sind auch starke, gegabelte Stangen statt der Schaufeln. Das Geweih wird im Winter abgeworfen. Das sich danach neu entwickelnde wird im Verlaufe des Spätsommers gefegt. Typisch ist für die Männchen (Bullen, Hirsche) der Kehlbart. Das Junge (Kalb) ist einfarbig rotbraun. Die Tiere haben keinen hellen Spiegel. Bullen sind größer und schwerer als Kühe.

Mit einer anderen Hirschart kaum zu verwechseln.

Maße und Masse: 200 bis 310 cm; Schw etwa 5 cm; W 150 bis 230 cm; Masse 270 bis 800 kg.

Vorkommen: Skandinavien, Nordosteuropa, Sibirien, Kanada und Alaska. Bewohnt Waldgebiete (bevorzugt Laubwälder) mit Mooren, Sümpfen, Flußläufen und Seen mit ausgedehnten Schilfbeständen. Während der Sommermonate auch in der Bergtundra bis 2 400 m Höhe.

Lebensweise: Vorwiegend dämmerungsaktive Einzelgänger. Im Winter können sich kleinere Rudel unter einem alten Weibchen als Leittier zusammenfinden. Elche können ausdauernd und

180 *Odocoileus virginianus* ♂

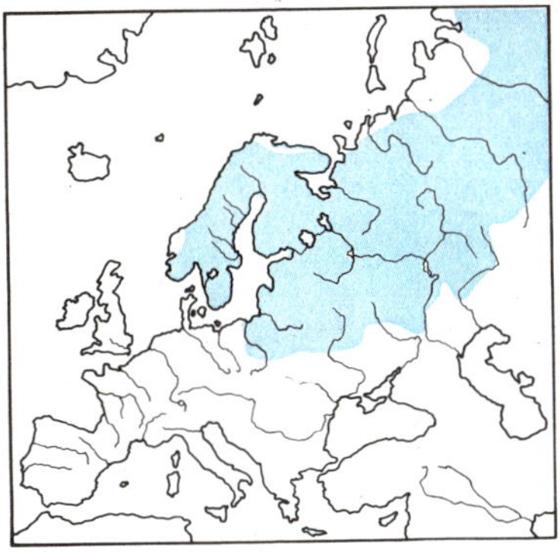

zu 179

schnell laufen (bis 55 km/h), über mehrere Kilometer schwimmen, etwa bis 1 min und bis etwa 5 m Tiefe tauchen. Meist ziehen die scheuen Tiere ruhig dahin. Als Laute lassen sie besonders ein dumpfes Brüllen und ein Stöhnen hören. Besonders gut entwickelt sind Hörsinn und Geruchssinn.
Elche scheinen keine festen Reviere zu haben. Sie unternehmen weite Wanderungen, wobei einzelne Tiere in neue Territorien und bis nach Mitteleuropa vorstoßen. Tagesmärsche von 5 bis 6 km sind nachgewiesen.
Die Brunftzeit beginnt im August, liegt aber in der Hauptsache in den Monaten September und Oktober. In dieser Zeit leben die Tiere paarweise. Zwischen den Bullen kann es zu Kämpfen um die Weibchen kommen. Nach der Begattung verläßt der Elchbulle seine Partnerin und sucht sich nach einiger Zeit eine andere. Nach einer Tragzeit von etwa 8 Monaten werden im Mai/Juni 1 bis 3 (meist 2) Junge mit dunkelbraunem Fell ohne jegliche Fleckung geboren. Das Neugeborene wiegt 13 bis 16 kg, ist bis 90 cm lang und kann 70 bis 90 cm hoch sein. Ab dem 5. Lebenstag folgt es der Mutter. Mit 14 Tagen vermag es zu schwimmen. Die Säugezeit beträgt 3 bis 4 Monate, mit etwa 1 Jahr sind die Jungen selbständig. Im Alter von 24 Monaten sind Weibchen, mit 36 Monaten die Männchen geschlechtsreif. Das Höchstalter liegt bei 25 Jahren.
Die Nahrung besteht besonders aus Blättern, Trieben, Zweigen, Flechten und Rinde von Laubbäumen.
Feinde sind für Jungtiere Bär, Luchs und Vielfraß, für erwachsene Tiere nur der Wolf.
Besonderes: Es werden bis zu 6 Unterarten unterschieden. In der UdSSR werden Elche als Zugtiere und zur Fleisch- und Milchgewinnung gehalten.

Gattung *Odocoileus*
Amerikahirsche

180 *Odocoileus virginianus*
Weißwedelhirsch, Virginiahirsch
Kennzeichen: Das Fell ist im Sommer rotbraun, ungefleckt, im Winter graubraun. Kehle und Bauchseite sind weiß. Jungtiere sind weiß gefleckt. Der relativ lange und breite, oberseits braune und unterseits weiße Schwanz kann nach oben aufgestellt werden. Dadurch wird der weiße Spiegel gut sichtbar. Das etwa bis 80 cm lange Geweih ist an der Basis nach hinten, dann nach oben und vorn gebogen. Es ist oft gabelig verzweigt und hat mehrere Enden. Die Männchen sind größer und schwerer als die Weibchen.
Ähnliche Arten: Rothirsch (172), Damhirsch (173).
Maße und Masse: KR 80 bis 200 cm;

zu 180

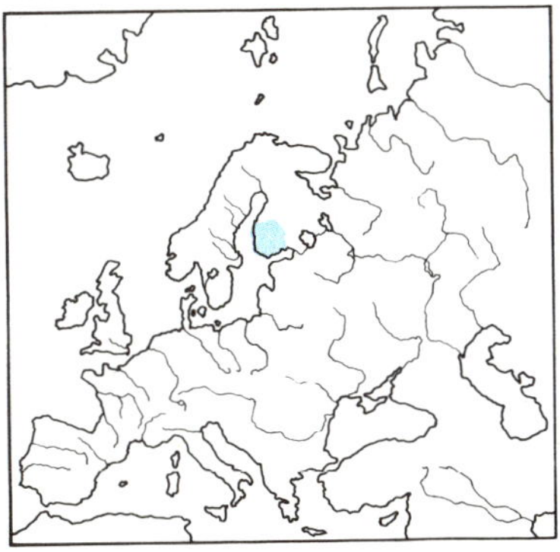

Schw 10 bis 35 cm; W 55 bis 100 cm; Masse 25 bis 200 kg.
Vorkommen: Nord-, Mittel- und nördliches Südamerika.
In Europa in Südwestfinnland und der ČSSR eingebürgert. Bewohnt Wälder sowie Sumpflandschaften.
Lebensweise: Ähnlich Rothirsch (172). Die vorwiegend dämmerungsaktiven Tiere bilden meist kleine Familientrupps, im Winter größere Herden. Als Lautäußerungen sind Röhren und Schnauben bekannt.
Die Brunftzeit liegt im November. Nach einer Tragzeit von 7 bis 8 Monaten werden 1 bis 3 (meist 2) Junge geboren. Sie werden etwa 4 Monate lang gesäugt und verlieren danach ihre weißen Flecken. Am Ende des 2. Lebensjahres sind sie geschlechtsreif, ihr Höchstalter liegt bei 20 Jahren.
Als Nahrung dienen besonders Gräser, Kräuter, Blätter und Triebe von Gehölzen, Samen und wahrscheinlich auch Früchte. Als Feinde sind Wolf und Luchs zu nennen.

Gattung *Rangifer*
Rentiere

181 *Rangifer tarandus*
Rentier, Ren
Kennzeichen: Das dichte Fell ist sehr unterschiedlich gefärbt. Im Sommer ist es meist schwarzbraun bis dunkelbraun. Das Winterkleid ist heller, oft grau, im hohen Norden nahezu weiß. Die Jungtiere (Kälber) sind einfarbig dunkelgelb. Die Augen sind groß und braun, die Ohren kurz, die Halsmähne ist weiß. Auffällig sind die breiten Hufe und die langen Nebenhufe (2. und 5. Zehe). Es ist die einzige Hirschart Europas, bei der auch die Weibchen

181 *Rangifer tarandus* ♀

ein Geweih tragen. Es ist schwächer als das der Männchen. Das vielendige Geweih werfen die Männchen im Winter und die Weibchen nach der Geburt ihrer Jungen im Frühjahr ab. Die Aug- und Eissprossen der meist asymmetrischen Geweihe sind sehr kräftig. Das Geweih mit den halbkreisförmigen Hauptstangen kann breite Schaufeln mit mehreren Enden tragen. Es wird kurz vor der Brunft gefegt. Die Männchen sind größer als die Weibchen. Obere *Canini* vorhanden.
Mit anderen Hirscharten kaum zu verwechseln.
Maße und Masse: KR 170 bis 220 cm; Schw 7 bis 18 cm; W 80 bis 140 cm; Masse 120 bis 200 kg.
Vorkommen: Norwegen, Spitzbergen, Grönland, Finnland, ostwärts bis Sibirien, zur Mongolei und nach China, arktische Zone Nordamerikas. Auf Island und in Schottland eingeführt. Das Rentier bewohnt die arktische Tundra, die subarktische Waldtundra und Taiga und nordische Gebirgslagen.

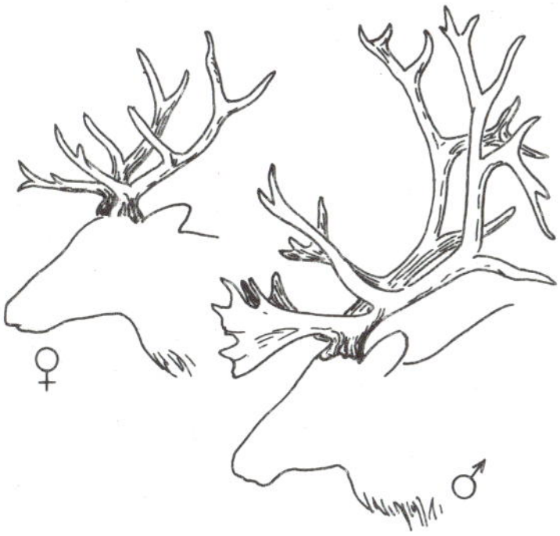

Geweih von *Rangifer tarandus* (181)

181 *Rangifer tarandus* ♂

zu 181

Lebensweise: Die vorwiegend tagaktiven Tiere leben in Herden, die mitunter aus Hunderten von Tieren bestehen können. Während die Weibchen und die jüngeren Männchen in Herden unter Führung eines alten Weibchens leben, finden sich ältere Männchen in kleinen Rudeln zusammen, sind aber oft auch Einzelgänger. Rentiere sind gute Schwimmer, ausdauernde Läufer oder Schnelltraber. Beim Gehen entsteht ein knackendes Geräusch in den Zehengelenken. In der Tundra lebende Tiere können jahreszeitlich bedingte weite Wanderungen durchführen. Tiere der alpinen Gebirgslagen unternehmen solche Wanderungen nicht und streifen im regionalen Bereich umher.

Als Laute sind Röhren, Brummen, Grunzen, »Knören« und Schnarchen bekannt. Von den Sinnen ist der Geruchssinn am besten entwickelt. Die breiten Hufe ermöglichen den Tieren ein sicheres Laufen auf Eis, Schnee und Mooren. Die dichte Behaarung schützt vor den tiefen Temperaturen, die bis zu $-50\,^{\circ}C$ absinken können.

Paarungszeit ist von Ende September bis etwa Mitte Oktober. In dieser Zeit bildet das Männchen einen Harem mit bis zu 20 (und mehr) Weibchen. Oft finden Kämpfe zwischen den Männchen statt. Nach einer Tragzeit von 7 bis 8 Monaten wird im Mai oder Juni meist nur 1 Junges mit einfarbig braunem Haarkleid und einer Geburtsmasse von etwa 5 kg geboren. Das Neugeborene versucht schon am Tag der Geburt aufzustehen und zu laufen. Nach 1 bis 2 Tagen läuft es mit der Mutter und kann auch bereits schwimmen. Das Junge wird etwa 6 Monate gesäugt, mit 1 Jahr ist es geschlechtsreif. Das Höchstalter liegt bei 15 Jahren (beim Hausren bei 25 bis 28 Jahren).

Die Nahrung setzt sich aus Kräutern, Gräsern, Flechten, Zweigen, Knospen und Blättern von Gehölzen, Beeren, Moosen und Algen zusammen. Mehrfach wurde auch die Aufnahme tierischer Nahrung (z. B. von Lemmingen) beobachtet. Das weist auf Mineralmangel hin.

Als Feinde sind Wolf, Vielfraß und Eisbär zu nennen. Jungtiere können von Füchsen, Steinadlern und Kolkraben gefressen werden. Große Verluste erleiden die Wildpopulationen immer noch durch die Jagd.

Besonderes: Es werden mehrere Unterarten unterschieden, eine befriedigende Klärung steht noch aus. Sie wird auch durch Populationen verwilderter Hausrentiere erschwert. Für viele Menschen der nördlichen Gebiete ist die Jagd auf Rentiere lebenswichtig. In der UdSSR ist die Jagd gebietsweise untersagt. Das Wildren wird als Nahrungskonkurrent durch das Hausren in Norwegen verdrängt.

Familie *Bovidae*
Hornträger

Zu dieser Familie zählen in Europa 8 Arten aus 6 Gattungen. Die Männchen und meist auch die Weibchen tragen unverzweigte Hörner, die zeitlebens wachsen und nicht abgeworfen werden. Die Hornscheiden stecken auf knöchernen Hornzapfen. Die Tiere leben meist in Rudeln oder Herden. Sie sind Wiederkäuer.

Zahnformel $\frac{0\,0\,3\,3}{3\,1\,3\,3}$ = 32 Zähne. 2 oder 4 Zitzen.

Schlüssel zur Bestimmung der Gattungen

1 KR über 200 cm, W über 100 cm — 2

1′ KR unter 200 cm, W bis 100 cm — 3

2 Mächtiger Vorderkörper, relativ kleiner Kopf. Nach oben gebogene Hörner. W über 150 cm — *Bison* S. 335

2′ Körper gedrungen, relativ großer Kopf. Breite Stirnplatten mit abwärts gebogenen Hörnern. W bis 150 cm — *Ovibos* S. 346

3 Aufgewölbte, rüsselförmig vorgezogene Nase. Steppenbewohner Eurasiens — *Saiga* S. 348

3′ Keine aufgewölbte, rüsselförmig vorgezogene Nase, Bewohner felsiger Gebirge oder Wälder — 4

4 Aufrechte, dünne, hakig nach hinten gebogene Hörner — *Rupicapra* S. 345

4′ Hörner gebogen oder schneckenförmig gedreht — 5

5 Hörner schneckenförmig gedreht, beim Weibchen nur kurz. Ohne Kinnbart — *Ovis* S. 337

5′ Hörner säbelförmig nach hinten gebogen. Mit Kinnbart — *Capra* S. 338

Gattung *Bison*
Wollbüffel

182 *Bison bonasus*
Wisent

Kennzeichen: Großes massiges und schweres Rind, mit mächtiger Brust und einem hohen Buckel. Der Kopf ist kurz, die Augen sind klein, die relativ kurzen Hörner sind bei Männchen (Stier) und Weibchen (Kuh) bogenförmig nach oben gerichtet. Die starken Beine und der zum Ende hin mit langen Haaren besetzte Schwanz sind lang. Das dichte, wollige, oft struppige Fell ist dunkelbraun. Besonders die männlichen Tiere haben eine längere Hals- und Nackenbehaarung (Mähne). Der Stier ist wesentlich größer und schwerer als die Kuh. 4 Zitzen.

zu 182

Maße und Masse: KR 250 bis 350 cm; Schw 50 bis 80 cm; W 180 bis 200 cm; Masse 430 bis über 850 kg.

Vorkommen: Die wildlebenden Tiere wurden in Europa Anfang dieses Jahrhunderts nahezu ausgerottet. Vom Flachlandwisent *(B. b. bonasus)* gelangen reinblütige Zuchten von in Gefangenschaft gehaltenen Tieren. In den großen Wäldern von Białowieza (Polen) konnte eine kleine Herde in den 20er Jahren dieses Jahrhunderts wieder aufgebaut werden. In anderen Gebieten Polens, in der UdSSR und in Rumänien konnten inzwischen weitere freilebende Bestände angesiedelt werden. Als Lebensraum benötigen sie ursprüngliche lichte Laub- und Mischwälder mit alten Baumbeständen, sumpfigen Stellen und grasigen Lichtungen.

Lebensweise: Die meist tag- und nachtaktiven Tiere leben in Herden, die von jeweils einer älteren erfahrenen Kuh geführt werden. Die Herden umfassen in der Regel 16 bis 18 Tiere; im Winter können es mehr sein. Die alten Stiere sind meist Einzelgänger und halten sich nur während der Brunftzeit in der Herde auf. Nur gelegentlich gibt es Kämpfe zwischen den Stieren.
Besonders entwickelt sind Gehör- und Geruchssinn. Als Laute sind Brummen, Schnauben, Blöken, Brüllen und Grunzen bekannt. Zur Körperpflege werden

öfters Suhlen aufgesucht, aber auch Sand- und Sonnenbäder werden genommen. Die Gangart der Tiere ist meist langsam, sie können aber auch galoppieren, bis zu 3 m weit springen und gut schwimmen.

Die Brunft findet in den Monaten August/September statt. Während der Brunft zerwühlen die Männchen oft mit den Hufen den Boden und verwüsten mit ihren Hörnern junge Baumbestände. Nach einer Tragzeit von 9 Monaten wird im Mai oder Juni abseits von der Herde 1 Junges (Kalb) mit 22 bis 23 kg Masse geboren. Nach 1 Stunde steht das Neugeborene auf den Beinen, nach einer weiteren Stunde kann es der Mutter folgen. Schon nach wenigen Tagen folgt es ihr zur Herde zurück. Die Säugezeit beträgt 6 und mehr Monate. Das Junge kann bis zu 2 Jahren bei der Mutter bleiben. Die Kühe werden im 2. Jahr geschlechtsreif, jedoch wahrscheinlich erst im 3. Jahr fortpflanzungsfähig. Die Stiere werden mit 2 bis 3 Jahren geschlechtsreif. Das Höchstalter liegt bei 25 bis 30 Jahren.

Die Nahrung besteht aus Gräsern, Kräutern, Blättern und Knospen von Gehölzen, Rinde und Baumsamen. Nur Jungtiere sind durch Wolf und Bär gefährdet.

Besonderes: Die Wisente stehen unter Naturschutz. Der Nordamerikanische Bison *(Bison bison)* wird zur Zeit als eigene Art angesehen, obwohl sich Wisent und Bison kreuzen können und fruchtbare Nachkommen zeugen. Die Bestände der Kaukasischen oder Berg-

182 *Bison bonasus* ♀

Bullenkalb

wisente *(Bison bonasus caucasicus)* sind seit 1926 ausgestorben. Die heute im kaukasischen Naturschutzgebiet lebenden Tiere gehen auf Bastardwisente (Flachlandwisente) zurück, die 1940 dorthin gebracht wurden.

Gattung *Ovis*
Schafe

183 *Ovis ammon musimon*
Mufflon

Kennzeichen: Im Gegensatz zum Hausschaf kurzhaariges anliegendes Fell. Das Fell des Männchens (Widder), im Sommer kräftig rotbraun, im Winter schwarzbraun gefärbt, hat meist einen hellen Rückenfleck (Sattel) und ein stark entwickeltes, schneckenförmiges, nach vorn gedrehtes Gehörn bis etwa 80 cm Länge. Das Weibchen (Schaf) ist während des Sommers bräunlich, im Winter graubraun gefärbt und hat ein kurzes, etwas rückwärts gebogenes Gehörn bis etwa 15 cm Länge oder ist hornlos. Ohren und Schwanz sind kurz. Auffallend sind die weiße Schnauze, der weiße Spiegel und die weiße Bauchseite. 2 Zitzen.

Ähnliche Arten: Steinbock (184), wildfarbene Hausschafe.

Maße und Masse: KR 110 bis 130 cm; Schw 4 bis 8 cm; W 65 bis 80 cm; Masse 25 bis 55 kg.

Vorkommen: Sardinien, Korsika und Zypern. Von dort in viele Gebiete Europas, meist aus Gründen der Jagd eingeführt. In seiner Heimat in felsigen Gebirgslandschaften, in Mitteleuropa wurde es im Flachland und im Mittel-

182 *Bison bonasus* ♂

gebirge, vorwiegend in Laub- und Mischwäldern ausgesetzt. Trockene und steinige Böden werden bevorzugt.
Lebensweise: Die tag- und nachtaktiven Tiere leben in kleinen Rudeln, die von einem alten Mutterschaf angeführt werden. Außerhalb der Brunftzeit halten sich Widder oft in eigenen Verbänden auf. Junge Widder kämpfen gelegentlich spielerisch miteinander. Die meist ortstreuen Tiere können schnell laufen, gut springen und klettern. Sie hören und sehen ausgezeichnet. Als Laute sind Meckern, Blöken und Pfeifen zu hören.
Paarungszeit im Oktober und November. Zu dieser Zeit suchen einzelne oder mehrere Widder die Schafrudel auf. Dabei kann es zu ritualisierten Kämpfen unter den Widdern kommen, bei denen sie die Gehörne einsetzen. Nach einer Tragzeit von 21 bis 23 Wochen wird im März oder April meist nur 1 behaartes und lauffähiges Junges (Lamm) geboren. Die Säugezeit dauert etwa 6 Monate. Die Lämmer halten sich im Schafrudel auf. Im Alter von etwa 2 Jahren verlassen die geschlechtsreif gewordenen Widder diese Rudel. Die Schafe sind mit 8 bis 9 Monaten geschlechtsreif. Das Höchstalter liegt bei 12 bis 15 Jahren.
Die Nahrung setzt sich aus Gräsern, Kräutern, Farnen, Moosen, Knospen,

zu 183

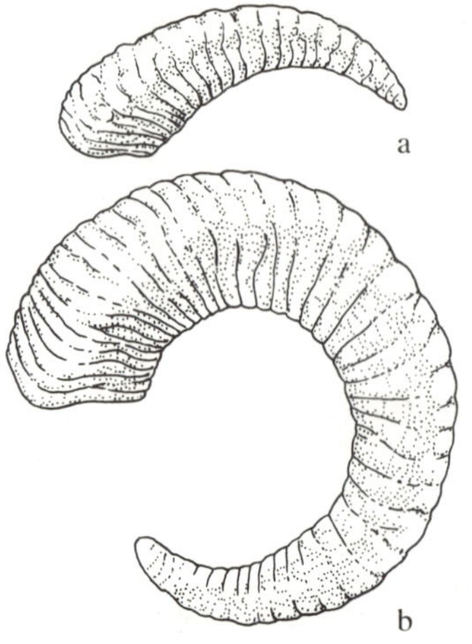

Gehörn von *Ovis ammon musimom* (183):
a 2jährig, b 12jährig

Blättern, Zweigen und Rinde von Gehölzen, Kastanien, Eicheln, Bucheckern und Feldfrüchten zusammen. Feinde sind Wolf und Luchs.
Besonderes: Das Mufflon wird gegenwärtig als die westlichste Unterart des Wildschafes *(Ovis ammon)* betrachtet. Es kreuzt sich mit weiteren Unterarten des Wildschafes und auch mit Hausschafen, deshalb scheint es kaum noch reinblütige Populationen zu geben. Obwohl wegen der imposanten Trophäe des Widders als Jagdwild sehr geschätzt, sollte es aus biologischen, veterinärhygienischen und ökologischen Gründen nicht in neue Gebiete eingebürgert werden. Das Wildschaf wurde bereits vor über 10 000 Jahren domestiziert.

Gattung *Capra*
Ziegen

Schlüssel zur Bestimmung der Arten

1 Hörner breit, Oberseiten mit Knotenwülsten. Böcke mit kurzem Kinnbart. Fell meist einfarbig, Rücken ohne Aalstrich 184 *C. ibex*

1′ Oberseite der Hörner mit nur angedeuteten Knotenwülsten. Rücken mit Aalstrich 2

2 Hörner breit. Kinnbart nur angedeutet. W unter 70 cm. Nur Iberische Halbinsel 185 *C. pyrenaica*

2′ Hörner seitlich abgeflacht. Kinnbart deutlich. W über 70 cm. Hals und Widerrist hellgrau 186 *C. aegagrus*

184 *Capra ibex*
Alpensteinbock

Kennzeichen: Etwa Ziegengröße, aber kräftiger. Das Männchen (Bock) trägt bogenförmige, auf den breiten Vorderseiten mit Knotenwülsten versehene, Hörner bis über 1 m Länge. Die Hörner des Weibchens (Geiß) sind klein, leicht rückwärts gebogen und bis etwa 30 cm lang. Die Böcke tragen einen kurzen Kinnbart. Im Sommer ist das Fell der Böcke kastanienbraun, das der Geißen graubraun, im Winter sind beide Geschlechter grau. Der Bauch ist hell. 2 Zitzen. Die Böcke sind wesentlich größer und schwerer als die Geißen.
Ähnliche Arten: Iberischer Steinbock (185), Bezoarziege (186), Mufflon (183), wildfarbene Hausschafe oder Hausziegen.
Maße und Masse: KR 100 bis 160 cm; Schw 12 bis 15 cm; W 70 bis 100 cm; Masse 70 bis 125 kg (♂), etwa 50 kg (♀).
Vorkommen: Gebirgsmassive Eurasiens und Nordafrikas. Im Aosta-Tal (Italien) hat sich noch ein ursprünglicher Bestand erhalten. Von dort erfolgte die Wiedereinbürgerung, nachdem durch schonungslose Jagd die Steinböcke im Alpenraum nahezu ausgerottet waren.
In Fels- und Geröllregionen oberhalb der Baumgrenze zwischen 2 300 und 3 500 m Höhe. Im Winter werden die

183 *Ovis ammon musimom*

schneeärmeren Süd- und Südwesthänge aufgesucht.
Lebensweise: Die vorwiegend tagaktiven, scheuen Tiere leben im Sommer in nach Geschlechtern getrennten Verbänden von bis 30 und mehr Tieren. Alte Böcke können Einzelgänger sein. Steinböcke können auch an steilen Felsen ausgezeichnet klettern und springen. Lautäußerungen sind Meckern, Blöken und Pfeifen. Gehör, Seh- und Geruchssinn sind gut entwickelt.
Die Paarung erfolgt im Winter, meist im Januar. Zu dieser Zeit halten sich die Böcke in den Geißenrudeln auf. Die Böcke kämpfen nach einem bestimmten Ritual um die Geißen. Die kämpfenden Tiere richten sich auf den Hinterbeinen auf, lassen ihre Körper mit gesenktem Kopf nach vorn fallen und stoßen mit ihren Hörnern zusammen. Nach einer Tragzeit von 22 bis 23 Wochen wird im Mai/Juni 1 dicht behaartes Junges (Kitz) geboren, das sofort sehen und laufen kann. Zwillingsgeburten sind selten. Die Säugezeit dauert etwa 6 Monate. Ab dem 3. Lebensjahr werden die Jungtiere geschlechtsreif. Der Nachwuchs bleibt im Geißenrudel. Erst im 2. Lebensjahr verlassen es die jungen Widder. Das Höchstalter liegt bei 12 bis 15 Jahren.
Die Nahrung besteht aus Kräutern, Gräsern, Knospen und Trieben von Gehölzen, Flechten und Moosen.

zu 184

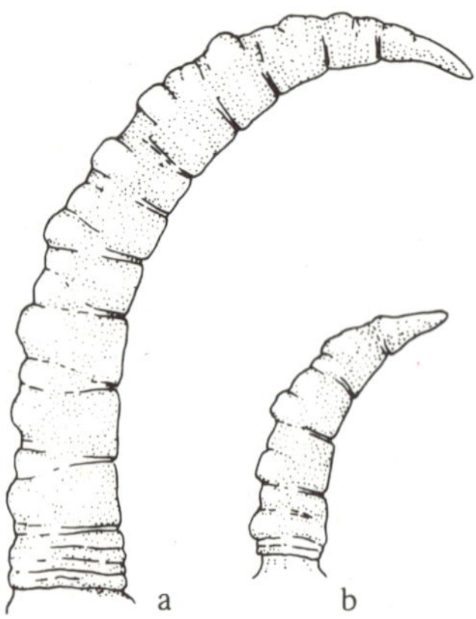

Gehörn von *Capra ibex* (184): a 11jährig, b 4jährig

Feinde hat der Alpensteinbock kaum. Jungtiere können von Steinadler und Kolkrabe angegriffen werden.
Besonderes: Der Alpensteinbock ist geschützt. Es besteht die Gefahr, daß seine Biotope durch den sich ausbreitenden Tourismus weiter eingeschränkt werden. Steinböcke lassen sich mit Wildziegen und Hausziegen kreuzen. Diese Mischlinge sind fruchtbar. Über die Verwandtschaftsbeziehungen der Gattung *Capra* gibt es noch unterschiedliche Auffassungen.

185 *Capra pyrenaica*
Iberischer Steinbock
Kennzeichen: Ähnlich Alpensteinbock. Die Oberseite ist aber graubraun und trägt längs des Rückens einen schmalen schwarzen Aalstrich. Der Bauch ist weiß. Die Hörner der Männchen (Böcke) sind meist nach hinten, zur Spitze hin nach oben gebogen, weit ausladend und bis etwa 85 cm lang. Die Weibchen (Geißen) haben nur kleine, geschwungene Hörner. Die Knotenwülste an den Hornvorderseiten sind nur angedeutet. Die Hornformen können sehr unterschiedlich sein (das kann auf Einkreuzung von Hausziegen hindeuten). Ein Kinnbart ist nur schwach aus-

184 *Capra ibex*

185 *Capra pyrenaica* ♂

186 *Capra aegagrus* ♂

gebildet. Die Böcke sind größer und schwerer als die Geißen.
Ähnliche Arten: Alpensteinbock (184), Bezoarziege (186), wildfarbene Hausschafe und Hausziegen.
Maße und Masse: KR 90 bis 140 cm; Schw 10 bis 15 cm; W 60 bis 75 cm; Masse 30 bis 80 kg.
Vorkommen: Nur noch in spanischen Hochgebirgen in der Felsregion über 1 500 m in isolierten Populationen. In den Pyrenäen wahrscheinlich ausgestorben.
Lebensweise: Ähnlich Alpensteinbock (184). Während der Mittagszeit ruhen die Tiere. Brunftzeit sind die Monate Oktober und November. Die Jungen werden von Ende März an in der Regel im April/Mai geboren.
Besonderes: Die Bestände sind durch Einengung der Biotope, Bejagung, Nahrungskonkurrenz durch Haustiere und genetische Vermischung mit Hausziegen bedroht. Es werden bis zu 4 Unterarten, die jeweils nur sehr kleine Territorien bewohnen, unterschieden.

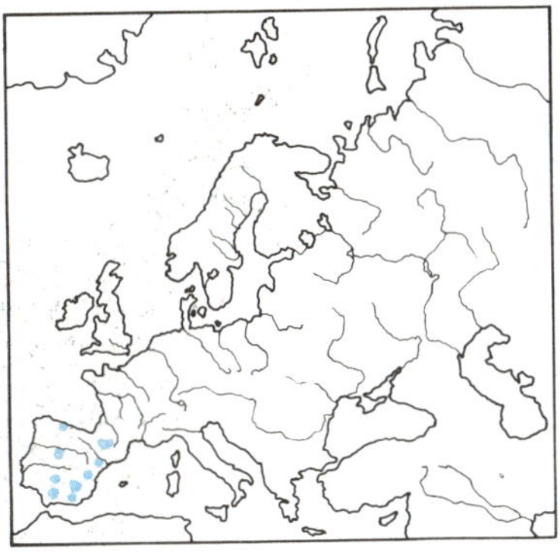
zu 185

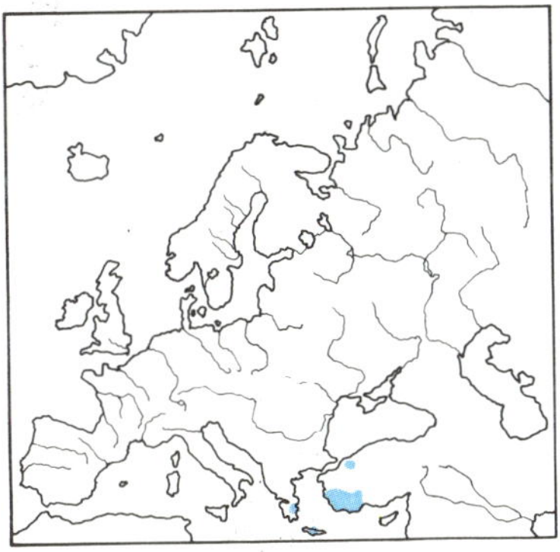
zu 186

186 *Capra aegagrus*
Bezoarziege
Kennzeichen: Ähnlich Iberischem Steinbock (185), überwiegend rötlichgraues Fell mit hellgrauem Hals und Widerrist. Kehle, Brust sowie Rückenstreifen schwärzlich, Bauch weißlich. Männchen (Böcke) und Weibchen (Geißen) haben mehr oder weniger lange Kinnbärte und säbelförmige, seitlich abgeflachte Hörner mit schwach ausgebildeten Knoten. Das Gehörn der Geißen ist dünn und bis etwa 20 cm lang, das der Böcke kräftig und bis über 60 cm lang. Die Böcke sind größer und schwerer als die Geißen.
Ähnliche Arten: Alpensteinbock (184), Iberischer Steinbock (185), wildfarbene Hausziegen.
Maße und Masse: KR 120 bis 160 cm; Schw 10 bis 15 cm; W 70 bis 100 cm; Masse 25 bis 80 kg.
Vorkommen: Asien, auf Kreta und verschiedenen griechischen Inseln (möglicherweise dort ausgesetzt). In Südmähren (ČSSR) ausgesetzt. Bewohnt Gebirgslagen mit kargem Pflanzenbewuchs.
Lebensweise: Ähnlich Alpensteinbock (184). Die tagaktiven Tiere klettern ausgezeichnet und leben in Verbänden. Die Böcke leben in kleinen Rudeln und gesellen sich zur Brunftzeit von Oktober bis Dezember zu den Geißen. Die Jungen werden in der Zeit vom April bis Juni geboren. Oft ist das Meckern der Tiere, auch ein Pfeifen, zu hören. Die aus Gräsern, Kräutern, Zweigen und Blättern bestehende Nahrung wird oft erst dadurch erreicht, daß sich die Tiere auf den Hinterbeinen aufrichten.
Besonderes: Mit hoher Wahrscheinlichkeit ist die Bezoarziege die Stammform

187 *Rupicapra rupicapra* Winterkleid ♂

187 *Rupicapra rupicapra* ♀

Gehörn von *Rupicapra rupicapra* (187): a 1jährig, b 2jährig, c 3jährig, d 4jährig, e 11jährig

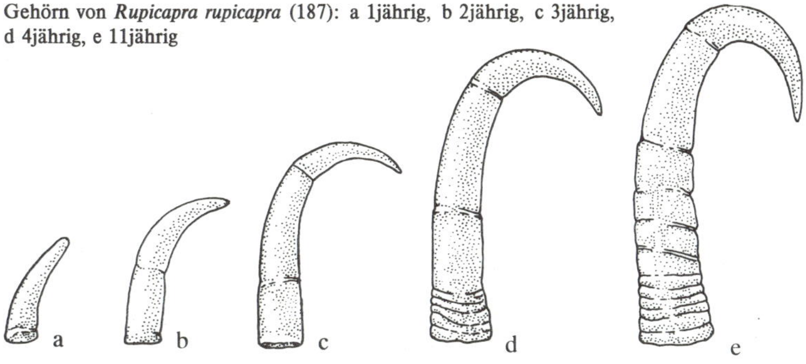

unserer Hausziegen. Ob die europäischen Populationen der Bezoarziege genetisch durch Kreuzungen mit Hausziegen beeinflußt sind, ist nicht eindeutig nachzuweisen.

Gattung *Rupicapra*
Gemsen

187 *Rupicapra rupicapra*
Gemse

Kennzeichen: Ziegenähnliche Gestalt. Auffallend ist der schmale lange Hals und bei beiden Geschlechtern das relativ dünne Gehörn, dessen Spitzen (Krickeln, Krucken) hakenförmig nach hinten gebogen sind. Bei den Männchen (Bock) ist die Hakenbiegung des Gehörns stärker als bei den Weibchen (Geiß).

Im Sommer ist das Fell, mit einem dunklen Aalstrich auf dem Rücken, rötlichbraun, im Winter mehr schwarzbraun. Auffallend sind die helle Bauchseite, die weißliche Gesichtszeichnung und die langen Haare im Nacken-Rükken-Bereich (Gamsbart). Der Schwanz ist kurz. Das Junge (Kitz) hat ein rotbraunes Fell. 2 Zitzen.

Höchstens mit weiblichen Tieren von Steinböcken (184, 185) zu verwechseln.

Maße und Masse: KR 110 bis 140 cm; Schw 3 bis 10 cm; W 70 bis 85 cm; Ohr 10 bis 12 cm; Masse 17 bis 50 kg.

Vorkommen: Gebirge Mittel-, Südost- und Südeuropas, Kaukasus und Kleinasien. In verschiedenen Mittelgebirgen Europas (z. B. Vogesen, Schwarzwald, Schwäbische Alb, Elbsandsteingebirge), aber auch außerhalb Europas eingebürgert. Im Sommer meist in der Krummholzregion oberhalb der Baumgrenze, im Winter in tieferen Lagen.

Lebensweise: Die tagaktiven, scheuen Tiere können ausgezeichnet springen, klettern und laufen. Sie leben in Rudeln oder einzeln. Die Geißen und Kitze bilden besonders im Herbst und Winter zahlenmäßig große Rudel (bis über 100 Tiere), zu denen sich die einzeln lebenden oder in Junggesellengruppen vereinten Böcke zur Paarungszeit hinzugesellen. Meist führt eine alte Geiß das Rudel. Tageswanderungen von mehreren Kilometern sind nachgewiesen. Als Laute sind Pfiffe, Blöken und Meckern zu hören. Das Stampfen

zu 187

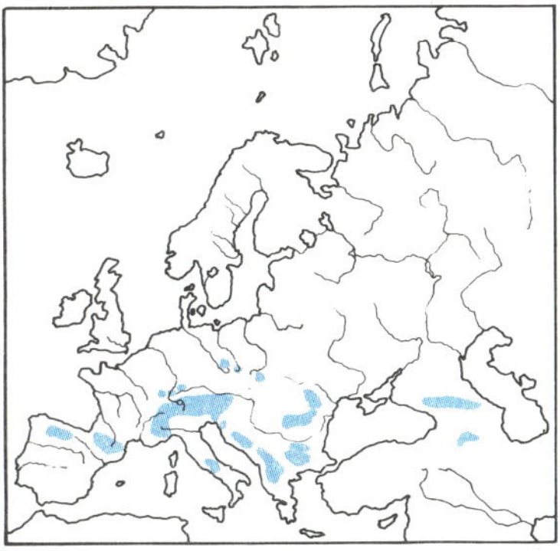

mit den Vorderfüßen gilt als Warnsignal. Beobachtungen belegen, daß auch die von Murmeltieren abgegebenen Pfiffe von den Gemsen beachtet werden.
Die Paarungszeit liegt in den Monaten Oktober bis Dezember. Zwischen den Böcken finden oft Kämpfe statt. Sie markieren ihre Territorien mit dem Sekret der Brunftfeigen (hinter den Hörnern liegende Drüsen). Nach einer Tragzeit von etwa 6 Monaten wird im Mai/Juni meist 1 Junges geboren, das schon kurz nach der Geburt der Mutter folgt. Nach der Säugezeit von etwa 6 Monaten ist es selbständig. Die Geschlechtsreife tritt mit 3 bis 4 Jahren ein. Das Höchstalter liegt bei 15 bis 20 Jahren.
Die Nahrung besteht aus Kräutern, Gräsern, Blättern, Trieben und Zweigen von Gehölzen (auch von Nadelgehölzen), Moosen, Flechten und Rinde. Feinde sind Luchs und Wolf, für Jungtiere Steinadler und Kolkrabe.
Besonderes: In den meisten Ländern jagdbar. In der ČSSR und der DDR stehen Gemsen unter Naturschutz. Für Europa werden in der Literatur 10 Unterarten angegeben.

Gattung *Ovibos*
Moschusochsen

188 *Ovibos moschatus*
Moschusochse

Kennzeichen: Gedrungener Körper mit langer, dichter, schwarzbrauner Behaarung. Die Männchen (Stiere) und Weibchen (Kühe) haben breite Stirnplatten und ein abwärts gebogenes Gehörn, das bei den Stieren stärker und länger (bis 70 cm) als bei den Kühen ist. Der Kopf ist breit und hat kurze Ohren. Füße und Rückensattel sind meist gelbweiß. Der Schwanz ist kurz. 2 Paar Zitzen. Die Stiere sind größer und schwerer als die Kühe.
Maße und Masse: KR 200 bis 250 cm; Schw 6 bis 17 cm; W 90 bis 150 cm; Masse 180 bis 400 kg.

zu 188

Vorkommen: Arktische Gebiete Nordamerikas, Grönland. Auf Spitzbergen (1929) und in Norwegen (1932) wieder ausgesetzt. Inzwischen auch in Schweden und in der UdSSR in Tundragebieten vorkommend.
Lebensweise: Im Sommer leben die Tiere in kleinen Gruppen, im Winter bilden sie größere Herden mit 100 und mehr Individuen. Die alten Stiere sind oft Einzelgänger und gesellen sich zur Brunftzeit zu den Herden, um einige Kühe in einen Harem um sich zu sammeln. Die Tiere können schnell laufen. Bei Gefahr schließen sie sich ringförmig um ihre Jungen zusammen und richten ihre Köpfe gegen die Angreifer. Die Tiere fliehen kaum und scheinen standorttreu zu sein. Sie können blöken und brüllen.
Die Paarung findet von Juli bis Oktober statt. Nach einer Tragzeit von 9 Monaten wird meist im April oder im Mai 1 Junges (Zwillingsgeburten sind selten) geboren. Es wird bis zu 1 Jahr gesäugt und kann etwa 1 Stunde nach der Geburt seiner Mutter folgen. Kühe werden mit 2 bis 4 Jahren, Stiere mit 5 Jahren geschlechtsreif. Das Höchstalter liegt bei 30 Jahren.
Die Nahrung setzt sich aus Pflanzen der Tundra (Gräser, Kräuter, Flechten, Moose, Zwergsträucher) zusammen. Als Feind ist besonders der Wolf zu nennen.

188 *Ovibos moschatus*
Verteidigungsring

188 *Ovibos moschatus* ♂

Besonderes: Die Tiere werden wegen ihrer Unterwolle auch als Nutztiere gehalten. Die Bestände sind durch Bejagung bedroht.

Gattung *Saiga*
Schafantilopen

189 *Saiga tatarica*
Saiga

Kennzeichen: Rumpf schafähnlich, aber schlanke und hohe Beine. Der große Kopf hat eine aufgewölbte und rüsselartig vorgezogene Nase. Die Männchen (Böcke) tragen ein kleines, nach oben gerichtetes Gehörn, die Weibchen (Geißen) haben keine Hörner. Das kurzhaarige Sommerfell ist gelbrötlich, im Winter dagegen dicht, wollig und grau gefärbt. Kehle, Brust und Bauch sind weißlich. 2 Paar Zitzen.
Maße und Masse: KR 120 bis 140 cm; Schw 8 bis 12 cm; W 70 bis 78 cm; Ohr 8 bis 12 cm; Masse 30 bis 45 kg.
Vorkommen: Eurasische Steppengebiete von der Ukrainischen SSR bis zur Mongolei bis etwa 1 600 m Höhe.
Lebensweise: Die tagaktiven Tiere, die besonders am Morgen und am Abend nach Futter suchen, leben in kleineren oder größeren Herden, Böcke und Geißen meist zusammen. Böcke leben auch einzeln. Die vorzüglichen Läufer (bis 80 km/h) und Springer haben ein ausgezeichnetes Sehvermögen, sie können Feinde auf etwa 1 000 m wahrnehmen. Als Lautäußerung ist ein Blöken bekannt. Die Tiere sind ständig auf Wanderschaft, im Winter südwärts und im Sommer wieder nordwärts.
Die Paarung findet im November/Dezember statt, während dieser Zeit bilden die Böcke Harems von 5 bis 10 oder mehr Geißen. Nach einer Tragzeit von 4 Monaten werden im April die 1 bis 3 (meist 2) Jungen geboren. Die Mutter verläßt die Jungen zeitweise kurz nach der Geburt. Die Jungen verstecken sich am Boden und erheben sich, wenn sie säugen wollen. Nach den ersten Lebenstagen folgen die Jungen

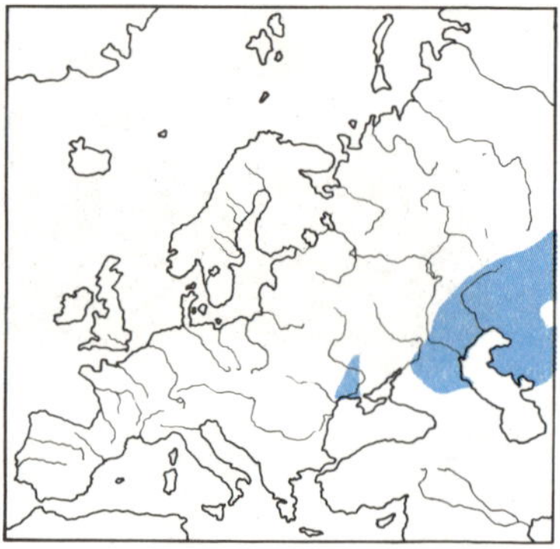

zu 189

ständig der Mutter. Sie werden etwa 9 Wochen gesäugt. Im Herbst des 1. Lebensjahres sind die Geißen und im 2. Lebensjahr die Böcke geschlechtsreif. Die Lebensdauer freilebender Tiere ist nicht bekannt, beträgt aber wahrscheinlich nur wenige Jahre.
Die Nahrung besteht aus Steppenpflanzen. Als Feind ist der Wolf zu nennen. Neugeborene können von Adlern, Kolkraben und Füchsen geschlagen werden.
Besonderes: Anfang dieses Jahrhunderts war die Art fast ausgerottet. Durch umfangreiche Schutzmaßnahmen ab 1919 sind die Bestände heute wieder gesichert und werden etwa seit 1950 wieder bejagt. Die Saiga läßt sich leicht zähmen.

Ordnung *Cetacea*
Wale

Große bis sehr große, ständig im Wasser lebende, gesellige Säugetiere. Der Blauwal, mit einer Länge bis zu 30 m, ist das größte Tier, das je auf der Erde lebte. Der Körper ist mehr oder weniger fischförmig. Die Jungen werden im Wasser geboren. Die Zahnwale haben ein bemerkenswert hoch entwickeltes Großhirn. Die Vordergliedmaßen sind zu Flossen umgebildet, die Hintergliedmaßen fehlen äußerlich. Die auffällige

waagerechte Schwanzflosse, das wichtigste Fortbewegungsorgan, unterscheidet sie äußerlich von der großer Fische (z. B. Haien), bei denen sie immer senkrecht steht. Die Haut der Tiere ist glatt und nahezu unbehaart. An der Schnauze und an den Kopfseiten befinden sich Tastborsten.
Die Wale können eine Schwimmgeschwindigkeit bis etwa 50 km/h erreichen. Einzelne Arten vermögen bis 1 000 m Tiefe zu tauchen (z. B. Pottwal) und können über 1 Stunde unter Wasser bleiben. Zum Luftholen kommen die Tiere in meist regelmäßigen Abständen an die Wasseroberfläche. Beim Ausatmen entstehen bei verschiedenen Walen artspezifische, gelegentlich über mehrere Meter hohe Blasstrahlen.
Eine Bestimmung der Tiere, auch wenn gelegentlich der Kopf oder der Rücken aus dem Wasser ragen, ist in der Regel sehr schwierig. Bestimmungshilfe kann ihr Verhalten sein. Delphine springen aus dem Wasser, Pottwale erheben beim Abtauchen ihre Schwanzflosse über die Wasseroberfläche. Gelegentlich stranden Wale an Küsten, aus bisher ungeklärten Gründen manchmal ganze Herden. Sie gelangen meist aus eigener Kraft nicht wieder ins Meer zurück und sterben.
Die Wale werden in 2 Unterordnungen gegliedert.
An den Küsten Europas wurden 31 Walarten nachgewiesen, davon 14 Arten selten oder nur als Irrgäste. Mehr oder weniger regelmäßig können 13 Arten beobachtet werden, 4 Arten haben eine gewisse Bindung an die Küstengewässer und sind deshalb häufiger zu finden.

Unterordnung *Mystacoceti*
Bartenwale

6 bis 30 m lang und bis zu 110 t schwer. Der Kopf ist groß und kann bis ⅓ der Länge des Körpers ausmachen. 2 getrennte äußere Nasenöffnungen. Mit Barten als Planktonreusen.
Die Form der Blasstrahle von Walen liefert in einigen Fällen Hinweise für die Artbestimmung. Man unterscheidet den senkrecht aufsteigenden Wasserstrahl bei Blauwal, Finnwal, Buckelwal, den schräg aufsteigenden Wasserstrahl beim Pottwal, zwei schräg aufsteigende Wasserstrahle beim Nordkaper.

189 *Saiga tatarica* ♂

Größenvergleiche von Walen:
a 198 *Globicephala melaena*, b 208 *Delphinapterus leucas*, c 203 *Phocoena phocoena*, d 207 *Monodon monoceros*, e 199 *Orcinus orca*, f 197 *Stenella coeruleoalba*, g 196 *Delphinus delphis*, h 195 *Tursiops truncatus*, i 193 *Balaenoptera musculus*

Die Schwanzflosse zeigen z. B. beim Abtauchen:
190 *Balaena glacialis*, 204 *Physeter macrocephalus*. Nur die Rückenfinne lassen erkennen:
192 *Balaenoptera borealis*, 194 *Balaenoptera physalus*. Die Rückenfinne (»Schwert«) ist oft
zu sehen bei schwimmenden 199 *Orcinus orca*

Familie *Balaenidae* Glattwale

190 *Balaena glacialis*
Nordkaper

Familie *Balaenopteridae* Furchenwale

Von den Furchenwalen werden mit einer gewissen Regelmäßigkeit an europäischen Küsten nachgewiesen:

191 *Balaenaoptera acutorostrata*
Zwergwal
192 *Balaenoptera borealis*
Seiwal
193 *Balaenoptera musculus*
Blauwal
194 *Balaenoptera physalus*
Finnwal

Unterordnung *Odontoceti* Zahnwale

Bis 22 m lange Wale (Pottwal). Alle Arten besitzen ein undifferenziertes Gebiß. Nur 1 äußere Nasenöffnung.

Familie *Delphinidae* Delphinartige

Die meist mittelgroßen Wale haben spitze, kegelförmige Zähne in Ober- und Unterkiefer. Meist ist die Schnauze schnabelartig verlängert. Die schnellen und spielfreudigen Tiere können sich mit Hilfe von Ultraschallauten orientieren und fressen bevorzugt Fische. Am hinteren Rand der Schwanzflosse ist deutlich eine Kerbe ausgebildet.
Delphine besitzen eine hoch entwikkelte Intelligenz.

Gattung *Tursiops* Tümmler

195 *Tursiops truncatus*
Großer Tümmler

Kennzeichen: Kurze Schnauze. Der Unterkiefer überragt den Oberkiefer. Die spitze und dreieckige Rückenflosse deutlich rückwärts gebogen. Oberseite und Flanken dunkelgrau, graubräunlich bis schwarzviolett, Unterseite hellgrau bis weißlich, Stirn und Schnauze deutlich dunkler. Jeder Kiefer trägt 40 bis 52 Zähne.
Ähnliche Art: Gemeiner Delphin (196).
Maße und Masse: KL bis 370 cm; Masse 150 bis 250 kg.
Vorkommen: In allen Ozeanen verbreitet. Im Schwarzen Meer, Mittelmeer und in der Nordsee gebietsweise häufig.
Lebensweise: Die spielfreudigen und lebhaften Tiere streifen in kleinen Gruppen von 5 bis 10 Individuen, stellenweise in Herden (»Schulen«) mit über 100 Tieren umher. Sie springen

195 *Tursiops truncatus* Atemöffnung

196 *Delphinus delphis*

oft hoch aus dem Wasser. Die Tiere sind nicht scheu und nähern sich oft Badenden oder Booten.
Die Paarung findet vom Frühjahr bis Sommer statt. Nach einer Tragzeit von 12 Monaten wird 1 Junges (selten 2 Junge und mehr) mit der Schwanzflosse voran geboren. Folgt sofort der Mutter und wird etwa 16 Monate gesäugt. Die Geschlechtsreife erlangen die Tiere wahrscheinlich mit etwa 6 Jahren. Das Höchstalter liegt bei 30 Jahren. Die Nahrung besteht aus Fischen, die die Großen Tümmler gemeinschaftlich jagen.

Gattung *Delphinus*
Delphin

196 *Delphinus delphis*
Gemeiner Delphin

Kennzeichen: Schlanker Körper mit schmaler, langer Schnauze. Der Rükken ist dunkelbraun bis schwärzlich, die Unterseite weiß. Die Flanken sind meist graubraun oder gelbbraun, bogenförmig von der Unterseite abgesetzt. Die schmalen und langen Brustflossen sind grau, die Spitze der mittelgroßen Rückenflosse ist rückwärts gebogen. In jedem Kiefer befinden sich 80 bis 100 kleine kegelförmige Zähne.
Ähnliche Art: Großer Tümmler (195).
Maße und Masse: KL 180 bis 260 cm; Masse 75 bis 110 kg.
Vorkommen: Weltweit, außer in den Polarmeeren, verbreitet. In Europa häufig im Schwarzen Meer, im Mittelmeer sowie in britischen und norwegischen Gewässern. Selten in der Ostsee beobachtet.
Lebensweise: Die gesellig in kleinen oder großen Schulen lebenden Tiere können Schwimmgeschwindigkeiten von etwa 35 km/h erreichen. Oft springen sie hoch aus dem Wasser. Unter

Wasser schwimmende Tiere können helle Laute von sich geben. Ihr Orientierungsvermögen und ihre Verständigungsmittel sind bemerkenswert hoch entwickelt. Mit Hilfe des Sonar-Systems können Delphine über weite Strecken Informationen austauschen, sich orientieren und Verhaltensweisen abstimmen. Die Tiere lernen schnell und helfen Artgenossen bei Atemnot schnell an die Wasseroberfläche zu kommen. Schon Autoren der Antike berichteten von Delphinen, die Menschen vor dem Ertrinken gerettet haben sollen. Die Fortpflanzung erfolgt meist in den Monaten Juni/Juli. Die Tragzeit dauert etwa 10 bis 11 Monate. Das Höchstalter liegt bei 30 Jahren.

Gattung *Stenella*

197 *Stenella coeruleoalba*
Streifendelphin

Kennzeichen: Körpergestalt ähnlich Gemeinem Delphin (196). Die Schnauze ist etwas dicker. Der Rücken ist schwarz, die Unterseite weiß. Vom Auge aus verlaufen entlang der Körperseite bis zum schwärzlichen Rumpfende 2 deutlich sichtbare schwarze oder blaue Streifen. Ein 3. nur angedeuteter Streifen endet hinter der dunklen Brustflosse. Jeder Kiefer trägt 86 bis 100 Zähne.

Ähnliche Art: Gemeiner Delphin (196).

Maße und Masse: KL 200 bis 250 cm; Masse etwa bis 70 kg.

Vorkommen: In warmen, subtropischen und tropischen Gewässern, u.a. im Mittelmeer, nördlich bis zu den Küsten Großbritanniens.

Lebensweise: Noch wenig bekannt. Die Tiere leben gesellig in Gruppen. Gelegentlich wurden sie gemeinsam mit anderen Delphinen beobachtet. Die Nahrung besteht vorwiegend aus Fischen.

An weiteren Arten der Familie *Delphinidae* kommen regelmäßig an europäischen Küsten vor:

198 *Globicephala melaena*
Grindwal

199 *Orcinus orca*
Schwertwal

200 *Grampus griseus*
Rundkopfdelphin

201 *Lagenorhynchus acutus*
Weißseitendelphin

202 *Lagenorhynchus albirostris*
Weißschnauzendelphin, Langfinnendelphin

209 *Macropus rufogriseus*

Familie *Phocoenidae* Schweinswalartige

Kleine Wale ohne Schnabelbildung. Die Zähne sind spatelförmig abgeflacht. Die Rückenflosse ist niedrig oder fehlt.

203 *Phocoena phocoena*
Schweinswal, Braunfisch, Kleiner Tümmler

Kennzeichen: Kleinste Walart, von plumper Gestalt. Die Schnauze ist abgerundet. Die niedrige und breite Rükkenflosse ist nicht nach hinten gebogen. Der Rücken ist einheitlich schwarz, der Bauch weiß, die Übergangszone ist grau und unscharf. Die schwarzen Brustflossen sind durch die weiße Bauchseite deutlich zu erkennen. Jeder Kiefer trägt 44 bis 56 Zähne.
Maße und Masse: KL 130 bis 180 cm; Masse 45 bis 60 kg.
Vorkommen: In Küstengewässern vom Weißen Meer entlang der europäischen Atlantikküste bis zum Mittelmeer und zum Schwarzen Meer. Gelegentlich in der Ostsee, selten auch in großen Flüssen zeitweise nachgewiesen.
Lebensweise: Noch wenig bekannt. Die spielfreudigen Tiere leben einzeln oder in Gruppen bis 10 oder auch mehr Exemplaren. Die Paarungszeit liegt im Sommer. Nach einer Tragzeit von 11 bis 12 Monaten wird 1 Junges von 70 bis 80 cm Länge und 6 bis 8 kg Masse geboren. Die Weibchen bleiben mit den Jungen in flachen Buchten, um sie vor Schwertwalen zu schützen. Mit etwa 18 Monaten sind die Jungen geschlechtsreif. Nahrung sind Fische.

Von den anderen Familien kommen noch folgende Vertreter mehr oder weniger regelmäßig im europäischen Küstenbereich vor:

Familie *Physeteridae* Pottwalartige

204 *Physeter macrocephalus*
Pottwal

Familie *Ziphiidae* Schnabelwale oder Spitzschnauzendelphine

205 *Hyperoodon ampullatus*
Nördlicher Entenwal, Dögling

206 *Mesoplodon bidens*
Sowerby Zweizahnwal

Familie *Monodontidae* Gründelwale

207 *Monodon monoceros*
Narwal

208 *Delphinapterus leucas*
Weißwal

Ordnung *Marsupialia* Beuteltiere

Diese urtümliche und auf die Südhalbkugel beschränkte Säugetierordnung wurde an das Ende der Beschreibung europäischer Säugetiere gesetzt, weil die Existenz von Bennett-Känguruhs in Europa eine zoologische Kuriosität ist.

Familie *Macropodidae* Springbeutler oder Känguruhs

Die Tiere bewegen sich vorwiegend hüpfend auf den großen und starken Hinterbeinen fort. Die Vorderfüße sind kurz und tragen starke Krallen. Der Schwanz ist dick und lang. Vorwiegend Pflanzenfresser.
Die Familie ist in Australien beheimatet und hat in Europa kein natürliches Verbreitungsgebiet, eine Art wurde jedoch vom Menschen eingebürgert.

209 *Macropus rufogriseus*
Bennett-Känguruh

Kennzeichen: Etwas größer als ein Feldhase. Der lange Schwanz verjüngt sich zur Spitze hin. Die Ohren sind sehr beweglich. Das dichte Fell ist graubraun bis braun. Deutlich ist der rötlichbraune Nackenbereich zu erkennen.

Die Tiere bewegen sich auf den kräftigen Hinterbeinen hüpfend fort.
Maße und Masse: KR 70 bis 90 cm; Schw 65 bis 75 cm; Masse 15 bis 20 kg.
Vorkommen: Australien und Tasmanien. Im vorigen Jahrhundert in Deutschland (Rheinland) ausgesetzt. Die Tiere haben sich aber nicht längere Zeit gehalten. Durch Aussetzen entstand eine freilebende Population in Südengland. Bewohnt werden Wälder und mit Gebüschen bestandenes Gelände.
Lebensweise: Die mehr dämmerungs- und nachtaktiven Tiere leben einzeln oder in kleinen Gruppen.
Nach 30 bis 40 Tagen Tragzeit wird 1 (2?) Junges geboren, das sich bis zu etwa 9 Monaten im Bauchbeutel des Muttertieres aufhält. Das Neugeborene gelangt selber unter Zuhilfenahme der kleinen Vorderfüße in den Bauchbeutel und saugt sich dort an einer der 4 Zitzen fest. Zwillinge sind selten. Mit dem 3. Lebensjahr tritt die Geschlechtsreife ein. Die Tiere können bis 12 Jahre alt werden.
Die Nahrung bilden Gräser, Kräuter, Wurzeln, im Winter auch Rinde.

Worterklärungen

Aalstrich Dunkle, auf der Rückenmitte in Längsrichtung verlaufende bandförmige Fellzeichnung.

Agrestis-Schlinge Besonderheit des Kauflächenmusters bei der Erdmaus (Microtus agrestis). Wichtiges Unterscheidungsmerkmale am Gebiß im Vergleich zur Feldmaus.

allochthon Fremdstämmig, an anderer Stelle entstanden. Organismengruppen werden dort als allochthon bezeichnet, wo sie zwar verbreitet, aber nicht entstanden sind.

Alveolen Zahnhöhlen; Vertiefungen in den Kieferknochen für die Zahnwurzeln.

Angular-Fortsatz Fortsatz am hinteren Unterkieferrand.

autochthon Bodenständig. Organismengruppen werden dort als autochthon bezeichnet, wo sich ihr Verbreitungsgebiet mit ihrem Entstehungsgebiet deckt.

Biotop Lebensraum einer Biozönose (Lebensgemeinschaft) von bestimmter Mindestgröße und einheitlicher Beschaffenheit, die eine Abgrenzung gegenüber seiner Umgebung erlaubt (z.B. Teich, Fichtenwald, Hochmoor).

Biozid Chemische Substanz, die Lebewesen abtötet.

Calcar Zusätzliches Knochenelement an der Ferse von Fledermäusen. Auch als Sporn bezeichnet. Der Calcar dient dem Ausspannen der Schwanzflughaut während des Fluges.

Caninus Eckzahn; auf die Schneidezähne folgender, oft besonders großer Zahn.

Cingulum-Höcker Nebenhöcker eines Zahns, der vom unteren Zahnrand (Cingulum) ausgeht.

Crista Teil des Nasenaufsatzes bei Hufeisennasen.

Dentale Knochenelement, das bei Säugetieren den gesamten Unterkiefer bildet. Rechtes und linkes Dentale sind vorn entweder fest oder beweglich miteinander verbunden.

Dentinfelder Auf der Kaufläche des Zahnes sichtbares (meist dreieckiges) Mittelfeld.

endemisch einheimisch; auf ein natürlich abgegrenztes Gebiet (See, Gebirge, Insel) beschränktes Vorkommen von Arten oder Artengruppen.

Epiblema Vom Calcar ausgehender Hautlappen bei Fledermäusen.

Evolution Die Entwicklung der Organismen von ursprünglichsten zu abgeleiteten Organisationsstufen im Verlauf der Stammesgeschichte unter Spezialisierung und Höherentwicklung. Die Evolution ist kein auf quantitative Veränderungen beschränkter Prozeß, sondern vor allem durch die Entstehung neuer Qualitäten gekennzeichnet.

Fallwild Alle nicht im Gefolge der Jagdausübung verendeten Tiere jagdbarer Arten.

Geschlechtsdimorphismus Unterschiede in der Körperform, -größe und -färbung zwischen männlichen und weiblichen Individuen einer Art.

Gewöll Von Greifvögeln und Eulen im Magen gebildeter Ballen unverdaulicher Bestandteile der Beutetiere (Haare, Knochen, Chitinteile von Insekten), die einige Zeit nach der Nahrungsaufnahme ausgespien werden.

Habitat Die für eine Art charakteristische Lebensstätte.

Hinterhauptshöcker Seitlich vom Hinterhauptsloch gelegene paarige Vorwölbungen, die als Gelenkflächen für den ersten Halswirbel dienen. Hinterer Meßpunkt für die Condylobasallänge (Cbl).

Incisivus Schneidezahn.

Interorbitalbreite Geringster Abstand zwischen den oberen Rändern der Augenhöhlen. Gebräuchliche Meßstrecke am Säugetierschädel.

Irrgast Weit außerhalb seines natürlichen Verbreitungsgebiets nachgewiesenes Tier, das nicht durch den Menschen verschleppt, sondern aktiv an den Ort der Beobachtung gelangt ist.

Jochbogen Aus Teilen des Jochbeins und Schuppenbeins gebildete Knochenspange an den Seiten des Oberschädels. In seinem vorderen Bereich bildet der Jochbogen die untere Begrenzung der Augenhöhle.

Kopulation Begattung; Verhalten der Geschlechtspartner, das zur Deponierung der Samenflüssigkeit in den weiblichen Geschlechtsorganen führt.

Lanzette Oberer zugespitzter Teil des Nasenaufsatzes bei Hufeisennasen.

Leithaare Über den ganzen Körper verteilte verlängerte Grannenhaare, die der Tastempfindung dienen. Auch Mähnen, Schwanzquasten und der Schweif von Einhufern bestehen vorwiegend aus Leithaaren, obwohl sie diese Funktion nicht haben.

Mandibularindex Zur Artbestimmung wichtige Verhältnisse von Längenmaßen am Unterkiefer.

Maxillarindex Maßverhältnis am Oberschädel.

Molar Backenzahn

monotypisch Nur in einer Erscheinungsform auftretend. Arten werden monotypisch genannt, wenn sie keine Unterarten ausgebildet haben.

Moschusdrüsen Drüsenfelder an den Körperseiten oder der Schwanzunterseite bei Insektenfressern, die einen moschusartigen Geruch erzeugen und Bedeutung für die innerartliche Kommunikation haben.

nachtaktiv Wesentliche Lebensäußerungen, vor allem Nahrungsaufnahme bzw. Beuteerwerb finden während der Nacht statt.

Ökotop Kleinste ökologische Raumeinheit einer Landschaft mit einheitlichem Pflanzen- und Tierbestand.

Ökotyp Populationen innerhalb einer Art, die sich, ohne daß sie äußerlich von anderen Populationen unterscheidbar sein müssen, physiologisch und hinsichtlich ihrer ökologischen Ansprüche von diesen unterscheiden, d. h. an spezifische Bedingungen des Artareals durch Selektion angepaßt sind.

Ovulation Freiwerden der befruchtungsfähigen Eizelle aus dem Follikel des Eierstocks. Bei ihrem nachfolgenden Transport im Eileiter findet die Befruchtung statt.

Parietalleiste Scheitelkamm (Crista sagittalis); in der Mitte des Hirnschädels längsverlaufende Knochenleiste, an der ein Teil der Kaumuskulatur ansetzt.

Penis Männliches Begattungsorgan.

Population Bevölkerung; alle in einem Teilgebiet innerhalb des Gesamtareals der Art ansässigen artgleichen Individuen. Zwischen ihnen bestehen reale oder potentielle Fortpflanzungsbeziehungen.

Praemolar Vorbackenzahn.

Protoconulus-Höcker Kleiner zusätzlicher Zahnhöcker am Vorderrand der Krone von Backenzähnen bei manchen Fledermausarten.

Relikt »Überbleibsel«; Arten oder Artengruppen, die, einst weiter verbreitet, durch das Wirken natürlicher Umweltfaktoren nur noch in begrenzten Rückzugsgebieten vorkommen.

Revier Raum innerhalb der für eine Art typischen Lebensstätte, der von einem Individuum, einer Familie oder Gruppe besetzt und gegenüber artgleichen Konkurrenten verteidigt wird. Ein Revier kann zeitweilig oder ständig in Besitz genommen werden. In den meisten Fällen werden seine Grenzen von den Revierinhabern markiert. Dies kann durch Duftstoffe, optisch oder akustisch geschehen.

Rostrum Der vor den Augenhöhlen gelegene Teil des knöchernen Schädels.

Sekret Drüsenabscheidung.

Sella Sattel; Teil des Nasenaufsatzes bei Hufeisennasen, wegen seiner artspezifischen Ausprägung als Bestimmungsmerkmal von Bedeutung.

Simplex-Zahn Besonderer Ausprägungstyp des Kauflächenmusters am 3. oberen Backenzahn der Feldmaus (Wühlmäuse).

Sohlenschwiele Auf Hand- und Fußsohle vorhandene Hautverdickung mit zahlreichen Tastsinnesorganen, die vor allem bei Sohlengängern stark ausgeprägt sind. Anzahl und Muster der Sohlenschwielen sind bei Kleinsäugern z.T. als Bestimmungsmerkmale von großer Bedeutung.

Sohlentuberkel s. Sohlenschwiele.

Sonar-System Echo-Ortungssystem der Fledermäuse auf der Basis von Schallwellen. Laufzeit, Frequenz und Intensität der von einem ausgesandten Laut wiederempfangenen Echos liefern Informationen über die Beschaffenheit der Umgebung, dienen dem Aufspüren von Beutetieren und der sozialen Kommunikation.

Sporn s. Calcar.

Streß-Syndrom Komplex abnormaler Verhaltens- und Reaktionsweisen bei anhaltender Wirkung schädigender Einflüsse auf den tierischen Organismus. Bei Kleinsäugern kann z.B. Übervölkerung zu erhöhter Aggression, Vernachlässigung der Körperpflege und Jungenfürsorge, Unterbrechung der Trächtigkeit und ähnlichen Auswirkungen führen, die auch den Tod zur Folge haben können.

tagaktiv Alle wesentlichen Lebensäußerungen, vor allem Nahrungsaufnahme bzw. Beuteerwerb finden in der Zeit zwischen Morgen- und Abenddämmerung statt.

Tasthaare Im Kopfbereich ausgebildete, lange, steife Haare, deren Basis mit Blutgefäßen und Nervenendigungen besonders reich versorgt ist. Besonders bei nachtaktiven, räuberischen und unterirdische Baue oder Gangsysteme bewohnenden Arten gut entwickelt.

Territorialverhalten Auf ein Territorium bezogenes Verhalten eines Tieres. Territorialverhalten schließt u.a. die Markierung (optisch, akustisch, chemisch) und die Verteidigung gegenüber artgleichen Konkurrenten ein.

Tragestarre Bewegungslose Haltung der Jungen während des Maultransports durch die Elterntiere.

Tragus Ohrdeckel; häutige Struktur in der Ohrmuschel bei Fledermäusen. Als Bestimmungsmerkmal von Bedeutung.

Trophäe Teile des erlegten Wildes, die vom Jäger als Andenken aufbewahrt werden.

Vibrissen s. Tasthaare.

Wimperhaare Einzelne, auffällig abstehende Schwanzhaare der Wimperspitzmäuse.

Zitzen Aussackungen der Haut bei weiblichen Säugetieren, in denen die Ausführgänge der Milchdrüsen münden und die dem Jungtier das Saugen ermöglichen.

Literaturverzeichnis

(Mit △ gekennzeichnete Titel waren Quellen von Vorlagen für SW-Zeichnungen.)

Ajrapetjanc, A. Z. (1983): Soni, Žizn našich ptic i zverej, Vyb. 5. Leningrad

Anděra, M., u. *I. Horáček* (1982): Poznáváme Naše Savce. Mladá Fronta, Praha △

Angermann, R. (1974): Die Zahnvariabilität bei Microtinen im Lichte von Vavilov's »Gesetz der homologen Serien«. In: Symposium Theriologicum II, Brno 1971, Proceedings, 61–73. Praha.

Angermann, R. (1985): Säugetiere (außer Fledermäuse). In: Stresemann, E. [Hrsg.]: Exkursionsfauna für die Gebiete der DDR und der BRD. Bd. 3, Wirbeltiere. 9. Aufl. Berlin △

Bang, P. (1977): Tierspuren: Tiere erkennen an Fährten, Fraßzeichen, Bauen und Nestern. 3. Aufl. München, Bern, Wien △

Barabasch-Nikiforov, I. I. (1975): Die Desmane. Die Neue Brehm-Bücherei Nr. 474. Wittenberg Lutherstadt △

Baumann, F. (1949): Die freilebenden Säugetiere der Schweiz. Bern

Bibikov, D. J. (1968): Die Murmeltiere. Die Neue Brehm-Bücherei Nr. 388. Wittenberg Lutherstadt

Blase, A.F. de (1980): The Bats of Iran: Systematic, Distribution, Ecology. Fieldiana Zoology, New Series, Nr. 4

Bobrinskij, N. A.; *Kuznecov, B. A.*, u. *A. P. Kuzjakin* (1965): Opredelitel mlekopitajusčich SSSR. Moskva

Briedermann, L., u. *V. Still* (1976): Die Gemse des Elbsandsteingebietes. Die Neue Brehm-Bücherei Nr. 493. Wittenberg Lutherstadt

Brink, F. H. van den (1972): Die Säugetiere Europas. 2. Aufl. Hamburg und Berlin

Bühler, P. (1964): Zur Gattungs- und Artbestimmung von *Neomys*-Schädeln. – Gleichzeitig eine Einführung in die Methodik der optischen Trennung zweier systematischer Einheiten mit Hilfe mehrerer Merkmale. Zschr. Säugetierkd., 29. 65–93 △

Corbet, G.B. (1978): The mammals of the Palaearctic region. A taxonomic review. Cornell Univ. Press. London

Corbet, G., u. *D. Ovenden* (1982): Pareys Buch der Säugetiere. Hamburg und Berlin △

Curry-Lindahl, K. (1980): Der Berglemming. Die Neue Brehm-Bücherei Nr. 526. Wittenberg Lutherstadt

Dobroruka, L. J., u. *Z. Berger* (1985): Säugetiere Europas. Stuttgart

Fauna SSSR, Mlekopitajuščie. Tom III. Vyp. 6. N. N. Voroncov. Niššie chomjakoobraznye mirovoj fauny, Tom I. Leningrad

Flint, V. E., J. D. Čugunov, V. M. Smirin (1970): Mlekopitajuščie SSSR. Moskva △

Gaffrey, G. (1953): Die Schädel der mitteleuropäischen Säugetiere. Abh. u. Ber. Mus. Tierkd. Dresden, Bd. 21, 1–123

Gaffrey, G. (1961): Merkmale der wildlebenden Säugetiere Mitteleuropas. Leipzig △

Gebhard, J. (1985): Unsere Fledermäuse. Veröff. Naturhist. Mus., Nr. 10, 2. Aufl. Basel

Grzimek, B. Hrsg. (1979): Grzimeks Tierleben. Enzyklopädie des Tierreichs. Bde. 10 bis 13. Säugetiere. Zürich △

Hackethal, H. (1985): Fledermäuse. In: Stresemann, E. [Hrsg.]: Exkursionsfauna für die Gebiete der DDR und der BRD. Bd. 3, Wirbeltiere. 9. Aufl. Berlin

Haltenorth, T. (1978): Säugetiere sowie Lurche und Kriechtiere. München, Bern, Wien

Hanak, V., and *J. Horaček* (1983–1984): Some comments on the taxonomy of *Myotis daubentoni* (Kuhl, 1819), *(Chiroptera, Mammalia)*, Myotis 21–22, 7–19

Hanzak, J. (1974): Taschenatlas der Säugetiere. Praha

Heidecke, D. (1977): Untersuchungen zur Ökologie und Populationsentwicklung des Elbebibers, *Castor fiber albicus*, Matschie 1907. Diss. Martin-Luther-Universität Halle/Wittenberg

Heptner, V. G., L. G. Morosova-Turova u. *W. I. Zalkin* (1956): Die Säugetiere in der Schutzwaldzone. Berlin △

Heptner, V. G., u. *N. P. Naumov* [Hrsg.] (1966): Die Säugetiere der Sowjetunion. Bd. I: Paarhufer und Unpaarhufer. Jena △

Heptner, V. G., u. *N. P. Naumov* [Hrsg.] (1974): Die Säugetiere der Sowjetunion. Bd. II: Seekühe und Raubtiere. Jena △

Heptner, V. G., u. *N. P. Naumov* [Hrsg.] (1980): Die Säugetiere der Sowjetunion. Bd. III: Raubtiere. Jena △

Hofmann, M. (1958): Die Bisamratte. Leipzig

Husson, A. M. (1962): Het Determineren van Schedelresten van Zoogdieren in Braakballen van Uilen. Zoologische Bijdragen, Nr. 5. Leiden △

Kampmann, H. (1975): Der Waschbär. Hamburg und Berlin

Katalog mlekopitajuščich SSSR. Pliocen-Sovremennost (1981). Pod redakciej I. M. Gromova i G. I. Baranova. Leningrad

Kirk, G. (1968): Säugetierschutz. Stuttgart

König, C. (1959): Äußere Merkmale zur Bestimmung der lebenden Fledermäuse Europas. Säugetierkdl. Mitt. 7 (3); 101–110

König, C. (1976): Wildlebende Säugetiere Europas. Stuttgart

Krasnaja kniga SSSR (1984). Red.: A. M. Borodin i dr. Moskva △

Kurskov, A. N. (1981): Rukorrylye belorussii. Minsk

Kuzjakin, A. P. (1950): Letuščie myši. Moskva

Lanza, B. (1959): Chiroptera. In: Tosci, A., u. B. Lanza: Fauna d' Italia, Vol. IV, 187–461. Bologna

März, R. (1972): Gewöll- und Rupfungskunde. 2. Aufl. Berlin

Matjuschkin, E. N. (1978): Der Luchs. Die Neue Brehm-Bücherei Nr. 517. Wittenberg Lutherstadt

Mohr, E. (1954): Die freilebenden Nagetiere Deutschlands und der Nachbarländer. 3. Aufl. Jena

Niethammer, G. (1963): Die Einbürgerung von Säugetieren und Vögeln in Europa. Hamburg und Berlin

Niethammer, J. (1969): Zur Taxonomie europäischer Zwergmaulwürfe *(Talpa »mizura«)*. Bonner Zool. Beitr. 20, H. 4, 360–372

Niethammer, J. (1979): Säugetiere. Uni-Taschenbücher 732. Stuttgart

Niethammer, J., u. *F. Krapp* Hrsg. (1978): Handbuch der Säugetiere Europas. Bd. 1, Rodentia I. Wiesbaden △

Niethammer, J., u. *F. Krapp* Hrsg. (1982): Handbuch der Säugetiere Europas. Bd. 2/I, Rodentia I. Wiesbaden △

Nowak, E. (1981): Die Säugetiere der Länder der Europäischen Gemeinschaft. Greven

Ognev, S. I. (1948): Zveri SSSR i priležaščich stran. Tom 6. Moskva–Leningrad △

Ognev, S. I. (1959): Säugetiere und ihre Welt, Berlin

Pavlinin, W. (1966): Der Zobel. Die Neue Brehm-Bücherei Nr. 363. Wittenberg Lutherstadt

Pedersen, A. (1974): Die nordpolaren

Robben. Die Neue Brehm-Bücherei Nr. 485. Wittenberg Lutherstadt
Petzsch, H. (1966): Urania Tierreich, Bd. Säugetiere. Leipzig, Jena, Berlin
Pucek, Z. Hrsg. (1981): Keys to Vertebrates of Poland – Mammals. Warszawa. △
Rahm, U. (1976): Die Säugetiere der Schweiz. Veröff. Naturhist. Mus. Basel, Nr. 9.
Reichholf, J. (1983): Steinbachs Naturführer: Säugetiere. München △
Reuther, C., u. *A. Festetics* Hrsg. (1980): Der Fischotter in Europa. Verbreitung, Bedrohung, Erhaltung. Oderhaus und Göttingen
Richter, H. (1963): Zur Unterscheidung von *Crocidura r. russula* und *Crocidura l. leucodon* nach Schädelmerkmalen, Gebiß und Hüftknochen. Zool. Abh. u. Ber. Mus. Tierkd. Dresden, 26, Nr. 7, 123–133 △
Richter, H. (1964): Bestimmung der Unterkiefer (Mandibulae) von *Crocidura r. russula* (Hermann, 1780) und *Crocidura l. leucodon* (Hermann, 1780). Zschr. Säugetierkd., 29, H. 4, 253 △
Saint Girons, M.-C. (1973): Les mammifères de France et du Benelux. Paris
Schilling, D., D. Singer u. *H. Diller* (1983): BLV Bestimmungsbuch Säugetiere. München △
Sludskij, A. A. i dr. (1969): Mlekopitajuščie Kasachstana. Tom I. Gryzuny, surki i susliki. Alma-Ata △
Sludskij, A. A. i dr. (1977): Mlekopitajuščie Kasachstana. Tom I. Gryzuny krome surkov, suslikov, zemljanoj belki, pesčanok i polevok. Alma-Ata △
Sludskij, A. A. i dr. (1978): Mlekopitajuščie Kasachstana. Tom II. Gryzuny, pesčanki, polevki, altajskij Cokor. Alma-Ata △
Sokolov, V. E. (1984): Pjatijazyčnyj Slovar Nazvanij životnych. Mlekopitajuščie. Moskva
Stebbings, R. E., and *F. Griffith* (1984): Distribution and Status of Bats in Europe. Huntingdon
Stroganov, S. U. (1957): Zveri Sibiri. Nasekomojadnye. Moskva △
Stubbe, H. Hrsg. (1981): Buch der Hege. Bd. I Haarwild. 2. Aufl. Berlin △
Timofeeva, E. K. (1985): Žizn naschich ptic i zverej. Vyp. 8. Leningrad
Topal, G. (1969): Fauna Hungariae 22, 2, Chiroptera Budapest
Tupinier, Y. (1980): Description d'une chauve – souris nouvelle: *Myotis nathalinae* nov. spec. (Chiroptera-Vespertilionidae). Mammalia, 41, 3, 327–340
Vinigradov, B. S., I. M. Gromov (1984): Kratkij opredelitel gryzunov fauny SSSR. Leningrad △
Wallmo, O. C. Hrsg. (1981): Mule and Black-tailed Deer of North America. Lincoln und London
Wolff, P. (1976): Unterscheidungsmerkmale am Unterkiefer von *Erinaceus europaeus* L. und *Erinaceus concolor* MARTIN. Ann. Naturhistor. Mus. Wien, 80, 337–341 △
Zörner, H. (1981): Der Feldhase. Die Neue Brehm-Bücherei Nr. 169. Wittenberg Lutherstadt

Register

Die mit einem * gekennzeichneten Seitenzahlen verweisen auf Abbildungen. Die systematische Auflistung wurde im Register nicht berücksichtigt.